全国优秀教材一等奖

“十二五”普通高等教育本科国家级规划教材

面向21世纪课程教材
Textbook Series for 21st Century

“大国三农”系列规划教材

普通昆虫学（第2版）

General Entomology

彩万志 庞雄飞 花保祯 梁广文 宋敦伦 编著

中国農業大學出版社
China Agricultural University Press
·北京·

内 容 简 介

本书为昆虫学入门教材，是作者根据现代昆虫学发展趋势与教学的需求，在借鉴过去近百年我国昆虫学教学经验的基础上编写而成。主要内容包括昆虫的外部形态、内部解剖和生理、生物学、分类及生态学等基础知识。该教材既保持了传统教科书的基本内容，又融入了相关领域的新进展，具有现代性与前瞻性；每篇后面附有国内外重要参考文献40～170篇，以便于读者延伸阅读。

本书可作为高等农林院校植物保护或森林保护专业本科生的教材，也可作为植物生产类其他专业、综合性大学生物学科类、草业科学类的教材或教学参考书，还可供相关专业的师生及科技人员参考使用。

图书在版编目(CIP)数据

普通昆虫学/彩万志，庞雄飞，花保祯，梁广文，宋敦伦编著. —2版.
—北京：中国农业大学出版社，2011.6(2024.10重印)
ISBN 978-7-5655-0320-7

Ⅰ.①普… Ⅱ.①彩… Ⅲ.①昆虫学-高等学校-教材 Ⅳ.①Q96

中国版本图书馆CIP数据核字(2011)第108016号

中国自然资源部地图审图号：GS(2021)5561

书　名 普通昆虫学(第2版)
作　者 彩万志　庞雄飞　花保祯　梁广文　宋敦伦　编著

策划编辑 王笃利　刘　聪　杜　琴　孙　勇　　**责任编辑** 王笃利　孙　勇
封面设计 郑　川　　**出 版 人** 董夫才
出版发行 中国农业大学出版社
社　址 北京市海淀区圆明园西路2号　　**邮政编码** 100193
电　话 发行部 010-62818525,8625　　读者服务部 010-62732336
编辑部 010-62732617,2618　　出　版　部 010-62733440
网　址 http://www.cau.edu.cn/caup　　**e-mail** cbsszs @ cau.edu.cn
经　销 新华书店
印　刷 涿州市星河印刷有限公司
版　次 2011年6月第2版　2024年10月第11次印刷
规　格 787×1 092　16开本　31印张　645千字　插页8
定　价 79.00元

图书如有质量问题本社发行部负责调换

前　言（第 2 版）

本书第 1 版自 2001 年问世，弹指已过十载！期间先后 7 次印刷，发行近 3 万册，为国内植物保护等专业本科生教学广为选用，甚至被列为研究生入学考试指定参考书，对我国昆虫学教学与昆虫知识普及等尽了一份绵薄之力。

十年来，世界昆虫学研究发生了巨变，其中最为重要的也许是 2002 年螳螂目之建立。尽管昆虫纲（或广义的六足总纲）的范围和各目的界限仍存有争议，但自 1915 年蛩蠊目建立后，近 90 年才有一个公认的包含现生昆虫的新目被发现，的确令昆虫学家振奋，迅即掀起了昆虫高级阶元进化及系统发育关系探讨的新热潮。分子生物学技术广泛应用于昆虫学各个领域，为相关研究提供了新视角，已陆续有 18 种昆虫的全基因组被公布，大量的分子数据为揭示昆虫的生命现象本质提供了新的平台和难得的机遇，促进昆虫学各分支领域取得了突破性进展；尤其是在分类学方面，分子信息的应用不断改进着我们对昆虫各分类阶元间亲缘关系的理解，亚科级以上的分类系统许多已发生了不同程度的改变；如在目级水平上，一些学者将狭义的半翅目和同翅目合并为广义的半翅目，将食毛目和虱目并入啮虫目，将等翅目并入蜚蠊目等，不一而足。

近年来，昆虫基因组学和蛋白质组学日益受到高度重视；随着测序技术的改进，将会有大量昆虫的全基因组得到研究；美国 Robinson 等人 2011 年发起了 i5K 计划，拟在未来 5 年对有重要经济及进化研究价值的 5000 种昆虫和其他节肢动物的全基因组进行测序。可以预见，昆虫学的基因组时代即将来临，今后十年基因组昆虫学将会取得长足进展，昆虫的发育机制、生物学与生态学现象将会从更深的层次得到解释，昆虫高级阶元的分类系统有可能会发生更大的变化。

十年来，我国昆虫学蓬勃发展，研究水平持续提高，一些原创性成果初露端倪，在国内外发表文章的数量大幅增加，质量显著攀升，来自国外的留学生也逐年增多。这些变化为普通昆虫学教材的编写提出了更高的要求。

在编写过程中，我们得到全国高等农业院校教学指导委员会植物保护学科组谢联辉院士、王金生、赵志模等教授的关怀与鼓励，得到中国农业大学教务处处长李绍华教授的支持；牛鑫伟同志为部分插图复墨。谨此鸣谢。

编者
2001 年 5 月

图版 1　中国养蚕历史与文化

A. 汉代鎏金蚕，陕西省博物馆藏；B. 1696 年康熙题耕织图之织图，六，分箔，北京故宫博物院藏；C. 1916 年王鹤绘嫘祖育蚕图；D. 1742 年建于北京的先蚕坛；E. 先蚕坛匾额放大（A～C. 周尧赠；D，E. 彩万志摄）

图版 2　中国治蝗历史与文化

A. 古代蝗虫石雕，中国农业大学昆虫博物馆藏；B. 中国古代蝗庙分布图；C. 山西省新绛县东岳稷益庙南宋壁画捕蝗图（局部），画中描绘了古代劳动人民与官吏共同捕捉“蝗魔”的愿望；D. 江苏泰州明代八蜡庙中供奉的司蝗神（A. 牛鑫伟摄；B. 据陈正祥图重绘；C，D. 周尧赠）

图版 3　虫型建筑与昆虫博览园

A. 中国西北农林科技大学昆虫博物馆外形；B. 中国北京七彩蝶生态园入口；C. 中国1999 年昆明世博园蝴蝶园外形；D. 中国海南三亚蝴蝶谷入口；E. 韩国咸平昆虫蝴蝶博览园会议厅外形；F. 韩国咸平民俗博物馆外形（A. 花保祯摄；B. 胡群摄；C. 吴云摄；D. 王敏摄；E，F. 彩万志摄）

图版4　蝶翅画

A. 天坛，曾小玲作；B. 花瓶，吴云作；C. 腾飞，周至宏作；D. 光明之神，梁森泉作；E. 春之夜，李进学作（A. 胡群赠；E. 周尧赠；余为各作者赠）

图版 5　部分国家的国蝶

A. 中国国蝶（未确定），金斑喙凤蝶 *Teinopalpus aureus* Mell；B. 印度国蝶，金带喙凤蝶 *Teinopalpus imperialis*（Hope）；C. 日本国蝶，大紫蛱蝶 *Sasakia charonda*（Hewitson）；D. 马来西亚国蝶，翠叶红颈凤蝶 *Trogonoptera brookiana*（Wallace）；E. 印度尼西亚国蝶，金绿鸟翼凤蝶 *Ornithoptera priamus*（Linnaeus）；F. 不丹国蝶，多尾凤蝶 *Bhutanitis lidderdalii* Atkinson；G. 斯里兰卡国蝶，锡兰裳凤蝶 *Troides darsium*（Gray）；H. 澳大利亚国蝶，天堂凤蝶 *Papilio ulysses* Linnaeus；I. 美国国蝶，君王斑蝶 *Danaus plexippus*（Linnaeus）；J. 秘鲁国蝶，海伦娜闪蝶 *Morpho helena* Staudinger；K. 哥伦比亚国蝶，塞浦路斯闪蝶 *Morpho cypris* Westwood；L. 巴西国蝶，太阳闪蝶 *Morpho hecuba*（Linnaeus）（A～F，H～L，王敏与周尧赠；G，引自网络）

图版 6　艺术品中的昆虫

A. 周尧昆虫博物馆成立（1996 年，浙江省宁波市）纪念瓷盘；B. 水晶内画捕蝶、蝶恋花等；C. 蝶形木梳；D. 玉蝶；E，G. 玉花瓶；F. 景泰蓝蝉（A～C，F. 中国农业大学昆虫博物馆收藏，杨集昆捐赠，牛鑫伟摄；D，E，G. 张正芬作，杨平世赠照片）

图版7　金绿宽盾蝽 *Poecilocoris lewisi* (Distant)的生活史

A. 卵(刚产);B. 卵(孵化前);C. 1 龄若虫;D. 2 龄若虫;E. 3 龄若虫;F. 4 龄若虫;G. 5 龄若虫;H. 成虫(A～D. 王晓贝摄;E～H. 李虎摄)

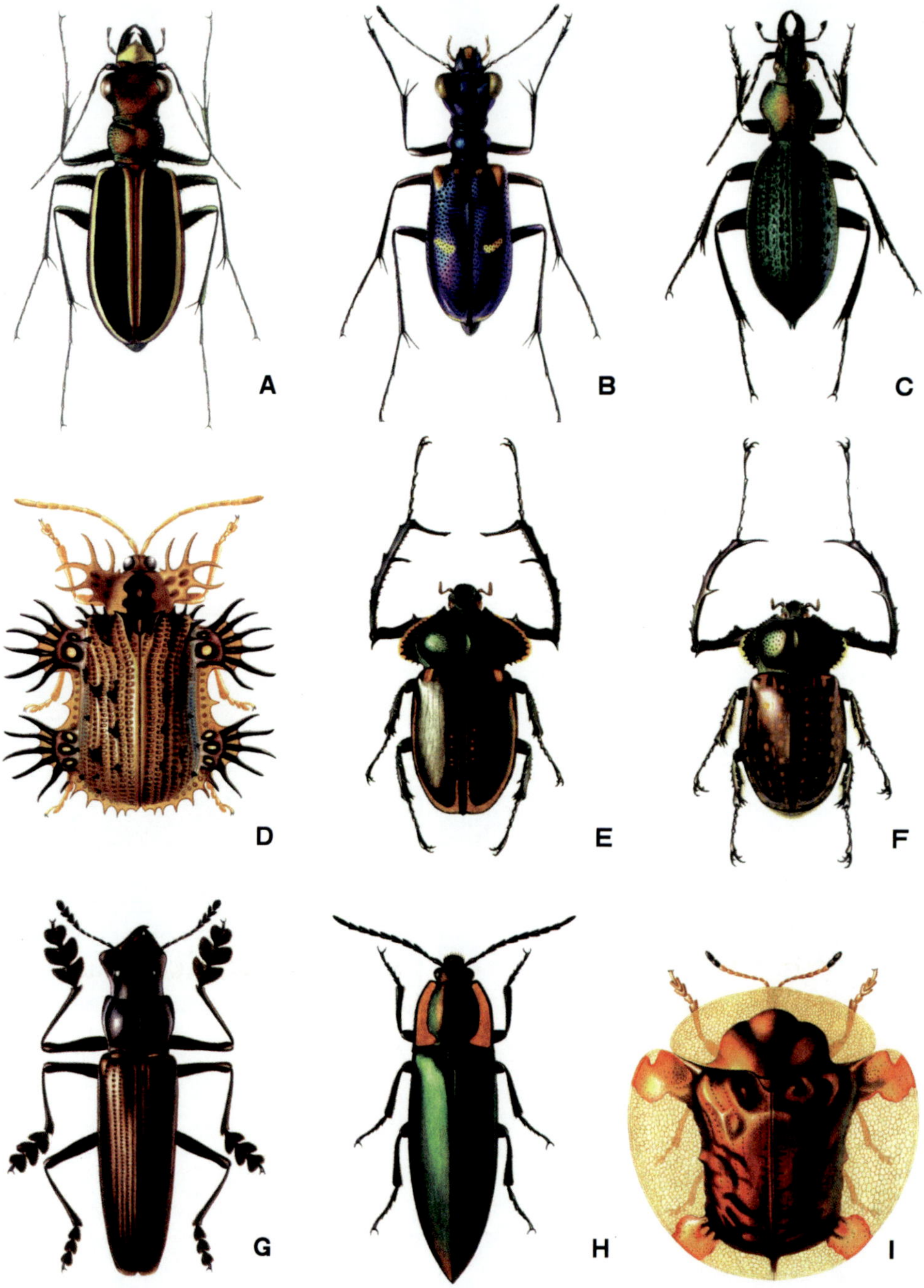

图版8　中国甲虫的多样化(1)

A. 金缘虎甲 *Cicindela desgodinsi* Fairmaire; B. 双锯球胸虎甲 *Therates biserratus* Tan; C. 拉步甲 *Carabus lafossei* Feisth; D. 枣掌铁甲 *Platypria melli* Uhmann; E. 阳彩臂金龟甲 *Cheirotonus jansoni* Jordan; F. 格彩臂金龟甲 *Cheirotonus gestroi* Pouillaude; G. 巨歪拟叩甲 *Doubleday aviator* White; H. 狭丽叩甲 *Campsosternus elongates* Fleutiaux; I. 金梳龟甲 *Aspidomorpha sanctaecrucis* Fabricius(李文柱绘)

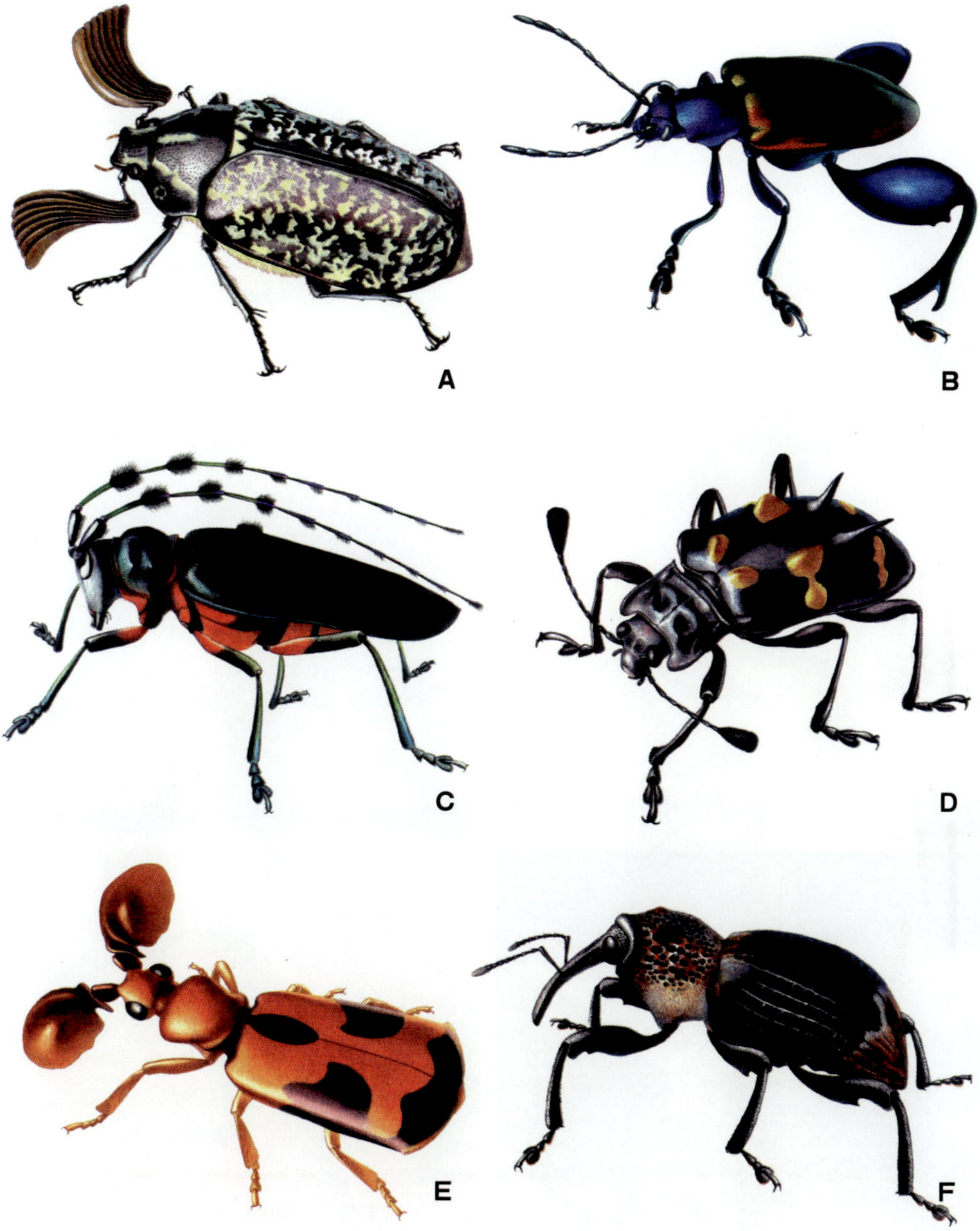

图版 9　中国甲虫的多样化(2)

A. 大云鳃金龟甲 *Polyphylla laticollis* Lewis；B. 耀茎甲 *Sagra fulgida fulgida* Weber；C. 木棉天牛 *Diastocera wallichi*(Hope)；D. 饰突伪瓢甲 *Spathomelea decoratus* Gerst；E. 五斑扁棒角甲 *Platyrhopalus paussoides* Wasmann；F. 沟眶象甲 *Eucryptorrhynchus chinensis*(Olivier)(李文柱绘)

图版 10　飞行中的昆虫与虫型飞机

A. 一种蜻蜓，其在飞行过程中能准确地捕获猎物；B. 一种食蚜蝇，飞行能力最好的昆虫之一，能前飞、倒飞、悬停在空中；C. 一种夜蛾，夜间飞行的昆虫；D. 美国佐治亚技术研究所设计的虫型飞机，体长仅 10 mm；E. 美国加利福尼亚大学设计的虫型飞机，体长仅 8 mm；F. 美国哈佛大学研制的虫型飞机（A～C. 崔振英摄；D～F. 来自网络）

目　录

第一篇　绪论

第二篇　昆虫的外部形态

第三篇　昆虫的内部解剖和生理

第四篇 昆虫的生物学

第五篇 昆虫的分类

第六篇　昆虫生态学

第一篇

绪　论

昆虫是动物界中最大的一个类群，无论是个体数量、生物量、种数与基因数，它们在生物多样性中都占有十分重要的地位。昆虫与人类的关系复杂而密切，有些昆虫给人类造成深重的灾难，有些种类给人类提供了丰富的资源。昆虫学就是人类在长期认识自然与改造自然的历史过程中形成的一门以昆虫为研究对象的学科。学习与研究昆虫学的目的在于了解昆虫生命活动的固有规律并利用所得的知识造福人类。21 世纪人类面临着许多难题，对昆虫学的发展既是挑战，也是机遇。持续地保护与利用昆虫多样性，是昆虫学家们责无旁贷的重任。

第一章 昆虫的多样性

第一节 昆虫纲的基本特征

昆虫纲 Insecta 是动物界中最大的一个纲。在汉语中,"昆"的意思之一是"众多"、"庞大";而"虫"字所指的范围甚广,从单细胞的原生动物到大型脊椎动物均有冠以虫者,西汉时刘安、董仲舒的"五虫说"和《大戴礼 · 易本命》中"虫"为所有动物的总称。1890 年,方旭在《虫荟》一书中把"羽、毛、昆、鳞、介"5 类动物中的 219 种小动物归为"昆虫"类,"昆虫"一词才具有近代概念。

西方语言中,"昆虫"(entoma 和 insect,前者源于希腊语,后者源于拉丁语)最早包括的范围也很广。1602 年,U. Aldrovandi 所写的《昆虫类动物》(De animalibus insectis) 中"昆虫"包括了节肢动物、环节动物、棘皮动物等;1758 年,林奈 (Carl von Linné, 或 Carolus Linnaeus) 在其巨著《自然系统》(Systema naturae) 第 10 版中所命名的昆虫纲 Insecta 里尚包括蛛形纲、唇足纲等节肢动物。1825 年,P. A. Latreille 设立六足纲 Hexapoda,才将"昆虫"规范为体分头、胸、腹的六足节肢动物。

科学意义上的昆虫是成虫期具有下列特征的一类节肢动物。

①体躯由若干环节组成,这些环节集合成头、胸、腹 3 个体段(图 1-1)。

②头部是取食与感觉的中心,具有口器和触角,通常还有复眼及单眼。

③胸部是运动与支撑的中心,成虫阶段具有 3 对足,一般还有 2 对翅。

④腹部是生殖与代谢的中心,其中包括生殖系统和大部分内脏,无行走作用的附肢。

昆虫在生长发育过程中,通常要经过一系列内部及外部形态的变化才能变成性成熟的个体(详见第四篇)。另外,还需要指出的是,并非所有在特定时期内具有 3 对足的动物都是昆虫,如一些蛛形纲、倍足纲和寡足纲的初龄幼虫就具有 3 对足。

第二节 昆虫纲在动物界中的地位

按照新近的分类系统,动物界 Animalia 可以分为 40 个门,昆虫纲属于节肢动物门 Arthropoda。大多数学者认为原始的节肢动物是从类似环节动物的蠕虫演化而来。在漫长的进化过程中,原始节肢动物逐渐形成两大分支,即具铁亚门 Chelicerata 与具颚亚门 Mandibulata。前者包括三叶虫纲、蛛形纲,后者包括甲壳纲、寡足纲、重足纲、唇足纲、结合纲及昆虫纲(图 1-2)。

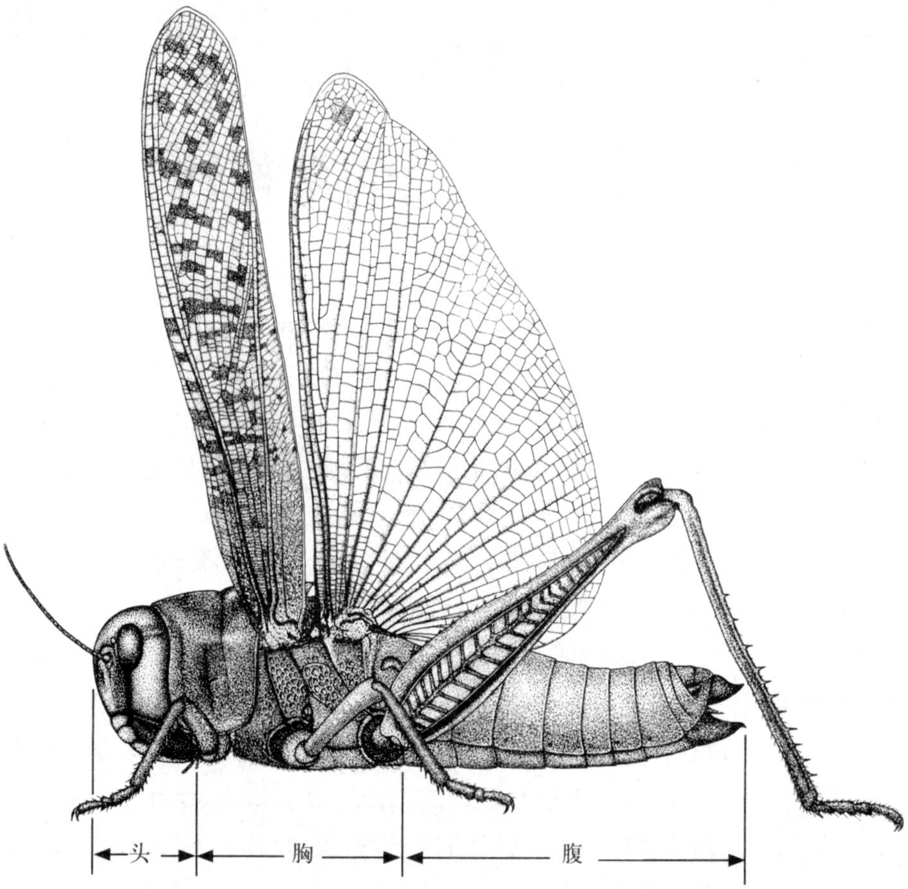

图 1-1　东亚飞蝗 *Locusta migratoria manilensis* (Meyen)，示昆虫的基本构造（彩万志图）

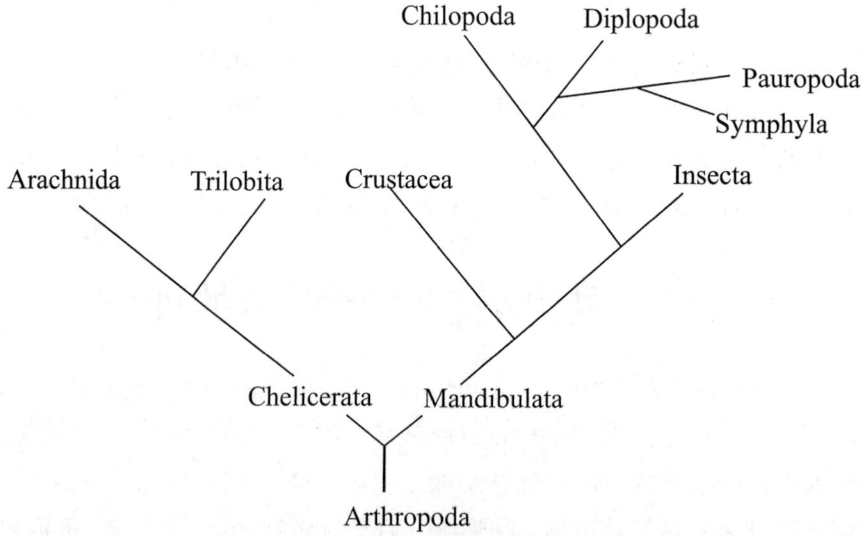

图 1-2　昆虫纲与近缘纲的系统发育关系

(1) 三叶虫纲 Trilobita 三叶虫（图 1-3A）是一类灭绝了的最原始的海栖节肢动物，曾于寒武纪和奥陶纪盛极一时；其体扁平，背面的两条纵沟把身体分为 3 部分，故名三叶虫。目前，已知化石三叶虫 10 000 余种。

(2) 蛛形纲 Arachnida 无触角，以书鳃、书肺或气管呼吸。此纲包括 3 个亚纲：蛛形亚纲 Arachnoida、肢口亚纲 Merostomata 及海蛛亚纲 Pycnogonida，蜘蛛、蜱、螨、蝎、鲎等 (图 1-3B ～ D) 均属于此纲。

(3) 甲壳纲 Crustacea 多水生，触角 2 对，以鳃呼吸；如虾 (图 1-3E)、蟹等。它们是节肢动物门中特殊的一类。

(4) 重足纲 Diplopoda 体节除前方三四节及后方一两节外，每一可见背板下由 2 节合并而成，所以大部分体节有 2 对行动足。马陆 (图 1-3F) 是本纲的典型代表。

(5) 寡足纲 Pauropoda 体躯 11 或 12 节，部分体节背面愈合，第 3 至第 9 节各有 1 对足 (图 1-3G)；其初龄幼虫具 3 对足。

(6) 唇足纲 Chilopoda 胴部每 1 体节具 1 对足，其中，第 1 对足特化成毒爪，生殖孔位于体末第 2 节上；蜈蚣 (图 1-3H)、蚰蜒属于此纲。

(7) 结合纲 Symphyla 状若蜈蚣，但第 1 对足不特化成毒爪，生殖孔位于体躯前端第 4 节上 (图 1-3I)。此纲动物每 1 体节上常具 1 对刺突和 1 对能翻缩的泡，与昆虫纲的双尾目昆虫甚似。因此有人认为结合纲与昆虫纲的亲缘关系最为密切。

值得指出的是，关于节肢动物的起源、进化及分类等还没有统一的认识。按照新的分类观点，节肢动物门分为三叶虫亚门、螯肢亚门、甲壳亚门、多足亚门及六足亚门。近年来，由于分子生物学、结构生物学、支序分类学等方面的影响，广义昆虫类高级阶元的分类系统发生了许多变化；对此，读者可参阅尹文英（1983, 2001, 2003）、尹文英、梁爱萍（1998）、宋大祥（2006）、袁锋、袁向群（2006）、尹文英等（2008）、Gullan & Cranston (2010) 等的著述。

第三节 昆虫的多样性

生物多样性（biodiversity）是一定空间内生物的变异性，通常包括遗传、物种与生态系统多样性 3 个层次。

一、昆虫纲繁盛的特点

总体而言，昆虫纲的繁盛主要表现在以下 4 个方面。

(1) 历史长 人类的出现仅有 100 多万年，而有翅昆虫的历史至少有 4 亿年；无翅亚纲的昆虫可能有更长的历史。

(2) 种类多 昆虫纲是动物界中最为繁盛的 1 个类群，以前认为只有 300 万～ 400 万种，近年的研究表明，地球上的昆虫可能达 1 000 万种，约占全球生物多样性的一

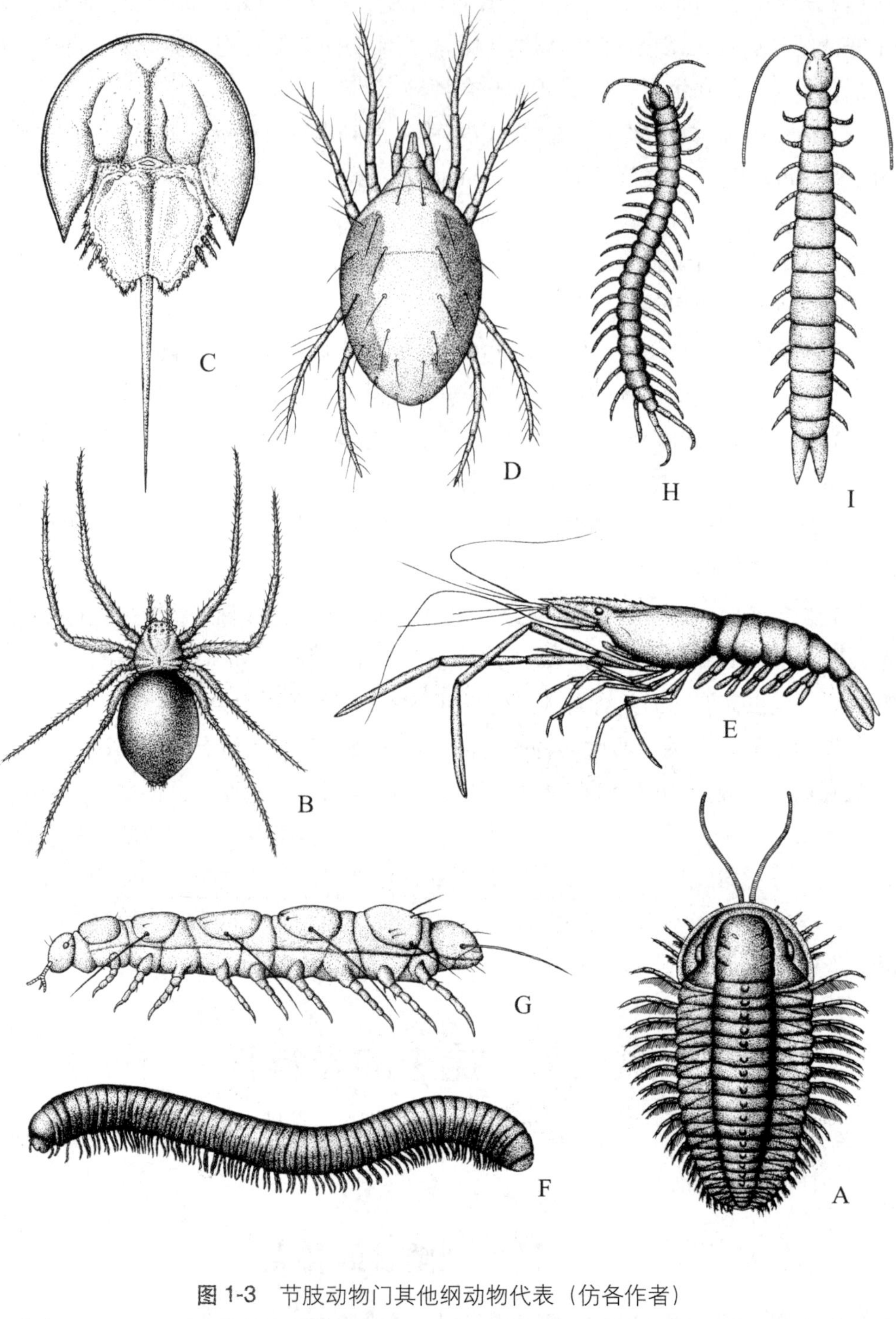

图 1-3　节肢动物门其他纲动物代表（仿各作者）

A. 三叶虫 *Triarthrus* sp.；B. 草间小黑蛛 *Erigone graminicolum*；C. 中国鲎 *Tachyplus tridentatus*；D. 朱砂叶螨 *Tetranychus cinnabarinus*；E. 虾 *Palaemon sinensis*；F. 马陆 *Spilobolus marginatus*；G. 薛氏烛蚿 *Pauropus silvaticus*；H. 蜈蚣 *Scolopendra* sp.；I. 么蚰 *Scutigerella immaculate*

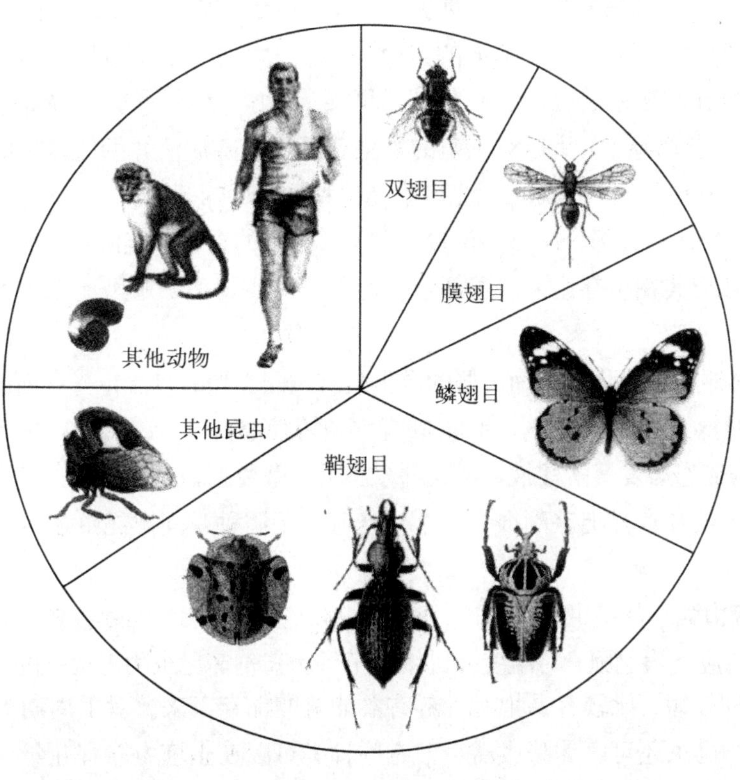

图 1-4 昆虫纲已知种类在动物界中的相对比例

半。目前已经被命名的昆虫在 102 万种左右，占动物界已知种类的 2/3(图 1-4)。仅鞘翅目就已知 38 万余种，而象甲科竟多达 6 万余种。估计中国有昆虫 60 万～ 100 万种，而目前仅记载 10 万余种。

(3) 数量大 同种昆虫的个体数量有时可能很大。特别是一些重要的农林昆虫更是如此。如我国历史上成灾的东亚飞蝗迁飞时可遮天蔽日，旬日不息。非洲的沙漠蝗 *Schistocerca gregaria* (Firskål) 最大蝗群可达 500 ～ 1 200 hm^2，遍及 65 个国家和地区，个体有 7 亿～ 20 亿个之多；一棵树上可以有蚜虫 10 万头，一个蚂蚁种群可达 50 万个个体，1 m^2 的土壤中可能有弹尾目昆虫 10 万头。

(4) 分布广 没有任何一纲的其他生物像昆虫这样分布广泛，从赤道到两极，从高山到海底，它们几乎分布于地球上的各个角落，有些昆虫甚至能分布于盐池、原油等特殊环境里。

二、昆虫纲繁盛的原因

在生物进化的历史长河中，体躯庞大的恐龙及鼎盛一时的三叶虫等灭绝了，而昆虫家族却一直保持着繁荣，其繁盛的原因主要有 6 个方面。

(1) 有翅能飞 昆虫是无脊椎动物中唯一有翅的一类，也是动物界中最早具翅的一个类群；飞翔能力的获得给昆虫在觅食、求偶、避敌、扩散等方面带来了极大的好处。

(2) 繁殖力强 昆虫具有惊人的生殖能力。大多数昆虫产卵量在数百粒范围内，具有社会性与孤雌生殖特性的昆虫生殖力更强；如果需要，1 只蜜蜂蜂后一生可产卵百万粒；有人曾估算，1 头孤雌生殖的蚜虫若后代全部成活并继续繁殖的话，半年后蚜虫总数可达 6 亿头左右。强大的生殖潜能是种群繁盛的基础。

(3) 体小势优 大部分昆虫个体较小，不仅少量的食物即能满足其生长与繁殖的营养需求，而且使其在生存空间、灵活度、避敌、减少损伤、顺风迁飞等方面具有很多优势。

(4) 取食器官多样化 不同类群的昆虫具有不同类型的口器，一方面避免了对食物的竞争，同时部分程度地改善了昆虫与取食对象的关系。

(5) 具有变态与发育阶段性 绝大部分昆虫为全变态，其中大部分种类的幼期与成虫期个体在生境及食性上差别很大，这样就避免了同种或同类昆虫在空间与食物等方面的需求矛盾。

(6) 适应力强 从昆虫分布之广、种类之多、数量之大、延续历史之长等特点我们可以推知其适应能力之强，对温度、饥饿、干旱、药剂等昆虫均有很强的适应力；并且昆虫生活周期较短，比较容易把对种群有益的突变保存下来。对于周期性或长期的不良环境条件，昆虫还可以休眠或滞育，有些种类可以在土壤中滞育几年、十几年或更长的时间，以保持其种群的延续。

三、保护昆虫多样性的意义

生物多样性是人类社会赖以存在的物质基础，保护生物多样性，使生物资源能持续利用，是当今社会迫在眉睫的一项全球性战略任务。据 Wilson (1988) 报道目前生物物种灭绝的速度比以前自然灭绝速度快 1 000 ~ 10 000 倍，不少人预测如果不及时采取有效措施，到 21 世纪中期，地球上将有 1/4 的物种陷入灭绝之境（Raven, 1988）。

无论从昆虫种类的数量还是个体数量及生物量而言，昆虫在生物区系，特别是在动物区系中都起着十分重要的作用，对于物种数占生物多样性近一半的昆虫多样性的保护自然不可忽视。Morris (1991) 曾言：“人类当今对昆虫的依赖比历史上任何时候都更为紧密”，Wilson (1992) 称昆虫是“小动物执掌大世界”，这些绝非夸张之辞。

第二章　昆虫与人类的关系

在智人出现之前，昆虫与周围环境中的动植物已经建立了悠久的生存关系。人类的出现，特别是种植业、养殖业的发展给其他生物带来了巨大的影响；人类在改造与利用自然的过程中，与昆虫间形成了非常复杂而密切的关系。根据人类的经济观与健康观，可把昆虫对人类的影响分为有害和有益两大方面。

第一节　昆虫的有害方面

在人类生活中，衣、食、住、行及健康等方面都会受到昆虫的侵害；害虫通过危害经济动、植物和传播疾病给人类造成了重大损失。

一、昆虫对经济植物及其产品的危害

可以说没有一种栽培植物不被害虫侵袭，甚至在其产品的贮运及加工过程中也会蒙受损害。

（一）农业害虫

农作物由于受害虫的危害常导致产量下降，品质降低，甚至造成严重的灾害。尤其是在古代，虫灾时有发生。从公元前 707 年到 1949 年的 2 000 多年中仅中国的蝗灾就有 800 多次，平均每 3 ~ 5 年就有 1 次大的蝗灾。《旧唐书·五行志》中载：唐贞元元年，即公元 785 年，“夏，蝗，东自海，西尽河陇，群飞蔽天，旬日不息；所至，草木叶及畜毛靡有孑遗，饿殍枕道。”明崇祯十三年（1640 年）《河南通志》云：“开封大蝗，秋禾尽伤，人相食。汝宁蝗蝻生，人相食。洛阳蝗，草木、兽皮、虫蝇皆食尽，父子、兄弟、夫妇相食，死亡载道。”类似的记载在中国古籍中可谓史不绝书，触目惊心。

今天，害虫仍然是农业丰产、丰收的大敌，据联合国粮农组织（FAO）报道，全世界 5 种重要作物（稻、麦、棉、玉米、甘蔗）每年因虫害的损失达 2 000 亿美元。美国 1974 年虫害损失总额达 450 亿美元 (Ross et al.,1980)。1958 年索马里共和国沙漠蝗暴发，其 1 d 的损失相当于 40 万人 1 年的口粮。

我国常见的农业害虫在 1 000 种左右，每种主要作物已知害虫种类多在 100 ~ 400 种，每年因害虫造成的损失至少占农作物总产值的 1/5 以上。1992 年，仅棉铃虫就使全国棉花总产量减少 30% 以上，直接经济损失达 100 亿元。

（二）林业害虫

森林是重要的自然资源，森林及木材也常遭受昆虫的危害。中国常见森林害虫约400种，以松毛虫、天牛、小蠹等危害最烈。仅松毛虫全国每年发生面积达200万～270万 hm^2，减少木材生长量270万～380万 m^3。天牛类的幼虫能造成林木大片死亡，木材质量大为降低。小蠹、叶蜂、袋蛾等也常暴发成灾。

除农林植物外，果、蔬、药等经济作物无不受到昆虫的危害，一般损失15%～20%；有时还影响出口创汇。

昆虫不仅直接危害植株，而且还能传播植物病害；植物的真菌、细菌、病毒等病害的传播均有以昆虫为媒介的，其中有些病毒必须由昆虫传播。在已知近300种植物病毒中，仅靠蚜虫传播的就占一半以上。飞虱、叶蝉等刺吸式口器的昆虫都是重要的传病媒介。昆虫传病所造成的损失远远大于由于其取食或产卵等所造成的直接损失。

经济植物不仅在生长期间受害虫危害，而且其产品在贮藏、加工期间也会受到多种害虫的侵害，如粮食在贮运过程中一般损失在5%～10%；建筑物、桥梁、枕木、船舶、家具等木材，常因白蚁之蛀而被毁；甚至电缆线、纸币等被害虫蛀毁者亦时有报道。

二、昆虫对动物的危害

除单细胞动物和较低等的多细胞动物外，大多数动物都会不同程度地受到昆虫的侵袭。这里主要述及昆虫对经济动物及人类的危害。危害方式有直接和间接两类。

（一）直接危害

昆虫对人、畜的直接危害包括直接取食、螫刺和骚扰、恐吓等方面。一些肉食性昆虫可以通过捕食和寄生两种方式直接取食其他动物（包括人）的组织或体液。以前，亚马孙河流域一带的行军蚁所到之处可以把所遇到的其他大小动物吃得仅剩白骨；家畜、家禽和人的外寄生性昆虫可以大量吸取寄主的血液，如蚤、虱、臭虫、锥猎蝽等昆虫反复侵害人、畜可致寄主慢性贫血；在巴西中部的一户人家每人每天被锥猎蝽 *Triatoma infestans* (Klug) 所吸食的血液高达17 mL，对儿童和营养不良的成年人而言经常如此失血的后果是严重的。

全世界每年因蜂、蚁刺螫而伤者达500万人次之多，因其他有毒昆虫而引起人、畜皮肤损伤者更多，如1983年7—9月份仅河南省郑州、平顶山、鲁山之地由隐翅甲引起的皮肤病患就达5 000多例；人、畜误食毒虫而中毒的现象也屡见不鲜。

因蚊、蝇、虱、蚤等的叮、咬所造成的骚扰有时令人难忍，甚至发怒等。

（二）间接危害

昆虫对人、畜的间接危害主要是指由其传播疾病所造成的危害。人类的传染病大约2/3是以昆虫为媒介的，蚊、蝇、蚋、蚤、虱、臭虫、锥猎蝽等昆虫是疾病的主要传播者。

历史上，由昆虫传播的疾病给人类造成了惨重的损失。如蚊虫传播的疟疾曾夺去无数人的生命，有人认为蚊虫可能是古希腊、古罗马、古锡兰文明毁灭的罪魁祸首。由跳蚤传播的鼠疫，1237 年在欧洲蔓延，共夺去 2 500 万人的生命；1655 年流行的鼠疫又使 10 万伦敦人丧生；1918 年，此病在我国东北各地流行，死亡人数在 50 万以上。

当今，由昆虫传播病疫仍然威胁着人类的健康。在非洲，每年有 1 亿人患疟疾，80 万人因此而丧生；由蚋传播的蟠尾线虫病每年要感染 100 万非洲人，其中 70 万人从此失明；由锥猎蝽传播的锥虫病每年新感染 80 万人左右，南美有 7% 的人口处于此病的威胁之中，局部地区高达 75% 的人口难免此病的传染。

畜、禽等经济动物受昆虫寄生和传染病的危害更为常见。

第二节　昆虫的有益方面

昆虫给人类带来的不只是灾难与威胁，它们对人类还有许多有益的方面。

一、传 粉 昆 虫

大约 85% 的植物属于虫媒植物，蜂类、蝇类、蝶类、蛾类、甲虫类等访花昆虫是虫媒植物授粉的必要媒介，如果没有蜜蜂传粉，40 000 种植物会因无法繁殖而濒临灭绝。爱因斯坦曾言：如果蜜蜂从地球上消失，人类将最多在地球上多活 4 年。传粉昆虫为人类创造了巨大的财富，如有些研究表明利用蜜蜂授粉可使棉花增产 12% ~ 15%、油菜增产 40% ~ 60%、向日葵增产 30% ~ 50%、荞麦增产 50% ~ 60%、果树增产 50% 以上、瓜类增产 50% ~ 60%、温室大棚的果蔬增产 30% ~ 70% 等。显然，蜜蜂因授粉促进农作物增产的价值远比蜂产品的价值为高。

二、工业原料昆虫

不少虫产品是重要的工业原料；家蚕、柞蚕为丝绸工业的主体，紫胶、虫蜡、五倍子、荧光素酶、几丁质等昆虫产品是医学、机电、纺织、石油、化工、航天、食品等多种工业的重要原料，有些还是出口商品，每年为国家换回大量外汇。如仅中国丝绸就远销世界 100 多个国家和地区，1993 年出口创汇突破 30 亿美元，是目前我国单项出口商品中仅次于石油的第 2 大商品。

三、天 敌 昆 虫

在自然界中存在着大量的捕食性和寄生性昆虫，它们在害虫的自然抑制上起着十分重要的作用，保护与利用自然天敌是害虫生物防治及综合治理的基本措施。不少国家投入了大量资金用于生物防治的研发，并形成了规模化生产。目前，世界较大的昆虫天敌生产企业有 80 余家，商品化生产提供的天敌 150 余种，欧美等发达国家已将天敌广泛应用于温室、果园、农田作物害虫的防治。1988 年，我国长江中下游各省及广东等地保护利用天敌防治水稻害虫面积达 330 万 hm^2，农药用量比 1980 年下降近 1/2，取得了明显的经济效益和社会效益。

四、食用、饲用昆虫

昆虫虫体富含蛋白质、不饱和脂肪酸、微量元素等，可以为人类提供高蛋白、高矿物质、低脂肪的理想食品；加之大部分昆虫易饲养、生物量大、食物转化率高，所以昆虫是一类值得开发的食品资源。目前全世界大约有 5 000 种昆虫被食用，我国有些食用昆虫产品在市场上已占有一定位置。如 1993 年鼎突多刺蚁 *Polyrhachys ricina* Roger 蚁干销售量已超过 400 t，蚁制品总产值突破 100 亿元。

很多昆虫虫体可作为养殖动物的蛋白质饲料，如家蝇 *Musca domestica* Linnaeus 幼虫、黄粉甲 *Tenebrio molitor* Linnaeus 都是成本低、价值高、收效快的高级饲料。

五、药 用 昆 虫

药用昆虫是东方传统药物宝库的重要组成部分，目前入药昆虫 300 余种。近年来对虫药的化学成分、治病机理进行了深入研究，并且人工合成或提取斑蝥素及其衍生物、蜣螂毒素、蜂毒、抗菌肽等有效药用物质，临床上用于治疗多种疾病。旧时西方有用蝇蛆清除伤口腐肉、用蚂蚁诊病及缝合伤口等记载。中、西医学都有以蜜蜂刺螯治疗关节炎等疾病的成功经验（朱良春，1981；蒋三俊，1999；谭同来，2010）。

六、模 式 昆 虫

一些昆虫由于具有生活周期短、易于大批量饲养、遗传背景可精确控制及不受人伦观念制约等原因，近百年来先后成为模式生物，对它们的研究成果在揭示生命本质与应用方面起着引领作用，尤其是对遗传学、发育生物学、神经生物学、细胞生物学、结构生物学、医学等学科的发展做出了卓越贡献，有近 10 位学者也因此获得了诺贝尔奖。黑腹果蝇 *Drosophila melanogaster* Meigen、普热猎蝽 *Rhodnius prolixus* Stål、德国小蠊 *Blattella germanica* L.、赤拟谷盗 *Tribolium castaneum* (Herbst) 等是经典的模式昆虫；近年来随着基因组学和蛋白组学的研究，家蚕 *Bombyx mori* L.、意大利蜜蜂 *Apis mellifera* L.、冈比亚按蚊 *Anopheles gambiae* Giles、埃及伊蚊 *Aedes aegypti* (L.)、豌豆蚜 *Acyrthosiphon pisum* Harris 等一批新的模式昆虫也应运而生。这些模式昆虫将成为基因组时代生命科学研究领域的新载体，在诠释生命起源与进化、昆虫的资源与开发、人类疾病与社会管理等方面做出更大的贡献。

七、仿 生 资 源

4 亿多年来，小小的昆虫之所以能繁衍至今与它们有各自的生存绝技也密不可分；有些技能连人类也自叹弗如。例如，螳螂能够在 0.05 s 内一跃而起，捕捉到空中飞行的猎物，这一速度连目前的微电子和自动化技术都达不到；食蚜蝇能前飞、倒飞，还能停在空中，其高超的飞行技巧使自认为是万物之灵的人们望而生叹；蜜蜂建筑蜂房的本领使人间的许多建筑师感到惭愧……昆虫这些独到之处都是仿生学的丰富资源。近些年来，昆虫的形态仿生、化学仿生、行为仿生、分子仿生、材料仿生等广泛地应用于军事、航天航空、医学、工业、农业等领域，在六足机器人、虫型飞机的研发等方面取得了一系列突破，取得了显著的经济效益和社会效益；我国的昆虫仿生学研究也出现了可喜的势头，相关的研究生学位论文已有近百篇。随着科技的发展，特别是信息技术、计算机技术、生物电子技术、遗传工程技术、分子生物学技术等发展，人们的一些梦想将会通过仿生昆虫而逐步变为现实。

八、文 化 昆 虫

文化昆虫是指能够美化或丰富人们文化生活的昆虫，包括漂亮昆虫、发音昆虫、发光昆虫、争斗昆虫、节日昆虫等类。中国是一个文明古国，昆虫文化资源十分丰富，仅与昆虫相关的民间节日就达 100 多个；如何利用这些独特的资源是一个值得探讨的问题，事实上有些地方政府已经在利用这些资源上进行了尝试，如 1991 年至今，山东省宁津县每年举办蟋蟀节，在一定程度上带动了当地经济的发展。随着人们物质生活水平的提高，文化昆虫必将受到更多的关注。

此外，腐食及粪食性昆虫、指示昆虫、法医昆虫、生物工程昆虫等都对人类的生活有着十分重要的贡献。

值得指出的是，人们对昆虫的益害观是由人类的经济利益与社会利益而决定的。最典型的例子是人们对家蚕与苍蝇的益害看法的变化：在养蚕业未形成之前，蚕之于桑树肯定是害虫，养蚕业形成后，蚕则变成了益虫；以前人们认为苍蝇是令人讨厌的卫生害虫，曾一度被我国政府部门列为要彻底消灭的“四害”之一，但近年来随着蝇体抗菌肽及蛋白质等的提取，人们又把蝇类当做有价值的资源昆虫而进行人工大规模饲养。随着科技的进步，肯定会有更多的昆虫成为益虫。

第三章　昆虫学简史

第一节　世界昆虫学简史

昆虫学是人类在长期认识自然与改造自然的历史过程中对昆虫知识不断积累的结果。大约在 7 000 年前，西班牙和土耳其已有关于人类采集野生蜜蜂蜂蜜的壁画；至少在 5 000 年前，中国人就开始了养蚕；2 000 多年前，中国人就记载了自然界食物链的现象；1 600 多年前，中国橘农便用黄猄蚁防治柑橘害虫。但昆虫学作为一门独立的学科应从 17 世纪算起。

1610 年或更早，伽利略用显微镜观察了昆虫的运动器官和感觉器官。17 世纪中叶，由于显微镜在欧洲的广泛应用，使得人们能够对昆虫的外部形态和内部结构进行较详细地观察。1668 年，Malpighi 发表了他对家蚕的解剖研究成果；同年，Swammerdam 也发表了其昆虫研究的处女作，他们两人的研究被后人称为昆虫器官精确解剖的开始，其优美的图示对其后的学者影响甚大。17 世纪末期，Ray 还清楚地提出了与现代相似的种的概念，在欧洲还建立了一些自然历史博物馆。

18 世纪初，一大批有才干的人士开始了昆虫学的研究工作。荷兰人 Lyonet 进行了非常精细的一种鳞翅目幼虫解剖，标出体壁肌 1 647 条、头部肌肉 228 条、内脏肌 2 186 条等；同期，德国人 Roesel、法国人 Réaumur、瑞典人 De Geer 等的著作中不仅描述了昆虫的形态，而且还详细地记述了多种昆虫的生活史、习性等，这些论著图文并茂，引起了广大公众的关注。

1758 年，瑞典自然科学家林奈发表了著名的《自然系统》第 10 版，在这部巨著中，他对自然界 4 500 种左右的动物(约包括 2 000 种昆虫)统一用双名法命名，并提出了界、门、纲、属、种等分类阶元，不久分类学便脱颖而出。第 1 个杰出的昆虫分类学家应该是林奈的学生 Fabricius，其第 1 部著作《昆虫系统》(Systema entomologica) 发表于 1775 年，其后又有许多专著问世，他第一次对全世界的昆虫区系做了研究，命名了大量的昆虫分类阶元。1780 年，世界上第 1 个昆虫学会——伦敦昆虫学会成立，它标志着昆虫学家队伍初具规模。

19 世纪，欧美各发达国家的昆虫学蓬勃发展，不仅出现了大量的专业人员，而且涌现出许多业余昆虫学家。此期，规模不一的昆虫学会相继成立，世界上第 1 个昆虫学专业期刊——《伦敦皇家昆虫学会会刊》(Transactions of Royal Entomological Society of London) 也于 1807 年问世。研究内容除传统的昆虫形态学、生物学及分类学外，已开始注意昆虫生理学和昆虫生态学的问题。农、林业的飞速发展对此期的昆虫学研究起到巨大的推动作用，出现了美国 Riley、Howard 等著名的经济昆虫学家。1859 年，达尔文《物种起源》一书的出版对昆虫学研究产生了深远影响，昆虫学家们开始从进化角度分析昆虫的起源与演化。此外，昆虫知识的传授也逐渐成为大学教育的内容，1866 年 Mudge 首次在美国堪萨斯大学开设昆虫学课程；1881 年世界上第 1 个大学昆虫学系在 Comstock 教授的主持下于美国康奈尔大学诞生；至此，昆虫学人才的培养逐步走向正规。

20 世纪是昆虫学发展的黄金时期。该世纪 30 年代以前，昆虫学的主体为昆虫分类和农业昆虫学；此期，分类学家们一方面大量收集标本，发现与命名新阶元，一方面根据形态、化石及生物学等特征建立了一些分类系统；应用昆虫学则开始分支为经济昆虫学和医学昆虫学，前者以农、林、仓库害虫的防治为主，天敌昆虫与资源昆虫的应用也逐渐被重视。20 世纪 30 年代是基础昆虫学学科分化的重要年代。1931 年，Chapman 出版了《动物（特别是昆虫）生态学》；1934 年，Wigglesworth 出版了世界上第 1 本《昆虫生理学》；1935 年，Snodgrass 出版了至今仍被视为经典的《昆虫形态学原理》；这些著作的出版是各分支学科成熟的重要标志之一。20 世纪 40 年代以后，随着数学、物理、化学等学科的发展与渗透，以及电子显微镜、电子计算机等先进仪器和设备的应用，昆虫学进入了一个飞速发展的时期，交叉学科、分支学科不断出现，至 20 世纪 90 年代，昆虫学的基本方向和范围大体形成。

自 1994 年 2 月 27 日美国科罗拉多州立大学建立了世界上第 1 个昆虫学 Internet 站点 (http://www.colostate.edu) 后，昆虫学站点雨后春笋般涌现，为昆虫学教学、科研等提供了极大的方便。20 世纪末期，昆虫学网络教学也逐渐开展。

第二节 中国昆虫学简史

中国是世界上最悠久的文明古国之一，中国昆虫学史同中国整个科技史相似，有古代的辉煌、近代的落后与现代的崛起 3 大明显的特点。

一、中国古代（公元前 5000 年至公元 1839 年）昆虫学简史

中国是世界上最早进入农耕生活的国度之一。大约在 2 万年前中国已有了原始农业，到了距今六七千年前的仰韶文化时期，原始农业已初具规模。古代中国人在长期的农牧业生产实践中积累了丰富的昆虫知识，在害虫防治、益虫利用、玩虫育赏等方面都有着巨大的贡献。

中国人对农业害虫防治的文字记载已有 3 000 多年。至少在 2 600 年以前，人们已根据害虫的取食部位把植食性害虫分为螟、螣、蟊、贼 4 类；约在 3 000 年前，农民已利

用草木灰和石灰防治害虫；公元前 707 年就已开始较详细记载蝗灾的发生；战国时期已把耕作技术与害虫防治结合起来；2 000 多年前已使用砷剂与汞剂毒杀害虫；公元 29 年已有了治虫法规；公元 713 年，政府专门设立治蝗官吏；大约在宋代，一整套包括法规防治、人工防治、农业防治、生物防治、物理防治措施等的蝗虫综合治理体系已经形成。

益虫利用上，中国更是远超他国。距今 7 000 年的河姆渡遗址出土的盅形雕器上绘有蚕纹；5 200 年前，中国人已经能养蚕纺纱。养蜂取蜜的历史虽然有据可考的历史只有 3 000 多年，但昆虫史学家周尧 (1980) 认为中国养蜂的历史应该比养蚕更早。食用昆虫、药用昆虫的利用均有 2 000 多年的历史；1 600 年前，我国南方橘农就已开始了生物防治实践；公元 948—950 年间，隐帝承祐就下令禁捕取食蝗虫的鸲鹆。

玩虫的育赏方面中国人独树一帜。春秋战国时期就有人畜养螽斯；唐代天宝年间斗蟋之风已经盛行；唐代都市长安大街上每年夏天都有人叫卖鸣蝉；《宋稗类钞》中记载当年民间有人驯养蚂蚁列队打仗的绝技；清代宫廷中有被称为“把式”的专门人员冬季在地窖里饲养蟋蟀、蝴蝶等观赏昆虫供权贵们玩乐。

害虫的防治、益虫的利用、玩虫的养育等都必须对相应的昆虫有深入地了解，古代中国人在数千年前就已对家蚕、蝗虫、蟋蟀的形态和生活史等有正确的认识，特别是在家蚕的化性、孤雌生殖、病害的防治及蝗虫的生活习性的观察与利用等方面都有较科学的记载。公元前 250 年《考工记》中已经明确记述了昆虫具有内、外骨骼及不同的发音方式。

关于中国古代昆虫学史，周尧 (1957，1980)、邹树文 (1981) 有较详细的汇总。从上述的点滴例证中不难看出我国古代昆虫学研究远在欧美之前。

17 世纪以来，一些国外昆虫学家开始研究中国昆虫的分类与生物学；其中最为突出者是英国人 E. Donovan，1798 年，他在英国伦敦出版了两本关于中国昆虫的著作，一本是《昆虫学图说》第一部分亚洲昆虫概览第一卷“中国的昆虫”，一本是《中国昆虫的自然历史》。

二、中国近代 (1840—1949 年) 昆虫学简史

“公元 1—15 世纪，中国的一系列重大发明极大地推动了世界文明的进程” (Needham 等，1986)，但到了 16 世纪以后，由于清朝统治者对外闭关自守、对内文化专制及政治腐败等原因，中国科技水平全面落后。1840 年第一次“鸦片战争”失败后，中国沦为半封建半殖民地国度，中国近代昆虫学史自然也带着半封建半殖民地的烙印。1895—1945 年，我国台湾省的昆虫学发展史就是最典型的实例。对此，王思明、周尧 (1995) 曾有概述。

大体上，中国近代昆虫学史可以分为 3 个时期。

(一) 孕育期 (1840—1910 年)

鸦片战争失败后，西学东进，现代意义上的昆虫科学知识逐渐输入我国。此期，

我国昆虫学处于翻译与介绍阶段，中国尚无自己的昆虫学家。1898 年浙江蚕学馆创办，该校开设的 19 门课程中有害虫论、蚕体解剖、蚕体生理、蚕体病理等课程，显然中国昆虫学教学从此开始。另外，1909 年我国第一位职业昆虫学家邹树文自京师大学堂毕业后到美国康奈尔大学深造。

（二）初创期（1911—1936 年）

1911 年（有人记载为 1914 年），北京中央农业试验厂设立病虫害科，旅美的邹树文在美国科学联合会昆虫学组中宣读了“白蜡介壳虫”报告；1912 年，邹树文又在美国发表了“鳞翅目幼虫毛序同源研究”一文；1915 年，秉志第 1 次在中国人自办的科学杂志上发表昆虫学论文；1916 年，各省也设立了农业试验场，浙江、安徽等省在试验场内还设置了病虫害科；1919 年，国内第 1 个昆虫学硕士研究生胡经甫毕业；1922 年，专门负责江苏省害虫防治的中国第 1 个昆虫局——江苏省昆虫局成立；1924 年，浙江省效法江苏在嘉兴设置浙江昆虫局，该局于 1928 年迁址杭州并更名为浙江省昆虫局；接着，江西省、河北省、湖南省、广东省也相继设立昆虫局或昆虫研究所，但不久均因故停办；1924 年，中国第 1 个昆虫学社团——六足学会在张巨伯倡导下成立；1933 年，国人创办的第 1 份植物保护期刊《昆虫与植病》发行，第 1 个全国病虫害防治计划实施；1934 年周尧等发起的昆虫趣味会成立，《趣味的昆虫》创刊；1935 年，胡经甫博士编著的《中国昆虫名录》第 1、第 2 卷出版，尤其伟的国人自编第 1 本昆虫学教材——《虫学大纲》出版发行。这一系列的事实标志着中国昆虫学研究和教学从无到有，由小到大逐步创立起来。

（三）艰难发展期（1937—1949 年）

1937 年，日本帝国主义的大举侵略，使中国刚刚兴起的昆虫学事业受到无情的摧残；大批教研机构被迫迁到西南，很多科研项目中断或几近中断，仅有的几份昆虫学期刊大部分停刊……1945 年，抗战胜利不久，内战又起，社会动荡，昆虫学教研又遭灭顶之灾。

三、中国现代（1949 年至今）昆虫学简史

1949 年，新中国的成立是当代中华民族复兴的起点；同时也是中国现代昆虫学事业的开端。半个世纪中，中国昆虫学发展的历程可明显分为 3 个阶段。

（一）调整初兴期（1950—1965 年）

建国之初，百废俱兴，中国昆虫学事业盛况空前。不仅迅速在全国范围内形成了科研、教学、推广相互独立又密切配合的植保体系，而且中国昆虫学会（1951 年）、植物保护学会（1962 年）及各省（自治区、直辖市）相应的分会相继成立，《中国昆虫学报》（1950 年）（1951 年改为《昆虫学报》）、《中国昆虫学会通讯》（1951 年）、《昆虫知识》（1955 年）、

《昆虫学译报》(1956 年)、《应用昆虫学报》(1958 年)、《植物保护学报》(1962 年)、《植物保护》(1963 年)、《动物分类学报》(1964 年) 等杂志先后创刊或复刊，一批优秀的昆虫学教材和《中国经济昆虫志》各卷纷纷出版，昆虫学队伍很快壮大，对于农、林、医等害虫的测报与防治工作广泛开展，特别是对东亚飞蝗、小麦吸浆虫等 7 大害虫的防治及紫胶虫、白蜡虫等资源昆虫的利用上取得了很大成就，为当时农业生产和国民经济的振兴做出了重大贡献。

（二）文革动乱期（1966—1976 年）

1966 年开始的“文化大革命”使我国的昆虫学事业与其他科教领域一样处于动乱之态，中国昆虫学会停止了活动，《昆虫学报》、《昆虫知识》等杂志先后停刊近 10 年，正常的昆虫学教育被取消，不少昆虫学工作者受到迫害，胡经甫、刘崇乐、陆近仁、冯兰洲、曾省等一批杰出的昆虫学家含冤而逝，昆虫学研究几近停滞，我国的昆虫学事业与国际先进水平的距离再次拉大。

（三）平稳发展期（1977 年至今）

1977 年始，中国迎来了科学的春天，高考制度及学位研究生制度、学会活动恢复正常，科学考察、害虫与天敌普查不断开展，国际交往日趋频繁，《昆虫天敌》、《生物防治通报》、《昆虫分类学报》先后创刊。经过十几年的艰苦努力，到 20 世纪 80 年代中期中国昆虫学事业已基本恢复到文革之前的生机与活力。80 年代中期我国首批昆虫学博士的毕业、1986 年《中国动物志》昆虫纲一二卷的出版、1992 年第 19 届国际昆虫学大会在北京的成功召开、1994 年英文版《Entomologia Sinica》(中国昆虫科学) 的创刊等都标志着中国昆虫学事业进入了一个新阶段。

近十年来，中国昆虫学研究快速发展。在各个分支领域中取得了一些原创性研究成果，中国本土昆虫学家先后在 *Science*、*Nature*、*PANS* 等国际顶级期刊上发表了多篇论文；2004 年，我国科学家完成了家蚕基因组框架结构；《中国动物志》出版的步伐加快，多本高质量的图鉴发行，多本世界昆虫名录由国人编著出版，华立中 4 卷《中国昆虫名录》2006 年全部问世;2007 年，我国昆虫学期刊 Insect Science 入选 SCI 源期刊；在 2011 年 5 月份公布的昆虫 270 多个线粒体全基因组中约 2/5 由中国学者完成；我国昆虫学家在国际期刊上发表论文的数量逐年上升；国外学生到中国留学的人数逐年增多。这些成就表明目前我国昆虫学研究已接近或到达国际先进水平，为我国 21 世纪昆虫学事业的腾飞奠定了基础。

第四章　昆虫学的内容与范围

第一节　昆虫学的分支

昆虫学 (entomology 或 insectology) 是以昆虫为研究对象的学科。200 多年来，随着该学科研究的深入及与其他学科的相互渗透，逐渐形成了许多分支。这些分支可归为 5 大类。

一、普通昆虫学

普通昆虫学 (general entomology) 又称基础昆虫学 (basic entomology)，所涉及的内容偏重于对昆虫本身生命形式及生命规律的探索，有 5 个主要分支。

(1) **昆虫形态学 (insect morphology)**　涉及昆虫的结构、功能、起源及演化；又有比较形态学、功能形态学、发育形态学、超微形态学、精子学等分支。

(2) **昆虫生物学 (insect biology)**　研究昆虫的发育、变态、习性、行为的模式和机理；昆虫胚胎学、社会昆虫生物学、昆虫行为学等都属于广义的昆虫生物学范围。

(3) **昆虫分类学 (insect taxonomy 或 insect taxology)**　涉及昆虫的鉴定、命名、分类及各阶元间亲缘关系和进化途径等；近年来，又形成了昆虫数值分类学、支序分类学、化学分类学、细胞分类学、分子分类学等分支。

(4) **昆虫生理学 (insect physiology)**　探讨昆虫组织、器官的机能和代谢规律等；包括昆虫组织学、昆虫生物化学、昆虫电生理学、昆虫分子生物学等。

(5) **昆虫生态学 (insect ecology)**　研究昆虫与环境的关系，从个体、种群、群落、生态系统等层次探讨昆虫数量动态、群落演替规律；目前，除有按研究层次分的个体生态学、种群生态学、群落生态学、系统生态学外，还有昆虫数学生态学、化学生态学、分子生态学、地理生态学、资源生态学、景观生态学等分支。

二、应用昆虫学

应用昆虫学 (applied entomology) 又称经济昆虫学 (economic entomology)，是利用昆虫生命活动的固有规律造福人类的科学，它既是昆虫学产生的主要原因，又是人们研究昆虫的目的所在。根据不同的角度和范围，应用昆虫学又可分为农业昆虫学 (agricultural entomology)、果树昆虫学 (fruit tree entomology)、蔬菜昆虫学 (vegetable entomology)、森林昆虫学 (forest entomology)、医学昆虫学 (medical entomology)、兽医昆虫学 (veterinary entomology)、法医昆虫学 (forensic entomology)、城市昆虫学 (urban entomology)、贮物昆虫学 (stored product entomology)、资源昆虫学 (resource entomology)、昆虫毒理学 (insect toxicology)、昆虫病理学 (insect pathology)、植物化学保护 (plant chemical protection)、害虫生物防治 (pest biocontrol)、推广昆虫学 (extension entomology)、养蚕学 (sericulture)、养蜂学 (apiculture) 等。

三、文化昆虫学

文化昆虫学 (cultural entomology) 是 20 世纪 80 年代初期形成的一门文理交叉学科，主要研究昆虫对人类文化的影响，包括民族昆虫学、民俗昆虫学、神话昆虫学、文学昆虫学等方面。中国是农业古国，中国昆虫文化源远流长、沉积深厚。

四、古 昆 虫 学

古昆虫学 (palaeoentomology) 是古生物学的一个重要分支，是研究保存在岩层中的昆虫遗体和遗迹的科学，主要有化石昆虫分类学、古昆虫生态学、古昆虫地理学等分支；近年来，在古昆虫生物化学和古昆虫分子生物学等方面也有不少新发现。

五、技术昆虫学

技术昆虫学 (technical entomology) 或称昆虫学技术 (entomological technology) 是探讨昆虫学研究中所用技术的科学，包括昆虫标本的采集、制作、管理、昆虫的饲养、调查、摄影、摄像、绘图、昆虫学常规仪器的使用与维修、昆虫学文献的检索与利用等，是昆虫学的一个重要组成部分。

第二节　学习昆虫学及普通昆虫学的目的与意义

从昆虫的多样性及与人类的关系等方面可以看出昆虫学事业任重道远，我们学习昆虫学就是要努力探索昆虫生命活动的规律，并将其正确地运用于同昆虫共处的各个方面，合理利用宝贵的昆虫资源，变害为益，使益更益，从而达到持续发展农业和保护生态环境等目的。

对农业院校植物保护及昆虫学专业而言，普通昆虫学、农业昆虫学、植物化学保护、技术昆虫学是最基本的昆虫学课程，其中普通昆虫学又是其他昆虫学分支的基础；因此，学好普通昆虫学至关重要。

有人认为“21 世纪是生物学的世纪”，占生物多样性一半的昆虫正在成为该世纪人类揭示生命奥秘过程中所关注的热点之一。实际上，随着分子生物学技术的发展，转基因植物和转基因昆虫的出现正在对人类的生活产生深远的影响；例如，1995

年，W. Gehring 及其同事成功地获得了果蝇 *eyeless* 的 cDNA，并将其导入果蝇的卵中，使该转基因果蝇的足、翅、触角等处长出了 14 个复眼 (图 4-1)；这是生物学史上人类第一次获得的人工诱导器官,这种不经过移植而用一个基因直接易位表达、获得器官的试验使人们看到了人工诱导人体器官的曙光。2000 年，195 位科学家通力合作测出了黑腹果蝇全基因组的序列；尽管其基因组仅约为人类基因组大小的 1/25，但许多基因与人类的是对应的，控制着相同或相似的生理功能。此后，12 种果蝇基因组的大规模研究由 16 个国家 100 多家研究机构的数百位科学家共同进行；2005 年公布了拟暗果蝇 *D. pseudoobscura* 的基因组；其余 10 种果蝇的基因组一起于 2007 年公布，它们分别是塞氏果蝇 *D. sechellia*、似模果蝇 *D. simulans*、雅果蝇 *D. yakuba*、直果蝇 *D. erecta*、嗜凤梨果蝇 *D. ananassae*、颇似果蝇 *D. persimilis*、威氏果蝇 *D. willistoni*、莫果蝇 *D. mojavensis*、强壮果蝇 *D. virilis* 和格氏果蝇 *D. grimshawi*。此外,2002 年、2004 年、2006 年、2007 年、2008 年、2010 年还先后发表了对冈比亚按蚊、家蚕、意大利蜜蜂、埃及伊蚊、赤拟谷盗、豌豆蚜的全基因组研究结果。这些数据不仅对于揭示昆虫生命的本质问题有着非常重要的意义，人们还从中发现了与动物发育、细胞生物学、神经生物学、疾病、人类遗传学等问题直接相关的许多基因线索。近年来，昆虫的基因组研究和功能基因组学等相关研究受到人们高度的重视；美国的 Robinson 等 10 位学者于 2011 年发起了 i5K 计划，拟在未来 5 年中对有重要经济及进化研究价值的 5 000 种昆虫和节肢动物的全基因组进行测序；目前已有约 20 个国家 80 多个单位近 130 位学者加入了此项目，正在进行着 380 余种昆虫等的测序工作。可以预言今后 5 ～ 10 年中基因组的成果将使人们对昆虫类的起源、遗传、进化、分类与生物学等有一个新认识。

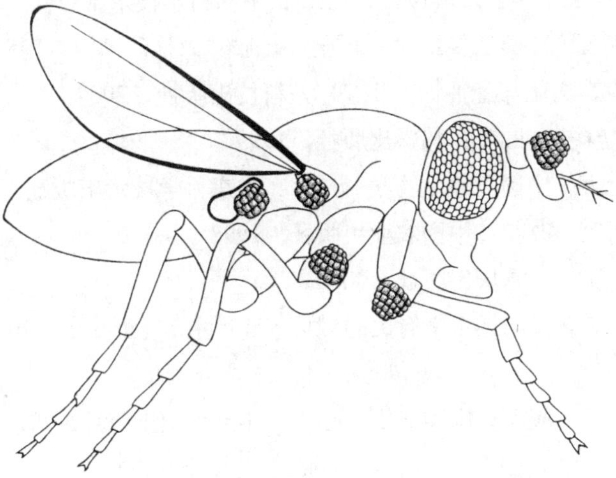

图 4-1　转基因果蝇 (据 W. Gehring)

此外，随着纳米技术的发展，昆虫芯片也将会在昆虫管理中发挥积极的作用。21 世纪还是高度信息化时代，“信息高速公路”的发展将会对使昆虫学信息与知识的传播与交流产生更大的影响。

参考文献

北京农业大学．昆虫学通论(上、下册)．北京：中国农业出版社，1981
彩万志．中国昆虫节日文化．北京：中国农业出版社，1998
彩万志．蜜蜂巢房的结构与仿生．昆虫知识，2001, 38(2):151 ~ 153
彩万志．虫形飞机的研究动态．昆虫知识，2002, 39(6):464 ~ 467，455，图版 I-II
陈世骧．昆虫纲的历史发展．昆虫学报，1955，5(5):1 ~ 43
陈树椿．中国珍稀昆虫图鉴．北京：中国林业出版社，1999
陈文元，张卫平．微型扑翼式仿生飞行器．上海：上海交通大学出版社，2010
陈小钰．昆虫与仿生．上海：少年儿童出版社，2008
陈晓鸣，冯颖．中国食用昆虫．北京：中国科学技术出版社，1999
陈学新．何俊华，彩万志，等．昆虫界的“四不象”——新建“螳䗛目”昆虫简介．昆虫知识，2002, 39 (6)：468 ~ 470
陈振耀．昆虫世界与人类社会出版社 .2 版．广州：中山大学出版社，2008
陈正祥．中国文化地理．北京：生活、读书、新知三联书店，1983
程家安，唐振华．昆虫分子科学．北京：科学出版社，2001
杜家纬．仿生梦幻．郑州：河南科学技术出版社，2000
戈峰．2008—2009 昆虫学学科发展报告．北京：中国科学技术出版社，2009
管致和，吴维均，陆近仁．普通昆虫学(上册)．上海：永祥印书馆，1955
顾茂彬，陈佩珍．蝴蝶文化与鉴赏．广州：广东科技出版社，2009
郭郛．中国古代动物学史．北京：科学出版社，1999
郭郛，陈永林，卢宝廉．中国飞蝗生物学．济南：山东科学技术出版社，1991
郭予元．棉铃虫的研究．北京：中国农业出版社，1998
胡萃．法医昆虫学．重庆：重庆出版社，2000
胡萃，叶恭银．百年来直接与昆虫学有关的诺贝尔奖得主．昆虫知识，2001, 38 (5)：388 ~ 392
蝴蝶与蝴蝶文化编委会．蝴蝶与蝴蝶文化．北京：北京燕山出版社，2010
华南农学院．农业昆虫学(上册)．北京：中国农业出版社，1961
黄可训，吴维均，杨集昆．农业昆虫学基础．北京：高等教育出版社，1961
黄其林，尤子平，钟觉民．普通昆虫学．南京：江苏人民出版社，1961
蒋猷龙．浙江认知的中国蚕丝业文化．杭州：西冷印社出版社，2007
蒋三俊．中国药用昆虫集成．北京：中国林业出版社，1999

蒋书楠 . 城市昆虫学 . 重庆 ：重庆出版社，1992
雷朝亮，荣秀兰 . 普通昆虫学 . 北京 ：中国农业出版社，2003
李凤荪 . 中国经济昆虫学 (增订版). 长沙 ：湖南农学院，1951
李隆术，朱文炳 . 储藏物昆虫学 . 重庆 ：重庆出版社，2009
李正西 . 分子昆虫学 . 北京 ：中国农业出版社，2010
梁爱萍 . 六足总纲的系统发育与高级分类 . 见 ：郑乐怡，归鸿（主编）. 昆虫分类（上），1 ~ 26，南京 ：南京师范大学出版社，1999
刘淦芝 . 中国近代害虫防治史 . 昆虫分类学报副刊，1983, No. 4:6 ~ 14
刘同先，康乐 . 昆虫学研究 ：进展与展望 . 北京 : 科学出版社，2005
罗晨，张芝利 . 与昆虫学相关的"973"计划项目简介 . 昆虫知识，2007，44(6):785 ~ 790
孟昭连 . 中国虫文化 . 天津 ：天津人民出版社，1993
莫容 ."六足"学会始末 . 中国科技史料，1988, 8(1):59, 87
牟吉元，徐洪富，荣秀兰 . 普通昆虫学 . 北京 ：中国农业出版社，1996
南开大学，中山大学，北京大学，四川大学，复旦大学 . 昆虫学 (上、下册). 北京 ：高等教育出版社，1980
钦俊德 . 昆虫与植物的关系 . 北京 ：科学出版社，1987
邱瑞珍 . 台湾昆虫学文献索引 (1684—1957). 台中 ：台湾省农业实验所，1958
邱瑞珍 . 台湾昆虫学文献索引 ? 续编 (1957—1966). 台中 ：台湾省农业实验所，1966
邱式邦，李光博 . 飞蝗及其预测预报 . 北京 ：财政经济出版社，1956
上海自然科学研究所生物学科昆虫学研究室 . 中华民国有益有害昆虫文献目录 . 上海自然科学研究所汇报，13(2):67 ~ 196
宋大祥．节肢动物的分类和演化．生物学通报，2006，41(3):1 ~ 3
谭娟杰 . 昆虫的地质历史 . 动物分类学报，1980，5(1): 1 ~ 13
谭同来 . 虫类中药的配伍与应用 . 太原 ：山西科学技术出版社，2010
万方浩，郭建英，李保平 . 中国生物入侵研究 . 北京 ：科学出版社，2009
王启虞 . 昆虫通论 . 上海 ：中国科学公司，1935
王思明，周尧 . 中国近代昆虫学史 . 西安 ：陕西科学技术出版社，1995
汪仲毅 . 中文昆虫学著述汇录 . 浙江省立植物病虫害防治所丛刊 , 1932, 8:1 ~ 102
汪仲毅 . 中国昆虫学文献索引 . 中华农学会报，1933，133:1 ~ 134
汪仲毅 . 中国昆虫学文献索引 . 南通 ：昆虫趣味会 , 1934
文礼章 . 食用昆虫学原理与应用 . 长沙 ：湖南科学技术出版社，1998
伍一军，陈瑞，李薇 . 昆虫仿生 . 昆虫知识，2005, 42 (1):109 ~ 112
吴卫国，吴梅英 . 昆虫视觉的研究及其应用 . 昆虫知识，1997, 34(3):178 ~ 183
吴云 . 世界名蝶鉴赏 . 昆明 ：云南教育出版社，1999
忻介六，杨庆爽，胡成业 . 昆虫形态分类学 . 上海 ：复旦大学出版社，1985
许再福 . 普通昆虫学 . 北京 ：科学出版社，2009

杨冠煌．中国昆虫资源利用和产业化．北京：中国农业出版社，1988
杨集昆．集昆记．北京：中国农业大学出版社，2005
杨平世，欧阳盛芝．虫学与虫艺：昆虫文物特展选粹．台北：国立台湾博物馆，2009
尹文英．原尾虫系统发生新概念及其起源与分类地位的探讨，中国科学 (C 辑)，1983, 13(8):697 ~ 706
尹文英．有关六足动物 (昆虫) 系统分类中的争论热点．生命科学，2001,13(2):49 ~ 53)
尹文英．从泛甲壳动物新假说评述节肢动物系统进化的研究进展．动物学研究，2003, 24(1)：11 ~ 16
尹文英，梁爱萍．有关节肢动物分类的几个问题．动物分类学报，1998, 23(4):337 ~ 658
尹文英，宋大祥，杨星科，等．六足动物（昆虫）系统发生的研究．北京：科学出版社，2008
尤其伟．虫学大纲．南通：昆虫趣味会，1935
袁锋，袁向群．六足总纲系统发育研究进展．昆虫分类学报，2006, 28(1):1 ~ 21
张巨伯．浙省治虫事业简史．浙江建设，1935, 9(3):5 ~ 10
张润志，张亚平，蒋有绪．世界重要入侵害虫对中国的威胁．中国科学（C 辑)，2008，38 (12): 1095 ~ 1102
张巍巍，李元胜 (主编). 中国昆虫生态大图鉴．重庆：重庆大学出版社，2011
郑火青，胡福良．蜜蜂——新兴的模式生物．昆虫学报，2009, 52(2):210 ~ 215
中国农业百科全书总编辑委员会蚕业卷编辑委员会．中国农业百科全书·蚕业卷．北京：农业出版社，1987
中国农业百科全书总编辑委员会昆虫卷编辑委员会．中国农业百科全书·昆虫卷．北京：农业出版社，1990
中国农业百科全书总编辑委员会昆虫卷编辑委员会．中国农业百科全书·养蜂卷．北京：农业出版社，1993
周匡明．中国蚕业史话．上海：上海科技出版社，2009
周明牂．农业昆虫学．北京：农业出版社，1961
周明牂，钟启谦，魏鸿钧．华北农业害虫记录．北京：中华书局，1953
周尧．中国早期昆虫学研究史 (初稿). 北京：科学出版社，1957
周尧．中国昆虫学史．杨陵：昆虫分类学报社，1980
周尧 (主编). 中国蝶类志．郑州：河南科学技术出版社，1994
周尧，等．普通昆虫学．北京：高等教育出版社，1958
周尧，冯风．中国历代咏蝶诗词．香港：天则出版社，2003
周尧，王思明，夏如兵．二十世纪中国的昆虫学．西安：世界图书出版西安公司，2004
周尧，袁锋，陈丽轸．世界名蝶鉴赏图鉴．郑州：河南科学技术出版社，2004
朱良春．虫类药的应用 (增订本). 南京：江苏科学技术出版社 ,1981
朱晓苏，宋艳，徐世清．家蚕作为模式生物在现代生物学中的应用．实验动物与比较医学，

2009，29(1):61~65
朱耀沂 . 台湾昆虫学史话 . 台北 ： 玉山社，2005
邹树文 . 中国昆虫学史 . 北京 ： 科学出版社，1981
邹钟琳 . 普通昆虫学 . 上海 ： 中华书局，1940
Adams M D, Celniker S E, Holt R A et al. The genome sequence of *Drosophila melanogaster*. Science, 2000, 287: 2185 ~ 2195
Brouqui P. Arthropod-borne diseases associated with political and social disorder. Annu. Rev. Entomol., 2011, 56:357 ~ 74
Capinera J L. ed. Encyclopedia of entomology. Dordrecht: Kluwer Academic Publishers, 2004
Donovan E. General illustration of entomology. Part 1. An epitome of the insects of Asia. Vol. 1. Insects of China. London, 1798
Donovan E. Natural history of the insects of China. London, 1798
Drosophila 12 Genomes Consortium. Evolution of genes and genomes on the *Drosophila* phylogeny. Nature, 2007, 450:203 ~ 218
Elzinga R J. Fundamentals of entomology, 6th ed. New Jersey: Person/Prentice Hall, 2004
Engel M S & Grimaldi D. New light shed on the oldest insect. Nature, 2004, 427: 627 ~ 630
Essig E O. A history of entomology. New York: Macmillan, 1931
Foottit R G & Adler P H. eds. Insect biodiversity: science and society. Chichester:Wiley-Blackwell, 2009
Fox R M & Fox J W. Introduction to comparative entomology. New York: Reinhold Publishing Corporation, 1964
Gilbert P & Hamilton C J. Entomology: a guide to information sources. London: Mansell Publishing Ltd., 1983
Gillott C. Entomology, 3rd ed. Dordrecht: Springer, 2005
Gressitt J L. Entomology in China. Ann. Entomol. Soc. Am., 1946, 39:153 ~ 164
Grimaldi D & Engel M S. Evolution of the insects. New York: Cambridge University Press, 2005
Gullan P J & Cranston P S. The insects: an outline of entomology, 4th ed. West Sussex: Wiley-Blackwell, 2010
Handler A M & James A A. Insect transgenesis: methods and applications. Cambridge University Press, 2000
Herbert P D N, Penton E H, Burns J et al. Ten species in one: DNA barcoding reveals cryptic species in the Neotropical skipper butterfly *Astraptes fulgerator*. Proc. Nat. Acad. Sci., USA, 2004, 101: 14812 ~ 14817
Hogue C L. Cultural entomology. Annu. Rev. Entomol., 1987, 32:181 ~ 199
Holt R A, Subramanian G M, Halpern A et al. The genome sequence of the malaria mosquito *Anopheles gambiae*. Science, 2002, 298:129 ~ 149

Howard L O. A history of applied entomology. Smithsonian Misc. Coll., 1930, 84:1 ~ 564
Hua L. List of Chinese insects. Vol. 1. Guangzhou: Zhongshan (Sun Yat-sen) University Press, 2000
Hua L. List of Chinese insects. Vol. 2. Guangzhou: Zhongshan (Sun Yat-sen) University Press, 2002
Hua L. List of Chinese insects. Vol. 3. Guangzhou: Zhongshan (Sun Yat-sen) University Press, 2005
Hua L. List of Chinese insects. Vol. 4. Guangzhou: Zhongshan (Sun Yat-sen) University Press, 2006
Jones R. Extreme insects. London: HarperCollins Publishers, 2010
Klass K D, Zompro O, Kristensen N P et al. Mantophasmatodea: a new insect order with extant members in the afrotropics. Science, 2002, 296: 1456 ~ 1459
Liu G, Seiler H, Wen A et al. Distinct memory traces for two visual features in the *Drosophila* brain. Nature, 2006, 439:551 ~ 556
Liu S, De Barro P J, Xu J et al. Asymmetric mating interactions drive wide-spread invasion and displacement in a whitefly. Science, 2007, 318: 1769 ~ 1772
Liu T & Kang L. Recent advances in entomological research: From molecular biology to pest management. Beijing: High Education Press, 2010
Lockwood J A. Six-legged soldiers: using insects as weapons of war. New York: Oxford University Press, 2009
Lu Y, Wu K, Jiang Y et al. Mirid bug outbreaks in multiple crops correlated with wide-scale adoption of Bt cotton in China. Science, 328:1151 ~ 1154
Matheson R. Entomology, for introductory courses, 2nd ed. Ithaca, New York: Comstock Publishing Associates, 1951
Nene V, Wortman J R, Lawson D et al. Genome sequence of Aedes aegypti, a major arbovirus vector. Science, 2007, 316:1718 ~ 1723
Novotny V, Miller S E, Leps J et al. Why are there so many species of herbivrous insects in tropical rainforests? Science, 2006, 313:1115 ~ 1118
Ô uchi Y. Bibliographic introduction to the study of Chinese insects. J. Shanghai Sci. Inst., Sec. III, 1934, 2:1 ~ 533
Ô uchi Y. 1934 supplement to bibliographic introduction to the study of Chinese insects. The Journal of the Shanghai Science Institute, Section III, 1935, 3(3):17 ~ 88.
Ren D. Flower-associated Brachycera flies as fossil evidences for Jurassic angiosperm origins. Science, 1998, 280:85 ~ 88
Ren D, Labandeira C C. Santiago-Blay J A et al. A probable pollination mode before angiosperms: Eurasian, long-proboscid scorpionflies. Science, 2009, 326:841 ~ 847

Resh V H & Cardé R T. eds. Encyclopedia of insects, 2nd ed. New York: Academic Press, 2009
Richards O W & Davies R G. Imms' general textbook of entomology, Vol. 1,10^{th} ed. London: Chapman and Hall, 1977
Robertson H M. Insect genomes. Amer. Entomol., 2005, 51(3): 166 ~ 171
Robinson G E, Hackett K J, Purcell-Miramontes M. Creating a buzz about insect genomes. Science, 2011, 331:1386
Romoser W & Stoffolano J G Jr. The science of entomology, 4th ed. Boston et al.: WCB/McGraw-Hall, 1998
Ross H H, Ross C A & Ross J R P. A textbook of entomology, 4th edition. New York: John Wiley & Sons, 1982
Roy D N & Brown A W A. Entomology. New Delhi: Biotech Books, 2003
Rubin G M & Lewis E B. A brief history of *Drosophila's* contributions to genome research. Science, 2000, 287:2216 ~ 2218
Saxena A B. Recent advances in entomology. Vols. 1 ~ 10. New Delhi: Anmol Publications Pvt Ltd., 1995
Smith R F., Mittler T E. & Smith C N. eds. History of entomology. Palto Alto: Annual Reviews, Inc., 1973
Spencer H B. A century of entomology in Canada. Can. Entomol., 1964, 96:33 ~ 59
The Honeybee Genome Sequencing Consortium. Insights into social insects from the genome of the honeybee *Apis mellifera*. Nature, 2006, 443:931 ~ 949
The International Aphid Genomics Consortium. Genome sequence of the pea aphid *Acrythosiphon pisum*. Plos Biol., 2010, 8:e1000313.
Tribolium Genome Sequencing Consortium. The genome of the model beetle and pest *Tribolium castaneum*. Nature, 2008, 452: 949 ~ 955
Triplehorn C A & Johnson N F. Borror and Delong's introduction to the study of insects. 7th ed. Belmont: Thomson Brooks/Cole, 2005
Tsai J H. Entomology in the People's Republic of China. J. N. Y. Entomol. Soc., 1982, 90:186 ~ 212
VanDyk J K. Entomologists and the internet: it's time to go online. Amer. Entomol., 1995, 41(3):162 ~ 168
Wigglesworth V B. Insects and the life of man. London: Chapman and Hall, 1975
Wu C F. Catalogus insectorum Sinensium, vol. 1. Peiping: Fan Memorial Institute of Biology, 1935
Wu C F. Catalogus insectorum Sinensium, vol. 2. Peiping: Fan Memorial Institute of Biology, 1935
Wu C F. Catalogus insectorum Sinensium, vol. 3. Peiping: Fan Memorial Institute of Biology, 1937
Wu C F. Catalogus insectorum Sinensium, vol. 4. Peiping: Fan Memorial Institute of Biology, 1938
Wu C F. Catalogus insectorum Sinensium, vol. 5. Peiping: Fan Memorial Institute of Biology, 1940

Wu C F. Catalogus insectorum Sinensium, vol. 6. Peiping: Yenching University, 1941

Wu K, Lu Y, Feng H et al. Suppression of cotton bollworm in multiple crops in China in areas with Bt toxin-containing cotton. Science, 2008, 321: 1676 ~ 1678

Xia Q, Guo Y, Zhang Z et al. Complete resequencing of 40 genomes reveals domestication events and genes in silkworm (Bombyx). Science, 2009, 326:433 ~ 436

Xia Q, Zhou Z, Lu C et al. A draft sequence for the genome of the domesticated silkworm (*Bombyx mori*). Science, 2004, 306: 1937 ~ 1940

Zenger J T & Walker T J. Impact of the internet on entomology teaching and research. Annu. Rev. Entomol., 2000, 45:747 ~ 767

Zhang K, Guo J Z, Peng Y et al. Dopamine - mushroom body circuit regulates saliency-based decision-making in *Drosophila*. Science, 2007, 316: 1901 ~ 1904

第二篇

昆虫的外部形态

昆虫形态学是研究昆虫的结构、功能、起源、发育及进化的科学。学习形态学的主要任务之一是从千变万化的形态中找出同源部分，从各类器官的基本构造入手认识相应变异。了解昆虫的形态不仅是识别昆虫、对昆虫进行系统分类和进化研究的基础，而且是研究昆虫生物学及昆虫管理、仿生学等必要的前提。

昆虫形态学作为昆虫学的一个独立分支，应以 R. E. Snodgrass（1935）《昆虫形态学原理》的出版算起。70 多年来，随着科技的发展，昆虫形态学亦由描述、比较阶段走向实验阶段，特别是近十几年来，由于电子显微镜、计算机等先进仪器的广泛应用及分子生物学研究的深入，比较形态学、功能形态学、发育形态学、进化形态学等方面都有不少突破与进展；与形态学相关的仿生学研发也呈现出欣欣向荣的局面。

从昆虫体躯构造角度出发，昆虫形态学又分外部系统与内部解剖两大部分，本篇主要述及昆虫的外部形态。

第五章　昆虫体躯的一般构造

种类繁多的昆虫在漫长的演化过程中，由于本身遗传物质的变化及外部选择压力的影响，形态上出现了不同程度的变异；但万变不离其宗，通过对比、观察、实验与分析我们仍可从中找出其基本结构。

第一节　昆虫的大小、形状与体向

一、昆虫的大小

不同昆虫的个体间大小差别很大。现生的最大昆虫见于䗛目、鳞翅目与鞘翅目中。最长的昆虫为马来西亚的曾氏足刺䗛 *Phobaeticus chani* Bragg，体长达 357 mm，如果连同伸展的前足，体长为 566 mm；分布于我国广西的龙州佛䗛 *Phrysanistria longzhouensis* Chen & He 雌虫前后足伸展时体长近 400 mm；最大的蛾子是产于中、南美洲的强喙夜蛾 *Thysania agrippina*，其翅展可近达 320 mm；亚历山大凤蝶 *Ornithoptera alexandrae* 的翅展可达 300 mm；我国南部的乌桕大蚕蛾 *Attacus atlas* 的翅展可达 300 mm；身体最粗壮的当推鞘翅目一些昆虫，有些粪蜣身体的直径可达 50 mm，巨犀金龟 *Dynastes hercules* 的体长达 180 mm（图 7-1B)。有些已灭绝的昆虫体型更大，如出现在二叠纪的莫氏巨脉蜻蜓 *Meganeura monyi* 翅展长达 710 mm。

最小的昆虫为一些寄生性的膜翅目昆虫，其成虫的体长在 0.2 mm 以下，比最大的原生动物还要小。

对大部分昆虫而言，体长多在 5 ~ 15 mm，而翅展在 15 ~ 45 mm。

人们一般把昆虫分为巨、大、中、小、微型 5 类，体长在 100 mm 以上者为巨型，99 ~ 40 mm 者为大型，39 ~ 15 mm 者为中型，14 ~ 3 mm 者为小型，2 mm 以下者为微型。不同类群间各型的尺度存在一定差别。

二、昆虫的形状

昆虫的外形可谓千姿百态，但大多数昆虫的体躯为圆筒形，一般直径不超过 10 mm；因为昆虫的呼吸靠气管系统进行，气体扩散作用使氧气沿着气管进入组织，但氧气扩散的速度会随昆虫体积的增大而变慢；当一种昆虫身体的直径超过 20 mm 时，呼吸方式将不利于昆虫生命活动的正常进行，这也可能是大型昆虫容易灭绝的原因之一。

在描述昆虫的形状时，常用细长形、长形、圆形、椭圆形、扁平形、侧扁形等词语或以某一常见物体的形状来说明。大多数昆虫左右对称。

三、昆虫的体向

在描述昆虫时，常以昆虫重心为中心 (多为胸部) 给昆虫的各结构定位 (图 5-1)，常用的体向有前、后、背、腹、侧、左、右、内、外、基、端等。

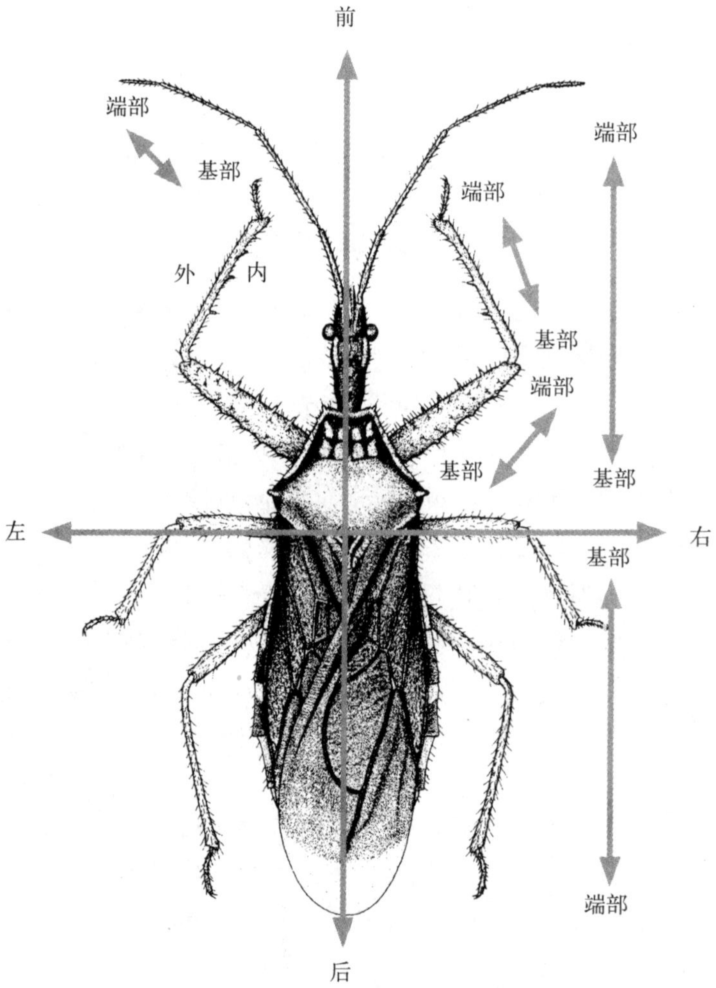

图 5-1　昆虫的体向 (作者图)

沿身体纵轴趋向头端为前方 (anterior)，趋向腹部末端为后方 (posterior)，前方、后方分别又有头向 (cephalic)、尾向 (caudal) 之称。

昆虫在一个平面上爬行或停落时，与该平面垂直方向的近平面者为腹向 (ventral)，离平面者为背向 (dorsal)。

自背面观，在昆虫的头向与人头向一致时，人体的左、右向即为虫体的左 (left)、右 (right) 向，左、右两向均属侧向 (lateral)。

侧向上，近体纵轴者为内方 (inner side)，远体纵轴者为外方 (outer side)。

基部 (basal 或 proximal) 与端部 (apical 或 distal) 通常是对附肢或体表突出物而言，近着生处者为基部，远离着生处者为端部；此外，对于腹部和小盾片则是以靠近体前方者为基部，远离体前方者为端。

由于昆虫形态的多样性与复杂性，上述的体向在实际应用上仍嫌不够，还需用到一些组合式的体向名称，如背侧方、腹侧方、侧前方、侧后方等等。

第二节　昆虫的体躯

一、体躯的分节与分段

昆虫的体躯由坚硬的外壳和包藏的内部组织与器官组成。外壳有 18 ~ 21 个环节，即体节 (somite 或 segment) 所组成；大部分体节之间由柔韧的节间膜 (intersegmental membrane) 相连，因此，昆虫的体躯可以分为头 (head)、胸 (thorax)、腹 (abdomen)3 个明显的体段 (图 1-1)。一般认为头部由 6 节组成，成虫阶段很难找到分节痕迹；胸部由 3 节组成，中、后胸节常紧密愈合；腹部由 9 ~ 12 个腹节组成，有时可见腹节减少到 3 ~ 5 个，有翅昆虫在成虫阶段腹部除外生殖器及尾须外，其他附肢均消失。

二、体躯的分节方式

一般昆虫的幼期，相邻体节具环形凹陷，即节间褶 (intersegmental fold)，纵肌附着褶上，其体节相当于胚胎发育的真正体节，故称这种分节方式为初生分节 (primary segmentation) (图 5-2A)，其体节称为初生节 (primary segment)。具有初生分节方式的昆虫体躯几乎可以向任何方向弯曲或活动。

在成虫体壁的骨化过程中，相当于初生分节的节间褶也骨化了，里面形成前内脊，褶前一未经骨化的窄环，成为体节的分界 (图 5-2B)，这种因体壁骨化而产生的分节方式称次生分节 (secondary segmentation)，所形成的节叫次生节或后生节 (secondary segment)。纵肌收缩可使相邻体节在节间膜处相互套叠 (图 5-2C)。

三、体节的分区与构造

昆虫的每个中间体节像一个前后无面盒子，由背、腹两面及两个侧面组成，各面间有时分界不明显，有时以膜质相连。

大多数成虫羽化后体壁很快硬化，这一过程叫骨化 (sclerotization), 背面的骨化区叫背板 (tergum，复数 terga；或 notum，复数 nota)，腹面的骨化区叫腹板 (sternum，复

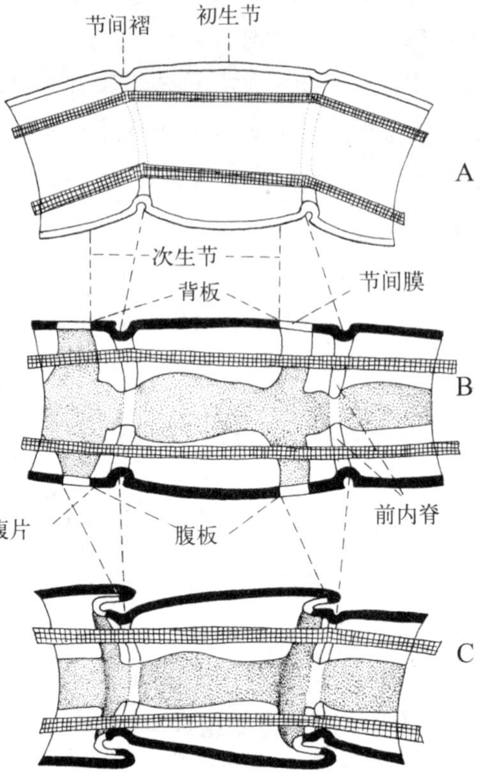

图 5-2　昆虫的体躯的分节方式 (仿 Snodgrass)

A．初生分节；B．次生分节；C．次生节的节间套叠

数 sterna)，侧面的骨化区叫侧板 (pleuron，复数 pleura)。这些骨化的区域通常被膜质部分或沟缝分割成若干小片，即骨片 (sclerite)，由背板分割成的小片叫背片 (tergite)，由腹板分割成的小片叫腹片 (sternite)，由侧板分割成的小片叫侧片 (pleurite)。

昆虫体表常有不少如刺、毛、瘤、皱、脊等突出物及沟、缝等凹陷部分，体表的突出物在“体壁”部分有详细叙述。沟 (sulcus，复数 sulci) 是骨板褶陷而在体表留下的狭槽；沟下陷入部分呈脊状或板状者称内脊 (ridge)，而呈刺状或叉状者叫内突 (apodeme)；这些内突与内脊构成了昆虫的内骨骼 (endoskeleton)，为肌肉提供了着生之处。缝 (suture) 是两骨片并接所留下的界线 (图 5-3)。

四、附　　肢

体躯具有分节的附肢 (appendage) 是节肢动物共同的特点，昆虫在胚胎发育时几乎各体节均有 1 对可以发育成附肢的管状外长物或突起，到胚后发育阶段，一部分体节的附肢已经消失，一部分体节的附肢特化为不同功能的器官。如头部附肢特化为触角和取食器官，胸部的附肢特化为足，腹部的一部分附肢特化成外生殖器和尾须；不同类型的附肢尽管在形态上差别很大，各部分的名称各异，但其基本结构却很相似 (图

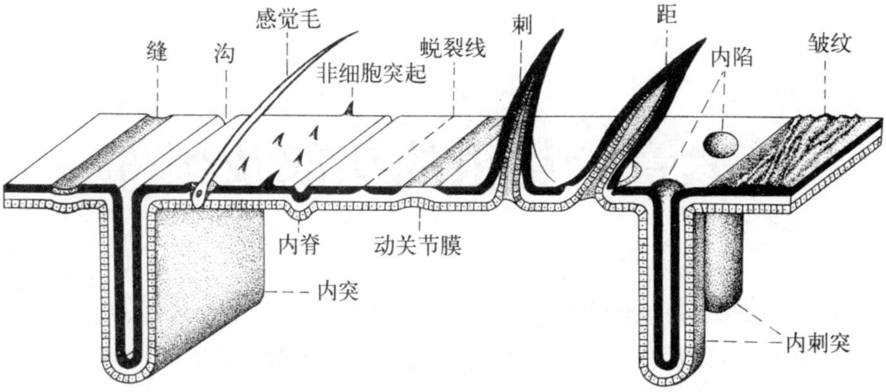

图 5-3　昆虫体壁上的沟与缝 (作者图)

5-4)。通过比较附肢的构造，可以推断各类群间的演化关系，如无翅亚纲缨尾目石属的种类 *Machilis* spp. 的中、后足基节上着生的指形突起就相当于三叶虫纲与多数甲壳纲动物附肢的上肢节。

昆虫的附肢多为 6 节，一般不超过 7 节，各节基部具控制该节活动的肌肉；若某个节又分成几个亚节，则亚节内不具有控制亚节活动的肌肉。

大部分情况下，昆虫的附肢着生在体节侧下方，可与周围的骨片形成关节；因此，附肢可以在一定范围内活动。也有些种类的附肢基部与体壁紧密结合而使基节失去了活动能力。

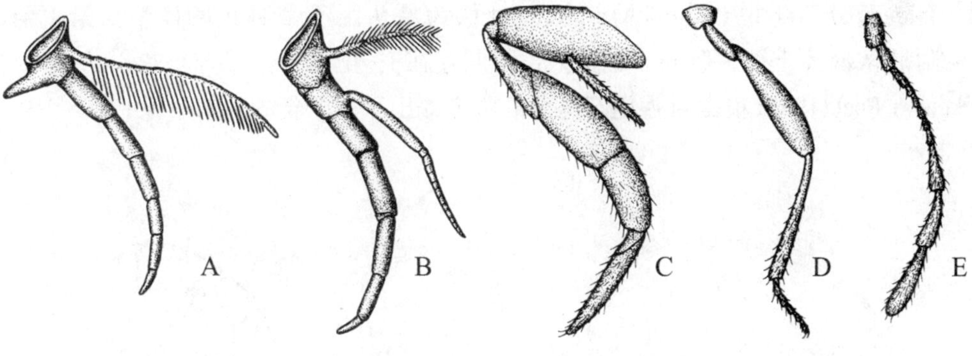

图 5-4　节肢动物附肢的比较 (A,B. 据 Snodgrass；C. 仿周尧；D, E. 作者图)

A. 三叶虫动物的足；B. 甲壳纲动物的足；C. 石蛃目昆虫的足；D. 鞘翅目昆虫的足；E. 昆虫的触角

第六章　昆虫的头部及颈部

头部 (head) 是昆虫体躯的第一个体段，由数个体节愈合而成；头壳坚硬，以保护脑和适应取食时强大的肌肉牵引力。头壳表面着生有触角、复眼与单眼，前下方生有口器，后面有头孔，头孔周围有膜质的颈与胸部相连，里面有脑、消化道的前端及背血管的前端等。

第一节　头部的分节

昆虫的头壳由于没有分节的痕迹，所以头部的分节 (segmentation) 至今仍存在着争论，形态学家们根据胚胎学与比较形态学研究结果提出了不同的学说，有 3, 4, 5, 6, 7, 8，9 节说之多，每个学说又有不同的解释。对此，Snodgrass(1960)，Matsuda(1965)，Rempel(1975) 曾有详细的讨论。大多数学者认为，每一体节在胚胎时期应具备 1 对神经节、1 对附肢和 1 对体腔囊，争论的焦点在于原头 (protocephalon) 或原头区 (acron) 的有无、除上颚节 (mandibular segment)、下颚节 (maxillary segment) 及下唇节 (labial segment) 以外各节的区域等。目前，昆虫学家们广为接受的是 Rempel (1975) 提出的原头部 6 节分节学说 (图 6-1A)。 Rempel 认为原头区不是真正的体节，第 1 至第 6 节的附肢依次为上唇、触角、消失 (胚胎期存在)、上颚、下颚与下唇。古生物学家 Kukalova Peck(1987) 根据对古化石昆虫的研究提出了一个新的 6 节学说 (图 6-1B)，她

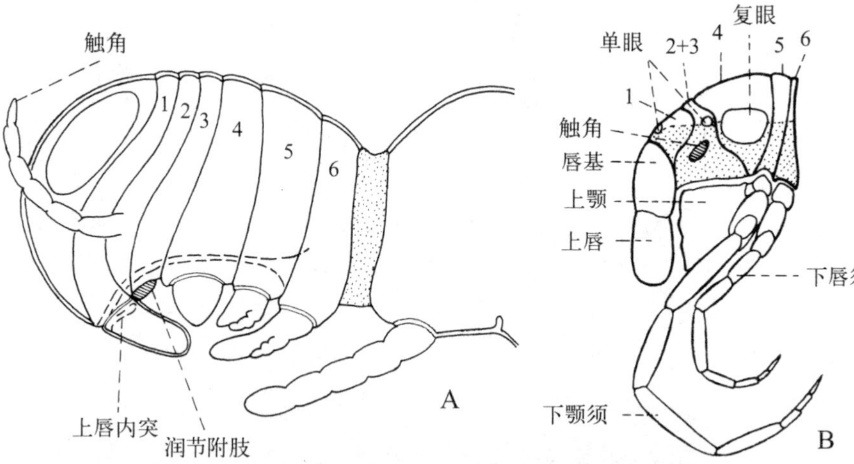

图 6-1　昆虫头部 6 节分节学说 (A. 据 Rempel；B. 仿 Kukalov á -Peck)

认为原头不存在，头部的6节分别为上唇节、触角节、触角后节、上颚节、下颚节和下唇节，第2、第3两节常愈合，其附肢分别为唇基上唇区 (clypeolabrum)、触角、舌、上颚、下颚及下唇；对这一学说，Bitsch (1994) 曾有讨论。

第二节　头壳的基本构造

大部分昆虫的头近球形，头壳高度骨化，无背板、侧板、腹板之分，只有一些次生的线与沟把头壳表面分成若干区域。

一、头壳上的线与沟

昆虫的大部分头壳上有许多规则或不规则的线与沟(图6-2)，比较重要的线、沟有8条。

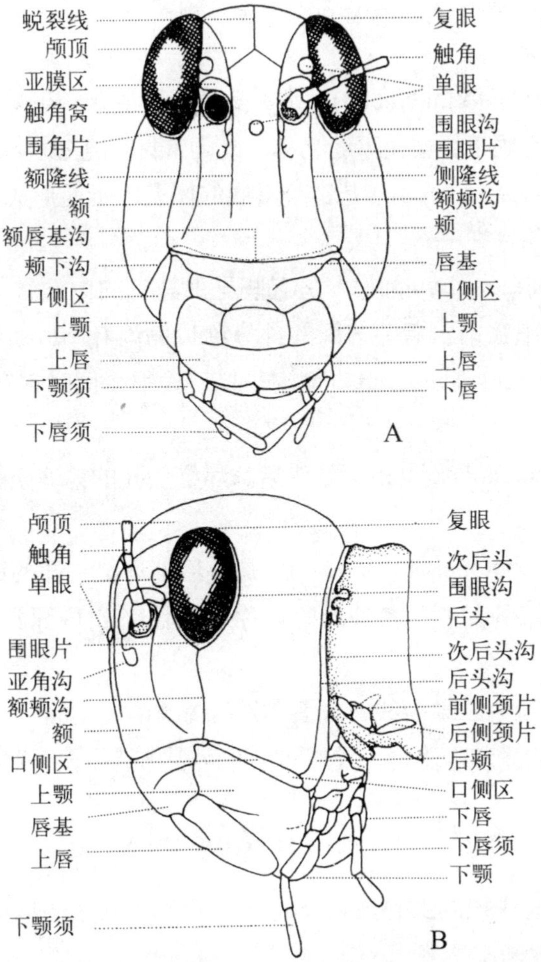

图6-2　东亚飞蝗的头部（仿陆近仁，虞佩玉）

A. 正面观；B. 侧面观

(1) **蜕裂线** (ecdysial line 或 ecdysial suture)　是位于头部背面的一条常呈倒“Y”形的线，旧称头盖缝 (epicranial suture)；其主干旧称头冠缝 (coronal suture)，一般较长，有的则较短甚至消失；有颅中沟的昆虫中蜕裂线的主干常与颅中沟混淆，但在这种情况下，颅中沟总是伸过蜕裂线的分叉点。侧臂旧称额缝 (frontal suture)，其位置变化较大，有的在触角内侧或外侧，有的终止于复眼的边缘或直达唇基。沿蜕裂线外面无沟，里面无脊，仅外表皮不发达，在幼虫或若虫蜕皮时沿此线裂开。蜕裂线在若虫或幼虫阶段很易观察，在不全变态类昆虫的成虫中部分或全部保留，全变类昆虫成虫期均无蜕裂线。

(2) **颅中沟** (midcranial sulcus)　是有些昆虫 (主要是幼虫) 的头壳上沿蜕裂线的主干内陷而成的沟，其颜色较蜕裂线深。

(3) **额唇基沟** (frontoclypeal sulcus)　位于口器上方，为额与唇基的分界线，故又称口上沟 (epistomal sulcus)，常为一条较深的横沟，有时呈“∧”形或中断甚至消失；在沟的两端，头壳内陷成臂状的内骨骼——幕骨前臂，外表的两个陷口称前幕骨陷；不管额唇基沟形状如何变化，其两端仍不离开前幕骨陷。因此，可据前幕骨陷的位置确定额唇基沟的位置。

(4) **额颊沟** (frontogenal sulcus)　是一条从复眼或触角下伸至上颚基部的纵沟，为额与颊的界线，曾有眼下缝或角下缝之称。此沟常见于直翅目和革翅目昆虫中。

(5) **围眼沟** (ocular sulcus)　是围绕复眼的体壁内折而形成的沟，里面有一环形的起支持与保护复眼的宽脊——眼膈。

(6) **颊下沟** (subgenal sulcus)　是有些昆虫具有的由额唇基沟到次后头沟之间的一条斜横沟，其在上颚前、后关节间的部分称口侧沟 (pleurostomal sulcus)，其余的部分叫口后沟 (hypstomal sulcus)，但口侧沟与口后沟很少同时存在；鳞翅目幼虫的口后沟特别发达。

(7) **后头沟** (occipital sulcus)　是头后部环绕头孔的第 2 条拱形沟，其两端伸达上颚的后关节处。

(8) **次后头沟** (postoccipital sulcus)　是头后部环绕头孔的第 1 条拱形沟，其两端的头壁内陷成 1 对幕骨后臂，其外的陷口称后幕骨陷；内面具很宽的脊，供来自颈、胸部的肌肉着生。

在上述的线与沟中以蜕裂线、额唇基沟、额颊沟、颊下沟及次后头沟最为重要，只要把这 5 条基本的线与沟确定，头部的分区问题也就迎刃而解。

二、头壳的分区

头壳表面的沟与线把昆虫的头壳分成了若干区；各区的形状与位置随种类的不同而变化，但相对位置基本不变。

头壳的背面称头顶或颅顶 (vertex)，是额以上两复眼侧背方的区域。

头壳的前面主要是额唇基区 (frontoclypeal area)，包括额 (frons 或 front) 与唇基 (clypeus)。额是蜕裂线侧臂之下、额唇基沟之上、额颊沟之间的区域，单眼着生在该区；围角片 (antennal sclerite)，即围角沟与触角窝之间的部分，常包括在此区中。唇基是额与上唇之间的区域，其中常有一横沟把该区分为两部分，与额相接的部分为后唇基 (postclypeus)，与上唇相接的部分为前唇基 (anteclypeus)。

头壳的侧面包括围眼片 (ocular sclerite)、颊 (gena) 及颊下区 (subgenal area)。围眼片指围眼沟与复眼之间的环形骨片。颊是头顶之下、颊下沟之上、额颊沟与后头沟之间的区域，通常头顶与颊无明显的界线。颊下区为颊下沟下方的狭片，其在上颚前后关节之间的部分称口侧区 (pleurostoma)，上颚之后的部分称口后区 (hypostoma)。在膜翅目等类群昆虫中，口后区常扩展为口后片 (hypostomal sclerite)，有时两片相向延伸在头孔下相愈合为口后桥 (hypostomal bridge)。

头壳的后面是后头区 (occipital area) 和次后头区 (postocoipital area)，两者又合称头后区。后头区是后头沟与次后头沟之间的拱形区域，其中颊后的区域又常称后颊 (postgena)，后颊以上的部分称后头 (occiput)，两部分之间无分界线或沟。次后头区是次后头沟之后的拱形区域，其后缘与颈膜相连。

三、头部的内骨骼

昆虫头部的坚硬不仅是由于各节间紧密愈合和有多条次生沟的内脊的支撑，而且还在于头壳内有着特殊的内骨骼。不过，这种内骨骼是昆虫体壁内陷而成，同脊椎动物的骨骼截然不同。昆虫头部的内骨骼统称幕骨 (tentorium)(图 6-3)，主要由 1 对幕骨前臂 (anterior tentorial arms) 与 1 对幕骨后臂 (posterior tentorial arms) 组成，后者常左右相连成幕骨桥 (tentorial bridge)，再与幕骨前臂相连；有些昆虫的幕骨前臂上又各具一

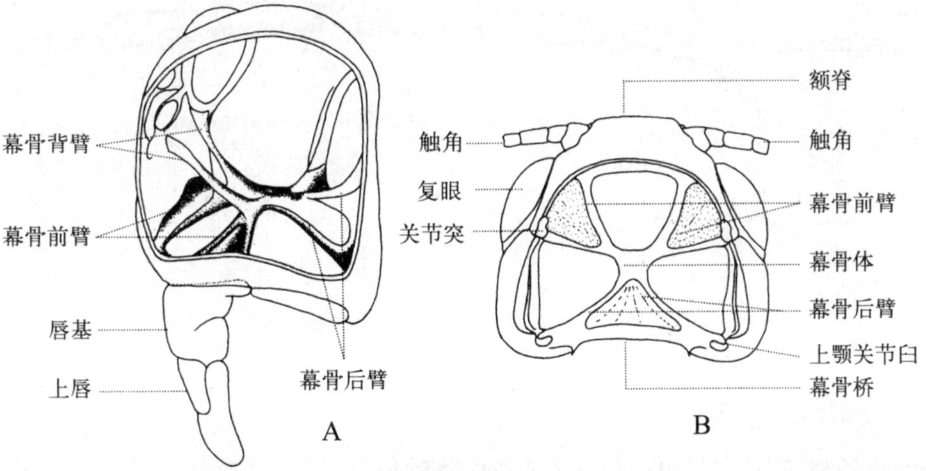

图 6-3　东亚飞蝗的幕骨 (仿陆近仁，虞佩玉)

A. 侧面观；B. 腹面观

个突起，斜上伸至触角附近的头壁上，这对突起称幕骨背臂 (dorsal tentorial arms)。幕骨不仅能增强头壳的坚固程度，同时为口器与前胸的部分肌肉提供了着生之处，此外，还是消化道、神经索上下穿插而过的支架桥。不过在有些种类，特别是寄生性和具有刺吸式口器昆虫中幕骨部分退化或消失。

第三节　头部的感觉器官

昆虫的头部着生有昆虫的主要感官，如触角、复眼、单眼。在口器各组成部分上也有感觉器。

一、触　　角

除原尾目昆虫外，昆虫纲所有的种类均有触角 (antenna，复数 antennae)。这 1 对分节附肢一般着生于额区，它基部包被于膜质的触角窝 (antennal socket) 内，围角片上的支角突 (antennifer) 是触角活动的关节。

(一) 触角的基本构造

昆虫的触角由 3 节构成 (图 6-4)。

(1) 柄节 (scape)　是最基部的一节，常粗短。

(2) 梗节 (pedicel)　是触角的第 2 节，较小，除弹尾目和双尾目昆虫外，大部分昆虫的梗节内均有江氏器 (Johnston's organ)。

(3) 鞭节 (flagellum)　是触角的端节，常分成若干亚节，此节在不同昆虫中变化很大。

在有些膜翅目昆虫中，触角基部还有长短不一的触角基（radicle)。

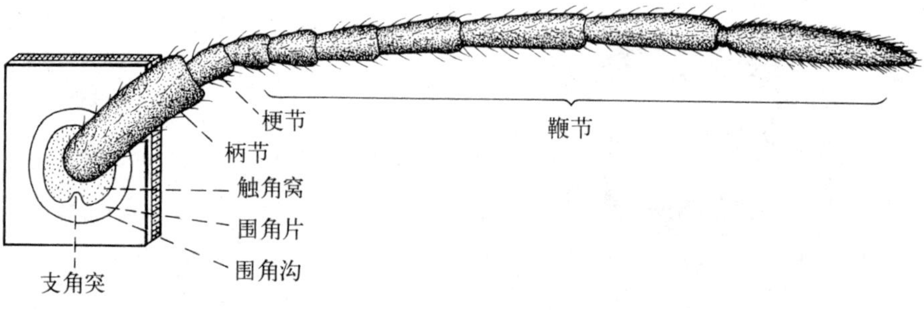

图 6-4　昆虫触角的基本构造 (作者图)

(二) 触角的类型

Imms (1938) 曾根据昆虫触角各节的肌肉将触角分为两大类，弹尾目和双尾目昆虫的触角各节形状相似，除端节外各节均具肌肉 ；而缨尾目及有翅亚纲昆虫的触角除基部两节具有肌肉外，鞭节无论多长及有多少亚节均不具肌肉。

本书中，根据触角的形状、长度、结构等将触角分为 12 个基本类型。

(1) **刚毛状** (setaceous) 触角短，基节与梗节较粗大，其余各节细似刚毛，如蜻蜓、蝉、叶蝉等的触角（图 6-5A）。

(2) **线状** (filiform) 线状触角又叫丝状触角，细长，呈圆筒形，除基节、梗节较粗外，其余各节大小、形状相似，向端部渐细 (图 6-5B)。线状触角是昆虫触角最常见的类型。螽斯类、天牛类的触角属典型的线状，有时触角可长达身体的数倍。

(3) **念珠状** (moniliform) 基节较长，梗节小，鞭节由多个近似圆球形、大小相近的小节组成，形似一串念珠。如白蚁、褐蛉等的触角 (图 6-5C)。

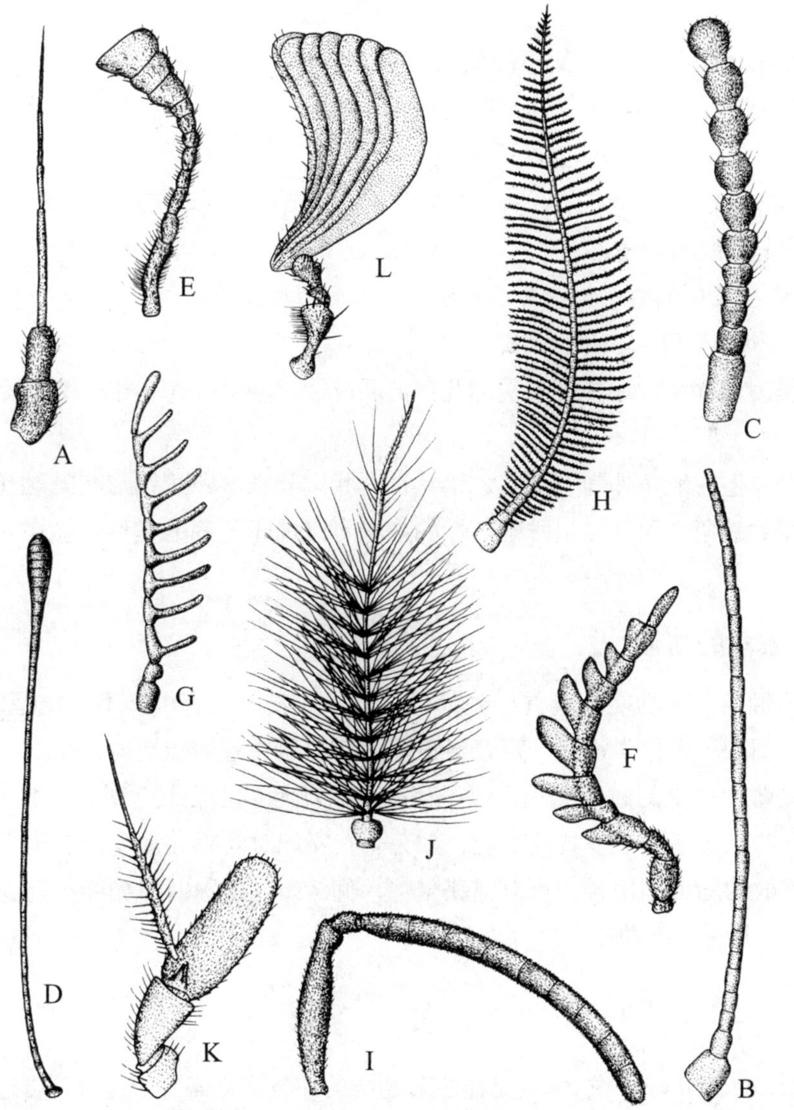

图 6-5　昆虫触角的基本类型 (仿周尧，管致和等)

(4) 棒状 (clavate)　棒状触角又叫球杆状触角，结构与线状触角相似，但近端部数节膨大如棒。蝶类和蚁蛉类的触角属于此类 (图 6-5D)。

(5) 锤状 (capitate)　似棒状，但触角较短，鞭节端部突然膨大，形似锤状。如郭公虫等一些甲虫的触角 (图 6-5E)。

(6) 锯齿状 (serrate)　鞭节各亚节的端部呈锯齿状向一边突出。如部分叩甲、芫菁雄虫等的触角 (图 6-5F)。

(7) 栉齿状 (pectinate)　鞭节各亚节向一侧显著突出，状如梳栉。如部分叩甲及豆象雄虫的触角 (图 6-5G)。

(8) 羽状 (plumose)　又叫双栉状 (bipectinate)，鞭节各节向两侧突出呈细枝状，枝上还可能有细毛，触角状如鸟类的羽毛或形似篦子。如很多蛾类雄虫的触角 (图 6-5H)。

(9) 肘状 (geniculate)　又叫膝状或曲肱状，其柄节较长，梗节小，鞭节各亚节形状及大小近似，在梗节处呈肘状弯曲。如蚁类、蜜蜂类、象甲类昆虫的触角 (图 6-5I)。

(10) 环毛状 (whorled)　除柄节与梗节外，鞭节部分亚节具一圈细毛 (图 6-5J)。如雄性蚊类与摇蚊的触角。

(11) 具芒状 (aristate)　鞭节不分亚节，较柄节和梗节粗大，其上有一刚毛状或芒状触角芒。为蝇类所特有 (图 6-5K)。

(12) 鳃状 (lamellate)　鞭节端部几节扩展成片，形似鱼鳃 (图 6-5L)。如金龟甲之触角。

除上述类型的触角外尚有剑状、锥状、耳状以及很多不规则形状的触角。还有一些中间类型的触角。同种昆虫雌雄两性的触角可以属于不同的类型，在描述昆虫时应予注意。

(三) 触角的功能

昆虫的触角主要功能是嗅觉、触觉与听觉，其表面具有很多不同类型的感觉器，在昆虫的种间和种内化学通讯、声音通讯及触觉通讯中起着重要的作用。一般雄性昆虫的触角较雌性昆虫的触角发达，能准确地接收雌性昆虫在较远处释放的性信息素。此外，昆虫的触角还有一些其他功能，如芫菁在交配时雄虫的触角能起携助拥抱雌虫的作用，魔蚊的幼虫利用触角可以捕获猎物，仰泳蝽在游泳时触角能平衡身体，水龟虫潜水时可以用触角帮助呼吸。

二、复　　眼

复眼 (compound eyes 或 eyes) 是昆虫最重要的一类视觉器官，能辨别出近距离的物体，特别是运动着的物体，为成虫和不全变态类的若虫或稚虫所具有。原尾目等低等昆虫、穴居及寄生性昆虫的复眼退化或消失。

复眼多位于头部侧上方，常为圆形或卵圆形，一般由若干个大小一致的小眼(ommatidium，复数 ommatidia) 组成。但有些类群的复眼比较复杂，突眼蝇的复眼位于头侧突出的眼柄端 (图 6-6A)，鞘翅目豉甲科 (图 6-6B) 和眼天牛属 *Bacchisa* 及蜉蝣目二翅蜉属 *Cloeon*(图 6-6C) 的种类的复眼一分为二，一些虻类与毛蚊类的复眼背面与下面的小眼大小明显不同 (图 6-6D) 其他特殊情况也都是对环境适应的结果。

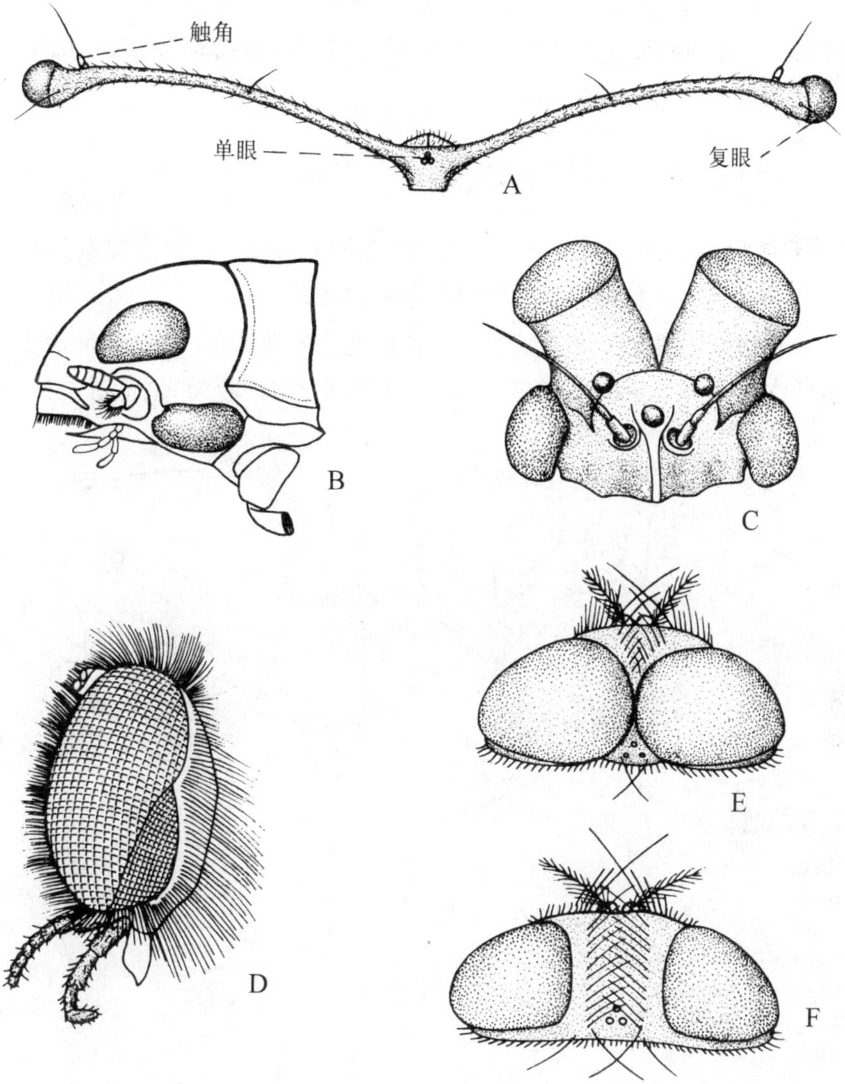

图 6-6　昆虫复眼的变化 (A. 仿杨集昆等；B. 仿管致和等；C ~ F. 仿其他作者)

昆虫复眼的小眼数目变化甚大，一种蚂蚁 *Ponera punctatissima* 的工蚁每个复眼只有一个小眼组成，而鳞翅目昆虫一个复眼常有 12 000 ~ 17 000 个小眼，蜻蜓目昆虫一个复眼的小眼数在 10 000 ~ 28 000 个或更多，但昆虫一个复眼的小眼数大体在 300 ~ 5 000 个之间。社会性昆虫各型间每个复眼的小眼数存在着差异，如蚁类中，一般工蚁的小眼数为 100 ~ 600 个，雌蚁的小眼数为 200 ~ 800 个，而雄蚁的则为 400 ~ 1 200 个。

复眼的大小与种类及性别有很大关系，如头蝇科昆虫复眼几乎占据头表的全部，蜻蜓目的种类复眼亦很大，而在缨翅目昆虫和一些同翅目昆虫中复眼要小得多。在双翅目与膜翅目昆虫中，雄虫复眼常显著大于同种雌性的复眼，甚至雄虫复眼在背面相接，称为接眼式 (holoptic type)(图 6-6E) ；而雌虫复眼则相离，称离眼式 (dichoptic type)(图 6-6F)。大部分昆虫的视觉范围比人眼的视觉范围广，如螳螂复眼的水平视觉范围为 240° ，垂直视觉范围为 360° ，突眼蝇与头蝇的视觉范围在昆虫中更大，在水平和垂直方向都可达到或接近 360° 。

三、单　眼

昆虫的单眼 (ocellus，复数 ocelli) 包括背单眼 (dorsal ocelli) 和侧单眼 (lateral ocelli) 两类，它们只能感受光线的强弱与方向而无成像功能。

(1) 背单眼　为成虫和不全变态类的若虫或稚虫所具有，着生于额之上部，常为 3 个 (图 6-7A) 或 2 个 (图 6-7B)，极少为 1 个 (图 6-7C)。若为 3 个，常呈倒三角形排列。

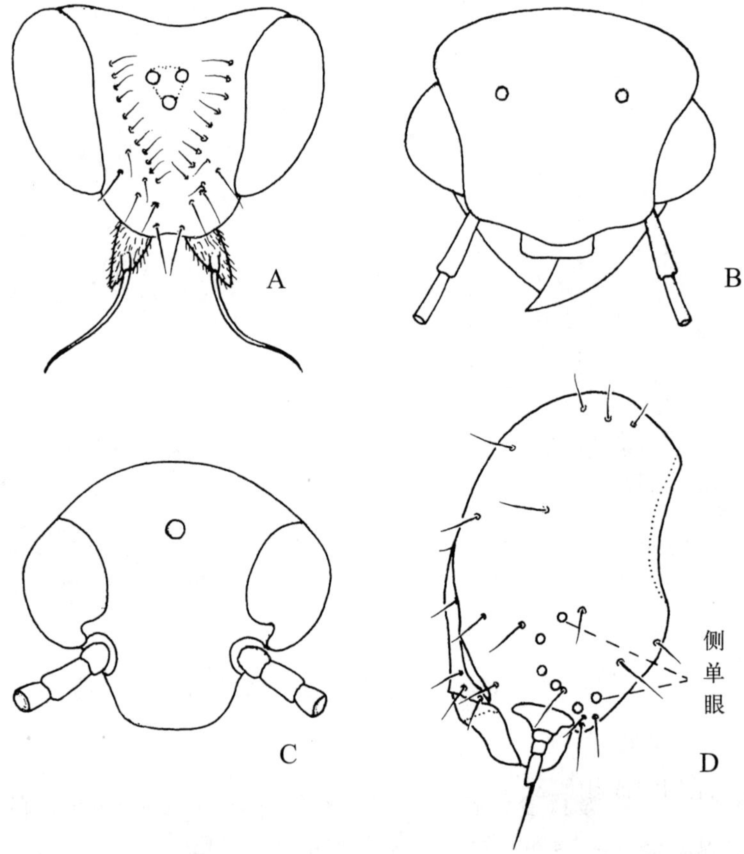

图 6-7　昆虫的单眼类型 (仿各作者)

A. 一种秆蝇的头部；B. 一种隐翅甲的头部；C. 一种皮蠹的头部；D. 一种鳞翅目幼虫的头部；A–C. 前面观，示背单眼；D. 侧面观，示侧单眼背单眼的有无、数目及位置等是有些类群分科或分亚科的特征。

（2）侧单眼　仅为全变态类幼虫所具有，位于头部两侧，常 1~7 对不等，单行或双行，弧形或线形排列 (图 6-7D)，其数目与排列方式对幼虫的分类与区别有较大用途。

第四节　口　　器

口器 (mouthparts) 又叫取食器 (feeding apparatus)，昆虫因食性及取食方式的分化，形成了不同类型的口器。大体上取食固体食物的昆虫口器为咀嚼式，取食液体食物的昆虫口器为吸收式，兼食固体和液体食物的昆虫口器为嚼吸式；其中吸食表面液体的昆虫口器为舐吸式或虹吸式，而吸食寄主内部液体的昆虫口器为刺吸式、锉吸式或捕吸式。在这些类型的口器中以咀嚼式口器最为原始，其他类型的口器均由咀嚼式口器演变而成。

一、咀嚼式口器

咀嚼式口器 (chewing mouthparts 或 biting mouthparts 或 mandibulate mouthparts) 由上唇、上颚、下颚、下唇与舌 5 部分组成。主要特点是具有发达而坚硬的上颚以嚼碎固体食物。无翅亚纲、襀翅目、直翅类、大部分脉翅目、部分鞘翅目、部分膜翅目成虫及很多类群的幼虫或稚虫的口器都属于咀嚼式。其中以直翅类的口器最为典型，此处以东亚飞蝗的口器为代表做一简介。

1. 上唇

上唇 (labrum 或 upper lip) 是衔接在唇基前缘盖在上颚前面的一个双层薄片，外壁骨化，表面具一些次生的沟 (图 6-8A)。其内壁膜质，具密毛与感觉器，称为内唇 (epipharynx)，旧称上咽头。上唇是口前腔的前壁，可以前后活动并稍做左右活动。

2. 上颚

上颚 (mandibles，单数 mandible) 是 1 对位于上唇之后的锥状坚硬构造，其前部内侧有切齿叶 (incisor lobe) 以切断和撕裂食物，基部内侧有臼齿叶 (molar lobe) 以磨碎食物。上颚具有强大的收肌与较小的展肌，两束肌肉的收缩使上颚能左右活动，两个上颚一般不完全对称 (图 6-8B，C)。

3. 下颚

下颚 (maxillae，单数 maxilla) 是 1 对位于上颚之后下唇之前协助取食的构造 (图 6-8D，E)，能相向或相背及前后活动。它可分为 5 部分。

（1）轴节 (cardo)　是基部支接在头壳侧下方的三角形骨片。

（2）茎节 (stipes)　为轴节端部的长方形骨片，以膜与轴节相连，可稍折动。

（3）外颚叶 (galea)　为连接在茎节端部的一个匙状、较软的构造，起握持食物之用。

(4) 内颚叶 (lacinia，复数 laciniae)　为连接在茎节端部、外颚叶内侧、较骨化、端部有齿的叶，具协助上颚刮切食物和握持食物的作用。

(5) 下颚须 (maxillary palpus，复数 maxillary palpi)　是着生在茎节外侧负颚须节 (palpifer) 上的分节构造，一般为 5 节。该须具有嗅觉与味觉功能。

4. 下唇

下唇 (labium 或 lower lip) 是位于下颚后面、后头孔下方的一个片状构造 (图 6-8F)，形成口前腔的后壁，主要起托挡食物的作用。结构与下颚相似，也由 5 部分构成。

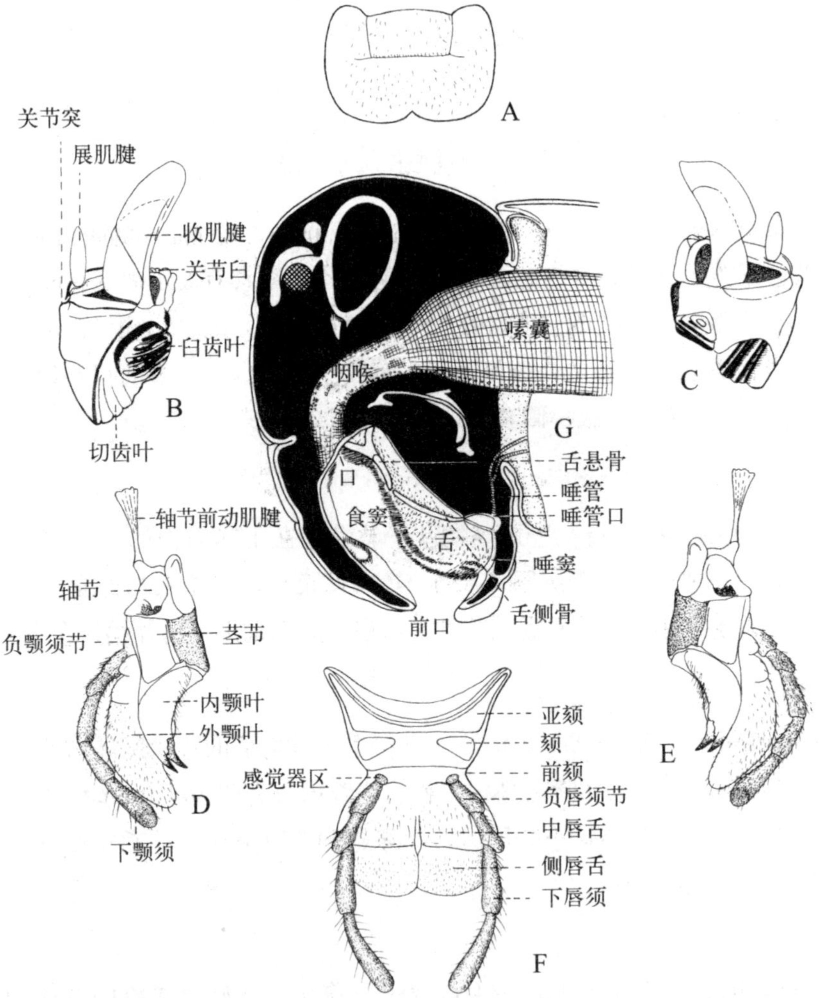

图 6-8　东亚飞蝗的口器组成部分 (据陆近仁，虞佩玉)

A. 上唇；B，C. 上颚；D，E. 下颚；F. 下唇；

G. 头部纵切面，示舌、食窦、唾窦等结构

（1）**后颏** (postmentum)　是下唇基部不能活动的部分，相当于下颚的轴节；它又可分为基部的亚颏 (submentum) 和端部的颏 (mentum)。

（2）**前颏** (prementum)　是连接在后颏前端的部分，相当于下颚的茎节，该部分可以前后、左右运动。

（3）**侧唇舌** (paraglossae，**单数** paraglossa)　是前颏端部两侧的一对较大的叶状构造，相当于下颚的外颚叶。

（4）**中唇舌** (glossae，**单数** glossa)　是前额端部中央的一对很小的叶状构造，有时二叶合为一体。相当于下颚的内颚叶。中唇舌与侧唇舌有时可合为一体，统称唇舌 (lingula)。

（5）**下唇须** (labial palpus，**复数** labial palpi)　是生在前颏侧后方负唇须节 (palpiger) 上的分节构造，一般分 3 节，相当于下颚的下颚须。有些学者把后颏叫后下唇 (postlabium)，把下唇其余部分统称前下唇 (prelabium)。

5. 舌

舌 (hypopharynx) 旧称下咽头，是位于口前腔中央的袋状构造 (图 6-8G)，其表具浓密的毛与感觉器，内有骨片与肌肉，能帮助运送与吞咽食物，并有味觉之用。

上唇、上颚、下颚与下唇所围成的空腔叫口前腔 (preoral cavity)，真正的口位于唇基与舌之间。舌将口前腔分为两部分，前面的部分称食窦 (cibarium)，后面的部分称唾窦 (salivarium)。唾管开口于唾窦基部，取食时，唾液流入口前腔，与食物相混。

具有咀嚼式口器的昆虫，口器各部分的构造随虫态、食性、习性等略有变化，如鳞翅目幼虫口器，上唇与上颚与一般咀嚼式口器相似，但下颚、下唇和舌则合为一个复合体 (图 6-9)。广翅目、蛇蛉目昆虫成虫为捕食性，具有很发达的上颚，而为争夺雌性而好斗的锹甲科雄虫多具有异常发达的上颚。

二、嚼吸式口器

嚼吸式口器 (chewing lapping mouthparts) 仅为一部分高等膜翅目昆虫的成虫所特有，是兼有咀嚼与吸收两种功能的口器。其主要特点是下颚和下唇特化为可以临时组成吸食液体食物的喙。

该类口器中上唇与上颚与咀嚼式口器的相似，发达的上颚主要用于咀嚼花粉与筑巢；下颚的外颚叶甚为发达，呈刀片状，下颚须和内颚叶较退化；下唇细长，下唇须与中唇舌延长，侧唇舌较小 (图 6-10A)。

具有嚼吸式口器的昆虫在吸食液体食物时，下颚的外颚叶包被在中唇舌的背、侧两面形成食物道，1 对下唇须合贴在中唇舌的腹面形成唾道。内颚叶和内唇盖在舌基部的侧、上方，使口前腔闭合，临时喙便形成了 (图 6-10B)。借唧筒的抽吸作用将花蜜或其他液体食物吸入消化道。有些蜂类的唧筒还兼有吐出液体的功能，以帮助酿蜜与哺喂同伴。不吸食时，下颚与下唇分开，折弯于头下。

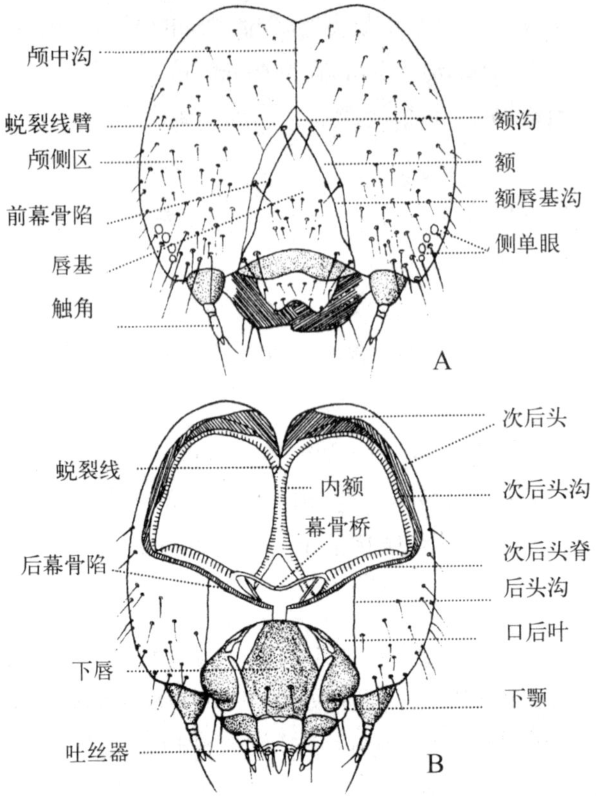

图 6-9　家蚕头部的结构（仿吴维均等）

A. 正面观；B. 后面观

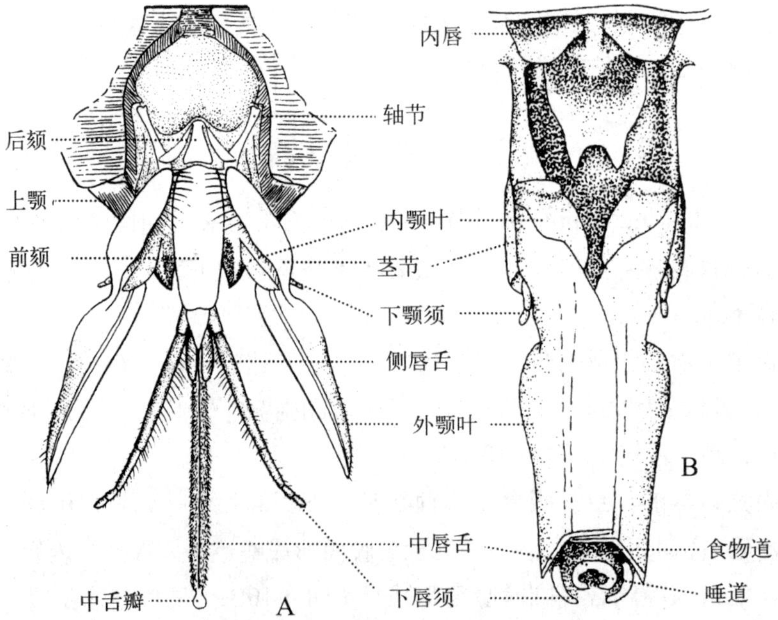

图 6-10　蜜蜂成虫的口器（仿 Snodgrass)

A. 后面观；B. 喙管基部的前面观

三、舐吸式口器

舐吸式口器 (sponging mouthparts) 是双翅目蝇类特有的口器。家蝇 *Musca domestica* 的口器是其典型代表 (图 6-11)。

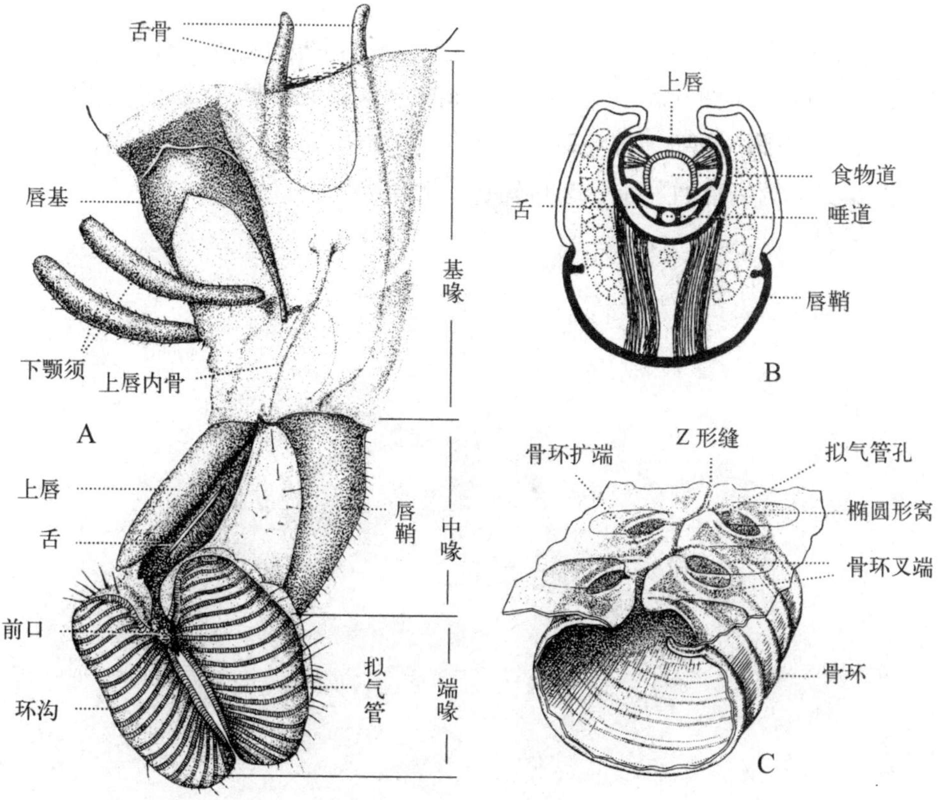

图 6-11 家蝇的口器 (仿 Matheson)

A 口器的侧面观；B 中喙的横切面；C 拟气管的一部分

家蝇的口器粗短，由基喙 (basiproboscis)、中喙 (mediproboscis 或 haustellum) 及端喙 (distiproboscis)3 部分组成。

基喙是头壳的一部分，以膜质为主，略呈倒锥状，其前壁有一马蹄形的唇基，唇基前有 1 对棒状下颚须。上颚与下颚的大部分消失。

中喙是真正的喙，主要是下唇的前颏所形成，略呈筒状，后壁骨化为唇鞘 (labial elytron), 前壁凹陷成唇槽，长片形上唇的内壁凹陷成食物道盖在唇槽上。刀片状的舌紧贴在上唇下面以闭合食物道，唾道自舌内通过。

端喙即唇瓣 (labella，单数 labellum) 是喙端部两个大椭圆形海绵状吸盘，两唇瓣间有一小孔——前口 (prestomum) 与食物道相通，唾液亦经前口流出。唇瓣的表面有两条较深纵沟及多条环沟，这些沟看起来与气管相似，故有拟气管 (pseudotracheae) 之称。

取食时唇瓣展开平贴在食物上，在唧筒的作用下，液体食物经环沟和纵沟流入前口。有些蝇类在前口附近的环沟间还长有短小刺状的前口齿，取食时，唇瓣上翻，前口齿外露，以齿锉刮食物，食物可直接进入前口。显然，舐吸式口器特别适于取食发酵的粪便及腐烂物上的渗出物。

四、刮吸式口器

刮吸式口器 (scratching mouthparts) 见于双翅目蝇类幼虫中。此类口器十分退化，外观仅见 1 对口钩 (图 6-12)。取食时，先用口钩刮食物，然后吸收汁液和固体碎屑。其头全部缩入胸部，体躯前端为颈膜。曾有人认为口钩是上颚，但从食窦扩肌的位置及蜕皮时口钩脱掉等特性只能认为口钩是一个高度骨化的次生构造。

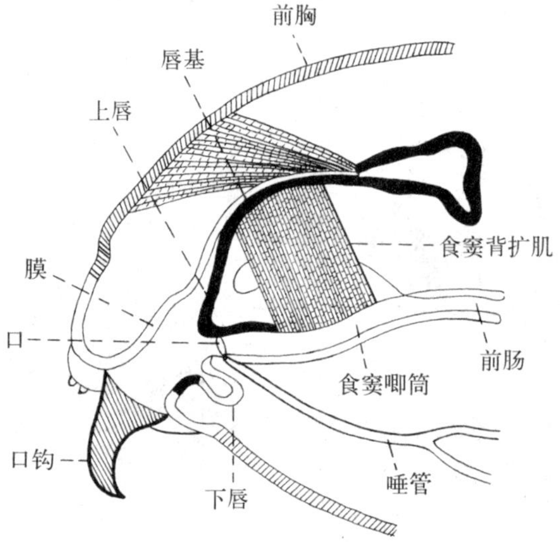

图 6-12　蝇蛆内缩头部的纵切面 (仿 Snodgrass)

五、虹吸式口器

虹吸式口器 (siphoning mouthparts) 为鳞翅目成虫 (除少数原始蛾类外) 所特有 (图 6-13)，其显著特点是具有一条能卷曲和伸展的喙，适于吸食花管底部的花蜜。

虹吸式口器的上唇仅为一条狭窄的横片。上颚除少数原始蛾类外均已退化。下颚的轴节与茎节缩入头内，下颚须不发达，但左、右下颚的外颚叶却十分发达，两者嵌合成喙；每个外颚叶的横切面呈新月状，两叶中间为食物道；外颚叶内一系列骨化环，不取食时喙像发条一样盘卷，取食时借肌肉与血液的压力伸直；有些吸果蛾类的喙端尖锐，能刺破果实的表皮。下唇退化成三角形小片，下唇须发达。舌退化。

六、捕吸式口器

捕吸式口器 (grasping sucking mouthparts) 为脉翅目昆虫的幼虫所独具，其最显著的特征是成对的上、下颚分别组成一对刺吸构造，因而又有双刺吸式口器之称 (图 6-14)。

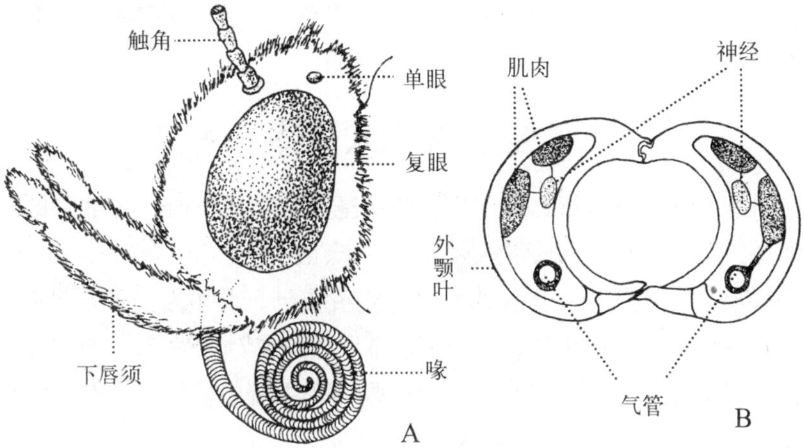

图 6-13 鳞翅目成虫的虹吸式口器

A. 鳞翅目成虫头部模式图，侧面观；B. 喙的横切面

(A. 作者图；B. 仿 Eidmann)

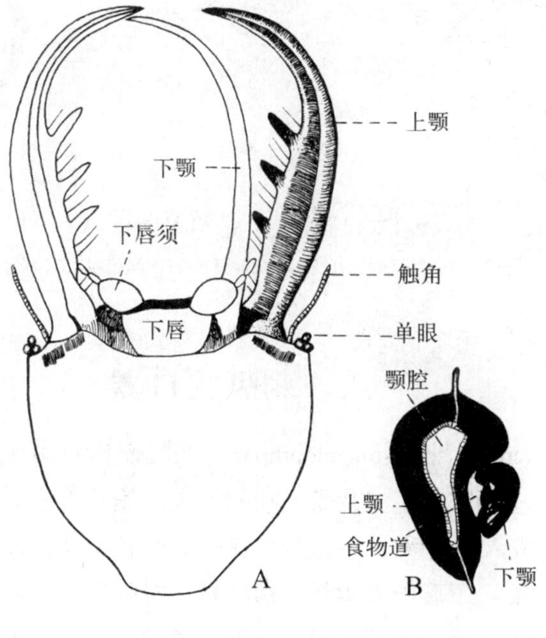

图 6-14 脉翅目幼虫的捕吸式口器 (A. 仿 Doflein；B. 仿 Locinski)

A. 1 种蚁狮幼虫的头部，示捕吸式口器；B. 上、下颚的横切面，示两者合成的食物道

该类口器的上颚不发达；上颚延长呈镰刀状，其腹面纵凹，下颚的外颚叶相应延长紧贴在上颚内侧形成食物道；下颚的轴节、茎节及下唇不发达，下颚须消失，但下唇须则较发达。

捕食时，幼虫将成对的捕吸式口器刺入猎物体内，注入消化液，进行肠外消化后再把消化好的物质吸入。

七、锉吸式口器

锉吸式口器 (rasping mouthparts) 为缨翅目昆虫蓟马所特有，各部分的不对称性是其显著的特点。蓟马的口器短喙状或称鞘状；喙由上唇、下颚的一部分及下唇组成；右上颚退化或消失，左上颚和下颚的内颚叶变成口针，其中左上颚基部膨大，具有缩肌，是刺锉寄主组织的主要器官；下颚须及下唇须均在 (图 6-15)。蓟马取食时，喙贴于寄主体表，用口针将寄主组织刮破，然后吸取寄主流出的汁液。有人认为这类口器是咀嚼式口器和标准刺吸式口器的中间类型。

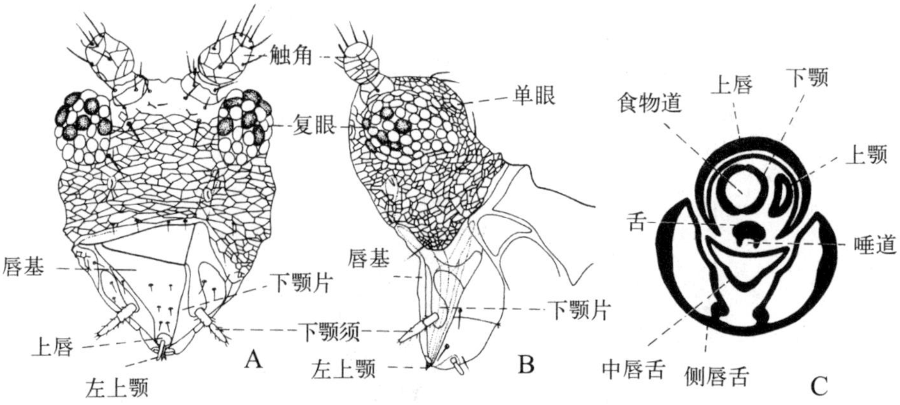

图 6-15 锉吸式口器 (A, B. 仿 Matheson；C. 仿 Eidmann)

一种蓟马的头部，示口器：A. 前面观；B. 侧面观；C. 喙横切面

八、刺舐式口器

刺舐式口器 (piercing sponging mouthparts) 为吸血性双翅目虻类昆虫所特有。其上唇较长，端部尖；上颚变宽呈刀片状，端部尖锐，能左右活动，能与上唇一起切破牲畜的比较坚硬的皮或人的皮肤；下颚的外颚叶形成较坚硬、细长的口针，上下抽动能使被刺破的伤口张开；下唇肥大柔软，端部有一对肉质的唇瓣，唇瓣具有一系列通向中央前口的横沟；舌变成一根较细弱的口针，唾道从舌的中央穿过。虻类昆虫刺破动物的皮肤后，唇瓣即贴在伤口处，血液即通过横沟流向前口，由上唇和舌形成的食物道进入口中 (图 6-16A ~ D)。

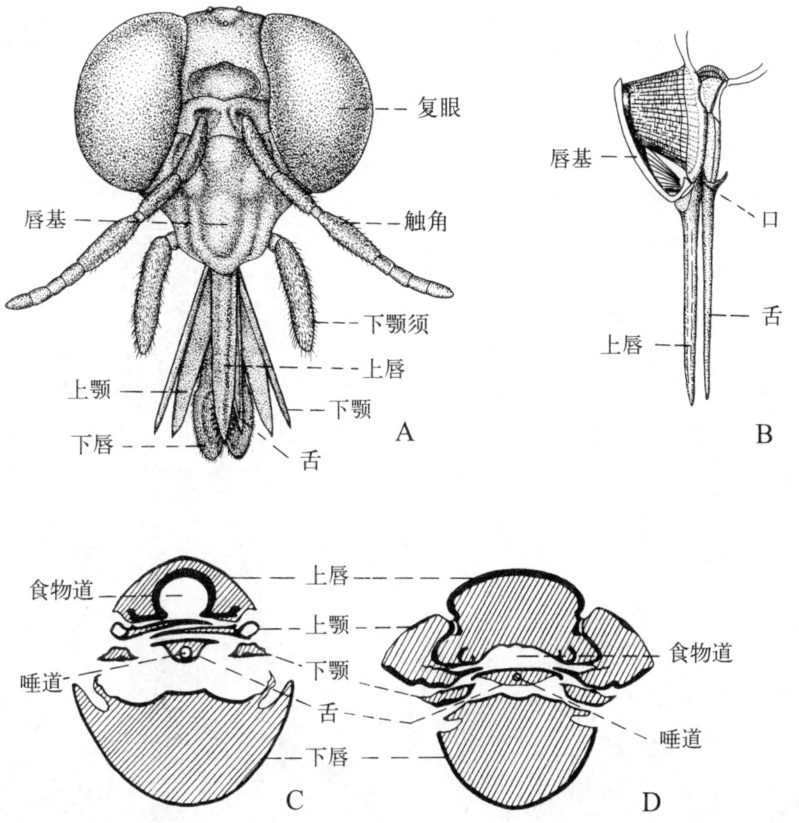

图 6-16　牛虻的刺舐式口器 (仿 Matheson)

A. 头部前面观；B. 上唇与舌的关系，示口的位置；C. 口器亚端部的横截面；D. 近口处的横截面

九、刺吸式口器

刺吸式口器 (piercing sucking mouthparts) 是取食植物汁液或动物血液的昆虫所具有的，既能刺入寄主体内又能吸食寄主体液的口器，为同翅目、半翅目、蚤目及部分双翅目昆虫所具有，虱目昆虫的口器也基本上属于刺吸式。此处仅以蝉的口器 (图 6-17A ～ D) 对此类口器加以简介。

蝉的上唇为一个三角形的骨片；上颚与下颚的内颚叶特化为口针；上颚口针较粗，端部有倒刺，主要起刺入寄主组织的作用；下颚口针较细弱，内侧有 2 纵槽，两下颚口针嵌合时形成了两条细管，粗者为食物道，细者为唾道 (图 6-17D)；舌位于口针基部，变成了与唧筒有关的特殊构造 (图 6-17E)；下唇延长成包被与保护口针的喙。

具有刺吸口器的昆虫取食时，主要靠肌肉的作用使口针交替进入寄主组织，接着，分泌含有抗凝物质、消化液等的唾液，然后借食窦唧筒的抽吸作用吸食寄主的体液。

不同种类的具有刺吸式口器昆虫的口器构造有一定差异。如蚊类的口器有 6 个口针，除两对上颚、下颚口针外，上唇与舌也变成了口针 (图 6-17F)，而蚤类的口针则是内唇与下颚的内颚叶所特化 (图 6-17G)。口针的长度变化也很大，有时与喙等长，有时远长于喙。同翅目介壳虫类的雌虫自离开母体后，大部分时间固定在寄主植物上，其口器外观甚短，但为了能吸到新鲜的植物体液，介壳虫在进化过程中逐渐形成了很长的口针，平时缩在口针囊 (crumena) 里 (图 6-17H)，吸食的时候，将口针伸向四周某一方向。

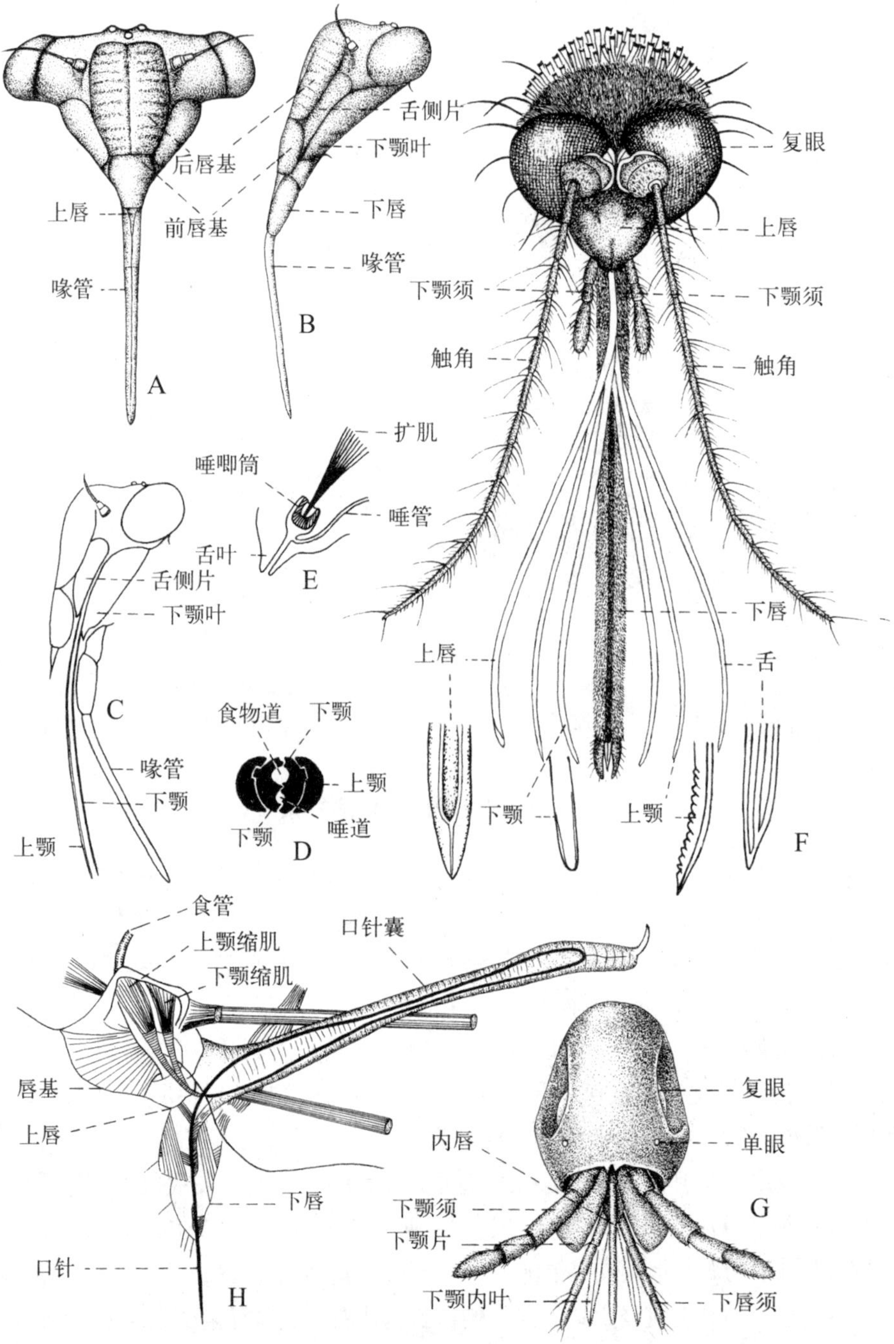

图 6-17　刺吸式口器 (A ~ D. 仿周尧；E. 仿 Snodgrass；F，G. 仿 Matheson；H. 仿 Weber)

A，B，C. 一种蝉的口器；D. 口针横切面；E. 唾唧筒纵切面；F. 一种雌蚊的口器；G. 一种蚤的口器；H. 一种蚧的口器

第五节　头部的变化与适应

昆虫的头部的结构因种类、性别、发育阶段等的差异而变化，但其演化的方向总是围绕着感觉与取食这两个中心任务；有些种类的变化还与求偶、生殖以及社会性生活等密切相关，处处体现着功能、结构、环境的统一。

一、感觉器官的结构和功能及与环境的关系

昆虫的感觉器官主要集中在头部，特别是触角与复眼对昆虫的生存及发展起着至关重要的作用，其大小、形状等均与觅食、求偶等功能相适应。在同样的环境中，似乎非寄生性昆虫的感觉器官要比寄生性昆虫的发达，这是因为寄生性昆虫一旦找到寄主，大多数情况下就会有一个稳定的食物来源，而非寄生性昆虫则需不断地寻找食物源。在非寄生性昆虫中捕食性昆虫的感觉器官要比非捕食性昆虫的发达，显然，其发达程度与寻找食物的难易程度成反比。对于同一种昆虫，雄性的感觉器官要比雌性的发达，这是由于在求偶时雄虫大多要接受雌虫发出的信号并去寻找雌虫。

不同环境中的昆虫，感觉器官的进化总是向着适应环境条件的方向发展。穴居昆虫生活在光线很弱的环境中，它们的复眼与单眼常常退化，相应一些感觉功能由触角代替，所以其触角与在地面生活的昆虫触角相比显得发达。如一种穴居的蟋螽 *Tropidischia xanthostoma* 复眼退化，触角却是体长的 10 倍左右 (图 6-18A)，一种穴居的步甲 *Glacicavicola bathyscioides* 复眼消失，触角却近等于体长 (图 6-18B)。土栖昆虫亦有类似的现象。水栖的豉甲科昆虫上、下分离的复眼使得它们能在水面游泳时能同时看清楚水表和水中的情况 (图 6-6B)。

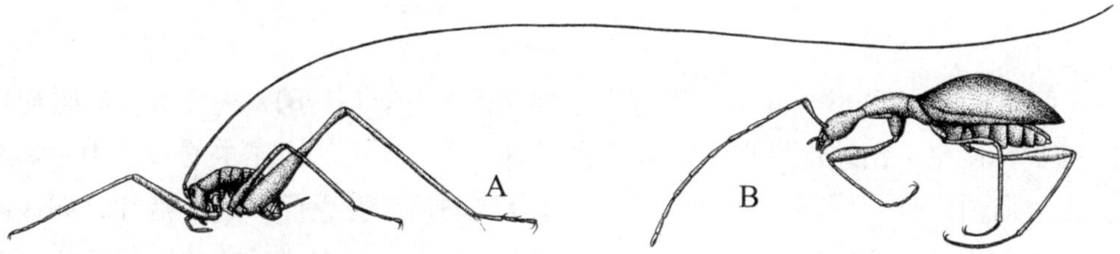

图 6-18　穴居性昆虫的复眼与触角的变化（仿 Daly et al.）

A. 蟋螽；B. 步甲

二、口器着生位置与功能的适应

昆虫由于取食方式的不同，口器的形状与着生的位置也出现了明显变化，根据口器着生的方向，可将昆虫的头部形式分为 3 大类。

(1) 下口式 (hypognathous) 口器着生并伸向头的下方 (图 6-19A)，特别适于啃食植物叶片、茎秆等。大多数具有咀嚼式口器的植食性昆虫和一少部分捕食性昆虫的头式属于此类，如蝗虫、鳞翅目幼虫等的头式。这是最原始的一类头式。

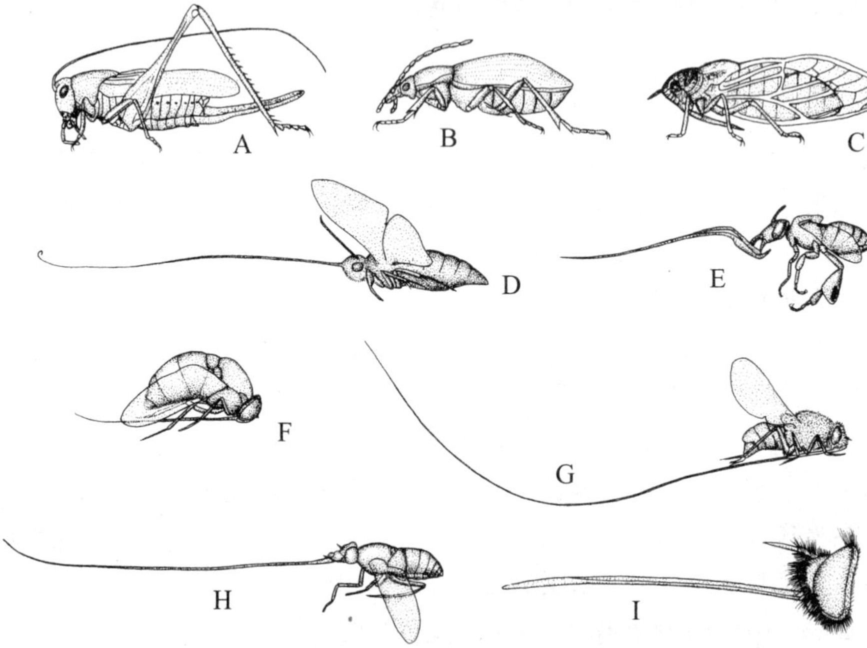

图 6-19 昆虫的头式及变化（A ~ C. 仿 Eidmann；D ~ I. 仿 Daly et al.）

A. 螽斯；B. 步甲；C. 蝉；D. 一种天蛾 *Manduca quinquemaculata*，喙伸展时长 12 cm；E. 一种蜜蜂 *Euglossa asarophora*，喙伸展时长 3 cm；F. 一种小头虻 *Lasia kletti*，喙伸展时长 2.4 cm；G. 一种网翅虻 *Megistorrhynchus longirostirs*，喙长 8.4 cm；H. 一种虻 *Philoliche longirostis*，喙长 5.8 cm；
I. 一种蜂虻 *Bombylius lancifer* 的头部，喙长 9.7 mm

(2) 前口式 (prognathous) 口器着生并伸向前方 (图 6-19B)，大多数具有咀嚼式口器的捕食性昆虫、钻蛀性昆虫等的头式属于前口式。这类头式昆虫的口器中，颊与后颊扩大并向前延伸，后幕骨陷前移，在后幕骨陷与后头孔之间形成外咽片，有些昆虫的外咽片与下唇无明显的界线而合成咽颏 (gulamentum)；有时外咽片因后颊相向延伸而变窄，只留下一条外咽缝 (gular suture)。

(3) 后口式 (opisthognathus) 口器伸向腹后方 (图 6-19C)，大多数具有刺吸式口器昆虫的头式属于此型，如蝉、叶蝉等同翅目头喙亚目的昆虫与几乎所有半翅目的昆虫的头式。后口式是昆虫为在不取食时保护长喙而形成的，实际上当这些昆虫取食时喙可伸向下方或前方。

口式的划分并非绝对，有些昆虫多变的头部确实很难归类。如对直翅目昆虫而言，其头式大体属于下口式，但蝗学工作者又常把直翅目的口式分为直口式 (orthognathous)、下口式和前口式 3 类。访花的昆虫，口器变化更加复杂，为了吸食花蜜，喙有时变长 (图 6-19D ～ I)，很难判定其头式属于何类。

此外，昆虫的头部还有一些与求偶、生殖有关的构造，使得头部的某一部分特别发达。如锹甲雄虫的上颚在求偶时一方面可以用以打败前来竞争对手 ；另一方面可能有取悦雌性的作用，长期选择的结果使得该类昆虫雄虫的上颚十分发达。再如苏铁象甲 *Antliarhinus zamiae* 雌、雄虫的头部形态差别很大，雄虫的“喙”短，而雌虫的“喙”甚为细长 (图 6-19C,D)，这是由于雌虫在产卵时要用“喙”端的口器在寄生植物的球果中啃一个深洞，然后再产卵于洞内。

第六节 昆虫的颈部

昆虫的颈 (cervix 或 cervicum 或 neck) 是头部与胸部之间的可伸缩的部分。

曾有人认为它是小胸 (microthorax)，但大多数学者认为颈不过是一个扩大了的节间区域。其来源尚无定论，按目前流行的观点，颈一部分来自下唇节，一部分来自前胸节。

颈的外壁大部分膜质，其上着生有称为颈片 (cervical sclerites) 的小骨片。颈片数目不定，几乎所有的目都有颈片，但在较原始的类群 (如直翅目、革翅目、蜻蜓目、等翅目) 颈片最发达，而在高等的昆虫中呈不同程度的退化。颈片可散布背、腹、侧面，但以侧颈片最为重要。侧颈片各为一对互成一定角度的狭长骨片 (图 6-20)，前侧颈片的前端与后头的关节突相接，后侧颈片的后端与前胸的前侧片相接。源于头部次后头内脊的肌肉和源于前胸背板的肌肉交替叉着生于两个侧颈片上，这些肌肉及背纵肌、背腹肌的伸缩，可使颈部比较灵活地伸缩与弯曲，进而使头在前后、上下或左右运动。

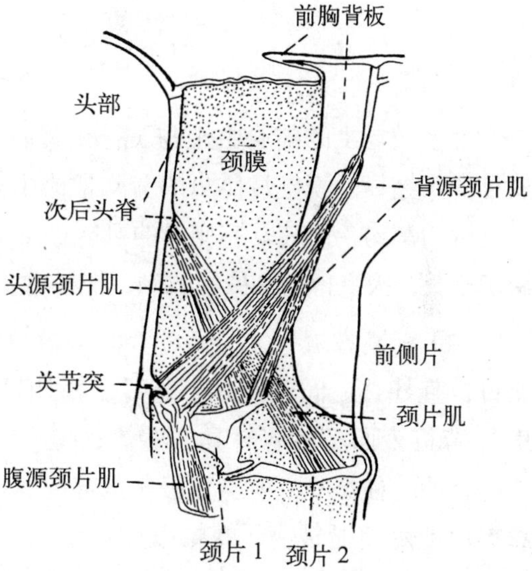

图 6-20 蝗虫 *Dissosteira* sp. 的颈部 (仿 Snodgrass)

第七章　昆虫的胸部

胸部 (thorax) 是昆虫体躯的第二段，由前胸（prothorax）、中胸（mesothorax）及后胸（metathorax）3 个体节组成。各节具 1 对足，分别称前足（fore legs）、中足 (middle legs) 和后足 (hind legs)。大多数有翅亚纲昆虫的中、后胸上有 1 对翅，分别叫前翅(fore wings）和后翅（hind wings）。大部分无翅昆虫各胸节的大小、形状十分相似，有翅昆虫的中、后胸因在形态上与前胸差别较大而特称具翅胸节（pterothorax）。胸部的演化主要围绕运动功能进行。

第一节　胸部的基本构造

一、前　　胸

大多数昆虫的前胸由于与飞行无关而结构比较简单，如大部分蜻蜓目、蛾目、鳞翅目、双翅目、膜翅目昆虫的前胸常比中、后胸小得多。另一方面，由于前胸不受飞行机械的制约，使其具有变异的可能性；这种变异常与前足的功能、性选择、拟态等密切相关，因受行走机械的限制，变异常发生在前胸背板上。

（1）前胸背板（pronotum）大多数昆虫的前胸背板结构简单，常为一狭片；蜚蠊目、直翅目、同翅目、半翅目、鞘翅目昆虫的前胸背板比较发达，可能起保护作用；背板表面虽然有时具一些沟，但一般未被命名。而在前足特化或前胸与拟态、求偶有关的种类中，前胸背板常常甚为发达，有时还会在形态上发生特殊的变化，如螳螂用前足捕捉猎物，蝼蛄以前足挖土，它们的前胸背板都很发达，有些螳螂的前胸背板两侧还会有不同程度的扩展（图 7-1A）；前胸与求偶有关的犀金龟等，前胸背板上常有一到数个大突起（图 7-1B）；有些角蝉科昆虫的前胸背板更为奇特（图 7-1C ～ J)。

（2）前胸侧板（propleuron）昆虫的前胸侧板结构简单，常只有 1 条侧沟（pleural sulcus）将侧板分为前侧片（episternum）和后侧片（epimeron)，侧沟下端形成一个与胸足基节顶接的侧基突（pleural articulation)，后侧片常退化，或同背板愈合，或与腹板愈合；前侧片有时亦与腹板愈合。原尾目、弹尾目及襀翅目昆虫无真正的侧板。

（3）前胸腹板（prosternum）前胸腹板多不发达，但有些类群有些特别的构造，如叩甲科昆虫前胸腹板后部中央有一个后伸的楔形突，大部分猎蝽科昆虫与姬蝽科昆虫前胸腹板中央有由横纹脊组成的纵行摩擦发音沟。

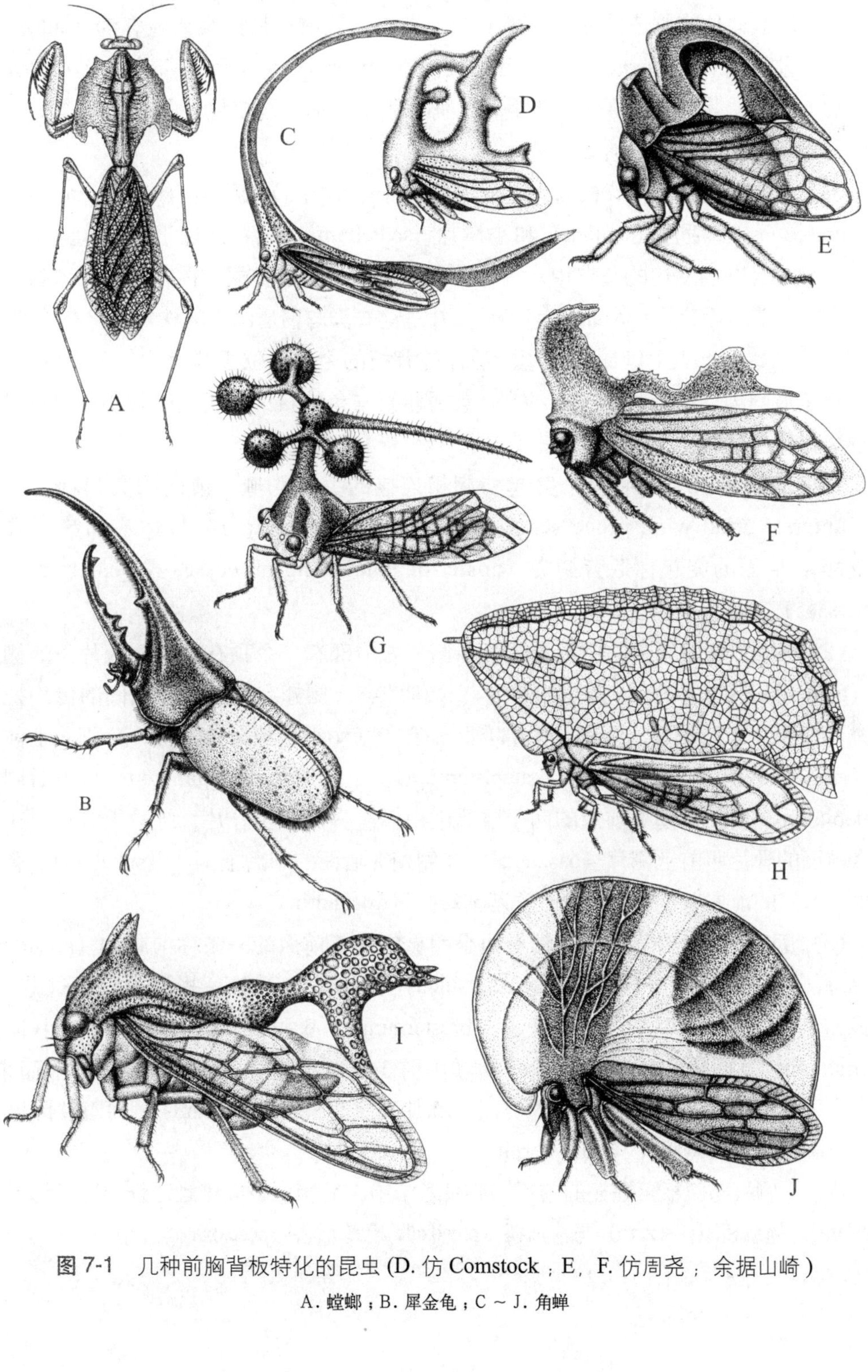

图 7-1　几种前胸背板特化的昆虫 (D. 仿 Comstock；E，F. 仿周尧；余据山崎）

A. 螳螂；B. 犀金龟；C ~ J. 角蝉

二、具翅胸节

具翅胸节的背板、腹板及侧板都很发达（图 7-2），并且彼此紧密连接，形成一个坚强的飞行支持构造。

(1) 背板　具翅胸节的背板一般具有 3 条沟，从前往后依次为前脊沟（antecostal sulcus）、前盾沟（prescutal sulcus）和盾间沟（scutoscutellar sulcus）；其中前脊沟是最基本的一条沟，其内脊发展成为着生背纵肌的悬骨；盾间沟变化较大，常为“∧”形，位置与形状不固定，有时消失。

背板上的 3 条横沟把背板分为 4 个片，从前至后依次为端背片（acrotergite）、前盾片（prescutum）、盾片（scutum）和小盾片（scutellum）。端背片位于前脊沟之前，常为一狭横片。在翅发达的胸节中，后一节的端背片常向前扩展与前一体节的背板紧接而形成前一节的后背片(postnotum)。前盾片是前脊沟与前盾沟间的狭片，但在襀翅目、鳞翅目、鞘翅目昆虫中则比较发达。盾片是背板的主体，位于前盾沟与盾间沟之间。小盾片是盾间沟后的骨片，有些种类，如盾蝽科与龟蝽科的种类，中胸小盾片可将翅和整个腹部盖起来。

背板的侧缘有前、后两个突起与翅相连接的关节构造，前面的突起称前背翅突（anterior notal wing processes 或 anterior notal processes），与翅基部第一腋片相支接；后面的突起称后背翅突（posterior notal wing processes 或 posterior notal processes）。

(2) 侧板　具翅胸节的侧板发达，各侧背方中部有一个顶在翅第 2 腋片下的侧翅突（pleural wing process），腹方中央有一个侧基突，侧翅突与侧基突之间的侧沟把侧板分为前侧片与后侧片，两侧片中部有时各有一横沟把侧板分为 4 片，分别叫上前侧片（anepisternum）与下前侧片（katepisternum）、上后侧片（anepimeron）与下后侧片(katepimeron)。在侧翅突前后的两个膜质区中各有一两个小骨片，统称上侧片，在侧翅突前面的骨片叫前上侧片（basalare），在侧翅突后面的叫后上侧片（subalare）。有些昆虫基节窝的前方有一个小骨片，称基前转片（trochantin）。

(3) 腹板　具翅胸节腹板上常有两个明显的沟，前面的一条称前腹沟（presternal sulcus），后面的称腹脊沟（sternacostal sulcus）；此外，还有一些膜或缝。这些沟、膜或缝把腹板分为 4 片，即前腹片（presternum）、基腹片（basisternum）、小腹片(sternellum）及间腹片（intersternite）；其中前 3 片由主腹片（eusternum）分隔而来，主腹片因里面具有发达的叉状腹内突而又称具叉腹片（furcasternum）；间腹片因里面具有内刺突又叫具刺腹片（spinasternite）。

背板、侧板与腹板可在翅的前后与胸足基节前、后相愈合或接触，分别形成翅前桥(prealare)、翅后桥（postalare）与基前桥（precoxale)、基后桥（postcoxale)。

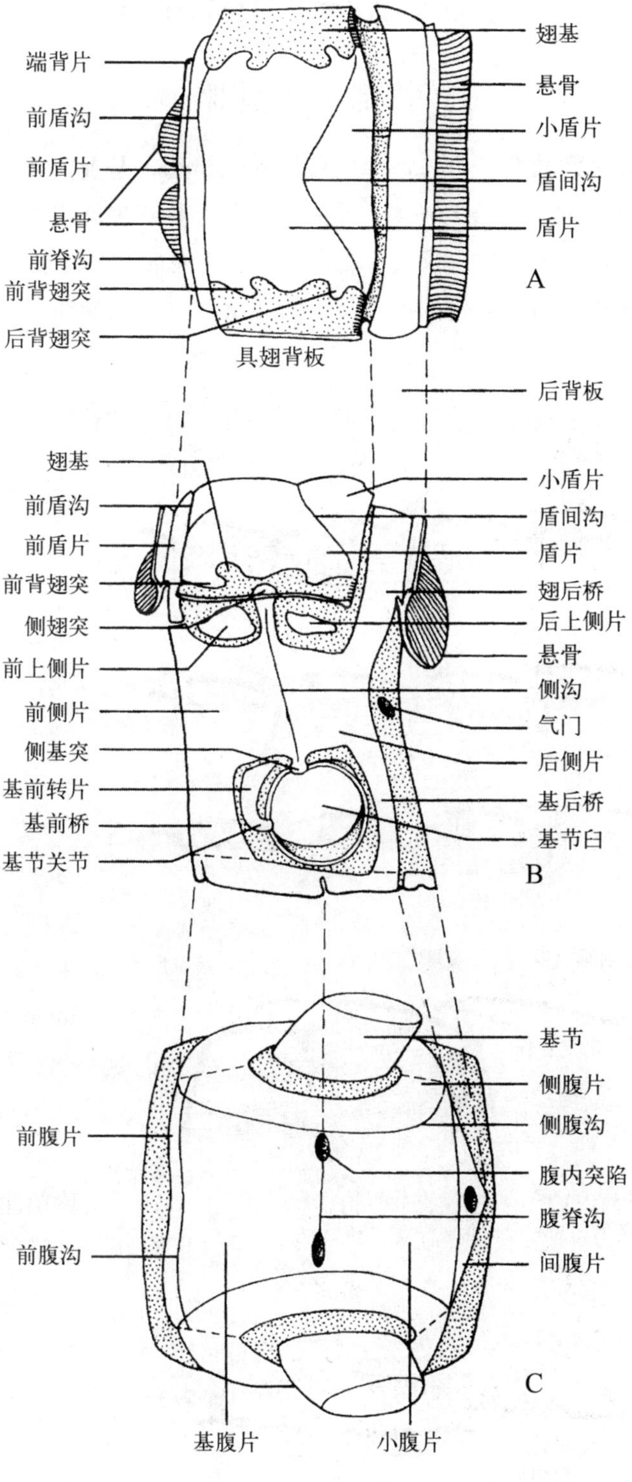

图 7-2　具翅胸节的基本构造 (仿 Snodgrass)

A. 背面观；B. 侧面观；C. 腹面观

第二节 胸部的内骨骼

一、背部的内骨骼

昆虫背部的内骨骼称悬骨（phragmata，单数 phragma），是前内脊两端向下扩大成的 1 对板状脊，有时 1 对悬骨合为一块，是背纵肌的主要着生部位。有翅昆虫的成虫一般具有 3 对悬骨，只有少数昆虫仅具 2 对悬骨，各对悬骨的着生位置与前、后翅的功能紧密相关。鳞翅目等前、后翅都用于飞行的昆虫，中、后胸都有后背片，则中胸

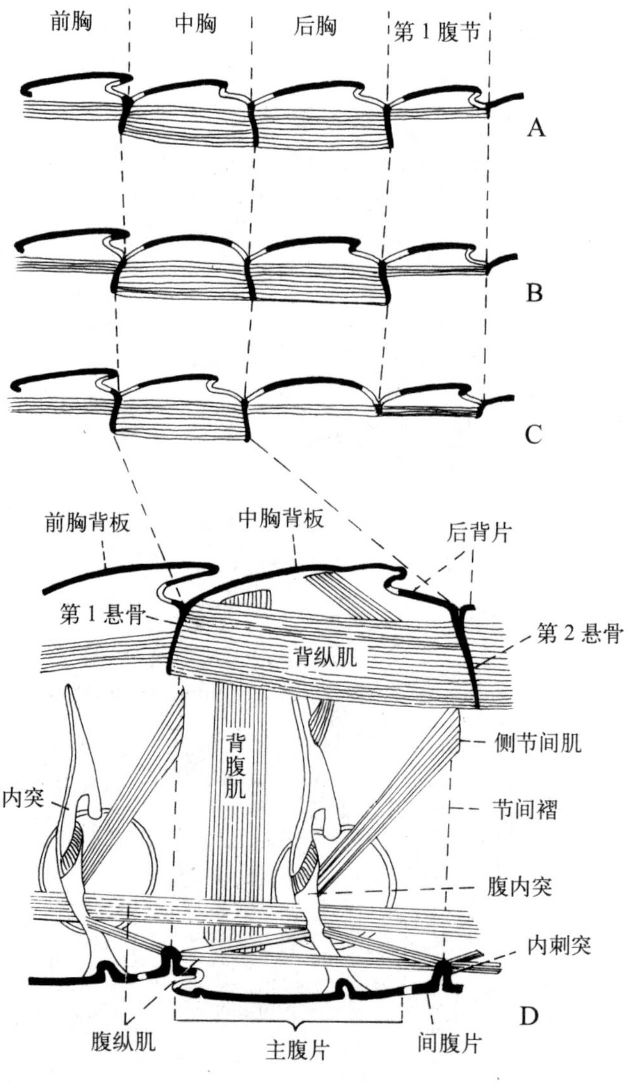

图 7-3 昆虫胸部的内骨骼（仿 Snodgrass）

A–C. 胸节背板纵切面模式图；A. 中、后胸均有后背片；B. 仅后胸有后背片；C. 仅中胸有后背片；D. 中胸纵切面

有 2 对悬骨，后胸有 1 对悬骨（图 7-3A）；直翅目等用后翅飞行的昆虫，只有后胸有后背片，则中胸有 1 对悬骨，后胸有 2 对悬骨（图 7-3B）；双翅目昆虫仅用前翅飞行，只有中胸有后背片，后胸也因第 1 腹节的端背片不向前并入而无悬骨，这种情况下仅中胸具有 2 对悬骨（图 7-3C）。悬骨可用第 1、第 2、第 3 对来加以区别。

二、侧面的内骨骼

具翅胸节的侧内脊向内下方延伸形成臂状的侧内突（pleural apophysis）（图 7-3D），相对比较简单。

三、腹面的内骨骼

腹内突与内刺突共同组成了腹面的内骨骼，腹内突是腹内脊沟内陷而成的 1 对突起，基部以腹内脊相连；在较高等的昆虫中，两内突多于基部愈合而成叉状斜向上侧方延伸与侧内突相接（图 7-3D），即使不与侧内突直接相接，也有肌肉相连。腹纵肌主要着生在腹内突上，间腹片上的内刺突也着生有一小部分腹纵肌。

第三节　胸足的构造与类型

一、胸足的基本构造

胸足（thoracic legs）是着生在各胸节侧腹面基节臼（或称基节窝）（coxal cavity）里的成对附肢；足与侧板的关节有两类：足基部仅与侧板的侧基突相支接的单关节构造及同时与侧基突和基前转片相支接的双关节构造，后一类关节仅见于具有基前转片的昆虫（图 7-2B）。成虫的足由 6 节组成，节与节之间常有一两个关节相支接（图 7-4A）。

(1) 基节（coxa，复数 coxae）是足最基部的一节，常短粗，但捕食性的种类前足基节却很长，如螳螂和部分猎蝽的前足基节（图 7-4C）。

(2) 转节（trochanter）一般较小，基部与基节以前、后关节相连，端部常与股节紧密相连而不很活动。蜻蜓目昆虫的转节中部狭隘，似为两节 (图 7-4B)。

(3) 股节（femur，复数 femora）又称腿节，常是足各节中最发达的一节，其基部与转节紧密相连，端部与胫节以前后关节相接。该节的发达程度与胫节活动所需 肌肉有关。捕食性昆虫足的股节表面，特别是内侧常具有齿与刺（图 7-4C）。膜翅目细腰亚目的部分种类股节基部形成一个多少明显的拟转节 (trochantellus)，该构造又称第 2 转节 (图 7-4C)。

(4) 胫节（tibia，复数 tibiae）胫节一般细长，与股节之间的双关节很发达，使胫节可以折叠到股节之下；捕食性的种类胫节内侧常具刺或齿，有些螳螂目、半翅目等昆虫胫节具叶状扩展（图 7-4D）；猎蝽科、姬蝽科昆虫前、中足胫节的端部常具海绵沟（sponge furrow）以帮助捕食猎物（图 7-4E）。螽斯的前足胫节上具听器（图 7-4F），能接收声音信息。

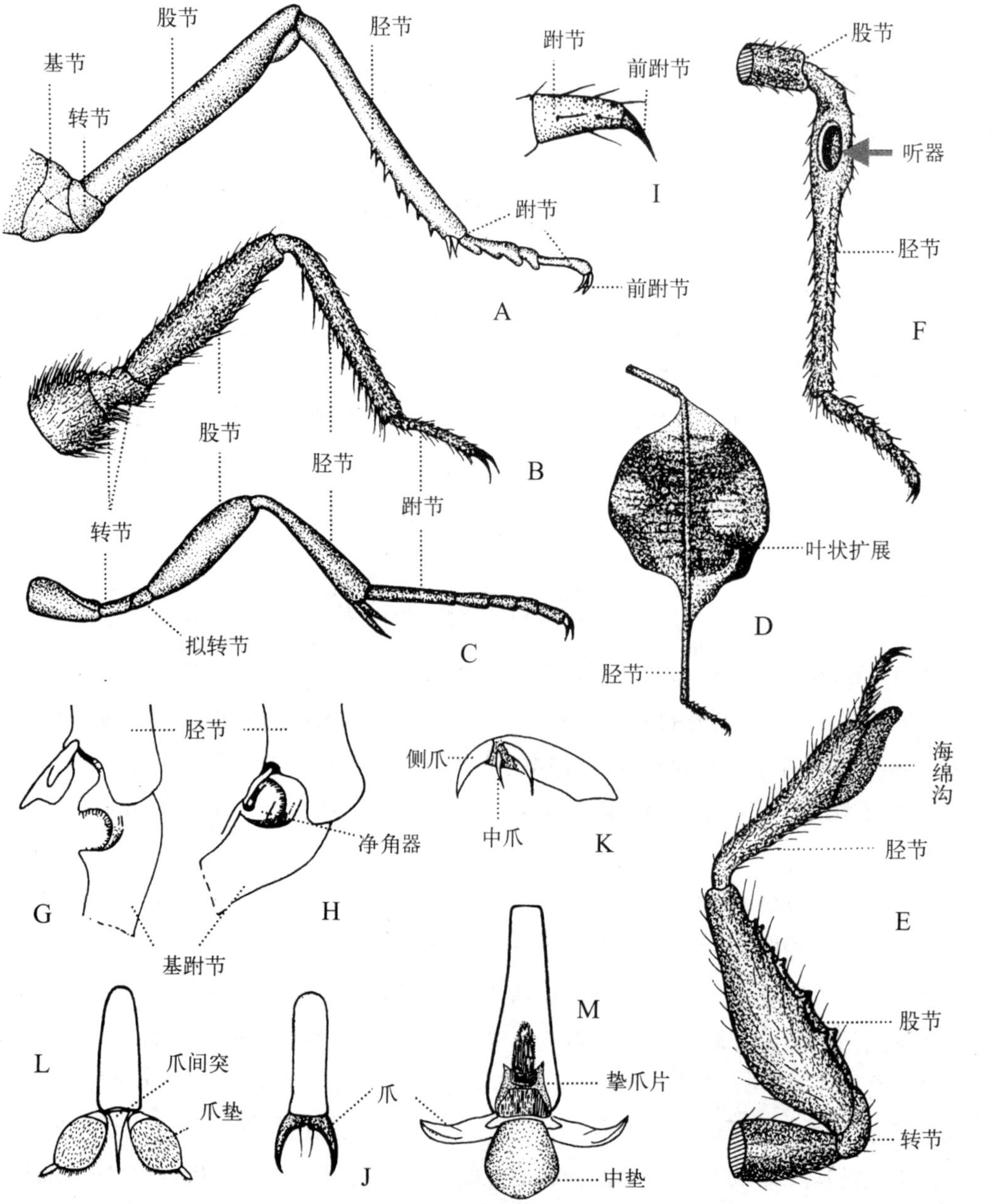

图 7-4 足的基本构造与变化 (B ~ F. 作者图，余仿各作者)

A. 基本构造；B. 蜻蜓的足，示特殊的转节；C. 膜翅目细腰亚目昆虫的足，示股节基部的拟转节；D. 一种缘蝽后足胫节上的叶状扩展；E. 猎蝽科昆虫胫节上的海绵沟；F. 蟋蟀胫节上的听器；G，H. 蜜蜂前足上的净角器；I. 单一爪；J. 双爪；K. 示中爪；L. 示爪间突和爪垫；M. 示中垫

(5) **跗节**（tarsus，复数 tarsi）昆虫的跗节常由 1 ~ 5 个亚节，即跗分节（tarsite 或 tarsomere）组成，原尾目、双尾目、部分弹尾目和多数全变态昆虫的幼虫的跗节为 1 节，有翅亚纲的成虫及不全变态若虫或稚虫的跗节多为 2 ~ 5 节。同种昆虫各足跗节的亚节数可能不同。有些种类的跗节特化，如蜜蜂后足的第 1 跗分节特别膨大，其上内侧具成排的梳刷花粉的毛刷 (图 7-4G)，特称基跗节（basitarsus）；而蜜蜂前足的第 1 跗节基部有一凹陷，与胫节末端的瓣状物一起构成了净角器（antenna cleaner）(图 7-4G，H)，以清除黏在触角上的花粉等脏物。蝼蛄前足跗节各亚节特化为齿状，以适挖土（图 7-5D）。

(6) **前跗节**（pretarsus，复数 pretarsi）是胸足最末端的构造，除原尾目、部分弹尾目、部分全变态类昆虫幼虫的前跗节还保留着单一爪的原始状态外 (图 7-4I)，大部分昆虫的前跗节发生了不同形式的变化。一般昆虫的前跗节具两个侧爪 (图 7-4J)，仅少数昆虫（如衣鱼）既有侧爪又有中爪（图 7-4K）。有些昆虫前跗节基部常有一骨片陷在最后一跗分节内，称掣爪片（unguitractor plate），从掣爪片端部中央发出一个突起伸在两爪中间的构造称爪间突（empodium）(图 7-4L)，通常各侧爪还可以有各种突起、分叶等，如爪基部的瓣状构造称爪垫（pulvillus）(图 7-4L)。直翅目等昆虫两爪中间具中垫（arolium）(图 7-4M)。

二、胸足的类型

大部分昆虫的足是适于行走的器官，由于生活环境的不同，足的功能与形态出现了一些变化，根据其结构与功能，可把昆虫的足分为不同的类型，常见的类型有 8 种。

(1) **步行足**（walking legs 或 ambulatorial legs）(图 7-5A） 为昆虫中最常见的一类足，即便是某些特化类型的足有时亦能用于行走。步行足还有帮助捕食、清洁、抱握雌虫、攀缘等功能。有些学者还专门把虎甲、步甲、蜚蠊等能快跑的昆虫的足称疾走足（cursorial legs）。

(2) **跳跃足**（jumping legs 或 saltatorial legs）(图 7-5B）股节特别发达，胫节一般细长，当股节肌肉收缩时，折在股节下的胫节又突然伸开而使虫体向前上方快速运动，如蝗虫、跳甲、跳蚤的后足。

(3) **捕捉足**（grasping legs 或 raptorial legs）（图 7-5C）基节多延长，股节发达，股节与胫节上多有相对的齿或刺而形成一个捕捉机构，如螳螂、猎蝽等很多捕食性昆虫的足。有些猎蝽的足并不特化，但它们能用前足蘸以植物的胶黏捕猎物。

(4) **开掘足**（digging legs 或 fossorial legs）(图 7-5D）较宽扁，股节或胫节上具齿，适于挖土及拉断植物的细根。如蝼蛄、金龟甲、蝉的若虫等土栖昆虫的前足。

(5) **游泳足**（swimming legs 或 natatorial legs）(图 7-5E）稍扁平，具较密缘毛，形若桨，适于划水。水生昆虫的足（除有些种类的前足外）均有不同程度的适应游泳的形态特化。

(6) **抱握足**（clasping legs）（图 7-5F）较短粗，跗节特别膨大，具吸盘状构造，在交配时能挟持雌虫，如龙虱雄虫的前足。

(7) **携粉足**（pollencarrying legs 或 corbiculate legs）（图 7-5G） 多毛，较宽扁，基跗节甚大，适于采集与携带花粉，如蜜蜂总科昆虫的后足。

(8) **攀握足**（clinging legs 或 scansorial legs）（图 7-5H） 又叫把握足、攀悬足、攀登足、攀缘足等，各节较短粗，胫节端部具 1 指状突，与跗节及呈弯爪状的前跗节构成一个钳状构造，能牢牢夹住人、畜的毛发等。如虱类的足。

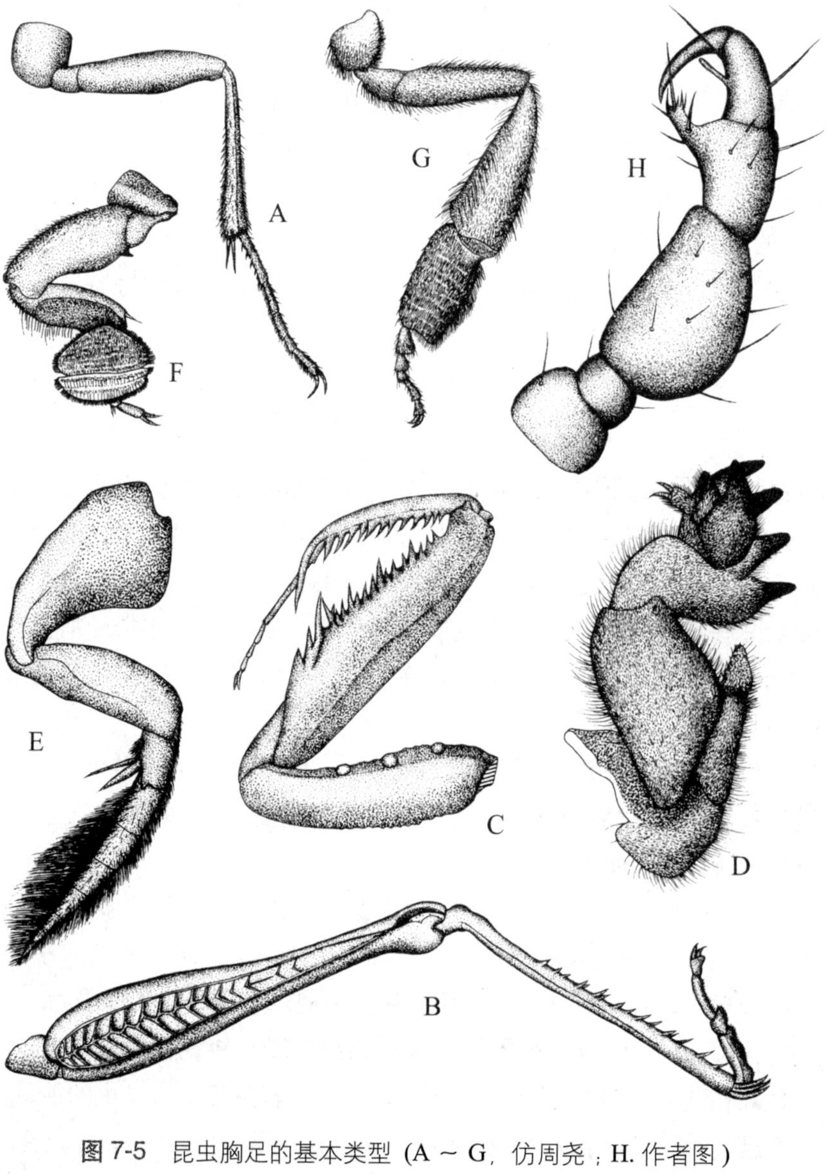

图 7-5 昆虫胸足的基本类型（A ~ G，仿周尧；H. 作者图）

第四节 翅

昆虫是动物界中最早获得飞行能力的类群，同时也是无脊椎动物中唯一具翅的类群，飞行能力的获得是昆虫纲繁盛的重要因素之一。

一、翅 的 起 源

昆虫翅的起源问题自从 Lorenz Oken 于 1811 年提出后将近 2 个世纪过去了，尽管不少学者曾提出过一些学说，但至今尚无定论。影响较大的学说有 3 种，即气管鳃翅源说（tracheal gill theory）、侧板翅源说（pleuron theory）及侧背叶翅源说（paranotal theory）。

气管鳃翅源说为 Gegenbaur 1870 年提出，他认为昆虫的祖先为水生，当时用气管鳃呼吸，后来变为陆生时，气管鳃就变成了翅 (图 7-6A)。

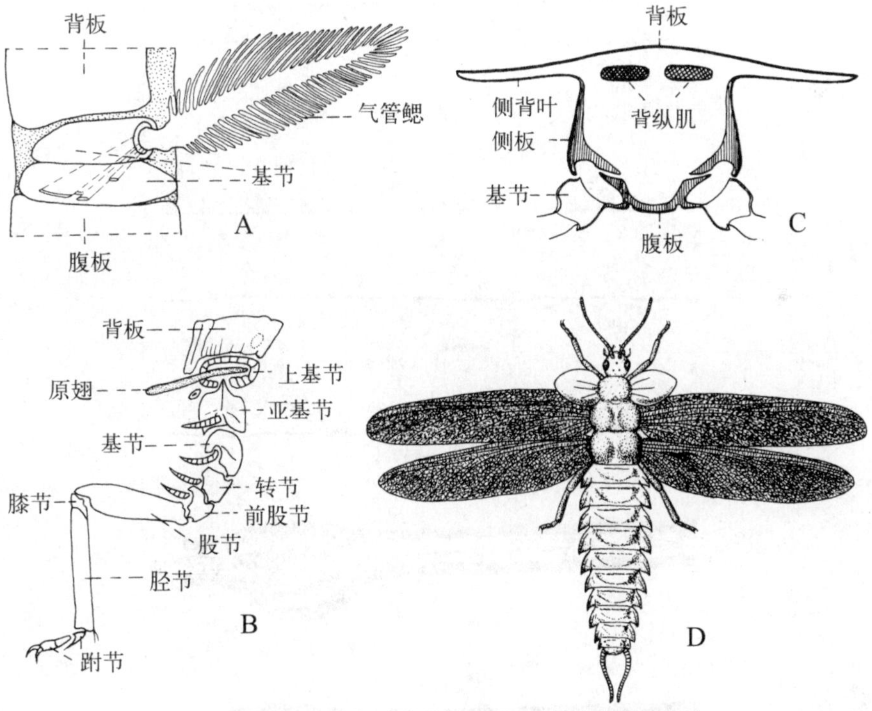

图 7-6 昆虫翅的起源学说与证据 (A.C. 仿 Snodgrass ; B. 仿 Kukalová-Peck ; D. 仿 Shwanich)

A. 气管鳃翅源说；B. 侧板翅源说；C. 侧背叶翅源说；

D. 一种石炭纪的化石昆虫 *Stenodictya lobata*

侧板翅源说是 Kukalova-Peck 1983 年提出的新观点，她根据对化石昆虫的研究认为原始昆虫附肢的上基节与体壁结合并与亚基节一起形成昆虫体壁的侧板，起呼吸作用的上肢节的外颚叶扩大形成了具有滑翔作用的原翅（prowing），以后原翅基部分化出相应的关节，变成能动的翅(图 7-6B)。

侧背叶翅源说是 Packard 1898 年在 Müller (1875) 和 Woodward (1876) 发现的基础上提出后经 Crampton(1916) 完善并命名的一种学说，也是近几十年来被广为接受的一种学说。按照该学说翅由胸部的侧背叶（paranotum）形成(图 7-6C)。石炭纪的一种化石昆虫 Stenodictya lobata 除中、后胸有原始的前、后翅外，前胸及腹部各节各有 1 对扁平的薄片（即侧背叶）(图 7-6D)，中、后胸上的翅正是由类似的薄片演变而来。侧背叶的正面与背板相连，反面与侧板相连，所以侧背叶是一个双层构造；对翅的组织发生研究结果也与此推论相符。蛹期的翅芽是一个典型的双层体壁构造（7-7A），其间分布着气管、神经与体液，刚脱皮的成虫，翅内两层底膜已消失或合并（7-7B），最后成为硬化的翅（7-7C），有时甚至连皮细胞层也消失了（图 7-7D），气管分布的地方就成了翅脉，在脉腔里仍有神经与血液。

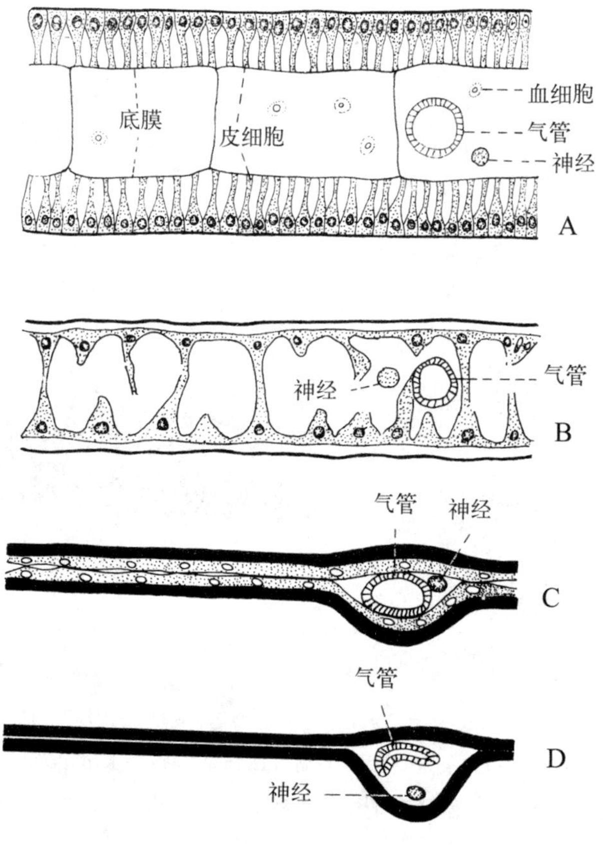

图 7-7　翅发育过程的横切面模式图(仿 Weber)

A. 蛹期翅芽，底膜分离；B. 初羽成虫的翅，底膜合并或消失，翅面尚未硬化；C. 已经硬化的成虫翅；D. 一种蜚蠊的翅，皮细胞曾完全消失

二、翅的基本结构与类型

(一) 翅的基本结构

翅一般近三角形，所以有 3 缘 3 角（图 7-8）。将其平展时，靠近头部的一边称前缘（costal margin），靠近尾部的一边称后缘或内缘（inner margin），在前缘与后缘之间的边称外缘（outer margin）。翅基部的角叫肩角（humeral angle），前缘与外缘的夹角叫顶角（apical angle），外缘与内缘的夹角叫臀角（anal angle）。

新翅类的昆虫为了适应翅的折叠与飞行，翅上常有 3 条褶线将翅面分为 4 区。翅基部具有腋片的三角形区域称腋区（axillary region）；腋区外边的褶称基褶（basal fold）；从腋区的外角发出的臀褶(vannal fold)和轭褶(jugal fold)将翅面腋区以外的部分分为 3 区：臂前区（remigium）、臀区（vannal region）及轭区（jugal region 或 neala）。一般以臀前区最发达，但直翅类昆虫后翅的臀区则甚为发达。

双翅目蝇类前翅后缘基部具有一两片膜质瓣，即翅瓣。一些昆虫翅两端部前缘具 1 深色斑，称翅痣（pterostigma）。

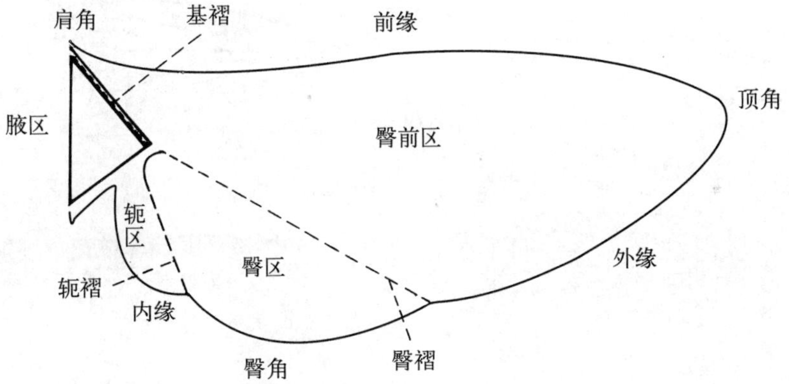

图 7-8　昆虫翅的基本结构 (仿 Snodgrass)

(二) 翅的类型

根据翅的形状、质地与功能可将翅分为不同的类型，常见的类型有 9 种。

(1) 膜翅（membranous wing）膜质，薄而透明，翅脉明显可见 (图 7-9A)；为昆虫中最常见的一类翅，如蜻蜓、草蛉、蜂类的前后翅，蝗虫、甲虫、蝽类的后翅等。

(2) 毛翅（piliferous wing）膜质，翅面与翅脉被很多毛，多不透明或半透明 (图 7-9B)；如毛翅目昆虫的翅。

(3) 鳞翅（lepidotic wing）膜质，因密被鳞片外观多不透明 (图 7-9C)；如蝶、蛾的翅。

(4) 缨翅（fringed wing）膜质透明，脉退化，翅缘具缨状长毛(图 7-9D)；如蓟马的翅。

(5) 半覆翅（hemitegmen）臀前区革质，其余部分膜质，翅折叠时臀前区覆盖住臀区与轭区起保护作用(图 7-9E)；如大部分竹节虫的后翅。

(6) 覆翅（tegmen，复数 tegmina）革质，多不透明或半透明，主要起保护后翅的作用(图 7-9F)；如蝗虫、叶蝉类的前翅。

(7) 半鞘翅(hemielytron，复数 hemielytra）又称半翅，其基部革质，端部膜质(图 7-9G)；如大多数蝽类的前翅。

(8) 鞘翅（elytron, 复数 elytra）全部骨化，坚硬，主要用于保护后翅与背部(图 7-9H)；如鞘翅目昆虫的前翅。

(9) 棒翅（halter）或称平衡棒，呈棍棒状，能起感觉与平衡体躯的作用(图 7-9I)；如双翅目昆虫与雄蚧的后翅，捻翅目昆虫的前翅也可归入此类。这类翅与膜翅同源，有些在一定的条件下还可变成膜翅，如果蝇的后翅，为翅型名称统一而改称棒翅。

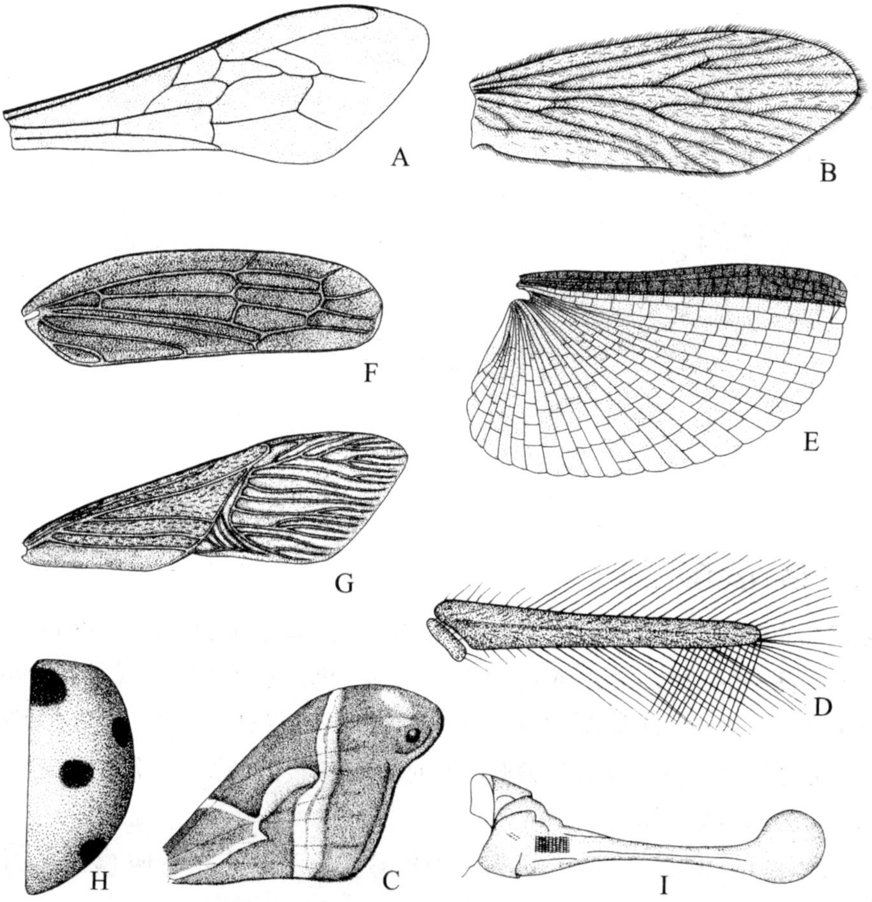

图 7-9　昆虫翅的基本类型(作者图)

三、翅脉与脉序及翅室

（一）翅脉及其类型

1. 翅脉的概念

翅脉（vein）是翅的两层薄壁间纵横分布的条纹，由气管部位加厚而成，对翅表起着支架的作用，主要的翅脉有一定名称。

2. 翅脉的类型

从不同的角度可以把翅脉分为不同的类型。

（1）纵脉与横脉 纵脉（longitudinal vein）是从翅基部发出伸到翅边缘的脉，起始于足气管的气管干的分支，是翅脉的主体。横脉（cross vein）是横列在纵脉间的短脉，起加固翅面的作用。

（2）凸脉与凹脉 大多数昆虫的翅面并非绝对的平面，特别是比较原始的种类中，翅面大体呈褶扇形，纵脉凹凸相间，从背面观处于褶顶的脉称为凸脉（convex vein），以“+”表示；而处于褶底的脉称凹脉（concave vein），以“-”表示。

（3）副脉、闰脉与系脉 副脉（accessory vein）为纵脉的分支，其命名原则是在原脉的简写后顺次附以小写的 a，b，c 等英文字母，如 Cu_1 的分支可写作 Cu_{1a}，Cu_{1b} 等。闰脉（intercalary vein）是在相邻的两条纵脉之间加插的一些较细的纵脉，因此又叫加插脉或间插脉；命名加插脉时是在其前一纵脉的简写字母前加一大写的英文字母“I”，如在 R_1 后的加插脉写作 IR_1；加插脉常见于蜉蝣的翅。系脉（serial veins）是两条以上的脉分段相连成的一条脉，过去命名系脉多将组成系脉的脉名用“&”或英文连字符“-”相连，如分横脉（s）与第 2 径脉（R_2）组成的系脉写作 s&R_2 或 s-R_2；不过，现在系脉命名的国际趋势是用“+”号相连各组成脉，如上述的系脉可命名为 s+R_2。

（二）脉序、假想原始脉序及脉的变化

1. 脉序

脉序（venation）又叫脉相，指翅脉在翅面上的分布形式。不同类群的脉序存在一定的差别，而在同一类群中又相对稳定；因此，脉序是研究昆虫系统发育的重要特征之一。

2. 假想原始脉序

面对错综复杂的脉序，昆虫学家们曾用多种办法加以描述，提出了一些翅脉命名的方法，如用于鳞翅目者就有 Herrich-Schffer 系统、Hampson-Meyrick 系统、Spuler 系统、Rothschild-Jordan 系统及 Tillyard 系统等，这些系统大多适合于某个类群，唯有 Comstock & Needham（1898）的假想原始脉序广为流传，他们在广泛研究了不同类群的翅的气管分布后，把多样化的翅序归为一个基本形式，这就是假想原始脉序（hypothetical primitive pattern of wing venation），其翅脉命名系统称康尼系统（Comstock-

Needham system)。这一系统虽经后来学者改进，但基本内容没有多大变动，此处仅以较通用的假想模式脉序（图 7-10）加以简介。

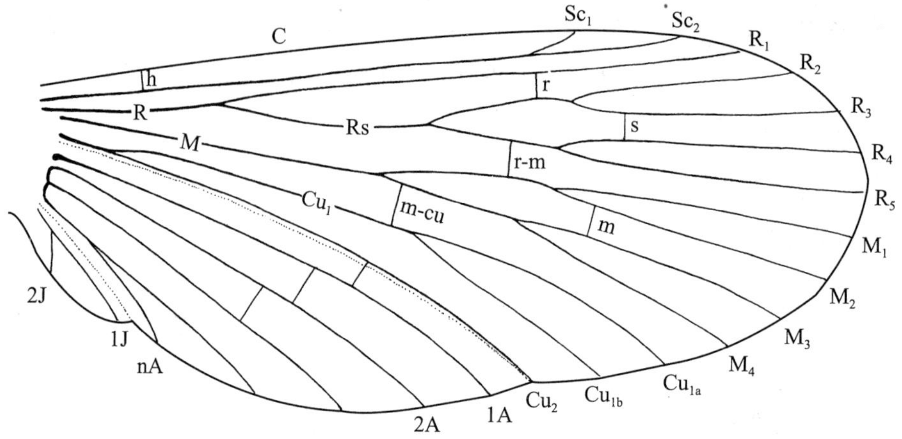

图 7-10　假想模式脉序图 (仿 Ross)

假想原始脉序由 7 条主纵脉及 6 条横脉组成。7 条纵脉从前至后依次为：

(1) 前缘脉（Costa,C） 位于翅的最前方的一条不分支的凸脉，一般形成翅的前缘。

(2) 亚前缘脉（Subcosta, Sc） 位于前缘脉之后的凹脉，端部常分为第 1 亚前缘脉（Sc_1）和第 2 亚前缘脉（Sc_2）。

(3) 径脉（Radius, R） 通常是最强壮的一条脉；主干为凸脉；先分 2 支，前支叫第 1 径脉 R_1，直达翅缘；后支称径分脉（radial sector, R_s），此脉径 2 次分支，形成第 2 至第 5 径脉（R_2，R_3，R_4，R_5）。

(4) 中脉（Media, M） 位于翅的中部，主干为凹脉，经 2 次分支形成第 1 至第 4 中脉（M_1，M_2，M_3，M_4）；有的学者把第 1 次 2 分支后形成的前支叫前中脉（anterior media, MA），后支叫后中脉（posterior media, MP），前、后中脉又各分支形成第 1 前中脉（MA_1）、第 2 前中脉（MA_2）和第 1 后中脉（MP_1）、第 2 后中脉（MP_2）。

(5) 肘脉（Cubitus, Cu） 主干为凹脉，分为 2 支，即第 1 肘脉（Cu_1）和第 2 肘脉（Cu_2）；第 1 肘脉常可再分 2 支，分别称 Cu_{1a} 和 Cu_{1b}。

(6) 臀脉（Anal vein, A） 位于臀区，常 3 条，也可能多条，命名时从前到后依次用 1A，2A，3A……*n*A。近年来有人认为臀脉不是真正的翅脉，只是与翅折叠有关的新结构，最好称其为臀线（anal bar）。

(7) 轭脉(Jugal vein, J) 具有轭区的昆虫翅常有一两条轭脉，分别称第 1 轭脉(1J)和第 2 轭脉（2J)。

在这些纵脉之间常有一些横脉相连，横脉的命名除肩横脉用小写的英文字母 h 表示外，一般把所连的两纵脉名的小写字母用连字符“-”连起来，如径脉与中脉间的横脉就用 r-m 表示；如果横脉相连的两支纵脉属于同一纵脉的分支则直接用纵脉的小写字母命名该横脉，如径横脉用 r 表示，中横脉用 m 表示等。在假想原始脉序中横脉有 6 条（表 7-1）。

表 7-1　假想原始脉序中的横脉

横脉名称	简写	连接的纵脉
肩横脉（humeral crossvein）	h	C 和 Sc（在近肩角处）
径横脉（radial crossvein）	r	R_1 和 R_{2+3} 或 R_1 和 R_s
分横脉（sectorial crossvein）	s	R_3 和 R_4 或 R_{2+3} 和 R_{4+5}
径中横脉（radiomedial crossvein）	r-m	R_{4+5} 和 M_{1+2}
中横脉（medial crossvein）	m	M_2 和 M_3
中肘横脉（mediocubital crossvein）	m-cu	M_{3+4} 和 C_{u1}

（三）翅脉的变化

绝大多数昆虫的脉序与假想原始脉序并不相同，翅脉或多或少地存在着增加或减少的现象。

1. 翅脉的增多

昆虫翅脉的增多主要靠两个途径。一是副脉的出现，一是闫脉的产生。副脉普遍存在于直翅类、等翅目、襀翅目、长翅目和脉翅目昆虫中，特别是在脉翅类昆虫中纵脉在翅缘处往往分成许多短支。闫脉常见于蜉蝣目昆虫的翅中，在蜻蜓目、直翅目昆虫也有闫脉出现。

2. 翅脉的减少

翅脉的合并与消失导致了翅脉减少，这两种情况普遍存在于较高等的昆虫中，只是合并与消失的程度在各类群中存在着一定差异。大多数双翅目、膜翅目昆虫翅脉合并甚为常见。合并后的脉的命名方法有两种情况：如果两脉不来自同一主脉以“+”号把原来的脉名连接起来，如 M_4 与 C_{u1} 合并后的脉称 M_4+C_{u1}；如果两脉来自同一主脉则在主脉的脉名右下角用“+”把支脉的序号连起来，如 M_1 与 M_2 合并后的脉称 M_{1+2}。翅脉的消失可据各脉所在的位置加以判断；在缨翅目、同翅目的粉虱及蚧的雄虫、双翅目的瘿蚊和膜翅目的小蜂等昆虫中，大部分支脉消失，仅剩一两条纵脉。

（四）翅室（cells）

翅脉把翅面划分成的小区叫翅室。当一翅室的各边均被翅脉包围或仅基方与翅基相通时，这样的翅室称闭室（closed cell 或 enclosed cell）。有一边没有翅脉而达翅缘的翅室叫开室（open cell）。翅室用组成它的前缘的纵脉的简写而命名，如 R_1 脉后的翅室叫 R_1 室（cell R_1），如果这一翅室又被几条横脉所分隔则按从基部到端部依次冠以第

1、第 2 等来区别，如 R1 室被横脉 r 分为 2 室则基部的室叫第 1 R_1 室（cell 1st R_1），端部的室称第 2 R_1 室（cell 2nd R_1）。当两条翅脉合并为一条脉时，翅室以后一条脉命名，如 Sc+R_1 后的室为 R_1 室；当某一翅脉消失，其后的翅室实际上包括了两个翅室，命名时应考虑已消失的脉名，如 R_3 消失，R_2 后的翅室叫 R_{2+3} 室。但在具体类群中翅室又有不同的名称，如在膜翅目昆虫有中室、盘室、缘室等习惯称呼。

如果翅面上的小室很多，则不一定每个翅室都予以命名，如在蜻蜓目、脉翅目等类群中许多小翅室无固定的名称。

四、翅的关节、运动及翅的连锁

（一）翅的关节

翅关节（articulation）是翅活动的物质基础，翅关节的产生是翅由滑翔功能转向飞行作用的先决条件。昆虫的翅关节包括翅基部膜质区的几组小骨片，统称翅基片（pteralia）(图 7-11)。

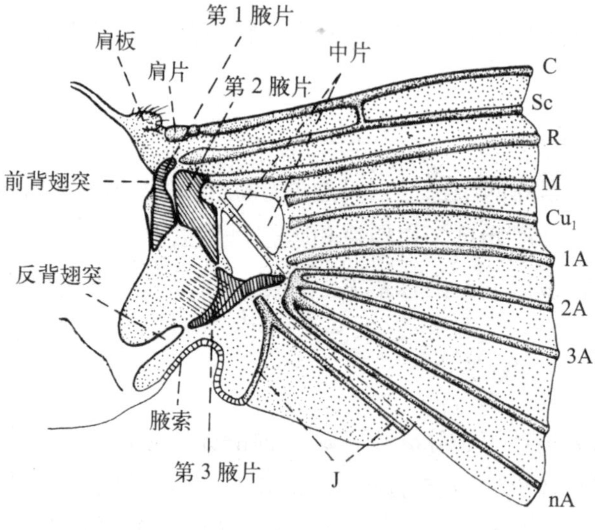

图 7-11 昆虫翅的关节 (仿 Snodgrass)

(1) 肩片 (humeral plate) 是翅前缘基部的一个小骨片，为前缘脉基部的活动关节。蜻蜓目昆虫的肩片较发达。

(2) 腋片（axillary plates 或 axillary sclerites）是一组（三四片）位于腋区的骨片。第 1 腋片（first axillary plate）内接前背翅突及背板侧缘；外面前方与亚前缘脉相接，后方与第 2 腋片相接。第 2 腋片（second axillary plate）内接第 1 腋片；外侧前端顶接径脉，中部相接中片，后端支接第 3 腋片；该片腹面有一个小凹陷，侧板的侧翅突就顶在此凹陷处；显然，第 2 腋片是翅运动中最重要的支点。第 3 腋片（third axillary plate）后缘上卷，内前角支接第 2 腋片，内后角支接后背翅突，前缘接内中片，外角支接在臀脉基部；此片是使翅转动与折叠的重要骨片。第 4 腋片（fourth axillary plate）只有少数昆虫才有。

（3）**中片**（median plates）为两块骨化程度较弱的骨片；内中片（inner median plate）内接第 2 腋片，后接第 3 腋片，外与基褶外的外中片（outer median plate）相支接；外中片内与内中片相支接，外与中脉及肘脉相接。中片在翅的折叠中也起着重要的作用。

翅基片的模式构造大体如上所述，但在不同昆虫类群中则可能有种种变化。此外，有些昆虫在翅基部有一块较大的肩板（tegula）盖在翅基部；翅基部关节膜后缘常加厚而皱褶，起韧带作用，称为腋索（axillary cord），肩板与腋索对翅的运动有一定的影响。

（二）翅的运动

翅的运动分为折叠与飞行两类。

1. 翅的折叠与张开

与翅折叠有关的骨片是第 3 腋片和中片。第 3 腋片的腹面接近内缘处有一束源于侧内脊的肌肉，当这束肌肉收缩时，将第 3 腋片外端伸出部分上举，牵动两中片间的基褶，使整个腋区沿基褶上拱，轭区与臀区就折在了臀前区下；同时，由于第 3 腋片翘起产生向后的拉力使翅以第 2 腋片与侧翅突的顶接处为支点向后旋转，这样翅就覆盖到背上 (图 7-12A-C)。昆虫在飞行前，翅的伸展是着生在前上侧片里的前上侧肌收缩的结果，前上侧片位于翅前缘的基部，前上侧肌收缩时，前上侧片下陷，前翅就会以侧翅突为支点把翅伸开。

2. 昆虫飞行时翅的运动

飞行时翅的运动不外乎上、下拍动与前、后倾斜两类基本动作。上、下拍动主要依靠间接翅肌 (背纵肌与背腹肌) 的交替收缩；当背腹肌收缩时，背板下拉，翅基上升，翅上举（7-12D）；当纵肌收缩时，背板上拱，翅基被上提翅即下拍（图 7-12E）；而当背纵肌与背腹肌均松弛时，翅平伸 (图 7-12F)。

翅的前、后倾斜则靠直接翅肌（前上侧肌与后上侧肌）的交替收缩。翅向前方倾斜与翅下拍动作同时进行，翅向后方倾斜和翅上举并进；这样翅上、下拍动一次，翅尖就沿着翅纵轴扭转一次。如果虫体处于固定位置，翅尖运动的行迹为“8”形；如果虫体前飞，翅尖的行迹则为一系列的开环。

（三）双翅化与翅的连锁

1. 双翅化

昆虫的飞行主要以翅胸中的背纵肌与背腹肌的交替收缩为动力，而中、后胸背纵肌都着生在中胸后背片的悬骨上，若两对翅都用于飞行，可能会出现因中、后胸的背纵肌同时收缩时牵动同一悬骨而使拉力抵消的不利作用。理论上，只有使其中 1 对翅

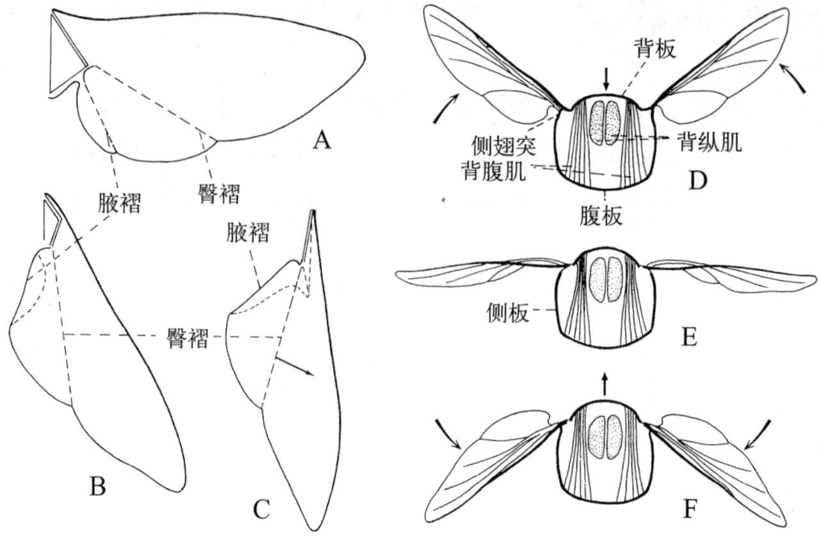

图 7-12　昆虫翅的折叠及上下运动图解 (仿 Snodgrass)

A. 翅平展；B. 沿翅腋区基部上拱，翅面后收；C. 腋区、臀区折在臀前区下；D ~ F. 翅的上下运动

失去飞行能力，另 1 对翅才能充分发挥其飞行效能。

事实上，昆虫飞行时前、后翅的作用有 3 种情况。第 1 类是两对翅均用于飞行且不相关联，如蜻蜓目、部分蜉蝣目、等翅目、脉翅目等低等有翅亚纲的昆虫，这些昆虫除蜻蜓外飞行能力都比较差。第 2 类是前翅或后翅特化，而只有前翅或后翅用于飞行，如直翅类、鞘翅目、双翅目昆虫等，这些昆虫大都具有较强的飞行能力，尤以双翅目昆虫为最。第 3 类昆虫是两翅都用于飞行，但以 1 对翅为主，前、后翅以一定的结构相连锁，如大部分同翅目、半翅目、鳞翅目、膜翅目昆虫等。显然，大多数昆虫以 1 对翅或在机能上连合成 1 对的两对翅用作飞行，Rohdendorf (1943) 称这种现象为双翅化（dipterization），管致和（1959）曾从功能形态学角度加以详述。

2. 翅的连锁

在部分 2 对翅都用以飞行的昆虫中，前、后翅间常借一些连锁器官 (coupling apparatus) 或称连翅器（claustrum，复数 claustra）连接起来，使前、后翅能相互配合，动作协调。昆虫的连翅器大体可分 5 类。

(1) 翅抱型 (amplexi form) 又叫翅肩型、膨肩型、贴接型等。蝶类与部分蛾类（如枯叶蛾科、蚕蛾科等）的后翅前缘基部加宽，并多在亚前缘脉上连有一至数条肩横脉加强翅基部的强度，飞行时靠空气压力等连在一起（图 7-13A）。这类连翅器是最原始的类型之一。

(2) 翅轭型（jugate form）鳞翅目轭翅亚目的昆虫前翅基部轭区向后伸出呈指状突起，即轭叶(jugal lobe)或翅轭(jugum)，飞行时伸到后翅前缘下面夹住后翅(图 7-13B)，较原始的毛翅目昆虫前翅基部也有类似的构造用于连接后翅。

(3) 翅缰型（frenate form）飞行时前、后翅间以翅缰或翅缰鬃连接起来 ；它又有

3 种类型：缰鬃刺型（frenuler bristle-bristle form）、缰毛型（frenulum-hair form）及缰钩型（frenulum-hook form）。缰鬃刺型为原始的连翅器之一，其前翅轭区稍扩大，后缘具一列轭刺（jugal bristles），后翅的前缘具有直伸缰鬃（frenular bristles），虽然这些刺与鬃不牢固地与翅相连，但已足够使前、后翅在飞行时相互协调（图 7-13C），如长翅目澳蝎蛉科昆虫的连翅器。缰毛型连翅器为大多数蛾类所具，其后翅前缘基部有一到数根弯曲的翅缰（frenulum），前翅腹面肘脉上具一簇毛（图 7-13D）。缰钩型连翅器为鳞翅目部分类群雄性所具有，其后翅前缘具 1 根弯曲的翅缰，前翅的亚前缘脉或径脉上有一个弯曲的钩状薄片，即翅缰钩（frenulum hook）(图 7-13E)；有人把缰毛型及缰钩型中前翅上容纳后翅翅缰的毛或钩统称容缰器（rectinaculum）。

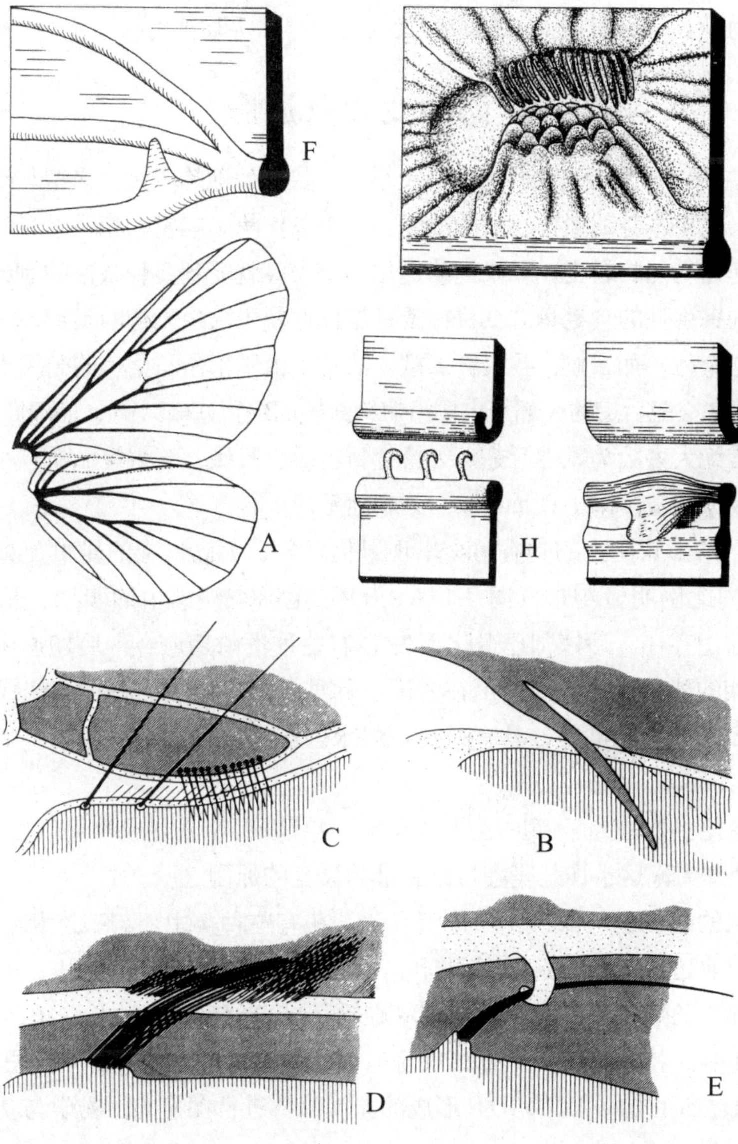

图 7-13　昆虫翅的连锁 (A，F，I. 作者图；余仿各作者)

(4) 翅褶型（fold form）翅褶型连翅器是通过前翅或后翅或两者同时具有的褶及相应构造把前、后翅连锁起来的。此型连翅器也有 3 类 ：褶刺型（fold-bristles form）、褶钩型（fold-hook form）及褶褶型（fold-fold form）。褶刺型连翅器见于鳞翅目小翅蛾科和毛顶蛾科昆虫中，其前翅轭区呈片状反折于后缘基部，后翅背面前缘基部则有一列伸向斜后方的刺。褶钩型连翅器为一些膜翅目昆虫及蚜虫所具有，其前翅后缘中后部向腹面卷折，后翅前缘相应部分具 1 列刺钩叫翅钩列（hamuli）（图 7-13H）。褶褶型连翅器见于一些啮虫目和同翅目昆虫，其前翅后缘向腹面卷折，后翅前缘向背面卷折（图 7-13F，G）。

(5) 翅嵌型（mosaic form）此型为部分半翅目昆虫所特有，其前翅腹面爪片的端部具一个夹状构造，此夹状构造具长短、多少不一的指形小突 ；后翅前缘中部向上弯曲并加厚似铁轨状，飞行时嵌入前翅的夹状构造中（图 7-13I）。

五、翅的变化及适应

翅的变化主要包括翅的退化、消失、大小、形状及质地的变化、多型与畸形的出现等，这些变化与昆虫本身的遗传物质的改变、环境条件的影响密切相关，有时形状与质地的改变常引起翅功能的转变。如仅翅的退化与消失等就受到多种条件的制约。有翅亚纲的昆虫中，外寄生性的食毛目、虱目、蚤目昆虫都属于次生无翅的类群，一些社会性昆虫的非生殖型个体，如工蚁、兵蚁、工蛾、兵蛾等由于不参与生殖的婚飞而无翅，甚至连蛾后及雄蛾在交配后翅的大部分也要沿肩缝断掉而仅留翅鳞（wing scale），对于一些无翅的昆虫而言绝大多数为雌性无翅，如捻翅目、蚧、尺蛾、蓑蛾等，唯有小蜂总科的无花果小蜂 *Blastophaga psenes*（Linnaeus）为雄性无翅。

受生态因子的影响昆虫的翅有时会出现退化现象，如岛屿上的昆虫无翅型、短翅型及翅退化性的比例明显增加（图 7-14A，B）；生活在沙漠中的步甲、拟步甲、象甲等，它们的前翅存在，后翅却已退化消失 ；有些种类前翅愈合，后翅退化或极不发达，丧失了飞翔的能力，尤其是生活在沙漠中的种类，愈合了的鞘翅下变成了一个被称做鞘下窝的多功能的贮藏室，具有缓热、贮水等作用，以适应在荒漠、半荒漠环境中生存。

翅质地的变化主要是为了保护昆虫的体躯，从膜质经半复翅或半翅到复翅、鞘翅，其保护作用逐渐加大，这也许是鞘翅目昆虫最为繁盛的原因之一。

昆虫翅形状的改变也与保护昆虫体躯有关，在有些种类中还与拟态相连。如某些螽斯、叶蝻等的前翅，枯叶蝶双翅形如树叶，对于避敌起到很大的作用 ；很多鳞翅目昆虫后翅的尾部具长短不一的突起，脉翅目旌蛉科昆虫后翅极度延长（图 7-14C），这些特化对保护体躯，特别是对于头部的安全有着重要意义。但对于翅的有些变化，如羽蛾科、翼蛾科昆虫的翅（图 7-14D）形成的原因尚待进行深入的生物学与功能形态学研究。

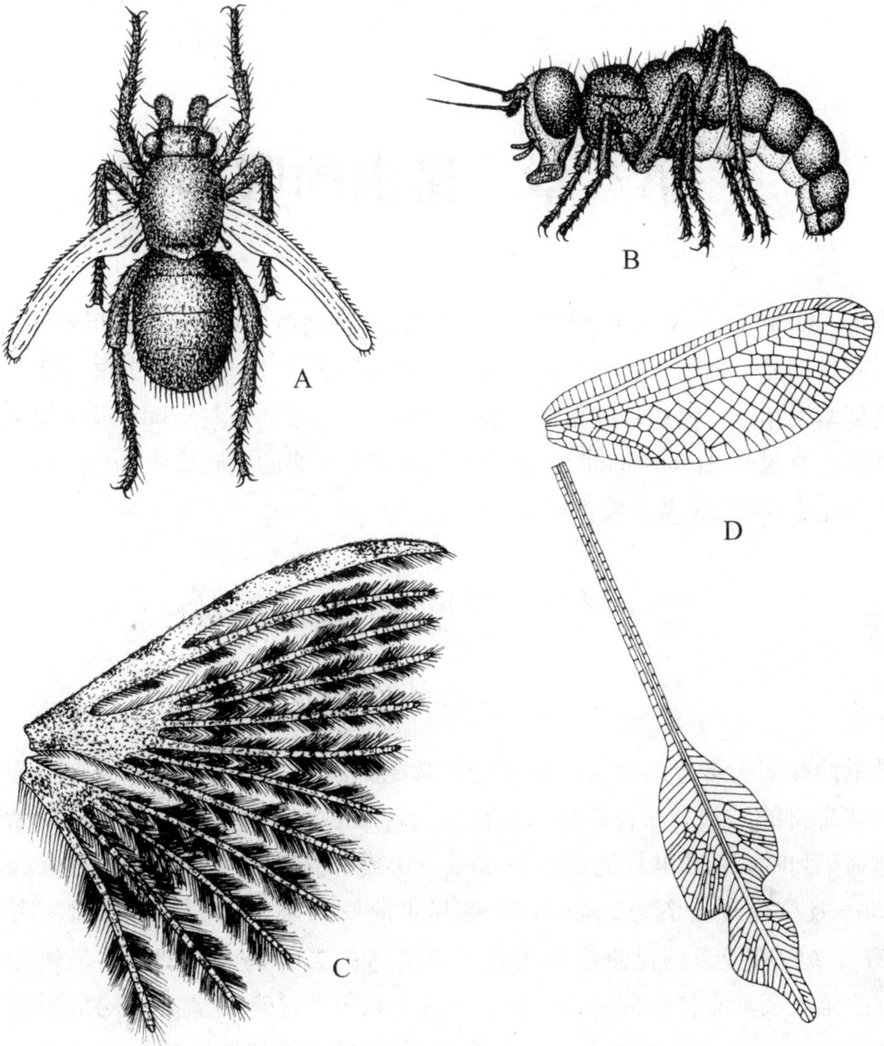

图 7-14　昆虫翅的适应与变化 (A，B. 仿 Veselov；C. 作者图；D. 仿 Comstock)

A，B. 克格伦岛上翅不发达的蝇；C. 一种翼蛾 *Orneodes* sp. 的翅；D. 一种旌蛉 *Oliverina* sp. 的翅

第八章　昆虫的腹部

腹部（abdomen）是昆虫体躯的第 3 个体段，也是最后一个体段，尽管它与胸部的分界看起来明显，但由于多数有翅昆虫第 1 腹节的端背片与后胸的悬骨有关，所以胸部与腹部紧密相连，膜翅目细腰亚目的昆虫腹部第 1 节甚至与后胸合并成胸部的一部分，称为并胸腹节（propodeum）。腹部内部包藏着主要的内脏器官及生殖器官，其进化主要围绕着新陈代谢及生殖作用而进行。

第一节　腹部的基本结构

一、腹的外部形状

昆虫的腹部大多近纺锤形或圆筒形，常比胸部略细，以近基部或中部最宽，但也有一些奇特的形状，如杆䗛与部分杆虫䗛猎蝽的种类腹部细长如杆，叶䗛类的昆虫腹部扁平如叶，裙猎蝽属的昆虫 *Yolinus* spp. 腹部呈裙状，美洲蜜蚁 *Myrmecocystus mexicanus* 及穿皮潜蚤 *Tunga penetrans* 等昆虫的腹部球形；蚁后的腹部常膨大成桶状；而很多细腰亚目的昆虫腹部基部几节呈细杆状；蝎蛉雄虫腹部呈蝎尾状。此外，有些昆虫还具有特化的卵瓣，使腹部的形状更为多样；最典型的例子为马尾蜂 *Euurobracon yokohamae* Dalla Torre，其产卵管长为体长的 7 ～ 9 倍。

二、腹部的节数及分区

（一）腹部的节数

昆虫腹部原始的节数应为 12 节（11 腹节加尾节），这种情况只有在原尾目成虫及一些半变态类昆虫的胚胎中可见。大多数情况下存在着节数减少趋势。无翅亚纲的昆虫（除弹尾目外）及不全变态类昆虫腹部的节数多于全变态类昆虫腹部的节数；一般昆虫的腹节为 9 或 10 节，但弹尾目昆虫的腹节不超过 6 节，膜翅目的青蜂科、部分双翅目昆虫的可见腹节仅为 3 ～ 5 节。

除原尾目昆虫自孵化后腹部节数增多外，其他所有的昆虫的腹节数不随个体发育的进程而有所增加。除软体的幼虫外，成虫和大部若虫及幼虫的腹节都是次生节，节间膜及背板与腹板间的侧膜都较发达。因此，腹部的弯曲与伸缩都比较方便，以适于内脏的活动及交配与产卵的需要。

（二）腹节的分区

昆虫腹节的构造总体而言比较简单；但雌成虫的第 8、第 9 两节和雄成虫的第 9 节与其他各节很不相同，这些节特称生殖节，这样腹部就被分成了 3 段（图 8-1）。

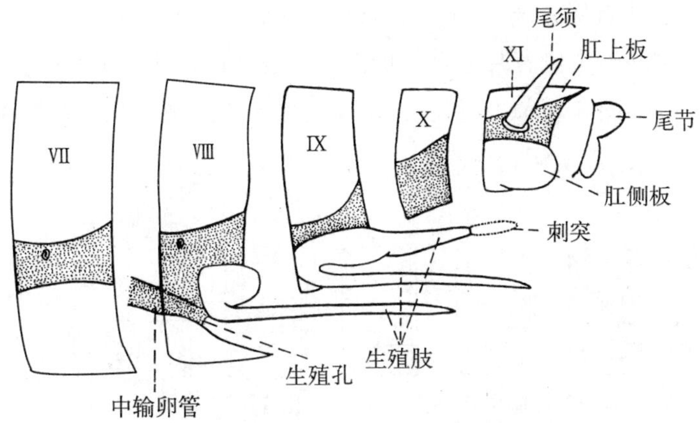

图 8-1　雌虫腹部末端构造模式图 (仿 Snodgrass)

1. 脏节

脏节（visceral segments）又叫生殖前节 (pregenital segments)，因节中有大部分的内脏器官而得名。大部分昆虫中脏节各节的大小、构造比较均一，唯膜翅目细腰亚目的昆虫腹部第 1、第 2 或 1 ～ 3 节很小。有翅亚纲成虫的脏节上绝无附肢，但在某些昆虫中具一些次生的突起，如猎蝽科昆虫中端部脏节的腹板上具不对称的脏节突（extragenital process）。

2. 生殖节

生殖节（genital segments）着生有昆虫的交配及产卵器官。大部分有翅亚纲及无翅亚纲缨尾目雌虫的生殖孔位于腹部第 8 和第 9 腹板间，也有少数位于第 7 腹板后或第 8 腹板上，甚至有些位于第 9 腹板上或第 9 腹板后。雄虫的生殖孔则多位于第 9、第 10 腹板间阳茎的端部。

3. 生殖后节

生殖后节 (postgenital segments) 除原尾目昆虫外最多只有两节，即第 10、第 11 节，若有 1 节，则端节可能是第 10 节或第 10、第 11 节合并而成。第 10 腹节的大小与尾须的大小成正相关，如有些双尾目的昆虫尾须发达成铗，第 10 节就特别大。第 11 节又叫臀节，肛门位于该节的末端，其背板称肛上板（epiproct）、侧腹面的两个骨片称肛侧板（paraprocts），除原尾目昆虫外该节一般退化。部分缨尾目和蜉蝣目昆虫的第 11 节虽然不发达，但却有 1 对很长的尾须及由背板伸出的中尾丝。

三、腹部的外骨骼

昆虫腹部有发达的背板及腹板，但侧板却很不发达，只有缨尾目和有翅亚纲昆虫腹部还保留有附肢的幼期昆虫（如蜉蝣稚虫）腹部具侧板（图 8-2A），这是比较原始的结构。大部分昆虫腹节的侧板与腹板愈合成侧腹板（pleurosternum）（图 8-2B）。有时背板还可向下延伸，将气门围在背板内（图 8-2C）；在某些幼期昆虫（如一些鞘翅目幼虫）中，扩展的背板分离出侧背片（pleurotergite），气门位于侧背片上（图 8-2D）或附近的膜上。有些昆虫侧背片还可与侧腹板相合，这种情况下的“腹板”具有背板、侧板、腹板的成分（图 8-2E）。少数昆虫的某些腹节骨化成环状，背、腹、侧板更难区分（图 8-2F）。

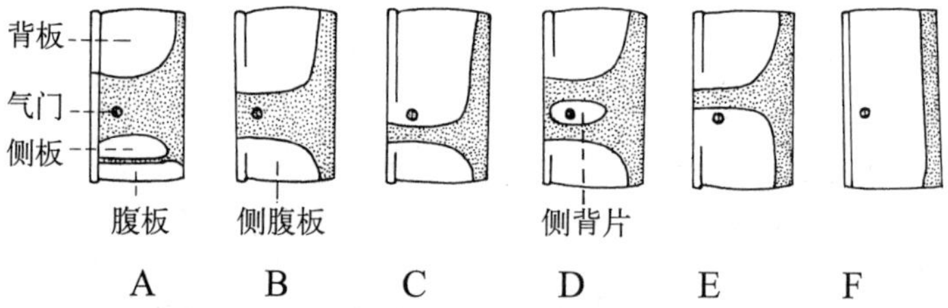

图 8-2　昆虫腹部的骨化类型 (据 Snodgrass)

第二节　外生殖器及锁钥学说

昆虫的外生殖器（genitalia）是昆虫用以交配与产卵的器官，雌性外生殖器称产卵器（ovipositor），雄性外生殖器称交配器（copulatory organ）。

一、产 卵 器

（一）基本构造

常为管状构造，由 3 对称为产卵瓣(valvulae, 单数 valvula)的瓣状构造组成(图 8-3)。一般认为，产卵瓣是附肢演变而来，但有的学者认为它们与附肢无关。3 对产卵瓣按着生的上下位置关系及来源分别有不同的名称。

第 8 腹节上的产卵瓣称第 1 产卵瓣（first valvulae）或称腹产卵瓣（ventral valvulae），也有人叫第 1 生殖突（first gonapophyses），它着生在第 1 载瓣片（first valvifers）或称第 1 生殖突基节（first gonocoxites 或 first gonocoxae）上。第 9 腹节上的相应构造称第 2 产卵瓣（second valvulae）或称内产卵瓣（inner valvulae），也有人称第 2 生殖突（second gonaphophyses），它着生在第 2 载瓣片（second valvifers）或称第 2 生殖突基节（second gonocoxites 或 second gonocoxae）上。在第 2 载瓣片上向后伸出的瓣状外长物叫第 3 产卵瓣（third valvulae）或称背产卵瓣（dorsal valvulae）。

（二）产卵器的变异与适应

不同类群的昆虫具有不同形状的产卵器，低等昆虫（如原尾目、蜉蝣目昆虫）无特化的产卵器，而是由两条输卵管分别开口于第 7 腹节腹板后缘，它们具有 1 对产卵孔，这是产卵器的原始类型。高等昆虫仅具 1 个产卵孔，其产卵器的形态与产卵的方式与习性相适应，如在土中产卵的昆虫产卵器常呈锥状（图 1-1）或矛状，在植物组织中产卵的昆虫常具有刺破或锯破寄主植物的构造，寄生性的昆虫常具有细长的产卵器，在物体表面产卵的昆虫常不具特化的产卵器。有些昆虫的产卵器特化，而使功能变化，如蜜蜂、胡蜂等的产卵器变成了自卫或进攻猎物的器官。

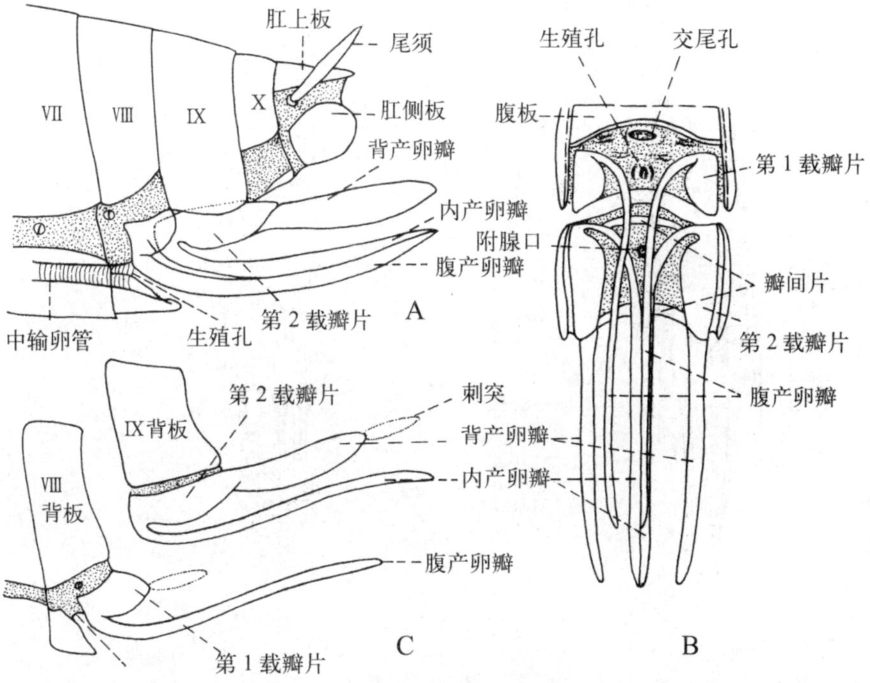

图 8-3　有翅亚纲昆虫产卵器的模式构造（仿 Snodgrass）

A．腹部末端的侧面观；B．腹部末端的腹面观；C．两生殖节（已分开）的侧面观

二、交 配 器

Snodgrass（1957）曾这样写道：“昆虫雄性外生殖器极大的形态多样性使分类学家感到喜悦，但却令形态学家感到失望”。的确，变化多端的雄性外生殖器使昆虫学家们难以判断其同源关系，其名词术语混乱不堪，Tuxen（1956，1970）等试图将昆虫外生殖器的名词统一化，但至今并未如愿。

（一）雄性外生殖器的类型

昆虫的雄性外生殖器可分两大类，一类为比较原始的昆虫如原尾目、蜉蝣目及部分革翅目昆虫所具，其外生殖器具有成对的阳茎（图 8-4A，B），在蜉蝣目中，成对的阳茎有时部分愈合。另一类为多数有翅亚纲的昆虫所有阳茎为单一的管状或叶状构造；比较原始的蛀螂目、蜚蠊目昆虫的阳茎为几个叶状突起，称为阳茎叶（phallomeres）；而大部分有翅亚纲昆虫的阳茎大体呈管状。

显然单一阳茎是由成对阳茎演化而来。值得指出的是蜻蜓目昆虫的阳茎退化，以第 2 或第 3 腹节腹板上次生交尾器代替阳茎。

（二）雄性外生殖器的基本结构

昆虫雄性外生殖器的构造甚为复杂，这里仅以具有管状阳茎式的外生殖器为例简单介绍其基本构造（图 8-4C，D）。昆虫的雄性外生殖器主要由阳茎和抱握器两部分组成。

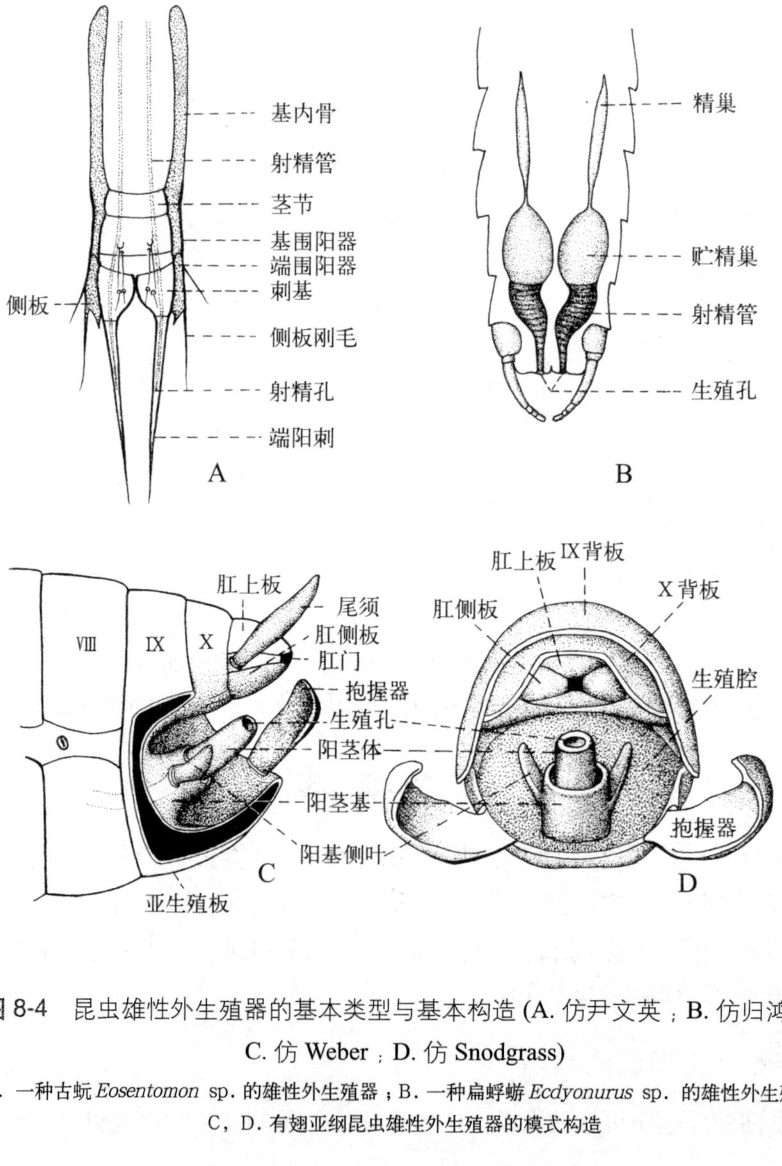

图 8-4　昆虫雄性外生殖器的基本类型与基本构造 (A. 仿尹文英；B. 仿归鸿等；C. 仿 Weber；D. 仿 Snodgrass)

A．一种古蚖 *Eosentomon* sp. 的雄性外生殖器；B．一种扁蜉蝣 *Ecdyonurus* sp. 的雄性外生殖器；C，D．有翅亚纲昆虫雄性外生殖器的模式构造

1. 阳茎

一般而言，阳茎（phallus）是将昆虫的精子注入雌虫体内的构造，位于主要由下生殖板形成的生殖腔（genital chamber）内，其来源存在着争论，大部分学者认为阳茎是第 9 腹节腹板后节间膜的外长物。

阳茎一般为管状或锥状的构造，大多包括阳茎基（phallobase）和阳茎体（phallosoma）两部分，阳茎基一般为环形或三角形，两侧常具称为阳基侧叶（parameres）的突起。阳茎体的结构复杂，表面有时有固定或不固定的叶、钩、刺等突起，阳茎体端部一般具可以翻缩的阳茎端（vesica）。在交配时，阳茎可伸缩的部分在肌肉与血液压力的作用下，逐渐膨胀，使阳茎伸出体外，插入雌虫体内，有时充分伸展的阳茎可比不交配时的阳茎长几倍至十几倍。

2. 抱握器

抱握器（harpagones, 单数 harpago; claspers）是着生在第 9 腹节上的棒状、叶状或其他形状的突出物；起源说法不一，有人认为它是第 9 腹节的附肢，有人认为它是阳基侧突演变而来。除蜉蝣目昆虫的抱握器外，一般不分节，常为 1 对对称的结构，有时仅有 1 个，个别种类抱握器消失。以前大多数学者认为抱握器在交配时起抱握雌虫的作用，但据笔者观察，至少半翅目昆虫的抱握器在交配时的主要作用是控制阳茎的运动。

三、锁钥学说

锁钥学说（lock-and-key hypothesis）是 Dufour1844 年在研究了双翅目昆虫外生殖器构造之后提出的一种解释昆虫种间机械隔离的学说，他认为昆虫的雌、雄两性外生殖器的相应构造如锁钥关系那样严格吻合，不同种间的锁钥关系明显不同。尽管 150 多年来有一些与该学说不太相符的研究结果，但生殖器的差异特别是雄性外生殖器的差异仍然是昆虫分类学工作者判定物种的实用标准之一，连 Mayr 等（1953）也认为“外生殖器是判定物种的最后诉庭”。

从已研究的类群看，直翅目、半翅目（狭义）、蚤目及部分双翅目的结构在一定程度上支持锁钥学说，如很多长蝽科 Lygaeidae 昆虫的阳茎端具有很长生殖孔丝，在交配时，这根丝可以穿过雌虫的阴道进入受精囊（spermatheca）中（图 8-5）；东亚飞蝗的内阳茎在交配时亦可伸到雌虫受精囊的近端部。但对鳞翅目、同翅目蚜虫类及部分膜翅目的研究结果则不支持锁钥学说，表现为近缘种间雄性外生殖器的相似及雌性外生殖器分化程度甚小等。但这些结果大多是对非交配中雌雄个体的研究，很可能多是对阳茎未充分膨胀的情况下观察的结果。如果能对交配中的种类进行系统研究，定会得出合乎实际的结论。

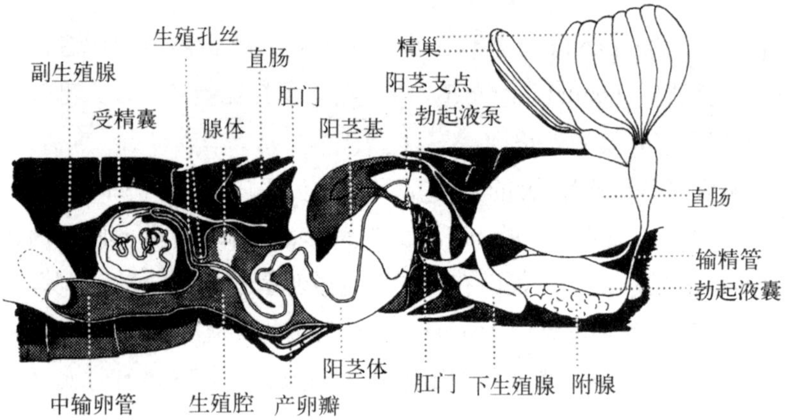

图 8-5　乳草长蝽 *Oncopeltus faciatus* (Dallas) 交配时雌雄性外生殖器的对应关系示意图 (仿 Bonhag & Wick)

第三节　昆虫腹节的非生殖性附肢

昆虫腹部的非生殖性附肢主要有 3 类 ：一些低等昆虫生殖后节上的尾须、无翅亚纲昆虫脏节上的附肢及一些幼虫的腹足。

一、尾　　须

尾须（cerci，单数 cercus）是第 11 腹节的附肢，存在于部分广义无翅亚纲及低等有翅亚纲（蜉蝣目、蜻蜓目、直翅类、革翅目等）昆虫中 ；形态变化较大，如部分双尾目、革翅目的尾须呈铗状，部分双尾目、缨尾目、蜉蝣目的尾须细长如丝，蝗虫类、蜚蠊目的尾须短锥状或棒状 ；尾须上多具感觉毛，主要功能为感觉，但铗状的尾须可用于防御，蠼螋的铗状尾须还可以帮助捕获猎物、折叠后翅等。

二、无翅亚纲昆虫腹部的附肢

广义无翅亚纲的昆虫除了部分种类生殖后节上具尾须外，成虫脏节亦有成对的附肢，这是无翅亚纲区别于有翅亚纲的重要特征之一。

1. 弹尾目腹部的附肢

此目昆虫有了 3 对附肢 ：黏管（collophore）、握弹器（tenaculum）及弹器（spring organ）(图 8-6)。

（1）黏管　又称腹管（ventral tube），是腹部第 1 节附肢合并而成的一个管状构造，其端部有分成两叶的能翻缩的泡，头部分泌物可由管前沟流到黏管的末端而使黏管具有黏附作用。

（2）握弹器　是位于第 3 腹节腹面的一个很小的构造。其端部分叉，外缘具齿 ；

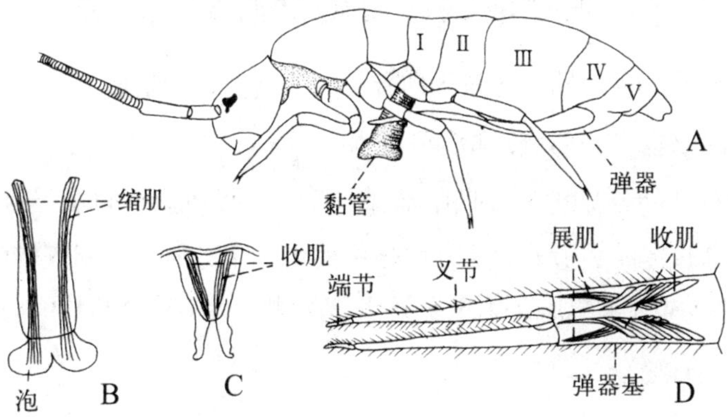

图 8-6　跳虫 *Tomocerus vulgaris* 腹部的附肢 (仿 Snodgrass)

A. 虫体侧面观，示弹器折于腹面的情况；B. 黏管；C. 握弹器；D. 弹器

一般情况下握弹器的两叉穿插在弹器叉节基部的"圆洞"中，叉张开时能撑持弹器。当握弹器收肌收缩时，握弹器端部的叉合拢，弹器脱出，与此同时弹器收肌收缩，向后弹击，虫体向上前方跳跃。

(3) **弹器**　叉叫叉状器（furcula）或跳器，是第 4、第 5 腹节腹面的一个基部合并、端部分叉的附肢；基部合并的部分称弹器基（manubrium），两分支叫叉节（dentes），叉节末端的小节称端节（mucro）；在分支的基部内缘各有一凹陷，两分支合并时，两凹陷组成一"圆洞"。

2. 缨尾目、双尾目、原尾目昆虫腹部的附肢

缨尾目和双尾目昆虫的第 2 至第 9 腹节上各具 1 对附肢，每一对附肢包括一块位于侧腹面的肢基片（coxopodite），在肢基片上着生一根可活动的刺突（stylus），刺突内侧有一两个能伸缩的泡（vesicle）(图 8-7)。原尾目昆虫成虫腹部的附肢比较简单，仅在第 1 至第 3 腹节上各有 1 对短小的圆柱形附肢。

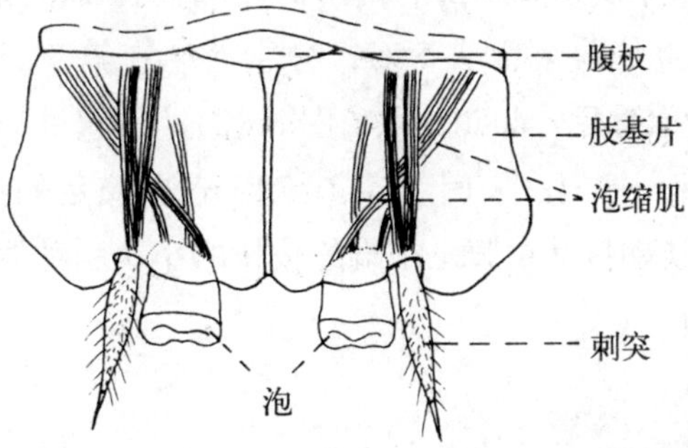

图 8-7　石鱼 *Nesomachilis maoricus* 第 6 腹节腹面观，示附肢与肌肉 (仿 Snodgrass)

三、有翅亚纲昆虫幼期腹部的附肢

有翅亚纲昆虫只有在幼期才有与行动有关的附肢。这些附肢又可分两大类。

1. 水生有翅亚纲昆虫幼期腹部的附肢

蜉蝣目和部分广翅目昆虫的幼期生活在水中，其腹部的附肢多与呼吸或水中运动有关，如蜉蝣稚虫腹部前 7 节的背板与腹板间的骨片上分别有 1 对气管鳃（图 8-8A）；广翅目泥蛉属 Sialis spp. 幼虫腹部第 1 至第 7 节两侧各具 1 对分节的附肢（图 8-8B）。

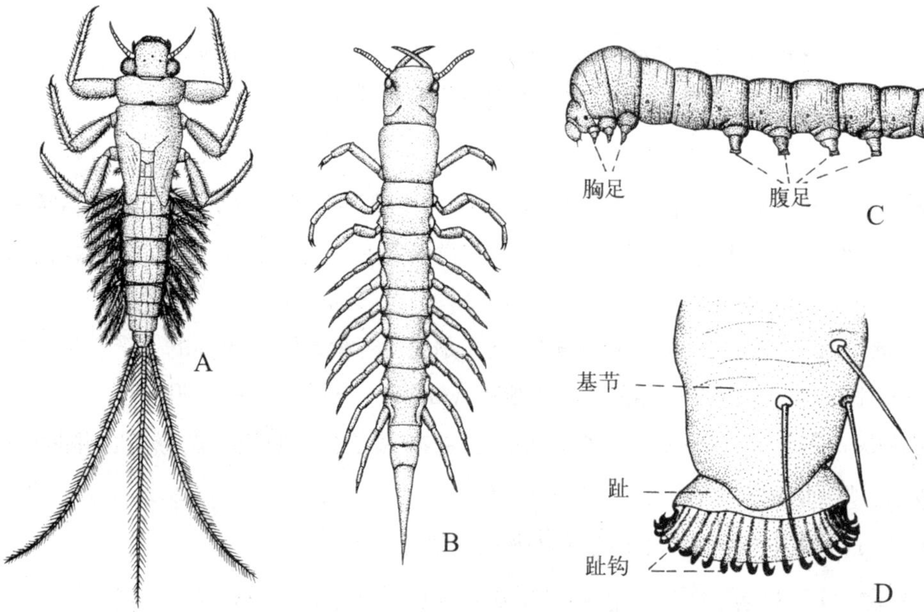

图 8-8 有翅亚纲昆虫幼期腹部的附肢（仿各作者）

A. 蜉蝣稚虫；B. 泥蛉幼虫；C. 鳞翅目幼虫；D. 趾钩

2. 陆生有翅亚纲昆虫幼虫腹部的附肢

鳞翅目、长翅目、部分膜翅目昆虫的幼虫的腹部具有可以用于行走的附肢，称腹足（prolegs）。鳞翅目幼虫的腹足常有 5 对，分别着生在第 3 至第 6 和第 10 腹节上，其中第 10 腹节上的足又称臀足（anallegs）(图 8-8C)。长翅目幼虫的腹足 5 对。膜翅目叶蜂类幼虫的腹足为 6 ～ 8 对，有时多达 10 对。这些腹足的构造简单，由亚基节、基节与趾(planta)组成。鳞翅目幼虫腹足末端的成排的小钩叫趾钩(crochets)(图 8-8D)，叶蜂类幼虫的腹足无趾钩。

参考文献

陈世骧，王书永 . 新疆叶甲的分布概况与荒漠适应 . 动物学报，1962，14(3):337 ~ 345

崔建新，彩万志 . 前翅鞘翅型的蝽类昆虫 . 昆虫知识，2007，44(1):138 ~ 142

房岩，孙刚，王同庆 . 蝴蝶翅膀表面非光滑形态疏水机理 . 科学通报，2007,52(3):354 ~ 357

江雷，冯琳 . 仿生智能纳米界面材料 . 北京 ：化学工业出版社，2007

陆近仁，虞佩玉 . 东亚飞蝗 (*Locusta migratoria manilensis* (Meyen)) 的骨骼肌肉系统 I. 头部 . 昆虫学报 1957，7(1):1 ~ 19

任国栋 . 荒漠环境与拟步甲适应 . 宁夏农学院学报，1993，14(增刊):85 ~ 92

孙霁宇，佟金 . 甲壳类昆虫生物材料性能、微观结构研究与仿生进展 . 华中农业大学学报，2005, 24:31 ~ 39

谭江丽，花保祯 . 蚊蝎蛉捕捉足构造 . 昆虫学报，2008，51(7): 745 ~ 752

吴维均，管致和，陆近仁 . 以家蚕 *Bombyx mori* L. 讨论鳞翅目幼虫头部的形态 . 中国昆虫学报，1950，1(2):152 ~ 163

杨星科 . 昆虫翅的起源及其假说 . 昆虫知识，1990，27(4):245 ~ 248

虞佩玉，陆近仁 . 东亚飞蝗 *Locusta migratoria manilensis* (Meyen) 的骨骼肌肉系统 II. 胸部 . 昆虫学报，1964，13(4):510 ~ 535

虞佩玉，陆近仁 . 东亚飞蝗 *Locusta migratoria manilensis* (Meyen) 的骨骼肌肉系统 II. 胸部 (续). 昆虫学报，1964，13(5):715 ~ 736

张徐波，芦娟，沈杰 . 器官的构造是如何形成的——以果蝇翅为例 . 昆虫知识，2010, 47 (1) : 5 ~ 15

翟宗昭，杨星科 . Hox 基因与昆虫翅的特化 . 昆虫学报，2006, 49(6) : 1027 ~ 1033

朱弘复 . 昆虫的体向 . 昆虫知识，1957，3(5):211

Albrecht F O. The anatomy of the migratory locust. London: Athlone Press, 1953

Bitsch J. The morphological groundplan of Hexapoda: critical review of recent concepts. Ann. Soc. Entomol. Fr. (N. S.), 1994, 30:103 ~ 129

Bonhag P F & Wick J R. The functional anatomy of the male and female reproductive systems of the milkweed bug, *Oncopeltus fasciatus* (Dallas) (Heteroptera: Lygaeidae). J. Morph., 1953, 93:177 ~ 283

Burrows M. Biomechanics: froghopper insects leap to new heights. Nature, 2003, 424:509

Chapman R F. The insects: structure and function. 3rd ed. London, Sydney, Auckland, Toronto: Hodder and Stoughton, 1982

Comstock J H. The wings of insects. New York: Comstock Publishing Company, 1918

Daly H V, Doyen J T & Ehrlich P R. Introduction to insect biology and diversity. Auckland etc.: McGraw-Hill International Book Company, 1981

DuPorte E M. The comparative morphology of the insect head. Annu. Rev. Entomol., 1957, 2:55 ～ 70

Evans H E. Insect biology: A textbook of entomology. New York: Addison-Wesley Publishing Company, Inc., 1984

Hinton H E. On the structure, function, and distribution of the prolegs of Panopoidea, with a criticism of the Berlese-Imms theory. Trans. R. Entomol. Soc. Lond., 1955, 106:455 ～ 545.

Kinoshita S. Structural colors in the realm of nature. New Jersey et al.: World Scientific Publishing Company, 2008

Kukalová-Peck J. Fossil history and the evolution of hexapod structures. In: Naumann I D. ed. The insects of Australia, 2nd ed. Vol. 1, pp. 141 ～ 179. Carlton: Melbourne University Press, 1991

Manton S M. The Arthropoda: habits, functional morphology and evolution. Oxford: Claredon Press, 1977

Matheson R. Entomology for introductory courses. 2nd ed. New York: Comstock Publishing Associates, 1951

Matsuda R. Some evolutionary aspects of the insect thorax. Annu. Rev. Entomol., 1963, 8:59 ～ 76

Matsuda R. Morphology and evolution of the insect head. Mem. Amer. Entomol. Inst., 1965, No. 4:1~334

Matsuda R. Morphology and evolution of the insect thorax. Mem. Entomol. Soc. Can., 1970. No. 76:1 ～ 431

Matsuda R. Morphology and evolution of the insect abdomen, with special reference to developmental patterns and their bearings on systematics. Oxford: Pergamon, 1976

Matsuda R. The origin of insect wings (Arthropoda: Insecta). Int. J. Ins. Morph. Embryo., 1981, 10:387 ～ 398

Morata G & Lawrence P A. Control of compartment development by the engrailed gene in *Drosophila.* Nature, 1975, 255: 614 ～ 617

Rempel J G. The evolution of the insect head: the endless dispute. Quaest. Entomol., 1975, 11(1):7 ～ 25

Schneider D. Insect antenna. Annu. Rev. Entomol., 1964, 9:103 ～ 122

Scudder G G E. The comparative morphology of the insect ovipositor. Trans. R. Entomol. Soc. Lond., 1961, 113:25 ～ 40

Scudder G G E. Comparative morphology of insect genitalia. Annu. Rev. Entomol., 1971, 16:379 ～ 406

Shapiro A M & Porter A H. The lock-and-key hypothesis: Evolutionary and biosystematic interpretation of insect genitalia. Annu. Rev. Entomol., 1989, 34:231 ～ 245

Shen J & Dahmann C. Extrusion of cells with inappropriate Dpp signaling from *Drosophila* wing

disc epithelia. Science, 2005, 307: 1789 ~ 1790
Snodgrass R E. Principles of insect morphology. New York: McGraw-Hill, 1935
Yang C-T & Chang T-Y. The external male genitalia of Hemiptera (Homoptera – Heteroptera). Taiwan: Shih Way Publishers, 2000
Tuxen S L. ed. Taxonomist’ s glossary of genitalia in insects, 2nd ed. New York: Stechert-Hafner Service Agency, Inc. 1970
Wootton R J. Functional morphology of insect wings. Annu. Rev. Entomol., 1992, 37:113 ~ 140

第三篇

昆虫的内部解剖和生理

昆虫内部解剖与生理学是研究昆虫体内各组织、器官、系统的结构、机能及其调节机制，控制昆虫生命活动与行为的一门学科。了解并掌握昆虫的内部解剖知识，是学好昆虫生理学的前提。本篇按各个系统的功能来介绍昆虫内部器官的基本结构及其机能，以展示昆虫生理学的基本内容。

昆虫的种类繁多，内部器官、生理功能、生物化学以及表现的生活习性各不相同，但这些形形色色的变异都可归纳成某个基本模式，即具有同源性。

昆虫体的机能是复杂多样的，一种机能往往由很多组织器官联合完成，如体壁、血液循环系统和脂肪体使昆虫具有防卫机能。各种机能之间又相互联系、相互影响。因此，我们在学习和研究昆虫生理时既要看到昆虫有许多组织和器官，也应该看到昆虫本身就是由很多机能不同的小系统构成的一个大系统。在这个大系统中，昆虫通过神经活动和激素的分泌来协调和控制各个小系统并与外界环境保持平衡，这些调控机理正是生理学及生物化学所要解决的问题。

学习昆虫生理学，不但能够帮助我们理解昆虫生理机制的奥妙，而且能直接或间接地为我们利用益虫和控制害虫服务。例如，利用激素或激素类似物改善或破坏昆虫的生长发育，用信息素来干扰昆虫的行为等。

第九章 昆虫内部器官的位置

昆虫与其他节肢动物一样，其体躯的外面为一层含有几丁质的躯壳，即体壁(tegument)。躯壳内部充塞着各种组织和器官等。

昆虫的体腔是一个纵贯的通腔，由于昆虫的背血管是开放式的，血淋巴在循环过程中要流经体腔，再回到心脏，所以昆虫的体腔又叫做血腔（haemocoele)。昆虫所有内部器官都位于血腔内，直接浸浴在血淋巴中。

昆虫的血腔由肌纤维和结缔组织构成的膈膜（diaphragm）在纵向分隔成两三个小血腔，称为血窦(图 9-1)。位于腹部背面、背血管下面的一层膈膜，称背膈(dorsal diaphragm)，它将血腔分隔成背面的背血窦（dorsal sinus）和中央的围脏窦(perivisceral sinus)。背膈中含有的肌纤维，常呈扇形，排列在背血管各心室的两侧和每一腹节的背板之间。在有些昆虫中，腹部腹板两侧之间还有一层腹膈（ventral diaphragm）纵隔其间，腹膈下面的血窦，称腹血窦（ventral sinus)，腹神经索即纵贯其中。消化道、排泄器官、大部分的气管系统、生殖器官以及脂肪体等都位于围脏窦中。

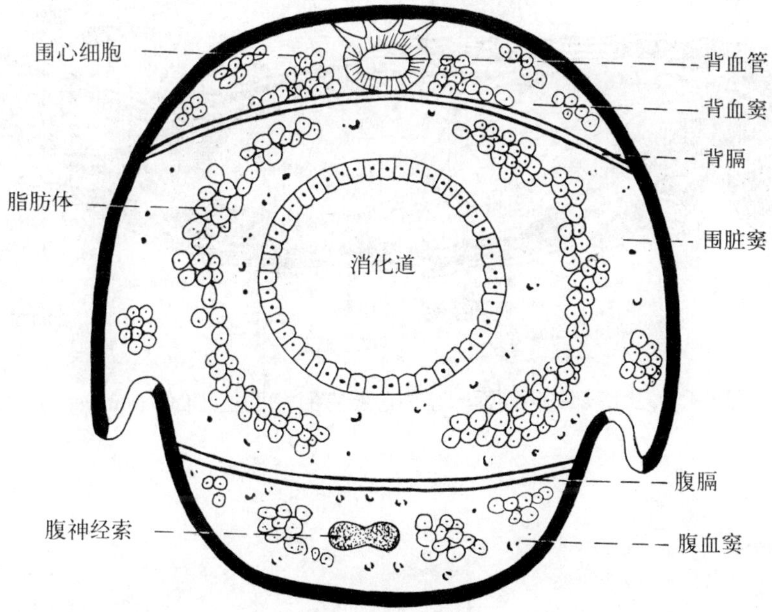

图 9-1 昆虫腹部的横切面(仿 Snodgrass)

围脏窦与背血窦之间的通道，由背膈两侧的窗状膜细孔、前后翼肌间和背膈末端的孔隙构成，血液可从围脏窦经孔隙流入背血窦中。腹膈两侧也有孔隙，作为腹血窦与围脏窦之间的通道。

昆虫的内部器官，根据其特殊机能，可区分为“个体生命器官”和“种繁殖器官”两类 (图 9-2)。

纵贯于中央（即围脏窦）的一根管道是消化道（alimentary canal），它的前端开口于头部的口前腔，后端的开口称肛门。位于中肠和后肠交界处的细长盲管是具排泄作用的马氏管（Malpighian tubules）。在消化道的背面，有一根前端开口的细管，称背血管（dorsal vessel），它是推动血淋巴循环的主要器官。在消化道的腹面，有纵贯于腹血窦的腹神经索（ventral nerve cord），它与脑组成昆虫的中枢神经系统。用以呼吸的气管系统（tracheal system）以主气管和支气管网分布在围脏窦内消化道的两侧、背面和腹面的内脏器官之间，再以微气管伸入各器官和组织之中。肌肉系统（muscular system）则附着于体壁内脊、底膜下面、附肢和翅基关节以及内脏器官的表面，使昆虫表现出各种行为。主要的内分泌腺体（endocrine glands），如心侧体、咽侧体和前胸腺等，位于头部、前胸内咽喉及气门气管附近。而相当于脊椎动物肝脏的脂肪体（fat body），主要位于背血窦和围脏窦中，包围在内脏器官的周围，它既是营养物质的贮存体，又是中间代谢物的重要转化组织。

生殖系统主要包括位于围脏窦中、腹部消化道背侧面的雌性的卵巢或雄性的睾丸，以及沿着后肠两侧延伸到消化道腹面的 1 对侧输卵管及其后合并的中输卵管。

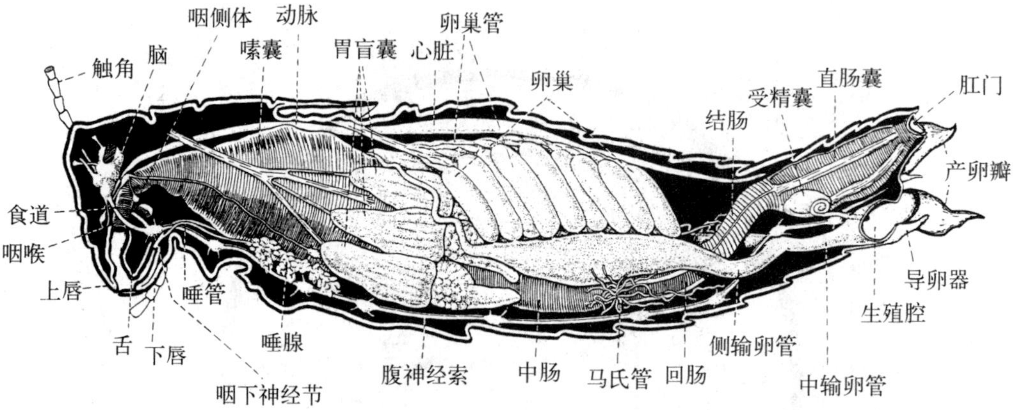

图 9-2 蝗虫腹部的纵剖面，示内部器官的相互位置 (仿 Matheson)

第十章　体　壁

昆虫的体壁是体躯的最外层组织，由单一的细胞层及其分泌物所组成，它是虫体内部器官和外界环境之间的保护性屏障，既能防止体内水分的蒸发，又能防止外来物质如病原体、杀虫剂等的侵袭。表皮硬化成的外骨骼有保持昆虫体形的作用，体壁的部分内陷形成内骨骼，用以附着肌肉。作为营养成分的贮备库，体壁还与物质的代谢相联系，在虫体饥饿和脱皮过程中，体壁内贮存的营养物质可被消化和利用。体壁还特化成各种感觉器官和腺体，用以接受环境刺激和分泌各种化合物而调节昆虫的行为。体壁内陷还可形成虫体的一部分器官，如气管系统、消化道的前肠和后肠、生殖系统的某些部分等。

第一节　体壁的构造

昆虫的体壁来源于外胚层，由里向外可分为底膜、皮细胞层和表皮层 3 部分（图 10-1），表皮层是皮细胞分泌的产物，底膜则由血细胞分泌而成。

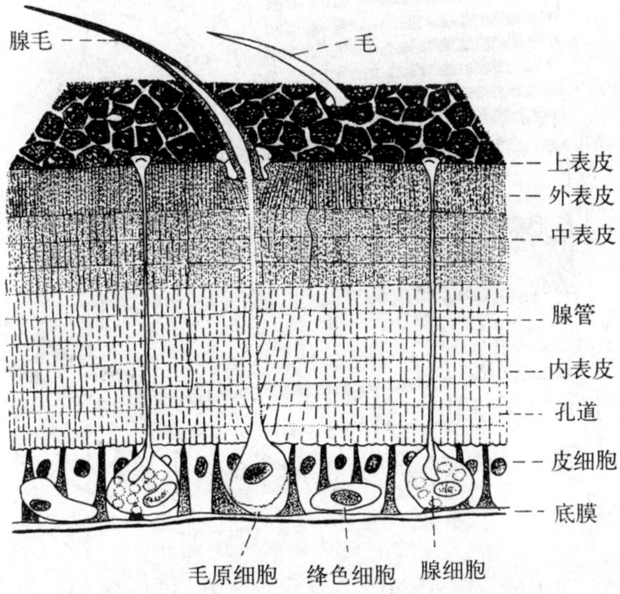

图 10-1　昆虫体壁的模式结构 (仿 Hackman)

一、底　　膜

底膜（basement membrane）是皮细胞基膜下方的双层结缔组织，由含糖蛋白的胶朊纤维构成，厚度约 50 μm，内层为无定型的致密层，外层为网状层，其中的胶朊由浆血细胞分泌(图 10-1)。底膜具有选择通透性，能使血液中的部分化学物质和激素进入皮细胞。

二、皮 细 胞 层

皮细胞层（epidermis）为一单细胞层，细胞排列整齐，各相邻细胞间靠桥粒结构进行联结。细胞近表皮一侧的质膜形成微绒毛，与溶离、吸收旧表皮和分泌、沉积新表皮活动有关。皮细胞的形态结构随变态和脱皮周期而变化。在脱皮过程中，皮细胞多呈柱状。皮细胞在发育过程中可特化成腺体、绛色细胞、毛原细胞及感受细胞等。

三、表 皮 层

表皮层（cuticle）是由皮细胞分泌的一种异质的非细胞层，分为内表皮、外表皮和上表皮 3 层（图 10-2）。

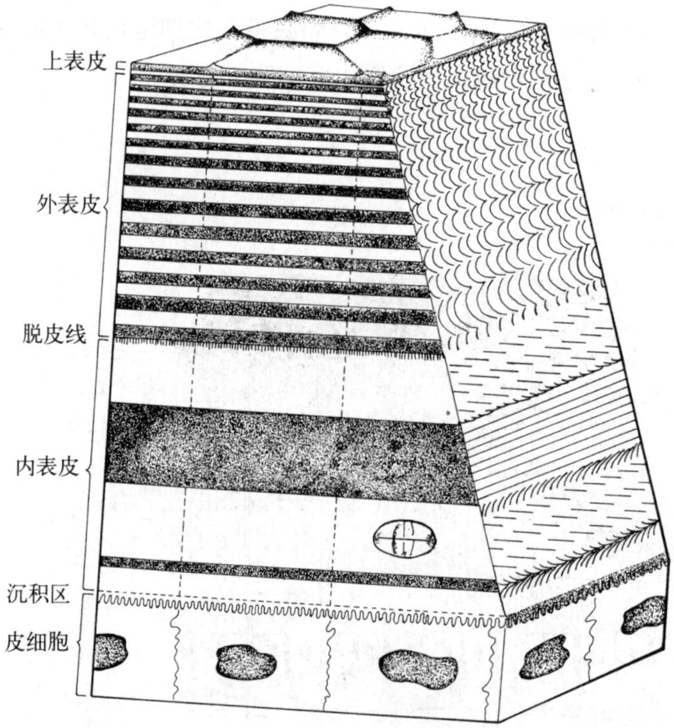

图 10-2　昆虫体壁表皮分层示意图(仿 Caveney)

(一) 内表皮

内表皮（endocuticle）是由皮细胞向外分泌所形成的最后一层，也是表皮层中最厚的一层，为 10 ~ 200 μm。内表皮中主要含有几丁质和蛋白质的复合体，或称黏多糖蛋白质，呈多层薄片状，每一薄片层由很多弯曲成“G 字”型排列的微纤丝所构成，由于这些微纤丝的定向规则排列，使得表皮层具有特殊的弯曲和伸展性能。当昆虫饥饿和脱皮时，内表皮可被消化、吸收，因而内表皮具有贮备营养成分的功能。

(二) 外表皮

外表皮（exocuticle）在内表皮的外方，是经过鞣化反应而形成的含骨蛋白层，色深而坚硬，厚 3~10 μm，几丁质排列呈丝状，是表皮中最坚硬的一层。昆虫节间膜等柔软处的外表皮一般不发达或不含外表皮。昆虫在蜕皮时，外表皮全部脱去。

昆虫的内表皮和外表皮统称为前表皮（procuticle），在内、外表皮之中常有孔道（pore canal）贯穿。有的昆虫孔道直达上表皮的表皮质层。孔道是当表皮磨损及在表皮鞣化过程中由皮细胞补充供应所需物质的通道。孔道的大小和数目随虫种而异。有些昆虫孔道内基部尚有孔道轴丝（pore canal filament），在皮细胞和内表皮之间起加固作用。

(三) 上表皮

上表皮（epicuticle）是表皮的最外层，覆盖于昆虫的体表、气管壁及化学感受器表面。该层不含几丁质，厚度为 1 ~ 3 μm，上表皮的层次依昆虫种类而不同，从内向外一般分为表皮质层、蜡层和护蜡层。

1. 护蜡层

护蜡层（cement layer）是上表皮的最外层，由皮细胞腺的分泌物覆盖在蜡层上形成，主要成分是蛋白质和脂类，经过多元酚鞣化后，性质相当稳定，具有保护蜡层的功能。

2. 蜡层

蜡层（wax layer）位于护蜡层与表皮质层之间，主要成分是长链烃类和其他脂肪酸酯和醇，由皮细胞在脱皮前分泌，然后扩散到虫体表面。由于鞣化的角质精层对蜡层中长链烃的极性基团有很强的吸附作用，其结果是在紧靠角质精层上面产生了一定向蜡层（orientated wax layer），亦称单分子层（monolayer），定向排列的作用使得长链分子中的非极性一端朝外，因而单分子层具有疏水性能；长链分子与垂直面成 25° 排列，分子间靠范德华力交联在一起，以阻止体内水分丧失。但当虫体被加热时，长链分子间的作用力被打破，长链变成垂直方向排列，此时分子间出现间隙，水分就可以穿透了。因此，单分子层对于虫体保持水分具有重要作用。

3. 表皮质层

由绛色细胞分泌而成，一般表皮质层又分为内外两层：外层薄而质密，其脂蛋白被醌鞣化后性质十分稳定，外层亦称鞣化的角质精层（tanned cuticulin），对定向蜡层中的极性基团有特殊的亲和力。内层厚而疏松，主要成分是脂蛋白与多元酚的复合体，因此又称为“多元酚层”（polyphenol layer），其中含有多元酚氧化酶，在修复伤口时具有鞣化受损表皮的作用。

第二节　表皮的化学成分

表皮的主要组分是几丁质和蛋白质，此外还有脂类、色素和无机盐类。

一、几 丁 质

几丁质（chitin）是昆虫表皮的主要成分之一，占表皮干重的 25% ~ 40%，由 N - 乙酰 -*D*- 葡萄糖胺通过 β-1, 4- 糖苷键聚合而成，其分子式为 $(C_8H_{13}O_5N)_n$，结构类似纤维素（图 10-3）。

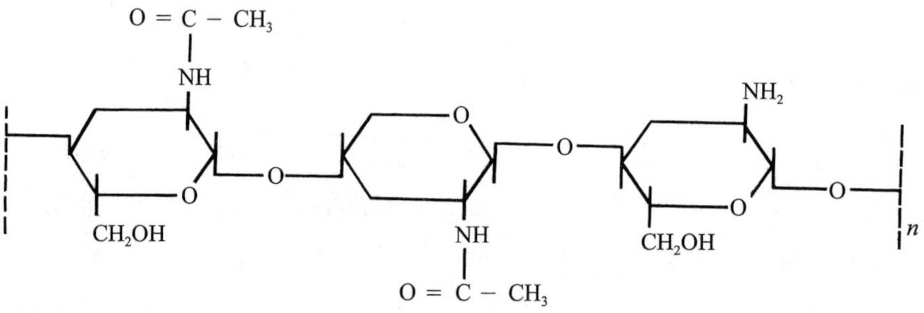

图 10-3　几丁质的结构式

几丁质为无色无定型固体，不溶于水、稀酸、稀碱、酒精、乙醚等有机溶剂。以浓碱液在高温下（160℃）处理几丁质，虽然不能溶解，但可使其分子链上乙酰基的部分脱离，余下的部分为几丁糖（chitosan），而几丁糖能溶于稀酸中，一般借此法可测得几丁质的存在。X 衍射分析研究证明，昆虫表皮中的几丁质属于 α- 几丁质。

昆虫在脱皮期间，表皮中的几丁质受几丁质酶和几丁二糖酶的作用而降解，并被吸回皮细胞，在沉积新表皮时重新利用。灭幼脲（PH6040）等生长调节剂能抑制几丁质合成酶的活性，干扰和破坏几丁质的合成，使昆虫在脱皮时不能形成新表皮，造成畸形或直接死亡。

二、蛋 白 质

是昆虫表皮各层的主要成分，约占表皮干重的一半以上，一般来说，未硬化的表皮所含蛋白质种类较多，蛋白质成分随昆虫的发育阶段而变化。

昆虫表皮好似一种多聚体的网络，其中几丁质以纤维丝状存在，借共价键和非共价键与其周围的蛋白质或其他物质相联结。昆虫表皮蛋白质与其他成分的构型关系可用其在不同物质中的溶解度来确定，如一种天牛 *Agrianome spinicollis* 幼虫表皮含 63% 的蛋白质，其中 14% 不与其他成分结合，2% 借范德华力结合，25% 以氢键结合，3% 以共轭键结合，其余 56% 的蛋白质与几丁质以共价键结合。

在飞行能力强的昆虫中，如飞蝗前翅的翅关节处有表皮特化的类弹性硬蛋白——节肢蛋白（resilin），其物理性状类似橡皮，无色透明，遇水膨胀，经酸水解可形成酪氨酸的二聚体和三聚体。节肢蛋白的弹性达到了十分惊人的地步，如当蜻蜓的肌腱被拉长 2 倍以后，经过几个月一旦放松，又能立即回复到初始程度。高频振动的翅基部，由于有了节肢蛋白，就像门上装置了弹簧，有利于机械能的贮存和释放。

三、脂　　类

主要以蜡的形式存在于上表皮中，含有醇、碳氢化合物、脂肪酸、酯类、有时还有醛、磷脂和少量其他成分，其熔点范围较广，一般为 50 ～ 60℃，也有高达 100℃以上，能溶于四氯化碳、三氯甲烷，微溶于二甲苯和苯，不溶于酒精、醚及丙酮，在较硬的表皮蜡质中，长链醇占优势，在较软的表皮蜡质和油脂内，碳氢化合物比例较高。

四、多元酚及其氧化酶

在几乎所有昆虫的表皮中，都有酚类化合物，主要是 3,4- 双羟酚类及其氧化酶，多元酚及其氧化酶在昆虫表皮的硬化和暗化过程中起重要作用。多元酚是血液中的酪氨酸经一系列氧化作用所形成的衍生物，多元酚进一步氧化成相应的醌，醌与蛋白质分子的侧链连结在一起的过程称蛋白质鞣化作用（sclerotization），表皮内的蛋白质经鞣化作用后变得坚硬，这种坚硬的蛋白质称骨质蛋白（sclerotin）。

多元酚氧化酶为含铜的蛋白质，可以被 KCN，CO 等物质所抑制，在 pH 6 ～ 8 时活性最大。在昆虫蜕皮后，新表皮硬化时多元酚氧化酶由血细胞产生，经皮细胞孔道后聚于上表皮内层参与氧化作用。多元酚氧化酶除参与表皮的硬化和暗化外，还与伤口的愈合和色素的形成有关。

五、色　　素

昆虫表皮中含有各种色素，如黑色素、类胡萝卜素和嘌呤衍生物等。黑色素是由多元酚（如多巴）氧化形成的高分子化合物，大量存在于外表皮的鞣化蛋白中。对于移植入虫体的组织以及体内寄生虫，常形成黑色素包被物。因此，黑色素的产生也是昆虫的一种防御机制。此外，黑色素还有调节昆虫体温的作用。类胡萝卜素常与蓝色四吡咯色素一起形成昆虫的绿色。

第三节 蜕 皮

昆虫的体壁由于外表皮的硬化，形成外骨骼，阻碍了昆虫的生长，幼虫只有进行周期性蜕皮，才能继续进行生长发育。蜕皮是一个复杂的生理过程，并受激素的调控。

一、蜕 皮 过 程

蜕皮过程包括皮层溶离、旧表皮的消化和新表皮的沉积等一系列连续的生理过程（图 10-4）。

在蜕皮过程开始时，皮细胞首先进行有丝分裂，皮细胞由原来的扁平状变为排列紧密的圆柱状，由于皮细胞形状的改变所产生的表面张力导致在皮细胞层与内表皮之间产生一个小的间隙，这一过程称皮层溶离（apolysis）。随后皮细胞开始在这一间隙中分泌蜕皮液，蜕皮液包括蛋白酶和几丁酶，这些酶在开始时是无活性的，当绛色细胞（oenocyte）在紧贴皮细胞分泌一层角质精层后，这些酶开始消化旧的内表皮，在消化过程中，会形成一层极薄的蜕皮膜（ecdysial membrane），蜕皮膜与昆虫感受外界环境信息有关，与此同时，皮细胞在角质精层下面开始分泌新的前表皮（包括内表皮和外表皮）。在消化后的旧内表皮中，90% 以上的物质被重新吸收利用，并参与新表皮的合成。

就在蜕皮前，皮细胞通过蜡管在角质精层上面分泌蜡层，随后昆虫开始蜕皮，蜕皮时的昆虫一般靠吸收大量的空气或水分，并借助肌肉的收缩活动，使蜕裂线处的血压增大，最终导致蜕裂线破裂，于是昆虫从旧表皮中钻出，留下“蜕”。当昆虫蜕离旧表皮后，同样靠吸收大量空气或水分，使新表皮扩展，虫体长大，此时，皮腺开始在蜡层上面分泌护蜡层（cement layer）。不久后，酪氨酸的酚类衍生物分泌于表皮内，经过酚氧化酶氧化形成醌类，使外表皮中的蛋白质鞣化，鞣化蛋白质由肽链的交链作用，形成蛋白质和几丁质的网，体壁逐渐变暗变硬。

在鞣化过程结束后，昆虫内表皮还有一个继续沉积的过程。

二、蜕皮的激素调控

至少有两类激素直接控制着皮细胞进行“表皮形成”和蜕皮作用的一系列生化反应。被脑激素激活的前胸腺能分泌蜕皮激素，它的主要作用是发动皮细胞进行表皮形成过程，以及成虫器官芽开始发育的一系列生化反应。另一类是被脑激素激活的咽侧体分泌的保幼激素，它与蜕皮激素共同作用可以改变蜕皮的方向和延迟成虫特征的出现时间。在有高浓度保幼激素存在的情况下，发生从幼期变幼期的蜕皮过程；当保幼激素的浓度降低时，发生从幼虫变蛹（或若虫变成虫）的蜕皮过程。保幼激素是一种调节剂，它能促使幼虫结构的生长发育，同时抑制成虫结构的分化和发育。

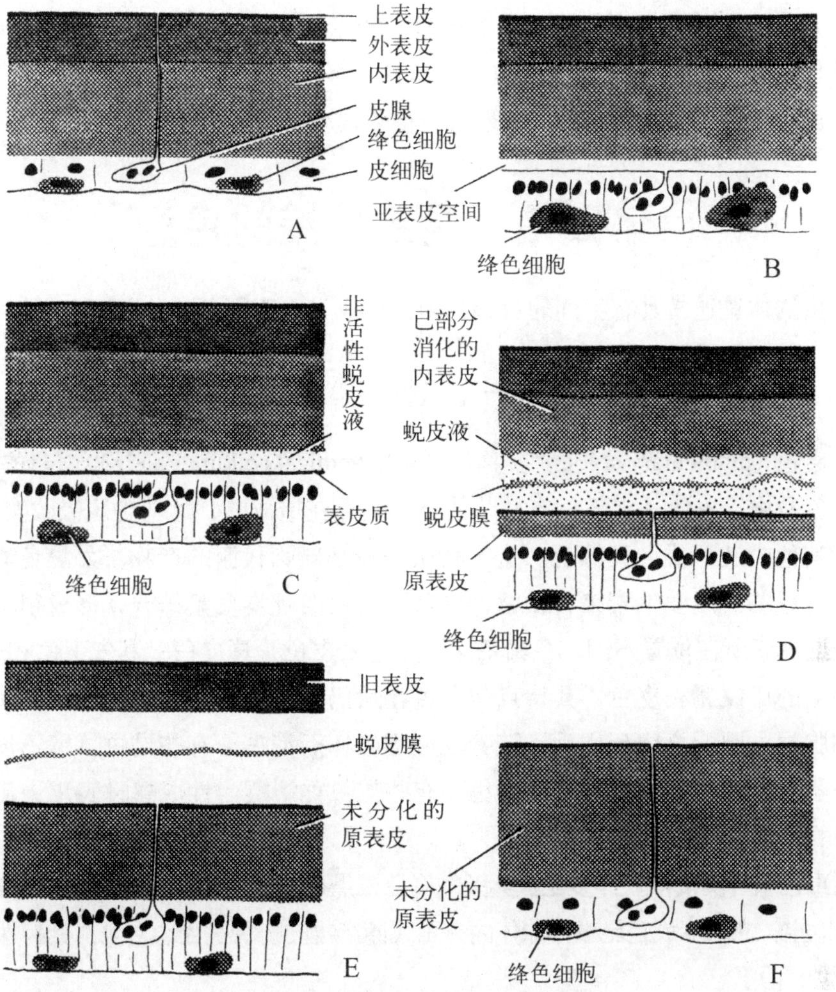

图 10-4　昆虫蜕皮的过程(仿 Chapman)

A. 成熟表皮；B. 皮层溶离；C. 产生新表皮质；D. 消化旧内表皮；E. 吸收蜕皮液；F. 旧表皮刚脱去时的新表皮

蜕皮激素直接作用于皮细胞核中的染色体而启动蜕皮过程。保幼激素则作用于细胞核物质，决定蜕皮过程的形态表现途径，在一定量的蜕皮激素和一定浓度的保幼激素相互作用下，细胞核的特定信息物质（mRNA）被传入细胞质，导致形成幼虫（若虫）或蛹，或成虫表皮的生化合成。保幼激素除促进合成幼虫的表皮和结构外，还具有刺激和保持前胸腺活性的作用。

三、鞣化作用的激素调控

除蜕皮激素直接参与表皮的鞣化过程外，大多数昆虫还有另一种由神经分泌细胞产生的激素，即鞣化激素（bursicon），它是一种分子质量为 4×10^4 u 的蛋白质，能启动鞣化作用，它是蝇类昆虫表皮形成和鞣化所必需的，其作用是活化血细胞中的酪氨酸酶，并使酪氨酸进入皮细胞，在酶作用下转变为N-乙酰多巴胺。此外，鞣化激素还能直接作用于皮细胞，增加多巴胺的穿透性。多巴胺在外表皮中再进一步氧化为邻位苯醌，进行蛋白质与几丁质的网状聚合，使表皮变得坚硬。

第四节 昆虫体壁的色彩

昆虫的体壁通常具有不同的色彩，因其形成方式不同可分为以下3类：

一、色素色

色素色（pigmentary colour）又称化学色 (chemical colour)，是昆虫着色的基本形式，这类体色是由于虫体一定部位有某些化合物的存在造成的，这些物质吸收某种长光波，而反射其他光波形成各种颜色。这类物质一般是新陈代谢的产物，如黑色素和嘌呤色素，但黄色的类胡萝卜素来自食物，它常与蓝色四吡咯色素结合，形成很多昆虫的绿色。根据色素所在位置不同，色素色又可分为表皮色、真皮色、真皮下色和表皮上色4类。翅上的斑纹属表皮色，其特点是昆虫死后仍保持稳定。蜻蜓体色中的黄色斑来自真皮细胞层，因而虫体死亡后，随着皮细胞破坏而消失。有些昆虫体壁透明，其体色由内部器官的颜色来决定称真皮下色。有些昆虫如蜻蜓当性成熟时表皮上出现柔软的绒毛似的白色蜡质，称表皮上色。

昆虫色素种类很多，许多昆虫典型的褐色或黑色都是由于黑色素造成的。黑色素的化学性质稳定，它的形成是昆虫排除体内有毒代谢产物的一种途径，对昆虫具有保护作用。

二、结构色

结构色（structural colour）又称物理色 (physical colour)，是由于昆虫体壁上有极薄的蜡层、刻点、沟缝或鳞片等细微结构，使光波发生散射、衍射或干涉而产生的各种颜色。如甲虫体壁表面的金属光泽和闪光等是典型的结构色，它不能被化学药品或热水处理而消失。但若把表皮放入与其折光率相同的无色液体中，颜色就会消失，当取出来放干后，原来的颜色又恢复，如鳞翅目成虫鳞片上的颜色。

三、结合色

结合色（combination colour）又叫合成色，这是一种普遍具有的色彩，它是由色素色和物理色混合而成。如紫闪蛱蝶 *Apatura iris* (L.)，其翅面呈黄褐色（色素色），同时也有紫色（结构色）的闪光。

环境因素对色彩的影响是很大的，如温度、湿度和光等。高温使色彩变得深暗，低温则变淡，因此在不同的季节中，同一种蝶类颜色深浅是不同的。湿度大使色彩深暗，而干燥则使色彩变淡，例如生活在山上的蝶比山下的蝶颜色要深些。光的强度也能使色彩改变，如菜粉蝶蛹的体色随化蛹场所的色泽而改变，短光波能使之产生黑色素，而长光波可以消除黑色素。另外，昆虫体壁的色彩还可受昆虫体内咽侧体所分泌激素的影响。

第五节　表皮的通透性

表皮是昆虫与环境之间的一个通透性屏障，外源性化学物质在一定条件下可以穿透体壁。物质的穿透能力和速率取决于体壁的结构特性，物质的理化性状和环境因素，进入皮细胞的物质，还会受到代谢和降解作用的影响。

一、水　分

昆虫由于具有开放式的气管呼吸系统，加上虫体小，暴露于空气中的表面积相应地增大，如何阻止水分的散失对维持昆虫正常的生命活动来说，具有重要的生理意义。

昆虫表皮具有高度抵制水分蒸发作用的特性，这主要是因为表皮中存在定向蜡层作用的结果。昆虫表皮的蜡质层常有一个阻止水分散失的临界温度，如果外界温度超过此温度则引起蜡质层由原来的不透水性变为可透性。临界温度一般低于熔点5～10℃，因昆虫的种类不同而有差异。脂类的碳链增长则临界温度升高，有的昆虫只有一个临界温度（如黄粉甲幼虫、普热猎蝽、粉蝶蛹等)，其透水性与温度相关曲线为“L”形，因为上表皮只有一层蜡质；有的昆虫有两个临界温度，其相关曲线为“双L”形如蜡螟幼虫上表皮为双蜡层；有的昆虫（如蜚蠊及水生昆虫）其蜡质层实则为一层油脂，因而相关曲线则成为“Z”形（图10-5)。

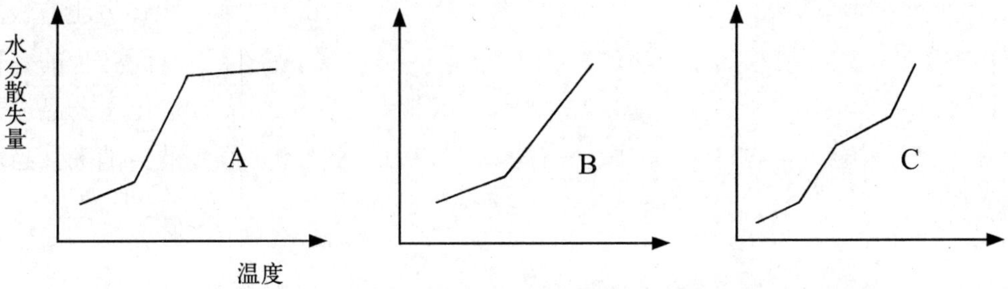

图10-5　昆虫表皮水分散失与外界温度的关系(仿Beament)

A.“Z”形；B.“L”形；C.双“L”形

我们可以用升高温度扰乱蜡质的排列或使蜡质熔化，或用氯仿、乙醚、花生油等溶剂移除蜡质，或使用细矿粉（如滑石粉）摩擦、吸附蜡层来提高昆虫体内的水分蒸发率，或使外部水分向昆虫体内渗透引起昆虫死亡。

二、气　体

昆虫的体壁、气管壁和化学感受器等部位均可为气体透过，但其穿透速率依各种气体而不同，主要取决于外界环境中各种气体的分压。

三、杀 虫 剂

杀虫剂等外源性化合物比水分更容易进入虫体。根据试验，常用的有机磷或拟除虫菊酯类杀虫剂在虫体表面点滴以后，经过 2 h 就有 80% 的药剂进入体内，这是因为大多数杀虫剂都是脂溶性的，容易穿透蜡层，很多加工剂型中还含有二甲苯等溶剂，更容易进入蜡层。当药剂进入原表皮层时，由于大量几丁质 - 蛋白质复合体及水分的存在，使极性物质容易穿透。许多药剂还能沿着孔道直接进入皮细胞层，尤其是那些充满细胞质的孔道，往往成为药剂快速进入细胞的通道。因此药剂的穿透能力与脂水两相中的分配系数有很大的关系。兼具脂溶性和水溶性的药剂，是比较理想的杀虫剂。人们还常常使用溶剂来改进药剂的穿透能力。此外，药剂本身分子量的大小、结构的特殊性都影响穿透能力。亲水性的离子化合物，当分子质量小于 100 ～ 200 时，容易透过类脂化合物膜。很多药剂进入虫体时，往往与蛋白质结合，从而改进它们的穿透能力。环境条件中温度高低与穿透能力也有较大的关系，有机磷杀虫剂在高温时容易透入虫体，发挥药效，而拟除虫菊酯药剂则相反。

原表皮鞣化以后，亲水性降低，能阻止某些药剂的进入，但节间膜、感觉毛和气门气管等处都为杀虫药剂进入虫体提供了可能。有人认为药剂在表皮内极易横向扩散。此外药剂在穿透入表皮后，达到靶组织之前，还会受到皮细胞内解毒酶的作用而降低毒性。

第十一章 昆虫的消化系统

昆虫的消化系统（digestive system）包括一根自口到肛门，纵贯于血腔中央的消化道，以及与消化有关的唾腺（salivary gland）。

第一节 消化道的一般构造和机能

昆虫的消化道主要是摄取、运送、消化食物及吸收营养物质，此外，还具有控制水分平衡和排泌作用的特殊功能。各种昆虫由于取食方式和取食种类的不同，其消化道常发生不同程度的变异。

昆虫的消化道根据其发生的来源和机能的不同，可分为前肠（foregut）、中肠（midgut）和后肠（hindgut）（图 11-1）。前肠和后肠起源于外胚层，而中肠则起源于内胚层。在前、中肠之间有贲门瓣（cardiac valve），用以调节食物进入中肠的量。在中、后肠之间有幽门瓣（pyloric valve），控制食物残渣排入后肠。前肠具有摄食、磨碎和暂时贮藏食物的功能。中肠又叫“胃”，是分泌各种消化酶、消化食物及吸收营养物质的主要部位。后肠除了排除食物残渣和代谢废物外，还有吸回水分和无机盐类、调节血液渗透压和离子平衡的功能。

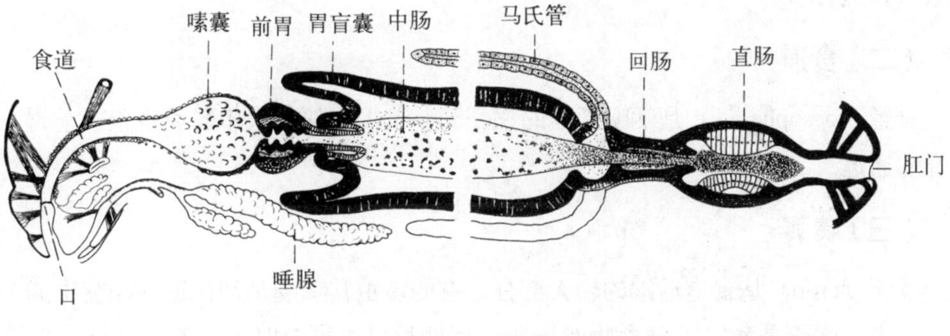

图 11-1 昆虫消化道模式图（仿 Weber）

一、前肠的组织、区分和机能

由于前肠是由外胚层内陷而成，因此在组织上和体壁相似，由内向外可区分为 6 层，即内膜（intima）、肠壁细胞层（epithelium）、底膜（basement membrane）、纵肌（longitudinal muscles）、环肌（circular muscles）及围膜（peritoneal membrane）（图11-2）。

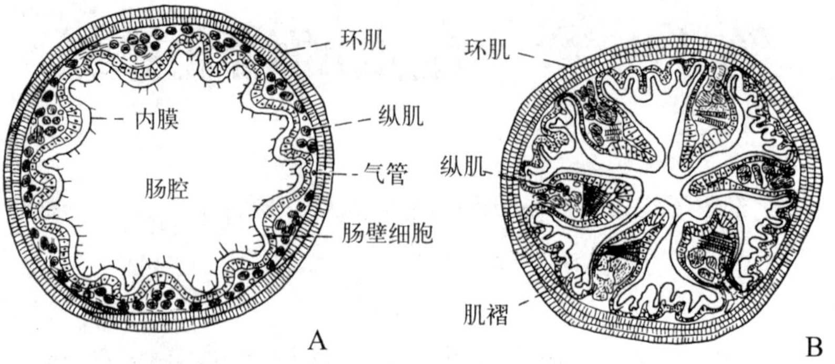

图 11-2　一种蝗虫前肠的横切面 (仿 Snodgrass)

A．嗉囊处；B．前胃处

内膜相当于体壁的表皮层，比较厚，其表面生有短毛或小刺，在前胃部分特化成齿状或板状突起。内膜一般对消化产物及消化酶等都表现不渗透性，所以前肠没有吸收作用。前肠从口开始，经由咽喉、食道、嗉囊，终止于前胃，而以向后伸入中肠前端的贲门瓣与中肠为界。

(一) 咽喉

咽喉（pharynx）在口之后，位于额神经节后方，背面有起源于额区或后唇基的咽喉背扩肌。在咀嚼式口器中，咽喉仅是食物的通道，但在刺吸式口器昆虫如吸血的雌蚊中，咽喉上附着的强大扩肌特化成咽喉唧筒，吸食时，与食窦唧筒交替伸缩将血液抽吸入食道。

(二) 食道

食道（oesophagus）是咽喉后面的狭长管，可以直接伸入中肠或终止于前胃，仅是食物的通道。

(三) 嗉囊

嗉囊（crop）是食道后端的膨大部分，有的昆虫其嗉囊是消化道后端突出的一个圆球形支囊。嗉囊是暂时贮藏食物的场所。直翅目昆虫取食时，唾液腺分泌的唾液即与食物一同吞入前肠，中肠分泌的消化液也可倒流入前肠，这样嗉囊就成为进行部分消化作用的场所。

在蜜蜂中，花蜜和唾液分泌的酶在嗉囊中混合转变成蜂蜜，因而嗉囊又称为蜜胃。嗉囊对水溶液没有渗透性，但橄榄油能通过蜚蠊的嗉囊壁，因此蜚蠊取食脂肪后，部分脂肪可被嗉囊吸收。

（四）前胃

前胃（proventriculus）位于前肠的后端，常特化成多种形状。其原始型仅为狭长的管道，并略为伸入中肠的前端形成贲门瓣。但在取食固体食物的昆虫中，前胃常很发达，并在外面包围有强壮的肌肉层，内壁则有由内膜特化形成的齿状或板状突起（图 11-3）。前胃除有磨碎食物的功能外，还可以作为调节食物进入中肠的活瓣并兼有过滤的作用。

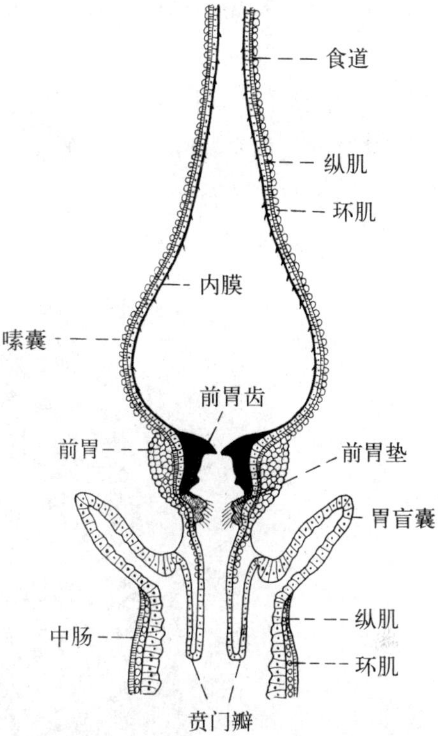

图 11-3　东方蜚蠊 *Blatta orientalis* 前肠的横切面，示前胃齿和贲门瓣（仿 Snodgrass）

（五）贲门瓣

贲门瓣（cardiac valve）位于前胃的后端，由前肠末端的肠壁向中肠前端内褶而成，一般呈筒状或漏斗形，主要功能是使食物可以从前肠直接输入到中肠的肠腔，而不与胃盲囊接触，阻止中肠内食物倒流入前肠。

二、中肠的组织、超微结构和功能

中肠是分泌消化酶、消化食物和吸收养分的主要部位。一般昆虫的中肠呈管状，前端紧接前胃，后端以马氏管着生处与后肠分界。很多昆虫中肠肠壁的前端，常向外突出形成囊状的胃盲囊（gastric caeca），其数目和形状因昆虫种类不同而异，它的主要功能是增加中肠的表面积，有利于分泌消化酶和吸收营养物质，此外还有扩大容积和滞留共生物的作用。

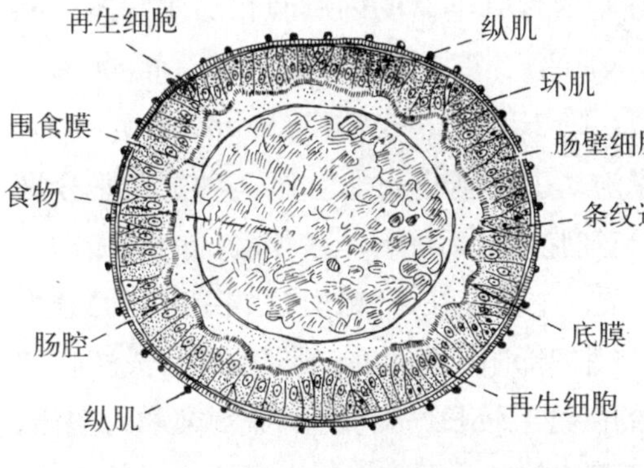

图 11-4　昆虫中肠的横切面（仿 Snodgrass）

中肠在组织上也分为 6 层，由内向外分别为：围食膜、肠壁细胞层、底膜、环肌、纵肌和围膜（图 11-4），中肠组织与前肠的不同 在于肠壁细胞层较厚，肠壁细胞大而呈海绵状，纵肌排列在环肌之外，肌肉层较薄，可允许营养物质、水分和无机盐渗入血淋巴。

中肠的围食膜（peritrophic membrane）与前肠中的内膜不同。围食膜的结构和组分因虫种不同而异，一般由平行排列的几丁质纤丝组成，纵横的几丁质纤丝相交成 60° 或 90° 的网格结构，蛋白质 - 碳水化合物就充塞在网格的间隙中，其中几丁质占 3% ~ 13%，蛋白质占 20% ~ 50%（图 11-5）。围食膜有保护中肠细胞免受食物和微生物损害的作用，并有显著的选择性穿透功能。对消化酶和已消化的食物成分是可以穿透的，但食物中未消化的蛋白质和碳水化合物则不能穿透。此外，围食膜还具有保存消化液的功能。

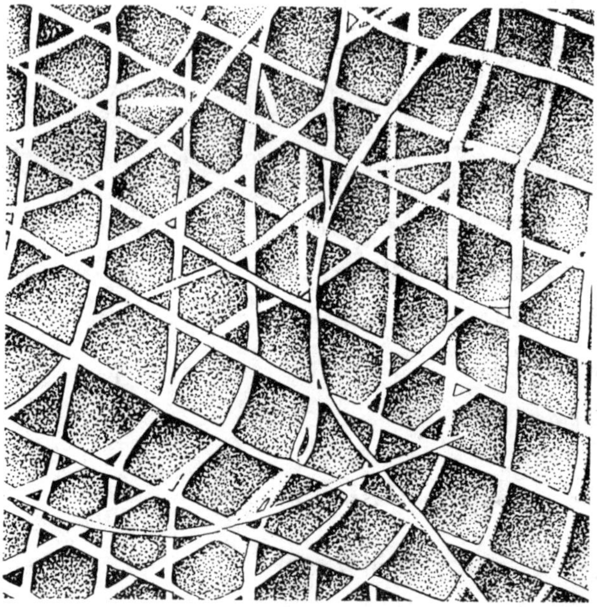

图 11-5　大蠊围食膜的结构 (仿 Mercer)

从超微结构看，组成中肠的细胞有 4 类：即柱状细胞、杯状细胞、再生细胞和内分泌细胞。

柱状细胞具有分泌消化酶和吸收消化产物的功能，是肠壁细胞中最基本的一类，它的顶膜特化成微绒毛，基膜形成深深的内褶，内含线粒体。质膜的特化增加了细胞的表面积，提高了对消化产物的吸收能力。细胞内含有丰富的内质网和高尔基体，能合成消化酶，并通过 3 种方式将消化酶分泌进入肠腔：第 1 种是顶端分泌（apocrine），酶原粒或液泡直接从顶部微绒毛之间排入肠腔；第 2 种是局部分泌（merocrine），酶原粒集聚在细胞顶部或侧面，由细胞膜包围成囊泡，进行胞吐外排；第 3 种是全胞分泌（holocrine），含酶原粒的细胞脱离进入肠腔，当细胞崩解后即释出消化酶。

杯状细胞与调节血淋巴中钾离子的含量有关，主要存在于鳞翅目和毛翅目幼虫中，以及蜉蝣目和捻翅目昆虫中，在肠壁上与柱状细胞相间排列。细胞顶部内陷形成杯腔和杯颈。细胞质少，核位于杯腔下方。杯腔基部的微绒毛较长，微绒毛内有线粒体；中部微绒毛较短，无线粒体；顶端的微绒毛最短，而且多分叉（图 11-6）。

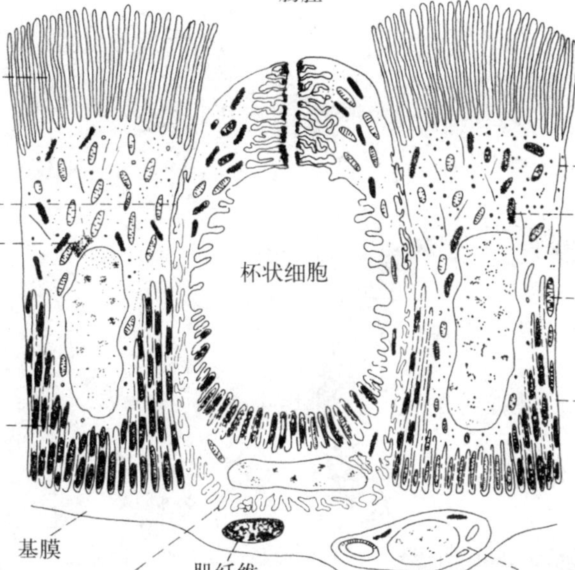

图 11-6　天蚕蛾 *Platysamia cecropia* 幼虫中肠的杯状细胞和两侧的柱状细胞 (仿 Anderson & Harvey)

再生细胞是一种具有分裂增殖能力的小型细胞，位于肠壁细胞的基部。细胞质较少，但游离核糖核酸的含量很高。它们的功能是补充因分泌活动而消耗的细胞，或在脱皮和化蛹过程中更新旧的细胞。

内分泌细胞（endocrine cells）在许多昆虫的中肠内都有发现，细胞内有分泌颗粒，形态和染色特性都与神经分泌颗粒相似，但功能还不十分清楚。

三、后肠的组织和机能

后肠的组织结构与前肠相似，只是肌肉的层次排列同中肠相似，即环肌在内，纵肌在外，除直肠垫细胞外，大多数肠壁细胞都比较扁平。内膜比前肠的薄，易被水分和无机盐类渗透。

后肠一般分为回肠（ileum）、结肠（colon）和直肠（rectum）3 个部分。在后肠的前端与中肠的交界处，着生有开口进入肠腔的马氏管，在马氏管开口的前方，常有突入肠腔内的幽门瓣。幽门瓣有控制中肠内消化残渣进入回肠的功能，当幽门瓣关闭时，仅有马氏管的排泄物进入后肠。

在回肠与直肠的交界处，有一圈由瓣状物形成的直肠瓣（rectal valve），以调节残渣进入直肠。许多昆虫的直肠常特化成卵圆形或有长形的垫状内壁或圆锥状突起，称直肠垫（rectal pads）(图 11-7)。垫上的内膜特别薄，主要功能是吸回残渣中的水分和无机盐类。

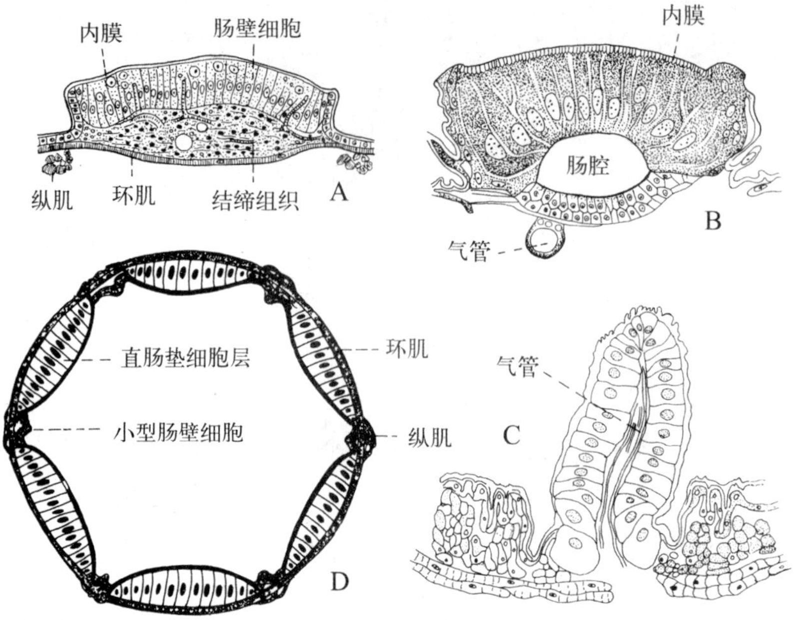

图 11-7 几种昆虫后肠的组织和直肠垫的切面图（仿 Snodgrass 及黄其林等）

A. 一种䗛翅目昆虫的简单直肠垫；B. 蜜蜂的具腔直肠垫；C. 一种拟食虫虻的圆锥形直肠垫；D. 一种蜚蠊的 6 个简单的直肠垫

四、唾　　腺

唾腺（salivary glands）是开口于口腔中的多细胞腺体，在胚胎发育过程中，由皮细胞内陷而成。按开口的位置，可以区分为，上颚腺（mandibular gland）、下颚腺（maxillary gland）和下唇腺（labial gland）3 类。昆虫的唾腺，以下唇腺最为普遍（少数鞘翅目昆虫无下唇腺），它们在多数昆虫中成为泡状腺体。并以 1 对腺管合并成 1 个公共的唾管，开口于唾窦（salivarium）的基部。在刺吸式口器昆虫中，如半翅目昆虫、雌蚊、牛虻等，唾窦内陷成唾唧筒（salivary pump），用以注射唾液进入寄主的组织。鳞翅目和叶蜂等的幼虫，下唇腺转变为丝腺（silk gland），上颚腺则代替唾腺的作用。

唾液的主要功能是润滑口器、溶解食物和分泌消化酶。昆虫分泌消化酶的种类与食物有关，肉食性昆虫的唾液中含有蛋白酶和脂肪酶；取食花粉的只有蔗糖酶；取食种子的含有脂肪酶；吸血昆虫的唾液中则含有阻止血液凝固的抗凝剂（anticoagulin）。

第二节　各类昆虫消化道的变异

昆虫的消化道因种类和食性的不同，常有较大的变异（图 11-8）。取食固体食物的昆虫，它们的消化道一般比较短粗，前胃外面包有强壮的肌肉层，内面常具有齿状或板状的表皮突起，有磨碎食物及调节食物进入中肠的功能。取食汁液的昆虫，常无前胃，整个消化道比较长，前肠前端及口前腔的食窦部分或咽喉部分常特化为强有力的

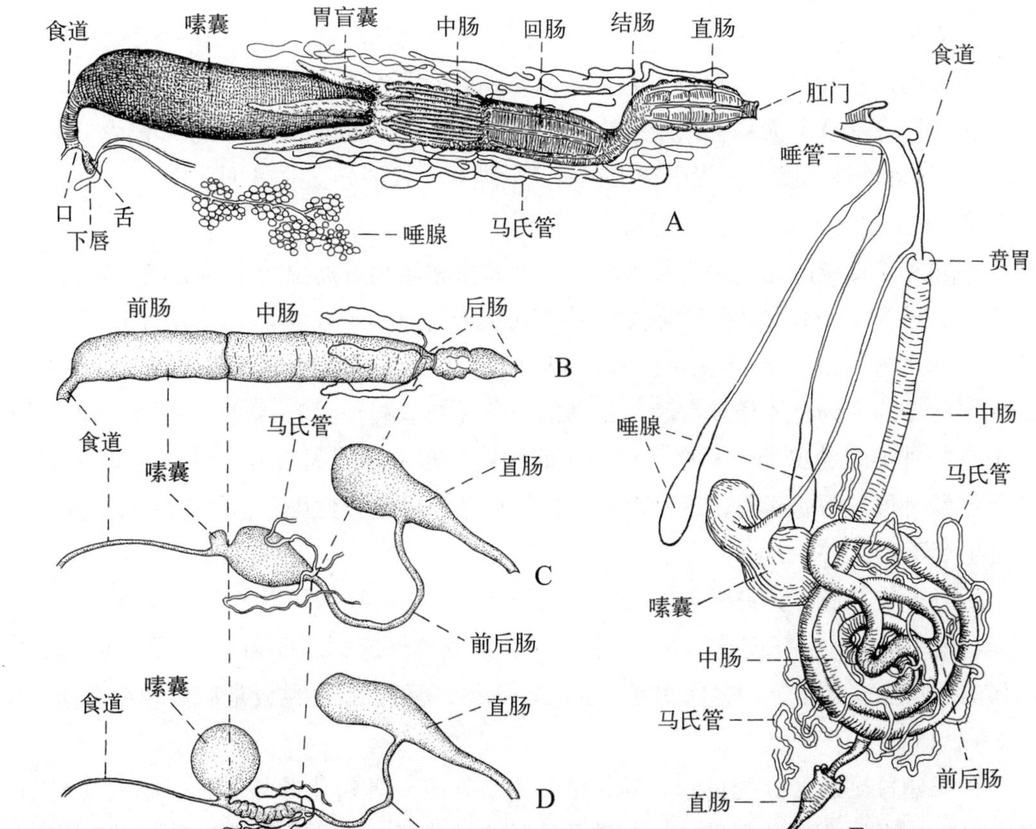

图 11-8 几种昆虫消化道的变化

A. 蝗虫 *Dissosteira carolina* 的消化道；B ~ C. 天幕毛虫 *Malacosoma americana* 的幼虫 (B)、蛹 (C) 和成虫 (D) 的消化道；E. 苹果实蝇 *Rhagoletis pomonella* 的消化道；F. 日本金龟子 *Popillia japonica* 幼虫的消化道；G. 十七年蝉 *Megicicada septendecim* 的消化道；H. 一种软蚧 *Lecanium* sp. 的消化道

吸泵，如食窦唧筒和咽喉唧筒。全变态类昆虫中，同种昆虫在不同的发育阶段消化道的构造变化也很大 (图 11-8B ～ D)。

嗉囊的形状和位置也有较大的变异，如蝗虫的嗉囊为很短的食道后面的长筒状膨大部分 (图 11-8A) ；天幕毛虫成虫的嗉囊是突出在细长食道后端的圆球形侧囊（图 11-8D)；实蝇和丽蝇的膨大嗉囊则突出在食道后端的一根细分支顶端（图 11-8E)，而半翅目等昆虫的消化道没有分化成嗉囊。

中肠和胃盲囊的结构也有很多变异，如蝗虫和鳞翅目幼虫的中肠是粗大的圆筒形部分 (图 11-8A，B)，半翅目和鞘翅目中肠可区分为三四个分段 (图 11-8F，G，H)。直翅目昆虫的胃盲囊，突出在中肠的前端，蜻类昆虫的突出在第 4 胃的四周，而日本金龟甲幼虫的中肠有 3 圈胃盲囊，分别位于分段的前端（图 11-8F)，在脉翅目和膜翅目中有些种类的幼虫期，还有一种特殊的构造，即中肠容积很大，但与后肠不贯通，须至化蛹时再与后肠连通，这对内寄生性昆虫是一种适应性机构，能使它们的排泄物在寄生期不致毒死寄主。

后肠形状的变异，主要看前端部分是否特化成回肠和结肠以及直肠的形状。例如日本金龟甲幼虫的后肠前端部分是一段未分化的简单管道 (图 11-8F)，天幕毛虫成虫的后肠前端则是一段细管 (图 11-8D)，而蝗虫和蝎蛉等的回肠和结肠是明显的两部分 (图 11-8A)。

在半翅目昆虫如介壳虫和蝉等的消化道中，有一种特化的结构——滤室（图 11-8G，H)，滤室一般由中肠的前后两端和后肠的前端部分紧密地束缚在一起，包裹在一层由结缔组织形成的围鞘内。滤室是吸取大量汁液昆虫的一种适应性构造，它可使过多的水分及其他物质直接从消化道的前端排入中肠的后端或排入后肠，而食物主要的养分则变得较为浓缩，通过中肠时易于消化和吸收。

第三节　消化与吸收

昆虫的食物范围非常广泛，从腐烂的有机质、尸体、动植物组织以及它们的汁液和花蜜，一直到一般认为很难消化的毛发和蜡质等，昆虫对食物的适应性，表现在消化道的形态结构、对食物的消化能力和营养利用 3 方面。

一、昆虫的消化作用

昆虫的消化作用分为肠外消化和肠内消化两种方式。

（一）肠外消化

昆虫在取食前先将唾液或消化液注入寄主组织内，当寄主组织溶解后，再吸回肠内的过程，称为肠外消化。肠外消化常见于具刺吸式口器和肉食性的昆虫中。

吸食植物汁液的昆虫，依靠唾液中的多种酶类，进行肠外消化。如植食性半翅目昆虫，唾液中含有低聚糖酶，能够初步消化食物中的低聚糖，然后吸入肠内做进一步消化。吮吸韧皮部汁液的昆虫、唾液中含有糖酶；取食叶肉和种子的含有蛋白酶和酯酶。

捕食性昆虫，如龙虱 *Dytiscus* sp. 幼虫没有唾液，依靠消化液中的酶类进行肠外消化，它通过上颚将消化液注射到猎物体内，短时间内猎物的组织即被消化，再进行吸取。进行类似消化方式的还见于蚁蛉、草蛉、食蚜蝇、萤甲、步甲和虎甲等类昆虫的幼虫。

肠外消化还有一些特殊例子，如鳞翅目成虫羽化时，由口腔分泌强碱性含蛋白酶的消化液，这种消化液能软化丝茧；绿蝇 *Lucilia* sp. 和丽蝇 *Calliphora* sp. 幼虫的排泄物中含有蛋白酶，能使所要取食的肉类部分液化，供其食用。

（二）肠内消化

昆虫消化食物主要发生在中肠内，在某些昆虫中，肠道内的共生菌也参与部分消化作用。

1. 糖类

昆虫一般不能吸收食物中的多糖和双糖，只有分解为单糖后才能吸收利用。食物中的双糖主要有麦芽糖、海藻糖和蔗糖，前两者有两个葡萄糖残基，残基之间以 α 键互相连接。这些糖都能被昆虫体内普遍存在的 *α*- 葡萄糖苷酶所水解。植食性昆虫的消化酶普遍含有 *β*- 葡萄糖苷酶，能够分解食物中的蔗糖、乳糖和纤维素二糖中的 β 键。

淀粉和纤维素可在多种酶的作用下逐渐分解为单糖。水解淀粉主要依靠 *α*- 淀粉酶，其中果胶酶能作用于淀粉的 1,4-*α*- 葡萄糖苷键，分解成为麦芽糖。昆虫含有两种果胶酶：一种是外果胶酶，作用于淀粉末端，裂解出麦芽糖残基，导致麦芽糖的浓度增加；另一种是末端果胶酶，仅裂解淀粉分子内部的键，缓慢地形成麦芽糖，然后，再在 α-葡萄糖苷酶作用下进一步分解成为单糖。

消化纤维素是在两种酶的作用下完成的，一种是裂解纤维素为纤维素二糖的纤维素酶；另一种是裂解纤维素二糖为葡萄糖的半纤维素酶（纤维二糖酶），这些酶由昆虫直接产生或由肠内微生物提供。

蛀食木材的昆虫，具有多种适应性的消化方式。粉蠹科昆虫没有纤维素酶，不能消化细胞壁，只能取食细胞内含物；小蠹科昆虫也没有纤维素酶，但有半纤维素酶，因此能利用半纤维素、戊糖混合物、六聚糖和多糖；窃蠹科和天牛科幼虫具有纤维素酶，能同时利用含植物纤维素的细胞壁和内含物。

2. 蛋白质

昆虫将蛋白质消化成为蛋白胨和多肽后，才能被肠壁细胞吸收。在细胞内肽酶作用下，还能进一步水解成为氨基酸。消化蛋白质依靠唾液与消化液中的肽链内切酶，这些酶与哺乳动物的胰蛋白酶（trypsin）和胰凝乳蛋白酶（chymotrypsin）极为相似，通常称为类胰蛋白酶（trypsinlike enzyme），它的结构中所含的—S—S—键较少。

有些昆虫能消化惰性动物蛋白。食毛目、皮蠹科和谷蛾科中某些幼虫就能依靠角蛋白酶消化毛发和羽毛中的角蛋白化合物。

皮蝇属幼虫 *Hypoderma* sp. 能产生一种骨胶原酶，作用于动物组织的骨胶质。当皮蝇把卵产在寄主的毛上后，孵化出来的幼虫就能消化皮层中的骨胶质，然后进入组织内营寄生生活。

3. 脂类

昆虫对脂类的消化吸收，由于脂类组分比较复杂，因此方式也多样。甾醇类不经消化就能吸收，甘油三酯需要通过酶的作用，分解成为较小分子的甘油单酯和游离脂肪酸后，才能被吸收。在昆虫消化道内，还含有裂解长链脂肪酸甘油酯和短链脂肪甘油酯的两种酯酶，以及消化磷酸酯的磷酸酯酶。

消化脂类的一个特殊例子是一种蜡螟 *Galleria* sp. 幼虫，它能消化含脂、脂肪酸和烃类的蜂蜡。很多昆虫体内，共生菌对食物内的酯和脂肪酸的消化具有重要作用。

二、影响消化酶活性的因素

昆虫消化酶活性受肠道 pH 值和氧化还原电位的影响。

(一) pH 值

消化酶只有在一定的 pH 范围内才能显示出最大活性。前肠的内含物没有缓冲能力，它的 pH 值主要由食物决定，一般呈酸性。昆虫中肠液的 pH 值范围通常为 6 ~ 8，植食性昆虫比肉食性昆虫的要偏碱性。鳞翅目和毛翅目幼虫中肠 pH 值可达 8 ~ 10 之间。中肠液能以较强的缓冲力来稳定 pH 值。如蜜蜂的中肠液有两种缓冲体系 ：一种是由有机酸及其盐类复合物构成的，最佳缓冲能力为 pH 值 4.2；另一种由磷酸盐构成的缓冲系统，最佳缓冲能力为 pH 值 6.8，这两种缓冲体系使蜜蜂中肠液维持在 pH 值 6.3 左右。但有些昆虫中肠的缓冲力较差，如蚊子中肠的 pH 值与寄主血液的 pH 值相同。后肠由于马氏管的分泌作用，肠液的 pH 值通常呈弱酸性。

(二) 氧化还原电位

在昆虫的消化和吸收过程中，氧化还原电位决定生化反应的能量和方向，同时还影响消化酶活性和肠壁细胞的吸收。中肠的氧化还原电位通常是正的，约为 +200 mV，但幕衣蛾 *Tineola* sp. 幼虫中肠呈现很高的还原电位（－ 300 mV，相当于 pH 值 9.5），后肠则有很高的氧化电位（> +250 mV，相当于 pH 值 5），这与它以羊毛为食有关，在负电位条件下，角蛋白中的双硫键（—S—S—）很容易裂解为—SH 基，从而被蛋白酶所消化。

三、营养物质的吸收

昆虫对营养物质的吸收主要发生在中肠前部和胃盲囊中，有主动吸收和被动吸收两种，随着吸收作用的进行，营养物质通过肠壁细胞进入血淋巴中。

(一) 糖类物质的吸收

当双糖和多糖水解成葡萄糖后，葡萄糖按浓度梯度从肠腔向血腔扩散，并迅速进入中肠周围的脂肪体，转化为海藻糖，从而降低血液中的葡萄糖浓度。此外，昆虫还能通过吸收肠腔内水分来提高肠腔内葡萄糖的浓度，或将血淋巴中的葡萄糖转化为蔗糖和糖原，以保证葡萄糖从肠腔到血腔的浓度梯度，促进葡萄糖向血腔中扩散。但在蜜蜂等少数昆虫中，葡萄糖在血淋巴中浓度很高，从消化道进入血腔与主动运输有关。

(二) 蛋白质和氨基酸的吸收

蛋白质通常先被消化成分子质量较小的肽，再被中肠细胞吸收，进而在细胞内分解成为氨基酸，有的则在肠腔内直接分解成氨基酸后再吸收。氨基酸的吸收与中肠水的吸收有关，一般从高浓度的肠腔向低浓度的血腔中扩散。

(三) 脂类的吸收

食物中脂类，大多是甘油三酯，在肠腔内被水解成游离脂肪酸、甘油二酯和甘油单酯。甘油二酯通过肠壁细胞进入血腔，并以甘油三酯形式贮存在脂肪体内，当需要的时候，又能以甘油二酯、甘油三酯、酯、甾醇等形式从脂肪体中释入血腔中。胆甾醇类化合物，一般不需改变形式，就能被昆虫的中肠直接吸收，植食性昆虫能将植物甾醇转化为胆甾醇后吸收。脂类的吸收控制机制和糖类相似。

四、肠液流动循环理论

Berridge (1969) 提出营养物质和排泄物质的液流循环理论，其中包括一部分中肠细胞的分泌循环，胃盲囊的吸收循环，以及直肠垫的吸收循环与马氏管的排泄循环。

从前肠分期流入中肠的大部分食物颗粒，经消化作用形成液状的营养物质后，都可被中肠和胃盲囊细胞吸收，由中肠前段区域流入血液，形成吸收循环液流（图 11-9）。而从前段吸入过多的 K^+ 和 H_2O，则可经后端的杯状细胞分泌，排入肠腔内，形成分泌循环。很多取食十分干燥食物的鞘翅目昆虫的中肠后段区域，也含有杯状细胞，分泌供消化和吸收作用所必需的液体，这种流动循环机制，是提高吸收作用的一个有效办法。因为中肠后端的分泌液流进入血腔，其流动方向与围食膜内食物颗粒和营养物质的移动方向相反，而在整个中肠内的消化产物则可透过围食膜，并随着膜外的分泌液流运送到前段被吸收。现在还发现，即使是邻近的中肠细胞之间，也可形成循环液流。例如，一个杯状细胞分泌 K^+ 和 H_2O 进入肠腔，即可被邻近的柱状细胞吸回血腔。

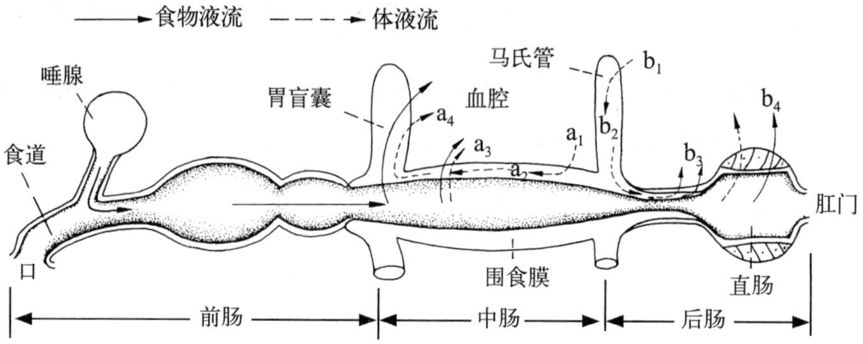

图 11-9　昆虫消化道和马氏管内液流循环理论图解 (仿 Berridge)

a. 吸收循环；b. 排泄循环

五、营养物质的利用

食物通过消化作用后，一部分变成为可吸收的养分；另一部分则不能吸收而排出体外，可消化吸收的部分与消耗食物的比值，称消化系数 (coefficient of digestibility)。昆虫取食不同食物，其消化系数不同，消化系数大的营养价值高，但食物的营养价值还应以食物的转化率 (efficiency of conversion) 来衡量。一般认为，虫体转化食物为体躯物质及能量的效率取决于食物中营养物质的含量及比率，如果一种食物中缺乏某些营养物质，则将浪费更多食料，造成转化率的降低。

$$消化系数 = \frac{(消耗食物干质量 - 排泄物干质量)}{消耗食物干质量} \times 100\%$$

$$食物转化率 = \frac{昆虫增加的体重（干质量）}{消耗的食物质量（干质量）} \times 100\%$$

第四节　昆虫的营养生理

昆虫的营养与它的取食习性、体内消化酶系的特点以及自身生物合成能力有关，除此之外，许多昆虫还与微生物如原生动物、细菌、真菌或酵母菌等建立共生关系，这对昆虫消化特殊食物，供应维生素进行中间代谢有重要作用。

一、昆虫的营养需要

昆虫所需的营养物质，按其生理作用与功能，可分为 3 大类：一类是用来建造身体和能量来源的多种有机物与无机物；另一类是用来调节生理功能的辅助物质或附加物质，一般说来没有营养价值；第 3 类是决定某些昆虫选择食物或刺激取食的激食要素。对昆虫生长发育和生命活动比较重要的营养物质有蛋白质、糖类、脂类、甾醇、维生素、无机盐和水。

（一）蛋白质

蛋白质是昆虫身体基本的组成成分，又是昆虫生长发育和生殖所必需的营养物质。昆虫只能将食物中的蛋白质，经消化作用分解成各种氨基酸后，再由细胞内的核糖核蛋白体合成自身的蛋白质。昆虫对氨基酸的需要可分为必需和非必需氨基酸两大类。必需氨基酸是指这些氨基酸昆虫自身不能合成，必须由食物供给，而对昆虫生长发育又是必不可缺的。必需氨基酸有 10 种，它们是：精氨酸、组氨酸、异亮氨酸、亮氨酸、赖氨酸、蛋氨酸、苯丙氨酸、苏氨酸、色氨酸及缬氨酸。非必需氨基酸是指虫体能自身合成的氨基酸，在这个合成过程中昆虫利用氨，或者利用来自与碳水化合物结合的其他氨基(—NH_2)，或者利用特殊的氨基酸前身。非必需氨基酸不是没有营养意义，可认为是对正常营养的补充，有时还是决定饲养成败的关键物质。例如，酪氨酸对某些昆虫来说是非必需氨基酸，但若食物中缺少其前身苯丙氨酸，则酪氨酸就成为必需氨基酸。

氨基酸的两种异构体中，对昆虫有用的主要是 *L* 型氨基酸，*D* 型氨基酸对多数昆虫来说是有害的，如丝氨酸的 *D* 型异构体对红头丽蝇有毒。

（二）糖类

糖类主要供给昆虫生长、发育所需的能量，以及转化成贮存的脂肪，有些糖则为激食剂。除特殊的糖（如纤维素等）以外，通常葡萄糖、麦芽糖和果糖等都易被昆虫所利用，乳糖、甘露糖及海藻糖也可被利用，但阿拉伯糖及山梨糖不能被所有昆虫所利用。碳水化合物的营养价值主要取决于多糖及低聚糖能否被消化和被肠壁细胞所吸收。有些碳水化合物因为有不良味道，而使昆虫拒绝接受，但蔗糖是植食性昆虫很喜欢的糖类，因为昆虫有活性极强的蔗糖酶，故在饲养昆虫的时候常使用蔗糖，较少用葡萄糖。此外，蔗糖还有刺激昆虫取食的作用。

碳水化合物和蛋白质都是昆虫营养上所必需的，但是两者的比例即氮碳比（N/C）对昆虫生长发育有很大影响。在幼虫不同的发育阶段所需 N/C 不同，幼虫生长初期需要含蛋白质较多的食物，而后期则需碳水化合物较多的食物。

（三）脂类

脂肪是昆虫贮存能量的主要化合物，还是磷脂的必需成分，而磷脂则是细胞内外各种膜结构的必需成分，因此昆虫体内常有大量的脂肪。

昆虫对食物中脂肪酸的需求可分为两类：饱和的和含一个不饱和键的脂肪酸，脂肪酸主要作为贮能化合物可明显地影响成虫的羽化，同时对幼虫的发育、成虫的产卵以及卵的孵化等都有很大的作用。如：大多数鳞翅目昆虫与植食性直翅目昆虫在成虫羽化时需要不饱和脂肪酸，鳞翅目幼虫发育及产卵也需要脂肪酸。另外，脂肪酸还有利于昆虫对其他营养成分的吸收和利用。

（四）甾醇（固醇、胆固醇）类

固醇类是昆虫生长、发育和生殖必不可少的营养成分，除部分虫种可由其共生生物提供外，一般昆虫不能在体内自行合成，需从食物中取得固醇，或者将食物中其他的固醇类（如植物性固醇）转变为胆固醇。甾醇对昆虫形成组织结构是必需的，又是蜕皮激素的原料，缺乏固醇导致昆虫对病原物的抵抗力减弱。

（五）维生素

维生素不是构成虫体的原料，也不是供给能量的物质，昆虫对其所需量甚微，但对维持虫体正常的生理代谢却是必需的，由于其不能在昆虫体内合成，故需由食物供给，是一种外源性物质。如果昆虫完全缺乏某种维生素，或某种维生素供给不足，则体内代谢就会失调，生长发育受阻，甚至组织和细胞发生病变。维生素有两大类，一类是脂溶性维生素，也就是维生素 A、维生素 D、维生素 E、维生素 K；另一类是水溶性维生素，其中有 3 大族：a.B 族维生素，有硫胺素、核黄素、吡哆醇、氰钴维生素、生物素、叶酸，此外还有烟酸、泛酸、对 - 氨基苯甲酸、肌醇、胆碱；b. 维生素 C；c. 维生素 P（柠檬素）。

维生素 A（β- 胡萝卜素）对维持昆虫正常视觉有重要作用；维生素 E 对细胞膜有保护作用，能还原不饱和脂肪酸有毒的过氧化衍生物，对许多昆虫的生殖有特殊的重要性，能以不同方式影响卵的胚胎发育或精子形成；维生素 C 是昆虫重要的取食刺激剂，也是昆虫正常生长发育所必需的。

（六）水分和无机盐

水分和无机盐是昆虫生长发育不可缺少的物质。昆虫需水的程度因虫种和当时的环境条件而异，首先取决于水分从虫体散失的速率，其次取决于各种昆虫的栖息特点，此外还与体壁特性、呼吸和排泄机制有关。昆虫种类不同，所需无机盐的种类及数量也不同。无机盐的主要功能有参加虫体各种生化反应；调节血液及组织液的渗透压；保持离子平衡；保持一定的酸碱度以适应酶系统的活动和生理代谢的需要。如昆虫缺少某种无机盐类，轻则引起病变或延迟生长发育，重则引起死亡。

二、人 工 饲 料

人工饲料指昆虫所取食的不是天然饲料食物。随着昆虫生理、昆虫毒理、昆虫病理、辐射不育、化学不育、天敌释放等害虫防治新技术的研究与实施，需要供应亿万头生理标准相同的试虫，这就促使了人工饲料的迅速发展，人工饲料现已成为昆虫研究及害虫防治新技术的基本技术之一。

人工饲料的成分是根据不同昆虫生长发育所需营养物质配合而成。包括糖类、蛋白质、脂肪、维生素、无机盐、填充剂以及防腐剂构成。

第五节　择食过程及其影响因子

昆虫在形态、生理、生态和行为方面的特化，大多与搜集和利用食物有关，它包括一系列的行为程序，如定向、趋性以及对食物的辨认和取食等。

一、择食过程

对某些昆虫来说幼虫孵化时就很容易发现食物，因为它们的亲代在产卵时就选择了富有食物的场所。许多植食性昆虫的雌虫，把卵产在幼虫的饲料植物上；腐生和寄生昆虫常常把卵产在腐屑或合适的寄主体内；某些土栖和社会性昆虫则把卵产在它们“采食”的个体上，使幼虫获得丰盛的食物和隐蔽的场所。但对大多数昆虫来说仍需借助视觉、嗅觉和味觉来寻找食物。

（一）视觉判断

视觉在昆虫的择食过程中，帮助它们识别食物的颜色和形状，以及确定食物的方位。蝶类、蜂类以及蚜虫和粉虱对寄主的颜色都有明显的反应。多食性的温室白粉虱 *Trialeurodes vaporariorum* 常常根据叶片颜色，集聚到寄主上；舌蝇和虻除对寄主的气味和释放的二氧化碳有反应外，还被寄主的形状和移动的形象所吸引；在许多捕食性昆虫中，能靠视觉窥测和捕捉猎物，准确判定它们的距离和位置，甚至能瞄准正在移动或下行的对象，如蜻蜓捕捉飞行中的蚊子，完全依靠视觉判断，而且命中率很高。

（二）嗅觉定向

在一定的范围内，昆虫主要依靠化学感受器接受寄主植物或捕食对象所产生的特殊气味来搜寻食物。

（三）味觉鉴别

当昆虫接触到寄主时，味觉感受器和接触化学感受器起着重要作用。植食性昆虫能感受多种化学成分，包括寄主植物的营养成分和植物次生性物质，它的鉴别能力依赖于感觉器官对特定化合物的敏感程度，以及中枢神经系统对信息的综合过程。

二、影响择食的因子

对于植食性昆虫来说，寄主植物所含的化学物质可对昆虫产生引诱、助食和抑食作用。

（一）引诱作用

昆虫能对各种具有引诱作用的化学物质的气味产生正趋性，如二氧化碳、氨、硫化氢和硫醇能引诱麻蝇和埋葬虫趋向腐败食物。植物的各种次生性物质对昆虫亦具有引诱作用，如烃对一般昆虫都有引诱作用，特别对小蠹虫有较强的引诱力；十字花科植物具有的异氰酸酯的特殊气味，能引诱甘蓝根花蝇、小菜蛾、菜象甲和黄条叶甲等害虫。一般说来，多食性昆虫能对广泛的营养物质和植物的次生性物质产生反应。

（二）助食作用

对大多数昆虫来说，很多化合物具有刺激取食和营养的双重作用，但植物次生性物质只有助食作用而无营养价值。植物中所含的糖苷，特别是右旋单糖具有普遍的助食作用，蔗糖对于昆虫的助食能力最为广泛，多食性昆虫较寡食性昆虫更能对糖类产生反应，糖的助食作用与浓度有关。许多植物的次生性物质对单食性和寡食性昆虫有助食作用，并且是寻找寄主的标志刺激物。

（三）抑食作用

某些化合物能抑制昆虫取食，阻碍对食物的消化和利用，产生抑食作用。如植物次生性物质中的生物碱和萜类，常具有抑食作用。如烟碱、马钱子碱、阿托品等都是神经毒剂，可引起昆虫神经中毒而抑制取食（还有一些则是代谢抑制剂，如黄酮类使昆虫生长发育失调）。植食性昆虫对抑食剂的敏感性与寄主专一性程度有关，单食性和寡食性昆虫对非寄主植物所含有的次生性物质都很敏感，而多食性昆虫可忍耐大量的次生性物质。

第十二章　昆虫的循环系统

昆虫的循环系统 (circulatory system) 属开放式，不像哺乳动物那样具有与体腔完全分离的分级网管系统，它的整个体腔就是血腔，所有内部器官都浸浴在血液中。昆虫的血液兼有哺育动物的血液及其淋巴液的特点，因此又称“血淋巴”。昆虫开放式循环系统的特点是血压低，血量大，并随着取食和生理状态的不同，其血液的组成变化很大。其主要功能是运输养料、激素和代谢废物，维持正常生理所需的血压、渗透压和离子平衡，参与中间代谢，清除解离的组织碎片，修补伤口，对侵染物产生免疫反应，以及飞行时调节体温等。昆虫的循环系统没有运输氧的功能，氧气由气管系统直接输入各种组织器官内，所以昆虫大量失血后，不会危及生命安全，但可能破坏正常的生理代谢。

第一节　循环系统的构造

昆虫的循环系统主要包括推动血液流动的背血管及辅搏器，但背膈和腹膈也进行有节奏的收缩活动，使血液沿着一定的方向流动。

一、背 血 管

背血管（dorsal vessel）是位于昆虫的背壁下方，纵贯于背血窦中央的一条管状器官，一般从腹部伸达头部，由肌纤维和结缔组织组成，可以分为动脉和心脏两个部分（图 12-1A）。心脏（heart）是背血管中呈连续膨大的部分，每个膨大的部分称为心室（chamber），心室的数目随昆虫的种类而不同。在每个心室的两侧，通常有 1 对心门（ostia），心门是血液进入心脏的开口，外观为一条垂直或斜的裂缝，其边缘向内折入，形成心门瓣（ostial valve），当心室收缩时，心门瓣关闭，迫使血液向前流动；当心室舒张时，心门瓣打开，血液从体腔进入心室，就这样，心室由后向前地依次收缩，促使血液在背血管内由后向前流动。心脏肌纤维的内外均裹有薄膜，通常在心脏外壁有放射状的肌纤维悬在背壁下，其腹面的背膈有来自背板两侧的扇状背横肌，亦称翼肌（alary muscle）。

背血管的前段称动脉（aorta），其直径较小，前端开口于脑及食道之间形成的血窦内，可使脑及咽侧体浸泡在血液中。背血管在构造上变化较大，但大致可以分为以下 3 个基本类型：a. 直管型，没有明显的膨大部分和分枝，有的在前段有一两个部位产生局部扩大，如肥螋 *Anisolabis* sp. 和衣鱼 *Lepisma* sp. 的背血管（图 12-1B）；b. 球茎型，后段排列呈一连串球茎膨大，如直翅目和鞘翅目昆虫的背血管（图 12-1C）；c. 分枝型，在直管型的背血管上着生有成对的分枝管，如蜚蠊的背血管（图 12-1D）。

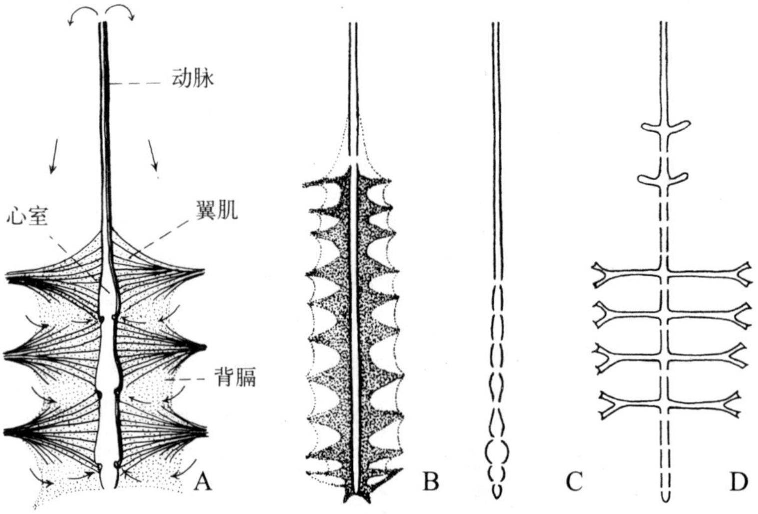

图 12-1 昆虫背血管的基本结构与类型 (A. 仿 Snodgrass；B ~ D. 仿 Romoser)

A. 基本结构；B. 直管形；C. 球茎形；D. 分枝形

二、辅 搏 器

辅搏器（accessory pulsatile organ）是昆虫体内辅助心脏进行血液循环的结构，通常位于触角、翅和附肢的基部，由含肌纤丝的薄隔所组成，有膜状、瓣状、管状或囊状等多种形状。随着薄隔的收缩，驱使血液流入远离体躯的部位。如蝗虫的触角末端，蚜虫的胫节基部，都有辅搏器（图 12-2）。

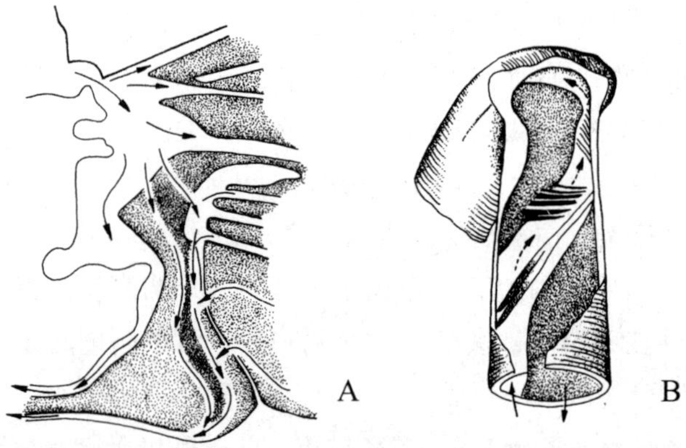

图 12-2 昆虫的辅搏器 (A. 仿 Clare & Tauber；B. 仿 Debaisieux)

A. 翅基；B. 胫节

三、造 血 器 官

造血器官（hemopoietic organ）是昆虫体内不断分化并释放血细胞的囊状构造，周围有膜包被，膜囊内有相互交织的类胶原纤维和网状细胞。膜翅目幼虫的造血器官存在于胸腹部脂肪体附近，鳞翅目幼虫的造血器官分布在翅芽周围。在产生血细胞时，先由网状细胞分化出干细胞，干细胞经多次分裂后形成细胞群，细胞群再进一步分化成不同类型的血细胞。造血器官除有补充血细胞的功能外，还有活跃的吞噬功能。

第二节 血液的组成和物理性状

昆虫的血液包括血细胞和血浆两部分，除少数昆虫（如摇蚊幼虫）因含血红素而呈红色外，大多数呈黄色、橙色或蓝绿色。昆虫的血液一般占虫体容积的 15% ~ 75%。

一、血 细 胞

血细胞（hemocytes）指悬浮在血浆中的游离细胞，约占血液的 2.5%。血细胞在胚胎发育时由中胚层细胞游离分化而来，在胚后发育的过程中，尤其是在受伤或感染的情况下，可通过有丝分裂进行补充，亦可通过造血器官或造血组织来补充。昆虫血细胞种类常因观察方法的不同而有较大的差异，但最基本的血细胞可分为 6 类：原血细胞、浆血细胞、粒血细胞、珠血细胞、类绛色细胞和凝血细胞。另外，浆血细胞还常常发育成足血细胞（图 12-3J）和蠕血细胞（图 12-3K）。

（一）原血细胞

原血细胞（prohemocyte）是一类普遍存在的椭圆形小血细胞，细胞核很大，位于中央，几乎充满整个细胞，核质比一般为 0.5 ~ 1.9。质膜无突起，胞质均匀 (图 12-3A)。原血细胞无吞噬功能，但具有活跃的分裂增殖能力，并能转化为浆血细胞，主要功能是通过分裂来补充血细胞。

（二）浆血细胞

浆血细胞（plasmatocyte）是一类形态多样的吞噬细胞，典型的呈梭形，核较小，位于细胞中央，质膜通常向外形成多种外突 (图 12-3B，C)。浆血细胞在各种昆虫体内通常都是优势血细胞，并可转化为粒血细胞，它的主要功能是吞噬异物，同时也参与包被和成瘤作用，因此是重要的防卫血细胞。

（三）粒血细胞

粒血细胞（granulocyte）是一类普遍存在且含有小型颗粒的圆形或梭形血细胞，核较小，位于细胞中央，质膜通常无外突 (图 12-3D-F)。粒血细胞可分化成其他类型的血细胞，它的主要功能是贮存代谢，此外还参与防卫作用。

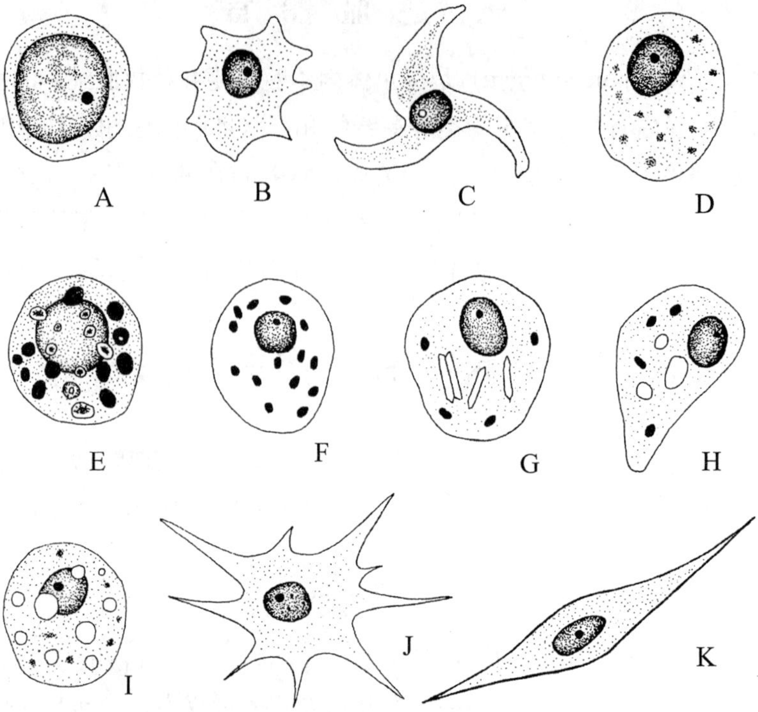

图 12-3　昆虫血细胞的基本类型 (仿各作者)

(四) 珠血细胞

珠血细胞（spherulocyte）是一类含有较多大型膜泡的圆形或卵形血细胞，核小，常偏离细胞中央，且不易看清。胞质中的膜泡使质膜呈梅花形或波浪形隆起 (图 12-3I)。珠血细胞由粒血细胞发育而来，具有贮存和分泌作用。

(五) 类绛色血细胞

类绛色血细胞（oenocytoide）是一类形态和大小多变的血细胞，核小，偏离细胞中央，质膜无外突 (图 12-3G)。胞质内含有酪氨酸酶、糖蛋白和中性黏多糖，主要参与物质代谢和分泌作用。

(六) 凝血细胞

凝血细胞（coagulocyte）是一类普遍存在的，非常脆弱的圆形或纺锤形细胞。质膜无外突，但常有细微的皱纹，胞质透明，细胞器少，核较大，常偏离细胞中央，外貌呈车轮状 (图 12-3H)。凝血细胞由粒血细胞发育而来，主要功能是凝血和防卫。

二、血　　浆

血浆（plasma）是一种浸浴着所有组织和细胞的循环液体，其中水分占 85% 左右，比重在 1.012 ~ 1.070 之间，除神经组织外，其他组织器官的底膜对血浆中物质的通透几乎没有影响。细胞与血浆间频繁的物质交换，构成了血浆中复杂的物质体系和动态变化。

（一）无机离子

昆虫血浆中无机离子的含量变异较大，其种间差异常与系统的发育地位和食物有关。一般来说，低等昆虫的渗透压主要由 Na^+ 和 Cl^- 构成，有翅亚纲全变态的脉翅目、毛翅目、长翅目和双翅目昆虫中，无机离子约占渗透压组成的一半，并以 Na^+ 为主，Cl^- 的作用很小，阴离子主要被氨基酸和其他小分子有机化合物取代，在鳞翅目、膜翅目和鞘翅目中，Na^+ 含量低，而 K^+ 和 Mg^{2+} 的含量很高。另外，血浆中无机离子的组成与昆虫的食性有关，一般植食性昆虫含有较高浓度的 K^+ 和 Mg^{2+}，肉食性昆虫常含有较高浓度的 Na^+。

昆虫血浆中的无机离子，有相当部分是与蛋白质结合而存在的，一般通过主动运输形式进出各种组织和细胞。离子的作用主要是参与物质运输，调节神经活动、酶活力，pH 值和渗透压。

（二）血糖

昆虫的血糖主要是海藻糖（trehalose），它是由两分子的葡萄糖以 α-1,1- 糖苷键结合形成的无还原性二糖，由脂肪体合成后作为糖的一种运输和贮存形式释入血浆中。组织中的细胞可通过细胞膜上海藻糖酶的水解作用对其加以吸收利用。

血糖主要被用作能源化合物，或用来合成表皮中的几丁质以及各种黏多糖和糖蛋白。在越冬过程中，血糖可被迅速转化为甘油、山梨醇、多元醇等，这些物质不仅可通过溶质效应降低过冷却点，同时还能保护细胞和酶蛋白免受冻害。

（三）血脂

昆虫血浆中非水溶性的脂类化合物，一般含量为 0.5% ~ 2.5%，包括甘油一酯、甘油二酯、甘油三酯、脂肪酸、甾醇、磷脂和其他烃类化合物，其中以甘油二酯为主，通常结合成脂蛋白的形式运输。脂类由消化道吸收后，通过血液运输进入脂肪体内，并在脂肪体内贮存。当作为能源动用时，再由脂肪体释入血浆中运往代谢组织或器官。此外，血浆中还贮存有少量不溶性脂滴。脂类代谢受激素调控，它的浓度水平与血糖呈负相关。血脂浓度随生长发育和取食运动等生理状态而发生变化。在同一龄期内血脂的增加往往是脂滴的增加。饥饿一般导致血脂增加。肌肉活动和疾病对血脂水平也有显著影响。昆虫的血脂有明显的日节律变化。

（四）氨基酸和蛋白质

昆虫血浆中具有高浓度的氨基酸，包括合成蛋白质所需的各种氨基酸以及某些氨基酸衍生物。血浆中的氨基酸大都是 *L* 型，仅发现个别氨基酸（丙氨酸和丝氨酸）有

D 型存在。一般来说，外翅类昆虫血浆中含有较多的谷氨酸、谷氨酰胺和甘氨酸。内翅类昆虫中则含有较多的谷氨酸、谷氨酰胺和脯氨酸。氨基酸的主要功能是为各种组织中细胞合成蛋白质提供原料和调节渗透压。此外，某些氨基酸还有特殊的功能，如酪氨酸是表皮鞣化剂的前体物，不少昆虫利用脯氨酸作为能源物质或启动产能的生化过程。*L*- 谷氨酸是神经肌肉联结点的化学递质。而谷氨酰胺则是氮素代谢过程中传递 NH_2 的重要化合物。

昆虫血浆中蛋白质主要是各种酶类，当成虫进行卵黄沉积时，血浆中含有大量的卵黄原蛋白。此外，血浆中还有载脂蛋白、JH- 结合蛋白、免疫蛋白和温滞蛋白等。

（五）酶类

血浆中的酶类是血蛋白的主要部分，最常见的酶有蛋白酶、淀粉酶、转化酶、酪氨酸酶和酯酶等。酶的活性随昆虫发育时期的不同而变化。如昆虫在化蛹初期，几丁质酶和酪氨酸酶的活性都比较高。

（六）氮素代谢物

不同昆虫血浆中发现的氮素代谢物主要有尿酸、尿囊素、尿囊酸、尿素和氨。

血浆中化合物种类，以及各种物质的含量都不是恒定的，这些物质的含量变化除因虫种而异外，还受昆虫的生理状态、外界条件以及共生物活动的影响而不断发生变化，其中很多具有明显的节律性。一般情况下，昆虫通过不同组织和细胞的吸收、代谢释放和排泄，维持着血浆组分和渗透压的动态平衡。但在特殊情况下，可能会破坏这种平衡。因此，分析血液组分，可以了解昆虫的生理状态和各种外源化合物的药理学效应。

第三节　血液的功能

昆虫血液的功能相当于脊椎动物血液、淋巴液和组织液三者的功能。血细胞相当于脊椎动物的白细胞。血液为组织细胞提供一个比较稳定的物理、化学环境，是合成与代谢的场所，也是细胞获取营养和排除废物的媒介，其功能主要有止血作用，对进入体内的病原物和寄生物产生免疫反应，对外源化合物进行解毒作用，阻止天敌捕食以及具有营养、运输和机械作用等功能。

一、止 血 作 用

昆虫止血是在伤口处形成凝血块，以防血液流出和病菌侵入。根据昆虫形成凝血块的能力和方式，可将止血作用分为 4 种类型：a. 在伤口处形成典型的凝血块，当凝血细胞接受损伤刺激后（接触外界空气）迅速变形，并释放出凝血因子，随后血浆中一些可溶性蛋白质被选择性凝集，形成凝血块。这种类型主要发生在直翅目、脉翅目、长翅目和毛翅目中。b. 形成网状凝集物，由凝血细胞在伤口处变形，伸出大量细长的线状伪足，许多血细胞的伪足群集形成疏松的网状凝集物，它们固定或包囊血液中的固体颗粒，形成凝血块，常见于鳞翅目、金龟甲科和双翅目幼虫中。c. 不形成网状凝集物，凝血细胞部分破裂和部分血细胞伸出线状伪足相结合形成凝血块，见于大多数同翅目、鞘翅目和部分膜翅目昆虫中。d. 不形成凝血块，血液没有明显的止血功能，常见于大多数半翅目、鞘翅目、鳞翅目、膜翅目和部分双翅目昆虫中。

二、免 疫 作 用

昆虫免疫（immunity）不同于高等动物，没有诱导产生高度专一性抗体的淋巴系统，其免疫机制主要有血细胞的吞噬、成瘤和包被作用及经诱导产生抗菌肽的杀菌作用。

（一）吞噬作用

当少量单细胞病原物如细菌、真菌、原虫以及病毒等侵入血腔时常发生吞噬作用（phagocytosis）。吞噬作用主要由浆血细胞、粒血细胞参与，包括识别、摄入和消化过程。首先由血细胞膜上的受体与病原物表面的特殊基团或附着的异源凝集素相互作用进行识别，再由血细胞膜外突将病原物包围，形成吞噬泡，通过溶酶体与吞噬泡融合，释放水解酶，分解吞噬物。

（二）成瘤作用

当小型病原物大量进入血腔时，常发生成瘤作用（nodule formation）。首先，是凝血细胞或粒细胞与病原物接触后破裂，诱导病原物周围的血液凝集形成凝血块，将病原物固定在血块内，随后由血细胞破裂释放的异源凝集素，诱使浆血细胞附着到凝血块周围，最后，周围的浆血细胞扁平化并相互以桥粒联结形成外鞘，被包围的病原物在血细胞分泌的酚和酚氧化酶的作用下，逐渐黑化死亡。

（三）包被作用

当较大的病原物（如线虫、寄生物及较大的原虫）侵入血腔时，就会发生包被作用（encystment），这是隔离大型病原物的一种有效的免疫机制。包被作用首先由凝血细胞或粒血细胞通过膜上的受体识别异物，并在接触后破裂释放出异源凝集素，诱使浆血细胞附着在外源物表面形成由 3 层细胞构成的被壳，随后，内层细胞溶化释放酚类化合物，随着酚类化合物的逐步黑化，被包围的生物即被杀死。

（四）溶菌作用

血浆中的溶菌酶（lysozymes）或裂解蛋白（cecropins）能直接作用于病原物，使其细胞溶解（lysis）。这两类具有酶活性的蛋白质，由血细胞合成后释放入血浆，其含量可因昆虫受感染以后诱导而得到增加。溶菌酶能溶解病菌的细胞壁，裂解蛋白能溶解细胞膜。

三、解 毒 作 用

各种外源毒物进入血腔后，能与血浆中的凝集素和非专一性酯酶结合，使毒物分解，或被血细胞摄入，通过胞质中的各种酶进行降解或贮存在脂滴内，减少体内的有效浓度。如用亚致死剂量的“六六六”处理昆虫，血细胞数明显增加。

四、阻止天敌捕食

昆虫利用血液中某些特殊化合物或反射性出血来阻止天敌捕食。如有些带有警戒色的昆虫，其血液中往往含有厌食或有毒的化合物，使天敌厌恶而免遭捕食，这些化合物有的来自食物，有的是自身合成。反射性出血是昆虫受天敌攻击时产生的自动出血行为，这些血液中往往含有能使天敌厌食或催吐的物质，可有效地击退捕食者，因而具有防卫功能。

五、营养贮藏和运输作用

昆虫血液内除了有足够的水分外，还含有丰富的离子、氨基酸和碳水化合物，这些营养物质可通过血液循环输送给各组织、器官。昆虫血液最突出的运输功能是把没有管道组织的内分泌激素输送到各个靶器官或靶细胞，以调节昆虫的生长发育。

六、机 械 作 用

昆虫血液可传递由身体某一部位收缩而产生的机械压力，有助于昆虫脱皮、羽化、展翅、卵孵化和呼吸通风。如昆虫脱皮时，蜕裂线靠血液的机械压力而裂开，昆虫羽化后的展翅也靠血液的压力使翅伸展平直。

第四节　心脏的搏动与血液循环

昆虫的血液循环主要靠心脏和辅搏器的搏动以及膈膜和肌肉的运动来完成。

一、心　　搏

昆虫的心脏由单细胞层的心肌所组成，里面为一层很薄的基膜，外周是结缔组织构成的围膜。昆虫的心脏是肌原性的，它不受神经的支配，可自发产生动作电位引起收缩，随后由心脏壁的弹性产生舒张，从而进行有节律性的搏动。心肌的膜电位和动作电位取决于肌膜两侧各种离子的浓度差异和通透性变化，一般维持膜电位的主要是

K^+，而产生动作电位则与 Ca^{2+} 有关。静止时通过膜上的 K^+ 泵的作用，建立起膜两侧的离子浓度差异，形成静止膜电位，当膜释放 Ca^{2+} 而诱发膜去极化时，则产生动作电位，因而所有心肌都能自发产生节律性收缩。

昆虫心脏的搏动周期可分为 3 个阶段，即收缩期（systole phase）、舒张期（diastole phase）和休止期（diastasis phase）（图 12-4）。

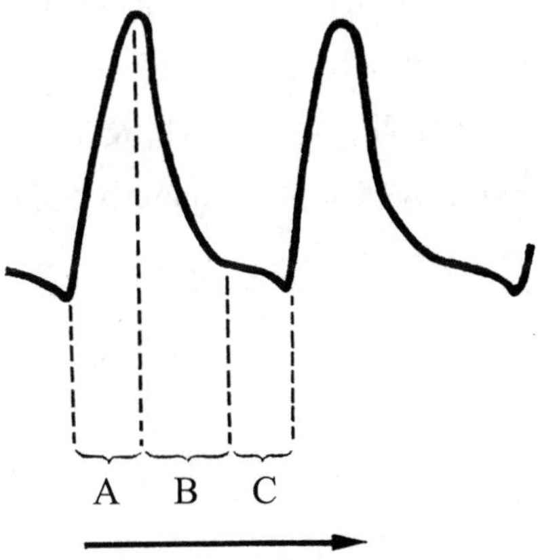

图 12-4　美洲蜚蠊离体心脏的搏动记纹（仿 Yeager）

A. 收缩期；B. 舒张期；C. 包括一个小扩张的休止期

二、影响心搏的因素

昆虫心搏的速率因虫种、性别、发育阶段、生理代谢的强弱、环境条件和化学毒物的影响而变化。

温度对心搏的影响最大。当大多数昆虫冷至 1 ～ 6℃时，心搏停止，环境温度升至 45 ～ 50℃心脏不再收缩，美洲大蠊自 4℃增至 40℃时，心搏从 20 次增至 138 次，几乎成直线上升。

光照对心搏也有影响，如果很亮的光突然闪烁在红头丽蝇成虫体上，快速搏动的心脏便会突然逆转方向。

不同的药物种类，对心搏的影响程度和规律也不同，如尼古丁、1605 可使心脏节律紊乱；除虫菊、烟碱则使心跳减速，乙酰胆碱和肾上腺素可使心跳加速，此外，Na^+，K^+，Ca^{2+} 对心搏的速率也产生很大影响。

三、血 液 循 环

昆虫的循环系统虽是开放式的，但血流仍有一定的方向，可以分为背面、侧面和腹面 3 条主流。

在背面心脏舒张，血液由心孔进入心脏。收缩时由于瓣膜作用，阻止血液倒流入血腔，把血液推向前方。在背血管中，血液是由后向前流动的，其中一部分血流经由排血心孔和各体节侧血管，离开心脏进入体腔。其余部分进入头部体腔，分成两股，一股被触角辅搏器压入触角，从触角腹面进入，背面流出；另一股则在翅内循环，从前半部流入，后缘流出。

在侧面血液流入内脏和附属器官。具腹膈的昆虫，由于腹膈的搏动使血流导入腹血窦，大部分的血液则由前向后流回心脏。

在腹面血流经生殖器官、产卵器、口器等处回到心脏。足部的血液循环通过基部的辅搏器，并借助于足的运动和内部膈膜完成，从腹面流入，背面流出。

昆虫的血液循环是在神经系统和体液激素的调节下进行的。当循环机能发生障碍时，新陈代谢将不能正常进行，一些内脏器官就会受损，昆虫将会死亡。昆虫的血液循环速度因虫种、虫期、虫龄及生理状态的不同而异，如蜜蜂成虫完成一次血液循环约需 2 min，家蝇成虫约 10 min，美洲大蠊为 3 ～ 6 min。

第十三章 昆虫的排泄器官及其生理

昆虫在生命活动过程中不断地进行物质和能量代谢，其代谢过程中产生的二氧化碳通过气管系统或体壁借扩散作用排出体外，氮素代谢物主要经马氏管-直肠系统排出。马氏管是主要的排泄器官，其他如体壁、消化道、脂肪体、下唇腺和围心细胞等，在不同的昆虫中也起着不同的排泄作用。

昆虫的排泄系统除完成排弃代谢废物外，还有维持昆虫体内盐类和水分的平衡、保持内环境稳定的作用。

第一节 马氏管及其排泄机能

马氏管（Malpighian tube）于1669年由意大利解剖学家Malpighi在家蚕中首先被发现而得名。马氏管是一些浸浴在昆虫血腔中的细长盲管，其基部着生于中、后肠交界处，端部游离或伸入直肠内形成隐肾结构。

一、马氏管的数量和表面积

马氏管的数目在各类昆虫中差异很大，少的(如介壳虫)只有2根马氏管，多的(如直翅目）可达200根以上。一般来说，数量多的，马氏管一般比较短，而数量少的则比较长，两者的总表面积差异不大。例如，美洲蜚蠊有60根马氏管，整个表面积约为132 000 mm^2，相当于每毫克体重具有排泄面积412 mm^2，而枯叶蛾 *Gastropacha* sp. 只有6根马氏管，但每根很长，总面积约为209 000 mm^2，相当于每毫克体重有排泄面积500 mm^2，与美洲蜚蠊接近。

二、马氏管的基本类型

根据马氏管解剖构造，可将其区分为4种基本类型：①直翅目型：马氏管的端部和基部在构造上未分化，管内排泄物全系液质，如直翅目、革翅目、脉翅目及某些鞘翅目属于此类（图13-1A）；②鞘翅目型：构造基本上和前一类相似，但马氏管的顶端与直肠结合，形成“隐肾”构造，如鞘翅目及一些鳞翅目昆虫属于此类型（图13-1B）；③半翅目型：马氏管在形态和机能上可区分为两段，在端部水和溶质可以进入，在基部水分被吸收，溶液浓缩成为固体状而移至后肠，最后排出体外，如半翅目昆虫属于此种类型（图 13-1C）；④鳞翅目型：与上一种类型基本相似，不同处是顶端与直肠结合成“隐肾”结构，如鳞翅目昆虫的马氏管（图 13-1D）。

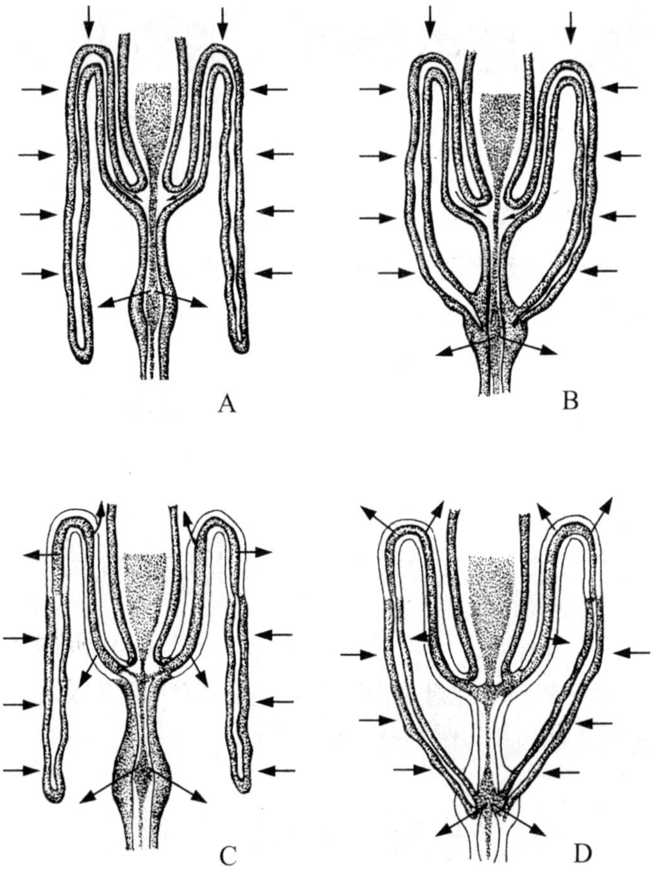

图 13-1　昆虫马氏管的主要类型 (仿 Wigglesworth)

三、马氏管的结构

马氏管由单层真皮细胞组成，外面为基膜，向管腔的一面具有缘纹，缘纹通常在基部呈刷状 (图 13-2A)，在端部呈蜂窝状（图 13-2B)，真皮细胞的基膜高度内褶，可达整个细胞的 1/3，内质网在细胞的中部形成复杂的网络，且和线粒体伸入顶部的微绒毛内。

马氏管常分布有一定的肌肉，如在鳞翅目、双翅目和半翅目中马氏管的基部有肌肉分布，蜻蜓目和膜翅目沿马氏管的全长分布着几条纵行的肌肉纤维，脉翅目和鞘翅目以及直翅目的蝼蛄，其马氏管管壁内分布着呈网状的肌肉纤维，肌肉纤维可使马氏管在血腔中伸缩或扭动。另外，在马氏管的最外层还有众多的微气管分布。

四、马氏管的排泄机制

一些水生昆虫和陆生昆虫的马氏管管液，几乎与血液是等渗的，但其无机成分与

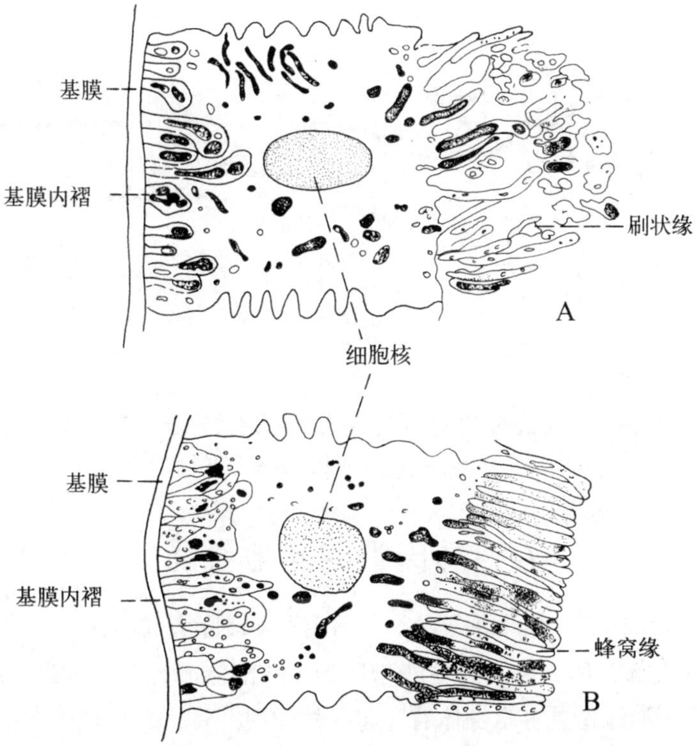

图 13-2 普热猎蝽 *Rhodnius prolixus* 马氏管的亚显微结构
(仿 Wigglesworth & Salpeter)

血液有明显的不同，最特殊的现象是 K^+ 的浓度比血液高，最少高 6 倍，水生种类的昆虫可高达 30 倍。因此，马氏管液的组成绝不是借简单的物理过程由血液滤过管壁形成的，而是靠主动运输系统进行的。除 K^+ 行主动运输外，竹节虫和丽蝇等 Na^+ 的运输以及吸血蝽管液中 Cl^- 都是靠主动运输进行的。但马氏管对分子量较小的多数代谢物如氨基酸类、糖类、尿素、尿酸盐等，均表现自由的渗透性，可在浓度梯度的压力下进入管腔。

K^+ 等无机盐类的主动运输，是马氏管液产生及流动的基础，血液中的尿酸以尿酸氢钾（或尿酸氢钠）形式随管液的流动分泌进入马氏管腔内，当含有尿酸氢钾及尿酸氢钠的尿液通过具刷状边的基段时，在 CO_2 的作用下，水及无机钾盐和钠盐被吸回血液，尿液的 pH 值由端部的 7.2 下降至 6.6，导致尿酸沉积于马氏管的基段（图 13-3），过量的沉淀进入后肠与肠内的消化残渣混在一起成为粪便排出体外。

尿酸是昆虫尿中重要的含氮废物，尿酸与其他含氮排泄物相比，分子中所含的氢原子最少，有利于水分的保持，加上尿酸不论以游离酸的形式，还是以铵盐的形式都不易溶于水，排出时无需水伴随而消耗大量的水，这是陆生性昆虫适应性的重要一环，对于没法获得水分的卵期和蛹期来说，其保水作用更为重要。

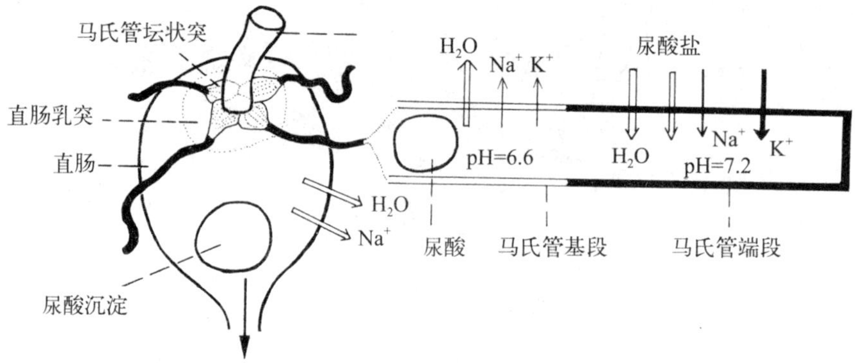

图 13-3　普热猎蝽马氏管的内水分和无机盐类的流动情况及其与尿酸排泄和沉淀的关系 (仿 Chapman et al.)

五、马氏管的其他机能

(1) 分泌泡沫和黏液　如沫蝉若虫，其马氏管中段膨大成囊状，管壁细胞核呈分枝状，黏液即由膨大部分所分泌。当黏液与后肠中的液体混合后，再通过腹部末端骨片的开合动作而吹出泡沫覆盖在自身体背，起保护作用。

(2) 分泌丝　如草蛉的幼虫，在 2 龄以后，马氏管的端部，管壁细胞加厚，细胞核由圆形变成不规则的分枝状，管腔内充满黏稠的成丝分泌液用以结茧。

(3) 分泌石灰质　在很多昆虫的马氏管腔中，有乳白色的悬浮液，其中含有直径在 3.5 μm 以下的无定形钙质颗粒。竹节虫马氏管收集的石灰质，可被血液吸回，以形成卵壳的原料。天牛幼虫管内的石灰质可移入中肠，经口腔排出形成隧道的覆盖物。

第二节　直肠及其排泄生理

一、直肠的重吸收功能

昆虫排泄系统所表现的选择性主要是由直肠的机能所产生的。直肠的肠壁细胞及其特化的直肠垫，能从排泄的尿中以及从中肠进入后肠的内含物中，将有用的物质再吸收并输入血淋巴中。直肠垫的超微结构如图 13-4 所示。一般认为主动分泌溶质(如各种离子)发生在细胞间隙内，从而形成了一些高浓度区域，水分即被动地流入其间，其他溶质（即使浓度很低）也能有效地流入这些间隙，水分再经内部彼此相连的细胞间隙，流入漏斗形通道（或皮下的间隙），当建立起足够的液压时，通向血淋巴的活瓣即开启，水分流入血淋巴中。由侧膜形成的内褶膜堆是分泌离子的主要部位，其膜堆中含有大量的线粒体和丰富的 ATP 酶，能为离子泵提供所需的能量。

马氏管和直肠一起形成排泄循环，排泄循环是指马氏管从血液内吸收的代谢物、水分、无机盐类及其他有机分子不断地进入后肠，由直肠垫细胞调节再吸收的过程。

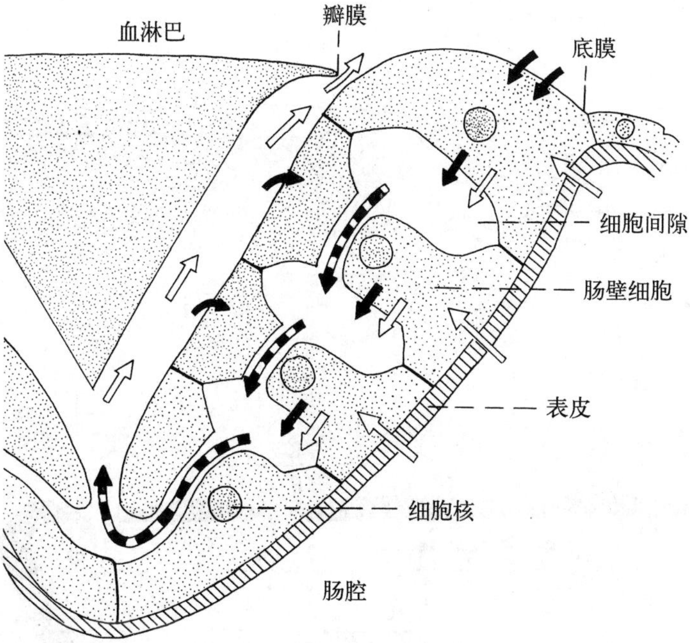

图 13-4　昆虫直肠垫结构示意图 (仿 Berridge)

排泄循环的主要作用是保持一个体液循环液流，使血液内的代谢废物不断地被运送到直肠腔内沉淀，从而调节血液的渗透压和离子平衡。

二、隐肾管系统

大多数昆虫的马氏管都游离在血淋巴中，但在鞘翅目和鳞翅目的很多种类中，马氏管的顶端部分与直肠紧密联结在一起，组成隐肾管复合体（cryptonephridial complex）。例如，黄粉甲的隐肾管复合体（图 13-5A）能从粪便中吸回水分，排出基本干燥的粪粒。黄粉甲的 6 根马氏管的顶端部分包被在一层由肠壁细胞分泌的多浆膜组成的围肾膜内，并与直肠隔以直肠周隙 (perirectal space)，每根马氏管的外壁上含有很多散生的细胞突起，顶部与围肾膜相连，构成珠泡状薄隔 (leptophragmata)，用以分隔管腔和血淋巴（图 13-5B）。

血淋巴中的 K^+ 经薄隔分泌进入马氏管腔，Cl^- 则被动地进入。产生的原尿可能显著地高渗于血淋巴，但血淋巴中的水分子由于珠泡及围肾膜的不透性，而不能进入管腔。因此，只有直肠周隙液中的水分才能进入管腔，因存在一种不能被吸收的蛋白质使得周隙液中的渗透压维持在一个较高的水平，并在直肠周隙液中建立起一个渗透压梯度，从前端的低压区延伸到后端的高压区，当直肠肠壁细胞层将 K^+ 泵进直肠周隙液中时，水分子随即从直肠特别是前端的区域吸入周隙，直肠周隙的高渗透压有助于水分子从直肠内向外移动。当马氏管液离开隐肾管体系后，已变成高渗于血淋巴的液体，再由马氏管的基端部分将过多的 K^+ 泵回血淋巴，在尿液最后进入后肠之前，水分也被吸回进入血淋巴。

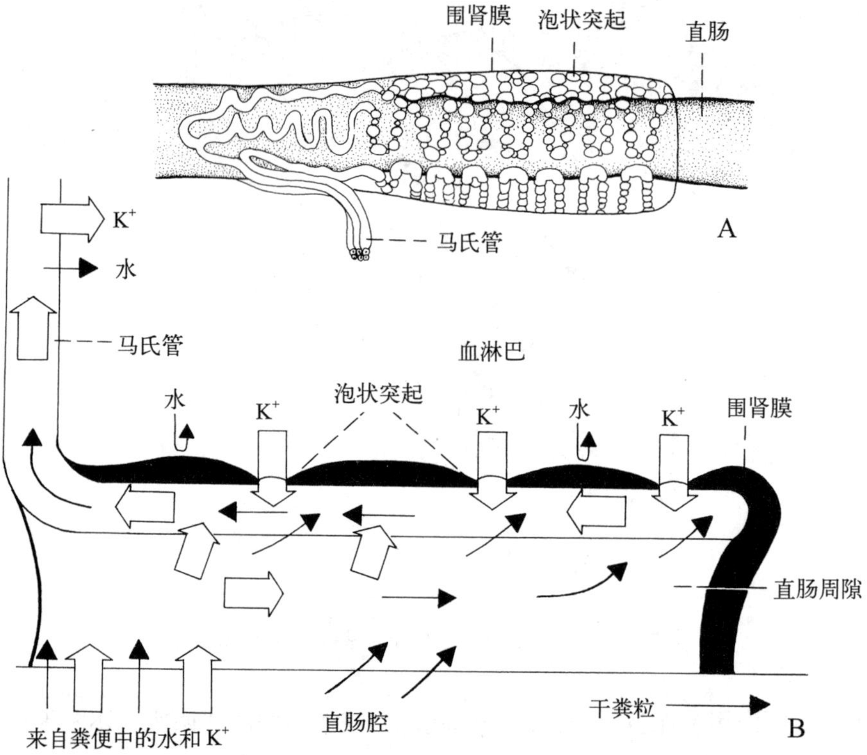

图 13-5　黄粉甲的隐肾管复合体 (A) 及 K^+ 在其中的运输示意图 (B)
白箭头示 K^+的运输，黑箭头示水分的运输 (仿 Riegel)

第三节　其他排泄器官

有些昆虫没有马氏管，排泄作用改由其他器官担任。例如，蚜虫类即以消化道作为主要排泄器官，此外在昆虫中常见的其他排泄器官有：

一、下唇肾

图13-6弹尾目昆虫的下唇肾弹尾目和双尾目中的铗尾虫 *Japyx* sp. 都没有马氏管，但在头内含有几对腺体，其中一对管状腺具有一根公共导管，其开口于下唇的基部，称为下唇肾（管状腺）(labial kidney)（图13-6），腺体的囊状部分称腺囊，其导管部分与马氏管的功能类似，具有吸收和排泄机能。

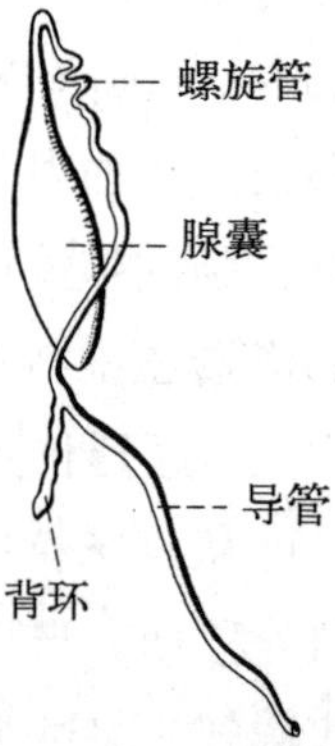

图 13-6　弹尾目昆虫的下唇肾 (仿 Mukerji)

二、脂 肪 体

脂肪体 (fat body) 是昆虫体内很重要的器官，有时可占血腔的大部分。脂肪体有两个主要功能，即贮存营养物质和暂时不需要的氮素代谢物以及进行中间代谢和一些生化合成、转化反应等。当大量的尿酸沉淀于脂肪体细胞时，这些脂肪体细胞就叫尿酸盐细胞 (urate cell)，此时脂肪体就作为贮存排泄器官 (storage excretory organs)。许多昆虫如库蚊、鞘翅目昆虫和鳞翅目的幼虫等，它们以马氏管排泄的同时，也进行贮存排泄。

三、围 心 细 胞

围心细胞 (pericardial cell) 由中胚层演变而来，常排列在心脏的表面或分散在背膈与翼肌的表面，不随血液流动。它的特点是可从血液中吸取那些不能被马氏管吸收的胶体颗粒。

第十四章　昆虫的呼吸系统

昆虫的呼吸系统（respiratory system）是由外胚层内陷形成的管状气管系统（tracheal system），昆虫通过这一管状气管系统直接将氧气输送给需氧组织、器官或细胞，再经过呼吸作用，将体内贮存的化学能以特定形式释放，为生命活动提供所需要的能量。

昆虫的呼吸过程和一般动物相同，包括两个不可分割的环节。一是外呼吸，指昆虫通过呼吸器官与外界环境之间进行气体交换，即吸入氧气和排出二氧化碳，是一个物理过程；二是内呼吸，指利用吸入的氧气，氧化分解体内的能源物质，产生高能化合物——ATP，是一个化学过程。

第一节　气 管 系 统

气管系统包括在昆虫体内呈现一定排列的管状气管以及分布于各组织细胞间的微气管和气管在虫体两侧的开口——气门。此外，还包括由气管转化成的气囊等组织结构。

一、气管的组织

气管（trachea）由外胚层内陷而成，在活体中呈银白色，其组织结构与体壁大致相同，由底膜（basement membrane）、管壁细胞层（epithelium）和内膜（intima）组成，其中内膜以局部加厚的方式形成螺旋状的内脊，称为螺旋丝（spiral fiber 或 taenidium）（图 14-1），螺旋丝可以增强气管的强度和弹性，防止被压扁，有利于气体交换。气管中的管壁细胞也表现出周期性的脱皮活动，当昆虫脱皮时，旧气管内膜在纵干没有螺旋丝的连接部位断裂，而后，旧的气管表皮沿气门随蜕一起脱去。

二、气管的分布和排列

原始昆虫的每一体节都具有 1 对气门和分布在本节的独立气管系，随着昆虫的进化，各体节间出现了连接的侧纵干，侧纵干可使呼吸通风更为有效（图 14-2）。

从气门延伸入体内的一小段气管，称气门气管（spiracular trachea），由气门气管分出 3 条主要分支：背气管(dorsal tracheal)分布于背面的体壁肌和背血管；腹气管(ventral trachea) 分布于腹面肌肉和腹神经索；内脏气管（visceral trachea）分布于消化道壁、

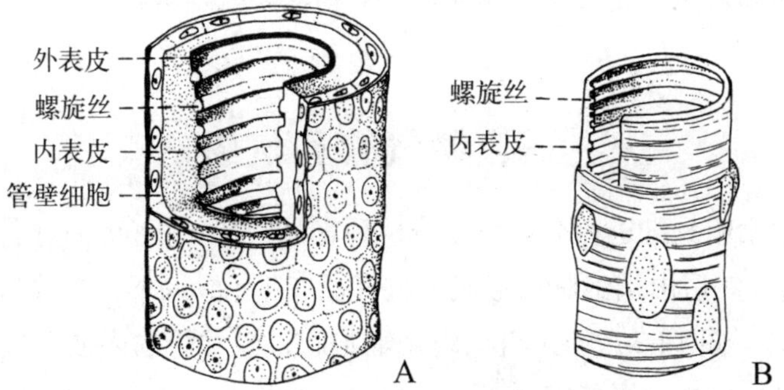

图 14-1　昆虫气管的基本结构 (仿 Weber)

A. 靠近气门的气管；B. 气管分支

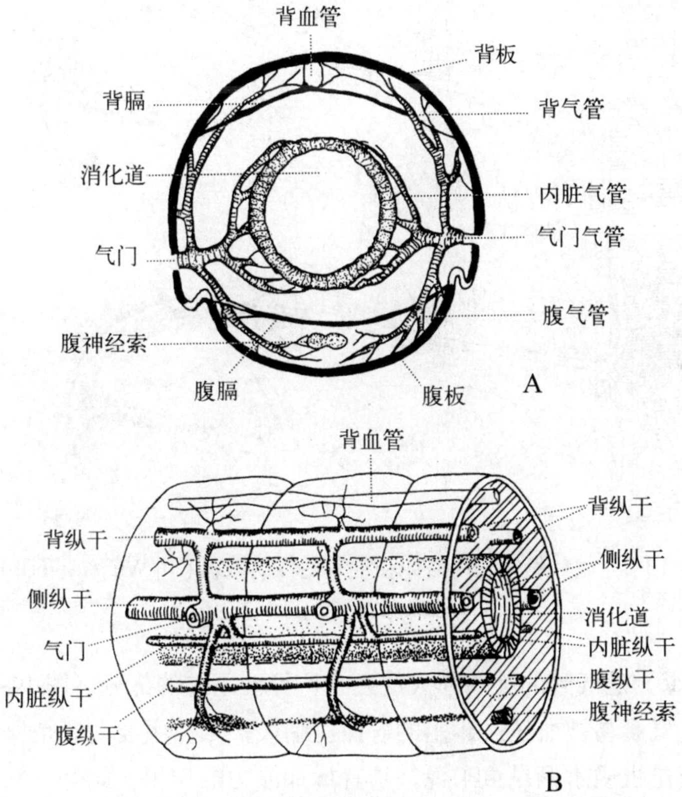

图 14-2　昆虫气管分布模式图 (仿 Snodgrass)

A. 体躯横切面，示体节内的气管分布；B. 体躯侧面透射，示气管干

生殖腺、生殖管和脂肪体等。另外，昆虫体中还有联接各体节气管的纵干，如侧纵干连接所有的气门气管，构成气体的主要通道；背纵干连接各节的背气管；腹纵干连接所有的腹气管；内脏侧纵干连接所有的内脏气管。每一体节两侧的纵干，还可由横的连锁相互连接，例如，横于背血管背面的背气管连锁（dorsal tracheal commissure）和

横于腹神经索腹面的腹气管连锁（ventral tracheal commissure），气管连锁普遍存在于鳞翅目幼虫体内。

三、微气管和气囊

昆虫的气管由粗到细进行分枝，当分枝到直径为 2 ～ 5 μm 时，伸入一个掌状的端细胞（end cell），然后由端细胞再形成一组直径在 1 μm 以下，末端封闭的微管——微气管（tracheole）（图 14-3）伸入组织内或细胞间，微气管的内壁和气管一样，也具有螺旋丝，但在昆虫脱皮时微气管并不随外表皮一块脱去。

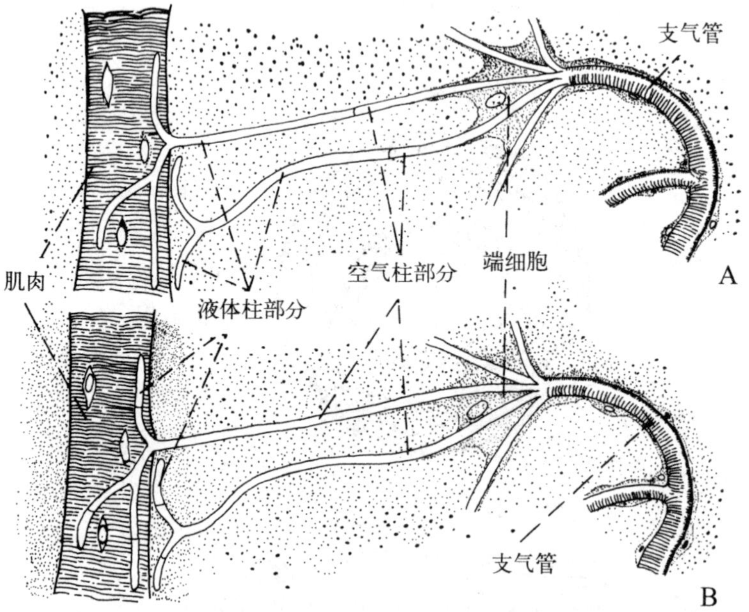

图 14-3 微气管末端内液体和空气柱移动情况 (仿 Wigglesworth)

A. 静止状态；B. 运动状态

气囊（air sac）是气管的某些膨大成囊状，可被压缩的部分（图 14-4），常见于有翅亚纲昆虫中。气囊易被血压或体躯的弯曲压缩或扩张，主要功能是保证气管进行通风作用。对飞行昆虫或水栖昆虫来说，具有增加浮力的作用。此外，气囊的伸缩还可促进血液循环。气囊的存在，还可允许取食后的前肠或中肠有膨大扩展的部位；相反的，当某些器官退化或缩小时，气囊可占据空出的部位，这对内部器官发挥正常功能有重要作用。

四、气门及其开闭机制

不同的昆虫种类，因其生活习性和环境的不同，气门（spiracle 或 stigma）的数目、位置和结构，也相应地发生了变化，但一般来说昆虫的胸部只有 2 对气门，分别位于

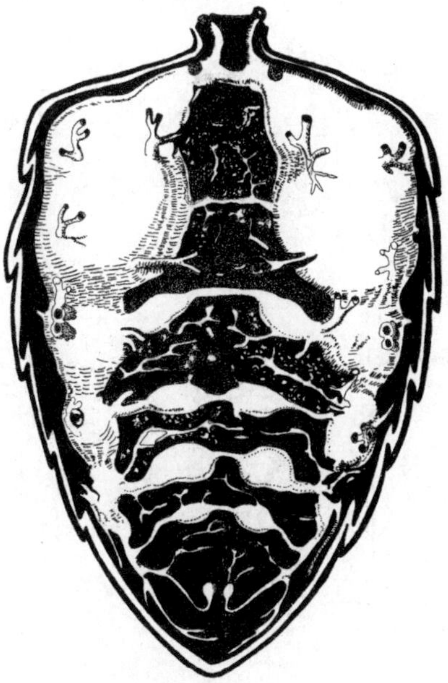

图 14-4　蜜蜂工蜂腹部的气管系统，示大型气囊 (仿 Snodgrass)

中胸和后胸的前端，腹部有 8 对气门分别位于第 1 至第 8 腹节。

最简单的气门仅是气管在体壁上的一个开口，称气管口（tracheal orifice），它是体壁内陷形成气管后留下的原始孔，如无翅亚纲昆虫的胸部气门 (图 14-5A)。但绝大多数昆虫的原始气管口，已陷入体壁再度内陷的气门腔（atrium）内，腔的外口称气门腔口（atrial orifice），气门腔口常围以一块特别硬化的骨片，称围气门片（per-itreme）(图 14-5B-D)。具有气门腔的气门，常具有开闭机构（closing apparatus）来控制气体的进出，根据开闭控制气门部位的不同，可将昆虫的气门分为两类：

（一）外闭式气门

这是一种具有关闭气门腔口机构的气门。开闭机构包括 1 对卵圆形、基部相连的唇形活瓣，包围在气门腔口的四周，两片活瓣可以相对地启合。在气门的内面，有一条起源于基节窝边缘突起上的闭肌，其闭肌的上端连接于活瓣基部的一块骨片——垂叶上 (图 14-5E，F)。当闭肌收缩时，将垂叶下拉，使两片活瓣闭合；当闭肌松弛时，活瓣由于垂体本身的弹性而张开。很多昆虫的胸 部气门，具有这种外闭式机构，如蝗虫、蜚蠊、半翅目、龙虱、蜜蜂等昆虫的气门。

（二）内闭式气门

内闭式气门主要控制气门腔内气管口的大小，大多数昆虫的气门，特别是腹部气门常具有这种开闭机构。在其气门腔口，往往能见到被称为筛板的密生细毛的刷状过滤结构（filter apparatus）(图 14-5G)。筛板在陆栖种类昆虫中可用来防止灰尘、细菌和雨水的侵入，在水栖种类昆虫中可用来防止水的侵入。

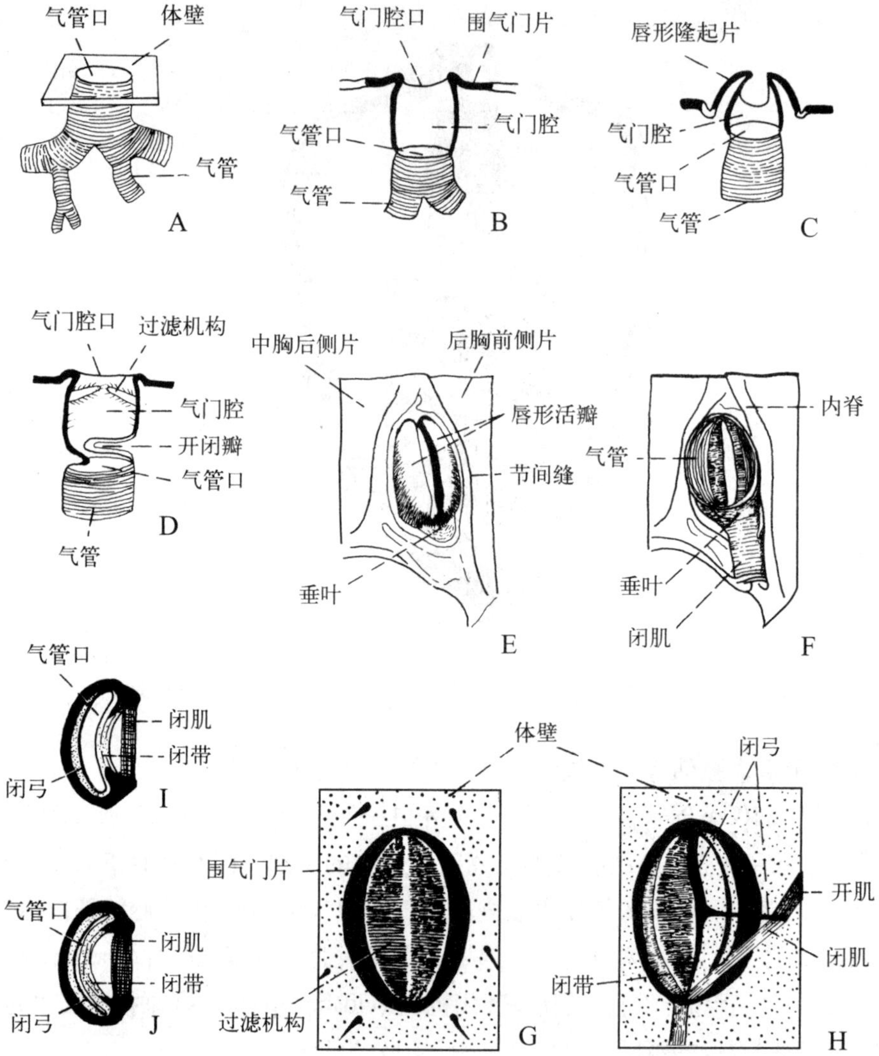

图 14-5　昆虫气门的结构 (G，H. 仿管致和等；余仿 Snodgrass)

A. 无气门腔的气门；B. 具气门腔的气门；C. 具唇形开闭机构的气门；D. 具内闭式机构的气门；E. 一种蝗虫的唇形外闭式气门外面观；F. 一种蝗虫的唇形外闭式气门内面观；G. 家蚕幼虫气门外面观；H. 家蚕幼虫气门内面观；I，J. 一种单瓣式开闭机构

内闭式气门的开闭机构主要由 3 部分组成 (图 14-5H) ：①闭弓 (closing bow)，由气门腔壁骨化而成，呈新月形或半圆形 ；②闭带 (closing valve)，由闭弓相对一面的气门腔壁特化形成的柔韧内褶，可突入气门腔内 ；③闭肌 (occlusor muscle) 和开肌 (dilator muscle) 控制闭带活动，当闭肌收缩时，牵动闭带推向闭弓而将气管口遮闭 ；当闭肌松弛、开肌收缩时，将闭带拉回，气管口开启。

气门的另一附属结构是气门腺 (spiracular gland)。气门腺主要存在于水栖昆虫中，用以在气门表面分泌一层疏水性的物质，便于呼吸。

第二节　昆虫的呼吸方式

昆虫的呼吸方式依体躯的结构、生活习性、栖境、虫期的不同而有很大变异，大致可归纳为下列几种。

一、体 壁 呼 吸

有些昆虫没有气管系统，或仅有不完整的气管系统，气体交换经体壁直接进行，如弹尾目昆虫。此外，很多寄生性昆虫的幼虫，体内虽有气管网，但无气门，整个体躯浸浴在寄主的体液或组织中，以柔软的体壁吸取溶解在寄主血液中的氧。大多数水生昆虫，也都用体壁吸取溶解在水中的氧。排出的二氧化碳则靠扩散作用进入水中，对陆栖昆虫来说，体内的一部分二氧化碳也由体壁的薄膜部位扩散出体外。

二、气管鳃呼吸

一些水生昆虫如蜉蝣目和蜻蜓目的稚虫，体壁的一部分突出呈薄片状或丝状的结构称气管鳃（tracheal gill），其内分布有丰富的气管（图 14-6A），昆虫利用气管鳃和水中氧的分压差来摄取氧气。蜻蜓稚虫的气管鳃突出在直肠腔内，形成直肠鳃（rectal gill）（图 14-6B），蜻蜓稚虫通过腹部的抽吸活动迫使水在直肠鳃内流动，并利用氧的分压差来吸进氧气。

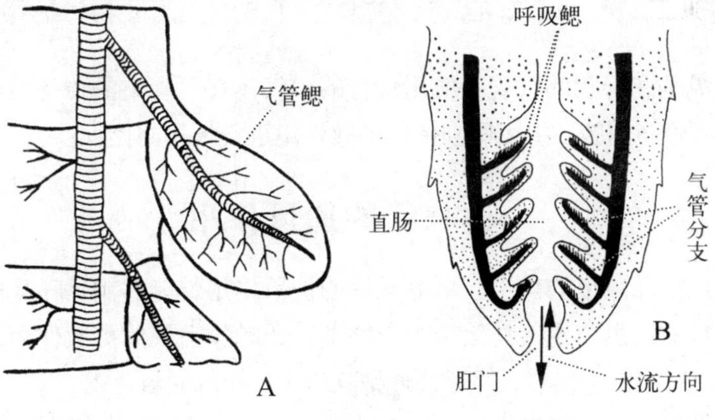

图 14-6　蜉蝣稚虫的气管鳃 (A) 和蜻蜓稚虫的直肠鳃 (B)(A. 仿 Vayssiera；B. 仿 Wigglesworth)

三、气泡和气膜呼吸

这是水生昆虫的一种特殊呼吸方式，常称做“物理性鳃呼吸”。一部分水生昆虫的幼虫或成虫的气门减少，腹部末端常形成长的呼吸管，上面有气门开口，气门周围因分泌有油质或生有拒水毛，呼吸时常以体末端倒悬于水面上，利用分泌油质或拒水毛打破水的表面张力，从空气中直接吸氧，如蝎蝽 *Nepa* sp.、食蚜蝇 *Eristalis* sp. 和蚊幼虫等；另一些种类的昆虫能利用气泡和气膜进行呼吸，如龙虱的鞘翅下面和仰泳蝽的体躯腹面有一层直立的疏水性毛，当虫体潜入水中时，会在毛间携带一层空气或气泡。并与气门形成一相通的贮气构造，由于昆虫对氧气的使用，导致气泡中氧的分压下降，当气泡中氧的分压低于水中氧的分压时，水中的氧便会扩散进气泡，又由于在水和空气两相之间，氧气的渗透系数是氮气的 3 倍以上，因此，在同一时间内，从水中扩散进气泡的氧气含量便大于从气泡中扩散出去的氮含量，可使气泡的体积在一定时间内不致缩小，其中氧的含量也不会减少，以保持物理性鳃的作用。

四、气门和气管呼吸

这是绝大多数陆栖昆虫的呼吸方式。昆虫依靠气管系统的通风和扩散作用，使体内各组织直接吸取大气中的氧气和排出二氧化碳。

五、寄生昆虫的呼吸方式

与水生昆虫相类似，寄生昆虫的呼吸方式通常依靠体壁的渗透作用从寄主体液或组织中摄取氧，或以气门穿透寄主的体壁从大气中获取氧，如牛皮蝇 *Hypoderma* sp. 幼虫。

第三节　气管系统的呼吸机制和控制

昆虫的呼吸是在管状的气管系统里进行的，气体在气管里的传送主要靠通风扩散作用，而在微气管与细胞、组织间则依靠扩散作用进行气体交换。

一、气管的通风作用

体躯较小或行动缓慢的昆虫，单靠气体的扩散作用就能够满足呼吸的需要，但对行动活泼和飞行的昆虫来说，耗氧量大大增加，此时除去气体扩散作用外，还需要有通风作用来保证氧的迅速供应，并尽快地排除体内产生的二氧化碳。

昆虫为了有效地进行通风作用，气管系统产生了两种适应结构，即：气管本身具有伸缩性，收缩时，气管的容积可减少 30%；气囊可被血压或体躯弯曲等压缩，表现出风箱作用。当体躯收缩时，气管也随之缩短而血压则升高，气囊被压缩或压扁，此时气流排出，当体躯伸展时，气囊因本身的弹性而扩大并充满气体。这样通风的结果，使得气囊和气管中经常充满新鲜空气。但在支气管和微气管中，依然靠扩散作用进行气体交换。

昆虫体躯的收缩运动是产生通风作用的主要原因，这种体躯的收缩运动也可称为呼吸运动。昆虫的呼吸运动有以下几种类型：a. 仅背板运动，如鞘翅目、半翅目等；b. 背板和腹板同时运动，如蝗虫等；c. 左右和上下压缩同时进行，如鳞翅目、脉翅目等；d. 沿腹部长轴伸缩，如蜜蜂和双翅目等。

二、微气管中的呼吸机制

昆虫呼吸所需氧气，大都是通过微气管壁扩散进组织和细胞中去的。因此，凡是大量需氧的组织，如神经节、翅肌、卵巢、睾丸等都布满了微气管。

微气管的末端常充满液体（图 14-3），当组织活动（如肌肉收缩）时，产生的代谢物使组织液的渗透压升高，微气管末端的液体进入组织，其液体上面的空气柱也随之扩散到微气管末端和管外，直接与进行氧化作用的细胞接触，进行气体交换。当组织停止活动时，代谢产物在氧的作用下被氧化，组织液的渗透压下降，微气管末端又重新充满液体。

在正常情况下，昆虫代谢活动产生的二氧化碳通过体壁和气管系统排放。在动物组织中，二氧化碳的扩散速度是氧的 35 倍，因此，二氧化碳很容易通过昆虫体壁的薄膜部位扩散出去，如竹节虫 *Dixippus morosus* 即有 25% 的二氧化碳是由体壁扩散出去的。在气管系统中，除二氧化碳的扩散速度比氧快外，还由于大气中的二氧化碳的分压比组织中要低得多，因此，大部分的二氧化碳将直接进入微气管向外扩散。

三、气门开闭的调控

昆虫的气管系统通过微气管广泛分布于昆虫的组织和细胞之间，这不仅有利于氧气和二氧化碳的扩散，而且也非常有利于水分的蒸发，这对于生活在干旱环境中的昆虫，尤其是不取食的虫态，是非常不利的。如猎蝽气门连续开启 3 d，就会因失水过多而死亡。因此，昆虫在正常呼吸过程中总是尽量减少气门开启。一般来讲，气管内二氧化碳的浓度达到临界点时，气门即开启。以蝗虫为例，当气管中二氧化碳浓度达到 6.5% 时，气门即开启，使二氧化碳浓度降到 3%；当气管中含氧量增加到 18% 时，气门即告关闭。当氧气逐步减少到 3.5% 左右，同时释放出来的二氧化碳开始溶解在组织内，气管内气压下降 533.2 Pa。在闭肌收缩的间期，气门会因弹性而产生颤动性开闭，使管内气压回复，氧气维持在 3.5% 左右，但二氧化碳却在逐步增加，当达到临界点时，气门再次开启，形成二氧化碳间歇式暴发释放。这样既保障了气体交换的正常进行，又减少了水分的失散。

昆虫腹部神经节含有控制该节或下节气门和气管分支活动的呼吸中心，而组织内氧的含量，及呼吸代谢产生的二氧化碳和酸性代谢物则通过内感器传递到呼吸中心，引起呼吸活动的改变。用竹节虫的实验证明，在进气中只要含有 0.2% 的二氧化碳，即能促进呼吸作用，最有效的促进量是 0.3%~3%，当二氧化碳的浓度达到 25% 时，气管的通风作用达到最高峰，超过上述浓度虫体进入麻醉状态。如果降低进气中的含氧量，也能产生同样效果，最有效的控制范围为 15%~20%，当含氧量降至 8% 以下或二氧化碳含量超过 12% 时，又会加速呼吸作用。

在应用熏蒸剂防治仓贮害虫、检疫害虫时，常在毒气中加入少量二氧化碳，促使昆虫气门张开，加速呼吸率，使更多的毒气扩散进虫体，提高杀虫速率和效果。

昆虫的呼吸活动还受到环境因素如温度、光等的调控。如蝗虫在 14℃环境中，腹部的伸缩运动每分钟平均 40 次，当温度升至 54℃时，呼吸率增至每分钟 110 次，温度再升高时，呼吸率反而下降。一般来说，昆虫的呼吸率在低温时，比较低，随着温度的升高而迅速增高，直至接近致死温度范围时突然下降。光线可以通过昆虫的视觉影响呼吸代谢的水平，如将几种蝗虫的复眼涂黑后，二氧化碳的呼出量即降低。

第四节　能量代谢和能源物质的相互转化

昆虫通过呼吸来获得能量和维持体内正常的生化环境，糖、脂和氨基酸等各种能源物质按照特定的代谢途径，产生供虫体生命活动所需的各种能量。

糖类是昆虫的重要能源物质，主要来自食物中的单糖、体内贮存的糖原和海藻糖。糖类的完全氧化代谢，包括糖酵解、三羧酸循环和呼吸链的电子传递及氧化磷酸化过程。

脂肪是一种高效的能源物质，虽然不同昆虫体内的贮存和运输形式有一定差异，但一般以甘油二酯为主进行运输。运往肌肉等代谢场所的甘油酯，先由酯酶水解成甘油和脂肪酸两部分。甘油可以活化成 3- 磷酸甘油酯，进入糖酵解途径进行代谢，但大部分重新回到脂肪体进行再循环运输，作为能源物质的脂肪酸，一般均需先活化成脂酰 CoA，再经线粒体膜内的肉毒碱转入线粒体内。脂肪酸的代谢酶类存在于线粒体内，其主要代谢途径是 β- 氧化。β- 氧化生成的乙酰 CoA，进入三羧酸循环，彻底氧化成二氧化碳，而所有脱下的 H^+ 均可进入呼吸链，通过氧化磷酸化生成 ATP。

昆虫血淋巴中虽然含有高浓度的氨基酸，但绝大多数昆虫并不利用氨基酸作为代谢的能源物，氨基酸的重要性主要是经过转氨作用后生成各种酮酸，为三羧酸循环提供代谢中间体，启动丙酮酸的彻底氧化。仅有少数取食高蛋白食物的昆虫（如舌蝇）以及马铃薯叶甲 *Leptinotarsa decemlineata* 以脯氨酸作为主要能源物质提供能量。

不同物质在氧化时的耗氧量和二氧化碳的产生量是不同的，通常把有机体呼吸时释放二氧化碳的量与吸收氧气的比值称为呼吸商（respiratory quotient, *RQ*）或呼吸系数。呼吸商的大小可用来判断昆虫所用的能源物质种类或代谢途径。当 RQ=1 时表示消耗的是碳水化合物，RQ=0.8 表示消耗的是蛋白质，RQ=0.7 表示消耗的是脂肪。影响呼吸商的因素很多，如虫态、飞行、饥饿等。昆虫在饥饿状态下，动员脂肪来供给其生命活动所需的能量，此时，RQ 为 0.7 左右 ；反之，当测得 RQ 为 0.7 左右时，可初步推断昆虫此时处于饥饿状态，进而推知某种昆虫所用的食物是否适应。

昆虫的能源物质从总体上讲都来自食物，当营养物质（单糖、氨基酸和脂肪酸等）被中肠吸收后，在脂肪体内转换成适于贮存和运输的形式，贮存于脂肪体和血液中。

只有少量的能源物质直接进入肌肉内，肌肉本身只能合成和贮存少量糖元，大部分能源物质通过血淋巴从脂肪体运送过来。血淋巴除了作能源物质运输的介体外，也是海藻糖和氨基酸的贮存库（图 14-7）。

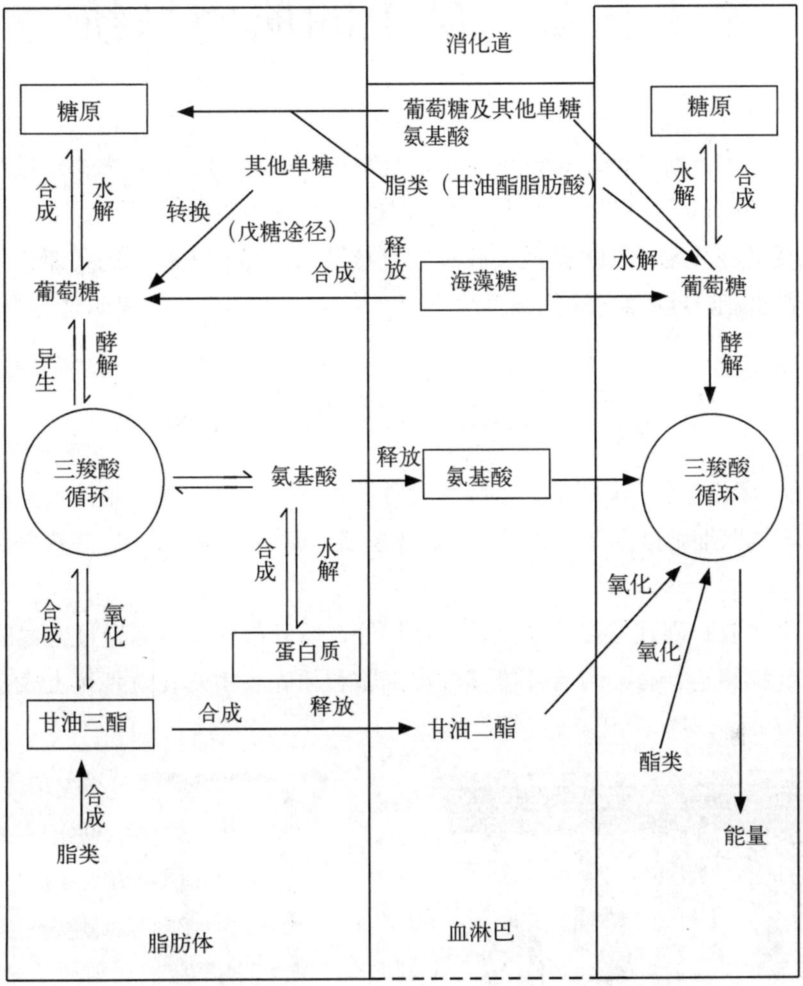

图 14-7　昆虫体内能源物质的主要动态

脂肪体是能源物质代谢的重要场所，它具有各种能源物质相互转换的酶系，通过独具的磷酸戊糖途径，不仅可为物质合成提供原料，同时还可将各种单糖，通过转酮基和醛基作用，转变成葡萄糖合成糖元，或通过代谢转换合成甘油三酯进行贮存，也可合成海藻糖释入血淋巴，维持血糖含量。在大量消耗糖时脂肪体又可以通过糖异生过程，将氨基酸转变生成必需的糖类物质。贮存在脂肪体内的甘油三酯在脂肪动员激素的作用下，迅速转化成甘油二酯释放入血淋巴中，供肌肉吸收利用。

能源物质的转化常受到激素和基质的调控。如，昆虫心侧体分泌的高血糖激素（hyperglycaemic hormone）能促使脂肪体中贮存的糖元降解并合成海藻糖释放到血淋巴中，提高血糖的浓度，而增加肌肉中 Ca^{2+} 和 Pi 浓度，可促进肌肉中糖元的降解。

第十五章 昆虫的肌肉系统

昆虫通过肌肉系统（muscular system）来维持其基本形态，通过肌肉的收缩来实现昆虫的一切活动和行为。在寒冷条件下还可以通过肌肉收缩来提高体温，如蜜蜂。昆虫肌肉的活动受神经支配。ATP 是肌肉收缩的直接动力。昆虫飞行肌的代谢途径有很多特殊的适应性机制，能够维持昆虫长时间的飞行活动，而不至于出现明显的“氧债”。

第一节 昆虫肌肉的主要类型

昆虫肌肉系统起源于中胚层，在胚胎发育过程中，当体腔囊开始扩大互相融合成整个体腔时，囊壁细胞分别在外胚层下形成体壁肌（skeletal muscle），在内胚层外面形成内脏肌（visceral muscle）。

体壁肌至少有一端连接在体壁上，在连接处，肌纤维膜与体壁通过密集的微管团形成的附着纤维相连，有的附着纤维穿过皮细胞和原表皮中的孔道到达上表皮层，形

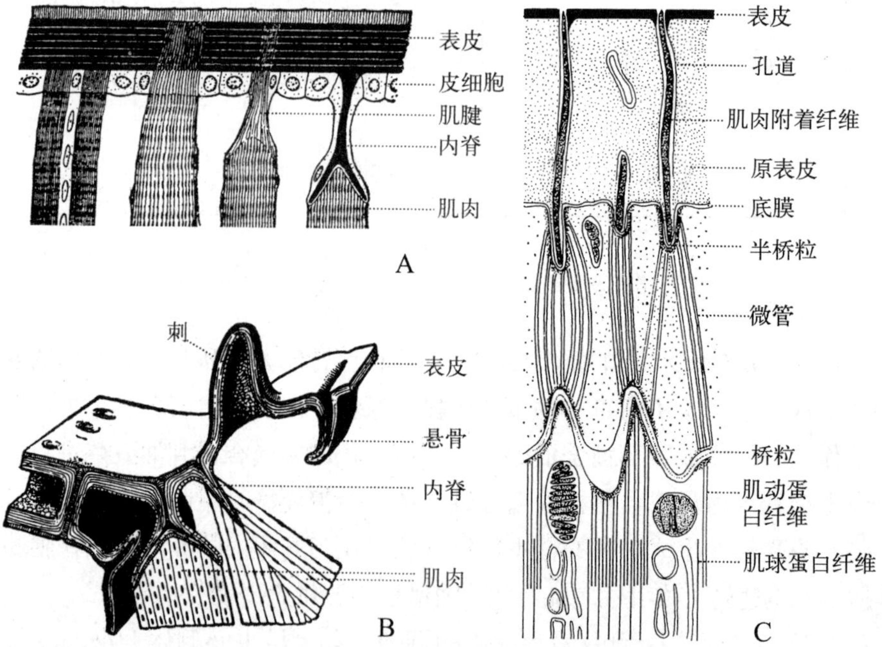

图 15-1 昆虫肌肉与体壁连接形式 (A，B) 及其细微结构 (C)

(仿 Snodgrass & Caveney)

成半桥粒连接，它们能抗脱皮液的分解，直到脱皮时才与上表皮层分离。附着纤维还常常向内延伸，形成内突的肌腱（图 15-1）。

体壁肌按肌原纤维的形状和排列方式，分为管状肌（tubular muscle）、束状肌（close-packed muscle）和纤维状肌（fibrillar muscle）3 类。管状肌的肌纤维呈管状，核和肌浆位于中央，沿中轴呈纵向排列，肌原纤维和线粒体呈放射状相间排列（图 15-2A，B）。束状肌的肌纤维和线粒体位于中区，细胞核和肌浆位于外周的肌膜下方（图 15-2C-F），如鳞翅目成虫的胸肌，金龟甲的足肌。纤维状肌的肌原纤维的直径较粗，细胞核和线粒体都位于肌原纤维之间，肌膜不明显，沿着肌原纤维周围内陷很深，如蜜蜂的间接翅肌（图 15-2G）。

第二节　肌肉的组织结构

一、肌细胞（肌纤维）

肌肉是肌细胞的总称，肌肉运动就是肌细胞活动的表现。因肌细胞呈细长的纤维状，故又称肌纤维（muscle fiber）。肌纤维是一个大型的多核细胞，外面包有肌膜（sarcolemma），肌膜上有微气管分布，由肌膜垂直内陷分化成的许多横向小管构成肌肉的横管系统 (T 管系统)，肌膜两侧有内负外正的跨膜静息电位，可以传递神经脉冲。在肌原纤维之间，有许多纵行的小管网络，构成纵管系统，它们由内质网分化而来，因此又称肌质网。它们与横管系统连接，是贮存、释放、再摄取启动肌丝收缩离子的主要场所。肌原纤维间还有排列整齐的大型线粒体即肌粒，是肌原纤维收缩时 ATP 的直接供应者。线粒体附近还有穿过肌膜的微气管，为线粒体氧化代谢提供充足的氧气。昆虫内脏肌的肌纤维通常是单核的，而体壁肌大多是多核的（图 15-2H）。

二、肌 原 纤 维

肌原纤维（sarcostyle）是肌细胞特化的功能细胞器，这种细胞器由粗细两组蛋白肌纤丝聚合而成，在偏光显微镜下呈现出明暗相间的带状构造，使整个肌纤维呈现分段现象，因此昆虫的肌纤维亦称横纹肌（striated muscle）（图 15-2I）。在明带（isotropic, I 带）中部有一薄膜横贯其间，肌原纤维就连结于此膜上，此薄膜称端膜（telophragma）或 Z 膜，两相邻端膜之间的部分构成了肌小节（sarcomere），肌小节是肌细胞进行收缩的基本单位。肌小节包括暗带（anisotropic, A 带）和两端明带的各 1/2 所构成的部分。在暗带中央，还有一小段颜色较淡的区域，称中带（median disc）或H带。H带中央又可分出一条横向的暗线称M线，有的昆虫在 Z 膜与A带之间还有N带（副带）（图 15-2J）。

在昆虫的暗带部分，粗肌丝和细肌丝相间排列，并有一定的数量比，而在明带中，仅有细肌丝。

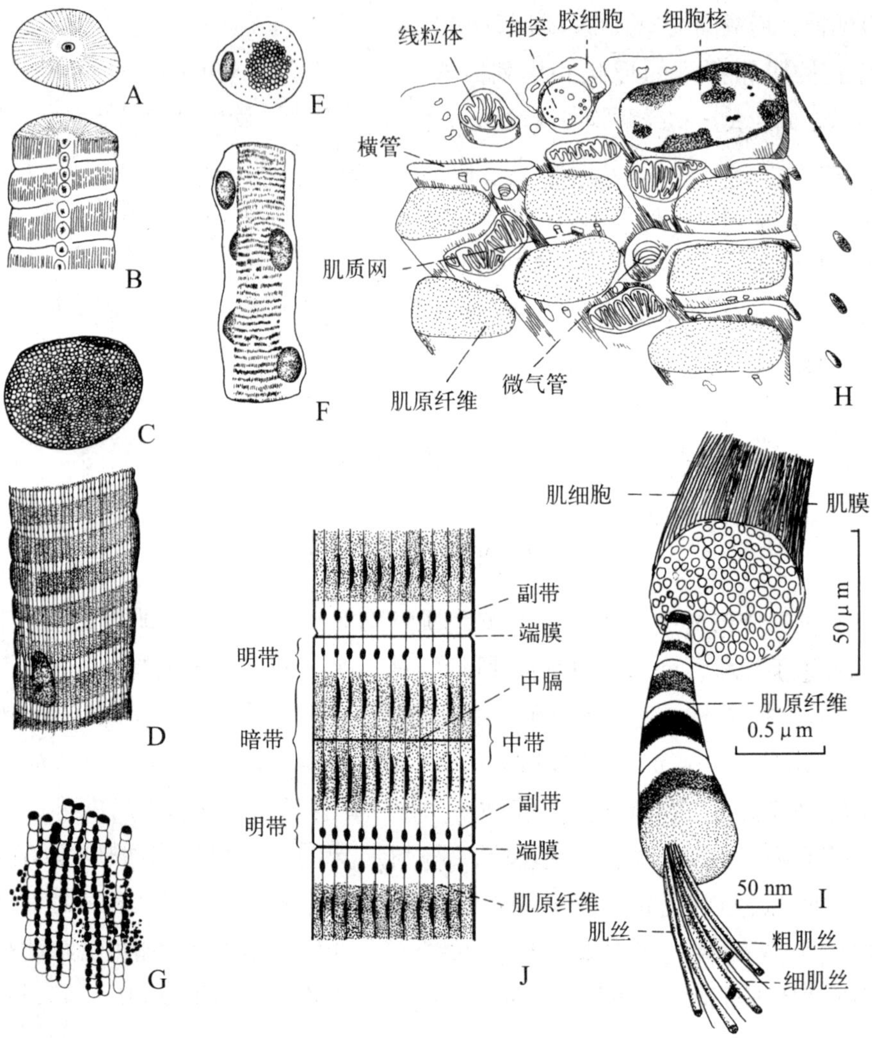

图 15-2 昆虫肌肉的类型和组织 (A ~ G. 仿 Snodgrass；H. 仿 Pringle；J. 仿 Wigglesworth)

A，B. 管状肌；C，D. 薄肌浆束状肌；E，F. 厚肌浆束状肌；G. 纤维状肌；H. 肌细胞的细微结构；I. 肌细胞内的肌原纤维；J. 横纹肌纤维模式图；A，C，E. 横切面；B，D，F. 纵切面

第三节 肌肉的收缩机制

在肌原纤维中，粗肌丝和细肌丝按照一定的方式结合，通过蛋白质的变构作用，引起细肌丝在粗肌丝间滑动，产生肌肉收缩活动。

一、粗 肌 丝

昆虫肌原纤维中的粗肌丝由单一的肌球蛋白（myosin）分子聚合而成。肌球蛋白是一种原纤维蛋白，其分子呈杆状，分子尾部是一对经 α- 螺旋组成的肽链，多个肽链再聚合成粗肌丝的主干。分子头部呈球状膨大的部分由 4 根较短的肽链组成，并有规律地裸露在粗肌丝主干，表面形成外突。外突有两个中心，一个是肌动蛋白结合中心，能与肌动蛋白结合形成一以横桥连结的肌动球蛋白；另一个是 ATP 酶活性中心，它在形成肌动球蛋白横桥时，分子构像发生变化而被激活，水解 ATP，释放能量，从而改变肌动球蛋白横桥的角度。

二、细 肌 丝

昆虫肌原纤维中的细肌丝主要由肌动蛋白（actin）组成，肌动蛋白有两种形式：一种是单个球状分子，称为肌动球蛋白（actomyosin）；另一种是它的聚合形式，呈串珠状，称为纤维状肌动蛋白。细肌丝就是由两条纤维状肌动蛋白相互缠绕形成的。在缠绕的凹槽内，还镶嵌着两种重要的蛋白质：一种是呈纤丝状的原肌球蛋白，每一个原肌球蛋白分子与 7 个肌动蛋白球分子结合，能阻止肌动球蛋白横桥的形成；另一种是肌钙蛋白，在细肌丝上每隔 7 个肌动蛋白球分子就有一个肌钙蛋白，它是一种调节蛋白，能与 Ca^{2+} 结合改变整个分子构型，使肌动蛋白能与肌球蛋白结合形成肌动球蛋白横桥。

三、肌肉收缩及滑行学说

1954 年，Huxley & Hanxon 根据甘油抽提肌原纤维的相差显微镜观察，以及 Huxley & Niedergerke 用活肌肉纤维的干涉显微镜观察，分别独立地提出了肌丝滑行学说：认为肌小节无论是被拉长或者在主动或被动缩短的情况下，粗肌丝、细肌丝的长度都不变，只是细肌丝在粗肌丝之间滑行。由于粗肌丝的长度不变，A 带的宽度也不会变。又由于肌小节两侧的细肌丝向 A 带的中间滑行，导致 H 带的宽度变小，直至消失，甚至出现细肌丝重叠的新带区。随着粗细肌丝的相对运动，粗肌丝两端接近 Z 膜，有时还可穿过 Z 膜，进入相邻的肌小节，成为超收缩（supercontraction）现象（图 15-3A）。

引起肌丝滑行的动力是肌动球蛋白横桥键角的改变，当肌膜的兴奋由横管系统传入肌质网时，肌质网便释放出大量的 Ca^{2+}，Ca^{2+} 的浓度取决于肌纤维的兴奋程度。Ca^{2+} 与肌钙蛋白结合后，便解除肌动蛋白上对肌球蛋白结合位点的抑制，从而形成肌动球蛋白横桥（图 15-3B）。与此同时，Ca^{2+} 激活了肌球蛋白头部 ATP 酶活性，水解 ATP 产生的能量引起肌球蛋白头部构型发生变化，使横桥末端产生摆动，从而拉动细肌丝沿粗肌丝移动（图 15-3C）。在高浓度 Ca^{2+} 存在的情况下，收缩便会继续下去。当收缩结束后，纵管系统膜上的离子泵利用水解 ATP 的能量将 Ca^{2+} 主动吸回。因此，在肌肉收缩过程中，主要有两个耗能过程即肌纤维分子变构和 Ca^{2+} 的移除。

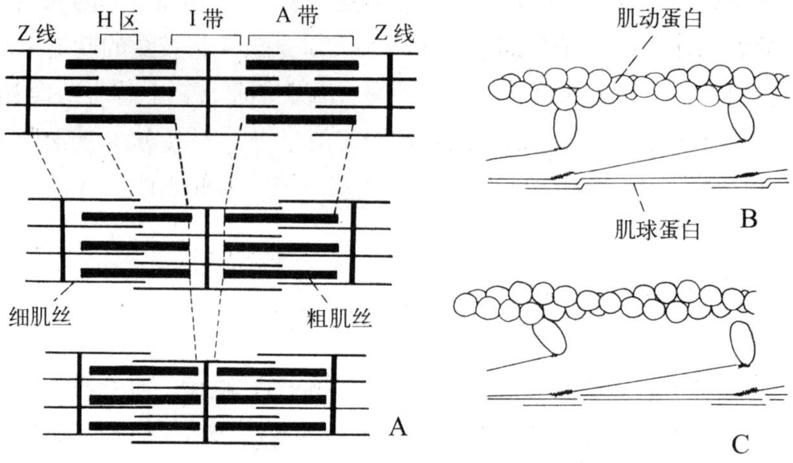

图 15-3　昆虫肌肉收缩时肌小节的变化 (A) 及肌动球蛋白桥的变化 (B，C)
(仿 Huxley)

第四节　肌肉收缩的调控

昆虫肌肉的收缩是由肌膜去极化引起的，这大多由分布在肌膜上的运动神经释放化学递质进行调控。但也有一些肌肉没有神经分布，它们能自发地产生收缩。此外，肌肉的收缩还受到激素、血淋巴的离子组成和机械张力的调控。

一、肌纤维上的神经分布

昆虫肌肉上的神经呈多点式分布，即每条肌纤维都与运动神经末梢形成多个突触联结，运动神经末梢与肌肉的连接点又称运动终板(terminal lamella)。在高等动物体内，一条肌纤维与运动神经仅形成一两个运动终板，依靠具有良好电激应性的肌膜，可将终板电位按全或无的方式传遍整条肌纤维，引起整体兴奋。但昆虫肌膜的电激应性较差，终板电位的传递是分级的（传播距离按指数级衰减），通常只能形成局部兴奋，不能作远距离传递。因此，昆虫肌纤维的兴奋是由分布在其上的许多终板形成的局部兴奋综合而成。昆虫不同肌纤维上的运动终板间隔通常是一定的，一般在 10 ～ 100 μm 之间。昆虫的运动神经元除了在每条肌纤维上形成多个运动终板外，每一运动终板内的神经末梢还产生大量分支，这样，整条肌纤维就形成了一个能同时兴奋的运动单位(图 15-4A)。

昆虫的运动神经元分为兴奋性和抑制性两类，兴奋性神经又分为快神经、慢神经及一些中间类型。在高等动物的一条肌肉中，通常分布数十乃至数百个神经元，分别控制一部分纤维，形成多个运动单位，可产生不同的收缩强度。在中等强度的持续收缩过程中，还可因某些运动单位的疲劳而进行调换。但在昆虫的一条肌肉中，肌纤维通常仅接受一个或少数几个运动神经元的控制。在蝗虫的前足基节肌上，只有一个快

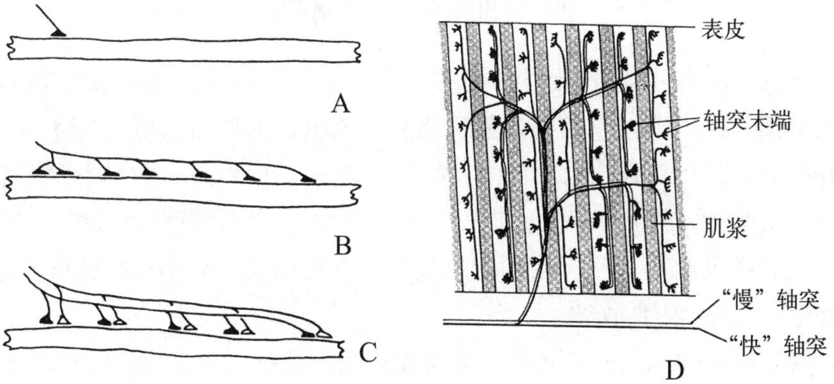

图 15-4 昆虫肌肉的神经分布 (A ～ C 仿 Aidley；D. 仿 Hoyle)

A. 单神经单点式；B. 单神经多点式；C. 多神经多点式；
D. 快、慢神经轴突在肌肉单位的分布模式

运动神经元，整条肌肉属于一个运动单位。而在后足胫节的屈肌上，有 6 个运动神经元，其中包括 2 个快神经元；2 个慢神经元和 2 个中间类型的神经元。在这种情况下，昆虫的中枢神经系统通过调整参与的运动单位数量和种类来控制收缩强度。

二、肌膜－神经的突触调控

运动神经元的末端以大量分支与肌纤维膜形成突触联系，并通过神经递质调节肌肉的兴奋。如蝗虫后足缩爪肌上分布有两个兴奋性神经元，它们的分支产生 4 000 ～ 5 000 条神经末梢，每个末梢与肌纤维形成 5 ～ 30 个突触。因此，两个神经元与该肌肉大约形成 10^5 个突触。突触由神经末梢伸入肌纤维膜表面凹槽内，与肌膜的突起形成间隙联结。这些神经末梢大都是裸露的，无鞘细胞覆盖。

兴奋性神经释放的递质是 *L*- 谷氨酸，一次神经冲动所释放的递质通常足以引起肌膜的去极化，但慢神经一次神经冲动仅释放少量的递质囊泡，一般不足以使肌膜去极化，必须由连续的脉冲作用，才能释放足够的递质囊泡，使肌膜产生兴奋；抑制性神经的化学递质，为 γ - 氨基丁酸，使肌肉不产生兴奋或降低其兴奋性。

三、其他因子对肌肉活动的调节作用

昆虫肌肉的兴奋性还受到激素、体液化学成分和机械张力的影响。它们不仅影响自发活动的肌肉，也影响受神经支配的肌肉。后肠素（proctodone）能增加后肠肌的活动，同时对骨骼肌和心肌也有促进收缩的作用。另外，有些昆虫的心脏没有神经分布，但附近却有大量的神经分泌轴突，这些轴突可以释放神经激素以及乙酰胆碱或 5- 羟色胺等调节心肌的活动。昆虫的肌肉不同于神经，没有鞘细胞包围，肌纤维周围的结缔组织对血淋巴中的离子没有阻隔作用，因此血淋巴中离子组成的变化，直接影响肌膜外侧离子组成的变化，从而改变肌纤维的电兴奋性。

四、肌肉的收缩特性

肌肉接受一次有效刺激所引起的收缩过程，称为单收缩；在一次单收缩结束前又接受新的刺激，产生连续收缩的过程称为复合收缩。单收缩包括 3 个时期：潜伏期、收缩期和松弛期。在复合收缩过程中，如果在前一个单收缩的潜伏期或收缩的初期就接受了下一次刺激，肌肉不经松弛期而进行的收缩，叫完全紧张性收缩；如果后一次刺激引起的收缩发生在上一次收缩的松弛期，则肌肉收缩后稍有松弛就又进行收缩，此类收缩称不完全紧张性收缩。

行紧张性收缩的肌肉称紧张性收缩肌或称慢收缩肌。紧张性收缩肌对单个神经脉冲不敏感，反应迟钝。但在一连串脉冲作用下，通过刺激叠加作用，能产生很大的紧张性收缩。刺激消失后，通常需要较长时间才能回复到松弛状态，昆虫体内收缩频率与神经脉冲不一致的异步飞行肌，以及大多数脏肌都属于这一类。与紧张性收缩肌相对应的是相位性收缩肌，又称快收缩肌。它对单个神经脉冲敏感，并迅速做出全或无的反应，全反应产生快速收缩，随后立刻回复到松弛状态，以便接受下一个脉冲。这类肌肉的收缩常伴有明显一致的肌体运动，收缩频率与动作神经脉冲一致的同步飞行肌、跳跃肌等都属于这一类。

快收缩肌与慢收缩肌的差异主要在于肌纤维内肌质网的发达程度。在慢收缩肌中，肌质网很少，只有经过一连串的脉冲作用才能释放出足够的 Ca^{2+}，引起最大限度的收缩。而在收缩结束后，肌纤维又需要较长的时间，才能移除这些 Ca^{2+}，使肌肉达到静息状态。而在快收缩肌中，肌质网发达，大都呈网管状包围着肌原纤维，在接受脉冲以后，能快速释放大量的 Ca^{2+}，同时回收 Ca^{2+} 的速度也快，所以能使肌肉产生快速收缩。

肌肉在机械收缩过程中，只有少部分能量用于牵动负荷，绝大部分以热能形式散失。昆虫利用肌肉收缩产生热能来提高体温是调节体温的一种重要手段。如蜜蜂在蜂箱内通过蜂群收缩胸肌来产生热量，提高箱内温度，抵御寒冷。

第十六章　昆虫的神经系统

昆虫通过神经系统（nervous system）与外界环境取得联系，协调虫体的快速运动，并调节其内部的生理状态与复杂多变的外界环境保持一致，在这个调节过程中，内分泌系统（endocrine system）调节比较缓慢、持续的发育和代谢活动，而神经系统则通过神经分泌细胞（neurosecretory cell）控制内分泌系统的活动。

昆虫的神经系统联系着体壁表面和体内各式各样的感受器和反应器，由感受器接受刺激引起电位改变产生冲动，再由神经细胞产生激应，将冲动传导到肌肉、腺体等反应器，引起肌肉的收缩和腺体的分泌活动。

昆虫的神经系统由外胚层的一部分细胞特化形成，属腹神经索型。在解剖学上可以区分为 3 个部分：中枢神经系统（central nervous system）、周缘神经系统（peripheral nervous system）和交感神经系统（sympathetic nervous system）。

第一节　神经系统的基本构造

一、神经细胞

神经细胞（nerve cell）是构成神经系统的基本单元，神经细胞又称神经元（neurone），它包括一个神经细胞体（soma）或称核周质（perikaryon），及由此发出的神经纤维。神经纤维的主干部分叫轴突（axon），有时在主干上还可能有侧支（collateral），在轴突的末端分出很多像树根状细小的纤维，其传入神经冲动的细小纤维叫树状突（dendrite），其传出神经冲动的细小纤维叫端丛（terminal arborization），轴突外面包有一层含有细胞质和线粒体的薄膜，称神经围膜（neural lamella）。

二、神经细胞的类型和功能

神经元从形态上可分为单极神经元（monopolar neurone）、双极神经元（bipolar neurone）和多极神经元（multipolar neurone）（图 16-1）；从功能上可分为感觉神经元、运动神经元和联络神经元。

感觉神经元（sensory neurone）是传导体表或体内感受器发出的神经冲动到中枢神经节的神经组织，一般分布于体躯的外周部位、体壁的内面、消化道壁上和生殖器官等表面，为双极或多极神经元。

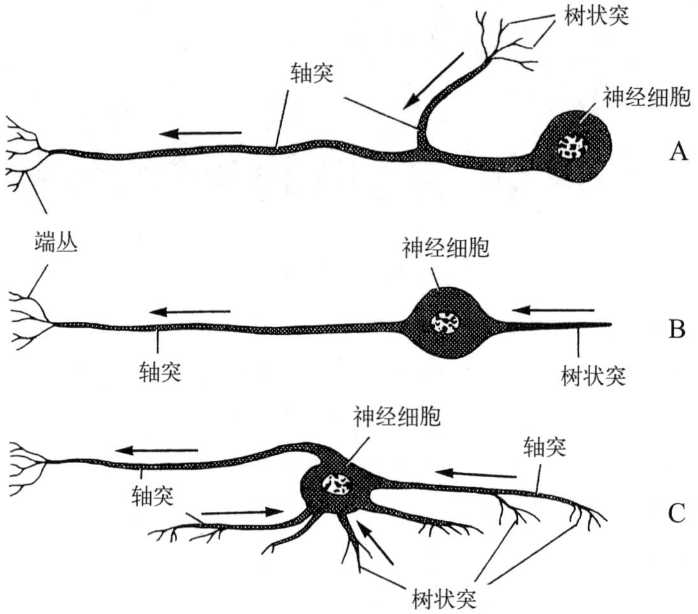

图 16-1　昆虫神经元的类型（仿 Chapman）

A. 单极神经元；B. 双极神经元；C. 多极神经元；箭头示传导方向

运动神经元（motor neurone）是将中枢神经节内的神经冲动传至反应器的神经组织，一般位于神经节内四周边缘，神经鞘下面，常为单极神经元。

联络神经元（association neurone）一般位于脑或神经节的周缘，为单极神经元，其树状突和端丛分别联络着感觉神经元和运动神经元，起联络作用。

三、神 经 节

昆虫的体神经节（ganglion）是卵圆形、多角的神经组织，每一体节内有左右合并的神经节一个（图 16-2A），前后端各以两根神经索与邻近的神经节相连，构成腹神经索。神经节由很多神经细胞体及其神经纤维集合而成。神经细胞体位于神经节内缘四周，而轴突、侧支、树状突和端丛等神经纤维则位于神经节中央，形成紧密复杂的神经纤维网络——神经髓（neuropile）。

神经髓是中枢神经系统的"突触联系"中心，根据神经纤维排列的形式，可分为"无结构神经髓"和"有结构神经髓"两类，在无结构的神经髓中，突触传导没有明显的规律和次序，一个神经元可以从多方面接受信息；而在有结构的神经髓中，神经纤维的排列具有一定的规律性，突触联系区域不同于邻近的神经网络，一个神经元的传导范围有很大的局限性，表现出冲动传递的特殊性。有结构的神经髓广泛分布于昆虫头部的神经节中。

在每一个神经节的两侧各发出两三根侧神经（lateral nerve），每一根侧神经内具有两个根，分别称为背根和腹根。背根中含有运动神经纤维，其细胞体及其侧支的树状突则在神经节内背根区，并与联络神经的端丛形成突触。腹根中含有感觉神经纤维，其端丛则与神经节腹根区的联络神经树状突形成突触（图 16-2B）。在整个神经节外面包有一层具细胞核的神经鞘，鞘外有气管分布。

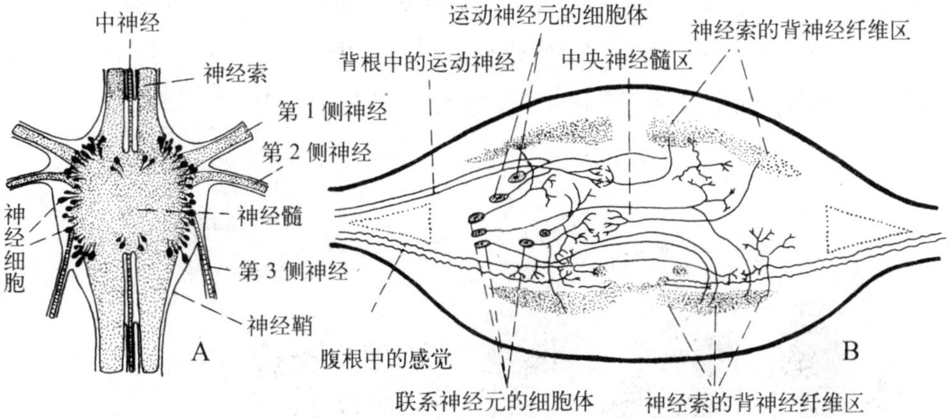

图 16-2　昆虫神经节的模式图 (A) 及一种蜻蜓稚虫腹神经节的横切面 (B)
（仿 Zawarzin）

神经鞘（nerve sheath）由内外两层组成。外层为非细胞组织的神经围膜（neural lamella），该膜是一层非定性的薄膜，其中具横纹的胶原纤维，排列成网状，围膜中除含胶原蛋白外，还含有中性多糖，使得神经围膜既具柔软性又具有抵抗膨胀的性能。神经鞘的内层为鞘细胞层（perineurium），其细胞质中含有大量的糖原、脂肪粒和线粒体，是中枢神经系统与周围体液之间有选择性交换物质的屏障。神经髓中的大型轴突以及外周神经纤维的表面也都有神经鞘包被，但神经髓中的一般神经纤维没有神经鞘。

四、神　　经

昆虫的神经（nerve）由成束的神经纤维（轴突）集合而成，在一般情况下，同一神经内既包含有感觉神经纤维，又包含运动神经纤维，神经是神经纤维传导神经冲动的通道。

第二节　昆虫的中枢神经系统的结构和功能

昆虫的中枢神经系统（central nervous system）包括一个位于头部的脑（brain）和一条位于消化道腹面的腹神经索（ventral nerve cord）。脑和腹神经索之间，以围咽神经索（circumoesophageal connective）相连。连接前后神经节的神经，称为神经索（connective）；横连的神经，称神经连锁（commissure）。

一、脑

脑是联系和协调的中心，它联系着头部所有感觉器官的神经纤维，以及口区、胸部和腹部的所有运动神经元，并调节内分泌腺体的分泌活动，从而调节昆虫的一切行动。如生长、发育、生殖、休眠及滞育等。脑虽是昆虫活动的激发和控制中心，但咽喉下神经节和体神经节也有相对自主的控制和反馈作用。脑的相对体积的大小与行为的复杂性密切相联。脑由前脑、中脑和后脑组成（图 16-3A，B）：

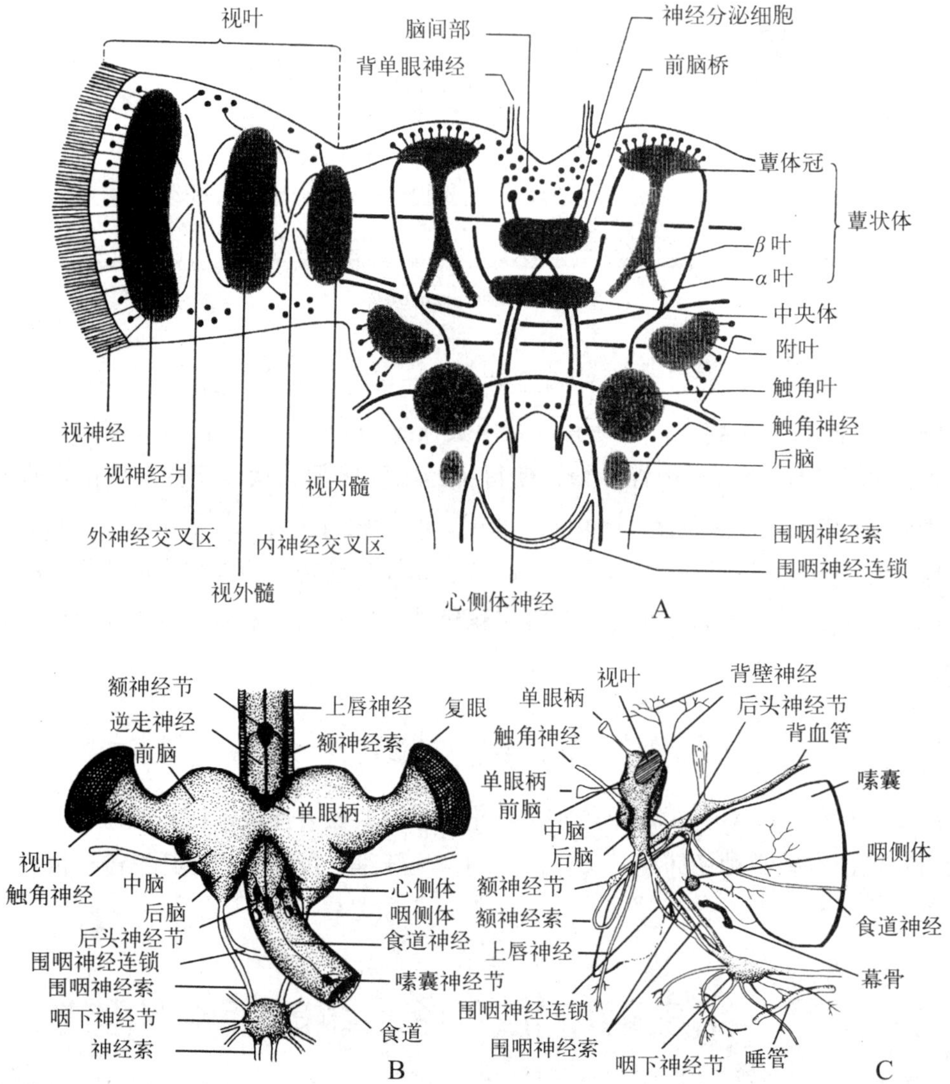

图 16-3　昆虫脑的结构 (A. 仿 Chapman；B，C. 仿 Snodgrass)

A. 模式图，黑点示神经细胞的位置；B，C. 一种蝗虫的脑；A，B. 正面观；C. 侧面观

（一）前脑

前脑（protocerebrum）的左右两侧有突出的视叶（optic lobe），直接与复眼相连接，背面突出 3 根细长的单眼柄（ocellar pedicel）分别和背单眼（median ocellus）、侧单眼（lateral ocellus）相连。在前脑的神经髓中含有 4 种由神经细胞球体（globuli cell）（细胞体）和神经纤维束形成的脑体（或称神经纤维体）。其中包括：1 对蕈体（corpus pedunculatum）、一个脑桥体（protocerebral bridge）、一个中央体（central body）和 1 对附叶（accessory lobe）（图 16-3C）。前脑的这 4 种脑体构成了昆虫头部的联系中心。在脑间部（pars intercerebralis）有大量的神经分泌细胞（neurosecretory cell）。

蕈状体由大量小型的联络神经细胞球体及其神经纤维组成，每一个蕈体包括膨大的蕈体冠（calyx）、较狭长的蕈体柄 (stalk) 及分叉的蕈体根 (root)。蕈体根又分为 α 叶 (α-lobe) 和 β 叶 (β-lobe)。蕈体冠上集聚了很多神经细胞球体，柄及根部都是联系神经元的轴突和侧支。蕈状体是最重要的联络中心。

视叶包括 3 个联络中心，从外向内分别是视叶神经节层（lamina ganglionaris）、视外髓（medulla externa）和视内髓（medulla interna），视叶中的神经纤维联系机制复杂，并分别在视内髓和视外髓外面形成内神经交叉区（inner chiasma）和外神经交叉区（outer chiasma）。

（二）中脑

中脑（deutocerebrum）包括两个膨大的中脑叶（antennal lobe）及由此发出的触角神经（antennal nerve）分布到触角肌上，是触角的神经中心。

（三）后脑

后脑（tritocerebrum）由第 1 体节的 1 对神经节前移特化而成，但仍保留第 1 体节两个神经节之间的神经连锁即咽下神经连锁，从后脑发出的主要神经有：与额神经节连接的额神经索，与上唇联系的上唇神经。

二、腹神经索

腹神经索 (ventral nerve cord) 位于消化道腹面，包括头部的咽喉下神经节（suboesophageal ganglion）和胸、腹部的一系列神经节和神经索。

咽喉下神经节位于头内咽喉的腹面，是腹神经索的第 1 个复合神经节。咽喉下神经节发出的神经主要通至上颚、下颚、下唇、舌、唾管及颈部肌肉等，咽喉下神经节既是口器附肢活动和协调中心，又能显著地影响虫体的活动，并对胸部神经节的神经中心具有刺激作用。

在缨尾目、有翅亚纲比较低等的种类和很多完全变态昆虫的幼虫期，可以见到 11 对神经节，即胸部 3 对，腹部 8 对 (图 16-4A)，但腹部的最后 1 对神经节通常由腹部第 8 至第 10 节合并而成。在较进化的类群和很多完全变态昆虫的成虫期常有不同程度的合并现象（图 16-4B-G），胸部神经节是足和翅的活动中心，并有一定程度的自主调节性。腹部神经节是控制所在节呼吸运动的局部神经中心，而最后一个复合神经节则是控制后肠、生殖器官、尾须、产卵器等活动的神经中心。

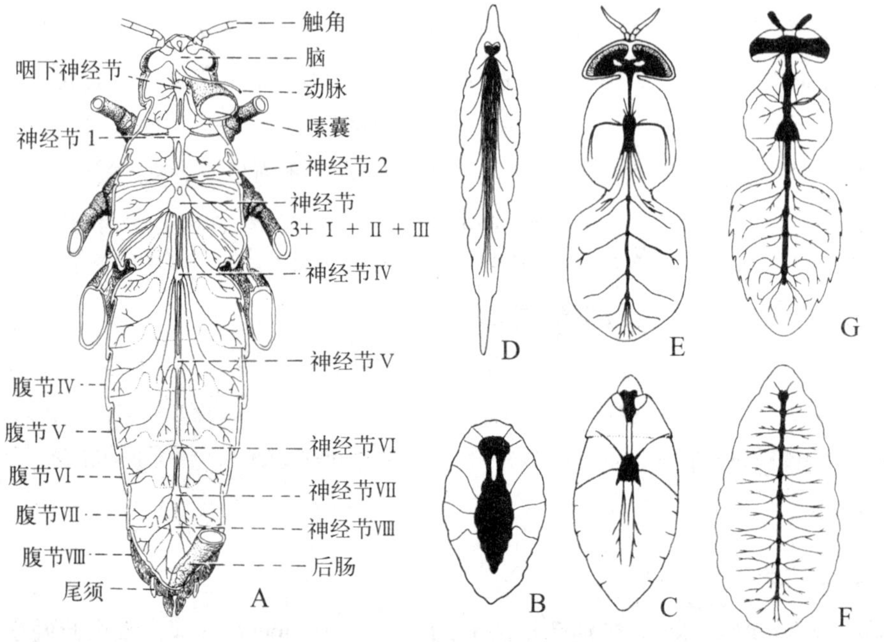

图 16-4　几种昆虫的腹神经索，示神经节的合并现象（仿各作者）

A．一种蝗虫 *Dissosteira* sp. 的腹神经索；B．一种介壳虫 *Aspidiotus* sp. 若虫的腹神经索；C．一种负子蝽 *Belostoma* sp. 的腹神经索；F，G．西方蜜蜂 *Apis mellifera* 幼虫（F）与成虫（G）的腹神经索；D，E．长角水虻 *Stratiomys longicornis* 幼虫（D）与成虫（E）的腹神经索

第三节　昆虫的交感神经和周缘神经系统

昆虫的交感神经系统与中枢神经系统的分工，不像哺乳动物那样明显。根据它们联系的器官不同，可以分为口道神经系统（stomodaeal nervous system）、中神经和腹部最后一个复合神经节（同属于中枢神经系统）。

一、口道神经系

口道神经系主要包括额神经节（frontal ganglion）和后头神经节（occipital ganglion）及其发出的神经纤维（图 16-5A,B），从额神经节上发出两根额神经索（frontal ganglion connective）分别与后脑的两叶连接，额神经节的后端伸出一根逆走神经（recurrent nerve），向后通过脑和背血管的下方，终止于 1 对或一个后头神经节。在有些种类中，额神经节前端常伸出一两根纤维通至唇基区。后头神经节的后端又常伸出一两根食道神经（oesophageal nerve），终止于一两个嗉囊神经节（ingluvial ganglion）。口道神经系的额神经节和后头神经节中，含有感觉、联络和运动神经元，它是口器、前肠、中肠和背血管活动的控制中心。

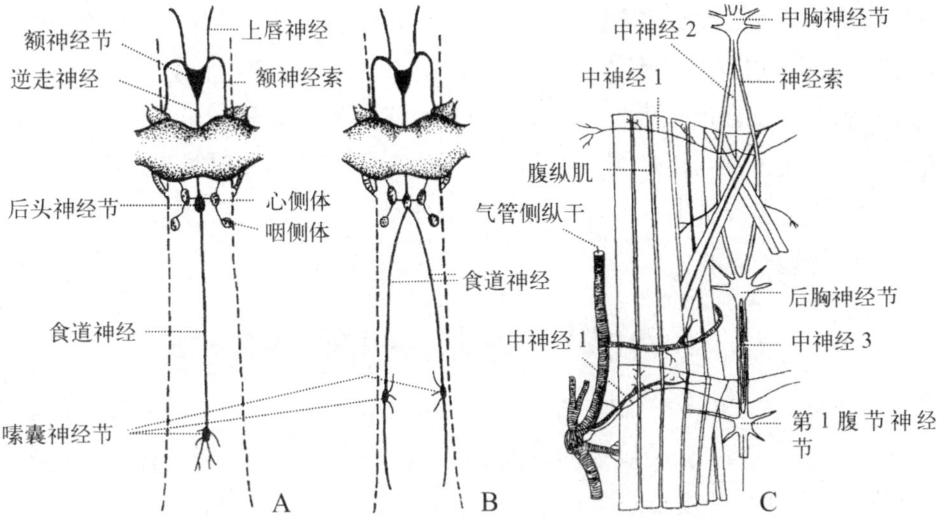

图 16-5　昆虫的口道神经系 (A，B) 和天幕毛虫的中神经 (C)
(A，B. 仿 Imms；C. 仿 Snodgrass)

二、中 神 经

中神经常见于昆虫幼虫体内，位于腹神经索的前后两个神经节的两条神经索之间，起源于前一神经节内，其中含有两根很细的感觉神经纤维和两根较粗的运动神经纤维。中神经向后延伸的途中，常分出 1 对侧支分布到附近的气管、气门及气门肌上，在鳞翅目幼虫胸部，中神经仅终止于两侧支而不延伸到下一神经节 (图 16-5C)。中神经是各体节气门的控制中心。

三、昆虫的周缘神经系统

昆虫的周缘神经系统包括所有的感觉神经元和运动神经元以及它们的树状突和端丛所连接的感觉器和效应器。

第四节　神经系统的电活动

神经细胞的特点之一就是能在轴突上形成跨膜电位差（membrane potential）。这是因为膜的选择通透性和离子的不均匀分布形成膜外带正电荷、膜内带负电荷的结果，在电位差发生变化时，产生神经脉冲，从而产生出各种各样的神经电活动。

一、静 息 电 位

在神经细胞的外周液体中，含有高浓度的 Na^+、低浓度的 K^+，并有 Cl^- 为主的阴离子；与此相反，细胞内部含有低浓度的 Na^+ 与高浓度的 K^+，除 Cl^- 以外，尚有部分有机阴离子，当神经细胞膜在静息状态时，K^+ 可以自由进出，但 Na^+ 则不能通过，结果 K^+ 沿浓度梯度进入细胞膜外，K^+ 向外扩散的结果，使膜内相对留下了较多的负离子，此时膜两侧便会出现电位差，当这种电位差达到一定程度时，就会阻止 K^+ 继续向外扩散，离子浓度与电场强度之间形成一种平衡状态，此时膜表面电位正于膜内，膜两边的电位差称静息电位。例如，美洲蜚蠊大神经纤维的静息电位为 77 mV，散居的飞蝗翅肌为 47 mV。

二、动作电位及其在轴突上的传导

当神经的某一部位接受刺激后，就会产生兴奋，兴奋使膜的通透性发生变化，体液中的 Na^+ 进入膜内，致使膜表面电位下降，膜内电位上升，膜内外电位差减小，甚至内外电位反过来，造成膜的“去极化”(depolarization)，形成脉冲形的动作电位(action potential)，这种动作电位的强度，依进入膜内的 Na^+ 量而定，一般可超过静息电位 15 ～ 29 mV。当冲动向轴突的邻近部位传导后，神经膜又恢复原状，对 Na+ 仍保持原先的不渗透性，而膜内 Na^+ 则依靠“离子泵”作用向外渗透，直至膜内外极化状态再度建立，恢复静息电位为止。

由于轴突内外的电解质都是可导的，当 Na^+ 进入膜内时，即可形成回路，产生动作电流，膜外的电流从兴奋部位流向未兴奋部位，导致未兴奋部位的去极化，进而产生一定间隔的脉冲形神经冲动，这个过程在膜上反复连续地进行，就表现为动作电位在整个轴突上的传导（图 16-6），这也是动作电位一经引起，它的传导就不会发生衰减的原因。

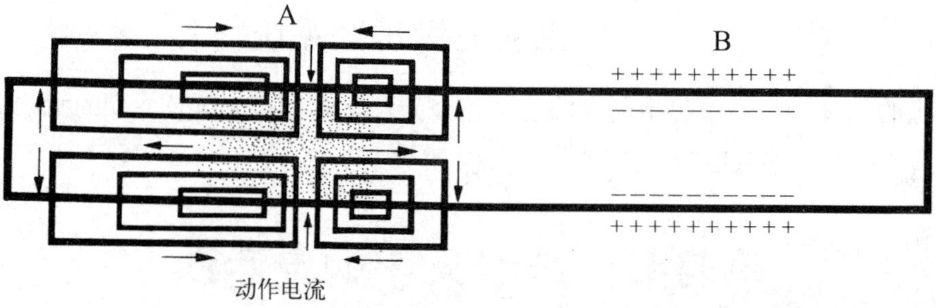

图 16-6　昆虫神经膜电位及膜内外电流流通途径 (仿 Roeder)

A．A 点接受刺激后，神经膜上的均衡电场立即改变，产生动作电流，见箭头和方框所示的途径；B．轴突在静止时，膜表面较正于膜内，形成静止膜电位

三、突触传导

神经元之间在组织学上的间断性，使动作电位不能直接通过突触（synapse），而必须借助神经递质（neurotransmitter）进行传导。

突触是神经元之间的连接点，神经传导的联络区。突触由突触前神经和突触后神经组成，它们的神经膜相应为突触前膜和后膜，突触间隙（synaptic cleft）的宽度为 20 ～ 30 nm，一个神经元的轴突、侧支、端丛和树状突的任何一个部位都能形成突触，但大都位于端丛和树状突上。在绝大多数突触处，神经末梢端部略为膨大，形成直径 0.5 ～ 2 μm 的突触小结（synaptic knob），内含化学递质的囊泡（vesicle），囊泡中含有 乙酰胆碱（acetyl choline, Ach）递质，当传入轴突的峰电位传到突触前膜时，引起前膜的去极化作用，开放前膜的 Ca^{2+} 通道，使 Ca^{2+} 向内扩散，促进囊泡与前膜释放位点结合，并进一步融合，进而形成“Ω”形，Ach 从缺口中释放，进入突触间隙，Ach 随机扩散到后膜上，并作用于后膜上的 Ach 受体，使 Ach 受体的构象发生变化，引起后膜对 Na^{+}，K^{+} 的通透性，导致膜的去极化，产生兴奋性突触后电位（excitatory postsynaptic potential, EPSP），电位的幅度与受体被激活的程度呈正相关，这样就把神经冲动传到了下一个神经元（图 16-7）。

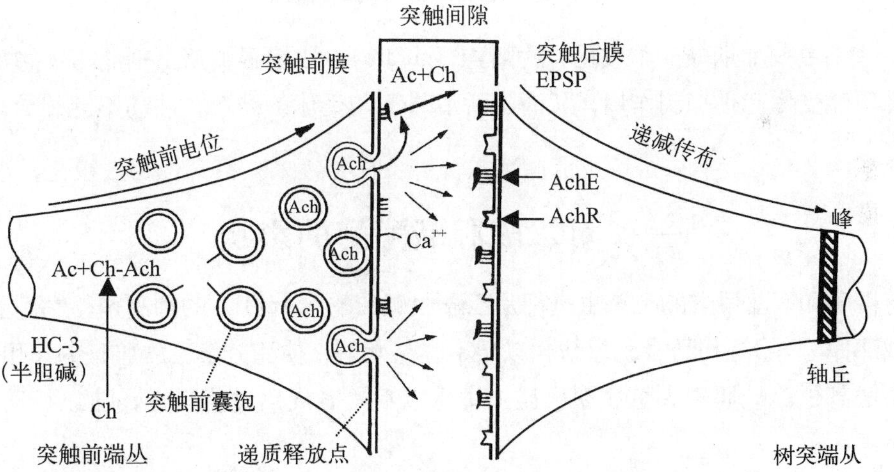

图 16-7　突触化学传导示意图 (仿 Shankland et al.)

Ach 与受体的结合是可逆的，当它激发受体发生变构以后，就被释放出来，随即被后膜上的胆碱酯酶（cholinesterase, AchE）所水解生成胆碱和乙酸，胆碱和乙酸可被突触前膜吸收，重新合成乙酰胆碱，部分进入血淋巴。

乙酰胆碱并不是唯一的兴奋性递质，在蜜蜂和蜚蠊脑中曾发现以谷氨酸盐（glutamate）作为递质。在快神经或慢神经与肌纤维形成的联结点，兴奋性递质都是谷氨酸盐。

在抑制性神经中，神经递质是 γ- 氨基丁酸。

第五节　杀虫剂对神经系统的影响

很多高效杀虫剂都是神经毒剂，不同类型的神经毒剂作用于不同的神经靶标，对杀虫机制的深入研究，有助于我们对昆虫神经生理学的进一步了解。

一、对轴突传导的影响

滴滴涕是应用最早的有机氯杀虫剂，昆虫受滴滴涕中毒以后，表现出过度兴奋和痉挛，随之发生麻痹而死亡。这是因为滴滴涕的分子结构能嵌入轴突膜上的 Na^+ 通道，从而延缓轴突的去极化以及钠离子通道的关闭时间，出现重复的动作电位，产生中毒症状。

拟除虫菊酯药剂的杀虫作用与滴滴涕很相似，也是抑制轴突膜的 Na+ 通道，使膜的渗透性改变，造成传导阻断，但也可能影响突触传递，产生神经毒素及其他作用，如 ATP 酶的抑制等。

二、对乙酰胆碱受体的影响

一些杀虫剂如烟碱、季胺化合物箭毒（curare），沙蚕毒类杀虫剂能与突触后膜上的乙酰胆碱受体产生抑制作用，从而阻断了 Ach 与受体的结合，冲动不能传导，使昆虫死亡。

三、对乙酰胆碱酯酶的影响

有机磷和氨基甲酸酯类杀虫剂都是乙酰胆碱酯酶（AchE）的抑制剂，它们能像乙酰胆碱那样与 AchE 相结合，但结合以后不容易水解，使酶分解乙酰胆碱的作用受阻，造成突触部位乙酰胆碱大量积聚。昆虫中毒以后，表现出过度兴奋，随之行动失调，麻痹而死。

还有一些药物如环戊二烯和六六六能增加突触前膜对囊泡的释放，使昆虫产生过度兴奋而死亡。

第十七章　昆虫的感觉器官

昆虫体壁的皮细胞所演变而成的各种感觉器官（sensory organ）是对周围环境和内部各种刺激产生反应的重要结构，它们和神经系统一起，控制和调节昆虫的行为。

昆虫对刺激的反应可分为 3 个过程即感受器对刺激的接受，传导和对刺激产生适应性反应，如肌肉收缩和各种腺体的分泌。这 3 个过程在单细胞生物中可以由同一个细胞来完成，细胞膜具有感觉性的机能，原生质则具有传导性和收缩性，但在昆虫中则分别由特殊的器官和组织来完成 (图 17-1)。

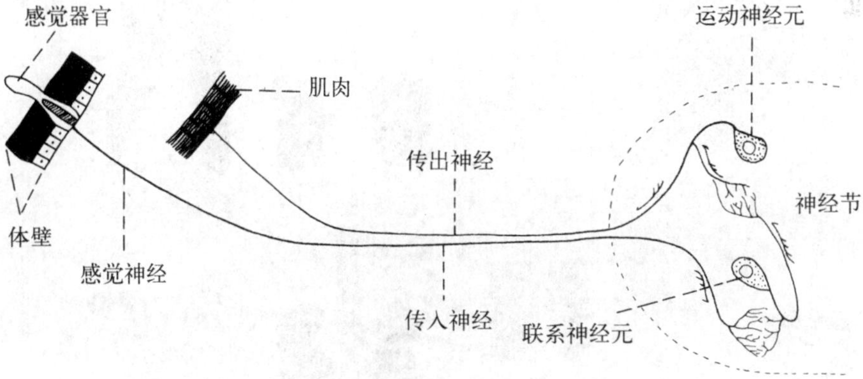

图 17-1　昆虫神经系统的反射弧 (仿 Imms)

昆虫的种类繁多，栖境差异很大，它们以各种各样的感受器 (receptor) 来接受信息，根据感受器接收刺激的性能，可将感受器分为感触器 (mechanoreceptor)、听觉器 (phonoreceptor)、感化器 (chemoreceptor) 和视觉器 (photoreceptor)。

第一节　感受器的结构

昆虫的感受器作为感觉系统中的一个基本单位，既能独立行使感觉功能，又能组成复杂的感觉器官。例如，复眼是由小眼构成的，触角上有多种感化器和感触器 ；鼓膜听器中有很多弦音感受器。

昆虫的感受器都可分为由体壁的皮细胞特化而成的接受部分和由神经细胞形成的感受部分。最简单的形式仅包含一个感觉神经细胞（双极神经元），其端突连接着表皮突起，而感觉神经纤维（轴突）则延伸入中枢神经节内（图 17-2A）。由于昆虫具有各种形状的表皮突起，因此感受器的类型也极为多样。当端突连接于一根体毛基部时，就称为毛状感受器（sensillum trichodeum）（图 17-2A，E）；连接于锥形或栓状表皮突起的，称锥状感受器（sensillum basiconicum）（图 17-2D）；连接于鳞片的，称鳞状感受器（sensillum squamiformium）（图 17-2H）；另一类感受器常陷在体壁的腔内，形成坛状或瓮状感受器（sensillum coeloconicum）（图 17-2F，G）；第 3 类感受器外表无突起，如蚜虫和蜜蜂触角上的感觉板，称板状感受器（sensillum placodeum）（图 17-2C）；附着在比较柔软的表皮下面，每一个感觉神经细胞与另外两个细胞套成连杆状结构，称为剑梢感受器（sensillum scolopophorum）（图 17-2I）。

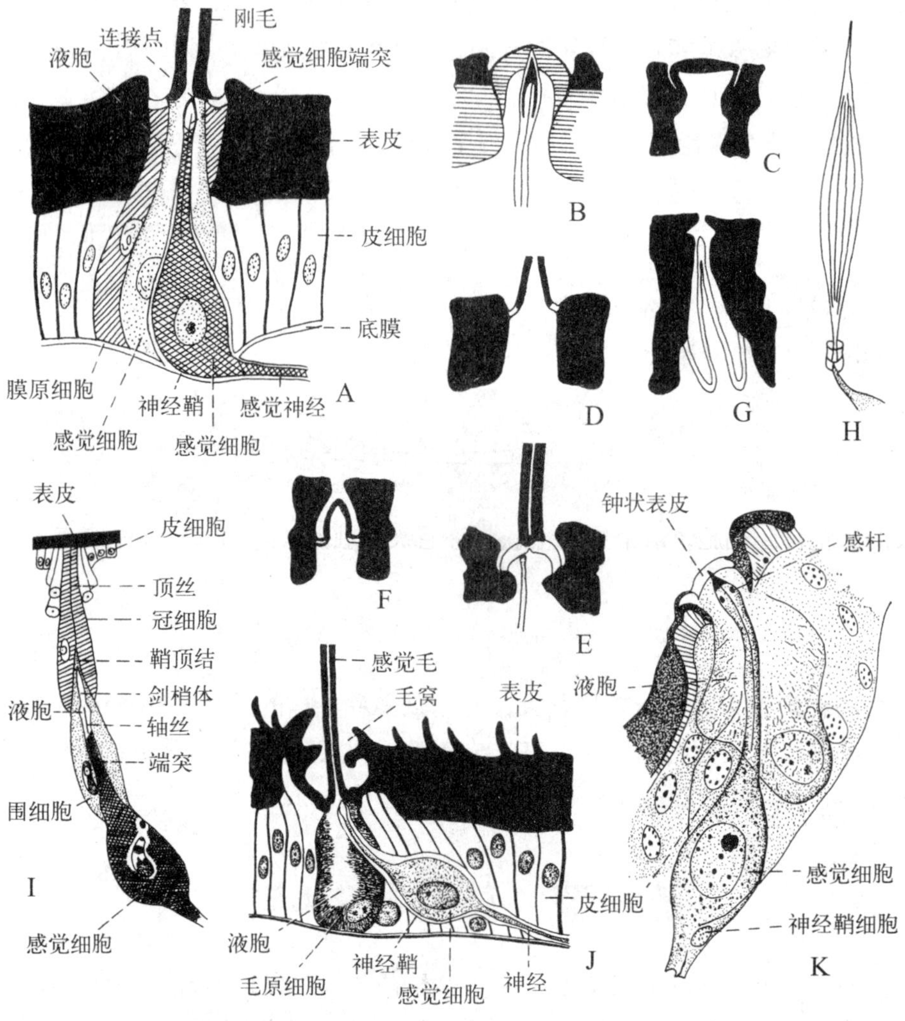

图 17-2　昆虫感受器的结构与类型（仿各作者）

A. 毛状感受器的结构；B. 钟状感受器；C. 板状感受器；D. 锥状感受器；E. 毛状感受器；F. 坛状感受器；G. 瓮状感受器；H. 鳞状感受器；I. 剑梢感受器；J. 毛状感触器；K. 钟状感触器

第二节　昆虫感觉器感受刺激的机制

任何形式的感受器，当受到一种足以激起反应的刺激后，首先是表面的膜产生激应性，引起感受器膜电位的改变，产生动作电位，动作电位沿着感觉细胞的端突或树状突传导到神经细胞体附近的电激应区，引起传入神经纤维产生神经冲动，其频率与感受器动作电位的幅度成正比，并迅速地达到高峰，然后下降并保持在一个稳定的水平，直到刺激消失为止。感受器膜上含有大量独立的感受点，每一感受点都能产生动作电位，感受器产生动作电位的大小，决定于被激发感受点的数量。

组成各种感受器的细胞因分化程度不同，具有控制传入刺激或改变刺激能量的特性，也就是说，一种特殊的感受器只有受到一种适宜的质和量的刺激（如光子、电子、质子、分子等），才能产生反应。如果刺激不合适，感受器就不会兴奋。例如，适合感受光波的视觉器，对于音波就不会产生反应，而且光波的波长和强度必须在某种范围内，才能有刺激作用。

第三节　昆虫的感触器

昆虫感受环境和体内机械刺激的感受器，称作感触器或机械感受器。机械刺激一般包括实体的接触、身体的张力、空气的压力和水波的振动等。

昆虫感触器的表皮部分有各种不同的形状，典型的感触器常有较长的表皮外突，如感触毛，可在离体较远的范围内感受刺激，内部含有形成表皮突起的毛原细胞和一个较大的感觉神经细胞，最常见的感触器有毛状感触器（图 17-2J）和钟状感触器（图 17-2K）。

毛状感受器的表皮突起大多为刚毛状，也有刺状和鳞状的，分布于体躯各部位和附肢上，如翅基、触角、产卵器及尾须等。昆虫触角上含有的毛状感受器数量很多，它们对气流的压力变化很敏感，使得有些昆虫能在黑暗中飞行不致碰撞。直翅目昆虫如蟋蟀、蜚蠊等的尾须上也有大量的感触毛，能够感受低频率的音波或气流给予的压力。水黾 *Gerris* sp. 转节和股节上的毛状感受器可对频率为 200~300 Hz 和振幅为 1 μm 的水膜振动引起反应。

很多毛状感触器还兼有感受化学刺激的作用，这种感受器常包含几个感觉神经细胞，但其中只有一个细胞的端突连接着毛窝膜，是感触器的结构，其他细胞的端突或树状突伸入毛腔内，可以感受渗入的化学物质。

钟状感触器的表皮部分为薄壁、圆形或椭圆形的钟状突，四周的体壁常特别突出和加厚，神经细胞的端突延伸至钟状表皮区域中，以其尖端顶着表皮。钟状感受器分布于体躯的各部位，如蛾类的翅基部，蚊蝇的平衡棒，蟋蟀的尾须，蜉蝣稚虫的气管鳃。蜜蜂和鳞翅目昆虫翅基上钟状感受器，用于在飞行中感受空气压力，调节翅震速率。

第四节 听 觉 器

昆虫的听觉器是感受压力改变和空气或水振动的结构，昆虫的听觉感受器有听觉毛（auditory hair）、江氏器（Johnston's organ）及鼓膜听器 (tympanal organ)。

一、听 觉 毛

一般为长而易动的毛状感受器，内部仅有一个神经细胞与毛窝膜连接，特化程度较低，位于虫体的暴露部位，最适的音波感受频率在 400 ～ 1 500 Hz。听觉毛一般又是感触器。

二、江 氏 器

江氏器于1855年由Johnston在雄性埃及伊蚊 *Aedes aegypti* 成虫触角的梗节中发现，它是一种特化程度较高的感受器 (图 17-3)，最适的音波感受频率为 350 ～ 550 Hz。如按蚊 *Anopheles* sp. 雄蚊的江氏器含有约 30 000 个感觉细胞，在 3 个方位排列在触角鞭节上，并有一圈一圈的长毛，其长毛易被音波粒子的运动而改变形状，通过粒子能量的激发产生触角电位，再经梗节内的很多与节间膜连接着的剑梢感受器传入感觉神经细胞，引起神经冲动。

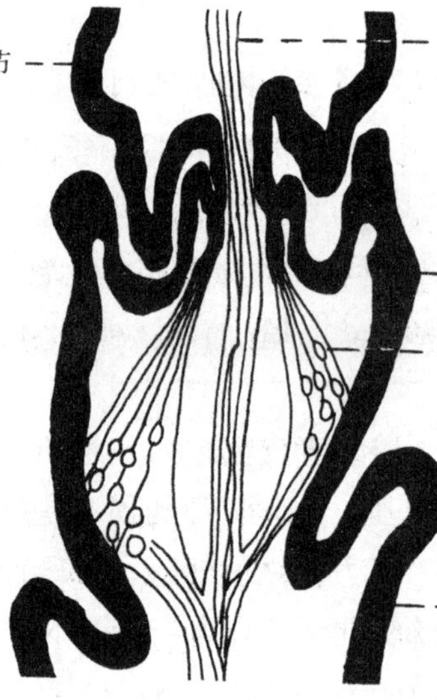

图 17-3 大头丽蝇 *Chrysomya megacephala* 触角基部纵切面，示江氏器 (仿刘维德)

三、鼓 膜 听 器

鼓膜听器普遍存在于具发音能力的昆虫中，如蝗科和蝉科的第 1 腹节两侧 (图 1-1)，螽斯科和蟋蟀科的前足胫节基部，都具有 1 对鼓膜听器 (图 7-4F)。鳞翅目成虫的鼓膜听器位于后胸或第 1 腹节上，而仰泳蝽科的则在胸部。鼓膜听器的基本结构都具有一个略凹入周围体壁的椭圆形或圆形的听膜或鼓膜（tympanum)，以及一组或数组由剑梢感受器组成的听体，直接连接在鼓膜的内壁上，或连接在与鼓膜相连的后生薄膜上。听体中的各组感觉神经细胞集合成听神经节，其轴突则集合成听神经，这样，音波对鼓膜的刺激就由听神经传入中枢神经系统。

剑梢感受器 (scolophorous sensillum) 有两类 ：一类称为“被膜式剑梢感受器”，其一端以冠细胞连接于体壁表皮下面 ；另一端以结缔组织纤维束固定于另一处的体壁下面，这类感受器广泛分布在昆虫的足、触角、触须、翅基及平衡棒内，以感受肌肉、体躯活动、血压和气管内的空气压力等，其作用是协调附肢和翅的运动，控制虫体方位和心脏搏动以及气管呼吸等，亦称之为内感器。另一类称为“下膜式剑梢感受器”，其一端的冠细胞不接触表皮；另一端游离在体腔或附肢腔内，存在于螽斯及蟋蟀的足听器内，主要感受音波的刺激。

第五节 昆虫的化学感受器

化学感受器（图 17-4）是感受化学物质的感受器，昆虫在觅食、求偶、产卵、选择栖境、寻找寄主等行为中，都和化学感受器有关。化学感受器的表皮部分主要包括两类

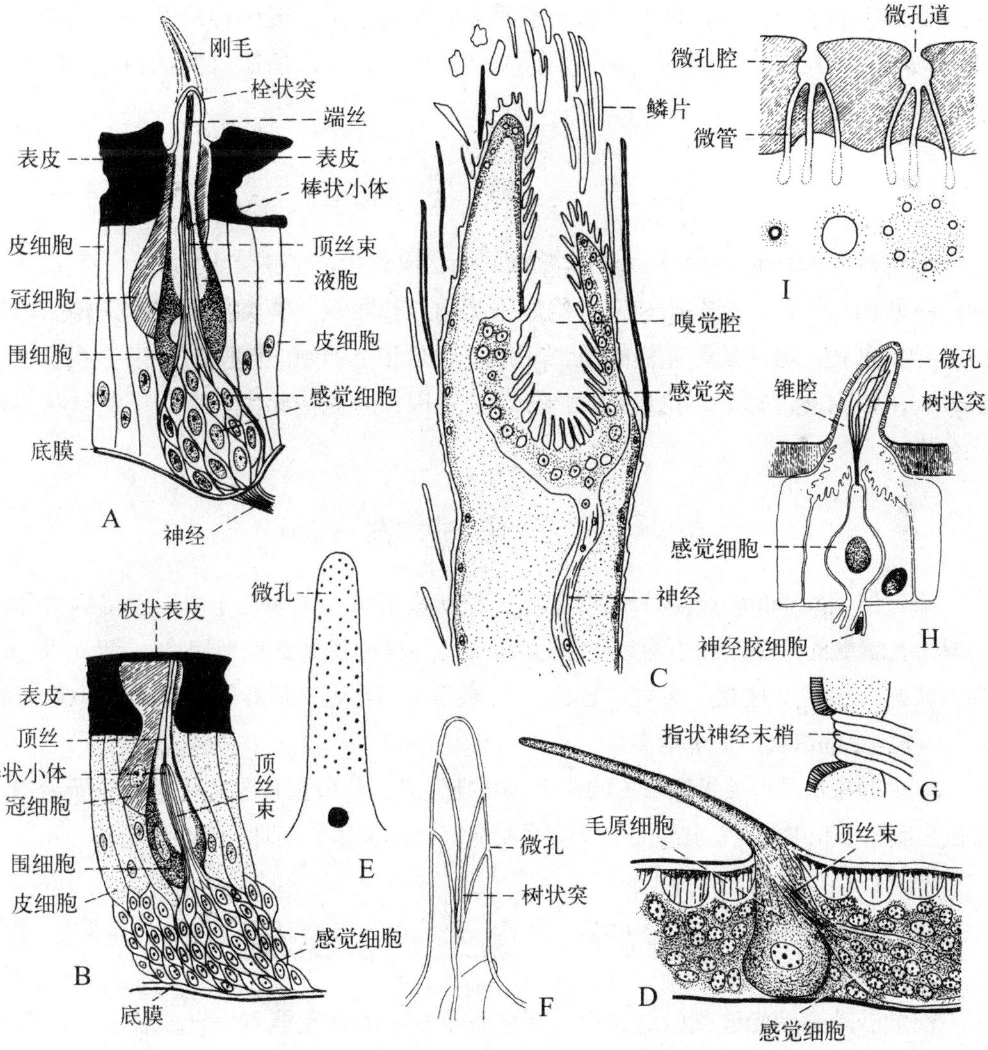

图 17-4　昆虫感化器的结构（仿各作者）

A. 锥状感化器的基本结构；B. 蜜蜂触角上的板状感化器；C. 菜粉蝶下唇须上的坛状感化器；D. 普热猎蝽触角上的毛状感化器（约 15 个感觉细胞）；E，F. 一种蝗虫 *Romatea* sp. 的锥状突，示微孔和树状突；G. 树状突的指状末梢充塞微孔中；H，I. 一种埋葬甲 *Nicrophorus* sp. 触角上的锥状感化器及微管结构

结构，一类结构是具微孔的薄壁毛状、锥状或板状突，表皮微孔直径在 10 ~ 100 nm，有些微孔并向内扩伸成一小腔，腔壁内有微管与树状突微支连接。化学物质分子可被微管吸附再扩散到树状突。另一类结构是表皮凹陷成坛状或瓮状腔，腔底含有感觉细胞的端突或树状突，腔内充满着由毛原细胞分泌的黏性清液。化学感受器中的感觉细胞常成团包围在一层与神经鞘相连并含有细胞核的围膜内，数量为几个到 50 个以上，其端突集合成一束顶丝，穿过围细胞进入毛状或锥状突腔内，或板状突边缘薄膜处，再以极细的微支插入表皮突四壁的微孔内，感觉细胞基部的轴突则集聚成感觉神经，穿过底膜进入中枢神经系统。

化学感受器在功能上可以分为嗅觉器和味觉器两类，嗅觉（olfaction）是由挥发性物质的分子所激发，可在一定的距离内发挥作用。而味觉 (gustation) 则是在直接接触液态或固态的物质分子后才能感受。一般来说，味觉的感受能力比嗅觉弱，同种化合物对不同种类的昆虫、不同的个体以及昆虫所处的环境条件所激发嗅觉和味觉的最低有效浓度是不同的。

一、嗅 觉 器

嗅觉器 (olfactory organ) 大都呈毛状、栓状或板状，主要位于触角上，其次为下颚须和下唇须。例如，天蚕蛾及家蚕雄蛾用触角寻找雌蛾，蝶类用下唇须顶端的坛状嗅觉器寻找食物，美洲蜚蠊和蟋蟀也都利用下唇须和下颚须上的嗅觉器来寻找食物，菜粉蝶利用嗅觉器选择十字花科植物产卵，这是因为这些植物中含有芥子油气味的糖苷化合物。

二、味 觉 器

味觉器（gustatory organ）常呈毛状、栓状或板状，大多位于口器上（蝇类和虻类的唇瓣，蜚蠊的下颚须和下唇须）、口前腔壁上（鳞翅目幼虫和半翅目）、足跗节上（蜜蜂、家蝇、果蝇、蛱蝶、斑蝶、粉蝶、夜蛾等），以及产卵器上（姬蜂、小蜂、蟋蟀等），与昆虫的取食、产卵有关。

昆虫的味觉器可被极稀浓度的化学物质所激发，其薄壁也易为化学物质所渗透。许多昆虫因跗节和中垫上有味觉器，当爬过喷有药物的物体表面时，就会中毒。

第六节　昆虫的视觉器

视觉器是感受光波刺激的器官，其感觉细胞中的色素能对一定波长范围内的光谱（253 ~ 700 nm）产生生物电位，传递给中枢神经系统引起视觉反应。昆虫的视觉器包括复眼和单眼，其视觉中心分别位于视叶和单眼柄顶端内，它们对昆虫的觅食、求偶、避敌、休眠、滞育、决定行为方向等都有重要作用。

复眼只有在成虫和不全变态的若虫和稚虫才有。单眼又分为背单眼和侧单眼，在幼虫和成虫期都可存在。穴居的昆虫，其复眼和单眼常退化或消失。

一、昆虫视觉器的基本结构

昆虫的视觉器差异很大，但都由集光部分和感光部分组成。集光部分是由特化的皮细胞及其分泌物形成的透明结构，包括角膜透镜 (cornea) 和晶体 (crystalline body)，其作用是传递和聚集光波；感光部分由感觉神经细胞集成的视杆 (视觉柱)(retinula)，其轴突集成的视神经 (optic nerve)，以及微气管构成的反光层 (tapetum) 所组成，此外角膜和视杆外面，还包围着色素细胞 (pigment cell)，其作用是感受光波能量和产生神经冲动。

二、复眼的结构和视觉

复眼是昆虫的主要视觉器（图 17-5），它是由数目不同的小眼（ommatidia）组成，小眼四周包围着一层含有暗色素的细胞，使相邻的小眼彼此隔离，不致受到折射光的干扰。小眼由角膜、角膜细胞、晶体、视杆组成（图 17-6A，B）。

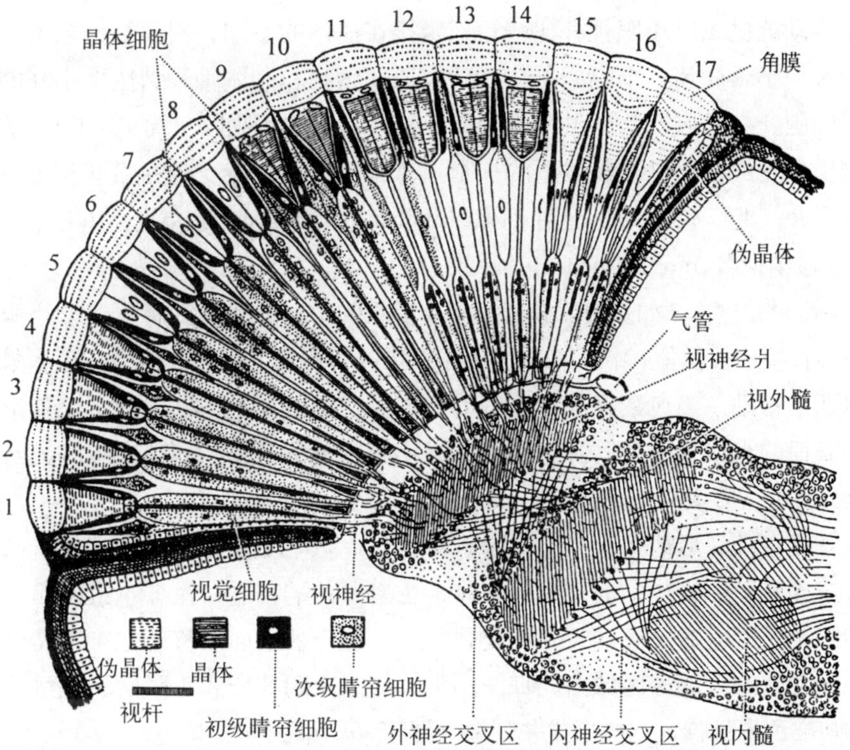

图 17-5　昆虫复眼及视叶切面模式图 (仿 Weber)

小眼 1 ～ 4 为软晶体的伪晶眼，5 ～ 8 为无晶眼，9 ～ 10 为具端部晶体的真晶眼，11 ～ 14 为具中央晶体的真晶眼，15 ～ 17 为具角质晶体的伪晶眼，1 ～ 10 为并列像眼，11 ～ 17 为重叠像眼，11 示白昼的调节

（一）角膜

角膜（cornea）是小眼的透明表皮，常为双凸透镜，可允许光波穿透和产生折射，其厚度一般达到足以避免紫外线的伤害。

（二）角膜细胞

角膜细胞（corneagenous cell）位于角膜下面，是分泌角膜的皮细胞。每一小眼一般具有两个角膜细胞。在发育完成的小眼中，角膜细胞常缩小或转变成色素细胞，移至晶体的两侧。

（三）晶体

晶体（crystalline body 或 cone）由 4 个联合在一起的透明细胞组成，位于角膜下方，呈倒圆锥形，其尖端则连接在视杆中心的视小杆（rhabdom）上，晶体细胞由角膜细胞特化而成。

（四）视杆

视杆（retinula）又叫视觉柱，由 8 个长形感觉细胞及其内缘分泌的视小杆（rhabdom）聚合而成，位于晶体和底膜之间，视杆是感受光波的重要组成部分。感觉细胞下端的轴突穿过底膜集合成视神经，进入复眼的视叶内。

日间活动的昆虫，小眼视杆比较短，紧接在晶体的下端，四周全部包围着色素细胞，因此每一小眼成为一个隔离单位，仅有通过角膜和晶体轴线到达视小杆的光线才能使感觉细胞产生反应，其他斜行的光线都被色素细胞所吸收（图 17-6C），这样，每一小眼接受的光线，不过是物体上的一个点，将每个小眼感受到的强度和色泽不同的光点，拼合在一起，就成了一个并列像（apposition image），也就是 Müller 在 1826 年提出的“嵌像学说”（mosaic theory）。

夜间活动的昆虫，如萤科、夜蛾科等，复眼的结构有显著的特化，如小眼极度延长，视杆不直接连接晶体，中间隔着一段纤维状透明介质，色素细胞内的色素粒可随着光线的强弱而移动。当色素聚集在小眼的上部时，每一个小眼的视杆不仅能感受到通过本身小眼面的光线，还能同时感受到邻近小眼面折射过来的同一光点的光线，这样可由多个光点构成重叠像（superposition image）（图 17-6D）。

有些既能在日间活动又能在夜间活动的昆虫，其色素细胞中的色素粒能够前后移动，以适应光强弱的变化，当光线变弱时，色素向前端移动，使各小眼的晶体后端没有色素相隔离，形成重叠像，当光线变强时，一部分色素向后移动密布于晶体四周及晶体与视杆之间的大部分区域内，每一小眼只能感受到其所属小眼面的光线，折射过来的光线则被色素吸收，这样形成并列像（图 17-6E，F）。

昆虫的复眼没有调节焦距的结构，但可以通过色素粒移动和视杆的感光机制发生化学反应的变化（如视色素的合成速度及膜电位的恢复速率等）来适应光强弱的变化。

一般来说，昆虫的复眼对紫外线及蓝绿色光特别敏感，对视野内物体移动的激应性，远比感受物体的形状更为有效。

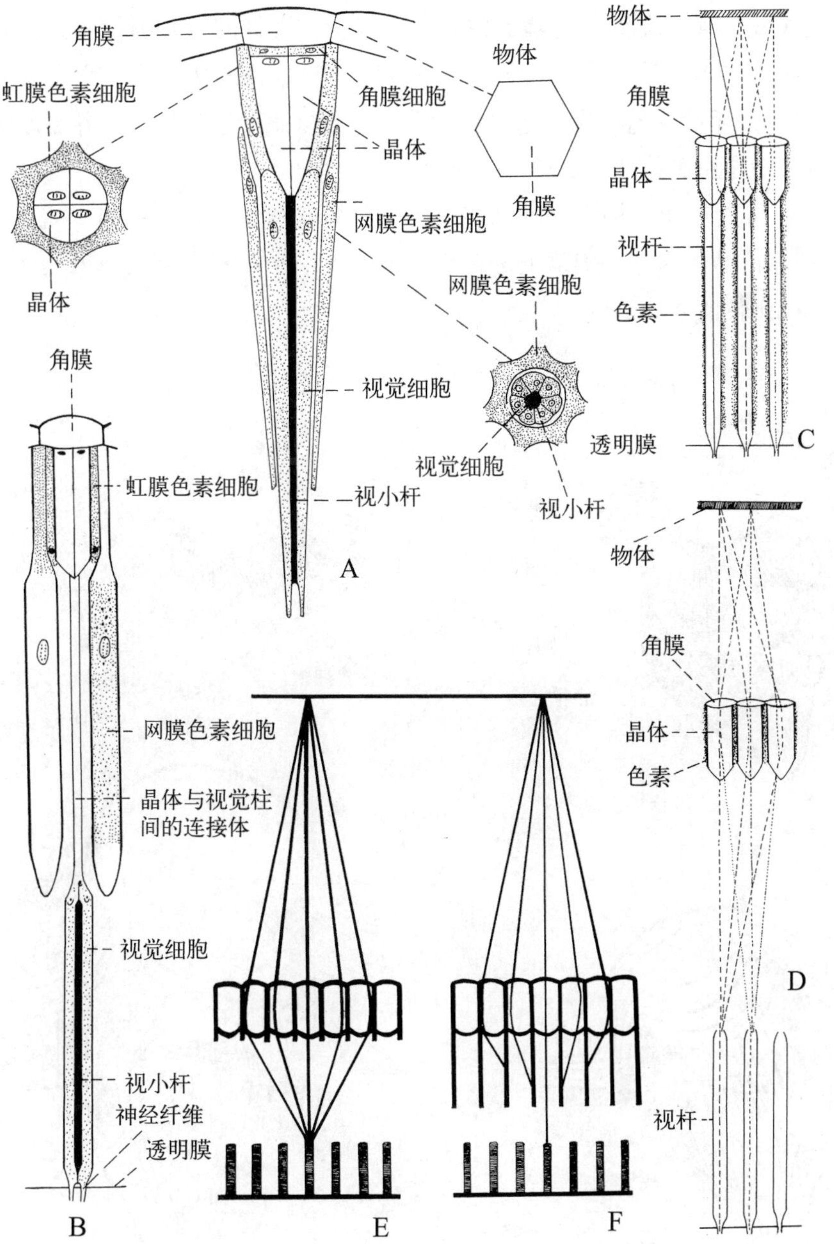

图 17-6　昆虫复眼中小眼的结构 (仿 Imms)

A，C. 并列像眼的结构；B，D. 重叠像眼的结构；

E. 昆虫夜间活动时形成重叠像；F. 同一昆虫日间活动时形成并列像

三、单眼的结构和视觉

背单眼位于头部两复眼之间，视觉中心位于前脑单眼柄顶端的膨大部分，背单眼的角膜也常是一个单凸或双凸透镜，在角膜细胞层下面包含很多组视杆，而视小杆仅位于视杆的上端，通过角膜的光线可以直达视杆上，视杆间以及围绕角膜和角膜细胞层的四周，也有含深色素的色素细胞（图 17-7A，B）。一般认为背单眼是一种“激发器官”，可使神经系统保持一定的神经电活动，提高复眼的感光能力，并可改变肌肉的紧张度，从而对昆虫飞行产生定位等功能。

侧单眼是昆虫在幼虫期唯一的感光器，其结构与复眼中的小眼基本相同（图 17-7C，D），鳞翅目幼虫的每一侧单眼含有两个透镜，一个为角膜透镜；另一个为晶体透镜，可以形成比较清楚的倒像。

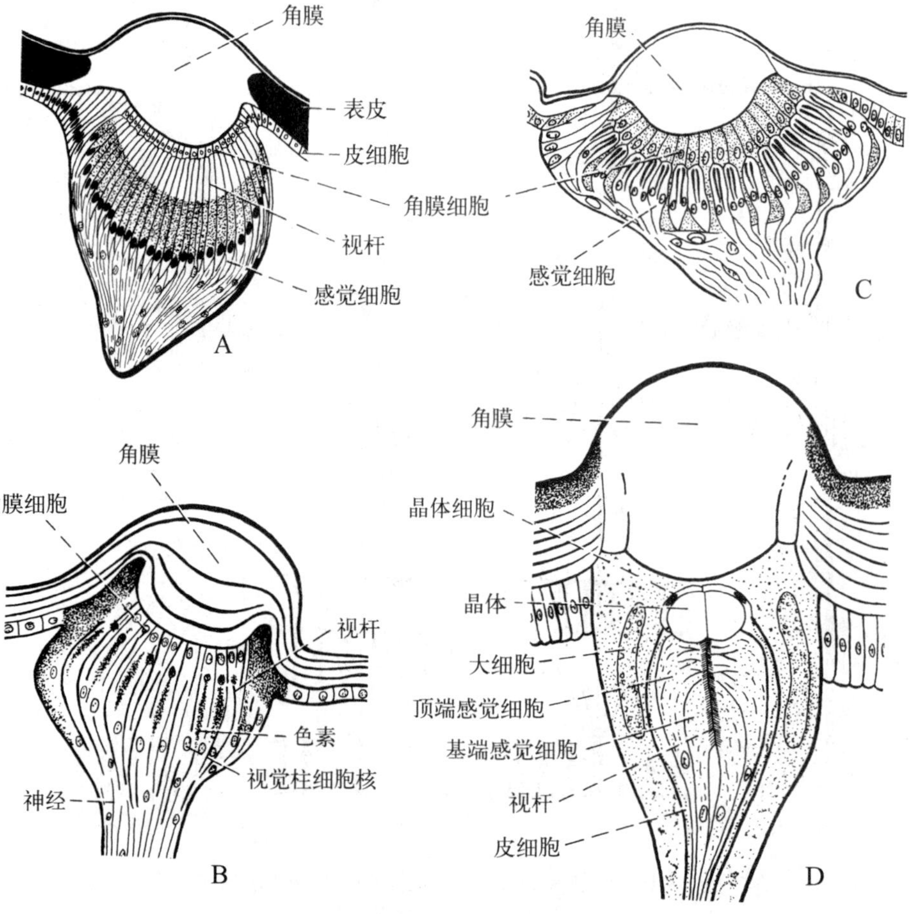

图 17-7　几种昆虫单眼的纵切面（仿各作者）

A．一种蚂蚁 *Formica pratensis* 的背单眼；B．一种沫蝉 *Aphrophora spumaria* 的背单眼；C．一种叶蜂 *Allantus togatus* 幼虫的侧单眼；D．一种枯叶蛾 *Gastropacha rubi* 幼虫的侧单眼

第七节　昆虫的温、湿度感觉器

一、温度感觉器

昆虫是变温动物，其活动与功能受环境温度的影响和调节。昆虫常常能感觉到环境温度的微小变化，如蜜蜂群能感觉 0.25℃幅度的温度变化，如果有温度梯度，则它们常聚集在最适宜的温区。臭虫会离开一个发烧的人而选择具有正常体温的人吸血。昆虫的温度感觉器一般分布于整个体躯上，而以跗节和触角为多，普热猎蝽触角上的厚壁刚毛是温度感受器，每个感觉器有五六个感觉细胞（图 17-8A）。

二、湿度感觉器

有些昆虫对湿度的改变很敏感，如金针虫喜欢高湿环境，即使在 99.5%~100% 的相对湿度之间，也表现出选择能力。相反的，库蚊 *Culex fatigans* 则躲避相对湿度在 85% 以上的环境，在 95% 以上时，即使是有 1% 的改变，它们也能感觉到。此外，蜜蜂、厩蝇等昆虫，能借触角上特殊的感受器找到相当远距离的水源。

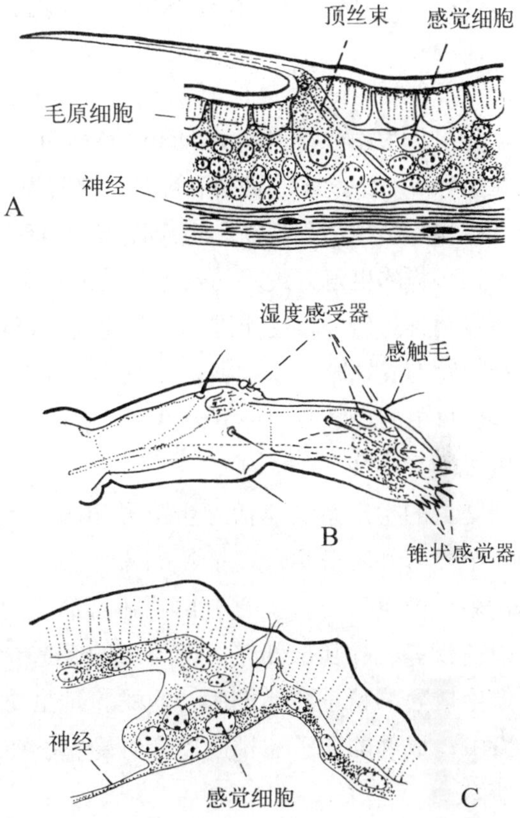

图 17-8　昆虫的温、湿度感觉器 (仿 Wigglesworth)

A. 普热猎蝽触角上的温度感觉器 (由 5 个感觉细胞组成)；B. 人虱触角上的湿度感觉器；C. 人虱触角上的湿度感觉器的纵切面

第十八章 昆虫的生殖系统

昆虫的生殖系统（reproductive system）是繁殖后代、延续种族的器官。昆虫之所以在生物界有如此多的种类和数量，究其原因，除了昆虫作为一个类群，具有体躯小，食物范围广，生活周期短和适应性强等因素外，更重要的是昆虫具有强大的生殖能力和多种多样的生殖方式，如吹绵介壳虫雌雄同体，可以自行受精；蚜虫和蜜蜂等昆虫除能行两性生殖外，还能进行孤雌生殖，蚜虫卵不经受精发育成雌蚜，而蜜蜂卵不经受精则发育成雄蜂；瘿蚊科昆虫在幼虫期，卵巢即已成熟，可进行幼体生殖；捻翅目及膜翅目中的小蜂科和小茧蜂科等可进行多胚生殖；双翅目的舌蝇和虱蝇则进行胎生生殖。

昆虫的生殖系统包括外生殖器和内生殖器官两部分。外生殖器一般由腹部末端的几个体节和附肢组成，如产卵器、阳茎及抱器等，用以完成雌、雄虫的交配和受精作用。内生殖器官主要有由中胚层形成的生殖腺和附腺，如卵巢、睾丸、输卵管及输精管等，外胚层部分内陷形成的管道，如中输卵管、阴道及射精管等，其作用是产生成熟的精子和卵细胞。当雌、雄虫交配时，雄虫排出的精子贮存在雌虫的受精囊中，成熟的卵子在排出阴道时受精，变成受精卵，受精卵一般在雌虫体外发育成幼体。

第一节 雌性生殖器官

昆虫的雌性生殖器官包括 1 对卵巢（ovary）、两根侧输卵管 (lateral oviduct) 及一根开口于生殖孔的中输卵管 (common oviduct)。另外，大多数昆虫还在中输卵管后端连接着由体壁内陷形成的交尾囊（bursa copulatrix）、一个接受和贮藏精子的受精囊 (spermatotheca) 以及 1 对附腺 (accessory gland)。交尾囊的形状和结构，在各类昆虫中有相当大的变异，一般可区别为两类：一类呈囊状而后端开口比较大的称生殖腔 (genital chamber)；另一类呈管状的通道称阴道 (vagina)。生殖腔或阴道常以阴门 (ostium of bursa) 开口于体外，而原始的生殖孔 (genital pore) 则位于生殖腔或阴道里面的基端（图 18-1A，B）。

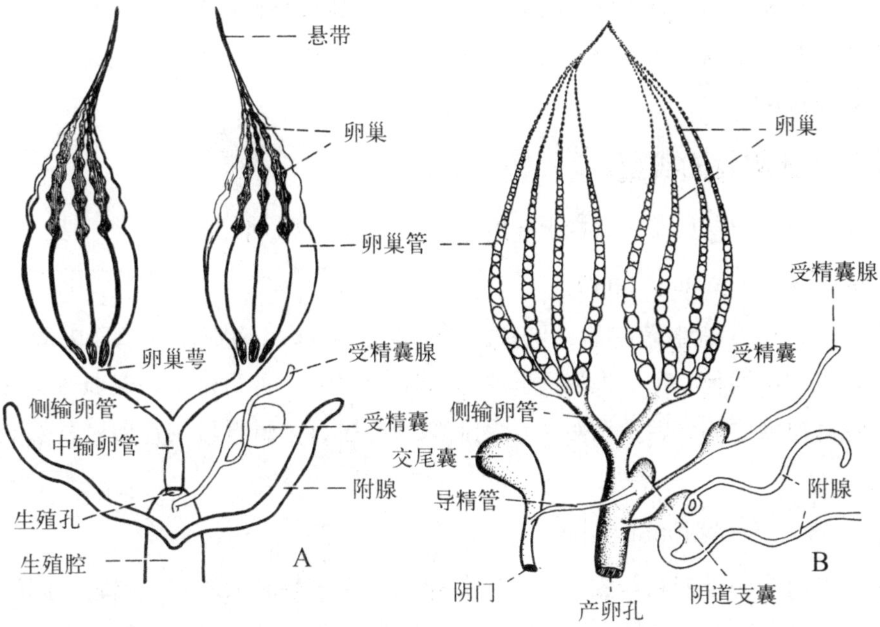

图 18-1　昆虫雌性生殖系统的结构 (A. 仿 Snodgrass；B. 仿 Eidmann)

A. 模式结构；B. 鳞翅目昆虫雌性生殖系统的基本结构

一、卵巢的基本结构

卵巢是由孕育卵母细胞的卵巢管 (ovarioles) 组成，每一卵巢管前端伸出的端丝 (terminal filament) 集合成悬带 (ligament)，附着于邻近的脂肪体、体壁内面或背膈上，有些昆虫的两条悬带常联结成一条中悬带 (median ligament) 附着于背血管的腹壁下。

（一）卵巢管的数目

在各类昆虫中差异较大，一般由 4 ~ 8 根卵巢管组成。一些较低等的种类数目较少，如羊虱蝇 *Melophagus* sp. 和犬虱蝇 *Hippobosca* sp. 的卵巢只有 2 根卵巢管。舌蝇 *Glossina* sp. 及有些蚜虫的有性蚜只有 1 根卵巢管。大多数膜翅目和双翅目的卵巢管数目较多，可达 100 ~ 200 根；某些白蚁的卵巢管可多达 2 400 根以上。

（二）卵巢管的结构

一个模式卵巢管可以分为端丝、卵巢管本部 (egg-tube) 及卵巢管柄 (pedicel)3 部分 (图 18-2A)。端丝是卵巢管本部前端的围鞘延伸成的细丝；卵巢管本部包含生殖区 (germarium)（原卵区）和生长区 (vitellarium)（卵黄区），在生殖区的最前端，含有正处于分裂时期的生殖细胞，随后生殖细胞产生卵原细胞 (ogonia)，卵原细胞再发育成原始的卵母细胞 (ocyte) 。在有些种类中，卵原细胞还可分化为滋养细胞 (nurse cell)。在生长区，卵母细胞周围包围着一层卵泡细胞 (follicle cell)。由于卵母细胞的生长发育，使生长区延伸成一系列由小到大的卵室 (follicle)。卵巢管柄则是一个薄壁的管道，连接于卵巢管本部的后端与侧输卵管之间。在整个卵巢管外面，包围着一层非细胞的管壁膜 (tunica propria)。

（三）卵巢管的类型

根据卵母细胞以及发育过程中获取营养的方式，把卵巢管分为 3 种类型。

1. *无滋式*（panoistic type）

生殖区内仅含有生殖细胞、卵原细胞、原始的卵母细胞及中胚层来源的卵泡组织，而没有卵母细胞分化出来的滋养细胞（图 18-2B）。卵母细胞积聚卵黄主要依赖卵泡细胞吸取血液中的养料，常见于无翅亚纲、蜉蝣目、蜻蜓目、直翅目及部分鞘翅目等雌虫。

2. *多滋式*（polytrophic type）

卵巢管内的卵母细胞与滋养细胞交替排列，大多数昆虫的滋养细胞由卵原细胞分化（少数昆虫由卵泡细胞转化）而成。一个卵原细胞分裂成很多细胞集成一团，并以原生质丝互相连通，但只有最后的一个细胞形成有效的卵母细胞，其余则分化为滋养细胞，当卵母细胞成熟时，滋养细胞内的营养物质也消耗殆尽（图 18-2C）。这类卵巢管常见于脉翅目、鳞翅目、鞘翅目和双翅目昆虫。

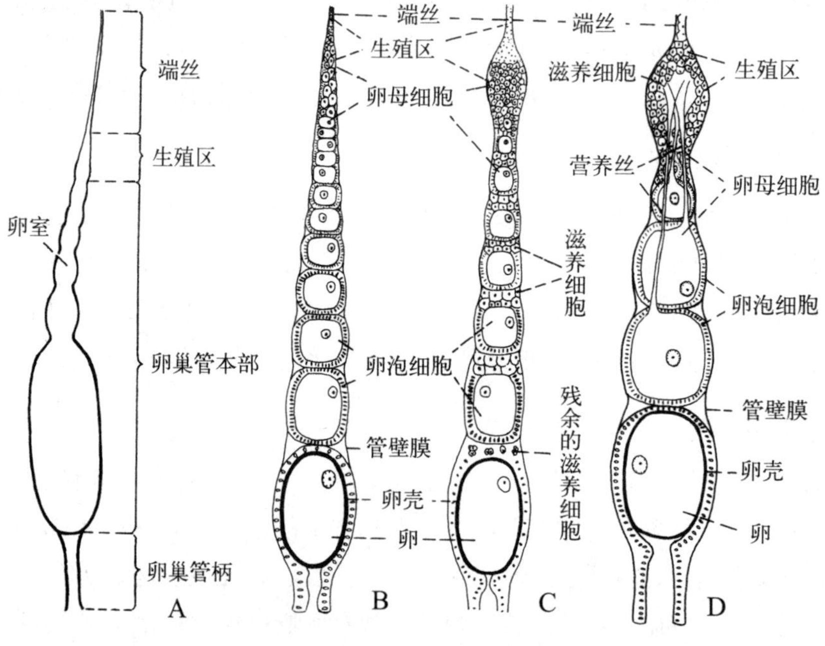

图 18-2　昆虫卵巢管的结构与类型 (A. 仿 Snodgrass；B ～ D. 仿 Weber)

A. 基本结构；B. 无滋式；C. 多滋式；D. 端滋式

3. *端滋式*（telotrophic type）

滋养细胞由卵原细胞分化而成，并集中保持在生殖区，在卵母细胞发育的早期，以原生质丝形成滋养丝（nutritive cord）与卵母细胞相连通，供给其所需要的营养（图 18-2D）。如半翅目和部分鞘翅目昆虫的卵巢管。

二、侧输卵管和中输卵管

侧输卵管是连接卵巢和中输卵管的一对管道，由中胚层演变而成。侧输卵管的前端与卵巢管连接处，常膨大呈囊状，称卵巢萼（calyx）（图 18-2A）。卵巢萼可暂时贮存卵子。在蝗科中，每一侧输卵管的顶端还延伸出一条管状附腺。

中输卵管由外胚层演变而成，前端与两根侧输卵管相连接，后端开口于由体壁内陷形成的生殖腔或由生殖腔转变而成的阴道的基端。中输卵管后端的开口，称生殖孔，是排卵的通道，而阴门则是生殖腔或阴道的外端开口，用以交配和产卵。大多数昆虫阴道的原始开口，由第 8 腹节的后端延伸到第 9 腹节，但很多鳞翅目昆虫第 8 腹节的原始开口并不封闭，仍保留作为交尾孔（阴门），而第 9 腹节的开口则作为产卵孔（ovipore）。

三、受 精 囊

由第 8 腹节腹板后缘的体壁内陷而成，其形状、大小和结构在各类昆虫中有很大差异，一般是一个具有细长导管的表皮质囊，并常具有附腺，其附腺的分泌物主要含有黏蛋白和黏多糖，为精子提供养分和能量。有些昆虫精子能在受精囊内存活很长时间，如蜜蜂的精子能存活 2 ~ 3 年。这种长期贮存精子的能力，对一生只交配一次的雌虫来说，可保证在不同时期成熟和排出的卵都能得到受精。

四、黏　　腺

雌性附腺中除受精囊附腺以外，较为重要的腺体是开口于生殖腔的黏腺（colleterial gland），能分泌卵的保护物质，如蜚蠊黏腺由左右两侧的小管组成，左侧的能分泌结构蛋白质、多元酚氧化酶及草酸钙等，右侧的小管除分泌结构蛋白以外，还分泌原儿茶酸，当两侧管道中的分泌物混合时，原儿茶酸在多元酚氧化酶的作用下氧化成醌，并与蛋白质交联形成色暗坚硬的卵鞘。

第二节　雄性生殖器官

雄性生殖器官主要包括 1 对产生精子的精巢、贮精囊和输送精子到雌虫体内的输精管，还有一些附腺能分泌精液，以提供精子所需营养和合适的环境（图 18-3）。

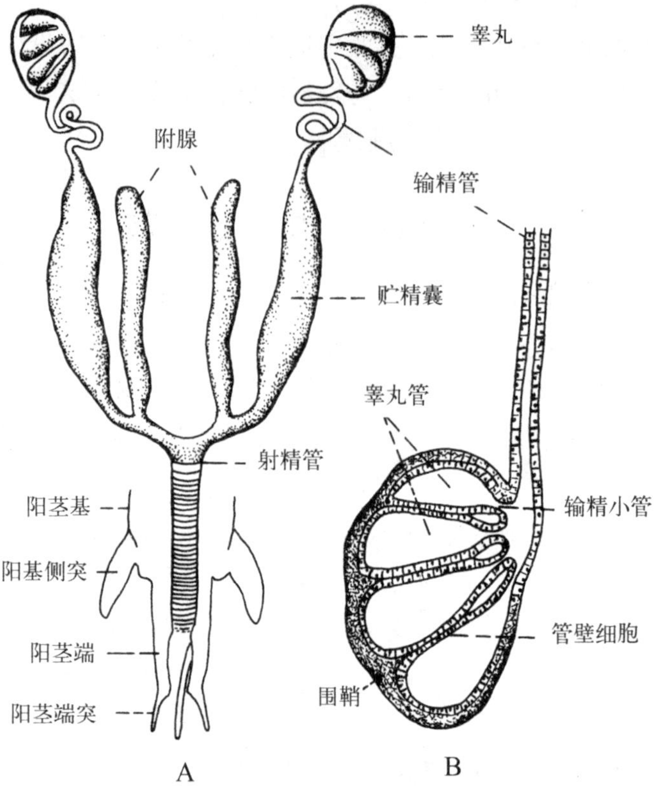

图 18-3　昆虫雄性生殖系统的结构 (仿 Weber)

A. 模式结构 ; B. 睾丸的剖面图

一、精巢和精巢小管

精巢（testes）通常呈椭圆形或分裂成叶状，借气管和脂肪体固定在消化道背面或侧面。精巢中的精巢小管(testicular follicle)的数目和形状在不同种类的昆虫中变异很大，有的精巢小管之间是相互分开的，有的则结合在一起，外周被以围膜。根据生殖细胞在管内发育的情况，长形的精巢小管从顶部向基部可依次分为精原区、生长区、成熟区和转化区。但很多昆虫的精巢小管的分区并不明显（图 18-3B）。

二、雄性生殖管

包括输精管(vas deferens)、贮精囊(seminal vesicle)和射精管(ejaculatory duct)3 部分。每一精巢小管的基部有一小柄状的输精小管（vas efferens）与输精管相连，输精管下端膨大为成对或不成对的精囊，精子从精巢进入贮精囊后还能进一步发育。射精管管壁细胞表面覆盖有表皮脂内膜，内膜中环肌和纵肌十分发达，形成很厚的肌肉层，能在排放精液或精包的前体物时产生很大的收缩力。

三、雄 性 附 腺

包括中胚层附腺（mesodenia）和外胚层附腺（ectadenia）两种。在不少种类昆虫的输精和贮精囊中，甚至射精管中，管壁细胞都具有腺性分泌能力。附腺的分泌物包括蛋白质、氨基酸、糖类和脂肪等多种成分，多数种类分泌的物质能在交配时形成精包，组成精液，为精子提供营养基质和能量，使精子保持活性，还能在雌性生殖腔内形成交配栓塞，提高精子的利用效率。果蝇的精液能使雌虫生殖腔膨大，阻止再次交配。某些蝶类的精液能诱导雌虫分泌激素，加速卵的成熟和促进产卵。

第三节　昆虫的交配和授精

昆虫的交配行为常受到各种因素的影响，如异性的鸣声、发音、色彩、气味等，其中雌虫散发的性外激素是引发交配的主要刺激物质。

一、授 精 方 式

两性交配时，雄虫将精液或精珠注入雌虫的生殖器内，使精子贮存于雌虫受精囊中的过程，称为授精。由于雌雄虫的交尾器和附肢，特别是雄虫的结构具有高度的特殊形状，所以，不同的种一般是不能进行交配的。昆虫的授精方式一般都以结构复杂的阳茎插入雌虫的生殖腔或阴道中进行交尾，传输精液。而鳞翅目和很多鞘翅目的昆虫则是在交尾囊中进行交尾和射精。另外，少数昆虫还有特殊的授精方式，例如，蜻蜓雄虫把精液注入腹基部的特殊交尾器中，然后再以这一交尾器插入雌虫阴道中进行交尾。

此外，在直翅类昆虫（蜚蠊、蝗虫、蟋蟀、螳螂等）、脉翅目、鞘翅目、毛翅目、鳞翅目及膜翅目的一部分昆虫，雄虫的精子并不直接以精液的形式注入雌虫的生殖器内，而是包藏在附腺分泌的特殊蛋白质薄膜囊——精珠中进行传输（图 18-4）。精珠常呈现出特殊形状，以适应雌虫阴道或生殖腔的结构。

当精子或精珠进入阴道或交尾囊后，精子靠机械作用或化学刺激而进入受精囊。如龙虱的精珠塞在雌虫阴道进口处，靠后端腹板的收缩作用而使精子压入阴道。又如果蝇 *Drosphila* spp. 的精子注入雌性阴道后，最初 1 ～ 2 min 内都保持静止不动状态，2 ～ 3 min 后，由于雌虫附腺分泌物的激发作用而变得很活跃，并主动地游向两个受精囊及一个复向的支囊中。

二、昆虫的排卵和受精

昆虫卵的受精作用常在交配后的一段时间内才进行，当卵巢管下端的卵子成熟以后，即冲破卵巢管塞排入侧输卵管内，卵子在通过阴道内的受精囊导管时，精子从受精囊排出，经卵孔进入卵内，当精子移近雌性原核（female pronucleus）时，尾部脱落，转变成雄性原核（male pronucleus），其中有一个雄性原核与雌性原核结合成合子，即受精，其余进入卵内的精子则退化消失。受精卵在适宜的条件下，开始胚胎发育。

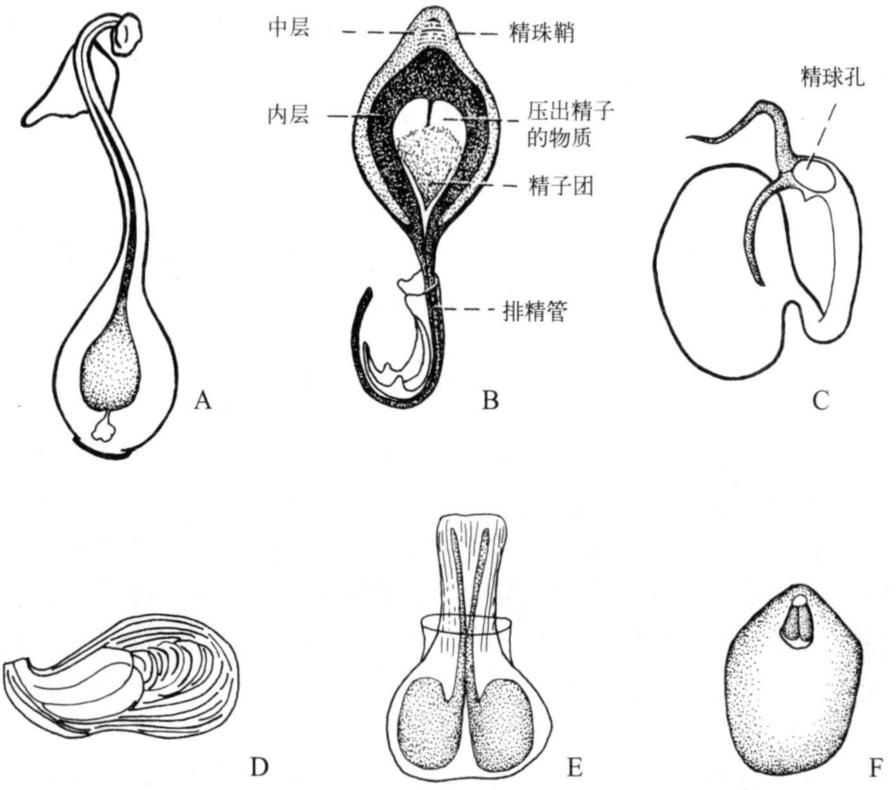

图 18-4　几种昆虫的精珠（仿各作者）

A. 油葫芦 *Gryllus testaceus* 的精珠；B. 一种蟋蟀 *Liogryllus campestris* 的精珠；C. 地中海粉螟 *Anagasta ruhniella* 的精珠；D. 德国小蠊 *Blatella germanica* 的精珠；E. 一种泥蛉 *Sialis lutaria* 的精珠；F. 一种姬蜂 *Pimpla instigator* 的精珠

第十九章　昆虫的激素和外激素

昆虫的生长发育、脱皮、变态、生殖、滞育等生理过程都离不开昆虫激素的参与。昆虫激素 (insect hormone) 是指由内分泌器官分泌的、具有高度活性的微量化学物质。外界环境，如温度、湿度、光照周期、食物等刺激通过昆虫的感官神经系统作用于内分泌器官，从而将神经性脉冲信号转变为化学信号物质——激素，激素被分泌后扩散于血液中，由血液运送到靶器官或靶细胞，以调节昆虫体内的生理功能。

人们对昆虫激素的研究，始于 20 世纪 20 年代末。1917 年，波兰生物学家 Kopěc 用经典的外科手术证明了脑是舞毒蛾 *Lymantria dispur* 化蛹所必需的。如果在末龄幼虫的某个时刻以前除去脑，幼虫就不会化蛹，但在这个关键时刻之后再移除脑，则不影响化蛹。1934 年，Wigglesworth 用普热猎蝽 *Rhodnius prolixus* 为材料证明：该猎蝽在倒数第 2 或更早的虫龄时，其幼虫在取食后的第 4 天内切除头部，虫体就不脱皮，而在进食后的第 5 天切除头部时则发生正常脱皮。把头部的各种组织分别植入去头后的虫体，可引起脱皮。他提出当猎蝽吸食血液后，刺激了腹部的伸胀感受器，腹部的伸胀感受器随即向脑发出神经信号，导致促前胸腺激素的释放，引起昆虫蜕皮。以后 Wigglesworth & Williams 又陆续发现了蜕皮激素和保幼激素。并且发现了多种神经分泌细胞产生的肽类激素。

激素能活化染色体，调节昆虫体内核酸和蛋白质的合成，影响有关遗传物质的活动，决定遗传基本性状的出现程序。随着人们对激素的结构、作用机理认识的进一步深入，尤其是人工合成类似物的应用，激素将对害虫防治和益虫的利用发挥更重要的作用。

第一节　内分泌细胞和器官

昆虫产生激素的内分泌器官包括两类：一类称为神经内分泌细胞，主要特征是分泌细胞存在于神经组织之中，如脑间部的神经分泌细胞；另一类是腺体内分泌器官，这一类内分泌器官完全呈现出腺体构造，但无输出的导管，如咽侧体。这两类分泌细胞和器官形成统一的内分泌系统（图 19-1）。

一、神经分泌细胞

在神经细胞中，有一类体积较大，并有分泌功能的细胞，称为神经分泌细胞

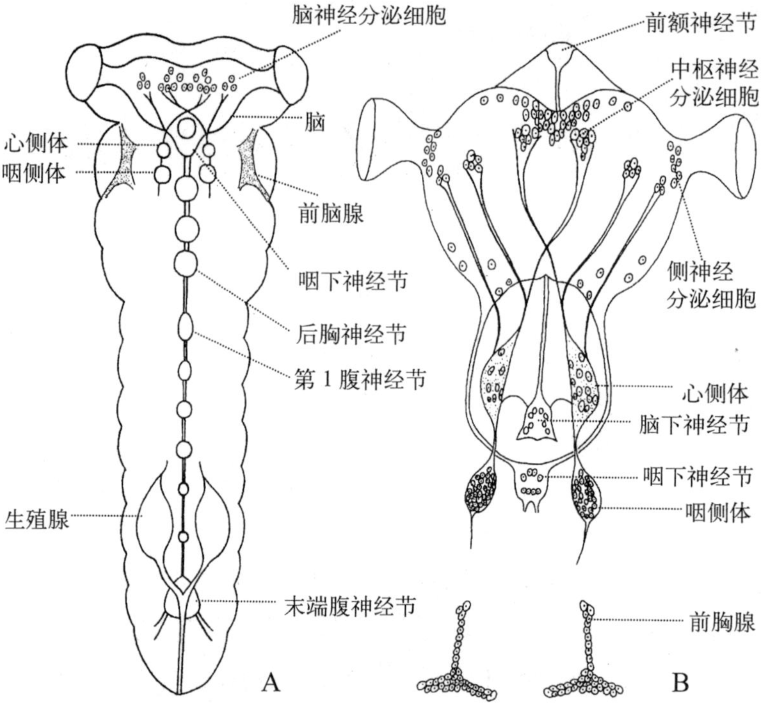

图 19-1　昆虫内分泌系统（仿郭郛）

A. 模式结构；B. 昆虫头部和胸部内分泌器官中分泌细胞模式图

(neurosecretory cell, NSC)，存在于脑、咽下神经节和其他胸、腹部神经节中，但主要为脑神经分泌细胞，脑神经分泌细胞一般位于前脑两叶近中沟的脑间部内及脑间部的背面，可分为中央群神经分泌细胞（中枢神经分泌细胞）和侧群神经分泌细胞（侧神经分泌细胞）(图 19-1B)。脑部的神经分泌细胞数，因进化程度不同而异，一般较低等的种类，细胞数量较多。

昆虫神经分泌细胞大多数是单极神经元，伸出的轴突组成成对的神经通道，并与心侧体相连。昆虫的神经分泌细胞具有神经细胞和腺体细胞的双重特征。神经分泌细胞最突出的神经性质是能够传递神经脉冲，但是它不能把神经脉冲传递给其他神经元或效应器。一个神经分泌细胞从结构和功能上可以分为 3 个主要部分：细胞体、轴突和膨大的轴突末梢。细胞体是神经分泌颗粒合成地点，内含丰富的粗面内质网、高尔基体和线粒体。神经分泌颗粒包含促前胸腺激素和黑化激素。轴突的功能是转运神经分泌颗粒，传递脉冲。膨大的轴突末梢具有贮存和释放神经分泌颗粒的功能。

在细胞体附近轴突上往往有侧支，它是神经分泌细胞接收传入信息的门户（图 19-2)。

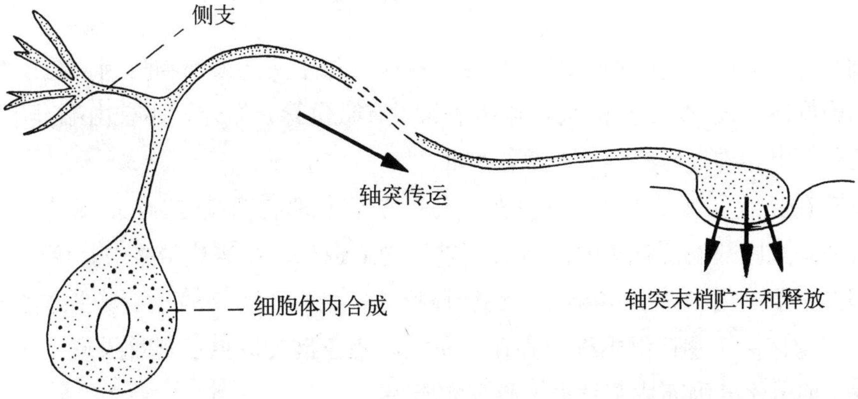

图 19-2　昆虫神经内分泌细胞模式图

二、心侧体

心侧体（corpus cardiacum, CC），位于脑后方、食道和背血管的两侧，为光亮乳白色的小球体 (图 19-1)，成对或融合成一个，其结构与神经节相同，内含有大量的神经分泌细胞，其较短的轴突与一些来自脑神经分泌细胞的轴突形成突触。此外，它还有神经与咽侧体及后头神经节相连。

心侧体有贮存和释放促前胸腺激素的功能，其神经轴突除了直接向外开放，把分泌物排入血淋巴中，还可以通过咽侧体释放。另外，心侧体还能加工神经激素和释放本身的分泌物。这些激素包括 ：利尿激素、抗利尿激素、心跳加速因子、脂肪动员激素、高血糖激素和蜕壳激素等。

三、咽侧体

咽侧体（corpus allatum, CA）起源于外胚层，位于心侧体的侧下方，食道两侧附近，椭圆形，它通过神经与心侧体紧密相连（图 19-1）。在半翅目昆虫中，左右两个常合并为一个中央腺（median gland）。在双翅目昆虫中，咽侧体、心侧体与前胸腺合并成一个环腺（ring gland）。

咽侧体本身由胞膜组织、气管组织、神经索和腺细胞 4 部分组成。咽侧体的周期性分泌活动和昆虫发育过程，如脱皮、生殖等密切相关。在分泌活动旺盛期，咽侧体体积增大，腺细胞数目增多，腺细胞内粗面内质网和核糖体大量积聚，特别是合成保幼激素的光面内质网增加显著。咽侧体是分泌保幼激素的中心，当咽侧体受到促前胸腺激素的刺激，即分泌保幼激素（JH）。

四、前 胸 腺

前胸腺(prothoracic gland)又叫脱皮腺或胸腺，位于头部或前胸两侧，是1对透明、带状的细胞群体（图19-1），前胸腺腺体中除了有微血管分布外，还有由咽喉下神经节和胸神经节发出的神经纤维分布在腺体表面。

前胸腺在胚后发育过程中，腺细胞在每一个龄期都有明显的分泌活动周期，它是在脑神经分泌细胞分泌活化激素的刺激下进行的。例如，在普热猎蝽中，脱皮开始时，腺细胞的核扩展，并分成许多小叶，细胞质增多，嗜碱性。在脱皮后，腺细胞恢复休止状态。前胸腺在无翅亚纲中终生存在，所以无翅亚纲的成虫能不断脱皮；在有翅亚纲中的成虫期退化，因而成虫就失去脱皮的能力。

前胸腺的发育有分裂增殖和增大细胞体积两种方式：飞蝗的前胸腺通过有丝分裂，总数不断增加；但在鳞翅目中，前胸腺不进行有丝分裂，腺体随细胞体积的增大而增大。

五、咽喉下神经节

咽喉下神经节（suboesophageal gland）分泌卵滞育激素以调节家蚕卵的滞育。1967年，日本人福田在咽喉下神经节内找到了分泌滞育激素的分泌细胞。

第二节 昆 虫 激 素

昆虫的激素种类已达20余种，有些激素的性质和它的分泌器官研究得比较清楚，如保幼激素、蜕皮激素，有些激素还正在研究之中。

一、促前胸腺激素

促前胸腺激素(prothoracotropic hormone, PTTH)，又称促蜕皮激素(ecdy-siotropin)，是第1个被发现的昆虫激素，旧称脑激素（brain hormone）。它是脑内神经分泌细胞产生的一种肽类激素，主要由前脑侧区的神经分泌细胞分泌。

促前胸腺激素包含几种肽类物质。在烟草天蛾和家蚕蛾中，已经分别发现两种以上的不同氨基酸序列的多肽。促前胸腺激素的效应是激活前胸腺，产生蜕皮激素，但不同组分存在某些种间专化性。另外，分子质量不同的组分，对同种昆虫产生效应的时间也不相同。一般来说，小分子质量的促前胸腺激素诱导蜕皮激素的低水平释放，使幼虫进入漫行期(wandering stage)，停止取食，准备化蛹，发生皮层溶离。大分子质量的促前胸腺激素引起蜕皮激素的第2次释放高峰，导致昆虫脱皮。

促前胸腺激素的释放是由多种因素决定的，包括昆虫自身的生活节律和激素水平(如保幼激素的滴度下降)，以及光照周期和温度等环境条件的刺激。

二、蜕 皮 激 素

蜕皮激素（molting hormone , MH）又称蜕皮甾醇（ecdysteroid）或蜕皮酮（ecdysone）。分为 α- 蜕皮激素和 β- 蜕皮激素，其化学结构如图 19-3。α- 蜕皮激素是一种“激素原”，本身没有活性，必须转化为 β- 蜕皮激素才具有活性。β- 蜕皮激素与甲壳纲动物的蜕皮激素完全相同。昆虫自身不能合成蜕皮激素的前体物三萜烯化合物，它需从植物中取得胆甾醇，并在前胸腺中转化为蜕皮甾醇释入血淋巴，再进入脂肪体或中肠细胞，转化为具有活性的 20- 羟基蜕皮酮（β- 蜕皮激素）。

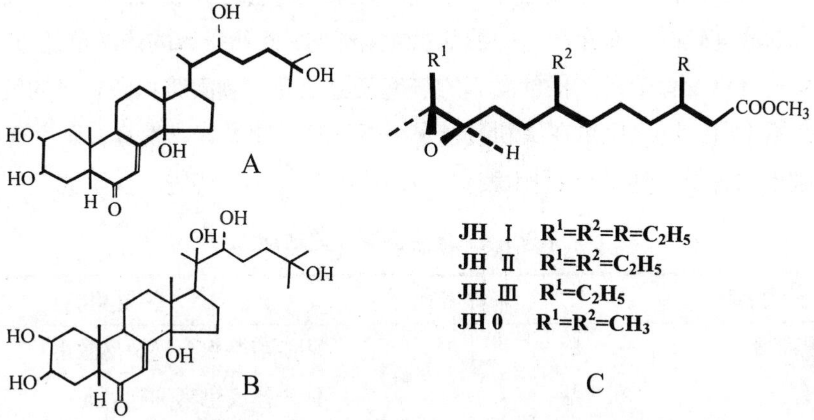

图 19-3 昆虫蜕皮激素和保幼激素的化学结构

A.α– 蜕皮激素；B.β– 蜕皮激素；C. 保幼激素

蜕皮激素的作用是在保幼激素协调下使昆虫脱皮。一般昆虫在进入成虫期以后，不再脱皮，因而前胸腺开始萎缩，蜕皮激素的滴度明显下降，但在一些雌虫的卵巢和血淋巴中，仍有相当高的含量，伊蚊 *Aedes aeypti* 卵巢中的蜕皮酮能刺激脂肪体合成卵黄原蛋白。蜕皮激素还有增高细胞呼吸代谢的作用。当蜕皮激素与细胞发生作用后，呼吸率立刻升高，随后线粒体的数量和体积都增大。当昆虫在停止生长进入滞育状态时，蜕皮激素的滴度下降。

蜕皮激素的合成和释放首先依赖于促前胸腺激素对前胸腺的激活 ，在烟草天蛾中，还受到一种血淋巴刺激因子的联合作用。嗉囊排空等生理反应和对光周期变化的信息感受，也可能激发前胸腺释放蜕皮激素。高水平的保幼激素，则抑制促前胸腺激素的释放和蜕皮激素的合成。

三、保 幼 激 素

保幼激素（juvenile hormone, JH）由咽侧体分泌，它是多种半倍萜类的总称。包括 JHI（十八碳保幼激素），JH Ⅱ（十七碳保幼激素），JH Ⅲ（十六碳保幼激素）和少量的 JH0 等（图 19-3C）。

在不同种类和不同虫期，保幼激素的结构和含量都是不同的，这显示出种的特异性。但在大多数情况下，昆虫的成虫期只含有 JH Ⅲ。咽侧体产生的保幼激素是亲脂性的，在血淋巴中有较高的溶解度。它与载体蛋白质形成的复合体可防止非特异性脂酶的水解。

保幼激素具有维持幼虫特征、阻止变态发生的作用。Wigglesworth 曾对普热猎蝽进行了典型的接躯试验：将 1 头幼龄若虫与一去头的 5 龄若虫接躯后，5 龄若虫没有发生变态，脱皮后形成了一个超龄若虫。若将 1 龄若虫在取食后立即切去头部，与 5 龄若虫进行接躯，1 龄若虫则脱皮变成一个“小型”的成虫。这个实验表明保幼激素是维持幼虫期特征必不可少的激素。当缺乏保幼激素时，幼虫就会变为成虫。一般来说，在幼虫期保幼激素的滴度较高，而在最后一龄幼虫（或蛹期）保幼激素的滴度很低或检测不到。但到成虫生殖器官发育阶段，保幼激素的滴度又趋上升，刺激雌虫卵巢管的发育和脂肪体合成卵黄原蛋白。迁飞昆虫在保幼激素水平低下时，卵巢停止发育，发生迁飞行为。

昆虫激素的种类已达 20 余种 (表 19-1)，其中有些还有待进一步研究。

表 19-1　昆虫激素及其功能

激素名称	来源器官	主要功能
1. 促前胸腺激素	脑	刺激前胸腺分泌蜕皮激素
2. 黑化激素	脑	促进体表色素细胞运动
3. 抗利尿激素	脑，心侧体	刺激直肠收缩
4. 利尿激素	脑，胸神经	刺激吸血蝽马氏管运动抑制直肠收缩
5. 蜕壳激素	脑，心侧体	促天蚕蛾出壳
6. 鞣化激素	胸、腹神经节	刺激丽蝇体壁变硬、变黑
7. 促心搏因子	心侧体	促飞蝗心脏跳动
8. 激脂激素	心侧体	脂肪体释放甘油三酯
9. 刺激产卵激素	心侧体	促天蚕蛾产卵
10. 高血糖激素	心侧体	促进血糖增加
11. 控制性引诱物释放因子	心侧体	影响天蚕蛾性引诱物的释放
12. 滞育激素	咽下神经节	调节家蚕卵的滞育
13. 保幼激素	咽侧体	调节生长、脱皮、变态、卵巢发育
14. 蜕皮激素	前胸腺	调节脱皮
15. 雄性激素	睾丸顶端细胞	促萤火虫性腺卵细胞变为精子
16. 睾丸激素	睾丸间隙细胞	促飞蝗精子成熟，性别出现
17. 卵静态激素	卵巢	调节卵发育
18. 抗促性腺激素	卵巢	成熟卵巢中抑制下一粒卵成熟
19. 后肠灵	心侧体	调节后肠蠕动

第三节　激素的作用过程

昆虫的许多生理活动，如生长、脱皮、变态、生殖、滞育、迁飞等都表现出明显的周期性。这些周期性的生理活动既是进化过程中形成的遗传特性，又是激素调控能力的集中反应。激素的调节和控制作用可归纳为以下几个过程：

一、活 化 过 程

当昆虫体内外的各种刺激信息，如光周期、温湿度、食物、交配、外激素、体内营养物、腹部膨胀压力等作用于中枢神经系统时，中枢神经系统能将神经性冲动转换成激素性冲动，使得脑神经分泌细胞进行分泌活动，导致脑神经分泌物质的逐步积累。脑神经分泌物质是一种促激素，它能活化其他内分泌腺体的活动。

二、激素的分泌、结合和运动过程

当昆虫的内分泌器官接受脑神经分泌物质的刺激后，内分泌细胞便开始产生特有的激素，这些激素再与载体蛋白质结合形成复合体，靠体液运送到靶细胞。

三、激素对靶子器的作用过程

当激素被载体携带到靶子细胞时，便与细胞膜上的特殊受体结合，经受体进入细胞质后作用于染色体上某些特定位点，使染色体产生膨突现象，并转录 mRNA，最后经核糖体翻译成蛋白质。

第四节　激素对变态的调节

变态是昆虫特有的特征之一。昆虫的脱皮、变态受体内激素的调节，参与调节的激素有促前胸腺激素、蜕皮激素和保幼激素（图 19-4）。促前胸腺激素在保幼激素与蜕皮激素的调节过程中起主导作用。蜕皮激素启动与调整脱皮过程，保幼激素规定每次脱皮后昆虫的发育方向，即发育为幼虫或产生变态形成蛹和成虫。具体说，高浓度的保幼激素和蜕皮激素一起促使幼虫到幼虫状态的转变，低浓度的保幼激素和蜕皮激素一起促使幼虫到蛹或到成虫的转变。

保幼激素对形态发生的效应与昆虫体组织所处的敏感时期有关。昆虫只有在某一虫龄早期存在保幼激素的条件下，才能完全保留幼虫特征。另外，保幼激素的存在还能抑制前胸腺对 PTTH 的感受性，从而阻止蜕皮激素的合成。

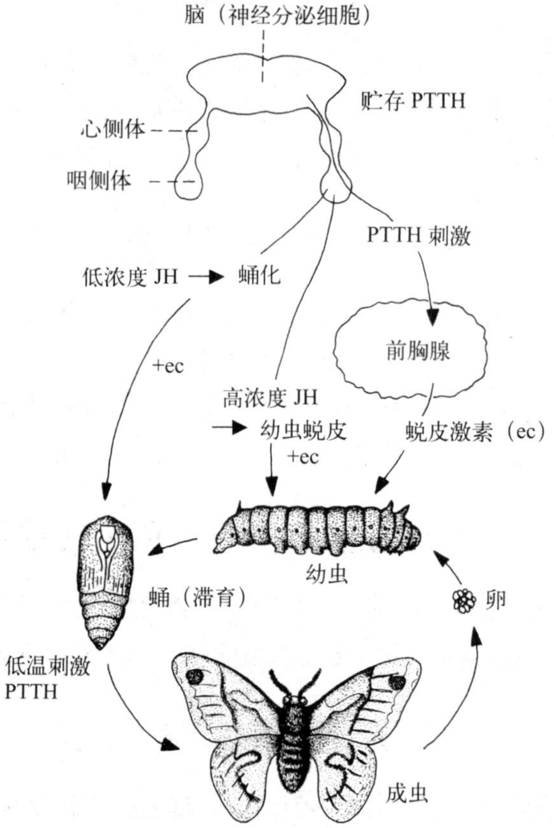

图 19-4 昆虫变态的激素调节 (仿 Spratt)

第五节 昆虫的外激素

外激素（pheromone）又称信息激素，是由一种昆虫个体的分泌腺体所分泌到体外，能影响同种（也可能是异种）其他个体的行为、发育和生殖等的化学物质，具有刺激和抑制两方面的作用。

一、外激素的种类

昆虫的外激素主要有性抑制外激素（inhibitory pheromone）、性外激素（sex pheromone）、告警外激素（alarm pheromone）、集结外激素（aggregation pheromone）和标迹外激素（trail pheromone）等。例如，蜜蜂蜂后的上颚腺分泌的长链不饱和有机物——性抑制外激素Ⅰ和Ⅱ，能抑制工蜂的卵巢发育。家蚕雌蛾腹部的特殊腺体分泌的家蚕醇能引诱雄蛾前来交配。蚂蚁和白蚁分泌标迹外激素。甲虫类分泌的集结外激素能招引其他个体飞来集结。

二、昆虫的外分泌腺体

昆虫向外部散发的不同作用的分泌物都是由昆虫身体上不同部位外分泌腺体所分泌的，这些部位可以在昆虫的头部、胸部、足部和翅上等。例如，鳞翅目雌虫释放的性信息素腺体，一般位于腹末生殖孔附近，腺体起源于节间褶膜，通常处于第8、第9腹节之间，但各种昆虫的腺体形态结构则不完全相同。蝶类通常由雄虫释放性信息素，一种斑蝶雄性后腹部有1对生的臭腺，这种臭腺和可外翻的毛状鳞(气味刷）连在一起，在求爱过程中气味刷展开成扇形，散布性外激素。

鞘翅目昆虫的性信息素，有的在粪便中，有的在后肠，有的却在腹部末端。半翅目可在后胸腹板。同翅目可在后足胫节上。膜翅目昆虫则可在腹部前侧边缘，而蜜蜂却由上颚腺分泌。

三、昆虫信息素的化学组成及其特点

昆虫信息素是带有挥发油性质的化学物质，具有香味或臭味。一般都是多种成分的混合物，有的昆虫是用顺式和反式异构体组成的混合物，有些用乙酸酯和醇或乙酸酯和醛的混合物，有些则用不同双键位置的异构体，有的化学结构很简单，而有的则较为复杂。多数是长链的不饱和醇、乙酸酯或醛类，如蛾类的性外激素，但也有不少是萜类化合物，如标迹外激素和集结外激素。

信息素在化学结构上的微小变动，就会引起失去全部或大部分的引诱活性，或者相反。所谓结构改变包括功能团(乙酸酯、醇、醛)的变化，双键位置的改变、构型(顺式或反式）的不同，双键的数目以及碳链的长短等。因为立体构型不同，有的改变则可增加活性，称增效剂，有的则可减低活性称抑制剂。舞毒蛾引诱的抑制剂，仅与其相差一个氧环。棉红铃虫引诱的顺式异构体就是其抑制剂，一般反式构型较顺式构型有较大的抑制作用，醇类较相应的酯类有较大的抑制作用。红带卷叶蛾的抑制剂中的双键位置自C11移到较低的奇数碳时，则减少其抑制作用。抑制剂与增效剂在性引诱剂中量的比例十分重要，红带卷叶蛾性引诱剂中若有极少量的反式异构体存在时，非但不是抑制剂而是增效剂。有的化学成分一样，但因构型的比例不同而成为各种不同虫种的性信息素。

四、信息素的作用机理

信息素作为通讯工具，或者说是一种化学语言，主要由信息素的释放、传递和接受3部分组成。信息素的释放通常由外分泌腺体和能使化合物分子传递到周围介质中去的特化器一起组成。接受部分为嗅觉器官和味觉器官。传递介质则主要根据昆虫的生活方式不同，可以是空气或水，也可以是相关的其他物体。

昆虫信息素特别是性信息素的释放有严格的条件限制，主要取决于成虫性成熟状态、时间和环境条件。

许多昆虫从羽化开始后的整个生命期都可以产生并散发出信息素，而另外一些昆虫必须达到一定的虫龄时，才能达到性成熟，并且在昆虫自然死亡之前的某个时期就停止产生信息素了。

昆虫释放性信息素按本身所固有的生物钟进行释放。如4~5日蛾龄的雄性红带卷叶蛾在上午9时显示其最大反应；球果螟雌性信息素的释放在黑暗后5~6 h时开始，9 h后最盛。

光、温、气可直接控制性信息素的释放。光照太强或太弱都可抑制和妨碍性信息素的释放，另外，不同的光周期和温度的变化还可以通过改变体内生物钟的作用而间接控制性行为。

参考文献

郭郛，等 . 昆虫的激素 . 北京 ：科学出版社，1979

刘惠霞，李新岗，吴文君 . 昆虫生物化学 . 西安 ：陕西科学技术出版社，1998

刘玉素，卢宝廉 . 亚洲飞蝗 *Locusta migratoria manilensis* Meyen 消化系统的解剖和组织构造 . 昆虫学报，1955，5(3)：245 ~ 260

刘玉素，卢宝廉 . 东亚飞蝗 *Locusta migratoria manilensis* Meyen 生殖系统的解剖和组织构造 . 昆虫学报，1959，9(1)：1 ~ 12

刘玉素，卢宝廉 . 东亚飞蝗 *Locusta migratoria manilensis* Meyen 的感觉器官和附肢的组织构造 . 昆虫学报，1960，10(3)：243 ~ 260

刘玉素，李宝珍，卢宝廉 . 东亚飞蝗 *Locusta migratoria manilensis* Meyen 循环系统和排泄器官的解剖和组织构造 . 昆虫学报，1960，10(2)：129 ~ 135

孟宪佐 . 我国昆虫信息素研究应用的进展 . 昆虫知识，2000，37(2)：75 ~ 84

钦俊德 . 昆虫与植物的关系 . 北京 ：科学出版社，1987

王荫长 . 昆虫生理生化学 . 北京 ：中国农业出版社，1994

尤子平 . 昆虫生理生化与毒理 . 南京 ：江苏人民出版社，1964

张克斌，谭六谦 . 昆虫生理 . 西安 ：陕西科学技术出版社，1989

张宗炳 . 昆虫神经生理与神经毒剂 . 北京 ：科学出版社，1986

Bernhard C G. ed. The functional organization of the compound eye. Oxford: Pergamon, 1966

Bodenstein D. ed. Milestones in developmental physiology of insects. New York: Appleton-Century-Verlag, 1977

Caveney S. Muscle attachment related to cuticle architecture in Apterygota. J. Cell Sci., 1969, 4:541 ~ 559

Chapman R F. The insects: structure and function. 3rd ed. London, Sydney, Auckland, Toronto: Hodder and Stoughton, 1982

Crossly A C. The cytophysiology of insect blood. Adv. Ins. Physiol., 1975, 11:117 ~ 221

Dethier V G. The physiology of insect senses. New York: John Wiley & Sons, 1963

Downer R G H. ed. Energy metabolism in insects. New York: Plenum Press, 1981

Engelmann F. The physiology of insect reproduction. New York: Pergamon Press, 1970

Gardiner A, Barker D, Butlin R K et al. *Drosophila* chemoreceptor gene evolution: selection, specialization and genome size. Mol. Ecol., 2008, 17:1648 ~ 1657

Hepburn H R. ed. The insect integument. New York: Elsevier Scientific, 1976

Howard R W & Blomquist G J. Chemical ecology and biochemistry of insect hydrocarbons. Annu. Rev. Entomol., 1982, 27:149 ~ 172

Hoy M A. Insect molecular genetics: an introduction to principles and applications. 2nd ed.

Amsterdam: Elsevier Academic Press, 2003
Kerkut G A & Gilbert L I. eds. Comprehensive insect physiology, biochemistry, and pharmacology. 13 vols. New York: Pergamon Press, 1985
King R C & Akai H. eds. Insect ultrastructure. Vol. 1. New York: Plenum, 1982
Leather S R & Hardie R J eds. Insect reproduction. Boca Raton, Florida: CRC Press Inc., 1995
Nation J L. Insect physiology and biochemistry. 2nd. Washington: CRC Press, 2008
Patton R L. Introductory insect physiology. Philadelphia: W. B. Saunders Co., 1963
Nijhout H F. Insect hormones. New Jersey: Princeton University Press, 1994
Snodgrass R E. Principles of insect morphology. New York: McGraw-Hill, 1935
Strausfeld N J. Atlas of an insect brain. New York: Springer-Verlag, 1976
Terra W R. Evolution of digestive systems of insects. Annu. Rev. Entomol., 1990, 35:181 ~ 200
Usherwood P N R. ed. Insect muscle. New York: Academic Press, 1975
Warrant E & Dacke M. Vision and visual navigation in nocturnal insects. Annu. Rev. Entomol., 2011, 56:239 ~ 54
Woo W C. Skeleto-muscular studies on the head and feeding apparatus of *Ctenolepisma urbana* Slabaugh (Thysanura: Lepismatidae). Pek. Nat. Hist. Bull., 1950, 18(3):171 ~ 188
Wigglesworth V B. Insect hormones. Edinburgh, Scotland: Oliver & Boyd, 1970
Wigglesworth V B. The principles of insect physiology. 7th ed. London: Chapman & Hall, 1972

第四篇

昆虫的生物学

昆虫生物学是研究昆虫个体发育中生命特性的科学，主要包括昆虫的生殖、生长发育、生命周期、各发育阶段的习性及行为、某一段时间内的发生特点等方面。

不同种类的昆虫在生物学特性上有所差异。在漫长的进化历史中，种类繁多的昆虫形成了各自的生存对策，有的简单，有的甚为复杂；有些特性奇怪得令人不可思议，如拟态、变色、休眠、滞育、孤雌生殖、多胚生殖等等；还有一些昆虫具有严密的社会生活。

研究昆虫生物学的目的不仅在于了解昆虫生命活动及其演化的奥秘，更主要的是把昆虫生物学知识用于人类改造自然的活动中。害虫防治、益虫利用、环境保护等均要在弄清昆虫生活习性的基础上才能达到事半功倍的效果。另外，昆虫的生物学知识在仿生学、航空航天乃至刑事侦破等领域也有巨大的应用价值。

第二十章　昆虫的生殖方法

第一节　昆虫的性别

在正常情况下，昆虫个体的性别有 3 种情况：雌性、雄性及雌雄同体。

一、雌　　性

雌性 (female) 在文献中常用符号“♀”表示。大多数种类中，雌性成虫略比同种的雄性个体大，颜色较暗淡，活动能力较差，寿命较长。

二、雄　　性

雄性 (male) 文献中常用“♂”表示。多数昆虫的雄性个体比同种雌性体小，色泽鲜艳，活动能力强，寿命短。

雌雄两性的差异主要表现在生殖器官的形态上。除生殖器官外同种昆虫雌雄个体还有一些不明显但又稳定的差异，即所谓的第 2 性征。如一些蛾类雌性的触角为丝状，翅缰为 1 根，而雄性的触角为羽状，翅缰在 2 根以上；蝇类的复眼，雌性的较小而相互远离，雄性的则大而几乎左右相接 (图 6-6E，F)。

同种的雌、雄个体除生殖器官的结构差异和第 2 性征的不同外，在大小、颜色、结构等方面存在明显差异的现象叫雌雄二型现象 (sexual dimorphism)。有些昆虫雌性个体显著大于雄性个体，如短额负蝗 *Atractomorpha sinensis* 雌性个体的体长是雄性个体长的 2 倍多，蛾后的体积可比工蛾等大数百倍至上千倍。有些昆虫的雌性个体则小于雄性个体，如大部分锹甲科昆虫 (图 20-1A，B)。雌雄两性颜色明显不同的现象在鳞翅目蝶类昆虫中较为常见，如玉带凤蝶 *Papilio polytes* L. 雄性个体的后翅上有一列玉带似的白斑，而雌性个体的后翅上白斑不成一列且常有红斑；丝带凤蝶 *Sericinus montela* Gray 雄性个体前翅基色为白色，而雌性个体前翅基色为黑褐色。在结构上，有些昆虫两性个体的差别更大，介壳虫、蓑蛾、捻翅目昆虫的雌性不仅无翅，而且在体型及其他结构上也和雌性个体不同 (图 20-1E，F)；不少锹甲科昆虫雄性的上颚特别发达，而雌性个体的上颚则明显为小 (图 20-1A，B)；一些犀金龟科的雄性个体头部及胸部有巨大的突起 (图 7-1B)，而雌性个体的头部和胸部则无相应的突起；一些象甲科的昆虫雌性个体在产卵之前常用象鼻状的“喙”在寄主植物上啃一个洞，然后产卵于洞中，因此，雌性个体的“喙”常明显长于雄性的“喙”(图 20-1C，D)。

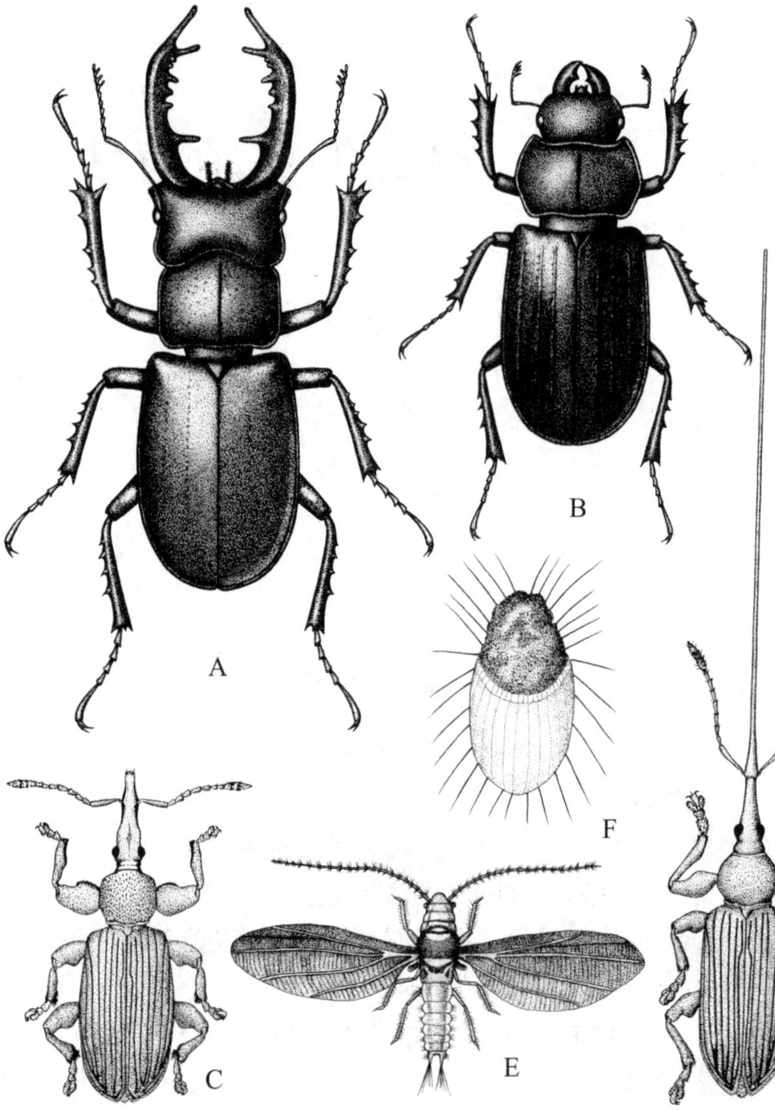

图 20-1 几种昆虫的雌雄二型现象 (A，B. 作者图；C，D. 仿 Scholtz & Holm；E，F. 仿周尧)

A，B. 斑股锹甲 *Lucanus maculifemoratus* Motschulsky；C，D. 苏铁象甲 *Antliarhinus zamiae*；E，F. 吹绵蚧 *Icerya purchasi*；A，C，E. 雄性；B，D，F. 雌性

雌雄二型和第 2 性征之间的界限是人为规定的。有人认为雌雄二型现象的产生是第 2 性征分化的进一步发展或高级阶段，与“性选择”(sexual selection) 密切相关。

同种昆虫同一性别的个体间在大小、颜色、结构等方面存在明显差异的现象称为多型现象 (polymorphism)。多型现象不仅出现在成虫期，也可出现于卵、幼虫或若虫期及蛹期。

昆虫本身的遗传物质、激素动态和外部的气候条件、食物等是造成多型现象产生的主要原因，这些因子综合作用常使昆虫的多型现象与特定的季节及地理位置相适应。如异色瓢虫 *Harmonia axyridis* (Pallas) 是一个典型的色斑多型性昆虫 (图 20-2)，Korshefsky (1932) 曾列出该种的 105 个变种或变型，这些色斑变型还存在着一定的地区和季节性变化 (Tan, 1948；Mayr, 1963)，谈家桢 (1942，1946) 通过实验揭示了异色瓢虫的色斑遗传机制为一系列复等位基因所制约，并表现出一种特异的镶嵌显性 (mosaic dominance) 现象，各种各样的色斑变型实际是不能稳定遗传的镶嵌杂合体。鳞翅目昆虫的色斑多型现象常随季节变化而产生；同翅目的蚜虫、飞虱的多型现象常与食物的质量直接相关。社会性昆虫的多型现象更为复杂，不同的类型间不仅形态有别，而且其职能与行为也有相应的分化，并能随着种群结构的变化而调整各类型的比例。如在蚂蚁的种群中至少有蚁后、生殖型雌蚁、生殖型雄蚁、工蚁、兵蚁等类型。

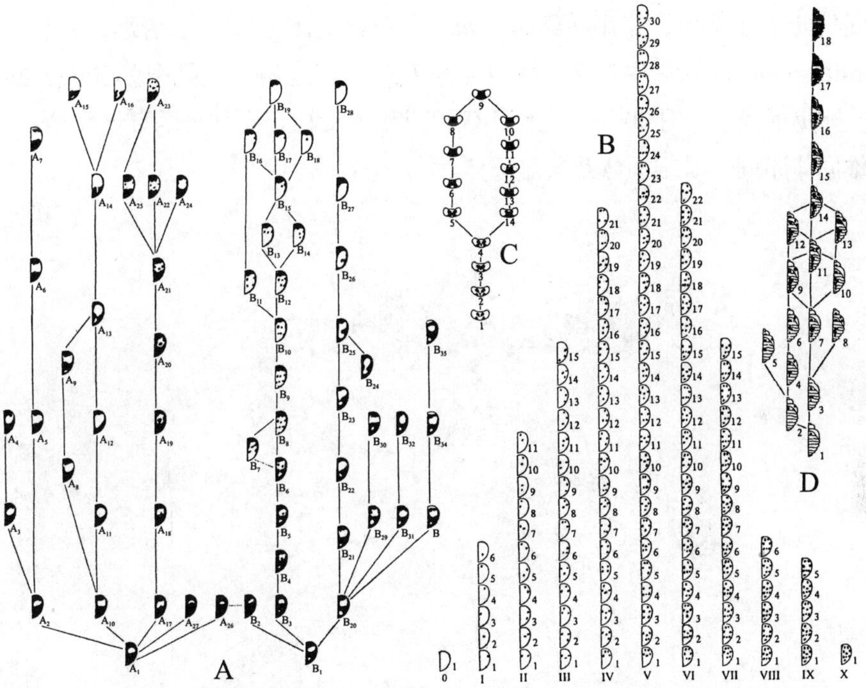

图 20-2 异色瓢虫的色斑变化 (仿谈家桢)

A. 鞘翅黑缘型色斑型变化；B. 鞘翅黄底型色斑型变化；C. 前胸背板色斑型变化；D. 蛹的色斑型变化

三、雌 雄 同 体

雌雄同体 (hermaphrodite) 是指在正常情况下卵巢与精巢并存于同一个体中的现象，昆虫纲中仅见于襀翅目、同翅目、双翅目中。雌雄同体又分两种情况。

(一) 非功能性雌雄同体

非功能性雌雄同体 (non-functional hermaphrodite) 又叫副雌雄同体 (accessory

hermaphrodite) 或退化性雌雄同体 (rudimentary hermaphrodite)，迁蜻 *Perla marginata*“雄虫”的睾丸末端有较发达的卵巢管，但卵巢管中的卵的染色体数却与雄性相同，后期不能成熟且不具受精功能。一种白蚁 *Neotermes zuluensis* 也具有类似的情况。这种情况下实际上只能异体授精。

（二）功能性雌雄同体

功能性雌雄同体 (functional hermaphrodite) 也有两种情况。吹绵蚧 *Icerya purchasi* 有两种不同的个体，其中 90% 以上的个体是雌雄同体，其余为雄性个体，而没有真正的雌性个体。雌雄同体个体的生殖腺外面部分的生殖细胞形成卵，内部的生殖细胞形成精子，可进行自体受精产生雌雄同体的后代，但偶然也会有少数卵细胞可不经受精作用直接就发育为雄性个体，这些雄虫可以与雌雄同体的个体进行交配，而雌雄同体的个体间彼此不能交配。二斑吹绵蚧 *I. bimaculatus* 也具有类似的情形。双翅目膨腹蟚蝇科 Termitoxeniidae 的一些种类，雌性生殖孔和雄性生殖孔是完全分开的，其中睾丸先成熟，卵巢后成熟 (图 20-3)，它们不仅可以异体受精，而且可以自体受精。

雌雄同体不同于雌雄间体及雌雄嵌体。

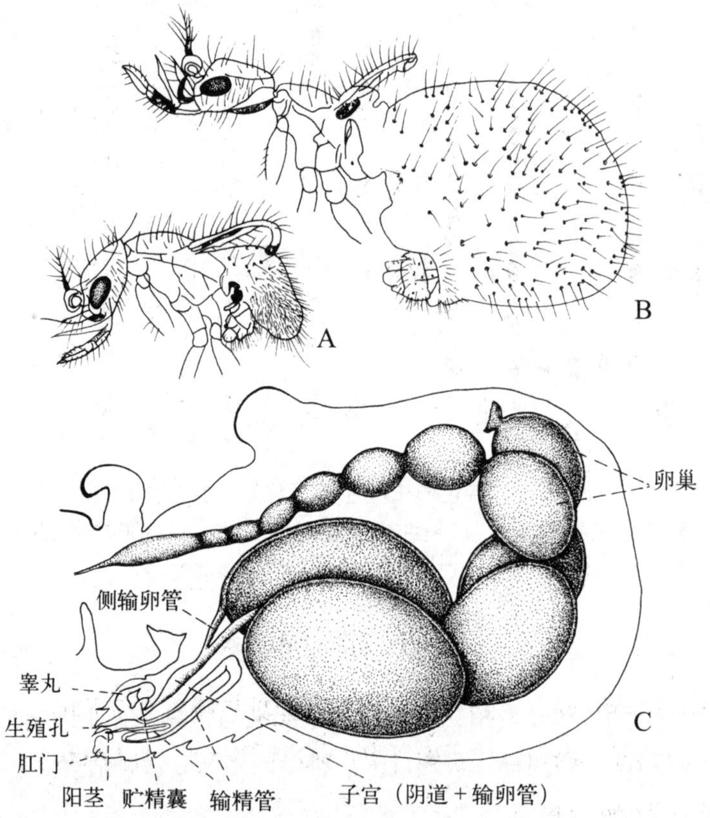

图 20-3　蟚蝇的雌雄同体 (A，B. 据 Reichensperger；C. 据 Mergelsberg)

A，B．细蟚蝇 *Termitomyia gracilis*；A．幼龄、短腹“雄性”类型；B．老龄、膨腹“雌性”类型；
C．舍氏蟚蝇 *Termitostroma schumitzi* 成熟期“雌性”个体的生殖器官

第二节 昆虫的生殖方法

昆虫生殖从不同的角度可以分为不同的类型。按生殖的个体可分为单体生殖和双体生殖，前者包括雌雄同体的自体受精和孤雌生殖，后者包括两性生殖及雌雄同体的异体受精。若从受精机制看，生殖方法可分两性生殖 (sexual reproduction) 和孤雌生殖 (parthenogenesis) 两类。如依产生后代的个数可分单胚生殖 (monoembryony) 和多胚生殖 (polyembryony)，前者一个卵产生一个体，后者一个卵可产生两个以上的个体。按能进行生殖的虫态则分为成体生殖与幼体生殖 (paedogenesis) 两类。若按产生后代的虫态则可分卵生 (oviparity) 和胎生 (viviparity)，前者中子代离开母体的虫态为卵，后者中子代离开母体的虫态为若虫或幼虫。不过在大多数情况下昆虫为双体、两性、单胚、成体、卵生的生殖方式，这一主要的生殖方法通常称之为两性生殖，其他的方式均为特殊的生殖方法。

一、昆虫的两性生殖

两性生殖是昆虫最常见的生殖方式，其特点是要经过雌雄的交配，雄性个体把精子送入雌体，在精子与卵子结合（即受精）后才能形成新个体。细胞学上，雄虫在排精时，精子已经减数分裂，而雌虫的卵则必须在受精后才进行减数分裂。两性生殖的特点在相关章节中还有较详细的记述。

二、昆虫的几种特殊生殖方式

(一) 孤雌生殖

昆虫的卵不受精也能发育成新个体的现象叫孤雌生殖。此现象最早为公元 600 年间中国人张华在《博物志》中对家蚕的记载，而真正的研究则始于德国人 Rent (1737) 又发现蚜虫的孤雌生殖现象之后。目前已知除蜻蜓目和半翅目 (狭义) 外几乎所有的目都有孤雌生殖的类群。

像昆虫的生殖方式分类一样，从不同的角度出发，也可把孤雌生殖分为不同的类型。如据其产生的后代又分为产雌孤雌生殖 (thelyotoky)、产雄孤雌生殖 (arrhenotoky) 及产雌雄孤雌生殖 (amphiterotoky)3 类；依细胞学基础可以分为无性孤雌生殖 (apomictic 或 ameiotic parthenogenesis)、自发孤雌生殖 (automictic 或 meiotic parthenogenesis 或 autoparthenogenesis) 及有性孤雌生殖 (generative 或 haploid parthenogenesis)3 类；按引起的原因则有自然孤雌生殖 (natural parthenogenesis) 和人工孤雌生殖 (artificial parthenogenesis) 两类；如果按出现的频率则又可分成兼性孤雌生殖 (facultative parthenogenesis) 和专性孤雌生殖 (obligate parthenogenesis) 两大类。

1. 兼性孤雌生殖

兼性孤雌生殖又叫偶发性孤雌生殖 (sporadic parthenogenesis)，即大多数情况下行两性生殖，但偶尔会出现不受精的卵发育成新个体的现象，见于膜翅目、鳞翅目、缨翅目、同翅目、蝽目等类群。

2. 专性孤雌生殖

即没有雄虫或只有少数无生殖能力的雄虫，所有的卵都不受精而发育成新个体，至少在某些世代如此。专性孤雌生殖又分为 4 类：经常性孤雌生殖 (constant parthenogenesis)、周期性孤雌生殖 (cyclical parthenogenesis)、幼体生殖 (paedogenesis) 及地理性孤雌生殖 (geographical parthenogenesis)。经常性孤雌生殖为一些膜翅目、同翅目、缨翅目、鳞翅目、鞘翅目、蝽目、食毛目的昆虫所具，这些种类的生殖几乎完全是通过孤雌生殖方式而进行。周期性孤雌生殖是指两性生殖与孤雌生殖随季节变迁交替进行，即所谓的异态交替 (heterogeny)，此类生殖方式主要存在于蚜虫和瘿蜂中。幼体生殖是孤雌生殖的一个特殊类型，下面会专门论述。地理性孤雌生殖是在一种昆虫的两个变型中一个行两性生殖而另一个行孤雌生殖，如一种蓑蛾 *Cochliotheca crenulella* 在中欧斯堪的纳维亚和西亚的变型能行孤雌生殖，而在意大利北部和法国南部的变型则行两性生殖。

（二）多胚生殖

这种生殖方式见于约 30 种寄生性的膜翅目昆虫（如小蜂科、细蜂科、茧蜂科、姬蜂科、螯蜂科等类群）及一种捻翅目昆虫中（Ivanova-Kasas,1972）。这种生殖方式多与寄生及胎生相关，有时还与孤雌生殖相连，如有些寄生蜂一次可在寄主里产卵 1~8 个，既可有受精卵，又可有非受精卵，受精卵发育为雌蜂，未受精卵发育为雄蜂。

一个卵形成胚胎的数目变化很大，如一种寄生黑赤瘿蚊的细蜂 *Platygaster hiemalis* 一个卵只形成 2 个胚胎，而寄生于鳞翅目幼虫的金小蜂 *Litomastix truncatellus* 一个卵产生数百个甚至 2 000 个左右的胚胎。

多胚生殖的卵在成熟分裂时，极体不消失，它们集中于卵的一端并继续分裂，逐渐形成包在胚胎外的滋养羊膜 (trophamnion)。胚胎通过滋养羊膜从寄主体内吸取它们所需要的营养，孵化为幼虫后继续取食寄主，只到把寄主柔软的部分吃光才化蛹；此时，寄主实为一个装满寄生物蛹体的表皮袋 (图 20-4A-D)。

（三）胎生

胎生是昆虫纲虫较为常见的一种生殖方式，特别是在进化程度高的双翅目昆虫中较为普遍，不全变态类昆虫胎生而出的幼体为若虫，又称若虫生 (nymphiparity), 而全变态类昆虫胎生而出的幼体为幼虫，又称幼虫生 (larviparity)。根据幼虫离开母体前的营养方式，胎生又分 4 类。

1. 卵胎生 (ovoviviparity)

胚胎发育所需的养分全部由卵供给，胚胎发育在母体内完成，卵在母体内孵化，孵化后不久幼虫便离开母体。从营养源看，与卵生相同，故名卵胎生。介壳虫、蓟马、肉蝇、家蝇、寄蝇等均有进行卵胎生的种类。

2. 腺养胎生 (adenotrophic viviparity)

胚胎发育的养分也由卵供给，但幼虫从卵中孵化出来后并不马上离开母体，而是寄居在母体阴道膨大而成的“子宫”内，由母体的附腺供给幼虫养分 (图 20-4E)，直到幼体接近化蛹时才被产出体外，刚产出的幼体不久便化蛹，因此有人把此类生殖方式叫蛹生 (pupiparity)。这种生殖方式为部分家蝇科、虱蝇科、蛛蝇科及蜂蝇科昆虫所特有。

3. 伪胎盘胎生 (pseudoplacental viviparity)

这类生殖方式昆虫的卵黄无卵或卵黄甚少，无卵壳，主要靠一种称为伪胎盘 (pseudoplacenta) 的构造从母体中吸取营养。孤雌生殖的蚜虫、啮虫、半翅目的寄蝽、革翅目、蜚蠊目的部分种类曾报道有此类生殖方式。

4. 血腔胎生 (haemocoelous viviparity)

为捻翅目及幼体生殖的瘿蚊科昆虫所具，当卵发育成熟后卵巢破裂，将卵释放到母体的血腔中。捻翅目昆虫胚胎从血淋巴中直接吸取养分，卵孵化后，幼虫经雌虫的生殖孔出来。而在一些瘿蚊中，卵母细胞不受精就在卵巢管中发育，孵化后幼虫进入血腔，幼虫取食母体的组织，至化蛹前从母体的体壁中出来。

(四) 幼体生殖

幼体生殖常与孤雌生殖及胎生相关，见于双翅目、鞘翅目与同翅目昆虫中，以摇蚊科的幼体生殖最为典型 (图 20-4F)，一些瘿蚊在老熟幼虫或蛹期时卵母细胞即可在母体的血腔中发育，一些摇蚊，雌虫蛹期后代的胚胎即开始发育，极端的例子见于蚜虫，幼体的发育在母体的生殖系统中即已开始。

三、昆虫生殖方式的进化及生物学意义

两性、卵生的生殖方式应该是最原始的，其他特殊的生殖方式均由两性生殖演变而来，曾有实验表明，通过人工改变外界因子 (如光周期、X 光、化学刺激、机械刺激等) 可以使某些行两性生殖的昆虫进行孤雌生殖。

长期以来，人们认为孤雌生殖的昆虫由于没有雌雄的基因组合，进化只能沿着单系突变的积累进行，是进化上的“死胡同”，甚至有人预言，专性孤雌生殖的昆虫终将不能适应环境条件的变化而灭绝。 但近年的研究表明，某些孤雌生殖昆虫的基因分化水平相当高。孤雌生殖是昆虫长期为生存而斗争的过程中适应环境的结果，它对昆虫

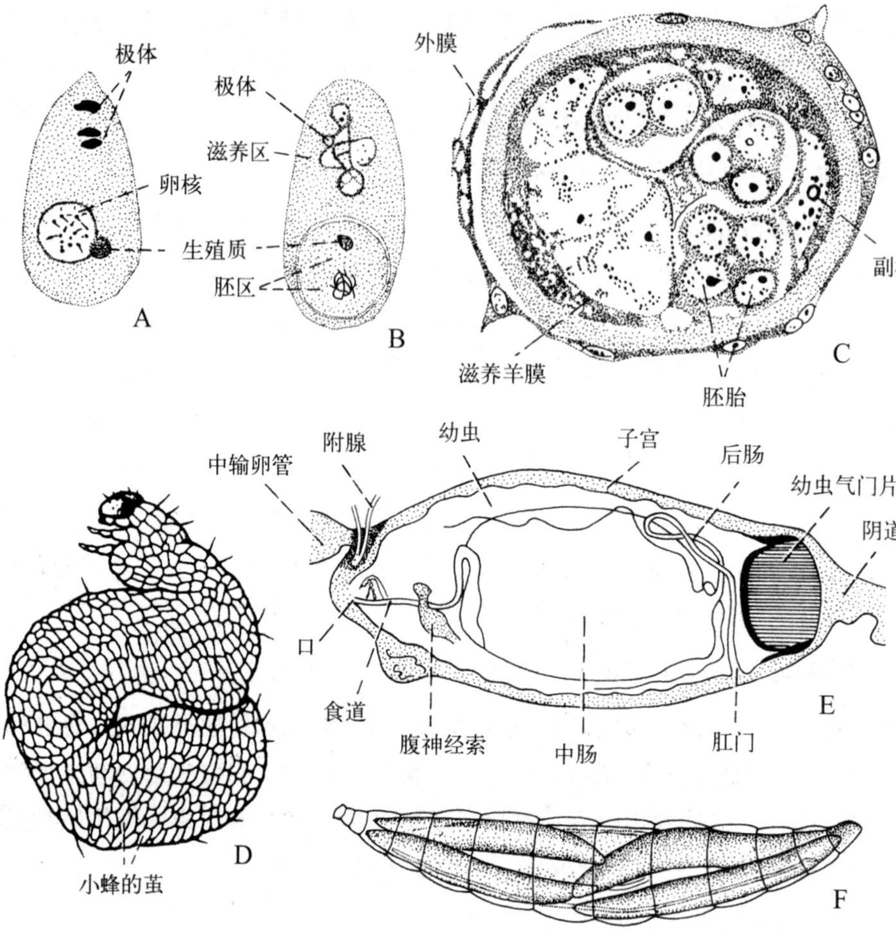

图 20-4　昆虫的特殊生殖方式：A ~ D. 多胚生殖；E. 腺养胎生；F. 一种摇纹的幼体生殖 (A，B. 据 Reichensperger；C. 据 Mergelsberg)

种群的繁盛起着很大的作用。第一，这种生殖方式有利于昆虫的分布；事实上孤雌生殖的种类往往比两性生殖的种类具有更广泛的分布区；第二，孤雌生殖方式使昆虫更能充分地利用有利的自然条件；第三，周期性孤雌生殖的昆虫具有复杂的生活史，异态交替现象能使昆虫更好地发挥两种生殖方式的优势。

胎生是保护卵而产生的适应性生殖方式，它不仅使幼体脱离母体后能敏捷地逃避敌害或离开不良环境。

幼体生殖兼有孤雌生殖及胎生的优点，特别是蛹生的种类更是如此。

多胚生殖是对活体寄生的一种适应，寄生性昆虫并非总能找到合适的寄主，而多胚生殖使得寄生性昆虫一旦找到理想的寄主便可产生较多的后代。

第二十一章 昆虫的胚前发育

一般认为，除孤雌生殖的种类外昆虫的个体发育 (ontogenesis) 是从合子形成开始的。但近期的研究表明，果蝇卵细胞在产生过程中就已经参与快速胚胎发育。加之胚胎发育又在卵中进行，所以在讨论昆虫个体发育过程时，常以胚胎发育 (embryonic development) 为基点，把胚胎发育前的精、卵形成期叫昆虫的胚前发育 (preembryonic development)，把胚胎完成后到性成熟的过程叫胚后发育 (postembryonic development)。

第一节 卵

对于卵生昆虫而言，卵 (egg 或 ovum，复数 ova) 是个体发育的第 1 个虫态，又是一个表面不活动的虫态。了解卵的形成、结构、产卵方式等具有重要的理论与实践意义。

一、卵的形成

卵的形成或称卵子发生 (ogenesis) 始于原卵区内卵原细胞的原始分裂所产生的卵母细胞。在无滋式卵巢管中，卵母细胞被卵泡细胞所包围，卵泡细胞直接从血液中吸取营养物质供给卵。在具滋式的卵巢管中，卵原细胞进行有丝分裂，经若干次后形成一群子细胞，其中有一个细胞发育成卵母细胞，其余的子细胞分化为滋养细胞；卵母细胞移入生长区后，大量吸收并合成营养物质，细胞体迅速变大。如果蝇卵母细胞经过 4 次有丝分裂产生 16 个子细胞，各胞间有胞质桥相连，这些细胞中有一个成为卵母细胞，其余的 15 个姐妹细胞成为滋养细胞 (nurse cells)，3 d 内，卵母细胞的体积可增大到 10 万倍左右 (图 21-1)。

卵母细胞经过一段营养物质的吸收与合成，组成卵黄物质的沉积接近尾声时，最外面的卵质层形成卵黄膜，并在其外面由卵泡细胞分泌和沉积一层卵壳，此后，卵发育成熟，卵泡囊破裂，卵从封闭的卵巢管柄进入有伸缩性的侧输卵管内。

不同生殖类型、不同种类、同种昆虫的不同生长阶段中卵形成的速度与方式会有所不同。

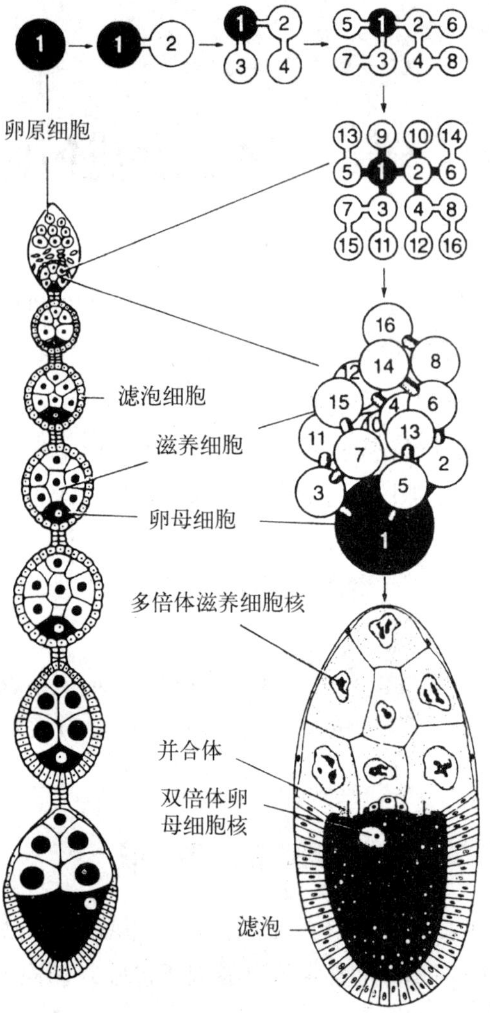

图 21-1　果蝇卵的发生 (仿 Müller)

二、卵的外部形态及产卵方式

(一) 卵的外部形态

1. 卵的大小

昆虫的卵较小，但与高等动物的卵相比则相对很大；其大小与昆虫本身的大小及产卵量等有关；一种螽斯的卵长近 10 mm，而葡萄根瘤蚜的卵长仅 0.02 ～ 0.03 mm；但大多数昆虫的卵长在 1.5 ～ 2.5 mm 之间。

2. 卵的形状

卵的外形也呈现出高度的多样性，一般为卵圆形或肾形，也有的呈桶形、瓶形、纺锤形、半球形、球形、哑铃形，还有一些卵为不规则形 (图 21-2)。

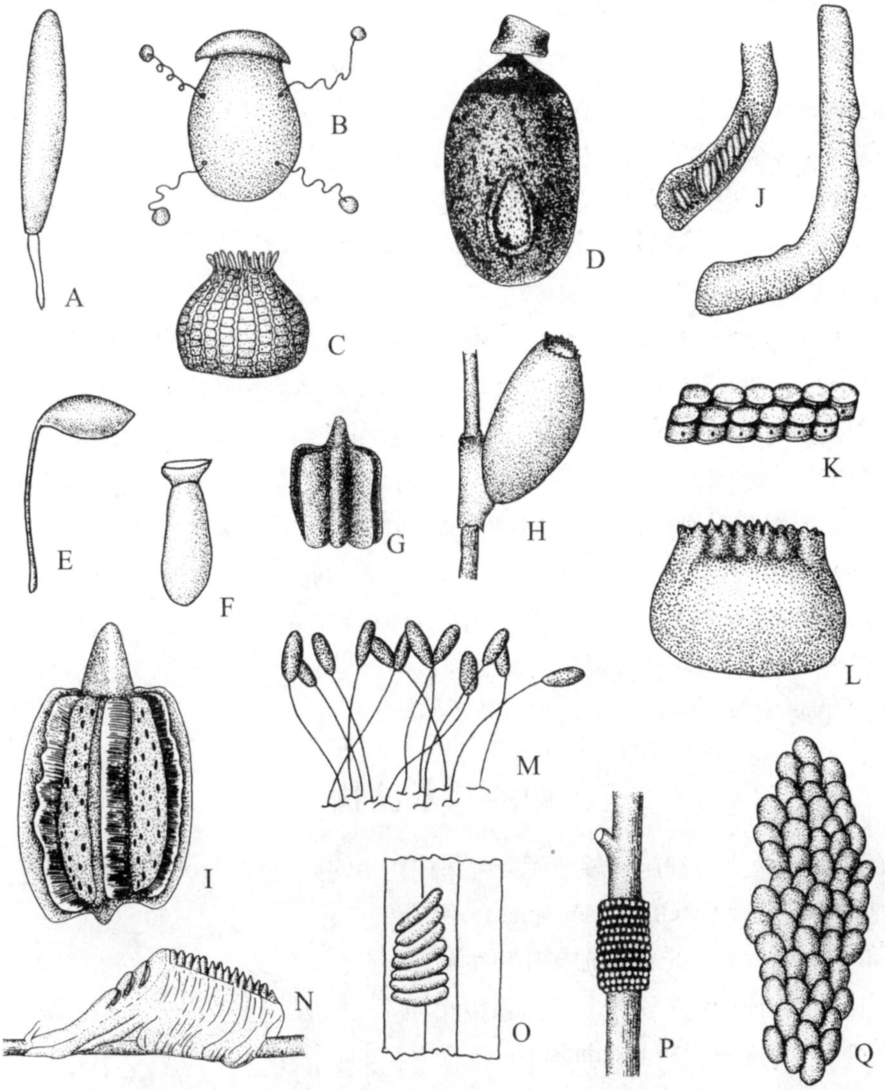

图 21-2 昆虫卵的形状（仿各作者）

A. 高粱瘿蚊 *Contarinia sorghicola*；B. 蜉蝣 *Ephemerella rotunda*；C. 鼎点金刚钻 *Earias cupreoviridis*；D. 一种蛸目昆虫；E. 一种小蜂 *Bruchophagus funebris*；F. 米象 *Sitophilus oryzae*；G. 木叶蝶 *Phyllum ciccifolium*；H. 头虱 *Pediculus humanus capitis*；I. 一种蛸 *Phyllium sicifolium*；J. 东亚飞蝗 *Locusta migratoria manilensis*；K. 一种菜蝽 *Eurydema* sp.；L. 美洲大蠊 *Periplaneta americana*；M. 一种草蛉 Chrysopa sp.；N. 中华大刀螳 *Tenodera sinensis*；O. 灰飞虱 *Delphacodes striatella*；P. 天幕毛虫 *Malacosoma neustria*；Q. 亚洲玉米螟 *Ostrinia furnacalis*

3. 卵的颜色

大部分昆虫的卵初产时呈乳白色或淡黄色，以后颜色逐渐加深，呈绿色、红色、褐色等，孵化之前色变得更深。据卵的色泽我们可以推断某种昆虫卵的发育进度。

（二）昆虫的产卵方式及适应

昆虫的产卵方式有许多不同的类型，有的单产，有的块产；有的产在寄主或猎物或其他物体的表面，有的产在隐蔽的场所，如土中、石块下、树皮下、缝隙中、寄主组织中等等。大多数昆虫在产卵方式上表现出高度的选择性与适应性。首先，成虫把卵产在幼虫食物源上或附近，为幼体提供了觅食之便，如很多植食性昆虫大多把卵产在寄主植物表面或体内，捕食性的蜾蠃在产卵前会先筑一巢，捕捉猎物并将其麻醉后放进巢中，然后再产卵，幼虫从卵中孵出后马上就有可口的食物。其次，是保护卵不受天敌或同类的侵害，如螳螂、蜚蠊的卵包在坚硬的卵鞘中，蜚蠊还常把卵鞘携在腹末；草蛉产卵时，先分泌一点黏胶，并随腹部上翘把胶拉成细丝，再把卵产在细丝顶端，这样不仅在一定程度上能防止其他捕食性昆虫把这些卵吃 掉，而且避免了先孵化出的幼虫将同类的卵吃掉。再者是使卵有一个适宜的生长发育环境，如很多块产的卵表面具毛、胶质或蜡质等覆盖物或囊被，这都可避免在干燥时水分过量蒸发，同时还可部分避免天敌加害。在植物组织中产卵的昆虫常会为卵创造一种既能从寄主中获得水分又能保证卵的呼吸正常进行的环境，如菊小筒天牛 *Phytoecia rufiventris* Gautier 在菊枝中产卵 2 ~ 6 d 后，会在咬成的双环间形成一个空间较大的卵室，使该虫卵的发育有一个良好的小环境。

三、卵的基本结构

昆虫的卵是一个大型细胞。最外面是起保护作用的卵壳 (chorion 或 egg shell)，卵壳里面的薄层称卵黄膜 (vitelline membrane)，围着原生质、卵黄及核。丰富的卵黄充塞在原生质网络的空隙内，但紧贴着卵黄膜内的原生质中无卵黄，这部分原生质特称周质 (periplasm)。未受精的卵，卵细胞核一般位于卵之中央。这种卵称为中黄式卵 (centrolecithal egg)(图 21-3)。

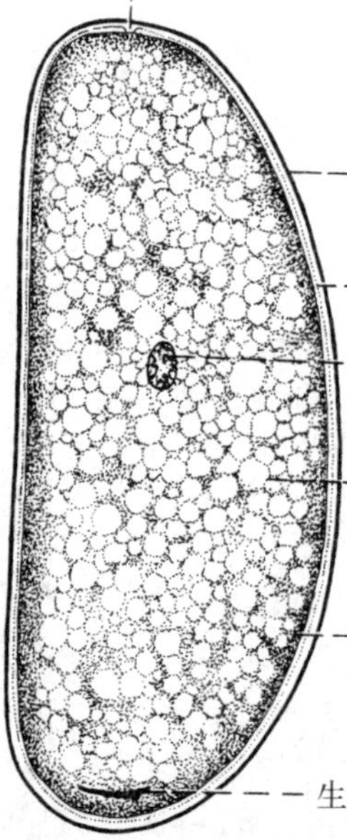

图 21-3　昆虫卵的结构
(仿 Johannsen & Butt)

卵有基部与端部之分。其端部常有一个或若干个贯通卵壳的小孔，称为卵孔 (micropyle)，受精时精子可通过此孔进入卵内，因此卵孔又被称为精孔或受精孔，有些昆虫还具有几个至几百个呼吸孔 (aeropyle)。精孔附近常有各种各样的刻纹。大部分半翅目昆虫卵的端部还有称做卵盖 (operculum 或 egg-cap) 的。卵的基部常较粗，内部有生殖质负责以后发育过程中生殖器官的形成。

卵壳是卵泡细胞分泌的一个十分复杂的构造，多较厚而坚硬，但亦可薄或膜质 而能够伸缩 (如很多寄生性膜翅目昆虫的卵），在胎生性的昆虫中，卵壳消失。卵壳基本上是由硫键及氢键交叉联结而成的一种蛋白质结构，可分为若干层，如普热猎蝽 *Rhodnius prolixus* 的卵壳由外向内可分为抗性外卵壳、软外卵壳、软内卵壳、琥珀层、外多元酸层、鞣化蛋白抗性层和内多元酚层 7 层；其中外面的 2 层组成外卵壳 (exochorion)，里面的 5 层组成内卵壳 (endochorion)；这 7 层都是亲水性的，水分可以自由通透。排卵前，在卵壳与卵黄膜之间由卵细胞分泌一薄层拒水性的蜡层紧贴在卵壳下。复杂的卵壳结构能防止卵内水分过量蒸发，又能使适量的水分与空气进入卵内。当精子从卵孔进入卵内时要穿破蜡层，但数小时内，蜡层会愈合完整。

第二节 精　子

像其他动物的精子一样昆虫的精子 (sperm 或 spermatozoon，复数 spermatozoa) 也由于体小、不是子代载体等因素，长期以来没能受到足够的重视。近 20 年来，随着扫描电子显微镜和透射电子显微镜的应用，昆虫精子学 (insect spermiology) 才有了长足的进步，出现了昆虫精子支序分类学 (insect spermiocladistics)、昆虫精子分类学 (insect spermiotaxonomy) 等各科分支。

一、精子的形成

精子的形成 (spermigenesis) 即精子发生 (spermatogenesis)，有的学者把精子发生作为精子形成的初期阶段。一般情况下，位于精巢小管顶端生殖区（又叫原精区、增殖区）(germarium) 里有许多原始生殖细胞围绕着一个源于中胚层的巨大端细胞 (apical cell)，原始生殖细胞分裂后分别产生一个新的原始生殖细胞和一个精原细胞 (spermatogonium)，每个精原细胞被来源于中胚层的多个细胞所包围分别形成独立的育精囊 (spermatocyst 或 sperm cyst)。在生长区，育精囊中的精原细胞经 6~8 次分裂，可以产生 64 ~ 256 个双倍体的精母细胞 (spermatocyte)。初级精母细胞在生长后期进行两次成熟分裂，使每一个初级精母细胞形成 4 个单倍体的精细胞 (sperm cell)。在转化区或贮精囊中，精细胞逐渐变成各种各样的精子，包括细胞核物质的浓缩，鞭毛的出现等（图 21-4）。

二、昆虫精子的类型与基本结构

（一）昆虫精子的类型

昆虫的精子数与高等动物相比少得多，但与同种昆虫所产的卵数相比又多得多。昆虫的精子多以精子束 (sperm bundle) 的形式存在，已报道的种类精子束在 16 ~ 65 536 个之间；如一种金龟甲约有 6 480 个精子束，每束有精子 512 个，1 头雄金龟甲的精子可达 6×10^6 个以上。一般情况下，同种的精子在大小形状上基本相似。但在

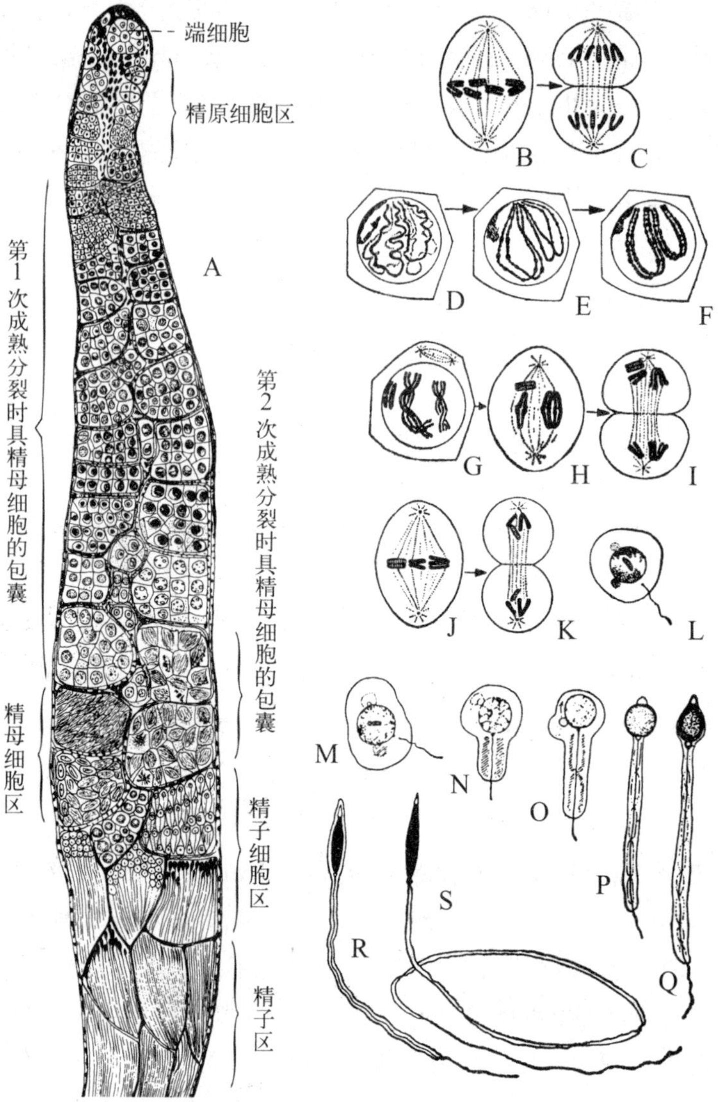

图 21-4 昆虫精子的形成 (据 Weber 及 Schröders)

A. 睾丸管纵剖面；B–S. 精子的发生，主要根据直翅目昆虫的精子发生过程绘制，图中仅绘出了两对染色体和一个 X 染色体

两种果蝇 *Drosophila subobscura* 及 *D. bifasciata* 中曾发现有长、短两类精子；在很多鳞翅目昆虫中同种蝶或蛾普遍存在着两类精子：具核精子 (eupyrene sperm 或 nucleate sperm) 或真精子 (euspermatozoon) 和无核精子 (apyrene sperm 或 anucleate sperm) 或副精子 (paraspermatozoon)。具核精子具有生殖能力，无核精子则有辅助具核精子受精及营养功能。这种昆虫的精子在大小或结构上有两种情况的现象叫精子二型现象 (sperm dimorphism)。有人报道过部分毛翅目、半翅目昆虫的精子也具有二型现象，但至今未被电镜观察证实。

在已研究过的精子中形态复杂多样，根据鞭毛的有无可以把昆虫的精子分为无鞭毛精子 (aflagellate sperm)(图 21-5E) 和鞭毛精子 (flagellate sperm)(图 21-5A-D) 两类；后者又可根据鞭毛的多少分为单鞭毛精子 (monoflagellate sperm)(图 21-5A)、双鞭毛精子 (biflagellate sperm)(图 21-5B) 及多鞭毛精子 (multiflagellate sperm)(图 21-5C)。无鞭毛精子目前仅在原尾目、蜉蝣目、等翅目、同翅目、鞘翅目、毛翅目 6 大类群中。大多数昆虫的精子为单鞭毛型。

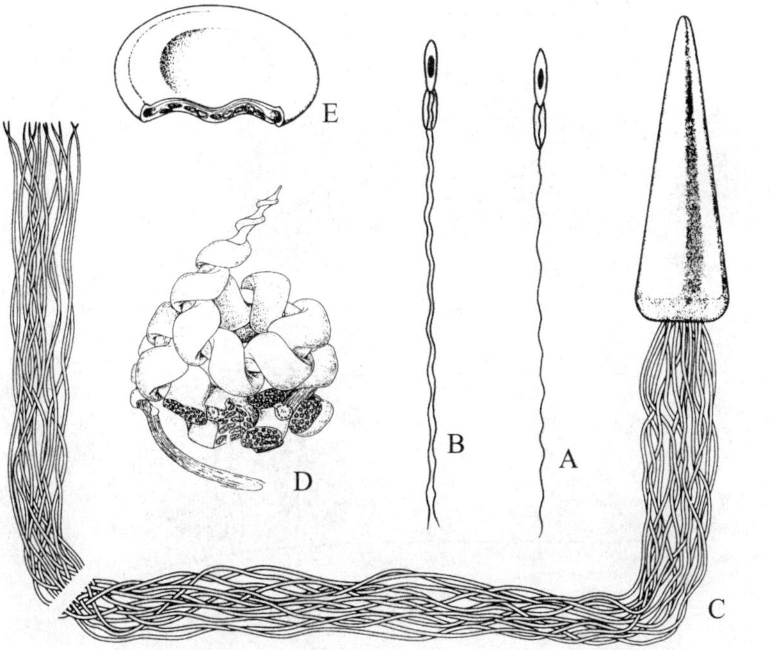

图 21-5 昆虫精子的类型 (仿各作者)

A. 单鞭毛精子示意图；B. 双鞭毛精子示意图；C. 一种白蚁 *Mastotermes darwinensis* 的多鞭毛精子；D. 一种原尾目昆虫 *Acerentulus trgardhi* 的精子；E. 一种原尾目昆虫 *Eosentomon transitorium* 的无鞭毛精子；D，E. 的下方被切除

（二）精子的基本结构

昆虫精子的大小差别很大，鞭毛型精子的长在 11 μm 至 15 mm 之间，长度相差 1 000 多倍，直径一般不超过 1 μm，但大部分昆虫精子长在 300 μm 左右。其基本组成部分为头部（head）和尾部（tail）。

头部又包括顶体 (acrosoma) 和核 (nucleus) 两部分 (图 21-6)。顶体位于精子最前端，外观常呈锥状或球状，有 1 ～ 3 层，有的昆虫无顶体。核多较长，核质密而匀，由单倍体 DNA 组成，前端多呈纺锤形或螺旋形。

尾部包括中心粒联体 (centriolar adjunct) 和鞭毛。前者既是积存碱性蛋白质和形成轴丝物质的场所，又是连接头与鞭毛的桥梁，所以又被称为颈。鞭毛主要由轴丝

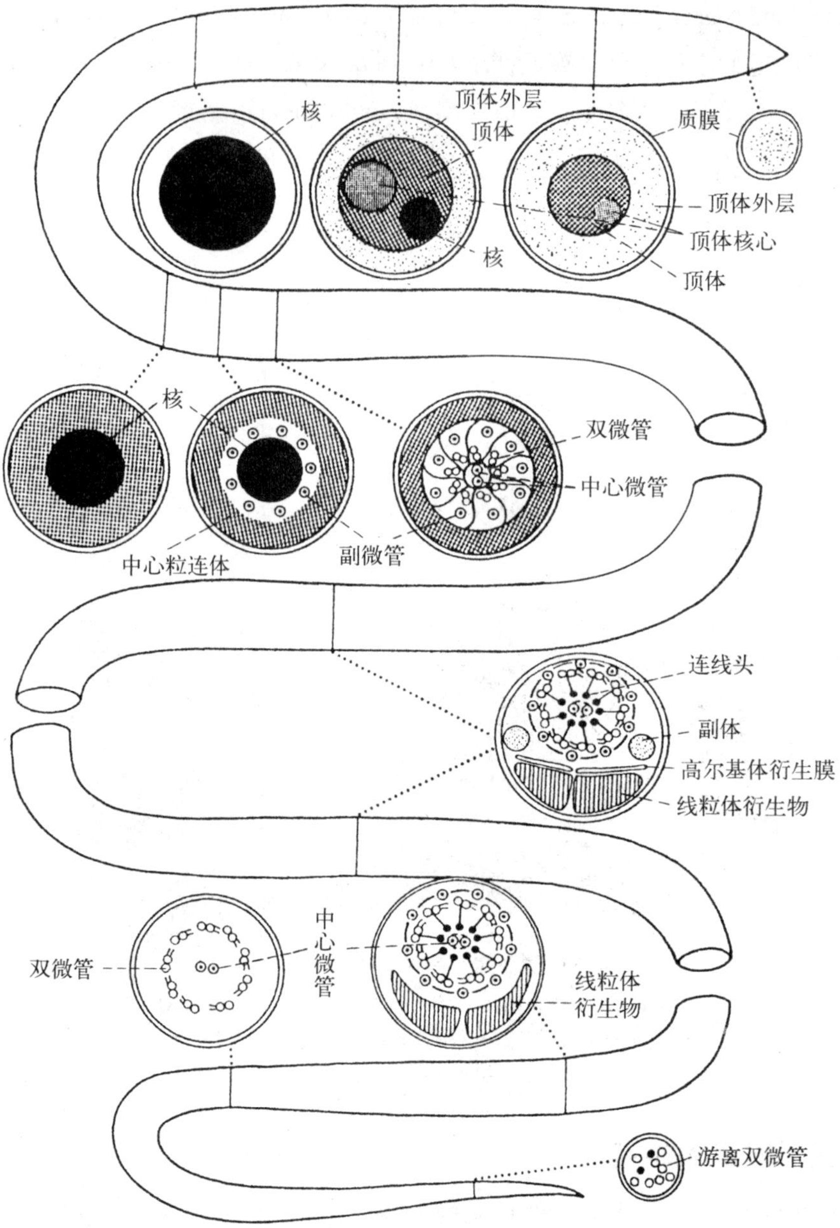

图 21-6　昆虫精子的结构模式图 (据 Baccetti)

(axoneme)、线粒体衍生物 (mitochondrial derivatives)、高尔基体衍生膜 (Golgi-derived membrane) 等组成；轴丝包括副微管 (accessory tubules)、双微管 (doublets) 及中心微管 (central tubules)，通常为 9+9+2 模式，也有少数种类为 9+2，9+0，9+9+0，12+0，13+0，14+0，16+0，9+3，9+9+3，7+9+2，9+9+1，7+9+2，2+9+2，100+100+0 等轴丝模式。线粒体衍生物长形，一般发达，其形态变化较大。有些种类的鞭毛中还有一个或多个副体 (accessory bodies)。

第二十二章　胚 胎 发 育

性成熟的昆虫，通过交配雄虫以不同的方式把精子送入雌虫的体内，这一过程叫授精 (insemination)。而精子使卵受精 (fertilization) 是在卵产出之前在中输卵管或阴道内发生的，其实质是雄性原核与雌性原核结合为合子 (zygote)。合子的第 1 次分裂标志着新个体胚胎发育的开始。

第一节　胚胎发育的过程

新个体在短时间内从一个细胞发育成内外器官俱全的胚胎显然要经过一系列复杂的变化。为便于叙述，此处将胚胎发育分为若干方面加以介绍。

一、卵裂和胚盘形成

昆虫的卵裂有两种方式：完全卵裂 (total cleavage) 和表面卵裂 (superficial cleavage)。

(一) 完全卵裂

卵内全部物质分裂为大致相同大小的两个子细胞的卵裂方式叫完全卵裂。见于原始的弹尾目昆虫胚胎发育的初期 (图 22-1A ～ C) 及寄生性半翅目与膜翅目昆虫中，其中有些小蜂总科昆虫甚至进行纯粹的完全卵裂。

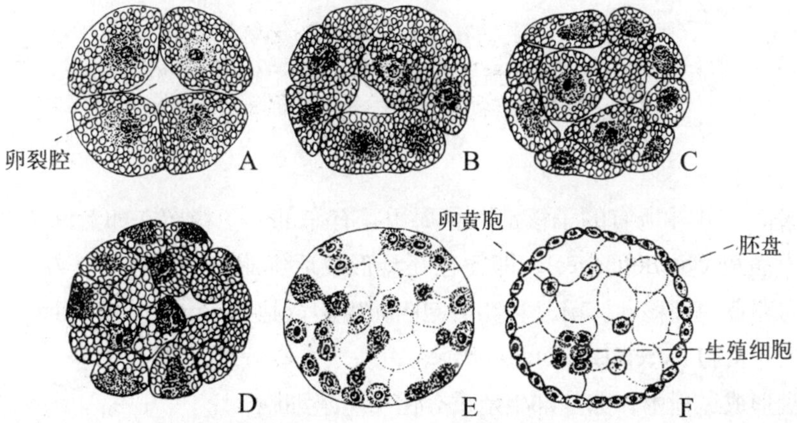

图 22-1　一种弹尾目昆虫 *Isotoma cinera* 的卵裂及胚盘形成 (仿 Philiptschenko)

A. 8 细胞期；B. 16 细胞期；C. 32 细胞期；D. 64 细胞期；E. 子核向边缘移动；F. 胚盘形成初期

(二)表面卵裂

卵内全部物质非均等分裂，细胞分裂主要在卵的外层进行，这样的卵裂方式叫表面卵裂，大多数昆虫的卵裂属于此类。

卵裂初期核多位于卵的近中部，其迁移到卵黄表面的时间随种类而异，有些种类在 64 个子核期 (6 次分裂后) 子核就已达周质，有些种类直到 1 024 个子核时才迁入周质内。子核进入周质后逐步形成围绕卵黄的单细胞层，即胚盘 (blastoderm)(图 22-2)。

弹尾目昆虫大约在 32 个子核期前后卵裂由完全卵裂转变为表面卵裂 (图 22-1D-F)。

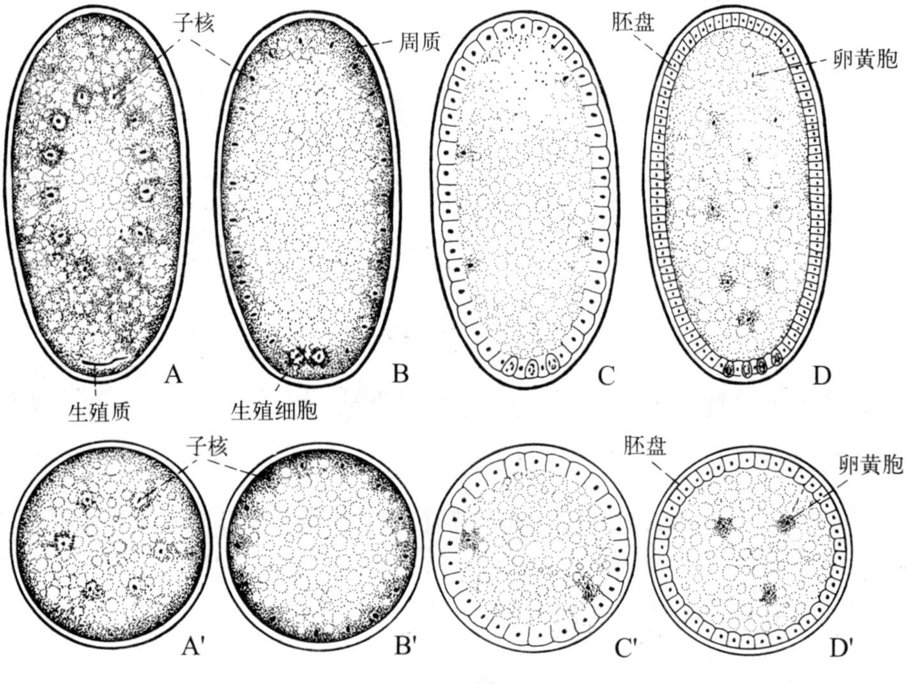

图 22-2　表面卵裂昆虫胚盘的形成 (仿管致和)

A–A′. 合子分裂成若干子核；B–B′. 子核向周缘移动至周质；C–C′. 子核间出现细胞壁；D–D′. 胚盘形成；A–D. 纵切面；A′–D′. 横切面

在卵裂时，并非所有的子核都迁往周质，有一部分子核留在卵黄间成为能供给胚胎营养的卵黄胞 (vitellophages)。即便在胚盘形成后细胞分裂时还可产生一些卵黄胞，并由周缘向卵黄中部移动。前一种卵黄胞叫初生卵黄胞 (primary vitellophages)，后一种则称为次生卵黄胞 (secondary vitellophages)。

在胚盘形成过程中，卵基部生殖质分化出生殖细胞。

二、胚带、胚层及胚膜的形成

胚盘形成后，细胞开始分化，位于卵腹面的胚盘细胞增厚变大成为以后发育成胚胎的细胞带，即胚带 (germ band)，侧面与背面的胚盘细胞逐渐变薄而形成胚膜 (embryonic envelop)。

接着，胚带从前到后沿中线内凹，其中凹陷的部分叫胚带中板 (median plate)，两侧的叫胚带侧板 (lateral plate)。随着中板的内陷，侧板相向延伸而愈合成为胚胎的外层 (outer layer)。同时中板两端也在腹面相遇并愈合，使中板成为双层细胞的里层 (inner layer)(图 22-3)。

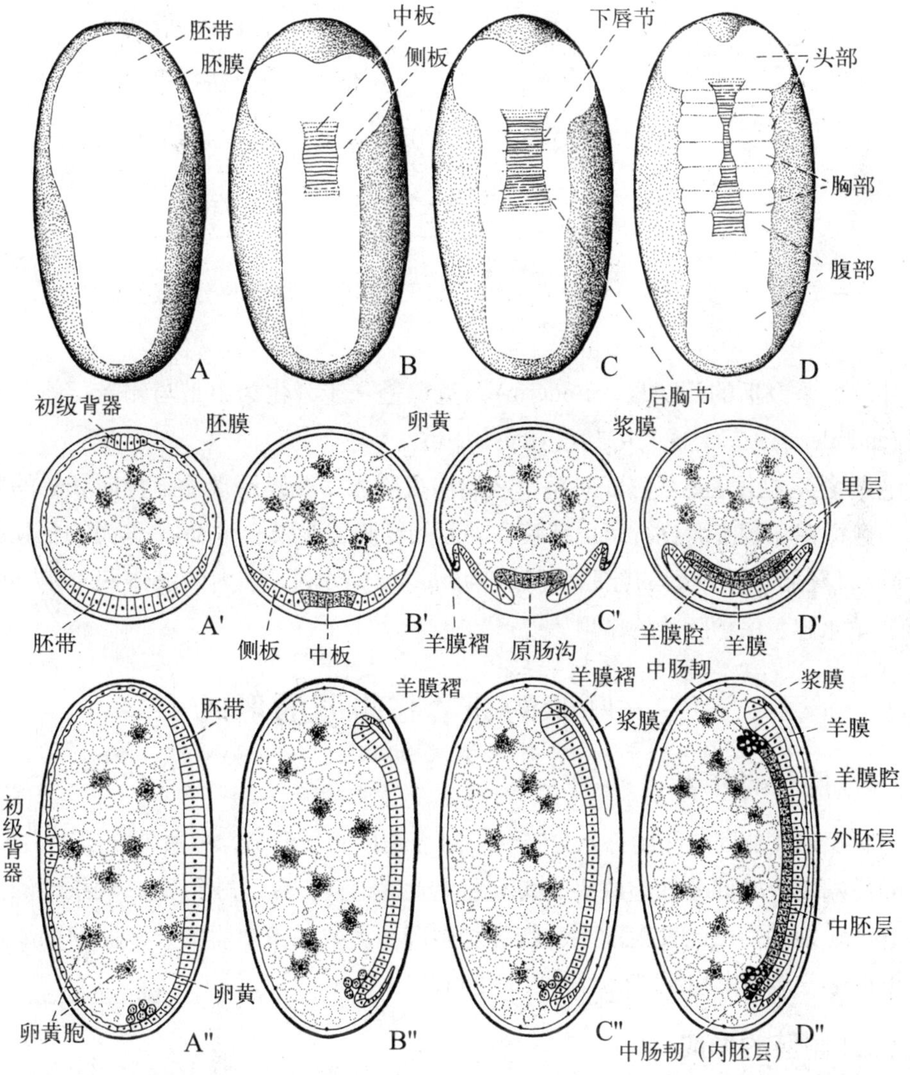

图 22-3　胚带、胚膜及胚层的形成 (仿管致和)

A–A＂. 胚带形成；B–B＂. 胚膜 (浆膜) 和中板形成；C–C＂. 中板两侧相向伸长，浆膜下包；D–D＂. 羊膜形成和胚层发生；A–D. 腹面观；A′ –D′ . 横切面；A＂–D＂. 纵切面里层还有另外两种形成方式：长复式和内裂式。长复式胚层分化是在中胚层，内陷时侧板相向延伸，愈合后覆盖在中板之外 (图 A → B → D)。内裂式胚层分化则是中板向里分裂出一群细胞而形成里层，原来的胚带为外层 (图 A → C → D)(图 22-4)。

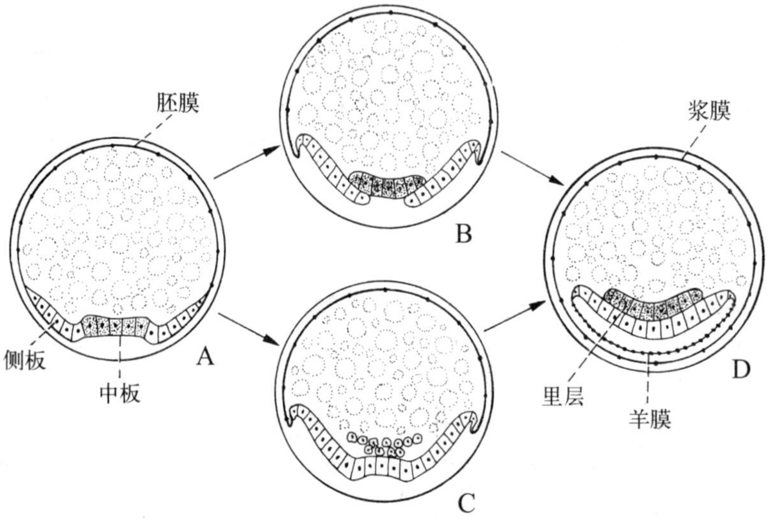

图 22-4　长复式 (A → B → D) 和内裂式 (A → C → D) 胚层分化 (仿管致和)

外层就是以后的外胚层 (ectoderm)；里层进一步分化为中带与侧带，前者成为内胚层 (endoderm)，后者成为中胚层 (mesoderm)。

绝大多数昆虫在胚层形成时整个胚胎向里陷入，胚膜两端逐渐伸向胚胎的腹面并愈合，这样在胚胎腹面就有两层胚膜，外面的胚膜称浆膜 (serosa)，里面的胚膜称羊膜 (amnion)，胚胎和羊膜间的腔叫羊膜腔 (amniotic cavity)，腔内的液体叫羊水 (amniotic fluid)，羊水起着保护胚胎的作用。

三、胚胎的分节与附肢的形成

(一) 胚胎的分节

与胚层形成的同时胚胎开始分节，一般先是中胚层分节，然后外胚层上出现横沟。胚带的前端较宽的部分称为原头，其上发生上唇、口、眼、触角等；较狭窄的部分叫原躯 (protocorm)，由此发生颚叶、胸部和腹部。多数昆虫原躯的分节由前而后，而在一些甲虫中分节则由胸部向前、后两端进行。

(二) 附肢的形成

胚胎分节后，每个体节上发生一对囊状突起，其中一些突起以后延伸、分节形成附肢。按分节与附肢发生的次序，胚胎发育在分节后的时期可分为 3 个阶段。

1. 原足期 (protopod phase)

胚胎没有分节或分节不明显，仅头与胸部有初生的附肢 (图 22-5A)。

2. 多足期 (polypod phase)

腹部明显分节并且每个体节具 1 对附肢 (图 22-5B)。

3. 寡足期 (oligopod phase)

胚胎具有明显的分节，但腹部无附肢 (图 22-5D)。

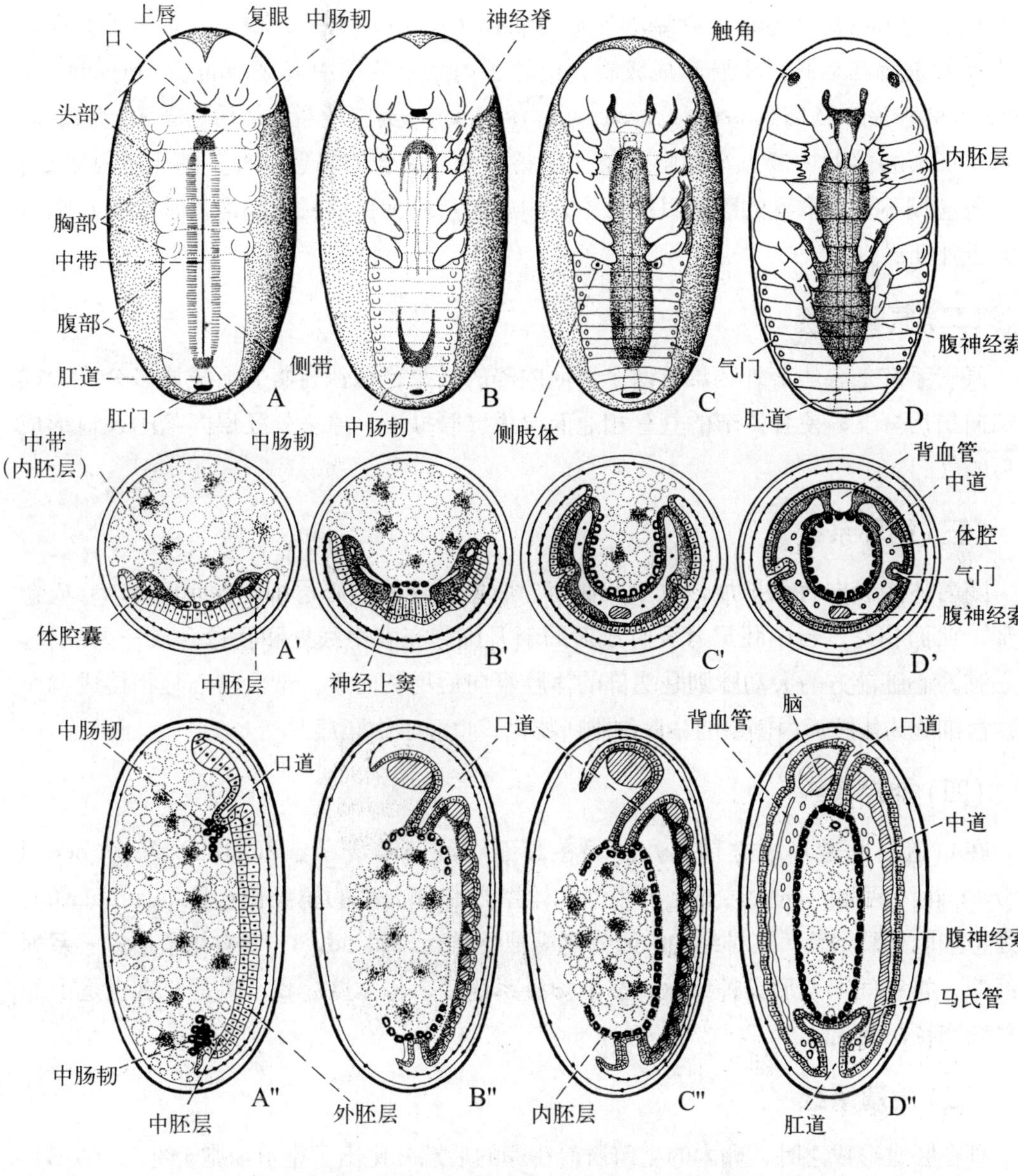

图 22-5　胚胎附肢发生至成熟 (仿管致和)

A–D. 腹面观；A′ –D′ . 横切面；A ″ –D ″ . 纵切面

四、器官系统的形成

昆虫的器官系统均由不同的胚层形成，其中外胚层形成的有体壁、消化道的前肠及后肠、马氏管、神经系统、呼吸系统、雄虫的射精管及雌虫的中输卵管、多种腺体、绛色细胞等，中胚层形成的有肌肉系统、循环系统（包括心脏及血细胞）、脂肪体及部分生殖腺等，内胚层仅形成中肠。

（一）消化系统

消化系统在胚胎开始分节时，胚胎前、后两端的外胚层分别内陷成管状构造，前端的叫口道 (stomodaeum)，后端的叫肛道 (proctodaeum)(图 22-5D ″)，分别发育成消化道的前肠与后肠。中肠形成较晚，由源于内胚层的前中肠韧 (anterior mesenteron rudiments) 和后中肠韧 (posterior mesenteron rudiments) 细胞分裂，最后在背面愈合成同口道、肛道相接的中肠。在卵孵化前，中肠与前、后肠的隔壁消失，消化道即形成。在一些幼期不自由取食的膜翅目昆虫中，中肠与后肠到化蛹时才沟通。马氏管与唾腺均源于外胚层。

（二）气管系统

气管系统是各体节外胚层从两个侧面内陷的结果，可在背腹方形成许多分支，同时又向前后分支，使各体节的气管相通而形成气管纵干。原来外胚层内陷的入口形成以后的气门。

（三）循环系统

随着体腔囊向背面扩展，位于其侧背、腹壁相连处的心母细胞 (cardioblasts) 成新月形，凹面相对，当中胚层背合时成对的新月细胞在背中线处相互愈合成一条纵管，即心脏。心脏前方的大动脉则是头部的体腔囊向后增长而成，最后与心脏相接成背血管。血细胞为体腔囊内侧壁的分散细胞所特化，也源于中胚层。

（四）神经系统

在口道与肛道形成之前，外胚层在腹面中线凹陷成一条纵沟称神经沟 (neural groove), 此沟两侧的外胚层分化出小型的体壁细胞和大型的神经母细胞 (neuroblasts)。神经母细胞分裂增长，在神经沟的两侧形成神经脊 (neural ridge)，并按体节形成一系列神经节，神经间部分形成神经索，整个神经系统后来与体壁分离。感觉器官也是由外胚层细胞特化而成。

（五）生殖系统

早在胚盘形成之时，卵内的生殖质就在卵的后端分化出了生殖细胞 (图 22-2A-D)。在羊膜形成时，生殖细胞位于胚带与卵黄之间，以后逐渐前移，并分成两群，进入由体腔囊所形成的生殖脊内成为生殖腺，生殖脊后端形成侧生殖管（即雌性的侧输卵管和雄性的输精管)，分别同外胚层内陷而成的中生殖管（即雌性的中输卵管和雄虫的射精管）相接通。生殖器官的附腺均来源于中生殖管，属于外胚层构造。

（六）体腔

与背合在体节分化时，大部分体节的左右侧带内各发生一个空腔，称为体腔囊 (coelomic sac)(图 22-5A′)；同时在里层中带下面出现一个空腔，称神经上窦 (epineural sinus)(图 22-5B′)。随着体腔囊与神经上窦的不断膨大，神经上窦与左右体腔囊相遇，前后体节体腔囊的横壁也逐渐消失，各节体腔囊相通。

随着胚胎发育的进程，胚带两侧围绕着卵黄不断向背面伸展，胚胎部分逐渐变大，卵黄则被作为营养物质逐渐被胚胎利用而减少，最后胚胎的两侧伸至背中线而闭合，形成一个完整的胚胎 (图 22-5D)，这一闭合过程叫背合 (dorsal enclosure)。一般昆虫的腹部背合较早，然后向胸部背合，常在胸部最前端留一未背合的小孔，称胳孔，至孵化前才完全闭合。背合的结束标志着体壁与体腔的形成。

五、胚动和胚膜消失

（一）胚动

在胚胎发育中胚胎的位置均发生不同程度变动的现象叫胚动 (blastokinesis)。短胚带昆虫的胚动幅度较大 (图 22-6A ～ D)，长胚带昆虫的胚动幅度小。胚动与胚胎更充分地利用卵内的营养有关。

（二）胚膜消失

胚胎发育进入中后期时，浆膜和羊膜从各自的愈合处破裂，背合时逐渐被牵引到胚胎的背面，多呈管状陷于卵黄中，退缩为背器 (dorsal organ)，背合末期，背器也逐渐解离而为卵黄所吸收。但有少数昆虫或羊膜保留或浆膜保留，甚至在鳞翅目中浆膜与羊膜均不消失，并有一小部分卵黄夹存于两膜之间，有些种类的初孵幼虫常取食卵壳作为最早的营养。

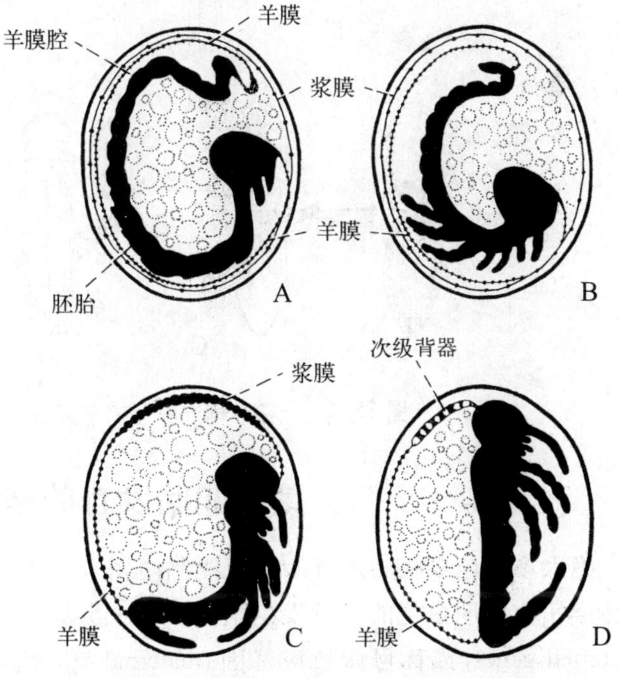

图 22-6　胚动的过程 (仿 Johannsen & Butt)

第二节　胚胎发育的遗传背景

一、影响昆虫胚胎发育的因子

生物的表现型 (phenotype) 是基因型 (genotype) 与环境综合作用的结果，昆虫的胚胎发育也不例外。通常人们以为核DNA包含了所有影响发育的信息，实际情况却不是如此。外界的环境因子，如光照、温度、湿度等物理因子，寄主、共生物等生物因子以及细胞质 DNA、细胞质 RNA 等细胞因子等都会影响到发育情况。如 Sander (1960) 曾用 *Euscelis* 属一种带有共生细菌的叶蝉卵做了一系列结扎实验。如果胚盘形成期在胚胎的中部结扎，不影响胚胎各部分的位置等 (图 22-7A) ；如果在胚盘形成之前在胚胎中部结扎，胸部会消失 (图 22-7B) ；如果在胚盘形成前结扎，但把共生细菌移到结扎后的前段，则前段会发育成头、胸、腹俱全的小胚胎，而结扎的后段形成腹部 (图 22-7C) ；如果共生细菌在胚盘形成前移到被结扎处的后部，则结扎处的后方形成腹、胸、腹结构 (图 22-7D)。

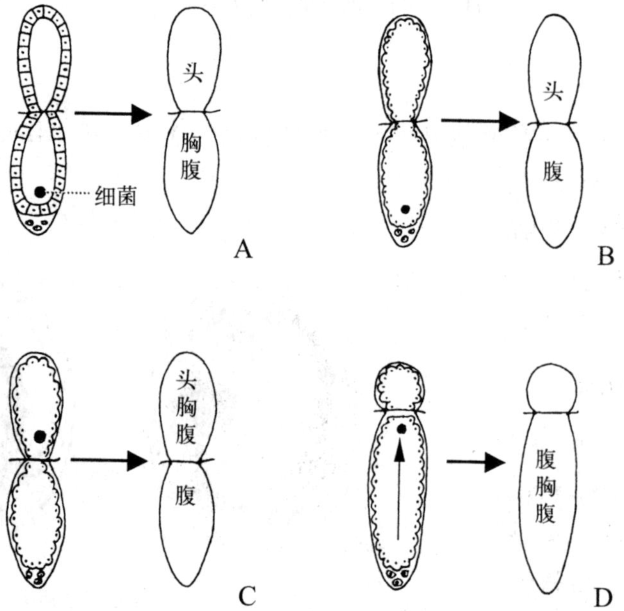

图 22-7　一种叶蝉的发育控制实验 (据 Sander)

二、昆虫胚胎发育的基因控制

绝大多数昆虫胚胎发育的基因控制尚属未知，但近年来对果蝇胚胎发育的分子遗传学研究表明果蝇的胚胎发生至少要受 3 类基因的控制。这 3 类基因是母体基因 (maternal genes) 或称母体效应基因 (maternal effect genes)、合子基因 (zygotic genes) 或体节形成基因 (segmentation genes) 及同源异形基因 (homeotic genes) 或选择基因 (selector genes)(图 22-8)。

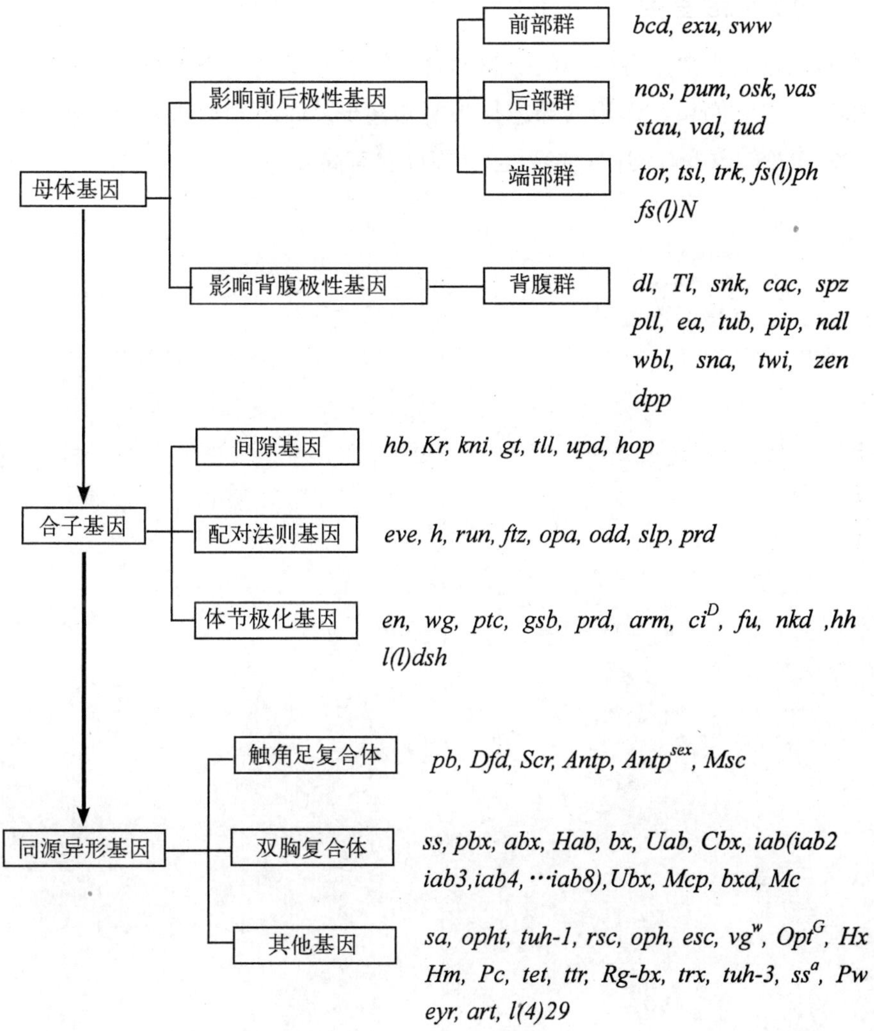

图 22-8　控制胚胎发育的基因

（一）母体基因

在胚盘形成之前，卵的发育主要受母体基因的控制，确定胚胎的体轴（包括前后、背腹）。大约有 30 种不同的母体基因被分离出，它们大体分为 4 类：前部群、后部群、端部群及背腹群，前 3 群基因影响胚胎的前后极性，背腹群基因影响胚胎的背腹极性。

（二）合子基因

此类基因主要在胚盘形成之后起作用，决定体躯的分节及各节的极性，奠定胚胎形成的大局。现已分离出 20 余个合子基因，按其表达顺序依次为间隙基因 (gap genes)、配对法则基因 (pair-rule genes) 及体节极化基因 (segment polarity genes)。

（三）同源异形基因

这类基因进一步决定各体节的形态发育，其表达受某些合子基因和其他同源异形基因的影响，但它们相互作用的动态行为所知甚少。同源异形基因的突变会导致附肢或器官发育途径的改变，对此，彩万志 (1991) 曾有简介。

第二十三章　昆虫的胚后发育

昆虫从卵中孵化而出至羽化为成虫的发育过程叫胚后发育。但对于胎生昆虫而言，完成胚胎发育与破卵而出的时间并不相同，所以有人把胚后发育叫卵后发育 (postovarian development)。还有的学者认为胚后发育是胚胎发育的继续，是幼期昆虫发育为具有典型昆虫特征的成虫的阶段，因而又把胚后发育称做卵外胚胎发生 (postovarian embryogenesis)。

第一节　昆虫的变态

昆虫的个体发育过程中，特别是在胚后发育阶段要经过一系列的形态变化，即变态。

根据各虫态体节数目的变化、虫态的分化及翅的发生等特征，可把昆虫的变态分为 5 大类。

一、增 节 变 态

增节变态 (anamorphosis) 是昆虫纲中最原始的一类变态，其特点是幼期与成虫期之间腹部的体节数逐渐增加：初孵化时腹部只有 9 节，以后逐渐增至 12 节为止。第 12 节是尾节，所增加的 3 节均为第 8 腹节增生而来。

二、表 变 态

表变态 (epimorphosis) 的主要特点是幼体从卵中孵化出来后已基本具备成虫的特征；在胚后发育过程中仅是个体增大、性器官渐成熟等；但到成虫期仍继续脱皮，这也是节肢动物遗留下来的原始特征。表变态为弹尾目、缨尾目、双尾目昆虫所具。

三、原 变 态

原变态 (prometamorphosis) 是有翅亚纲昆虫中最原始的变态类型，为蜉蝣目昆虫独具，其特点是从幼期转变为成虫期要经过一个亚成虫 (subimago) 期，亚成虫期很短，外形与成虫相似，初具飞翔能力，并且已达性成熟，因此，亚成虫期的存在相当于成虫的继续脱皮，这显然是表变态昆虫演化为有翅昆虫时保留下来的原始特征。蜉蝣目的幼期虫态称“稚虫”。

四、不 全 变 态

不全变态 (incomplete metamorphosis) 这类变态又称直接变态 (direct metamorphosis)，只经过卵期、幼期和成虫期 3 个阶段，翅在幼期虫态的体外，成虫的特征随着幼期虫态的生长发育逐步显现，为有翅亚纲外翅部 Exopterygota 除蜉蝣目以外的昆虫所具有。不全变态又可分为 3 个亚型。

（一）半变态

蜻蜓目、襀翅目昆虫的幼期水生，其体形、呼吸器官、取食器官、行动器官及行为等与成虫有明显的分化，其变态特称半变态 (hemimetamorphosis)，其幼期昆虫通称稚虫 (naiads)。

（二）渐变态

直翅目、䗛、螳螂目、蜚蠊目、革翅目、等翅目、啮虫目、纺足目、半翅目、大部分同翅目昆虫的幼期与成虫期在体形、生境、食性等方面非常相似 (图 23-1)，这样

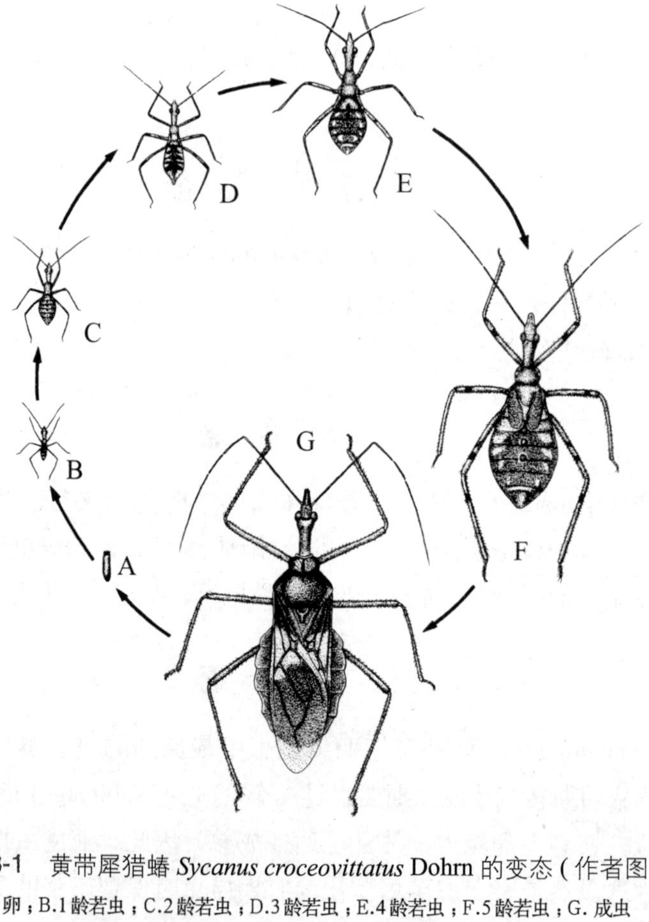

图 23-1　黄带犀猎蝽 *Sycanus croceovittatus* Dohrn 的变态 (作者图)

A. 卵；B.1 龄若虫；C.2 龄若虫；D.3 龄若虫；E.4 龄若虫；F.5 龄若虫；G. 成虫

的不全变态特称为渐变态 (paurometamorphosis)，它们的幼期昆虫通称若虫 (nymphs)。

(三) 过渐变态

在缨翅目、同翅目粉虱科和雄性介壳虫中，幼期向成虫期转变时要经过一个不食又不大动的类似蛹的虫龄 (图 23-2C，D)，比一般的渐变态显得复杂，所以被称为过渐变态 (hyperpaurometamorphosis)。有人认为这类变态可能是不全变态向全变态过渡的中间类型，因而又有过渡变态之称。

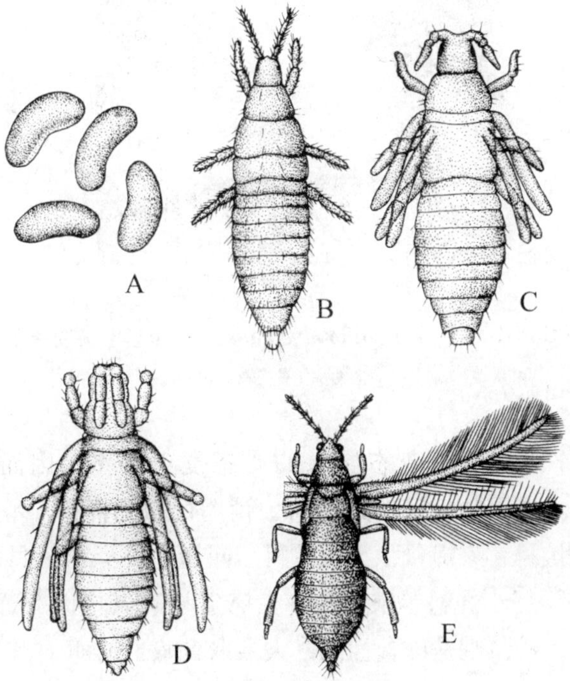

图 23-2　梨蓟马 *Taeniothrips inconsequens* 的变态 (仿 Foster & Jones)

A. 卵；B.1 龄若虫；C.“前蛹期”；D.“蛹期”；E. 成虫

五、全 变 态

全变态 (complete metamorphosis) 类昆虫一生经过卵、幼虫 (larva，复数 larvae 或 larvas)、蛹 (pupa，复数 pupae 或 pupas) 和成虫 (adult 或 imago)4 个不同的虫态 (图 23-3)，为有翅亚纲内翅部 Endopterygota 昆虫所具。

全变态类昆虫的幼虫与成虫间不仅在外部形态与内部结构上很不相同，而且大多数情况下食性与生活习性等方面也差异甚大。如鳞翅目昆虫的幼虫多为植食性，以食料植物为栖息环境，而其成虫则访花吮蜜，有的种类成虫完全不吃东西；双翅目、膜翅目的寄生性种类成、幼虫的形态与习性相差更大。也许正是由于成、幼虫间差别太大的原因使得幼虫向成虫转变时必须经过一个过渡虫态——蛹。

在全变态昆虫中，某些幼虫营寄生生活的昆虫幼虫各龄间形态、生活方式等

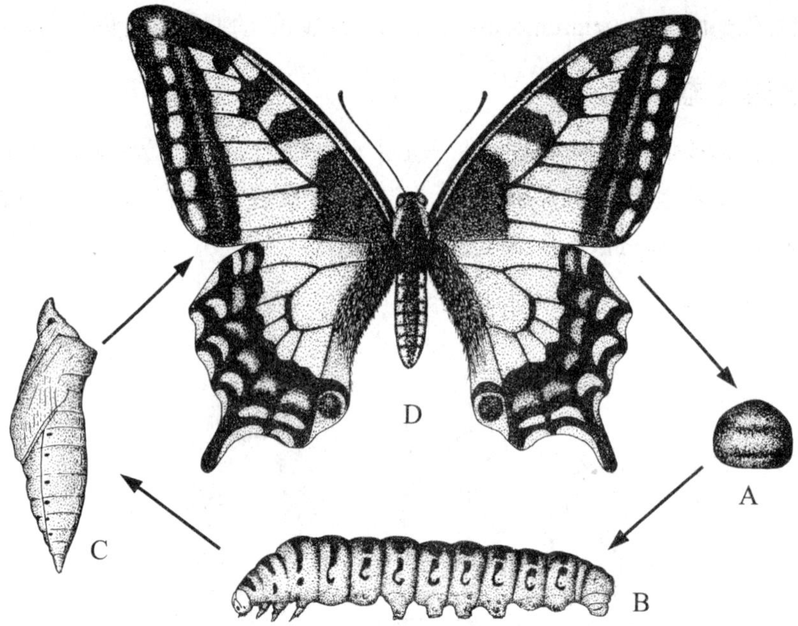

图 23-3　金凤蝶 *Papilio machaon* L. 的变态 (仿周尧)
A. 卵；B. 幼虫；C. 蛹；D. 成虫

明显不同 (图 23-4)，比一般全变态昆虫的变态复杂得多，因而特称其为复变态 (hypermetamorphosis)。见于脉翅目的螳蛉科、鞘翅目的芫菁科、步甲科、隐翅甲科；捻翅目、双翅目的蜂虻科、家蝇科、小头虻科、网翅虻科；鳞翅目细蛾科、膜翅目的姬蜂科、平翅小蜂科、巨小蜂科等很多内寄生蜂类等；其中以芫菁的变态最为典型。芫菁的成虫为植食性，幼虫则是肉食性的，大多取食蝗虫的卵；其第 1 龄幼虫具有发达的胸足，称为三爪幼虫或三爪蚴 (triungulin)(图 23-4B)，性活泼，能迅速搜索土中的蝗卵；一旦找到蝗卵便进入卵囊中取食，逐渐变成行动缓慢、体壁柔软、胸足退化的蛴螬型幼虫 (图 23-4C—E)；幼虫接近老熟时，离开食物，深入土中，转变为胸足更加退化的、不食不动、体壁坚硬的围蛹型幼虫或伪蛹 (图 23-4F，G)，常以此态越冬，翌年再蛹化 (图 23-4H)、羽化。

在各类变态中，显然以全变态为最进化的一类，其成、幼虫在食性、习性等方面的分化，很大程度上避免了同种昆虫对食物资源及活动空间等方面的竞争，这是全变态类昆虫的种类占昆虫纲 80% 以上比例的主要原因之一。

第二节　胚后发育的过程

昆虫从卵到成虫在外观上为体积的增大与外形的改变，体积的增大是生长的结果，体形的改变则通过孵化、蛹化、羽化及一系列脱皮而实现。一个较大的外形变化的同时内部器官与系统也进行着一系列的改变。

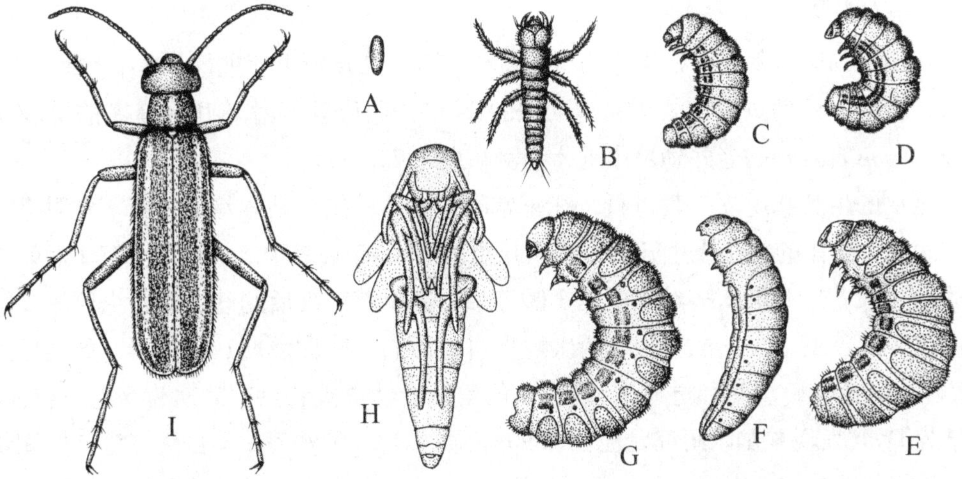

图 23-4　锯角豆芫菁 *Epicauta gorhami* Marseul 的变态（仿周尧）

A．卵；B．1 龄幼虫（三爪蚴）；C–E．第 2，第 3，第 4 龄幼虫（蛴螬式）；F．第 5 龄幼虫（拟蛹）；G．第 6 龄幼虫；H．蛹；I．成虫

一、蜕皮与生长

（一）蜕皮

昆虫自卵中孵化出来后随着虫体的生长，经过一定时间，重新形成新表皮而将旧表皮蜕去的过程叫蜕皮 (moulting)，蜕下的皮叫蜕 (exuvia)。

昆虫蜕皮的次数因种类而异，大多数有翅亚纲的昆虫一生的蜕皮次数在 4 ～ 12 次之间，如直翅目、半翅目、鳞翅目的若虫或幼虫通常蜕皮 5 次左右。仅有少数昆虫蜕皮次数甚少或很多，如双尾目 *Campodea* 和 *Japyx* 属的昆虫只蜕一次皮，而蜉蝣目、襀翅目昆虫可蜕二三十次皮，缨尾目昆虫的蜕皮次数甚至可多达五六十次。

有些昆虫的雌虫比雄虫常多蜕一两次皮，如在衣鱼、蝗虫、皮蠹、介壳虫等昆虫中便是如此。

绝大多数昆虫仅在幼期蜕皮，广义无翅亚纲的昆虫进入成虫期仍可蜕皮。有些昆虫的蜕皮次数会受环境条件的影响，不良的环境条件可能导致蜕皮次数的增加或减少。如大菜粉蝶 *Pieris brassicae* 在 14 ～ 15℃时蜕皮 5 次而在 22 ～ 27℃时减少至 3 次。网衣蛾 *Tineola bisselliella* 在恶劣的条件下蜕皮次数可由正常的 4 次增加到 40 余次，发育期则由正常的 26 d 延长至 900 d 左右；但在这种情况下，虫体不但不能生长，反而越变越小。一些猎蝽科昆虫等如果营养不足便不能蜕皮。

根据蜕皮的性质，可将蜕皮分为 3 类。幼期伴随着生长的蜕皮叫生长蜕皮；老熟幼虫或若虫蜕皮后变为蛹或成虫的蜕皮叫变态蜕皮，而因环境条件改变后所增加的那部分蜕皮叫生态蜕皮。

（二）生长

在昆虫的胎后发育中，虫体的生长主要在若虫期及幼虫期进行，其生长速率很高。例如，家蚕老熟幼虫的体长为初孵幼虫的 24 倍，而体重可增至 10 000 多倍；又如木蠹蛾 *Cossus cossus* 的老熟幼虫体重为初孵幼虫的 7.2 万倍。

昆虫的生长和蜕皮交替进行，在正常的情况下，昆虫幼体每生长到一定时期就要蜕一次皮，虫体的大小或生长的进程可用虫龄 (instar) 来表示。从孵化至第 1 次蜕皮以前的幼虫或若虫叫第 1 龄幼虫或第 1 龄若虫，第 1 次蜕皮后的幼虫或若虫叫第 2 龄幼虫或第 2 龄若虫，余类推。相邻两次蜕皮所经历的时间称龄期 (stadium)，如某昆虫第 1 次蜕皮与第 2 蜕皮间经过 5 d，则该虫的第 2 龄幼虫或若虫的龄期为 5 d。这种现象最早为 Dyar 发现并加以研究，他在 1890 年通过对 28 种鳞翅目幼虫头壳宽度的测量发现各龄间头宽是按一定的几何级数 (常为 1.2 ～ 1.4) 增长的，这一现象被称为戴氏法则 (Dyar′ s rule) 或戴氏定律 (Dyar’s law)。Dyar 的数据虽然不能适应所有种类，但可以帮助我们从不连续或不完整的蜕皮材料中推断出某种昆虫的实际蜕皮次数，特别是对钻蛀性昆虫的龄数很有用途。例如，已知大菜粉蝶的第 1 龄幼虫头宽为 0.4 mm，最后两龄的头宽分别为 1.8 mm 和 3.0 mm，我们可据戴氏法则推断出各龄的头壳增长率为 1.8 ∶ 3.0=0.6，从而推知各龄的大致头宽。

第 3 龄头宽：1.8 × 0.6=1.08 (mm)，实测为 1.1 mm。

第 2 龄头宽：1.08 × 0.6=0.65 (mm)，实测为 0.72 mm。

第 1 龄头宽：0.65 × 0.6=0.39 (mm)，实测为 0.4 mm。

昆虫各部分的生长为异速生长，各器官的长、宽度的对数与整体长、宽度的对数呈正比关系，在双对数坐标中即呈直线关系。

二、孵化、蛹化及羽化

（一）孵化

大多数昆虫完成胚胎发育后脱卵而出的过程或现象叫孵化 (hatching 或 eclosion)。但也有一些昆虫胚胎发育后并不马上离卵，如天幕毛虫 *Malacosoma neustria*、舞毒蛾 *Porthertia dispar* 等胚胎发育结束后仍留在卵内越冬，到翌年春天才孵化，胎生昆虫虽然离卵但仍不等时间地在母体中生活。

幼虫破卵的方式多样，大多要靠内部张力与肌肉活动产生的压力借特殊破卵器 (eggburster) 刺破卵壳或顶开卵盖 (图 23-5A，B)，鳞翅目幼虫则用上颚直接咬破卵壳而出 (图 23-5C)。

从卵里孵出后到取食之前的幼虫叫初孵幼虫，它们或停留在卵上一段时间或马上分散活动，当它们取食或吞吸空气或水后体积明显大于初孵幼虫。有些种类还具有取食自已卵壳或同类卵粒的习性。

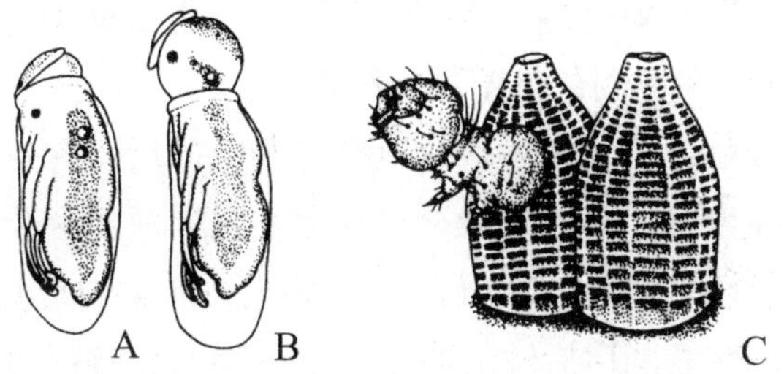

图 23-5　臭虫 Cimex lectularius L.(A，B) 和欧洲粉蝶 *Pieris brassicae* L.(C) 的孵化状
（仿各作者）

（二）蛹化

全变态类昆虫的幼虫在获取足够的营养之后从一个自由活动的虫态变为一个不食不动的虫态的过程或现象叫蛹化 (pupating 或 pupation) 或化蛹。多数末龄幼虫在化蛹前，通常先停止取食，排出粪便，寻找隐蔽安全的场所，身体变短，颜色变淡，最后脱去幼虫表皮，呈现蛹的构造；有些昆虫还要吐丝做茧或营造土室保护构造 (图 23-6)；双翅目环裂亚目第 3 龄幼虫脱下的皮硬化为蛹壳，第 4 龄幼虫就在蛹壳里成为前蛹，前蛹再脱皮才化蛹。

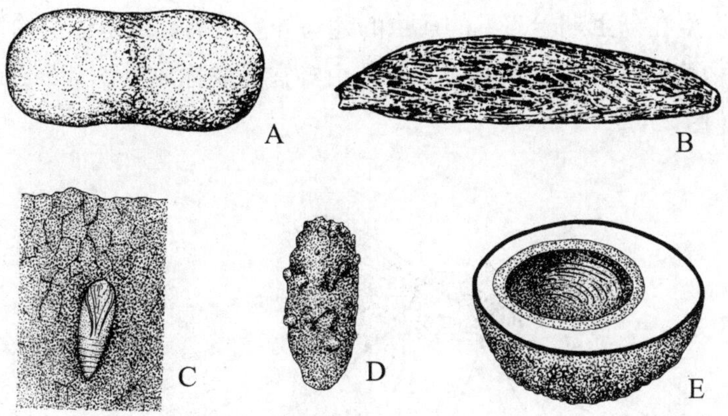

图 23-6　几种蛹的保护物 (仿管致和等)

A．家蚕 *Bombyx mori* 的茧；B．小菜蛾 *Plutella xylostella* 的茧；C．黄地老虎 *Euxoa segetum* 的土室和蛹；D．菜叶蜂 *Athalia colibri* 的茧；E．金龟子 *Scarsbaeus sacer* 的土室剖面

（三）羽化

成虫从它的前一虫态脱皮而出的过程或现象叫羽化 (emergence)。

全变态以外的昆虫羽化前常先寻找适当的场所，胸足一般对称地固定在某一物体上，胸部与头部的表皮从背面中部裂开，成虫的头、胸部先伸出，然后全体脱出，刚羽化出的成虫体软、色淡、翅不伸展，常停留在蜕上或附近，静止一段时间后体鞣质化变硬，体色变暗、翅充分伸展。

全变态类昆虫羽化前，蛹的颜色变深。羽化时，成虫靠体液的压力及身体的扭动使蛹皮沿胸部背中线及附肢黏附的部位等处裂开。

在隐蔽场所化蛹或蛹体外有保护物的昆虫在羽化前后还有一个离开蛹化环境的对策和过程。如在树干或茎秆中化蛹的鳞翅目昆虫在化蛹前幼虫会预先做好一个"羽化孔"后，在羽化孔附近化蛹或羽化前借蛹腹节的扭动及刺突的帮助"爬"到羽化孔附近。在土里化蛹的昆虫，一般是羽化后钻出地面；而一些无钻掘能力的蛾类则于化蛹前由幼虫做好一条直达地表的通道，如黄绿条螟 *Loxostege sticticalis* 即是如此。做茧化蛹的昆虫常以成虫的上颚把茧咬破或分泌液体把茧溶破等。

三、胚后发育中器官的变化

不全变态类昆虫若虫与成虫十分近似，在若虫向成虫的转变中，无论是内部构造还是内部器官只要通过一系列渐进的改变就能变为成虫。而对全变态类的昆虫从幼虫变为成虫却要经过十分复杂的变化。这里仅就全变态类昆虫在胚后发育中的外部与内部的变化做一简介。

(一) 外部结构变化

在全变态昆虫中，幼虫的外部构造，包括体壁、所有附肢等都要换为成虫的相应构造，并且要发生在幼虫期看不见的成虫的翅与外生殖器。但是成虫的器官并不是在幼虫相应外部构造的基础上发展而成，而是由器官芽或称成虫盘 (imaginal discs) 的细胞群发育而成 (图 23-7)。

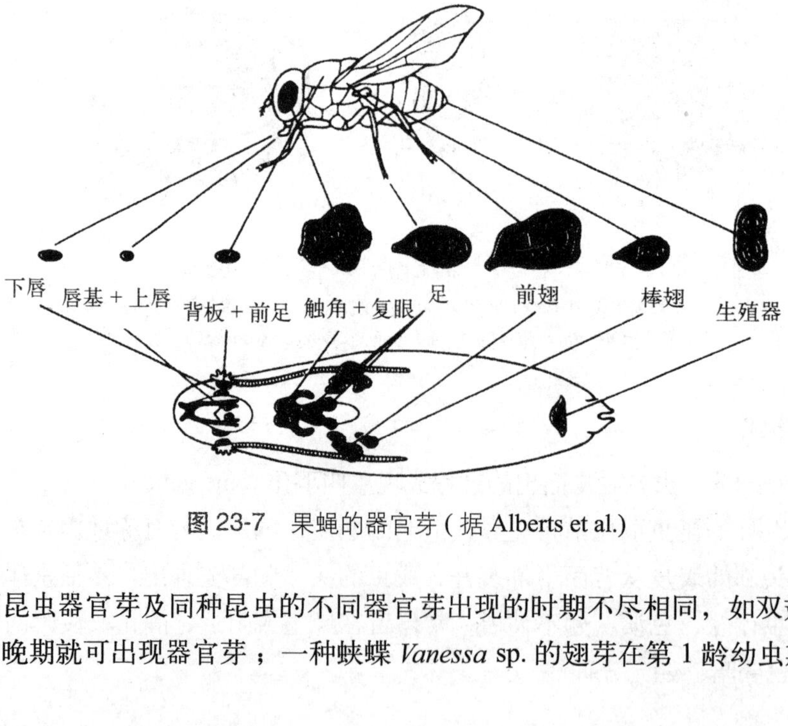

图 23-7　果蝇的器官芽 (据 Alberts et al.)

不同昆虫器官芽及同种昆虫的不同器官芽出现的时期不尽相同，如双翅目昆虫胚胎发育的晚期就可出现器官芽；一种蛱蝶 *Vanessa* sp. 的翅芽在第 1 龄幼虫期出现，而足的器官芽到第4龄幼虫期才出现。器官芽在幼虫发育后期迅速生长，在蛹期脱离包裹层，外凸并扩展，一块块组成成虫，所以有人认为昆虫的成虫是由扩展的器官芽组成的镶嵌体。

(二) 内部变化

全变态类昆虫内部器官的变化主要在蛹期进行。其变化主要包括幼虫的组织解离(histolysis)及成虫的组织发生(histogenesis)两方面，两者相互衔接，渐进取代。

内部器官的变化程度随种类与器官而异，一般低等的全变态昆虫组织解离的程度较小，而在高等的各目昆虫中，特别是在膜翅目和双翅目昆虫中变化较大。在各类器官中，背血管、中枢神经系统及气管系统等对生命有重大作用的大部分构造往往不经过组织解离和彻底破坏而直接参与成虫相应构造的组建；而像皮细胞层、消化器官、部分肌肉及腺体等常需重新形成。需要改变或重新形成的器官和组织同外部器官一样，在幼虫体内已存在着它们的器官芽，但这些器官芽仅为各相应部位上的一堆细胞，它们的分裂与分化形成了成虫的器官。组织的解离主要通过吞噬细胞的吞噬作用及自动解离(自溶)而进行，解离后溶于血液中的物质多半成为组建新器官、新组织的营养物质。

四、幼 虫 与 蛹

幼虫与蛹是全变态昆虫胚后发育阶段所经过的两个虫态，前面已述及其生长发育等方面，这里仅对其类型加以简介。

(一) 幼虫的类型

由于全变态类昆虫种类繁多，生境、食性、习性等差别很大，所以幼虫的形态远比若虫、稚虫等复杂。根据足的多少及发育情况可把幼虫分为4大类。

1. 原足型幼虫

原足型幼虫(protopod larvae)在胚胎发育的原足期即已孵化，有的连腹部的分节也没完成，胸足只是简单的突起，神经系统和呼吸系统简单，器官发育不全；幼虫为寄生性，浸浴在寄主体液或卵黄中，通过体壁吸收寄主的营养，如膜翅目锥尾部Terebrantia的种类。根据腹部的分节情况，原足型幼虫又分两类。

(1) 寡节原足型幼虫(oligosegmented protopod larvae)　如某些广腹细蜂科Ptatysasteridae昆虫的早龄幼虫(图23-8A)，形似胚胎，腹部不分节，胸足及其他附肢仅为几个突起。

(2) 多节原足型幼虫(polysegmented protopod larvae)　此类幼虫附肢虽然未发育，但腹部已明显分节，如环腹蜂科、姬蜂总科、小蜂总科及细蜂总科的某些早龄幼虫(图23-8B)。

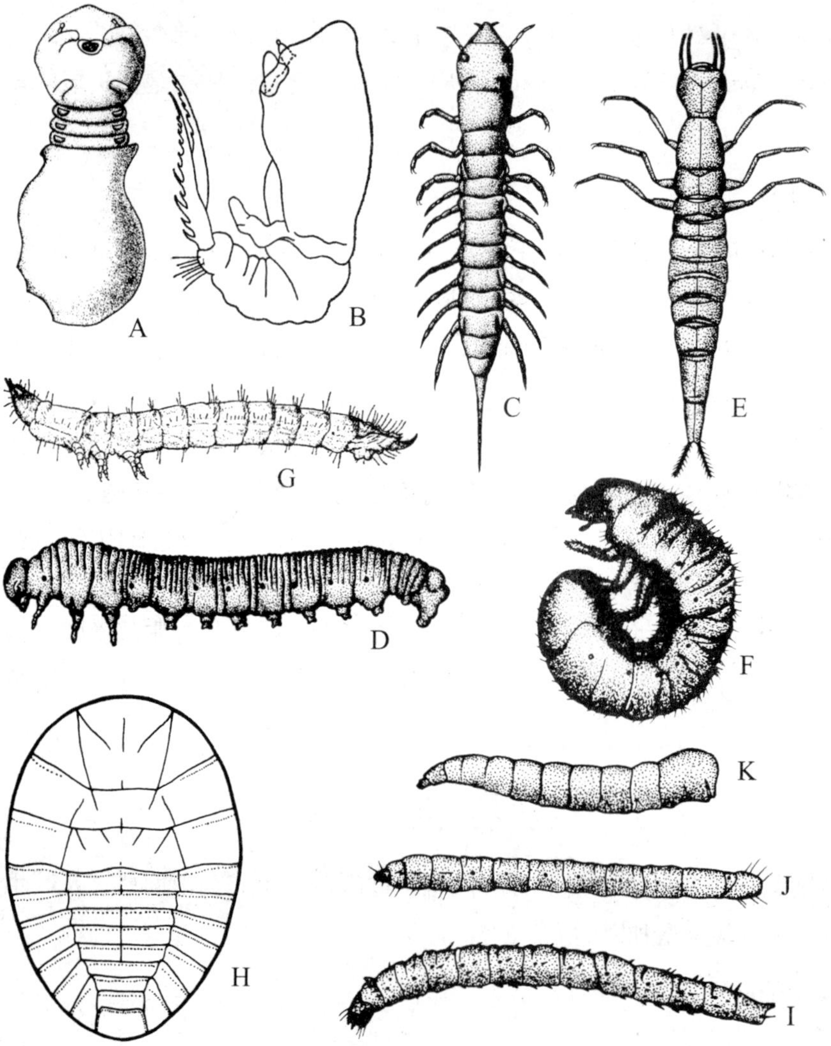

图 23-8 幼虫的类型（仿各作者）

A. 广腹细蜂 *Platygaster* sp. 的幼虫；B. 环腹蜂 *Synopeas rhanis* 的幼虫；C. 一种鱼蛉的幼虫；D. 一种叶蜂的幼虫；E. 一种龙虱的幼虫；F. 日本金龟子 *Popillia japonica* 的幼虫；G. 沟线角叩甲 *Pleonomus canaliculatus* 的幼虫；H. 一种扁泥甲的幼虫；I. 一种毛蚊的幼虫；J. 一种盗虻的幼虫；K. 一种家蝇科昆虫的幼虫

2. 多足型幼虫

多足型幼虫 (potypod larvae) 除具胸足外，腹部尚有多对附肢；如大部分脉翅目、广翅目、部分鞘翅目、长翅目、鳞翅目和膜翅目叶蜂类等的幼虫。根据腹部的构造，可把多足型幼虫分为两类。

(1) 蛃型幼虫 (campodeiform larvae) 形似石蛃，体略扁，胸足及腹足较长；如一些脉翅目、广翅目、毛翅目的幼虫 (图 23-8C)。

(2) 蠋型幼虫 (eruciform larvae) 体圆筒形，胸足及腹足较短；如鳞翅目、部分膜翅目、长翅目的幼虫（图 23-8D）。

3. 寡足型幼虫

寡足型幼虫 (oligopod larvae) 见于鞘翅目、毛翅目及部分脉翅目昆虫，其胸足发达，但无腹足；其形态变化较大，常被分为 4 类。

(1) **步甲型幼虫** (carabiform larvae)　口器前口式，胸足很发达，行动较迅速；如步甲、瓢虫、水龟虫、草蛉等捕食性昆虫的幼虫 (图 23-8E)。

(2) **蛴螬型幼虫** (scarabaeform larvae)　体肥胖，常弯曲呈“C”形，胸足较短，行动迟缓；如金龟甲的幼虫 (图 23-8F)。

(3) **叩甲型幼虫** (elateriform larvae)　体细长，略扁平，胸足较短；如叩甲、拟步甲等的幼虫 (图 23-8G)。

(4) **扁型幼虫** (platyform larvae)　体扁平，胸足有或退化；如一些扁泥甲科及花甲科的幼虫 (图 23-8H)。

4. 无足型幼虫

无足型幼虫 (apodous larvae) 又称蠕虫型幼虫 (vermiform larvae)，其显著特点是胸部和腹部无足，见于双翅目、蚤目、部分膜翅目及鞘翅目等昆虫。按照头的发达程度，无足型幼虫可分 3 类。

(1) **全头无足型幼虫** (eucephalous larvae)　头部骨化，全部露出体外，如低等双翅目、蚤目、膜翅目的细腰亚目、部分蛀干性鞘翅目、部分潜叶性鳞翅目的幼虫及捻翅目的末龄幼虫等 (图 23-8I)。

(2) **半头无足型幼虫** (hemicephalous larvae)　头部仅前端骨化，外露，后端常缩入胸部；如双翅目短角亚目和一些寄生性膜翅目的幼虫 (图 23-8J)。

(3) **无头无足型幼虫** (acephalous larvae)　又称蛆型幼虫；头部十分退化，全部缩入胸部；如双翅目环裂亚目的幼虫 (图 23-8K)。

(二) 蛹的类型

根据蛹壳、附肢、翅与身体主体的接触情况等，常将昆虫的蛹分为 3 类。

1. 离蛹

离蛹 (exarate pupae) 又称裸蛹，其附肢和翅不贴附在身体上，可以活动，腹节间也能活动 (图 23-9A)；在脉翅目和毛翅目昆虫中，蛹甚至还可爬行及游泳。脉翅目、鞘翅目、毛翅目、长翅目、膜翅目、鳞翅目轭翅亚目的蛹属于此类。

2. 被蛹

被蛹 (obtect pupae) 的体壁多坚硬，附肢和翅紧贴在蛹体上不能活动 (图 23-9B)，腹部各节不能扭动或仅个别节能动，蚊类和某些蚋的被蛹能在水中游动就是靠腹节的扭动。大多数鳞翅目、鞘翅目隐翅甲科、双翅目直裂亚目的蛹属被蛹。

3. 围蛹

围蛹 (coarctate pupae) 的蛹体本身是离蛹，只是蛹体被第 3、第 4 龄幼虫所脱的皮共同构成的蛹壳所包围而已 (图 23-9C，D)。双翅目环裂亚目昆虫的蛹及部分捻翅目昆虫的雄蛹为围蛹。

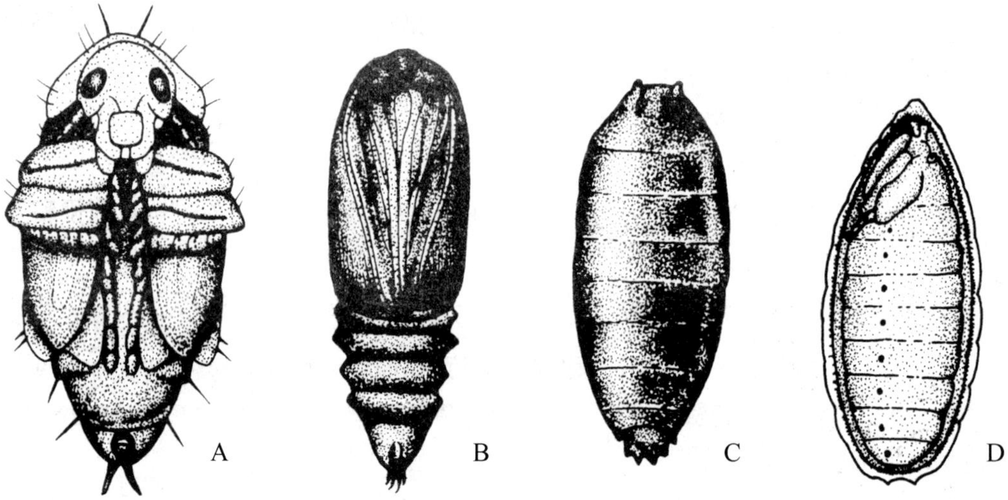

图 23-9　蛹的类型 (仿各作者)

A．离蛹；B．被蛹；C．围蛹；D．围蛹的透视

第二十四章　昆虫的生活史

第一节　昆虫的生命周期

一、生 命 周 期

昆虫的新个体（卵或幼虫或若虫或稚虫）自离开母体到性成熟产生后代为止的发育过程叫生命周期 (life cycle)(图 23-1，3)，通常称这样的一个过程为一个世代 (generation)。

二、昆虫的寿命

在正常情况下，昆虫的新个体从离开母体到死亡所经历的时间叫这种昆虫的寿命 (life-span)。显然，昆虫的寿命比完成一个生命周期的时间会长一些，两者差别的大小取决于成虫进行生殖后所存活的时间。如蜉蝣变为成虫之后仅存活几个到几十个小时，其生命周期与寿命基本相同；而有些甲虫的成虫性成熟后能存活半年到 1 年，一种龙虱 *Dytiscus* sp. 的雄虫能活 854 d，雌虫能活 740 d，这样的情况下，寿命远比完成一个生命周期所需的时间长。

不同种类的昆虫寿命差别很大。昆虫中寿命最短的可能是孤雌生殖的蚜虫，如桃蚜 *Myzus persicae* (Sulzer) 每年可繁殖 20 ～ 30 代，每只蚜虫 1 d 可生 10 余只小蚜虫，每只蚜虫的寿命仅 20 ～ 30 d。北美的十七年蝉 *Magicicada septendecim* (Linnaeus) 的若虫在土中可以生活 17 ～ 17.5 年。白蚁的蚁后寿命更长，一般认为其寿命为 20 ～ 25 年，也有的说蚁后能活 50 ～ 80 年，但后者的可靠性有待检验。一般昆虫的寿命在 1 年左右。同种昆虫的寿命一般雌虫长于雄虫，大多数昆虫的雄虫在交配后不久便死去，而雌虫产卵后有些种类还有护卵和护幼习性。

社会性昆虫的不同类型的个体寿命也不相同。如蜜蜂的工蜂春、夏季出生者寿命为 45 d 左右，秋季出生者寿命为半年左右；而蜂后却能活 5 ～ 8 年。

关于昆虫的寿命容易与成虫期的长短相误解，如人们常说的“蜉蝣朝生暮死”是对蜉蝣的成虫而言，不能说蜉蝣的寿命只有 1 d，实际上一些蜉蝣的稚虫在水中要生活 2 ～ 3 年，所以蜉蝣的寿命在昆虫中还算是比较长的。

第二节　昆虫的生活史

一、生活史的概念

昆虫的生活史（life history）是指一种昆虫在一定阶段的发育史。生活史常以 1 年或一代为时间范围，昆虫在 1 年中的生活史称年生活史或生活年史 (annual life history)，而昆虫完成一个生命周期的发育史称代生活史或生活代史 (generational life history)。

昆虫的生活史是昆虫生物学研究的最基本的内容之一，为了清楚地描述昆虫在 1 年中的生活史特征可采用各种图、表、公式来表达或用图表混合的形式来表达（图 24-1)，其中表格法最为常用。

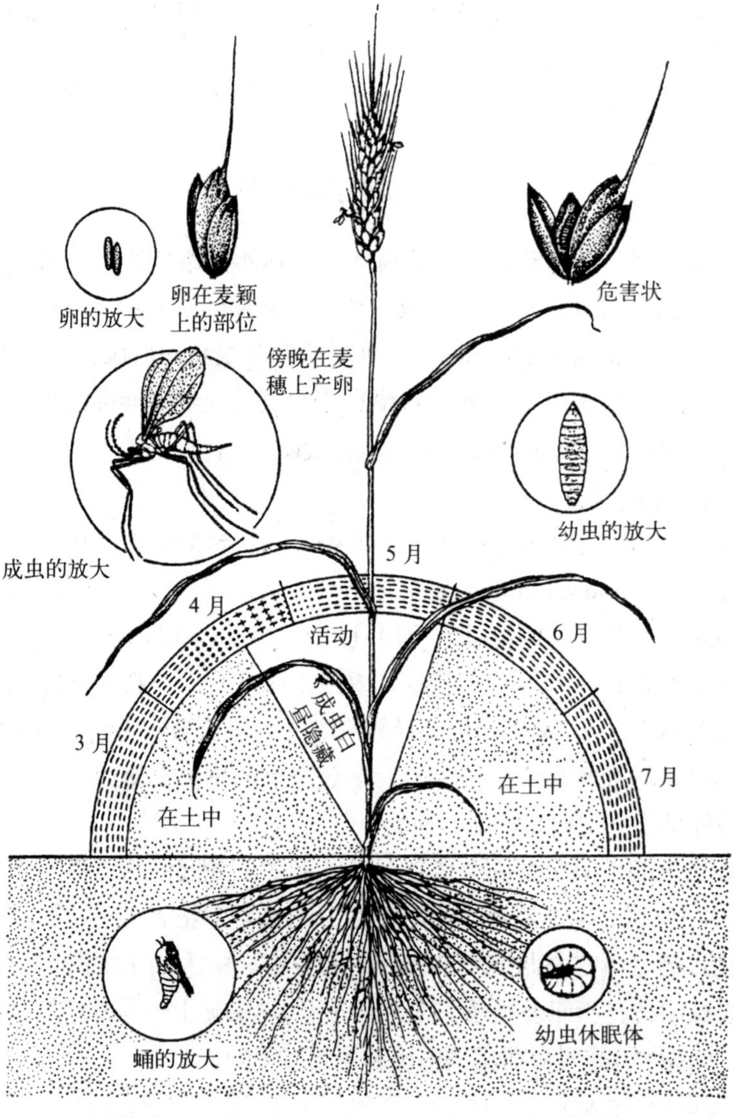

图 24-1　麦红吸浆虫 *Sitodiplosis mosellana* Gehim 的生活史（仿周尧）

昆虫生活史表格主要有两种。第 1 种是以月份为列，以虫态为行，将各代各虫态发生的时间范围在表中标出。第 2 种是以月份为列，以代和虫态为行，用不同的符号或字母表示不同的虫态，并将各代各虫态发生的时间范围在表中标出（表 24-1)，这种方法特别适合表达多化性昆虫的生活史。

表 24-1　花椒潜跳甲 *Podagricomela shirahatai* (Ch û j) 在甘肃省周曲县的生活史（仿杜品等）

世代	月份								
	1—3	4	5	6	7	8	9	10	11—12
	上中 下旬	上中 下旬	上中 下旬	上中 下旬	上中 下旬	上中 下旬	上中 下旬	上中 下旬	上中 下旬
越冬代	(+)(+)(+)	(+)(+)(+) + + +	+						
1		• •	• • • - - - △△	- △△△ + + +	++				
2				• • -	• • • - - - △△ +	- △△△ + + +	+ + +	+ +(+)	(+)(+)(+)

各虫态的表示方法有符号或字母两类。卵常用符号“ · ”或“●”或字母 E (egg) 来表示；幼虫和若虫常用符号“-”或分别用字母 L (larva) 和 N (nymph) 表示；蛹常用符号“△”或“○”或“⊙”或字母 P (pupa) 表示；成虫常用符号“+”或字母 A (adult) 表示。越冬虫态可用括号“(　)”代表符号或字母括起来。

二、昆虫生活史的多样性

(一) 昆虫的化性

昆虫，特别具有滞育性的昆虫在 1 年内发生固定代数或完成一代需要固定时间的特性叫化性 (voltism)，1 年只发生一代的叫一化性 (univoltine)，1 年发生两代的叫二化性 (bivoltine)，1 年发生 3 代以上的称多化性 (polyvoltine 或 plurivoltine)，而把两年以上才完成一个生命周期者称为部化性 (partvoltine)。如大豆食心虫 *Leguminivora glycinivorella* 1 年发生一代，为典型的一化性昆虫；而很多蚜虫 1 年发生几代至几十代，为典型的多化性昆虫；很多土栖性昆虫几年（有的十几年）才完成一代，为典型的部化性昆虫。

不少昆虫的化性随地理位置的不同而异，如粘虫 *Pseudaletia separata* 在中国东北北部每年发生 2 代，在东北南部每年发生 3 代，华北大部分地区每年三四代，而在华南地区每年多达 6 代。

（二）世代重叠

二化性和多化性昆虫由于发生期及产卵期较长等因而使前后世代间明显重叠的现象叫世代重叠 (generation overlapping)。一化性昆虫前后世代间重叠的现象较少，但有些昆虫由于越冬期、出蛰期的差异也会出现世代重叠的现象。在多化性昆虫中，世代完全不重叠或只有极少一部分重叠的现象很少，要弄清各世代的发生情况比较困难，如小菜蛾 *Plutella xyllostella* 在杭州 9 月份可有 8 个世代混合发生。

（三）局部世代

同种昆虫在同一地区具有不同化性的现象叫局部世代 (partial generation)。例如，榆叶甲 *Galerucella aenescens* 在北京地区第 1 代成虫 6 月下旬羽化，其中绝大部分个体经过半个月的取食后就开始越冬，但有一小部分则继续产卵，发生第 2 代。再如桃小食心虫 *Carposina niponensis* 第 1 代幼虫蜕皮后大多数在土面做“蛹化茧”继续发生第 2 代，但另一部分幼虫则入土做“越冬茧”进入越冬状态。

（四）世代交替

大部分多化性昆虫 1 年中各世代间相应虫态、习性与生殖方法大致相同，仅是在发生期上略有差异而已。但有些多化性昆虫在 1 年中的若干世代间生殖方式甚至生活习性等方面存在着明显差异，常以两性世代与孤雌生殖世代交替，这种现象称世代交替 (alternation of generations)。昆虫以蚜虫、瘿蜂、瘿蚊的世代交替现象最为常见，如重要棉花害虫棉蚜 *Aphis gossypii* 在我国大部分地区年生活史中就有明显的世代交替现象 (图 24-2)。该蚜一般全年发生 20 ～ 30 代，以秋末所产的受精卵 (图 24-2A) 在花椒、木槿、石榴等越冬寄主上越冬，翌年春天越冬卵发育为无翅的干母 (fundatrix) (图 24-2B)，干母在越冬寄主上以孤雌胎生的方式产生干雌 (fundatrigenia) (图 24-2C)，干雌继续在越冬寄主上行孤雌胎生两三代。春末或夏初棉苗出土时，干雌产生孤雌胎生的有翅蚜迁移到棉苗或瓜类等夏寄主上，这些有翅蚜称为迁移蚜 (migrant) (图 24-2D)。迁移蚜在夏寄主上以孤雌胎生方式产生无翅孤雌胎生的侨蚜 (alienicola) (图 24-2E，F) ；侨蚜在夏寄主上连续孤雌胎生繁殖多代，在蚜虫密度过大、营养条件恶化时还可产生有翅型侨蚜 (图 24-2G) 在夏寄主间扩散。夏末，侨蚜以孤雌胎生产生雌性的性母 (sexupara) (图 24-2H)，性母大多有翅并陆续迁飞到越冬寄主上。性母在越冬寄主上再以孤雌胎生方式产生性蚜 (sexuale) (图 24-2I，J)，性蚜交配后在越冬寄主上产越冬卵。

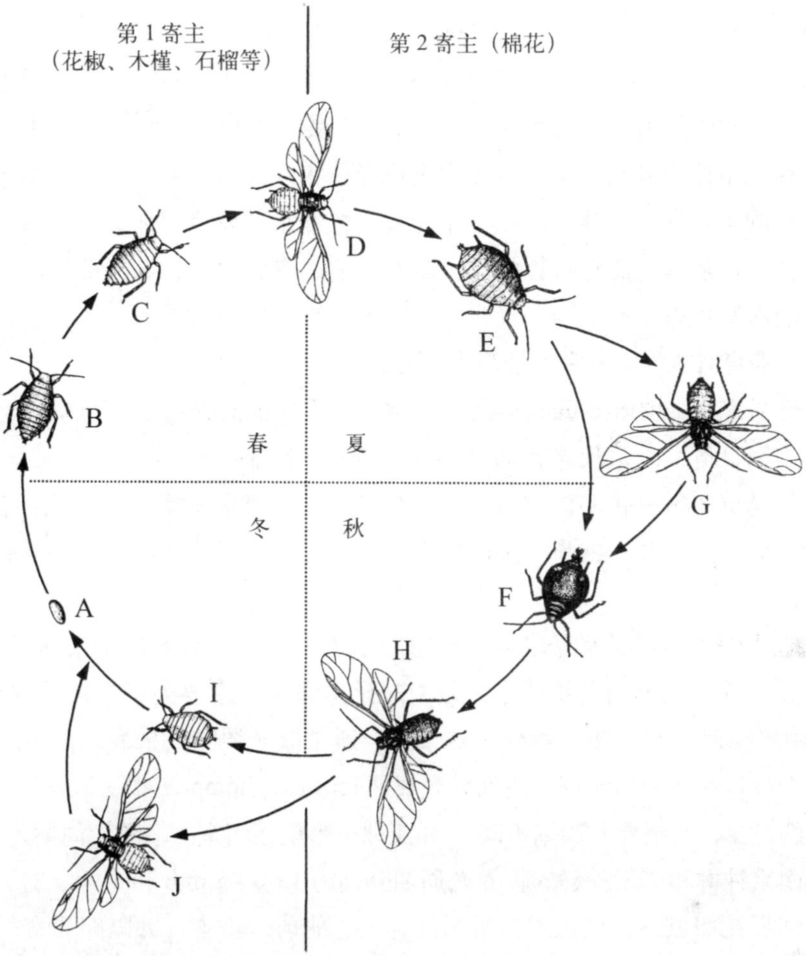

图 24-2　棉蚜 *Aphis gossypii* 的生活史，示世代交替现象（作者图）

（五）休眠和滞育

在昆虫生活史的某一阶段，当遇到不良环境条件时，生命活动会出现停滞现象以安全度过不良环境阶段。这一现象常和盛夏的高温及隆冬的低温相关，即所谓的越夏或夏眠 (aestivation) 和越冬或冬眠 (hibernation)。根据引起和解除停滞的条件，可将停滞现象分为休眠和滞育两类。

1. 休眠

休眠 (dormancy) 是由不良环境条件直接引起的，当不良环境条件消除后昆虫马上能恢复生长发育的生命活动停滞现象。有些昆虫需要在一定的虫态或虫龄休眠，如东亚飞蝗均在卵期休眠；有些昆虫在任何虫态或虫龄都可以休眠，如小地老虎在我国江淮流域以南以成虫、幼虫或蛹均可休眠越冬。由于不同虫态的生理特点不同，在休眠期内的死亡率也就不同。因此，以何种虫态休眠在一定程度上会影响后来昆虫种群的基数。

2. 滞育

滞育 (diapause) 是由环境条件引起的，但通常不是由不良环境条件直接引起的，当不良环境条件消除后昆虫也不能马上能恢复生长发育的生命活动停滞现象。在自然界，当不良环境条件未到来之前，昆虫常常已经进入了滞育状态，而且一旦滞育，即使给予最适宜的生长发育条件，昆虫也不能马上恢复生长发育。所以，滞育具有一定的遗传稳定性。凡是具有滞育特性的昆虫都有固定的滞育虫态，亲缘关系相近的昆虫可以有不同的滞育虫态，通常同一世代只有一次滞育，但也有在一个世代中出现两次滞育的昆虫。滞育有兼性滞育和专性滞育两类。

兼性滞育 (facultative diapause) 不一定每一世代都滞育；如玉米螟在各地每年发生的代数不同，但多以末代老熟幼虫滞育越冬。专性滞育 (obligatory diapause) 又称绝对滞育，是昆虫在每一代的固定虫态都发生滞育，该类滞育常常为一化性昆虫所具有；如大地老虎、大豆食心虫为一化性昆虫，无论外界环境条件如何，到了各自的虫态都进入滞育。

引起滞育的外界生态因子主要是光周期、温度、湿度、食物等，内在因子为激素。

外界因子中以光周期最稳定，是引起昆虫滞育的主要因子。光周期 (photoperiod) 是 1 d 中光照时数与黑暗时数变化的节律，通常以光照时数来表示。引起昆虫种群中 50% 的个体进入滞育的光周期叫临界光周期 (critical photoperiod)。不同种或同种不同地理种群的昆虫，其临界光周期不同；如亚洲玉米螟在南京的临界光周期为 13 h 30 min，三化螟南京种群和广州种群的临界光周期分别为 13 h 45 min 和 12 h。对光周期敏感的虫态叫临界光照虫态，该虫态常常为滞育虫态的前一虫态，如以卵滞育的家蚕的临界光照虫态是上一代成虫，以老熟幼虫滞育的亚洲玉米螟的临界光照虫态为第 3 至第 4 龄幼虫，以蛹滞育的棉铃虫的临界光照虫态为第 1 至第 5 龄幼虫。

在自然界中，光周期的变化通常与温度的变化相适应。临界光周期随温度的升降而减增，大体温度每升高 5° C，临界光周期将缩短 1~1.5 h；若温度下降，则临界光周期延长。所以，同一种昆虫的低纬度种群比高纬度种群滞育偏晚，如我国北方种群一般比南方种群进入滞育的时间早一些。

食物的变化同样也随光周期及温度的变化而变化。秋季到来时，光周期缩短，温度下降，寄主植物逐渐枯竭，植食性昆虫食物的含水量变小，昆虫滞育的比例也逐渐变大。如棉红铃虫幼虫取食吐絮前 14 d 棉铃 (含水量 75% 左右) 仅 5% 的幼虫滞育，而取食吐絮前 2 d 棉铃 (含水量 20% 左右) 幼虫滞育率高达 62%。

引起和解除滞育的所有外界因子必须通过内部激素的分泌来实现。以卵滞育的昆虫是否产滞育卵决定于成虫。当成虫的感觉器官接受了外界刺激（如光周期的变化）传到脑，脑分泌细胞产生促前胸腺激素通过围咽神经索传递到咽下神经节，活化了其中的神经分泌细胞，使产生卵滞育激素，通过血液的传送而作用于卵。如果将一化性家蚕成虫的围咽神经索切断，可使该成虫产出非滞育卵。如将脑及咽下神经节的甲醇提取液注射入预期该产非滞育卵的二化性家蚕成虫，该成虫却产下了滞育卵。以幼虫或蛹滞育的昆虫，则是由于脑分泌细胞停止活动，不产生活化前胸腺的促前胸腺激素，使前胸腺的分泌活动受到抑制而不分泌脱皮激素，幼虫（或蛹）便处于滞育状态。如果在滞育中的幼虫或蛹经过冷冻刺激，活化了脑分泌细胞，将这样的脑移植到正处于滞育状态的幼虫或蛹，就可以结束滞育，进行变态脱皮。以成虫期滞育的昆虫，主要是成虫缺少咽侧体分泌的保幼激素。在正常发育的昆虫中，保幼激素在末龄幼虫和蛹期是很少分泌的，而到了成虫期，则又恢复分泌保幼激素，起着促进性器官成熟和卵的发生的作用。

进入滞育的昆虫要经过一定时间的滞育代谢才能解除滞育。温度、湿度和光照是解除滞育的重要因子，如多数冬季滞育的昆虫若经过一定时间的低温 (0~10℃之间) 处理能解除滞育，亚洲玉米螟、三化螟等的滞育幼虫需要补充一定的水分才能解除滞育而化蛹，一些蟋蟀和一些脉翅目昆虫当春天光照时数超过临界光周期时才能解除滞育。公元 6 世纪，我国浙江省温州的蚕农就已能通过控温等措施维持或打破蚕卵的滞育，调节一年中蚕的代数。

休眠与滞育相比对不良环境的抵抗能力较弱，如东亚飞蝗秋天虽然以卵休眠越冬，但如果哪年秋天特别温暖，“越冬卵”则可继续孵化，而所孵化出来的若虫往往来不及完成一个生命周期就会遇到寒冬，终至死亡。从不休眠到休眠，从休眠到滞育似乎是昆虫生活史进化的必然。

多样的生活史是昆虫长期适应外界环境变化的产物，是昆虫抵御不良环境条件的重要生存对策之一。无论是世代重叠、局部世代，还是世代交替、休眠与滞育等，对昆虫种群的繁盛与延续都起着十分重要的作用。

第二十五章　昆虫的习性与行为

习性 (habits) 是昆虫种或种群具有的生物学特性，亲缘关系相近的昆虫往往具有相似的习性，如天牛科的幼虫均有蛀干习性，夜蛾类的昆虫一般有夜间出来活动的习性，蜜蜂总科的昆虫具有访花习性等等。

行为 (behavior) 是昆虫的感觉器官接受刺激后通过神经系统的综合而使效应器官产生的反应。研究昆虫行为的科学称昆虫行为学 (insect ethology)。该方向的研究自 1973 年 Frisch、Lorenz 和 Tinbergen 以其出色的行为学研究获得诺贝尔奖后进展非常迅速，出现了大量的论著。

昆虫种类多，习性和行为非常复杂。这里仅对一些重要的方面加以简介。

第一节　昆虫的主要习性与行为

一、昆虫活动的昼夜节律

昆虫的活动在长期的进化过程中形成了与自然中昼夜变化规律相吻合的节律，即生物钟 (biological clock) 或昆虫钟 (insect clock)。绝大多数昆虫的活动，如飞翔、取食、交配等等均有固定的昼夜节律。我们把在白天活动的昆虫称为日出性或昼出性昆虫 (diurnal insect)，把夜间活动的昆虫称为夜出性昆虫 (nocturnal insect)，把那些只在弱光下 (如黎明时、黄昏时) 活动的则称弱光性昆虫 (crepuscular insect)。如绝大多数蝶类为日出性昆虫，而绝大多数的蛾类是夜出性的，蚊子则喜欢在弱光下活动的。不论是日出性昆虫、夜出性昆虫还是弱光性昆虫，在 1 d 当中，多在相对集中的活动时间内活动。

由于自然中昼夜长短是随季节变化的，所以许多昆虫的活动节律也有季节性。1 年发生多代的昆虫，各世代对昼夜变化的反应也会不同，明显地表现在迁移、滞育、交配、生殖等方面。

昆虫活动的昼夜节律表面上看似乎是光的影响，但昼夜间还有不少变化着的因素，例如湿度的变化、食物成分的变化、异性释放外激素的生理条件等。

二、食性与取食行为

(一) 食性

食性 (feeding habit) 就是取食的习性。昆虫多样性的产生与其食性的分化是分不开的。通常人们按昆虫食物的性质，而把它们分成植食性 (phytophagous 或 herbivorous)、

肉食性 (sarcophagous 或 carnivorous)、腐食性 (saprophagous)、杂食性 (omnivorous) 等几个主要类别。植食性和肉食性一般分别指以植物和动物的活体为食的食性，而以动植物的尸体、粪便等为食的则均可列为腐食性。既吃植物性食物又吃动物性食物的昆虫为杂食性昆虫，如蜚蠊等。当然也可分得更细些，如菌食性、粪食性、尸食性等。

根据食物的范围，可将食性分为多食性 (polyphagous)、寡食性 (oligophagous) 和单食性 (monophagous)3 种类型：能吃分属于很不相同的科的多种植物的称为多食性害虫，如棉蚜能危害 74 科 285 种植物；能吃属于一个科（或个别近似科）的若干种植物的称寡食性害虫，如小菜蛾能危害属于十字花科的 39 种植物；只能吃一种植物的称为单食性害虫，如三化螟只吃水稻。

昆虫的食性具有它的稳定性，但有一定的可塑性；如将在正常情况下以十字花科植物为食的小菜蛾的初孵幼虫放在人工饲料上饲养，完全可以正常取食和生长发育；但如果让这些幼虫吃了含有黑芥子苷（十字花科植物的含有物）的人工饲料，它们就不愿再吃原来的人工饲料了。在自然界中也已经观察到，许多昆虫(即便是单食性昆虫)在缺乏正常食物时，可以被迫改变食性。

许多全变态昆虫成虫期的食物与幼虫期的完全不同，其他变态类的昆虫成虫与若虫或稚虫的食性相似。

（二）取食行为

昆虫的取食行为多种多样，但取食的步骤大体相似。如植食性昆虫取食一般要经过兴奋、试探与选择、进食、清洁等过程，而捕食性昆虫取食的过程一般为兴奋、接近、试探和猛扑、麻醉猎物、进食、抛开猎物、清洁等过程。有些捕食性昆虫还具有将被取食猎物的空壳背在自己体背的习性，如部分猎蝽的若虫、部分草蛉的幼虫等。

昆虫对食物有一定的选择性，用以识别和选择它的食物的方式则是多种多样的，但多以化学刺激作为决定择食的最主要因素。如植食性昆虫通常以植物的次生物质作为信息化合物或取食刺激剂，捕食性昆虫则多以猎物的气味为刺激取食的因子，当把猎物的体液涂到与猎物相同或不同的人工模型或其他物体上时，均能引起猎蝽的取食反应 (图 25-1)。

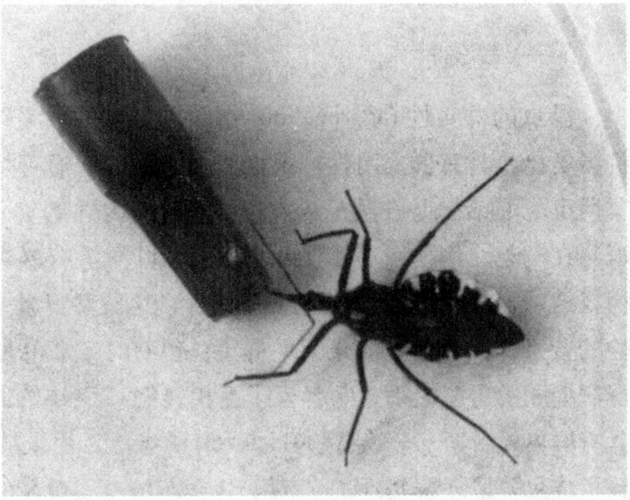

图 25-1　蘸有猎物体液的圆珠笔笔帽能引起多氏田猎蝽 *Agriosphodrus dohrni* (Signoret) 的取食反应 (作者摄)

三、趋　　性

趋性 (taxis) 就是对某种刺激有定向的活动的现象。根据刺激源可将趋性分为趋热性、趋光性、趋化性、趋湿性、趋声性等等。根据反应的方向，则可将趋性分为正趋性和负趋性（即背向）两类。例如，高等动物的外寄生昆虫（如蚤、床虱等）需要动物的体温和气味作为刺激，以它们的趋热性和趋化性而找到寄主动物。许多昆虫（如大多夜出性蛾类）有趋光性；而如蜚蠊类昆虫经常藏身于黑暗的场所，见光便躲，即有负趋光性或称背光性。趋化性在昆虫寻找食物和找异性交配、找产卵场所等活动中起着重要的作用。

不论哪种趋性，往往都是相对的，对刺激的强度或浓度有一定程度的可塑性。外寄生昆虫要求最适宜的温度就是寄主动物的体温。如人身上的体虱，常生活在人的贴身衣服上，若人因病发烧而超过了正常的体温时，体虱就爬离人体，表现为负的趋热性。这正是虱子扩散传播传染病的一种方式。当昆虫同时遇到几种温度梯度时，总是向它最适宜的温度移动，而避开不适宜的温度。有趋光性的昆虫对光的波长和光的照度也是有选择的。蚜虫黑夜不起飞，白天起飞，而且光对它的迁飞有一定的导向作用；但在光强达到 10 000 lx 以上时，桃蚜 *Myzus persicae* 却躲藏在叶子背面。蝴蝶多在白天活动，但当夜里光源较强时，距离光源较近的一些蛱蝶和粉蝶具有微弱的趋光性。昆虫对化学刺激也具有相似的反应，如过高浓度的性引诱剂不但起不到引诱作用，反而成为抑制剂。

了解昆虫的趋性可以帮助我们管理昆虫，如人们利用昆虫的趋性可以采集标本，检查检疫性昆虫，进行害虫和天敌的预测预报，诱杀害虫等活动。

四、昆虫的群集、扩散与迁飞

(一) 群集性

昆虫的群集性 (aggregation) 指同种昆虫的大量个体高密度地聚集在一起的习性。许多类昆虫具有群集习性，根据聚集时间的长短可将群集分为临时性群集和永久性群集两类：前者只是在某一虫态和一段时间内群集在一起，过后就分散；后者则是终生群集在一起。例如，马铃薯瓢虫、榆蓝叶甲等有群集越冬的习性，天幕毛虫幼虫有在树杈结网，并群集栖息在网内的习性；这些群集属于临时性群集。具有社会性生活习性的蜜蜂蜂群为典型的永久性群集。但有时二者的界限并非十分明显，如东亚飞蝗有群居型和散居型之别，两者可以互相转化；飞蝗的群集是蝗蝻（蝗虫的若虫）粪便中具有群集外激素——蝗呱酚 (locustol) 的缘故；虫量越大，越容易群集，而且越聚越多，到了成虫阶段还群集迁飞；对于其小范围、小数量的群集属于临时性群集，而对于其大面积、大量个体的群集则属于永久性群集。

（二）扩散

扩散 (dispersal) 是指昆虫个体在一定时间内发生空间变化的现象。根据扩散的原因可将扩散分为主动扩散和被动扩散两类，前者是昆虫由于取食、求偶、避敌等因而“主动”但相对缓慢地形成的小范围空间变化；后者则是由于水力、风力、动物或人类活动而引起的几乎完全被动地空间变化。扩散常使一种昆虫分布区域扩大，对于害虫而言即形成所谓的虫害的传播和蔓延。如非洲蜜蜂 *Apis mellifera adansonii* 的扩散就是一个最典型的例子：1957 年之前美洲的主要蜜蜂是意大利蜂 *Apis mellifera ligustica* 和高加索蜜蜂 *Apis mellifera caucasica*；但这两种蜜蜂的蜂群都没有非洲蜜蜂的大，产蜜量也没有非洲蜜蜂的产蜜量多。1957 年，巴西圣保罗大学的蜂学家们为了改变欧洲蜜蜂在美洲不景气的状况，又从同纬度的非洲引进 35 只非洲蜜蜂的蜂后。当时，研究人员已经知道非洲蜜蜂脾性暴烈，对人、畜均不利；因此，特别在蜂箱出入口加上了铁丝网，以保安全。第 2 年，由于管理上的疏忽，从笼中跑出了 26 只蜂后；从此，非洲蜜蜂就在美洲迅速扩散开来 (图 25-2)，成为美洲所谓“杀人蜂”蔓延的局面。

昆虫的扩散主要受到自身生理状况、适应环境的能力及外界环境条件的限制，对多数陆生昆虫而言，地形 (大河、高山等)、气候 (温度、湿度等)、生物 (食物、天敌等)、人类活动等都会直接或间接地影响着昆虫的扩散与分布。

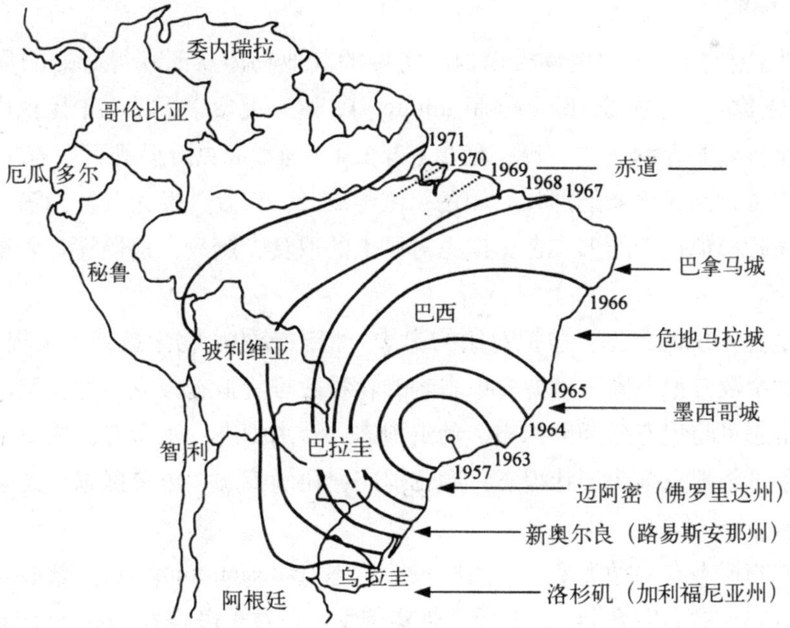

图 25-2　非洲蜜蜂 *Apis mellifera adansonii* 于 1957 年在巴西圣保罗州里欧克罗附近引入南美后的扩散情况 (仿 Michener)

(三) 迁飞

迁飞 (migration) 是某种昆虫成群而有规律地从一个发生地长距离地转移到另一个发生地的现象。并非所有的昆虫均有迁飞习性，但常见的农业害虫多具有迁飞习性，如分布于我国的东亚飞蝗、粘虫、小地老虎、棉铃虫、甜菜夜蛾、稻纵卷叶螟、褐飞虱、白背飞虱、黑尾叶蝉、多种蚜虫等重要农业害虫均具有迁飞习性。迁飞多发生在成虫的生殖前期，并常与一定的季节相关。迁飞的原因、发生的世代、动力、持续时间、飞行距离与高度、回迁与否等在不同的迁飞昆虫中差别很大；如蚜虫、飞虱、叶蝉等小型昆虫本身飞行能力较弱，常常是被上升的气流带到上空顺风作长距离的迁飞，而像蝶类、蜻蜓等大型昆虫的迁飞至少在多数情况下开始迁飞时是主动的。有些昆虫迁飞的距离较短，有些昆虫迁飞的距离较长，如一些瓢虫常到附近的山区越冬、越夏，而北美的君王斑蝶 *Danaus plexippus* 可以飞行上千千米到越冬地区越冬。

研究害虫的群集、扩散及迁飞的规律非常重要，很多有群集性的农业害虫还同时具有成群迁移的习性；如我国的东亚飞蝗、粘虫、褐飞虱等都是有群集迁移特性的害虫；对此类害虫需要有全国性乃至国际性的测报和防治对策。

五、拟态、伪装与假死

(一) 拟态

一种生物模拟另一种生物或模拟环境中的其他物体从而获得好处的现象叫拟态 (mimicry) 或称生物学拟态 (biological mimicry)。这一现象广泛见之于昆虫中，可发生在分子、个体及种群水平上，卵、幼虫 (若虫)、蛹和成虫阶段都可拟态；所拟的对象可以是周围物体或生物的形状、颜色、化学成分、声音、发光及行为等，但最常见的拟态是同时模拟模型的形与色。拟态对昆虫的取食、避敌、求偶等有着重要的生物学意义。

根据拟态系统的虫态、被拟对象的实质、拟态者的生物学益处、发现者的姓氏、被拟对象的个数、拟态同一模型的拟态者的物种数可将拟态分成多种类型，如根据拟态发生的虫态可将拟态分为卵拟态、幼虫拟态、若虫拟态、蛹拟态、成虫拟态，根据所拟的对象可将拟态分为形状拟态、颜色拟态、化学拟态、声音拟态、光学拟态、行为拟态等等。

最常见的拟态有两种类型。一类叫贝氏拟态 (Batesian mimicry)，以该类拟态的记述者 H. W. Bates 的名字而得名；其经典性实例发生在君王斑蝶 *Danaus plexippus*(模型) 和副王蛱蝶 *Limenitis archippus*(拟态者) 之间，这两种蝴蝶的色斑型相似。但前者的幼虫因吃萝藦草而使得成虫体液中具有一种有毒的糖苷，鸟吃了这种蝴蝶后会呕吐；因此，凡是首次吃过普斑蝶的鸟对副王蛱蝶也要采取回避的态度。没有经验的鸟如果首次碰到并取食了无毒的副王蛱蝶，它以后可能会捕食普斑蝶。所以，对于贝氏拟态系统中的拟态者是有利的，而对模型昆虫是不利的。

一些昆虫具有同它的生活环境中的背景相似的颜色，这有利于躲避捕食性动物的视线而得到保护自己的效果。例如，在草地上的绿色蚱蜢、栖息在树干上翅色灰暗的夜蛾类昆虫。有许多还随环境颜色的改变而变换身体的颜色。这类拟态者的体色被称为保护色 (protective color)。

昆虫的保护色还经常连同形态也与背景相似联系在一起。例如，尺蠖幼虫在树枝上栖息时，以后部的腹足固定在树枝上，身体斜立，很像枯枝。枯叶蝶 *Kalima* spp. 停息时双翅竖立，翅背极似枯叶，甚至具有树叶病斑状的斑点（图 25-3）。

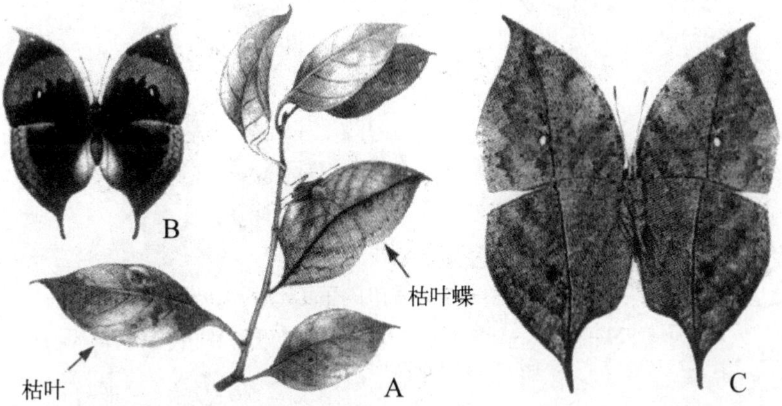

图 25-3　枯叶蝶 *Kalima hyegelii chinese* Swinhoe 的拟态（仿周尧）

A．枯叶蝶静息在枝条上；B．展翅时背面观；C．展翅时腹面观

一些鞘翅目、半翅目、双翅目、鳞翅目昆虫等模拟具有蜇刺能力的胡蜂的色斑型，通常人们把拟态昆虫的这类色斑型称为警戒色 (warning color)。

有些昆虫既具有保护色，又具有警戒色。例如，一些蛾类前翅有与环境相似的色斑，后翅上有类似鸟、兽类的眼睛的斑纹；在停息时以前翅覆盖腹部和后翅，当受到袭击时，突然张开前翅，展现出颜色鲜明的眼状斑的后翅；这种突然的变化，往往能把袭击者吓跑。很多绿色的蚱蜢具有鲜红色的后翅以及一些竹节虫后翅臀区樱红色或具有其他花斑，也有类似的作用。

第 2 类常见的拟态叫做缪氏拟态 (Mullerian mimicry)，以记述者 F. Muller 的姓氏而得名。其模型和拟态者都是不可食的，捕食者无论先捕食其中哪一种，都会引起对两种昆虫的回避。因此，该类拟态无论对拟态者还是对模型都有利。这类拟态在红萤科昆虫、蜂类、蚁类中均可见到。

昆虫的拟态现象颇为复杂，有时几种昆虫间会形成一个拟态环（图 25-4）。

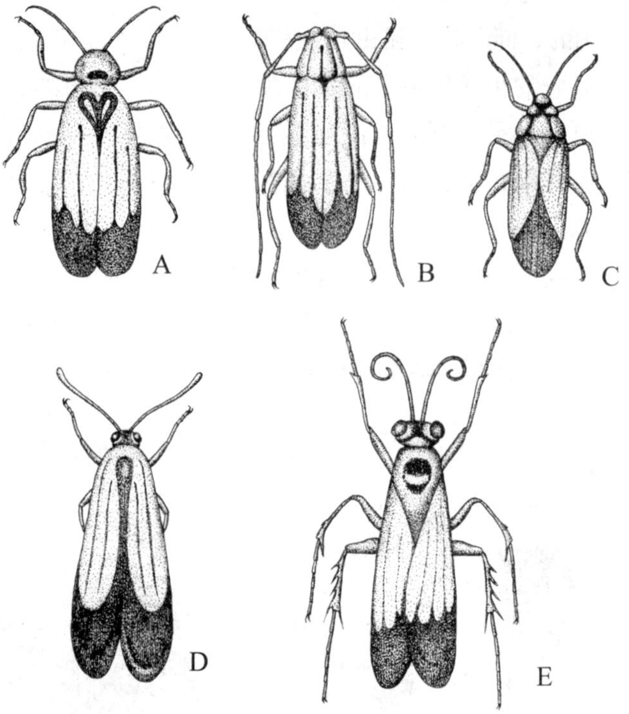

图 25-4　由一种不适口的萤 *Lycus rostratus*
(A)、一种天牛 (B)、一种长蝽 (C)、一种斑蛾 (D) 和一种蛛蜂 (E) 组成的拟态环
(据 Wickler)

（二）伪装

伪装 (camouflaging) 是指昆虫利用环境中的物体伪装自己的现象。伪装多为幼虫或若虫所具有，见于半翅目、脉翅目、鳞翅目等的部分类群，伪装物有土粒、沙粒、小石块、植物叶片和花瓣、猎物的空壳等。如主要捕食蚂蚁的淡带荆猎蝽 *Acanthaspis cincticrus* Stål 的若虫在吸干蚂蚁的体液后会把蚂蚁的空壳黏在体背，一些捕食性鳞翅目幼虫会把花瓣或叶片黏在体背。伪装可进一步发展为像一些毛翅目幼虫和鳞翅目蓑蛾科昆虫等的筑巢习性。

（三）假死

假死 (death feigning) 是指昆虫在受到突然刺激时，身体卷缩，静止不动或从原停留处突然跌落下来呈“死亡”之状，稍停片刻又恢复常态而离去的现象。不少鞘翅目的成虫和鳞翅目的幼虫具有假死性。一些尺蛾科的幼虫受到突然刺激时，会吐丝下垂至树冠与地面之间，过一会儿便顺丝又到树冠，这是假死的一个特例。假死性是昆虫逃避敌害的一种有效方式。根据昆虫的假死性，我们可以利用触动或震落法采集标本或进行害虫的测报与防治等。

六、昆虫的通讯

每种昆虫都有自己的通讯系统以满足各自特定的需要，使同种昆虫个体间在一定空间内协调发展，同时通讯信号对昆虫种间关系也有一定的影响。昆虫的通讯方式主要有化学通讯、视觉通讯、听觉通讯、触觉通讯、行为通讯等。

(一) 化学通讯

化学通讯 (chemical communication) 是昆虫通讯的常见方式，涉及一系列的外激素 (参阅第十九章第五节)。该通讯方式在刺激生殖行为、觅食、召集个体聚集、调整种群密度等方面起着重要作用，对进行两性生殖而雌虫无翅不能飞翔的昆虫化学通讯更为重要。在社会性昆虫中，化学通讯协调着种群中个体间的活动与行为，使整个群体有条不紊地生存和发展。

化学通讯是一种有效的通讯方式。如在鳞翅目昆虫中，雌虫能释放性激素引诱同种的雄蛾前来交配，实验证明绿尾大蚕蛾 *Arctias selene* 的雄蛾被释放到 11 km 以外的地方仍能回到置于笼中的未交配过的雌蛾旁。但化学物质的释放没有频率和幅度的调整和变化，也可能是一种能跨越空间距离的原始信号系统。

(二) 昆虫的发光与视觉通讯

昆虫的发光 (insect bioluminescence) 有两种情况，一类是由于发光细菌的存在，如很多鳞翅目幼虫的发光；另一类是昆虫自身的发光，通常所说的发光昆虫即指此类。

自身发光的昆虫有 4 个目，即弹尾目、同翅目、鞘翅目和双翅目，其中以鞘翅目种类发光最多；发光的虫态有卵、幼虫(或若虫)及成虫；发光的部位可及头、胸、腹，甚至全身，发光的时间有的是在受刺激时，有的仅限于交配求偶时，有的则是在捕食或遇敌时发光。发光的意义主要有 3 个方面。一是防御，发光比起昆虫的发音及化学通讯似乎增加了被捕食的危险，但这些昆虫味道不好；二是，当其突然发光时有时可能会吓跑捕食者；三是，有的昆虫的发光还会起到报警的作用。昆虫发光的第 2 个作用是求偶，在萤火虫中，有的两性都发光，有的仅雌萤发光，其闪光是一种性信号，具有种的特异性 (图 25-5)，因此它们能准确地确定异性的位置。发光的另一个重要作用是捕食，新西兰的一种柄蕈菌蚊常生活在阴暗、潮湿的环境中，有时大量居于岩洞里，其幼虫用丝加上黏液建造一种罗网，并垂下一条条长达 12 ～ 30 cm 的丝；每逢夜晚，幼虫便会发光，被引来的小飞虫就会被黏缠于丝上而被菌蚊所食。

视觉通讯 (visual communication) 在昆虫中普遍存在而且变化较大，个体间需要直接的视线，是昆虫短距离通讯的重要方式之一。一些蜉蝣目、毛翅目、双翅目的雌虫通过视觉可以被吸引到上下飞舞的雄虫群体中。雄性蝴蝶常靠视觉判别近距离飞舞的雌性蝴蝶，如果将一片有一定颜色的纸模仿雌蝶飞舞的动作，雄蝶也会追逐起来。视觉在蝴蝶等昆虫的求爱行为中起着重要的作用。

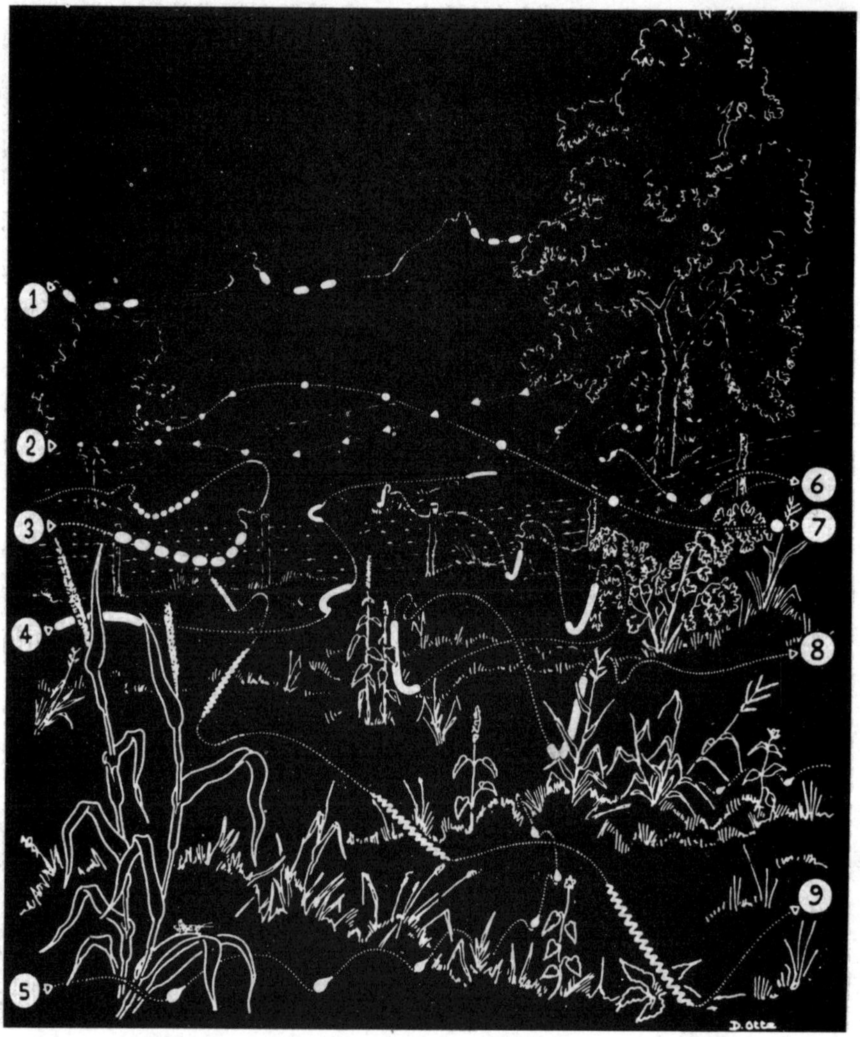

图 25-5 9 种萤火虫的明显不同的闪光类型 (仿 Lloyd)

(三) 昆虫的发音和听觉通讯

发音昆虫达 16 目之多，不但成虫能发音，有些幼虫，甚至蛹也能发音。发音方式可分为 3 大类。第 1 类是昆虫正常活动的副产品，这类发音昆虫不具独特的发音器，其声音是昆虫飞行、求偶、取食活动的产物；昆虫飞行时的翅振频率快慢不一，蠓科昆虫飞行时翅振高达 2 000 Hz，蚊虫约 594 Hz，家蝇为 147 ~ 220 Hz，而蝶类一般在 7 ~ 13 Hz 之间；而人耳听到的振频在 20 ~ 20 000 Hz 之间；所以，我们只能听到蚊、蝇的嗡嗡声，而听不到蝴蝶的飞行声。第 2 类发音是昆虫的身体碰击其他物体的结果；如窃蠹在其所蛀的木头里，用头敲击隧道壁而发出一种独特的声音；一种拟步甲在求偶时，雄虫用腹片摩擦雌虫胸部的两个瘤，能发出一种尖锐的声音，在几米外都能听到。第 3 类昆虫的声音是由昆虫体上特殊的发音器官所发出；它又可分为两类，一种是摩擦发音，即发音器的两部分相互摩擦而发音，这类发音方式普遍存在于昆虫中，如蝗虫、蟋蟀、螽斯、蝼蛄、猎蝽、蝽类的发音等均属此类；另一种是膜振动发音，仅为同翅目、半翅目、鳞翅目的部分种类所具，是昆虫中发音效率最高的方式。最后一类是由于空气的流动而发音，这种发音方式有点像人的发音原理。同种昆虫可发出不同类型的声音，如多数直翅目昆虫可以发出 5 种明显不同的声音用于召唤、求爱、交尾、攻击和报警。

听觉通讯 (audio communication) 是昆虫近距离和较远距离的有效通讯方式之一。昆虫用不同类型的听器接收同种昆虫个体或异种所发出的各类音频信号，判别发音者的状态，并做出相应的反应。昆虫虽然不能区分音质，但它们可根据声音的频率和强度辨别不同的声音信号。

(四) 触觉通讯

触觉通讯 (tactile communication) 是指昆虫靠身体的互相接触传递信息的通讯方式，只有当同种或不同种的个体相遇才能发生。如蚂蚁可通过触角的拍打告诉对方食物的性质、大小、距离等信息。蚂蚁通过拍打与其共生的昆虫的身体可使对方分泌出蚂蚁喜食的蜜露等物质。触觉通讯在很多昆虫的求爱过程中起着非常重要的作用。

通常一种昆虫不是孤立地使用上述通讯方式，而是综合地使用两种或两种以上的通讯方式来完成种内及种间通讯。

七、昆虫的交配行为

昆虫的交配 (mating behavior) 行为复杂多变。交配的过程与取食的过程颇为相似，一般包括兴奋、接近、求爱、跨骑、拥抱、交合、清洁等步骤。其中以求爱和交合较为复杂。求爱的方式多种多样，包括舞蹈、发音、触摸，甚至送“彩礼”，如一些舞虻的雄虫向雌虫求爱时会送给雌虫一头猎物或猎物的碎片或一个大丝球等等，一些长蝽的雄虫向雌虫求爱时常送给雌虫一粒她喜欢吃的无花果种子，并先注入唾液，使种子适合雌虫取食 (图 25-6)。同种昆虫交配的体位方式一般较为稳定，不同的类群间交配方式有所差异，如猎蝽科昆虫至少有 9 种不同的交配方式，直翅类昆虫的交配方式也不少于 9 种 (图 25-7)。捕食性昆虫在交配过程中雌虫有时有残杀雄虫的现象，如在螳螂的交配过程中，有些雌螳螂会把雄螳螂的头及身体的其他部分吃掉。关于昆虫的交配，Thornhill & Alocock (1983) 等有较详细的总结。

八、昆虫的学习行为

学习行为 (learning behavior) 是指动物后天获得的行为，如经验性的学习行为、印记学习、习惯化、条件反射、尝试与错误、推理等。在《宋稗类钞》中记述有我国古代民间艺人训练黄、黑两种蚂蚁交战的情形，西方国家现在仍有人训练跳蚤做翻单杠、拉车、拉旋转木马等规定的动作。昆虫的学习能力在不同类群中有一定差异，如蜜蜂

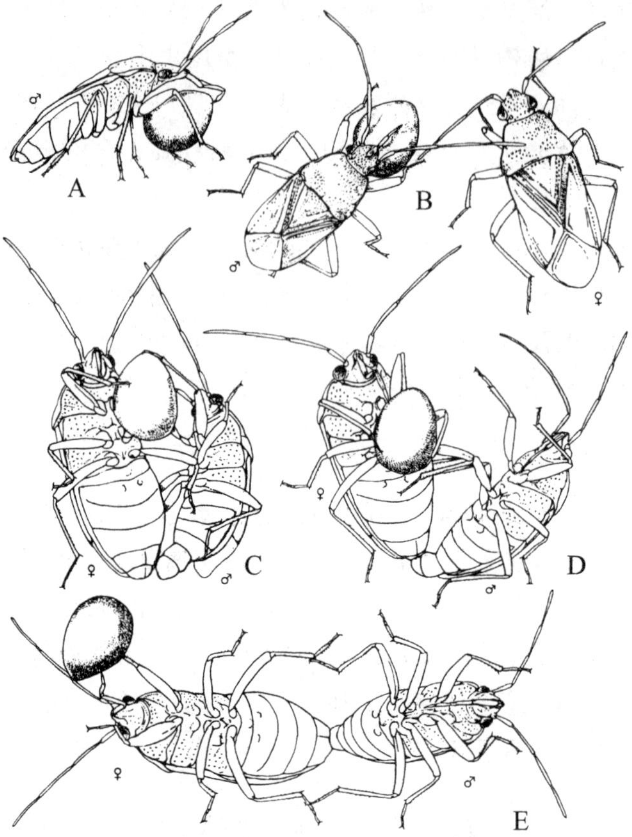

图 25-6　一种长蝽 *Stilbocoris natalensis* 的交配行为（仿 Carayon）

A．采集种子；B．注入唾液，对种子进行“预消化”；C．把种子送给雌虫；
D，E．吸食种子的雌虫允许雄虫与其交配

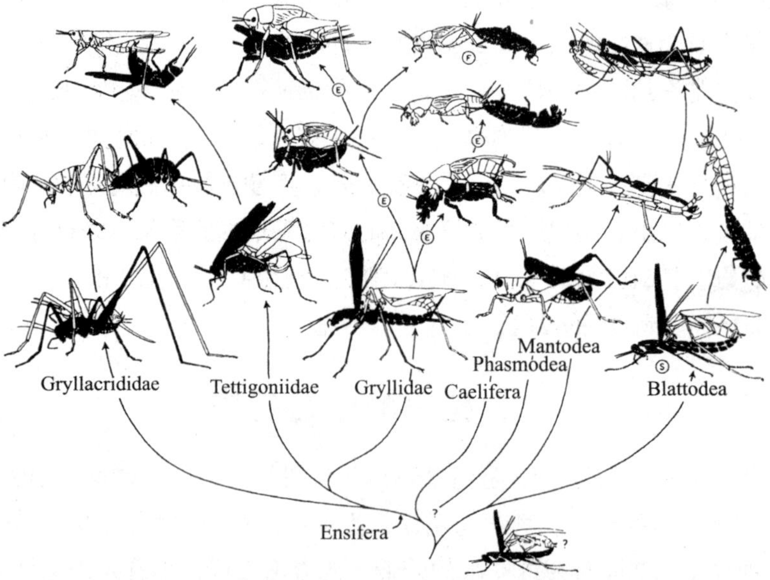

图 25-7　直翅类昆虫交配体位的多样性（仿 Alexander）

箭头示可能的进化方向，黑色者示雄性，白色者示雌性的学习能力较强，而胡蜂的学习能力较弱；同种昆虫在不同的发育阶段学习能力差别很大，并且各种昆虫有一定的学习临界期限。关于昆虫的学习行为，Alloway (1972)、Markl (1974)、Meller & Dais (1996) 等曾有综述。

九、昆虫的社会行为

终生孤独生活的昆虫很少，绝大多数种类的个体在其生活周期中总有一段时间生活在一起，形成所谓的“昆虫社会”(insect society)。对于社会性昆虫的定义及类型的划分，不同学者的见解不尽相同；Michener (1974) 曾将昆虫分为孤独性 (solitary)、亚社会性 (subsocial)、公共性 (communal)、准社会性 (quasisocial)、半社会性 (semisocial) 和真社会性 (eusocial) 昆虫 6 类。但很多学者为了实用的方便，把除孤独性和真社会性以外的昆虫通称为前社会性 (presocial) 昆虫。前社会性昆虫的生活行为比较简单，组成社会的个体间一般没有明确的社会分工。

真社会性昆虫指白蚁和膜翅目中蚂蚁、蜜蜂等昆虫，这些昆虫的个体间有明显的等级分化 (caste differentiation) 和分工 (图 25-8)，甚至同一个体的成虫在不同的时期也有明确的分工。如在蜜蜂的蜂群中有蜂后、雄蜂、工蜂等分工专化的众多成员。蜂后和雄蜂担负着王国的生儿育女、繁衍后代的重任；工蜂是蜂群的主体，它们在不同的时期要从事不同类型的劳动：羽化后两三周的工蜂负责巢房内保温和清洁；羽化后 3 ~ 5

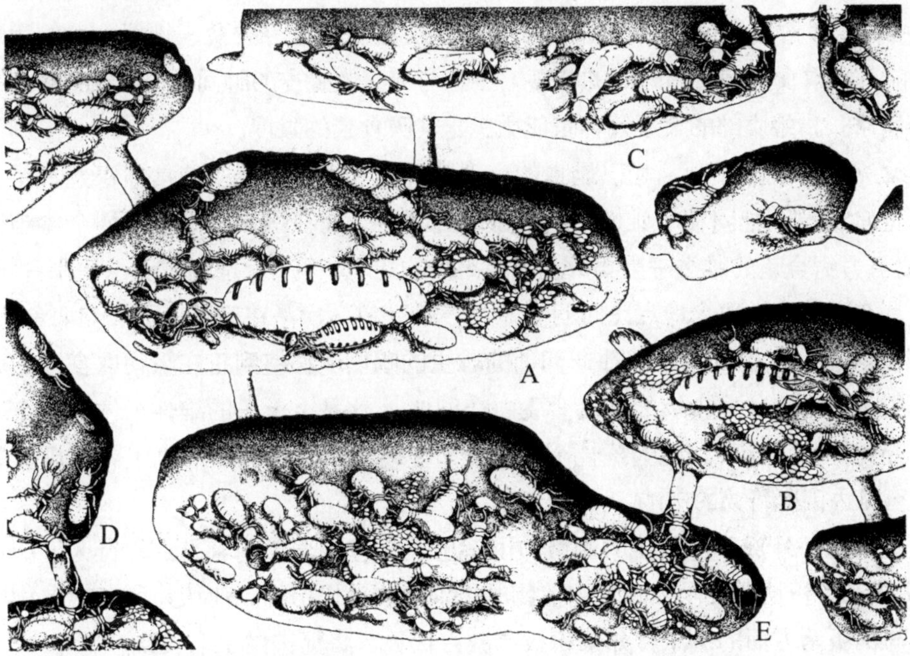

图 25-8　一种分布于南非的白蚁 *Amitermes hastatus* 的典型巢穴 (仿 Wilson)

A．示巢中部并肩而列的初级蟚王和雄蟚；B．示中部次级蟚王，已经具有生殖能力；C．示具翅芽的生殖型蟚的若虫；D．示兵蟚；E．照顾卵与若虫的工蟚周的工蜂，唾腺开始发育，能用花粉和蜜的混合物喂养较大的幼虫；羽化 6 ～ 10 周后的工蜂，唾腺发达，能够提供质量较高的蜂乳，所以此期的工蜂使用蜂乳喂养较小的幼虫，并开始出巢试飞；羽化后 10 ～ 12 周的工蜂，唾腺逐渐退化，而蜡腺开始发育，此间它们逐渐停止了照顾幼虫的工作；羽化后 12 ～ 18 周的工蜂，蜡腺发达，它们把其他工蜂采回的蜜和花粉贮藏起来，并营建和扩大蜂房，此外还负责清除垃圾和尸体，羽化后 18 ～ 20 周的工蜂，蜡腺开始退化，它们成了卫兵，整日守候在蜂箱的门口，监查出出进进的蜂群，防御敌害的入侵；羽化 20 周后的工蜂就主要在户外采集花粉和花蜜。

昆虫的社会性是一个非常复杂而又非常有趣的问题，从 Wilson (1971)、Michener (1974) 等学者的著述中可管窥一斑。在昆虫的社会行为方面尚有很多问题等待研究。

第二节　昆虫行为产生的机制

从行为的产生方面考虑，昆虫的行为可分为两类：一类是与生俱有的或定型的行为，如本能、反射、趋性等行为；另一类是后天获得的学习性行为。不论哪种行为都是非常复杂的生理活动，是在内因和外因的共同作用下经过无数神经综合活动后而产生的。

从行为的定义我们可以推断一种行为的产生至少受到 4 方面的影响：刺激源的存在、感觉器官的感知、神经系统的传导与评判及效应器官的运动。如普热猎蝽 *Rhodnius prolixus* Stål的取食行为会受到下列因子的影响：距寄主或食物源的温度梯度、CO_2 浓度、寄主体味、视觉等会决定试刺与否，食物的组成 (如刺激吸食的核苷酸的浓度与性质)、渗透压、pH 值、离子种类及浓度等会决定是否吸食，猎蝽本身的生理状态 (如前一次取食后所经历时间的长短、虫态与前一次脱皮的时间等) 决定猎蝽本身对食物的需求，猎蝽腹部的大小及伸张能力决定其吸食量的限度。

在众多的影响因子中，均以昆虫的生理状况为基础。如有些捕食性双翅目昆虫的雄虫在饱食情况下把同种的雌性个体当做交配对象，而在饥饿时则把雌性个体当做捕食对象。五月鳃金龟的雌虫一生要做几次短距离的迁飞；第 1 次是羽化后飞往取食地点；第 2 次是在产卵前由取食地点飞回羽化地点产卵；第 3 次是在产卵后再回到取食地点，如此可往返数次；但如果把飞往产卵地的雌虫的咽侧体移植到正在飞往取食地的雌虫体内，结果本来飞往取食地的雌虫会飞向产卵地；这种金龟子的雄性个体只有在取食前迁飞而无产量前迁飞，但当雄性个体接受了上述雌虫的咽侧体后也飞向了自己的出生地。可见内因对行为的影响。

如上所述，外部环境条件的刺激与内部生理状态综合影响着昆虫的行为。Dethier 于 1982 年在分析植食性昆虫时寄主植物的识别机制时提出的。他认为所有的食物均包含积极与消极两方面的刺激，如果积极刺激占优势，将促进昆虫取食及产卵；反之则抑制昆虫的取食及产卵。另外，内部的生理状态亦存在积极因子与消极因子，同时调控着对外界刺激的反应，基于这一理论，他提出了影响植食性昆虫寄主选择的机械模型，成功地对影响取食行为的内、外因子做了机械模拟。1984 年 Miller & Strickler 运用 Dethier 模型研究了影响植食性昆虫在搜索过程中的生理、行为与信息，并对 Dethier 模型做了略微的改进。尽管他们也意识到 Dethier 模型对昆虫的所有行为具有普通的意义，但其改进后的模型同 Dethier 的原始模型一样均限于植食性昆虫的食物选择方面。为了便于分析昆虫的其他行为，作者将改进后的 Dethier 模型再做扩展 (图 25-9) ：一方面在感觉系统里增加了听觉，同时将其机械感受 (mechanoreception) 换为触觉 (tactile sensation)；另一方面把其“投资 (接受) [invest (accept)]”分别变成“积极行为 (active behavior)”和“消极行为 (passive behavior)”。这样不仅使 Dethier 模型在输入方面感觉齐全，而且输出方面亦能概括多类行为。

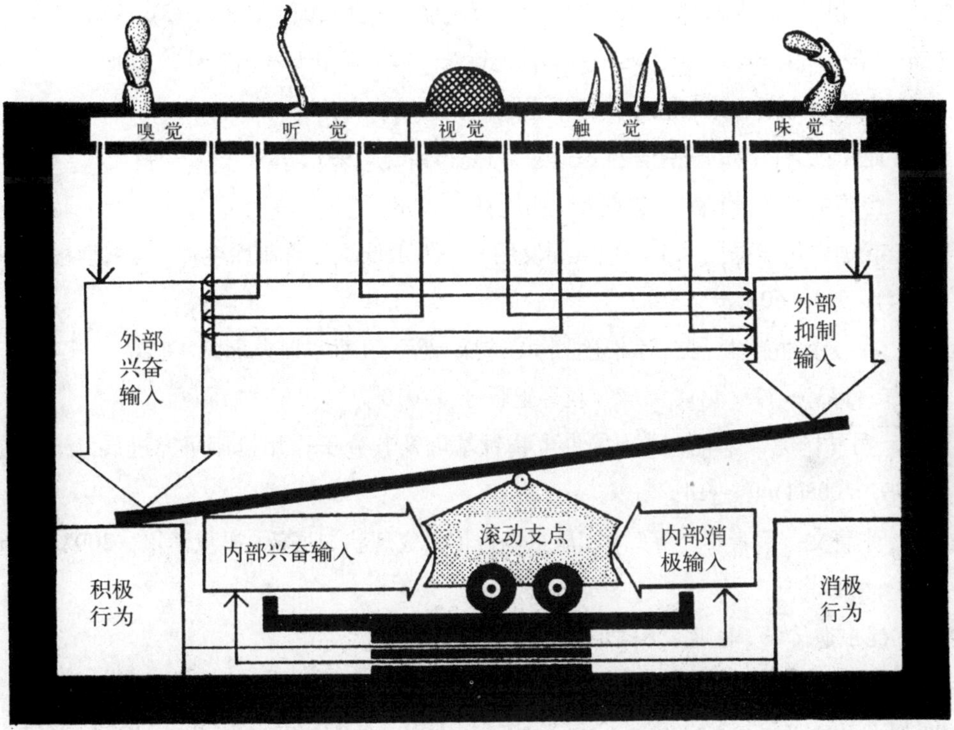

图 25-9　改进的 Dethier 模型 (据 Dethier)

Dethier 模型看起来仅仅是内外刺激输入通过杠杆与滚动支点最后使杠杆的一端接触到积极或消极行为的框架上而已。事实上，昆虫行为反应的生理过程远非如此简单；每一个环节均有一系列复杂的神经活动。当昆虫接受外界刺激之后，会结合自身的经验和内部生理状况进行综合评判与决策；无论是在脑的水平还是在体节水平上，行为的产生都将取决于神经生理现象，主要表现为兴奋 (excitation) 和抑制 (inhibition)，至于动作的强度及反应的快慢则取决于神经活动的潜伏 (latency)、叠合 (summation)、后放 (after-discharge) 和疲劳 (fatigue) 等现象。昆虫行为是一个复杂、神秘而有趣的问题，是一个值得深入研究的领域。

参考文献

彩万志．昆虫的发光及其应用．昆虫知识 1988, 25(2): 115 ～ 119

彩万志．果蝇的同源异形突变及其遗传背景．昆虫知识 1991, 28(6): 367 ～ 373

彩万志，李淑娟，米青山．昆虫拟态的多样性．昆虫知识 , 2002, 39(5):390 ～ 396, 381

蔡晓明．昆虫的迁飞．昆虫知识 1980 17(4)：188 ～ 191

庚镇城，谈家桢．异色瓢虫的几个遗传学问题．自然杂志 1980，3(7)：512 ～ 519

贾凤龙，张群玲．昆虫的变态与进化．昆虫知识 1999，36(6)：363 ～ 370

蒋锦昌．蝉的鸣声与发声．北京：地震出版社，2002

靖湘峰，雷朝亮．昆虫趋光性及其机理的研究进展．昆虫知识，2004 41(3): 198 ～ 203

彭建新，杨红，洪华珠．昆虫分子遗传学．武汉：华中师范大学出版社，2006

秦玉川．昆虫行为学导论．北京：科学出版社，2009

尚玉昌．昆虫社会行为的进化与生态适应．生态学杂志 1991，9(5)：40 ～ 45

尚玉昌．行为生态学．北京：北京大学出版社，1998

汪子春．我国古代养蚕技术上一项重要发明——人工低温催青制取生种．昆虫学报，1979，22(1)：53 ～ 60

王琛柱，黄巧玲．植食性昆虫对寄主植物的选择．见：孔垂华，娄永根（主编）．化学生态学前言，143 ～ 173. 北京：高等教育出版社，2010

王　英，司马杨虎，宋艳，等．昆虫生物钟基因及其分子作用机制研究进展．江苏蚕业，2008，2008(1): 9 ～ 14

张礼生，张青文，蔡青年，等．中国昆虫染色体研究现状与展望．昆虫学报，2003, 46(6): 773 ～ 782

张青文．昆虫遗传学．北京：科学出版社，2000

Alloway T M. Learning and memory in insects. Annu. Rev. Entomol., 1972, 17:43 ～ 56

Atkins M D. Insect in perspective. New York: Macmillan Publishing Co., Inc., 1978 (路进生译，昆虫展望，北京：科学出版社，1984)

Atkins M D. Introduction to insect behaviour. New York: Macmillan Publishing Co., Inc., 1980

Baccetti B. Insect sperm cells. Adv. Insect Physiol., 1972, 9:315 ～ 397

Bellés X. Beyond *Drosophila*: RNAi in vivo and functional genomics in insects. Annu. Rev. Entomol., 2010, 55:111 ～ 128

Chenoweth S F & McGuigan K. The genetic basis of sexually selected variation. Annu. Rev. Ecol. Evol. Syst., 2010, 41:81 ～ 101

Counce S J & Waddington C H. eds. Developmental systems: insects. Vol. 1. New York: Academic Press, 1972

Counce S J & Waddington C H. eds. Developmental systems: insects. Vol. 2. New York: Academic

Press, 1973
Dai H Z, Chen Y, Chen S D et al. The evolution of courtship behaviors through the origination of a new gene in *Drosophila*. Proc. Natl. Acad. Sci. USA, 2008, 105:7478 ~ 7483
Dethier V G. Mechanisms of host-plant recognization. Entomol. Exp. Appl., 1982, 31:49 ~ 56
Gilbert S F. Developmental biology. 5th ed. Sunderland, Massachusetts: Sinauer Associates, Inc., 1997
Haskell P T. Sound production. In: Rockstein M. ed. The physiology of Insecta. New York: Academic Press, 1974. pp. 354 ~ 410
Hinton H E. Biology of insect eggs. 3 vols. New York: Pergamon, 1979
Jacobson M. Insect sex attractants. New York: John Wiley & Sons, Inc., 1965
Jamieson B G M. The ultrastructure and phylogeny of insect spermatozoa. New York: Cambridge University Press, 1987
Johannsen O A & Butt F H. Embryology of insect and myriapods. New York: McGraw-Hill, 1941
Johnson C G. Migration and dispersal of insects by flight. London: Methuen & Co., Ltd., 1969
Kerkut G A & L I Gilbert. eds. Comprehensive insect physiology, biochemistry, and pharmacology. 13 vols. New York: Pergamon Press, 1985.
Lindauer M. Communication among social bees. Cambridge, Massachusetts: Harvard University Press, 1971
Lloyd J E. Bioluminescent communication in insects. Annu. Rev. Entomol., 1971, 16:97 ~ 122
Markl H. Insect behavior: functions and mechanisms. In: Rockstein M.ed. The physiology of Insecta. 2nd ed. New York: Academic Press, 1974, pp.3 ~ 148
Matthews R W & Matthews J R. Insect behavior. New York: John Wiley & Sons, 1978
Meller V H & Davis R L. Biochemistry of insect learning: lessons from bees and flies (a mini-review). Ins. Biochem. Mol. Biol. 1996, 26:327 ~ 335
Michener C D. The social behavior of bees: a comparative study. Cambridge, Massachusetts: The Belknap Press of Harvard University Press, 1974
Michener C D. The Brazilian bee problem. Annu. Rev. Entomol., 1975, 20:399 ~ 416
Rettenmeyer C W. Insect mimicry. Annu. Rev. Entomol., 1970, 15:43 ~ 74
Richter S, Loesel R, Purschke G et al. Invertebrate neurophylogeny: suggested terms and definitions for a neuroanatomical glossary. Front. Zool., 2010, 7:29
Ritland D B. & Brower L P. The viceroy butterfly is not a Batesian mimic. Nature, 1991, 350: 497 ~ 498.
Stadler B. & Dixon T. Mutualism: Ants and their insect partners. Cambridge et al.: Cambridge University Press, 2008
Stark A, Lin M F, Kheradpour P et al. Discovery of functional elements in 12 *Drosophila* genomes

using evolutionary signatures. Nature, 2007, 450:219 ~ 232

Tan C C. Mosaic dominance in the inheritance of color patterns in the lady-bird beetle, *Harmonia axyridis*. Genetics, 1946, 31:195 ~ 210

Tan C C & Li J C. Variations in the color patterns in the lady-bird beetles, *Ptychanatis axyridis* Pall. Pek. Nat. Hist. Bull., 1932, 7:175 ~ 195

Thornhill R & Alocock J. The evolution of insect mating systems. Cambridge, Massachusetts: Harvard University Press, 1983

Wigglesworth V B. The life of insects. New York: The New American Library, Inc., 1964

Wilson E O. The insect societies. Cambridge, Massachusetts: Harvard University Press, 1971

第五篇

昆虫的分类

分类是认识事物的基础和方法。昆虫分类学是研究昆虫的命名、鉴定、描述及其系统发育和进化的科学。它不仅是昆虫学和动物分类学的一个重要分支，而且是昆虫学其他所有分支学科的基础，如果不先对昆虫进行科学的分类，就无法以科学的方式研究昆虫，影响到其他研究结果的客观性、可比性和重复性，甚至给人类的生产和生活带来一定的损失。因此，学习好昆虫分类具有重要的理论和现实意义。

分类学研究在不断地吸收与借鉴其他学科的研究方法与成果。近年来，分子生物学与支序分类学对昆虫类高级阶元的影响甚大，对亚科级到亚纲（或纲）级的分类系统，学者间见解颇多，这点应予高度注意。

第二十六章 昆虫分类学的基本原理

第一节 分类学概述

一、物 种 概 念

物种 (species) 既是一个分类学概念，又是一个生物学概念。物种是分类的基本阶元，物种定义是分类学的核心问题之一。它的定义很多，有关判别的标准争议很大。人们普遍接受的是生物学物种概念，即“物种是自然界能够交配、产生可育后代，并与其种群存在有生殖隔离的群体”。例如，棉铃虫 *Helicoverpa armigera* (Hübner) 就是一个物种。

二、分 类 阶 元

已经命名的昆虫有 100 多万种。如此众多的种，如果没有分类阶元 (taxonomic categories) 体系，分类就不能有效地进行。

根据生物进化理论，昆虫是由共同的祖先进化而来的。这样就必然有些种类之间亲缘关系比较接近，而有些昆虫之间的亲缘关系较远。亲缘关系很近的种，其外形、习性很近似，我们称它们为姊妹种 (sibling species)。许多亲缘关系密切的物种合在一起，就组成一个属 (genus，复数 genera)。同理，特征相近的属组成一个科 (family)，科具有一目了然的特征。相近的科组成目 (order)，目之特征更加明显。目上又归为纲 (class)。这些属、科、目、纲等就是分类阶元 (category)，合在一起就是分类体系 (hierarchy)。

例如，棉铃虫的分类地位。

界 (kingdom)：动物界 Animalia

门 (phylum)：节肢动物门 Arthropoda

纲 (class)：昆虫纲 Insecta

目 (order)：鳞翅目 Lepidoptera

科 (family)：夜蛾科 Noctuidae

属 (genus)：实夜蛾属 *Helicoverpa*

种 (species) ：棉铃虫 *Helicoverpa armigera* (Hübner)

这是分类的 7 个主要阶元。但由于昆虫种类繁多，进化级别和程度不同，以上 7 个阶元在实践中常常感到不够用，因此经常在这 7 个阶元下加亚 (sub-)、次 (infra-) 等，如亚目、亚科、亚种等；在其上加上总 (super-)，如夜蛾总科、叶蝉总科等；在科和属之间有时还加上族 (tribe)，如犀猎蝽族、杆猎蝽族等。

有了分类体系，分类学就成为有效的信息存储系统。换句话说，提到一个种时，我们没有必要每次都描述这个种的所有特征。例如，鉴定出一种昆虫属于东亚飞蝗 *Locusta migratoria manilensis* (Meyen)，只要写出学名，注出它所属的目（直翅目）、科（蝗科），我们立即就知道它属于渐变态、植食性、咀嚼式口器、卵产于土中等，对所研究的种的性质获得一些总体印象。又比如，如果鉴定出一种昆虫属于叶蝉类，我们就可知道它以刺吸的方式取食植物的汁液，而且非常有可能传播植物病毒病等。

由于有了分类体系，使分类学的预测功能成为可能。分类学能根据已有的研究去预测研究不完善的生物。例如，昆虫几乎总是先根据外部形态进行分类。然而，一旦用形态标准把一种昆虫归于某一具体的单元，就可根据单元内其他研究较好的成员预测其习性（包括生活史）、内部构造和生理。

三、种 下 阶 元

物种内并非均匀一致，而是由一系列种群所组成。不同种群间由于遗传变异可有所差异，所以种下分类曾使用过许多种下阶元（infraspecific category）。常见的有：

1. 变种

以前，有些人认为凡不符合模式的标本都称为一个变种 (variety)。分类学早期应用较多，1961 年以后已废弃不用。

2. 生态型

生态型 (ecotype) 是同一基因型在不同生态条件下产生的不同表现型，形态上有明显差异，但其后代可随环境条件的改变而发生可逆性变化。如东亚飞蝗的群居型和散居型，密度高时产生群居型，翅长、前胸背板平直、可迁飞；密度低时为散居型，翅稍短、前胸背板隆起、不迁飞。蚜虫有有翅型和无翅型，营养条件好时为无翅胎生蚜，营养恶化时产生有翅型，迁移到其他植株上去。

分类学上现已不用生态型这一概念。

3. 亚种

由于地理隔离，不同种群间基因交流降低，各自向不同方向演化，有相当大的趋异，但相互间仍能杂交，未达到种的级别，就定为亚种。这一概念目前仅承认地理亚种 (subspecies)。

第二节　分类特征

特征是昆虫个体可能具有的任何性状。它可以从一个特殊骨片的性状（形态特征），到血淋巴中某种氨基酸或表皮碳水化合物组成（生化特征）、特殊的分泌机制（生理特征）、对光周期变化反应的具体方式(行为特征)或一段DNA的核苷酸序列(遗传特征)。然而，并不是一种昆虫的所有特征在描述时都要用到。实际上，绝大多数物种描述都是根据选择的形态特征，而且虽然现代的趋势肯定是向着包括其他类型的特征前进（尤其是生理学、生物化学、遗传学、分子生物学、行为学的特征），但形态学特征可能还会继续成为大多数描述的中心，至少在昆虫中是这样。

分类中可以选择的特征很多，主要包括：

1. 形态学特征

形态学特征是分类学中最常用、最基本的特征，除体长、体宽、颜色等一般的外部形态外，还用到一些特殊构造（如外生殖器、各种腺体等）、内部形态（如消化道、神经系统等）、胚胎学特征及胚后发育特征等。

2. 生理学特征

包括代谢因子、血清、蛋白质和其他生化差异、身体分泌、基因性不育因子等。

3. 生态学特征

包括栖境和寄主、食物、季节变异、寄生物、寄主反应、行为学特征、求偶和其他行为隔离机制及其他行为类型。

4. 地理特征

主要包括一般的生物地理分布格局、种群的同域异域关系等。

5. 遗传学特征

包括细胞核学（以及其他细胞学区别）、同工酶、核酸序列、基因表达和调控等。

根据所用的主要特征，有人把分类分为形态分类(morphological taxonomy)、化学分类(chemical taxonomy)、遗传分类(genetic taxonomy)、分子分类(molecular taxonomy)等。显然，随着科技的进步，昆虫分类学的手段也在不断变化。

第三节　命名法

命名法(nomenclature)涉及生物和生物类群的命名，以及命名所遵循的规则和程序。最初的命名法规是在林奈(1758)《自然系统》(第10版)中对生物命名原则的基础上制定的，在过去的200多年中逐渐发展与完善，每隔若干年就可能要修订一次。生物命名法规包括植物命名法规和动物命名法规两类，两者相互独立，内容有所不同。我们现在使用的动物命名法规是1999年修订的《国际动物命名法规》(第4版)，从2000年元月1日起开始实行。我们对昆虫的命名时要严格遵循最新修订的《国际动物命名法规》。

一、学　名

一种昆虫在不同地区常有不同的名称，如小地老虎在河南省叫土蚕、地狗子，在陕西省叫土狗子，江南诸省称地蚕。不同的国家和民族，由于语言文化和历史的不同，对同一种昆虫更是有不同的名称，这些都是俗名（vernacular name，common name）。一种昆虫可能有许多俗名，同时一个俗名可能用于不同的昆虫。因为没有固定的规则，很容易造成误会，不便于国内和国际间进行学术交流。因此成立了国际动物命名委员会，规定科学中动物命名只能使用一种语言——拉丁语。按照动物命名法规给动物命名的拉丁语名称就是学名（scientific name）。

学名由拉丁语单词或拉丁化的单词所构成，大多数名称源于拉丁语或希腊语，通常表示命名的动物或类群的某个特征，也可以用人名、地名等命名。

1. 双名法

双名法（binomen）即昆虫种的学名由两个拉丁词构成，第一个词为属名，第二个为种本名。如菜粉蝶 *Pieris rapae* L.，棉蚜 *Aphis gossypii* Glover 等。分类学著作中，学名后面还常常加上定名人的姓。但定名人的姓氏不包括在双名法内。

2. 三名法

亚种的学名由 3 个词组成，属名、种名和亚种名。即在种名之后再加上一个亚种名，就构成了三名法（trinomen）。

学名印刷时常用斜体，以便识别。属名的第一个字母须大写，其余字母小写，种名和亚种名全部小写；定名人用正体，第一个字母大写，其余字母小写。

如果一个种只鉴定到属而尚不知道种名，则用 sp. 来表示，如 *Aphis* sp. 表示蚜属一个种；多于一个种时用 spp.，如 *Aphis* spp. 表示蚜属的两个或多个种。

种名在同一篇文章中再次出现时，属名可以缩写。

有时，定名人前后加括号，表示种的属级组合发生了变动。如中华稻蝗的学名最初为 *Gryllus chinensis* Thunberg，1815，后来该种被移入 *Oxya* 属，学名成为 *Oxya chinensis* (Thunberg)。所以，定名人的括号不可随意添加或去掉。

属级以上的名称是单名，由一个拉丁词组成，第一个字母大写，排版时属名用斜体，属级以上的阶元则用正体。

3. 学名的文法

高于属级的学名是拉丁化的名词，复数、主格；属和亚属也是拉丁化的名词，但为单数、主格；种和亚种名可以是名词、形容词或动词的现在分词或过去分词，名词为主格或属格（形容词），形容词和分词必须与属名同性。

4. 属级以上名称的构成

一些分类阶元的学名有固定的词尾，科名是以模式属的属名词干加词尾 -idae 构成，亚科名以模式属词干加词尾 -inae 构成，族名加词尾 -ini，总科名加词尾 -oidea。如夜蛾属的学名是 *Noctua*，夜蛾族的学名是 Noctuini，夜蛾科是 Noctuidae，夜蛾亚科是 Noctuinae，夜蛾总科是 Noctuoidea。

5. 命名者的引用

命名者的姓不是学名的组成部分，在用到某一学名时，命名者的姓可以引用也可忽略。属级以上学名的作者一般不引用，但属和种的作者常需写出，尤其是在分类专著或论文中。命名者姓氏的缩写也不能随便，如“L.”只表示是林奈的姓氏 Linnaeus 的缩写，其他以字母“L”开头的分类学家的姓氏不能再缩略成 L.。

二、模　　式

当一个分类单元被作为新种而描述发表时，描述者必须指定一个或多个标本作为其模式，这就是模式标本 (type specimen)。模式标本在分类学上非常重要，它是学名成立的客观载体，因此称为载名模式 (name-bearing type)。后人若对该种有任何疑问时，可以与模式标本来核对。模式标本是全人类的财富，应该妥善保管。模式标本类型较多，本书只介绍最常用的几种主要类型。

记载新种时所根据的单一模式标本称为正模 (holotype)；如果根据多个标本记载新种，则应指定其中的一个标本作为正模，而把其余的标本称为副模 (paratype)；有时记载新种时根据一系列标本而未指定正模标本，这时全部模式标本就被称为综模 (syntype)。

属或亚属的模式是一个种，称为模式种 (type species)。族、亚科、科和总科的模式是一个属，称为模式属 (type genus)。目和纲没有模式，它们的命名不受命名法规的严格约束。

三、优　先　律

动物命名法规的核心是优先律 (principle of priority)，即一个分类单元的有效名称是最早给予它的可用名称。命名法规定，把 1758 年元月 1 日林奈《自然系统》(第 10 版) 的出版，作为分类学和学名有效的起始日期。

在分类学上，经常发生一个种被两个或多个作者分别多次作为新种来记载发表的情况，因此一个种可能有好几个名称，这时就要用到优先律。即只有 1758 年元月 1 日以后所用的第一个学名才是有效的学名，之后所定的任何其他学名都称为异名 (synonyms)。一个学名一经发表，若无特殊理由，不得随意更改。这样就保证了一种昆虫只能有一个学名。

有时记载新种时所用的名称以前已经用于其他的种，即两种动物共用同一个名称，这就造成同名 (homonyms)。优先律规定，只有使用该学名的最早的种有效，后面的必须另起新名。这样就保证了一个学名只能用于一种动物。

第四节 昆虫分类主要学派简介

昆虫分类学的一个重要内容，就是研究昆虫类群之间的系统发育关系。但确定系统发育在实践中是很困难的，因为共同祖先早已绝灭，而且化石记录也不完全，所以昆虫之间的亲缘关系只能通过一定的方法来推断。由于所用思想方法的不同，产生了不同的学派。其中影响最大的是进化分类学派、支序分类学派和表征分类学派。

一、进化分类学

进化分类学（evolutionary systematics）是基于分支和趋异的结合，代表人物是 E. Mayr 和 G.G. Simpson 等。它既考虑后代的分支，又考虑后代的发展，承认并系群。

进化分类学实际上是支序分类方法和表征分类学方法的结合。它的基本目标是建立既代表生物的总体进化关系，又能使分类单元内生物的相似性最大的分类。

它推断支序图的方式经常与支序分类方法十分相同。主要区别是对多分支较宽容，当没有足够的数据来得出可靠的支序图时，允许使用其他根据来推断系统发育。

进化分类学与支序分类学最大差别是，它产生的分类单元可能是单系的，也可能是并系的，但不能是复系的。

单系（monophyletic）是由一个共同祖先及其所有后裔组成的类群。

并系（paraphyletic）是具有一个共同祖先，但不包括所有后裔的类群。即并系群包含一个共同祖先的部分（而非全部）后代 (图 26-1)。

复系（polyphyletic）不包含所有分类单元共有的祖先的类群。是趋同相似性。

建立分类时考虑所有的特征，但更强调某些特征。例如，昆虫的翅脉和外生殖器。其原因是某些特征被证明比其他特征在定义自然类群时更可靠。有些特征更普遍、稳定和保守，因此更可能表示反映过去重要进化事件的衍征。

然而，分类中所用特征的选择是主观的，这困扰着分类学家。进化分类学有许多缺陷。例如，使用几个非常不同的标准（系统发育、趋异、适应水平）来定义具体的分类单元，以及在并系方法中固有的不一致。所有这些，再加上支序分类学方法的准确、实用、直观等优点，使得过去几十年进化分类学派已经极大地衰落了；而支序分类学崛起成为主导的学派。

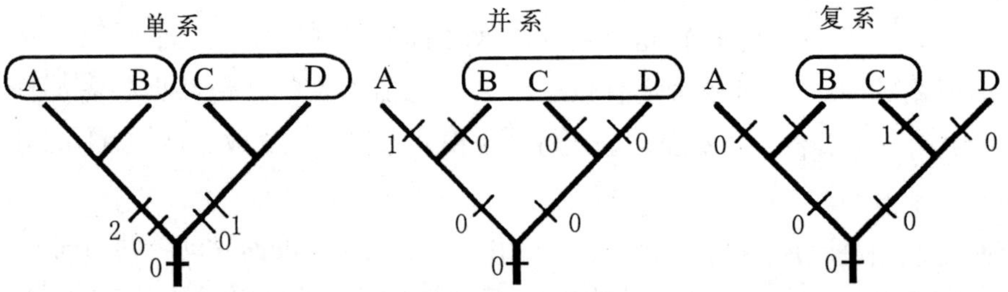

图 26-1 单系、并系、复系示意图

（0 为祖征；1，2 为衍征）

二、支序分类学

支序分类学（cladistics）也称为系统发育系统学（phylogenetic systematics），是根据共同祖先，基于进化树的分支的一种生物分类方法。它严格基于确定生物祖先的分支点，根据其近裔共性（synapomorphies），而忽略从祖先遗传下来的祖征（plesiomorphies）。共有共同祖先的生物被归入称为单系群（clades）的分类群。和进化系统学一样，分支学是基于生物进化历史，把生物分成有意义的类群和亚群的一种分类方法。它是由 W. Hennig 于 1955 年提出的，但直到 20 世纪 80 年代才真正被接受。

支序分类学试图根据分支事件（即物种分化）来推演系统发育关系。生物共有的形态学、胚胎学、行为学、生理学、生物化学、遗传学、染色体学衍征越多，它们越可能是来源于共同的祖先。

分支可用支序图（cladogram）：来代表。支序图是描绘物种从共同祖先分歧的分支图。它们表现共有特征的分布和起源。

支序分类学基于 3 个原则：①生物类群都是从一个共同的祖先演化而来的；②在每一个节点（种群的分歧），有 2 个后裔分支线；③进化导致特征随时间而改变。

支序分类学只承认单系群是有效的，而在进化系统学中所接受的并系群以及复系群被拒绝为无效的。

支序分类学的主要术语如下：

(1) 内群（ingroup） 所研究的类群。

(2) 外群（outgroup）在研究类群之外（但不太远）的类群。用做树的根（设置特征状态的极性）。

(3) 祖征（plesiomorphy） 原始的（祖先的）特征状态。近祖共性（symplesiomorphies）是无信息的相似性。图 26-2 中的特征 1 是内群和外群共有的祖征；特征 3，4，5 是仅仅为内群分类单元共有的祖征。

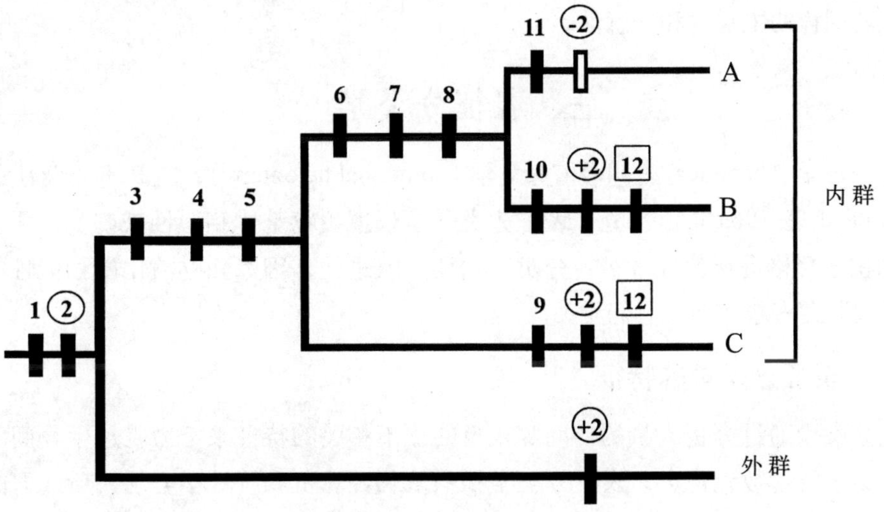

图 26-2 一个假想的支序图

(4) 衍征（apomorphy）衍生的特征或特征状态。近裔共性是有信息的相似性，树中惟一的近裔共性是 6，7，8。这些衍征提供了内群内分支关系的信息。

(5) 自近裔（autapomorphy）或称为自有衍征，是具体内群分类单元独特的无信息差异。特征 9，10，11 对它们各自分类单元都是自近裔特征。即使这些特征在分类单元之间是不同的，但它们没有提供支序分类上有用的信息，即便它们在分支长度上提供了信息。表示与特征变化长度成比例的分支长度的支序图（包括自近裔变化）称为系统图（phylogram）。

(6) 非同源相似性（homoplasy）无信息相似性，即由于趋同或平行进化。特征 12 是仅出现在某些内群分类单元中的一个例子。分支 A、B 由特征 6,7 和 8 支持。所以，根据简约法则，分支 A，B 较受欢迎。特征 12 也可以解释为在 B 和 C 中的趋同，或解释为整体衍征（holapomorphic，即出现在内群及其祖先中），但在分类单元 A 中消失。简约法简单地说意味着"推论的经济性"，如果所有的事件都相等，最简单的解释就是较合适的。

现在多用计算机程序来完成支序分析。其中广泛应用的几个程序是 Farris 编写的 Hennig 86，Swofford 编写的 PAUP（Phylogenetic Analysis Using Parsimony，简约系统发育分析）和 David & Maddison 编写的 MacClade 等。PAUP 提供选择使树长（步骤数）最小和使非同源相似性最小的树来推断系统发育，这就是简约标准。完成这个标准可用的算法多种多样。在特征状态转换上不加限制地被称为 Fitch 简约法，而加上最低限制的被称为 Wagner 简约法。

支序分类学的一个问题是，无法肯定哪些特征对于那个类群是独特的（鉴别性的），并被最近的共同祖先所具有的，哪些特征是随后演化的。根据所使用的特征不同，有时会有一个不同的共同祖先。如果应用代谢特征，那么鸟和哺乳动物就是近表亲，鳄鱼与两者都不近缘。如果应用头壳和心脏构造，那么鸟和鳄鱼就是近亲，哺乳动物与其不近缘。这证明，尽管在努力构建比进化分类学更"客观"的系统，支序分类学家仍然存在着同样的主观性和任意性。

三、表征分类学

表征分类学 (phenetics) 也叫数值分类学 (numerical taxonomy)，由 R. R. Sokal 和 H. A. Peter Sneath 于 1963 年所创立。表征分类学是根据生物整体相似性来归类，所有特征都不加权，严格进行数理分析；分类不需要反映进化，因为独立演化出相似性的分类单元将被归在一起，即使它们无关。

（一）表征分类学的特征

表征分类学通过分析大量的、同等权重的、不相关的特征来努力表达生物间的自然关系。由于特征数量巨大，表征分类学强烈依赖计算机和统计学方法。所选取的特征数量通常是 100 ～ 200，这样来保持取样误差较小。实际上是采集尽可能多的特征。

最好是特征分布于各种不同的体段、组织、机体水平。表征分类学家提倡同等权重来避免分类学家故意选择（主观）“认为是”重要的特征的缺陷。但同等权重就是加权，即所有的特征都有相同的权重。还有，通过选择特征（和摈弃其他特征），人们的分析将总是有偏差。表征分类学试图只使用生物经初步研究后选择的不相关特征，寻找单元特征，即那些不能再细分的特征。

表征分类学不作关于系统发育的假设，不作关于祖先的暗示，不作类群进化的陈述。但是，进化的考虑确实进入了表征分析。人们必定比较同源特征。

（二）表征分类学的方法

表征分析的步骤主要有以下几个方面。

A. 选择研究的生物。分类单元称为分类运算单元 OTUs（Operational Taxonomic Units）。

B. 为每个 OTU 选择将要记录的特征。

C. 通过特征矩阵组建 OTU。

D. 利用数学公式来计算每两个 OTU 之间的相似度或距离。

E. 组建另一个给出所有成对 S 值的矩阵。

F. 利用聚类技术产生树形图（dendrogram）。一种常用的树形图是 UPGMA（Unweighted Pair Group Method with Arithmetic Averaging，不加权算术平均法）。

（三）相似性系数和距离的计算

假设我们在研究两种动物 A 和 B，通过鉴定 3 个可赋值的特征 a, b, c［例如足长：足可能阙如（= 0），0 ~ 1 cm 长（= 1），1 ~ 2 cm 长（= 2）等］，得出特征矩阵：

特征 生物	a	b	c
A	1	2	3
B	1	2	3

对于上述矩阵，相似性系数 S 为：

$$S = \frac{\text{匹配的数目}}{\text{匹配的数目} + \text{不匹配的数目}} = \frac{2}{2+1} = \frac{2}{3}$$

根据欧氏距离，距离系数 E 为：

$$E = \sqrt{\sum_{i=J}^{n}(X_i A — X_i B)^2}$$

式中：n 为特征的数量。

（四）表征分类学的问题

表征分类学使用数学方法，容易使用，但有人认为把表征分类学用于生物分类的理由不充分。因为动物是在不断进化和改变的，其中有些改变导致物种分化，有些改变则不导致物种分化，而是简单地改变种群的特征。表征分类学派未能区别这两类变化。它并不真正试图使所得到的分类单元基于共同的血缘。就是说，数值分类学产生的分类单元根本不基于系统发育。这或许是目前很少有科学家使用这种方法的原因。

第二十七章 六足总纲的系统发育

六足总纲 Hexapoda 相当于广义的昆虫纲 Insecta（*s.l.*），包括内口纲 Entognatha 和狭义的昆虫纲 Insecta（*s.str.*）。六足总纲的最典型特征是：运动足减少为 3 对，3 个体节愈合形成胸部，极大地改善了六足类的运动能力。

一、内口纲 Entognatha

六足类起源于泥盆纪。最早的六足类与多足类祖先的主要区别是：胸部 3 节，具 3 对足；腹足极度退化或消失。在这些早期类型中，幼虫与成虫外形差别极小，而且翅尚未出现。这些早期的无翅类型现存有 3 类（双尾目 Diplura、弹尾目 Collembola、原尾目 Protura），其内藏式头部构造与百足虫千足虫类的变化很小，但口腔侧面与下唇侧面愈合，且向外生长；上颚和下颚缩入头壳内；此外无复眼。这些特征把这 3 个目归为一个原始分支——内口纲 Entognatha。最原始的内颚类是双尾目，另两个目（弹尾目和原尾目）是从腹气门和尾须退化的双尾目类祖先演化而来的。尽管它们有许多共同特征，但弹尾目和双尾目已经演化成外形差别相当大的动物。原尾目的眼消失，触角几乎完全退化，前足略呈触角状；弹尾目腹部节数减少，第 4 腹节上退化的足愈合并发展成分叉的弹跳器官——弹器。

二、昆虫纲 Insecta

昆虫纲有许多独特的衍征，包括触角第 1 节以外无肌肉系统，触角第 2 节（梗节）有江氏器 (Johnston's organ)，头内有 1 个横梁形成后幕骨，跗节分亚节，雌虫有由第 8 和第 9 腹节生殖突形成的产卵器，腹部第 11 节末端向后伸出中尾丝（虽然后来该尾丝又消失）。根据是否原生无翅，昆虫纲可分为无翅亚纲和有翅亚纲。

（一）无翅亚纲 Apterygota

原生无翅昆虫包括石蛃目 Archaeognatha 和缨尾目 Thysanura，它们共同组成无翅亚纲。这种原生无翅起源于志留纪或更早。化石的石蛃目和缨尾目出现在泥盆纪的岩石中。它们的口器在头外，属于外颚类。在无翅亚纲的现存目中，石蛃目的上颚与头壳只有一个关节点，属于“单髁类”，而且 2 ~ 9 腹节上有刺突，因此比 1 ~ 6 节缺刺突的缨尾目更原始。缨尾目每个上颚与头壳之间有2个关节，与有翅亚纲相同。这样就把无翅亚纲和有翅亚纲联系起来了。

（二）有翅亚纲 Pterygota

昆虫是地球上最早具有飞行能力的动物。翅的出现是昆虫进化的一次飞跃。有翅昆虫似乎是在石炭纪突然出现的。有翅亚纲的主要衍征是在中胸和后胸上出现了具翅脉的翅。许多类群的昆虫后来又失去了飞行的能力。有些（例如虱和蚤）已经失去了翅的所有痕迹，只有通过它们与特殊有翅昆虫类群之间明显的亲缘关系（虱与啮虫；蚤与双翅目），才能清楚它们的祖先是有翅的。此外，后生无翅的类群，仍保留有翅昆虫的主要特征——其胸部侧板上有侧沟。根据休息时翅能否向后折叠于背上，有翅亚纲分为2个类群：古翅次纲 Paleoptera 和新翅次纲 Neoptera。

三、古翅次纲 Paleoptera

一些缨尾目类昆虫，可能发展出更有效的滑翔习性和构造，并最终导致翅和飞行，产生出具翅的有翅亚纲昆虫。最初的翅像扇子一样有深褶，只有非常简单的翅关节来飞行，但在休息时翅不能折叠于腹部背面。具有这类翅的昆虫属于古翅次纲，它们在石炭纪和泥盆纪是优势类群，但今天仅存2个目：蜉蝣目 Ephemeroptera 和蜻蜓目 Odonata。

在进化的这一点开始，昆虫生活史出现了巨大的变化。在无翅亚纲中，个体变为成虫后继续定期脱皮。而在有翅亚纲中，当翅和生殖器出现后脱皮即停止。唯一的例外是蜉蝣目，其翅在亚成虫期就出现了。这种亚成虫期不能生殖，生殖发生在真正的成虫期。从这一点推测，原始的有翅昆虫和无翅亚纲一样，成熟后继续脱皮，但强烈的选择压力导致出现了成虫羽化后不再脱皮的类群。蜉蝣目可能代表这一进化变化的最后阶段。这种推论的进一步支持来自蜉蝣的翅，它们是径脉和径分脉不愈合的惟一类群，使其成为现存有翅亚纲中最原始的目。蜻蜓目及有翅亚纲的其他类群中，径脉和径分脉在基部愈合。

四、新翅次纲 Neoptera

随着昆虫纲的进化，上石炭纪之前在有些古翅类分支中，出现了翅的折叠机制，使翅休息时可以折叠并向后置于腹部背面，它主要是靠第3腋片和侧翅突折叠肌来实现的；同时，多数翅褶退化，导致部分翅面出现较大的平整区域。具有这类翅的昆虫属于新翅次纲。新翅类昆虫随后迅速辐射演化，成为昆虫的优势类群，占当今现生昆虫90%的目和97%的种。根据幼虫期翅在体外还是在体内发育，把新翅次纲分为外翅部 Exopterygota 和内翅部 Endopterygota。

五、外翅部 Exopterygota

最早的新翅类昆虫，幼期翅芽在体外发育，所以称为外翅部 Exopterygota。又因为它们均无蛹期，其变态类型属于不完全变态，所以又称为半变态类 Hemimetabola。

有翅次纲第一个数量众多的成员可能是绝灭的原蜚蠊亚目 Protoblattoidea 和原直翅目 Protorthoptera，它们的翅脉完全，产卵器锯状，有长尾须，善于奔跑。从原直翅目或类似的早期类群产生了由现生新翅昆虫目所代表的分支。

从原直翅目产生的最原始分支演化成以 7 个目为代表的直翅类分支。纺足目 Embioptera 翅脉非常退化，无明显的产卵器，前足特化成独特的产丝器；前、后翅的径脉和径分脉只有短距离愈合，表明该目是直翅类分支中最原始的。第 2 个分支包含网翅目 Dictyoptera（蜚蠊和螳螂）和等翅目 Isoptera（白蚁），两者都有原始的脉相，而且在早期化石类群中，有发达的锯状产卵器，而产卵器在所有现生类群中极度退化。另一个以特化翅脉为特征的直翅类分支包括革翅目 Dermaptera、䗛目 Phasmatodea 和直翅目 Orthoptera。直翅目具有相当发达的锯状产卵器；这在其他两个目中消失了，它们已经演化出了其他明显的特征。蛩蠊目 Grylloblattodea 所有的已知种都没有翅，该目的位置尚不完全肯定，雌虫具原始的锯状产卵器，而且雄性外生殖器有数个原始特征。

在这 7 个目中，翅作为外翅芽发育，若虫外观很像成虫，并且通常以相同的方式生活和取食。这些现生的目合称为直翅总目。

从新翅类基部产生的另一个分支中，一个中胸骨片（转片）退化变窄，形成可动的足关节，而且成虫特征在幼期被抑制。襀翅目 Plecoptera 可能是这一分支的一个早期分支，因为它有窄的转片但在若虫中成虫的特征没有明显受抑。然而，在襀翅目分支可能的起源点以外产生了一个幼期单眼被抑制的类群，这一祖先产生了半翅总目和脉翅总目。

在半翅类中，成虫跗节减少为 3 节。包括 6 个目。第 1 个成员可能是很像啮虫目 Psocoptera 的泛食者。最原始的分支似乎是缺翅目 Zoraptera，一个类似啮虫目的群居昆虫，但保持明显的尾须。在啮虫目中，下颚的内颚叶演化成一个细长的凿状片，成为其他 4 个目吸收式口器的基础。在缨翅目 Thysanoptera 演化出了锉吸式口器；而在半翅目 Hemiptera 和同翅目 Homoptera 中，其口器成为细长的刺吸式。另一支显然直接来自啮虫类祖先，演化成外寄生的虱目 Phthiraptera。在大多数半翅类若虫中，翅作为外生翅芽逐渐发育（渐变态）。在缨翅目和同翅目的两个类群（木虱科 Psyllidae 和蚧总科 Coccoidea）中，翅最初在体内发育，只是在晚龄（经常是成虫前的 1 龄）翻出。它不食不动，类似典型的蛹。

六、内翅部 Endopterygota

昆虫进化的下一个飞跃是完全变态的发展，也是出现在上石炭纪之前，这些昆虫属于内翅部 Endopterygota。内翅部的昆虫属于完全变态，有明显的幼虫、蛹以及成虫期，在高龄幼虫期，翅芽在外面不明显，翅组织完全是在体内发育的，到蛹期才出现；相反，其他昆虫类群在若虫期就可见到外生翅芽。因此，内翅部昆虫又称为全变态类Holometabola。

原始的脉翅类昆虫中等大小，两对翅大小大致相同，每对翅都有相当多的纵脉和横脉；腹部骨化深，有锯状产卵器。幼虫细长，捕食性，奔跑迅速，类似今天的蛇蛉幼虫。

原始的脉翅总目首先产生两个分支，脉翅目-鞘翅目和膜翅目-长翅目。在脉翅目-鞘翅目分支，产卵器高度特化，产卵瓣1退化，产卵瓣2消失；幼虫跗节原始，保留2个跗爪，至少在每个目的原始科中是如此。在膜翅目-长翅目分支的祖先中，产卵器为原始的三瓣型；然而，幼虫跗节只有1爪。

脉翅目-鞘翅目分支产生鞘翅目 Coleoptera 和广翅目 Megaloptera、脉翅目 Neuroptera，以及蛇蛉目 Rhaphidioptera。这后3个目共有几个小的形态特征，但相互间区别明显。广翅目具有最原始的脉相，水生，且幼虫有分节排列的腹丝和鳃。蛇蛉目幼虫陆生；成虫有长的产卵器和特化的翅脉相。脉翅目极其多样，其幼虫口器为捕吸式，用于吸取猎物的体液。

膜翅目-长翅目分支产生膜翅目 Hymenoptera（脉相变得特别特化，但产卵器保持原始的锯状）和5个失去产卵器的目，产卵器成为一个简单的套管。后者的祖先似乎分成毛翅目-鳞翅目（纵脉、尤其是横脉减少）和长翅目-双翅目（前胸背板下缘与中胸侧板前缘在气门下愈合）。从毛翅目-鳞翅目主干分出的毛翅目 Trichoptera，幼虫变为水生，气门退化；从中产生的鳞翅目 Lepidoptera 似乎没有发生任何变化。在双翅目 Diptera 中，脉相极度减少，后翅特化成平衡棒，前胸背板与中胸紧密愈合。

蚤目 Siphonaptera 无有翅种类，而且已经特化成为外寄生者，以致难寻其祖先。跳蚤与长翅目 Mecoptera 和双翅目共有两个衍征：在这3个目的原始成员中，上颚扁平、刀片状，适于切断和撕碎寄主组织，而且其产卵器为简单的管状。这些特征表明，跳蚤属于这个复合体。与长翅目不同的是，跳蚤前胸背板不与中胸愈合；然而，这可能是在无翅情形的演化过程中丧失的。

昆虫纲高级阶元的分类及各类群间的亲缘关系目前尚无完全统一的观点，图27-1是目前作者认为比较合理的六足总纲高级阶元系统发育关系图。

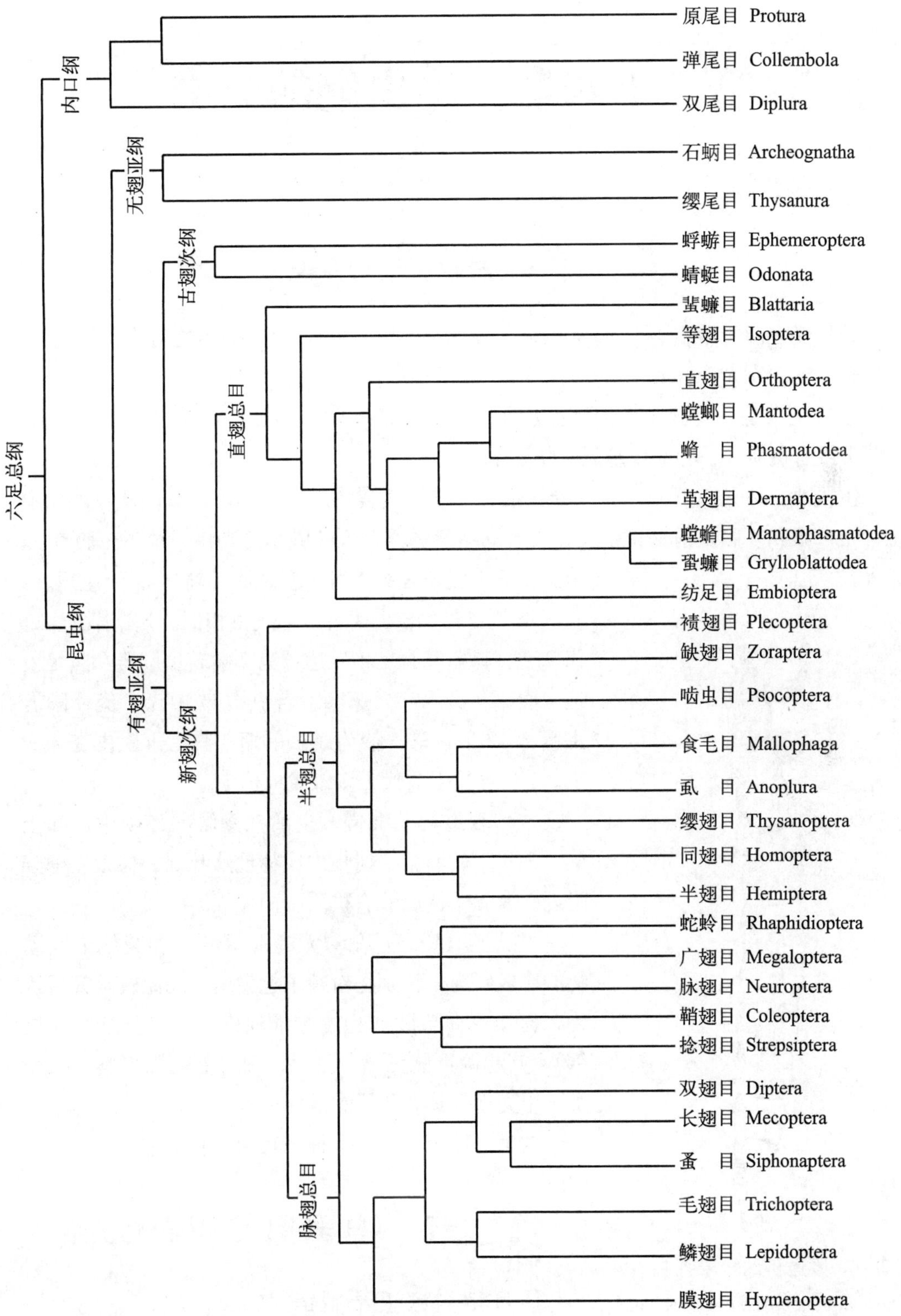

图 27-1　六足总纲高级阶元的系统发育图

第二十八章　昆虫纲的分类

第一节　原尾目 Protura

该目学名源于希腊语“πρ ώ τos”(原始)+“o ύ ρ ά”(尾)；中文俗称为原尾虫，简称蚖；英文为 proturans。

该目昆虫是一类微小无翅昆虫(图 28-1)，生活在阴暗潮湿而富有有机质的场所，食菌类或有机质，在林地腐殖质中特别常见。

体极小，体长仅 0.5 ~ 2.5 mm，细长，淡白或黄色。头锥形，口器内藏；触角退化，无单眼和复眼。前足特别长，生有许多感觉器，代替触角的功用，单爪。腹部 12 节，前 3 个腹节各有 1 对小型腹足（刺突），无尾须。

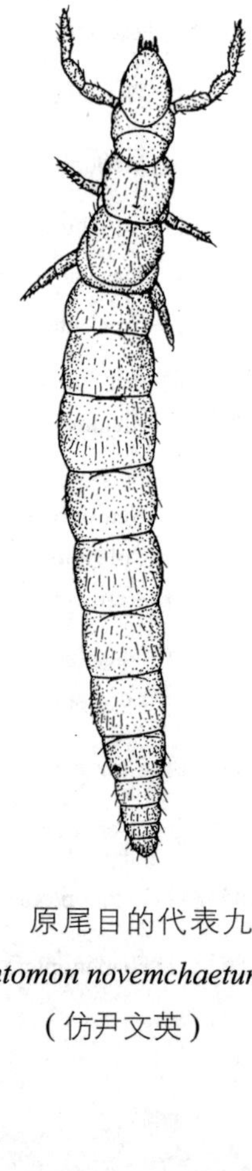
图 28-1　原尾目的代表九毛古蚖 *Eosentomon novemchaetum* Yin（仿尹文英）

增节变态，若虫 5 龄，与成虫相似。1 龄若虫腹部仅 9 节，口器和腹足不发达；第 2 龄若虫肛器和腹足发达，腹部仍为 9 节；第 3 龄若虫腹部 10 节：第 4 龄若虫腹部 12 节；第 5 龄为成虫前期，其后再脱皮变为成虫。1 年可发生数代，多以成虫越冬。

成、若虫行动缓慢，生活在潮湿的环境中，如土壤、泥炭、砖石下，树皮内或林地落叶层、树根、苔藓附近。食腐木、腐败有机质、菌类等。

尹文英（1983）在对无翅亚纲各目和其他节肢动物的比较研究，特别是对精子超微结构的比较研究后认为，原尾虫在节肢动物中应单独作为一个类群（原尾纲），其起源可能更早，更远，很可能与蛛形类、结合类、甲壳纲等具有共同的早期祖先。

全世界已记录 650 余种，我国 230 余种。

第二节　弹尾目 Collembola

该目学名源于希腊语“κόλλα”(胶)+“έμβολου”(钉)，以腹部具有黏管而得名；

中文俗称为跳虫或弹尾虫，简称䖴；英文为 springtails。

䖴是微小型无翅昆虫（图 28-2），常有发达的弹器，能跳跃，生活在各种潮湿隐蔽的环境中，如土壤、腐殖质、原木、粪便、洞穴等，腐食性或植食性，少数种危害作物、蔬菜或菌类。

中小型昆虫，体长仅 0.2 ~ 10 mm，长形或近球形。口器缩入头内，适于咀嚼或吸食；触角丝状，4 节，无复眼。腹部 6 节，第 1 腹节有黏管，其功能主要是分泌和保持水分的平衡；第 3 节的握弹器与第 4 节的弹器形成弹跳构造。无尾须，外生殖器不明显。

表变态，若虫形似成虫，仅体型较小，成虫期继续脱皮。脱皮最多可达 50 次。1 年可发生数代。有孤雌生殖现象。

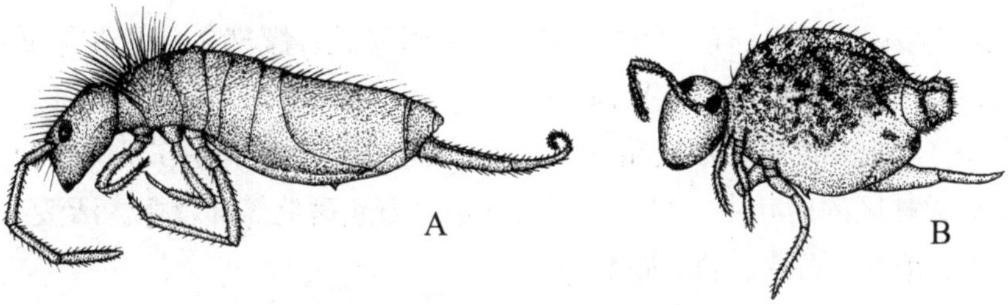

图 28-2　弹尾目的代表（仿周尧）

A. 长角长䖴 *Sinella straminea* (Folson)；B. 绿圆䖴 *Sminthurus viridis* (L.)

广泛分布于世界各地，已知约 8 800 种，我国已知 390 多种。

第三节　双尾目 Diplura

该目学名源于希腊语“διπλοος”（双）+“ούρα”（尾），以腹部末端有 1 对显著的尾须而得名；中文俗称为双尾虫和铗尾虫，简称虮；英文为 diplurans。

虮多为一类细长、淡色、无翅的小型昆虫（图 28-3），生活在土壤、落叶等隐蔽潮湿的环境中，畏光，行动活泼。

体长 1.9 ~ 4.7 mm，细长。触角长而多节；无复眼和单眼；口器为咀嚼式，内藏于头部腹面的腔内；胸足发达，跗节 1 节；无翅；腹部 11 节，有 1 对显著的尾须，线状分节或钳状，无中尾丝。若虫外形极似成虫。

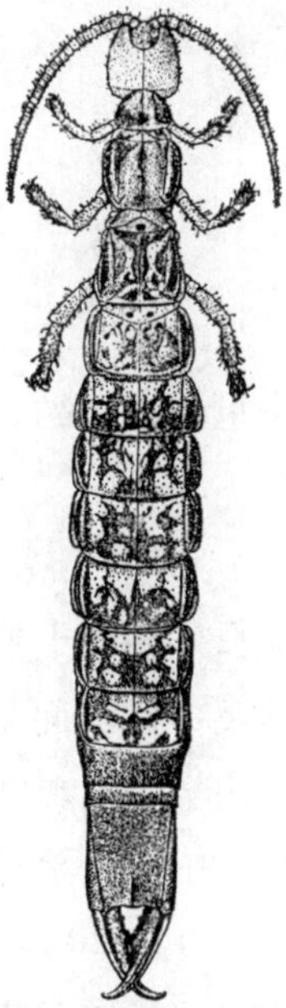

图 28-3　双尾目的代表伟铗虮 *Atlasjapyx atlas* Chou et Huang（仿周尧，黄复生）

表变态，若虫与成虫的区别主要在于大小和性成熟度。可生存 2 ~ 3 年，每年脱皮多至 20 次，一般第 8

至第 11 次脱皮后就性成熟。成虫期仍脱皮。卵聚产，多至 40 粒，以一个共同的卵柄悬挂在土穴的上方，但有些种每粒卵都有一个柄。取食活的植物、腐殖质、菌类或捕食小动物等。

全球已知约 600 种，我国已记录 50 余种。

第四节　石蛃目 Archeognatha

石蛃目 Archeognatha（= Microcoryphia），该目学名源于希腊语“archeo”(古老)+“gnathus”(颚)，因该类昆虫具有原始的上颚而得名；中文俗称为石蛃，简称蛃；英文为 bristletails。

小到中型，体被鳞片；无翅；复眼大，两复眼在内面接触；触角长，丝状；上颚单关节式，与头壳之间只有一个关节点；口器咀嚼式；腹部 2 ~ 9 节有成对的刺突；尾须长、多节，有长的中尾丝(图 28-4)。

表变态。幼虫和成虫在形状和习性方面非常类似，主要区别在于大小和性成熟度。生活于草原或林区的树叶中、树皮下、枯木中、石头裂缝等环境中。活泼、善跳。主要取食藻类、地衣、苔藓、植物碎屑等。

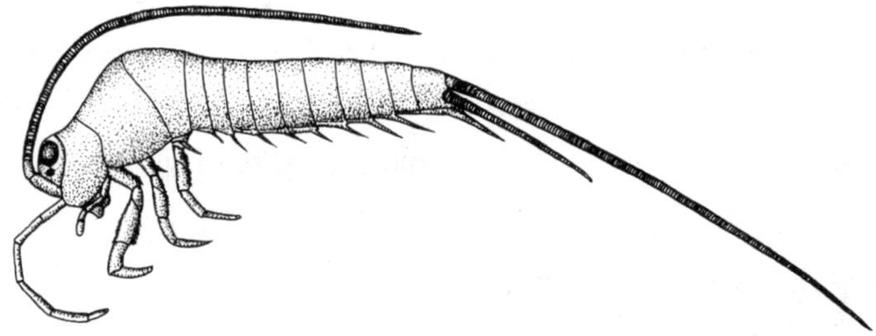

图 28-4　石蛃目的代表 石蛃 *Machilis* sp.(仿周尧)

全世界已知约 500 种，我国已知 18 种。

第五节　缨尾目 Thysanura

该目学名源于希腊语“θυσα ύos”(缨)+“o ύ ρα”(尾)，以其腹部末端具有缨状尾须及中尾丝而得名；中文俗称为衣鱼、家衣鱼；英文为 silverfish、firebrats。该目目名有的学者用衣鱼目 Zygentoma。

小至中型，无翅。在昆虫纲的系统演化中，是一类真正的无翅昆虫。

体长 4 ~ 20 mm，狭长，背腹扁平，常多鳞片和毛。触角长丝状，复眼分离，口器咀嚼式，上颚有前、后 2 个关节突与头部相连。腹部 11 节，第 7 至 9 腹节有成对刺突和泡囊，第 11 节具 1 对尾须和中尾丝，长而多节，雌虫产卵器发达(图 28-5)。

表变态。卵单产或聚产，产在缝隙或产卵器掘出的洞中。成虫期仍脱皮，多达

19 ～ 58 次。衣鱼喜温暖环境，多数夜出活动，生活在土壤中、朽木、落叶等处。有些生活在室内的书籍、衣服、丝绢品等之间，或发生在厨房附近。取食死的植物，室内种可危害书籍、衣服、食物。食糨糊、胶质等，并传播细菌。

全世界已知 500 种左右，我国已知 20 余种。室内常见害虫为多毛栉衣鱼 *Ctenolepisma villosa* (Fabr.) 和家火衣鱼 *Themobia domestica* (Packer)。

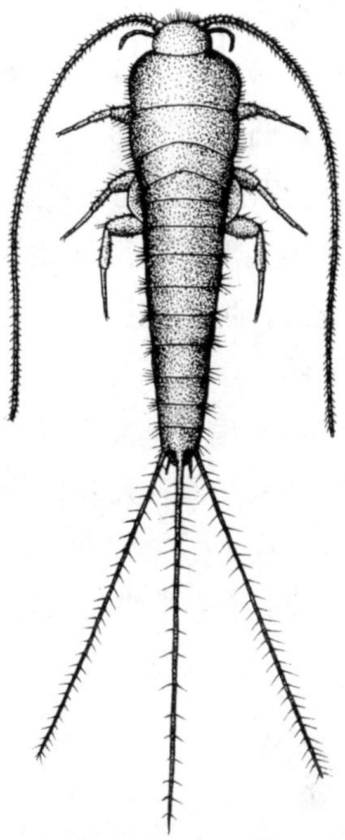

图 28-5　缨尾目的代表多毛栉衣鱼 *Ctenolepisma villosa* (Fabr.)(仿周尧)

第六节　蜉蝣目 Ephemeroptera

该目学名源于希腊语“εφήμεροs”(仅 1 d 的生命) + “πτερά”(翅)，因蜉蝣成虫存活时间很短而得名；中文俗称为蜉蝣，简称蜉；英文为 mayflies。

蜉蝣是最原始的有翅昆虫，成虫常在溪流、滩湖附近活动。稚虫水生，为鱼及多种动物的食料。根据稚虫对水域的适应与要求，可用于监测水域的类型与污染程度。

虫体小至中型，细长，体壁柔软。复眼发达，单眼 3 个。触角短，刚毛状；口器咀嚼式，但上、下颚退化，没有咀嚼能力。翅膜质，翅脉网状，前翅很大、三角形；后翅退化，明显小于前翅；翅脉原始，多纵脉和横脉，休息时竖立在身体背面。雄虫前足延长，用于在飞行中抓住雌虫。腹部末端两侧着生 1 对长的丝状尾须，一些种类还有一根长的中尾丝 (图 28-6)。

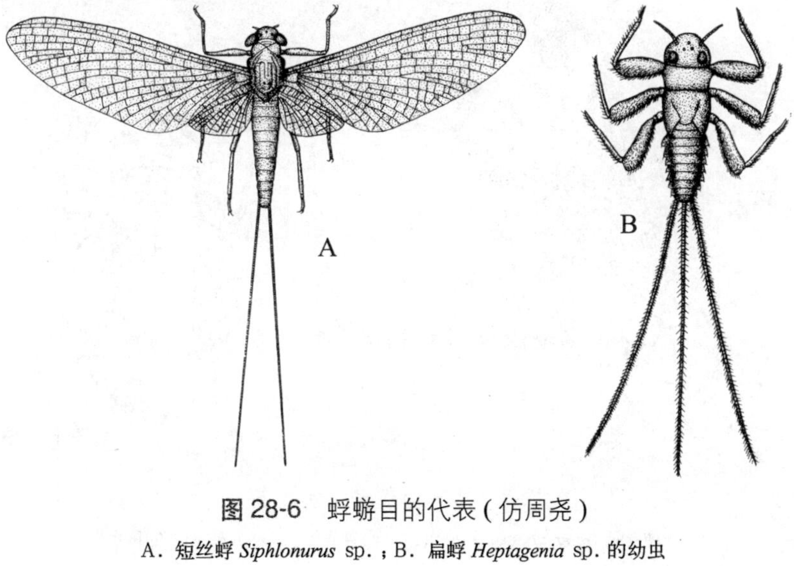

图 28-6　蜉蝣目的代表 (仿周尧)

A. 短丝蜉 *Siphlonurus* sp.；B. 扁蜉 *Heptagenia* sp. 的幼虫

原变态，一生经历卵、稚虫、亚成虫和成虫 4 个时期。成虫不取食，寿命极短，只能存活数小时，多则几天，故有朝生暮死之说。雌虫产卵于水中。卵小，白、绿或淡褐色，圆或椭圆形。卵一端常有附着的帽状物，或从卵的表面伸出有黏性的细丝 (图 21-2B)。稚虫腹部具气管鳃和丝状尾须 (图 8-8A)。

蜉蝣变为成虫后还要脱皮。具有亚成虫期（subimago）是其独特的特征。亚成虫形似成虫，但体表、翅、足具微毛，色暗，翅不透明或半透明，前足和尾须短，不如成虫活跃。

稚虫常扁平，复眼和单眼发达；触角长，丝状。腹部第 1 至第 7 节有成对的气管鳃，尾丝两三条。大部分种每年 1 代或两三代，在温暖地区 10 ~ 15 d 能完成发育。稚虫一般脱皮 10 多次。稚虫主要食水生高等植物和藻类，少数种类捕食水生节肢动物。

主要分布在热带至温带的广大地区，全世界已知约 3 050 种，我国已知约 360 种。

第七节　蜻蜓目 Odonata

该目学名源于希腊语“οδούs”(齿)，以其下颚末端具齿而得名；中文俗称蜻蜓、豆娘，简称蜻、蜓或螅；英文为 dragonflies、damselflies。

是一类原始有翅昆虫。成虫色彩艳丽，飞行迅速敏捷。稚虫生活在水中。成虫和稚虫均为捕食性。

虫体中型至大型，细长，体壁坚硬，色彩艳丽；头大，能活动，复眼极其发达，单眼 3 个；触角短，刚毛状；口器咀嚼式；前胸小，中后胸极大，并愈合成强大的翅胸；翅 2 对，狭长，膜质透明，前、后翅近等长，翅脉网状，有翅痣和翅结，休息时平伸或直立，不能折叠于背上；足细长；腹部细长，尾须 1 节；雄虫腹部第 2、3 节腹面有发达的次生交配器 (图 28-7A)。

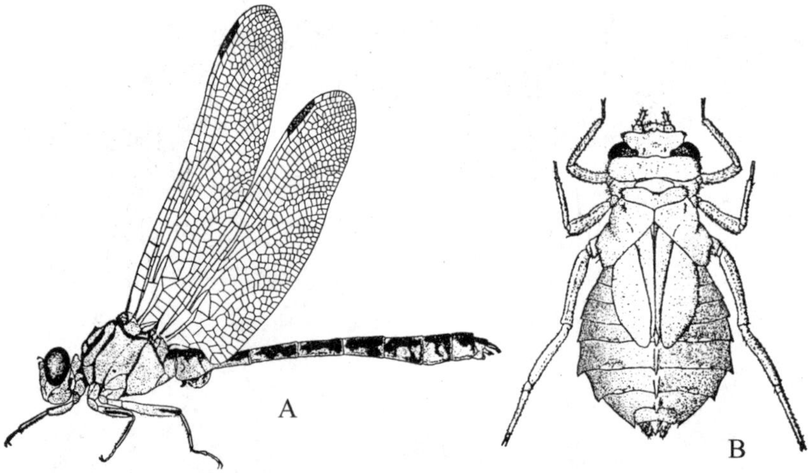

图 28-7　蜻蜓目代表（仿周尧）

A. 一种春蜓 *Gomphus* sp. 的成虫；B. 一种春蜓 *Gomphidia* sp. 的稚虫

半变态，一生经历卵、稚虫和成虫 3 个时期。卵产于水面或水生植物体内。稚虫(图 28-7B) 水生，常见于溪流、湖泊、塘堰和稻田；下唇特化为面罩，不用时面罩折叠于头、胸部之下，捕猎时突然向前伸出，用 1 对手状的下唇须抓捕猎物。利用直肠鳃或尾鳃呼吸。老熟稚虫出水面后爬到石头、植物上，常在夜间羽化。

雄、雌虫常在飞行中进行交配。雌虫可产卵数百至数千粒。卵产在水中或水中植物组织内。稚虫经历 10 ～ 20 次脱皮，经过 3 个月到 6 ～ 10 个月时间，变为成虫。成虫捕食各类昆虫，在飞行中能利用足抓捕猎物，喜在稚虫生活的环境附近活动。

蜻蜓目昆虫适应生活于温暖地区，全世界已记录约 6 000 种，我国已知 780 余种。

第八节　蜚蠊目 Blattaria

该目学名源于拉丁语“blatta”(蜚蠊)；中文通称为蜚蠊，俗称为蟑螂，简称蠊；英文为 cockroaches。

有些种类生活在室内，污染食物、衣物和生活用具，传播疾病；有些种类可入药；少数危害农作物。

中到大型，体阔而扁平，近圆形；前胸背板大，盖住头的大部分；触角长丝状；复眼发达，单眼退化；口器咀嚼式；在翅发达的种类中，两对翅均有许多横脉，前翅为覆翅、皮革质、狭长，后翅膜质、臀区大；许多种类仅有翅芽状短翅或完全无翅；足步行式，3 对足相似，爬行迅速，跗节 5 节；腹部 10 节，有 1 对多节的尾须(图 28-8)。

渐变态。卵产于卵鞘(图 21-2L) 中。卵期约 1 个月，若虫形似成虫。若虫期 6 ～ 12 龄。每年两三代或 1 ～ 5 年 1 代。卵、若虫、成虫均能越冬。在南方和温暖的室内无冬眠现象，成虫寿命较长。

蜚蠊适应性强，活动范围广泛，在有水和食物的地方都能生存。野外种喜潮湿，见于土中、石下、枯枝落叶、树皮下等处，取食死植物、咬树皮或木材。室内种色泽较暗，不善飞行，常夜间活动，白天隐匿在缝隙或阴暗处，食性杂，尤偏好糖和淀粉物质，在取食及其活动中污染食物，传播病菌和寄生虫，是重要的卫生害虫，同时还咬坏大量商品及其包装，造成重大经济损失。

分布广泛，世界上已知蜚蠊目昆虫 4 570 多种，中国已知 420 余种。

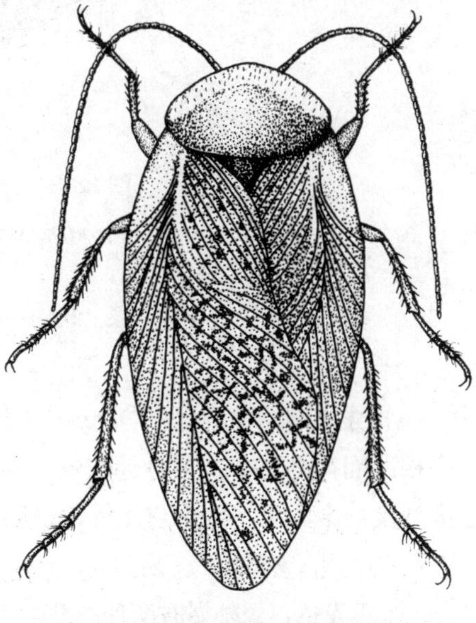

图 28-8　蜚蠊目代表 中华真地鳖 *Eupolyphaga sinensis* (Walker) 的雄虫
(仿冯平章，郭予元，吴福桢)

第九节 螳螂目 Mantodea

该目学名源于希腊语“μάντις”(教徒、预言家)+“εῖδος”(形状)，因其举起前足时如教徒祈祷状而得名；中文俗称为螳螂，简称螳；英文为 mantis 或 praying mantids。

有些分类学家将该目和蜚蠊目合并成为网翅目 Dictyoptera，而把螳螂作为其中的一个亚目。

体中到大型，头大，三角形，爱活动；触角长，丝状；口器咀嚼式；前胸极长，前足捕捉式，基节很长，胫节可折嵌于股节的槽内，状如铡刀，中、后足为步行足；前翅为覆翅，后翅膜质，臀区大；后胸上有听器；尾须 1 对 (图 28-9)。

渐变态。卵包于由附腺分泌物形成的卵鞘 (图 21-2N) 中。卵鞘附着于树枝或其他物体上。每一卵鞘内有卵 10 ~ 400 粒。一般 1 年完成 1 代，以卵在卵鞘中越冬。成、若虫均为捕食性，用前足捕捉其他昆虫及小动物，其卵鞘可入中药，所以既是重要的天敌昆虫，又是重要的药用昆虫。多数绿色或褐色，常有保护色和拟态。

全世界已知 2 380 多种，中国已知近 170 种。

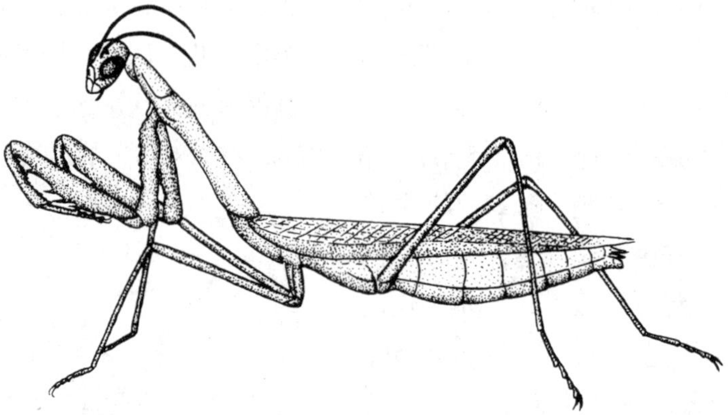

图 28-9 螳螂目的代表中华大刀螳
Tenodera sinensis Saussure(仿周尧)

第十节 等翅目 Isoptera

该目学名源于希腊语“ἴσος”(相等)+“πτερά”(翅)，以其前后两翅的大小、脉序相近而得名；中文通称为白蚁，俗称白蚂蚁，简称螱；英文为 termites 或 white ants。是多型性社会昆虫，危害房屋等建筑物，造成重大经济损失。

小至中型，多型性。工螱白色，无翅，头圆，触角长，咀嚼式口器；兵螱类似工螱，但头较大，上颚发达；繁殖螱有两种类型：一种白色，无翅或仅有短翅芽；另一种包括发育完全的有翅的雄螱和雌螱，它们有圆头、长触角、咀嚼式口器、发达的复眼，以及两对大小、形状都相似的透明翅。翅基有脱落缝，翅脱落后仅留下翅鳞。有尾须。

白蚁营群体生活，是真正的社会性昆虫，分为生殖螱（螱后和雄螱）(图 25-8A)、兵螱 (图 25-8D)、工螱 (图 25-8E) 等不同品级 (图 28-10)。生殖螱司生殖功能；工螱饲喂螱后、兵蚁和幼期若虫，照顾卵，还清洁、建筑、修补巢穴、蛀道，搜寻食物和培育菌圃。兵螱体型较大，无翅，头部骨化，复眼退化，上颚粗壮，主要对付蚂蚁或其他捕食者。成熟螱后每天产卵多达数千粒，蚁后一生产卵可超过数百万粒。繁殖螱个体能活 6 ~ 20 年，并经常交配。

消化道中常存在着大量的原生动物、细菌或真菌，能分泌消化酶消化纤维素和半纤维素，利于消化与吸收营养。

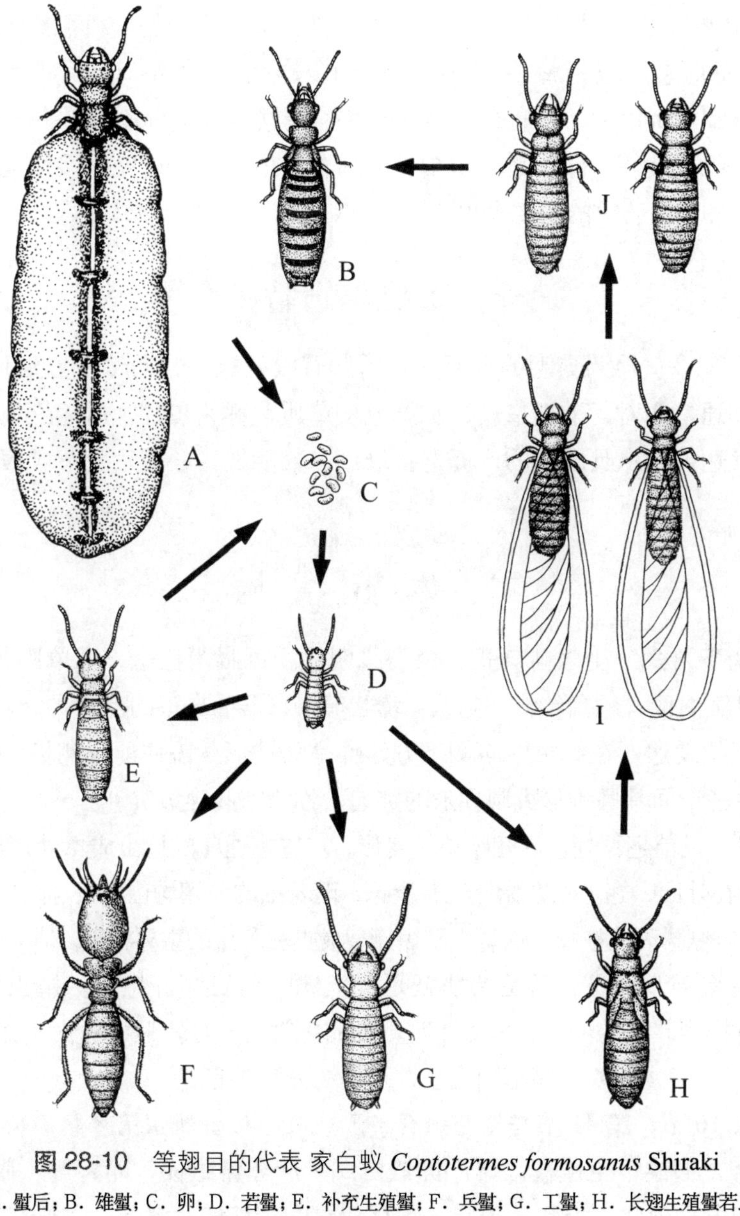

图 28-10　等翅目的代表 家白蚁 *Coptotermes formosanus* Shiraki

A. 螱后；B. 雄螱；C. 卵；D. 若螱；E. 补充生殖螱；F. 兵螱；G. 工螱；H. 长翅生殖螱若虫；I. 长翅雌、雄生殖螱；J. 脱翅雌、雄生殖螱白蚁属营巢穴居昆虫，体壁柔弱，活动和取食在蚁穴、泥被掩护下进行。土栖性白蚁筑巢穴于土中或地面，蚁塔可高达 8 m。土栖性白蚁的巢穴结构复杂。在一些白蚁的巢穴中工蚁培育子囊菌或担子菌的菌圃，采收菌丝供蠆后和若蠆食用。

白蚁取食木材或其他植物质，会造成巨大危害，如家白蚁属 *Coptotermes*、散白蚁属 *Reticulitermes* 的一些种会危害房室建筑等，在我国每年都会造成数十亿元的损失。

全球已知 3 000 多种，我国目前已记录 540 多种。

第十一节　直翅目 Orthoptera

该目学名源于希腊语"σρθσs"（直）+"πτερά"（翅），因该类昆虫前、后翅的纵脉直而得名，包括蝗虫 (grasshoppers)、蚱蜢 (slant faced grasshoppers)、螽斯 (katydids)、蟋蟀 (crickets)、蝼蛄 (mole crickets)、蚤蝼 (pygmy locusts) 等，分别简称蝗、蜢、蚱、螽、蟋、蝼等。除少数为肉食性，捕食其他昆虫外，绝大多数为植食性、许多种类是农、林、园艺等的重要害虫。

一、主要识别特征

体小到大型；口器为典型的咀嚼式；前胸背板发达，常向侧下方延伸盖住侧区，呈马鞍状；翅通常 2 对，前翅窄长，加厚成皮革质，称为覆翅，后翅膜质、扇形，翅脉直；尾须发达，雌虫具发达的产卵器；雄虫多数能发声，前足胫节或腹部第 1 节常有鼓膜听器。

二、体 躯 结 构

头多为下口式，少数前口式。蜕裂线明显。单眼两三个，中单眼位于额中央，侧单眼位于复眼内侧。触角丝状、剑状、棒状等。口器为典型的咀嚼式。

前胸背板很发达；在蝗虫中向侧下方延伸呈马鞍形，盖住前胸侧板。有些种类前胸腹板在前足基节间具圆锥形或圆柱形的突起，称为前胸腹板突。

翅通常发达。前翅覆翅，后翅膜质，扇形。一些翅退化的蝗虫成虫外形上很像若虫，但它们的前翅在外面，翅上除纵脉外还有横脉，而若虫的前翅均位于较宽的三角形后翅之下，翅芽上仅有纵脉而无横脉，这是识别短翅型成虫和若虫的主要特征。

前、中足多为步行足，后足为跳跃足；但蝼蛄前足为开掘足。蝗虫后足股节侧扁，外侧常有排列整齐的羽状隆线或不规则的粗颗粒。3 对足跗节节数因类群而异，有 3-3-3，4-4-4，2-2-3 或 2-2-1 等不同类型，可作为分类特征。

腹部背板 10 节，第 11 节与尾节愈合，形成肛上板。雌虫第 8 腹板特别发达，常与第 9 节愈合，形成下生殖板。雌产卵器由 3 对产卵瓣组成，即背瓣、腹瓣和中瓣。剑尾亚目产卵器呈剑状、刀状或矛状，锥尾亚目的产卵瓣短锥状，末端尖，内瓣退化

(图 1-1，图 28-11)。

直翅目昆虫许多种类能发声，其发声机制均为摩擦发声，即身体的一个部分与另一部分摩擦而发声。发声机制可细分为多种，前翅　前翅型发声器为螽斯、蟋蟀所特有，前翅　后足股节型为蝗总科所具有。癞蝗科 Pamphagidae 腹部第 2 节背板侧下方脊状的摩擦板上有发声齿，同后足股节内侧基部隆线摩擦发声，为腹部　后足股节型。虽然少数种类的雌虫也能发声，但发声的主要是雄虫。鸣声的主要功能是吸引异性个体、完成交配和生殖。具发音器的种类均有鼓膜听器。锥尾亚目的听器位于腹部第 1 节背板侧下方 (图 1-1，图 28-11)。螽斯亚目的听器位于前足胫节基部 (图 7-4F)。

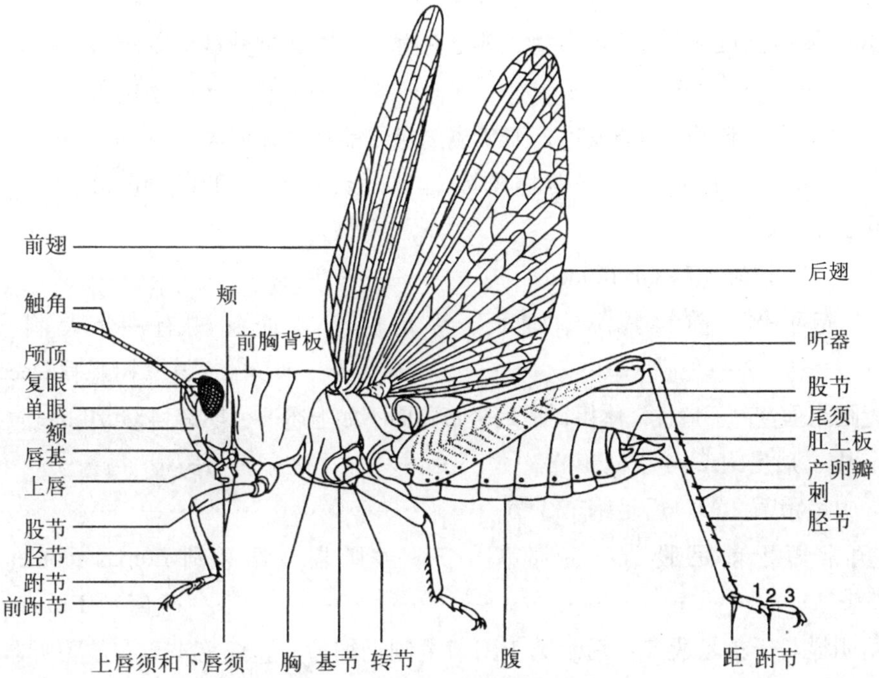

图 28-11　直翅目（蝗科）特征模式图（仿 Essig)

三、生物学特性

该目昆虫为典型的陆生种类。大多数蝗虫生活在地面，螽斯生活在植物上，蝼蛄生活在土壤中。卵为圆柱形或长圆形，单产或成卵块。蝗虫卵产在土中小室内，螽斯产卵于植物组织中。渐变态。若虫和成虫生活习性相同，外形也很相似。若虫 5 ~ 7 龄，第 3 龄开始出现翅芽。多数直翅目昆虫 1 年发生一两代，以卵越冬。

绝大多数种类为植食性，取食植物叶片等部分，其中许多种类是农牧业重要害虫。有些蝗虫能够成群迁飞，加大了危害的严重性。我国东亚飞蝗从春秋时期起到新中国成立的 2 600 多年中，成灾 800 多次，范围涉及长江以北 8 个省区，常造成大范围内庄稼颗粒无收。蝼蛄是重要的土壤害虫。仅螽斯科少数种类为肉食性，取食其他昆虫和小动物。

四、分　类

直翅目可分为 2 亚目：锥尾亚目 Caelifera 和剑尾亚目 Ensifera，12 总科 26 科。全世界已知 23 600 多种，中国已知 2 850 多种。直翅目的分科主要根据足和触角的形态。

（一）直翅目常见科检索表

1　触角线状，一般长于体；听器在前足胫节上，跗节 4 节或 3 节（剑尾亚目 Ensifera）……………………………………………………………………………………2

-　触角线状、剑状或棒状，短于体；听器位于腹部第 1 节，跗节 3 节或更少（锥尾亚目 Caelifera）……………………………………………………………………5

2　触角比体短；雌虫产卵器不外露；前足开掘式（蝼蛄总科 Gryllotalpoidea）…………………………………………………………………………蝼蛄科 Gryllotalpidae

-　触角比体长；雌虫产卵器发达，刀状或剑状；前足非开掘式…………………………3

3　跗节 4 节；雄虫覆翅上有发达的发音器（螽斯总科 Tettigonioidea）…螽斯科 Tettigoniidae

-　跗节 3 节（蟋蟀总科 Grylloidea）……………………………………………………4

4　头长而平伸，前口式；体细长；后足胫节背面每侧有 4 个大刺…………………………………………………………………………………树蟋科 Oecanthidae

-　头短圆而垂直，下口式；体粗；后足胫节背面不如上述……蟋蟀科 Gryllidae

5　前、中、后足跗节均为 3 节 ……………………………………………………6

-　前、中足跗节 2 节，后足跗节 3 节………………………………………………7

6　触角常短于前足股节；腹部第 1 节缺鼓膜器（蜢总科 Eumastacoidea）………………………………………………………………………蜢科 Eumastacidae

-　触角明显长于前足股节；后足第 1 跗节上侧无细齿；腹部第 1 节有鼓膜听器（蝗总科 Acridoidea）……………………………………………………蝗科 Acrididae

7　前胸背板向后延伸，盖住腹部（菱蝗总科 Tetrigoidea）………………蚱科 Tetrigidae

-　前胸背板后缘凸圆，很少向后延伸；后足为跳跃足；雌无产卵器；尾须 2 节（蚤蝼总科 Tridactyloidea）………………………………………………蚤蝼科 Tridactylidae

（二）分类系统和重要科介绍

1. 剑尾亚目 Ensifera

触角丝状，长于或等于体长；听器在前足胫节基部；以左、右前翅摩擦发声；跗节 3 或 4 节；产卵器较长，刀状、剑状或长矛状。

(1) 螽斯科 Tettigoniidae　触角长丝状，跗节 4 节；产卵器刀片状，侧扁，由 3 对产卵瓣组成；尾须短 (图 28-12A)。一般绿色，少数暗褐色，保护色明显。多数种类的雄虫为鸣虫。多为植食性，少数肉食性。卵产在植物组织中。变棘螽 *Deracantha onos*

(Pallas) 危害谷子、玉米、棉花及牧草；中华露螽 *Phaneroptera sinensis* Uvarov 危害豆、瓜及各种蔬菜；纺织娘 *Mecopoda elongata* L. 危害桑、豆等。

(2) 蟋蟀科 Gryllidae 跗节 3 节，产卵器针状、长矛状或长杆状，由 2 对产卵瓣组成，中产卵瓣退化。尾须长，不分节；前翅在身体侧面急剧下折 (图 28-12B)。多数种类 1 年发生 1 代，以卵越冬，成虫在夏秋间盛发，多发生在低洼、河边、沟边及杂草丛中。多数植食性，危害各种作物。多数种类的雄虫为著名的鸣虫。在我国常见的有南方油葫芦 *Gryllus testaceus* Walker，北京油葫芦 *G. mitratus* Burmeister，大扁头蟋 *Loxoblemmus doenitzi* Stein 等，危害十字花科蔬菜和玉米等。斗蟋 *Scapsipedus micado* Saussure 性好斗，民间用来斗蟋蟀。

(3) 蝼蛄科 Gryllotalpidae 褐色，多毛，触角短于体；前足开掘式，胫节阔而有 4 齿，跗节基部有 2 齿；后足股节不太发达，非跳跃式；前翅短而后翅长，后翅伸出腹末如尾状；前足胫节上的听器退化，状如裂缝；尾须长；产卵器退化；跗节 3 节 (图 28-12C)。蝼蛄在潮湿的土中蛀道，多食性，1 ~ 3 年完成 1 代。春秋两季特别活跃，咬食播下的种子或靠近地面的嫩茎，常造成缺苗断垄，是重要的土壤害虫。我国重要种类北方为华北蝼蛄 *Gryllotalpa unispina* Saussure，南方为东方蝼蛄 *G. orientalis* Burmeister。

2. 锥尾亚目 Caelifera

触角短于体长之半；听器在第 1 腹节两侧；产卵器短，凿状；跗节 3 节或 3 节以下。

(4) 蝗科 Acrididae 体大；触角丝状、棒状或剑状；前胸背板较短，仅盖住胸部背面；跗式 3-3-3；爪间有中垫；腹部第 1 节背板两侧有 1 对鼓膜听器 (图 28-12E，F)。常见的种类有东亚飞蝗 *Locusta migratoria manilensis*（Meyen）、短额负蝗 *Atractomorpha sinensis* Bolivar、中华蚱蜢 *Acrida cinerea* Thunberg、短星翅蝗 *Calliptamus abbreviatus* Ikonn、中华稻蝗 *Oxyza chinensis*（Thunberg）等。飞蝗 *Locusta migratoria* L. 有 6 个亚种，分布于我国的有 3 亚种：东亚飞蝗 *L. migratoria manilensis*（Meyen）分布于我国东部平原；亚洲飞蝗 *L. migratoria migratoria* L. 分布于蒙新高原的低洼地带，西藏飞蝗 *L. migratoria tibetensis* Chen 分布于西藏。我国历史上的蝗灾主要是东亚飞蝗造成的，它主要危害小麦、玉米等禾本科作物，由于其卵巢管为无滋式，具有多产繁殖的内在潜力，再加上群栖迁飞习性，危害十分严重。

(5) 蚱科 Tetrigidae 旧称菱蝗科。体小，前胸背板特别发达，向后盖住整个腹部，末端尖，菱形，故名菱蝗；前翅退化，鳞片状或缺如；后翅发达；跗节 2-2-3 式，缺中垫；无摩擦发音器和听器 (图 28-12G)。全世界已知 850 多种，我国常见的有日本菱蝗 *Tetrix japonica* (Bolivar)。

(6) 蚤蝼科 Tridactylidae 小型，一般体不超过 10 mm。体坚实，色多暗。触角短，12 节；单眼 3 个。前翅短，后翅伸出腹部末端；前足胫节适于开掘，中足胫节略膨大，后足股节发达，适于跳跃；跗节前足及中足为 2 节，后足为一节；后足胫节末端有两个能活动的长片，起助跳作用。腹部末端有 1 对尾须及 1 对刺突。无发音器及听器 (图 28-12D)。多生活在近水的地上，善跳跃，能在水面上游泳。

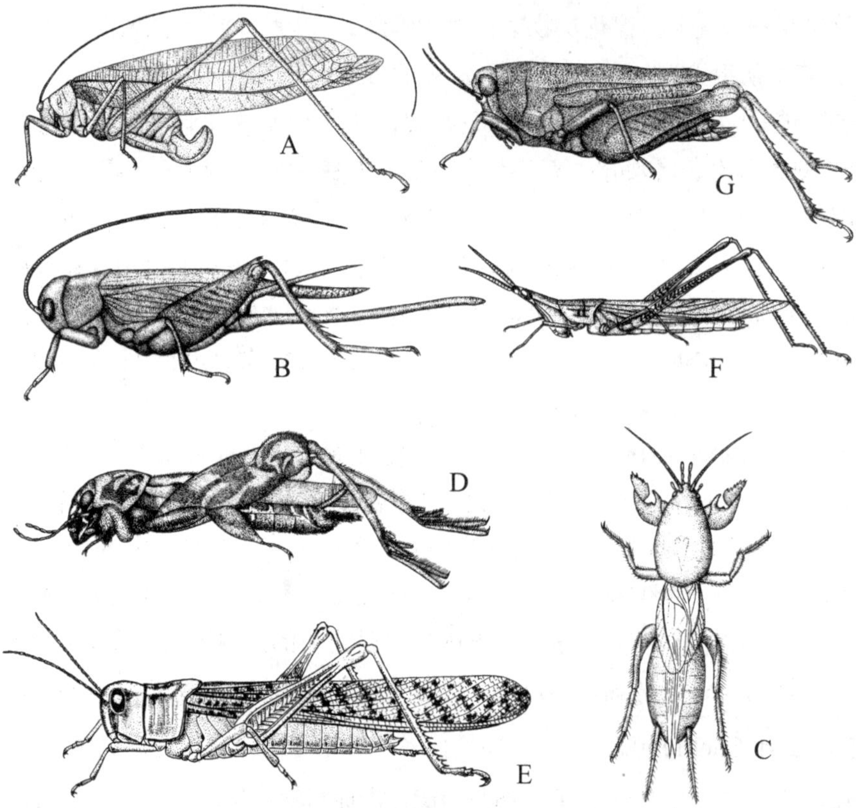

图 28-12　常见直翅目昆虫代表

A. 螽斯科的代表——日本露螽 *Holochlora japonica* Bruner；B. 蟋蟀科的代表——南方油葫芦 *Gryllus testaceus* Walker；C. 蝼蛄科的代表——华北蝼蛄 *Gryllotalpa unispina* Saussure；D. 一种蚤蝼 *Tridactylus* sp.；E，F. 蝗科的代表——东亚飞蝗 *Locusta migratoria manilensis* (Meyen)(E) 和中华蚱蜢 *Acrida cinerea* Thunberg (F)；G. 菱蝗科的代表——日本菱蝗 *Tetrix japonicus* (Bolivar)

(D. 仿 Illin. Nat. Hist.；余仿周尧)

第十二节　䗛目 Phasmatodea

䗛目学名源于希腊语“φασμα”(怪物)+“εϊδοs”(形状)，因其体形奇特而得名；中文俗称为竹节虫 (stick insects、walking sticks) 或杆䗛及叶䗛 (leaf insects)，简称䗛 (图 28-13)。喜欢生活在高山、密林和生境复杂的环境中，拟态现象明显。

体大型，体长 12 ~ 357 mm，如果连同前足伸展计，体长最长达 566 mm ；体躯呈棒状 (竹节虫) 或阔叶状 (叶䗛)；头前口式，口器咀嚼式，复眼小，单眼 2 或 3 个或缺如；后胸与腹部第 1 节常愈合，腹部长，环节相似，尾须不分节；足跗节 3 ~ 5 节；前翅短，皮革质，后翅膜质，有大的臀区，有些种类无翅。

渐变态。以卵或成虫越冬。卵散产在地上。若虫形似成虫，发育缓慢，完成 1 个世代常需 1 ~ 1.5 年，脱皮 3 ~ 6 次。成虫多不能或不善飞翔。生活于草丛或林木上，以叶片为食，有典型的拟态和保护色。其中竹节虫极似树木的细枝，而叶极似树木的叶片。

该目全世界目前已知 2 850 多种，中国已记录 360 余种。

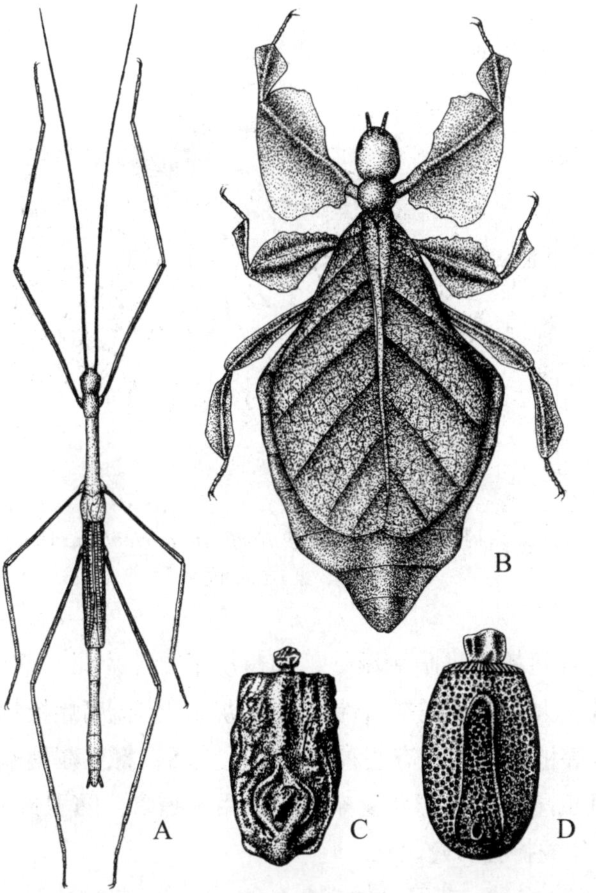

图 28-13　䗛目的代表

A. 棉秆䗛 *Sipyloidea sipylus*（Westwood）；B. 䗛叶 *Phyllium siccifolium* L.；C，D. 澳大利亚两种秆䗛的卵（A，B. 仿周尧；C，D. 仿 Nanninga）

第十三节　革翅目 Dermaptera

该目学名源于希腊语“δερμα”（革质）+“πτερ ά”（翅），以其前翅革质而得名；中文俗称为蠼螋或蝠螋，简称螋；英文为 earwigs。

与人类关系不很密切。少数种类危害花卉、贮粮、贮藏果品等，有些种类是蝙蝠和鼠的体外寄生者。

体中型，狭长，略扁平，表皮坚韧，褐色或黑色。头前口式，能活动；触角丝状；无单眼；口器咀嚼式。前胸背板发达，方形或长方形。有翅或无翅，有翅的种类前翅革质、短小，无脉纹；后翅大，膜质，扇形或半圆形，脉纹辐射状，休息时折叠于前翅下。跗节 3 节。腹部长，有 8 ~ 10 个外露体节，可以自由弯曲；尾须不分节，钳状，称为尾铗。无产卵器（图 28-14）。

渐变态。卵呈卵圆形，若虫与成虫相似，但触角节数较少，只有翅芽，尾铗较简单。若虫四五龄。有翅成虫多数飞翔能力较弱。雌虫产卵于土壤中，少数产于树皮下。在温带地区 1 年 1 代，常以成虫或卵越冬。

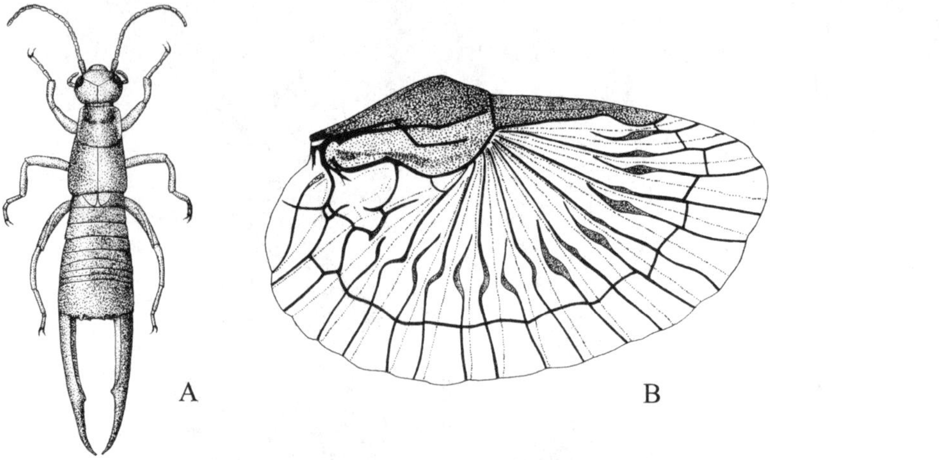

图 28-14　革翅目的代表 欧洲蠼螋 *Forficula auricularia* L.（仿周尧）

A．成虫；B．展开的后翅

多为夜出型，日间栖于黑暗潮湿处，如树皮下、叶片间、草丛、朽木或石块下。少数种类有趋光性。大多数种类杂食性，取食动物尸体或腐烂植物，也有的种类取食花被、嫩叶、果实等植物组织；有些种类营寄生生活，寄生在蝙蝠或鼠类体外。雌雄二型现象显著，雄虫尾铗大且形状复杂。尾铗用于捕食、防卫或交尾时起抱握作用，有时也用于清洁身体或折叠后翅。

全世界已知 1 970 多种，我国已知 310 多种。

第十四节　蛩蠊目 Grylloblattodea

该目学名源于拉丁语“gryllus”（蛩，蟋蟀）+“blatta”（蜚蠊），以其既像蟋蟀又像蜚蠊而得名；中文称蛩蠊，英文为grylloblattids。

该目是个小目，已知仅 1 科 5 属 34 种。我国到 1986 年才由王书永在长白山发现，命名为中华蛩蠊 *Galloisiana sinensis* Wang。2009 年宋克清又在新疆发现了陈氏西蛩蠊 *Grylloblattella cheni* Bai,Wang et Yang。蛩蠊在昆虫纲的演化和系统发育上有重要意义。

体长 5 ~ 30 mm，细长，无翅；触角长丝状；复眼退化或缺如，无单眼；口器咀嚼式；3 对足步行式，跗节 5 节；雌虫有发达的刀剑状产卵器；尾须长，八九节（图 28-15）。

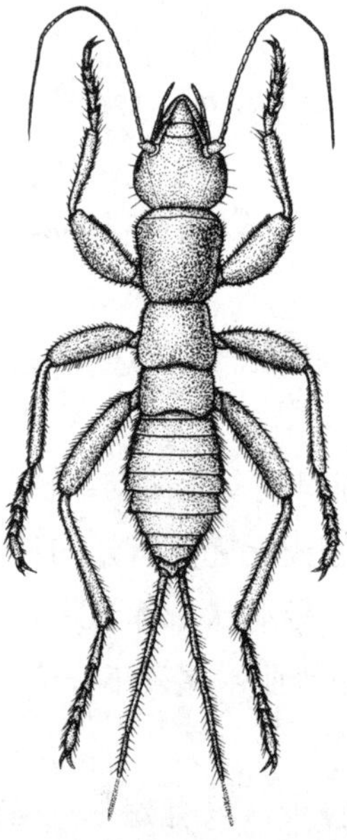

图 28-15　蛩蠊目的代表（仿王书永）

中华蛩蠊 *Galloisiana sinensis* Wang

渐变态。由于成虫无翅，变态显得不明显。卵黑色，单产在土壤中或石块下，卵期 1 年，若虫 8 个龄期，约经历 5 年。蛩蠊均产于寒冷地区，尤其是高山上的岩石下或林中枯枝落叶中，喜欢低温。成、若虫杂食性，夜出活动，取食植物或捕食小动物。一些种类生活在洞穴中。

第十五节　螳䗛目 Mantophasmatodea

该目学名来源于“mantis”（螳螂）和“phasma”（䗛），通称螳䗛，因其外形既像螳螂又似䗛而得名；英文有 gladiators、mantophasmids 及 mantos。

体中小型，略具雌雄二型现象。头下口式。口器咀嚼式，上颚具 3 齿，下颚须 5 节，下唇须 3 节。触角丝状，多节。复眼大小不一，无单眼。次生无翅。胸部每个背板都稍盖过其后背板。前胸侧板大，充分暴露。后胸无锥状表皮突。基节扩大。跗节 5 节，基部 4 节具跗垫，基部 3 节合并；第 3 跗节背方端部膜质区有 1 三角形突；端跗节中垫很大，有 1 列长毛。腹部第 1 背板和第 1 基腹板明显，但短，两者均游离于后胸。第 1 ~ 8 腹气门位于侧膜上，具内部闭肌和外部开肌。尾须短，1 节（图 28-16）。

渐变态。捕食性，捕食蜘蛛和其他昆虫；在一定条件下有自相残杀习性。夜间活动，常见于山顶的草丛中。

该目于 2002 年 4 月建立。目前已知 1 科 15 属 19 种。现生种类 7 属 13 种均分布于非洲坦桑尼亚、纳米比亚及南非的局部地区；但从化石种类的分布可知该目昆虫历史上曾经广泛分布。黄迪颖等在中国内蒙古道虎沟发现了侏罗纪的该目化石昆虫（Huang et al., 2008），估计中国也应有该目的现生种类。

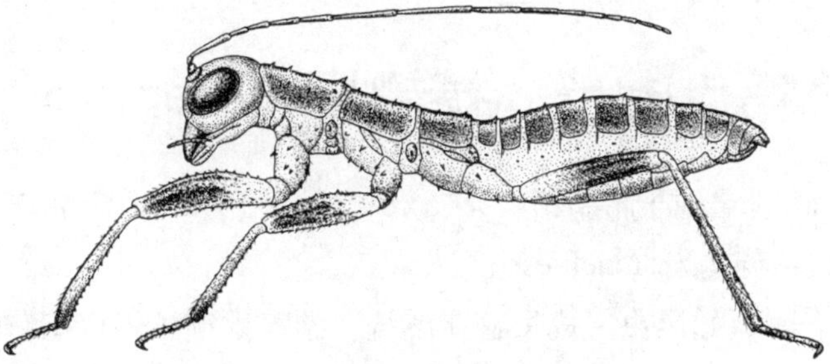

图 28-16　螳䗛目的代表斗暴螳䗛

Tyrannophasma gladiator Zompro

第十六节　纺足目 Embioptera

该目学名源于希腊语“εμβιος”（活泼）+“πτερ ά”（翅），以习性活泼、行动迅速而得名。中文俗称足丝蚁，简称𫋰；英文为 web spinners。

体细长、扁平，4 ~ 6 mm；触角丝状或念珠状；复眼发达，无单眼；口器咀嚼式。足短粗，跗节 3 节，前足第 1 跗节膨大，特化成丝腺，能吐丝。雌虫无翅；雄虫常有 2

对大小相似的膜质翅，翅脉简单。腹部与胸部近等长，10 节，尾须 1 或 2 节，产卵器不明显，雄性外生殖器不对称，若虫外形似雌虫 (图 28-17)。

渐变态。卵具盖。若虫期 4 龄。每年 1 至数代。若虫与成虫喜温暖、潮湿，行动迅速。生活于丝质坑道中。成、若虫喜隐蔽，昼伏夜出，植食性，但对植物很少有明显危害。

全世界已知 460 多种，我国仅记录 8 种。

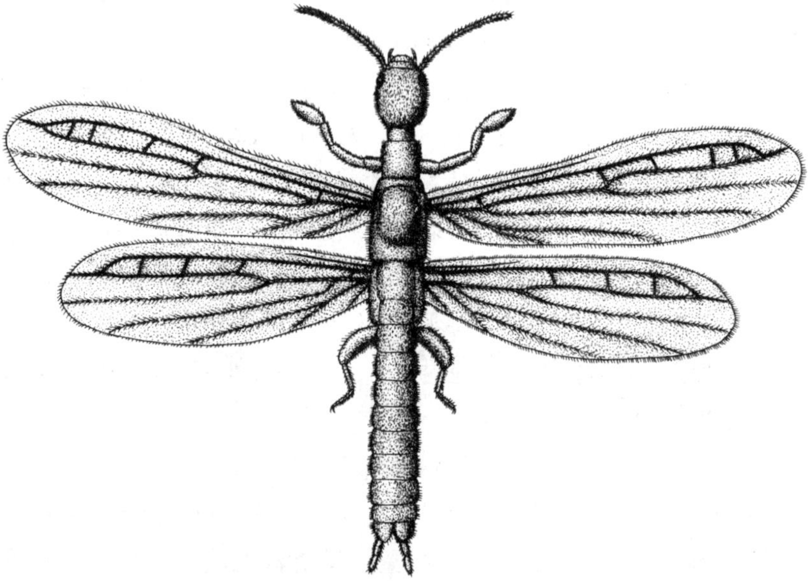

图 28-17　纺足目代表等尾丝蚁
Oligotoma saundersii Westwood (仿 Zimmerman)

第十七节　襀翅目 Plecoptera

该目 Plecoptera 学名源于希腊语“πλεκειυ”(襀) + “πτερά”(翅)；中文俗称为石蝇，简称蜻；英文为 stoneflies。

是一类较古老的原始昆虫。成虫喜在溪流、湖畔徘徊或停留在植物、石头上，很少取食，稚虫大多生活在通气良好的水域、石下沙粒与水草中，食水中腐败有机物、藻类或小昆虫，可用于水质污染程度的监测。

体中小型，细长、柔软。复眼发达，单眼 3 个；触角长丝状，至少等于体长之半；口器咀嚼式，上颚正常或痕迹状；前胸大，方形；翅膜质，前翅狭长，后翅臀区发达，翅脉多，变化大，中肘脉间多横脉，休息时翅平折在虫体背面；跗节 3 节，后足不为跳跃式；尾须长，丝状；雌虫无产卵器 (图 28-18A)。

半变态。卵球形或方形，有的卵表面有丝状物，卵产于水中。每头雌虫一生产卵数百至 5 000 ~ 6 000 粒。所有的稚虫均为水生，在许多方面类似成虫，跗节也是 3 节，尾须长，无中尾丝，有气管鳃 (图 28-18B)。喜欢有明显水流的山区溪流。寒冷的湖泊

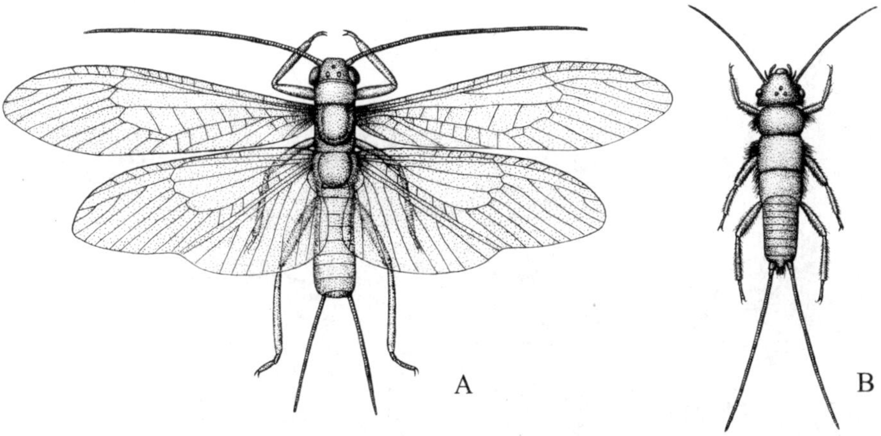

图 28-18　襀翅目的代表（仿周尧）

A. *Kiotina* sp. 成虫；B. *Perla* sp. 稚虫

和水塘也是北方和高海拔地区种类适宜的生境。稚虫有些捕食蜉蝣的稚虫、摇蚊和蚋的幼虫或其他水生小动物，有些取食水中的植物碎屑、腐败有机物、藻类和苔藓。由于石蝇依赖凉爽的、氧气充足的水体来完成若虫发育，所以它们对水体污染非常敏感，可以作为小溪和河流水质的指示昆虫。

全世界已知 3 500 多种，中国已记录 500 多种。

第十八节　缺翅目 Zoraptera

该目学名源于希腊语“ś ωρos”（完全）+“ά πτεροs”（无翅）；中文一般称为缺翅虫，英文为 zorapterans。

Silvestri (1913) 最早命名的一些该目昆虫均为无翅昆虫，而将该目命名为 Zoraptera（缺翅目），后来才发现了该目昆虫的有翅类型。这是一个古老而特化的类群，对于昆虫演化的研究有重要意义。我国到 1974 年才由黄复生在西藏发现。

体微小，体长 1.5 ~ 2.5 mm，身体扁平；头大，口器咀嚼式，触角长念珠状；无翅个体无复眼，有翅个体有复眼和单眼。有翅型有两对膜质翅，翅狭长，只有一两条翅脉，易脱落；3 对足适于爬行，跗节 2 节。腹部 10 节，尾须 1 节，雌虫无产卵器（图 28-19）。

渐变态。卵椭圆形。若虫似成虫，色较浅，乳白色。有翅型若虫触角 8 节，后增到 9 节，端部数节为念珠状。有多型现象，有些个体有翅和复眼，其他个体无翅、无复眼。有翅个体成熟后翅即脱落。脱翅后的成虫隐藏在树皮或腐木下生活，取食真菌孢子和小的节肢动物。主要分布在热带雨林和季雨林中，有时出现在白蚁巢内。取食真菌。

全世界已知仅 34 种，中国仅知 3 种。

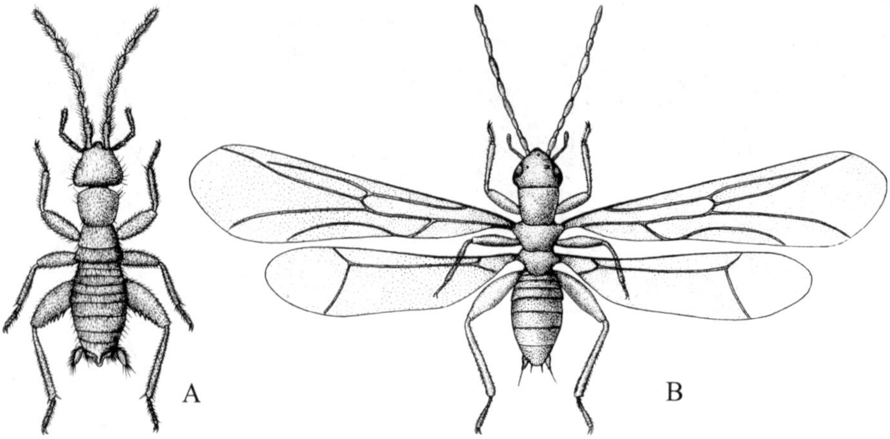

图 28-19　缺翅目的代表 (仿黄复生)

A．中华缺翅虫 *Zorotypus sinensis* Huang；B．墨脱缺翅虫 *Zorotypus medoensis* Huang

第十九节　啮虫目 Psocoptera

该目学名源于希腊语“ψωχω”(捻细) +“πτερ ά”(翅)，以某些种类能把粮食蛀蚀成粉而得名；中文通称为啮虫 (psocids) 或书虱 (booklice) 等，简称蛄，是昆虫纲中的中小型目。

身体微小，体长 1.5 ~ 5 mm；头大，转动灵活；后唇基特别发达，呈球状突出，触角长丝状，复眼凸出，单眼 3 个；口器咀嚼式；前胸小，细缩如颈；翅膜质，发达，呈屋脊状覆于腹部上，脉序简单，横脉少，有些种类无翅；跗节 2 或 3 节；无尾须，雌、雄外生殖器均小而不显著 (图 28-20)。

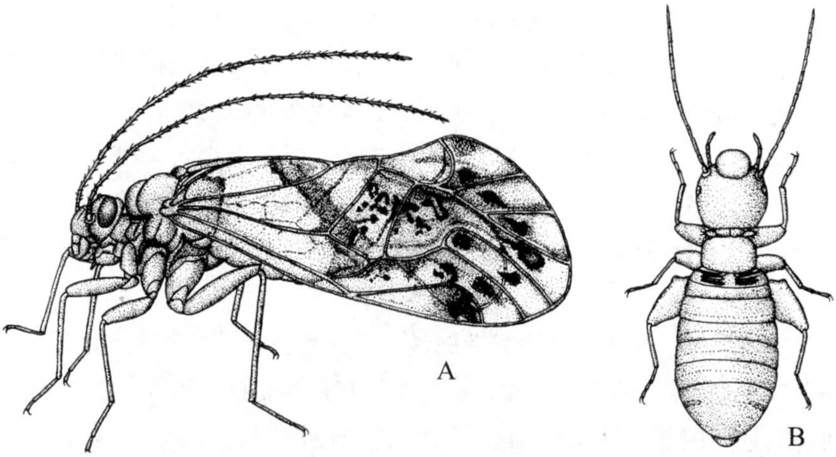

图 28-20　啮虫目的代表 (仿李法圣)

A．皇冠带麻蛄 *Trichadenotecnum imperatorium* Li；

B．嗜卷虱蛄 *Liposcelis bostrychophila* Badonnel

渐变态。卵长椭圆形。若虫形似成虫，4 ~ 6 龄。雌虫产卵在叶片或树皮上，每次产卵 20 ~. 120 粒，散产或聚产，表面覆盖丝网或黏质分泌物。室外种类每年发生 1 ~ 3 代，室内种类可周年繁殖。

陆栖。常成群生活在树干、叶片或果实上，在树皮、篱笆、枯叶、苔藓与石头下的潮湿阴暗之处也能发现，一些种类生活在室内、仓库或菌体中。取食藻类、真菌、花粉、树叶表皮等，生活在室内的种类常见于面粉、谷物、纸张、动物标本、毛皮的碎屑中，一些种类生活在草堆、茅屋、蒿秆上，少数种类捕食介壳虫或蚜虫，个别种类是羊绦虫的中间宿主。

分类全世界已知 5 600 余种，我国记载 1 700 多种。

第二十节　食毛目 Mallophaga

该目学名源于希腊语“μαλλσs”(毛)+“φαγεί υ”(食)，以其能食寄主的羽毛而得名；中文俗称鸟虱、嗜虱等，简称虱，英文为 bird lice、chewing lice 或 biting lice。

该目昆虫寄生于鸟类和部分哺乳动物，不侵袭人类。除少数种类取食寄主的血液外，绝大多数种类以寄主的羽毛、毛和皮肤分泌物为食。成虫在羽毛上活动迅速。少数种类是养禽业的害虫。

体小而扁，椭圆形或长形，无翅，营外寄生生活。头大而宽扁，较前胸宽或与前胸等宽，能活动；触角短，3 ~ 5 节；复眼小或退化；口器咀嚼式。前胸小，中、后胸背板常愈合，胸气门 1 对，足为攀握式。腹部可见八九节，无尾须，雌虫的产卵器不发达(图 28-21)。

该目昆虫为渐变态。卵黏附在羽毛基部或羽支缝间。常 1 年多代，世代重叠。终生在寄主身体上度过，不能离开寄主太久，若离开寄主 2 ~ 3 d 就会死亡。

全世界已知 4 500 余种，我国已知 930 余种。常见的有家鸡禽鸟虱 *Menopon gallinae* (L.)、牛鸟虱 *Bovicola bovis* (L.) 等。

食毛目的分类地位存在一定的争议，有的学者把该目与狭义的虱目 Anoplura 一起称为广义的虱目 Phthiraptera。

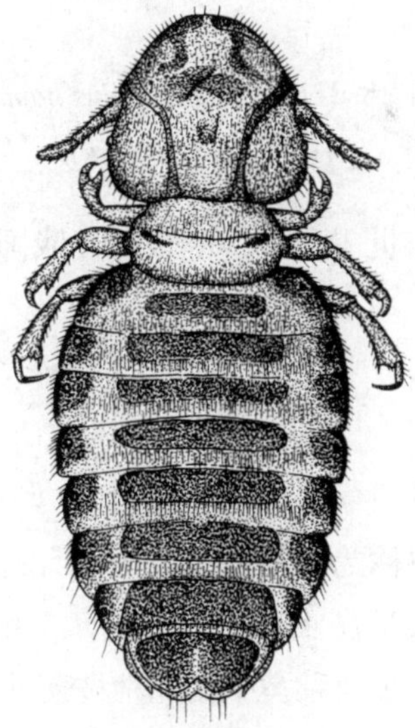

图 28-21　食毛目的代表(仿周尧)

牛鸟虱 *Bovicola bovis* (L.)

第二十一节　虱目 Anoplura

该目学名源于希腊语“ανοπλοs”(缺刺，非武装)+“ούρά”(尾)，以体表无毛被和缺尾而得名；中文俗称吸虱、虱子，简称虱；英文为 sucking lice。

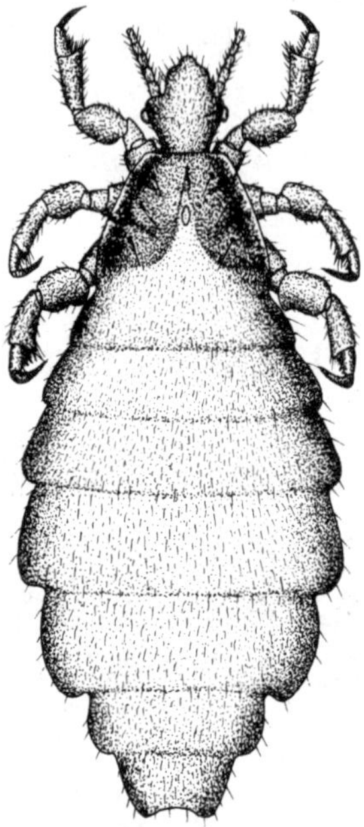

图 28-22　体虱 *Pediculus humanus* De Geer (仿周尧)

该目昆虫终生寄生于真兽类及人体上，吸食寄主血液，可引起皮炎，还能传播人与动物的多种疾病，是一类卫生害虫。

虱目昆虫体小，扁平，无翅。头小，略呈圆锥形，窄于胸部，向前突出，能活动；触角短小，3 ~ 5 节；复眼退化或消失，无单眼；前口式，口器为刺吸式。胸部各节愈合，足为攀握型，较短粗。腹部 9 节，无尾须 (图 28-22)。

虱属渐变态类昆虫，生活史完全在寄主体上完成，具有高度的寄主专化性。有些种类还生活在寄主特定的部位。如人头虱 *Pediculus humanus capitis* De Geer 寄生在人的头部、颈部，人的体虱 *Pediculus humanus corporis* De Geer 寄生在人的体躯上和衣服及被褥的褶缝中，而阴虱 *Phthirus pubis* L. 则寄生在人的阴部和腋下。全世界已知 500 余种，我国已知 100 余种。

第二十二节　缨翅目 Thysanoptera

该目学名源于希腊语“θύσανοs”(缨)+“πτερά”(翅)，因前翅为缨翅而得名；中文俗称为蓟马；英文为 thrips。

该目昆虫体小、善跳，多生活在花中，取食花蜜和花粉粒；一部分种类取食植物汁液，少数种类生活在枯枝落叶中，取食真菌孢子，个别捕食其他蓟马、螨类。

一、主要识别特征

体小型到微小型，体细长，0.5 ~ 5 mm；头锥形，口器锉吸式，不对称，右上颚阙如或退化；触角短，6 ~ 10 节；复眼发达；多数种类无翅，其他种类可能有短翅或翅十分发达；翅 2 对，膜质、狭长，边缘有长缨毛，翅脉极少或无，最多只有一两条纵脉；足粗壮，前跗节有翻缩性“泡囊”。

二、分 类 特 征

头部下口式；口器锉吸式，喙由 3 根口针组成，一个上颚口针和 2 个下颚口针。上颚刺状，不对称，左上颚发达，右上颚退化；触角 6 ~ 9 节，有时 10 节，末端有端突，触角第三四节上有发达的感器，感器有 3 类：感觉孔、感觉带和感觉锥。

翅膜质狭长，边缘有长缨毛，称为缨翅，前后翅形状大致相同，翅脉有或无，有翅脉者翅上常有鬃；足跗节一两节，顶端常有可伸缩的泡囊，爪一两个。

腹部一般 10 节，纺锤形或圆筒形，尾须阙如。锯尾亚目 Terebrantia 的腹部末端略呈圆锥状，雌虫有锯状产卵器；管尾亚目 Tubulifera 则为细管状，雌虫无产卵器。

三、生物学特性

蓟马的变态是介于半变态和全变态之间的过渡类型，称为过渐变态。锯尾亚目一生包括卵、一二龄幼虫、三四龄蛹、成虫，最初 2 龄幼虫无外生翅芽，翅在内部发育，但第 3 龄出现大的翅芽，相对不太活动，为前蛹，4 龄进入蛹期，不食不动。管尾亚目三四龄为前蛹，5 龄为蛹期。世代周期短，大多数种类 1 年发生多代，以 5 ~ 7 代者居多。

蓟马的生殖方式包括两性生殖和孤雌生殖。雄虫一般认为是单倍体，由未受精卵发育而来。孤雌生殖现象很普遍，甚至雄虫非常罕见，所以传入新区后能很快繁殖。

大多数植食性蓟马有产卵器，卵产于绿色植物组织内；而管蓟马无产卵器，卵产于叶片表面或植物缝隙内。

蓟马常见于花上，取食花粉粒和发育中的果实，在大蓟、小蓟等菊科植物花上特别多，故名蓟马。但许多种类仅生活于叶片上，致使发育中的叶片扭曲变形，形成虫瘿。如烟蓟马 *Thrips tabaci* Lindeman 危害葱、棉、烟草，使叶片成银灰色斑点。约有一半的种类取食真菌，主要取食菌丝。少数为捕食性。

蓟马不仅通过直接取食危害植物，也能传播病毒，目前已知有 2 种植物病毒是被蓟马传播的。烟蓟马 *Thrips tabaci* Lindeman 和 *Frankliniella* 属的种类能传播斑枯萎病毒，引起番茄、烟草、菠萝、莴苣和马铃薯枯萎。胖黑蓟马 *Melanothrips obesa* Franklin 能传播菌核病菌。

蓟马在干旱的季节繁殖特别快，易形成灾害；潮湿及降雨，特别是暴雨，可降低其发生密度，减少危害。

有益方面，蓟马是重要的传粉昆虫。另外在生防上，可引入新区防治杂草，如斐济用食叶性的蓟马 *Liothrips urichi* Karny 控制杂草 *Clidemia hirta* (Simmonds, 1933)，获得巨大成功。蓟马还捕食小型节肢动物，如螨和幼小介壳虫，*Aleurodothrips fasciapennis* (Franklin) 是我国柑橘红圆蚧 *Aonidiella aurantii* (Maskell) 的主要捕食者。

四、分　类

全世界已知缨翅目昆虫约 5 750 种，中国已记录 580 多种。根据雌虫腹部末端的形状和有无产卵器分为 2 个亚目，即锥尾亚目和管尾亚目，共 8 个科。

亚目的区分主要根据腹部末节的形状和产卵器的发达程度。科的区分主要根据触角特征，尤其是触角节数和第 3、第 4 两节上感觉器的性质，另外还有翅脉、产卵器的形状等。

(一) 管尾亚目 Tubulifera

前翅无翅脉或仅有一简单缩短的中脉；翅面无微毛，雌虫无外露产卵器；腹部末端（第 10 腹节）管状，卵产于缝隙中。仅包括 1 科。

(1) 管蓟马科 Phlaeothripidae　大多数种类为暗褐色或黑色。触角 4 ~ 8 节，有锥状感觉锥，第 3 节最大。多数取食真菌孢子，有些种类捕食性，少数取食植物。农业上的重要种类有麦简管蓟马 *Haplothrips tritici* (Kurdjumov)(图 28-23A)、稻简管蓟马 *H. aculeatus* (Fabr.)、中华简管蓟马 *H. chinensis* Priesner 等。

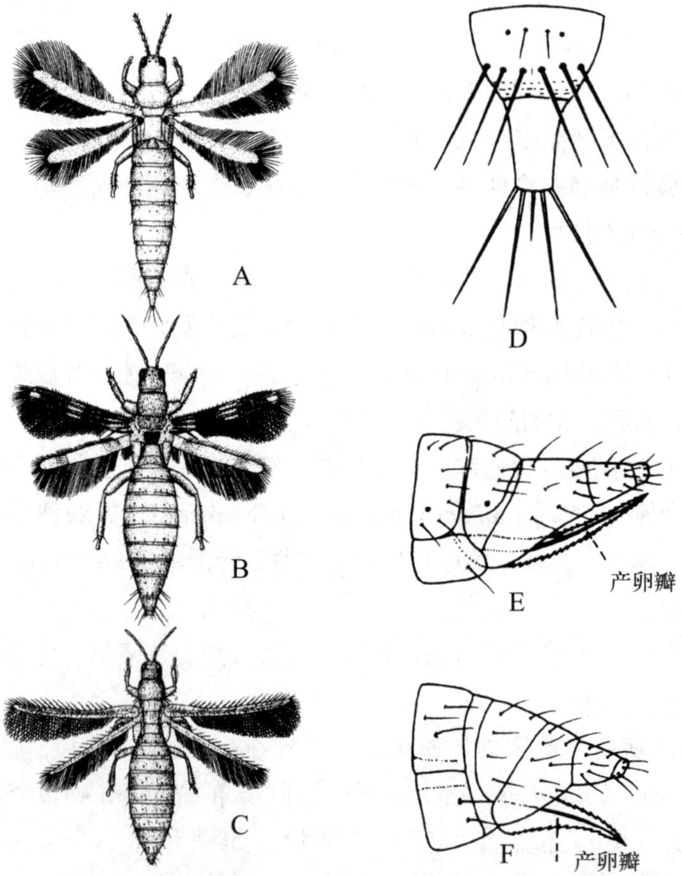

图 28-23　缨翅目的代表

A，D. 麦简管蓟马 *Haplothrips tritici* (Kurdjumov)；B，E. 横纹蓟马 *Aeolothrips fasiatus* (L.)；C，F. 烟蓟马 *Thrips tabaci* Lindeman；A—C. 成虫；D—F　腹部末端

（二）锥尾亚目 Terebrantia

前翅有一两条不明显的纵脉，有时还有横脉，翅脉上有刚毛；翅面有微毛；雌虫腹部末节圆锥形，有发达的锯状产卵器，卵产于植物组织内。分为 7 科，常见仅 2 科。

(2) 纹蓟马科 Aeolothripidae　触角 9 节，第 3、第 4 节上有线形感觉器；翅较阔，前翅末端圆形，有横脉，2 条纵脉从基部伸到翅缘；产卵器锯状，末端向上弯曲。农业上重要的种类有横纹蓟马 *Aeolothrips fasciatus* (L.)(图 28-23B) 等。

(3) 蓟马科 Thripidae　触角七八节，第 3、第 4 节上的感觉器细叉状或为简单的感觉锥；雌虫腹部末端圆锥形，产卵器末端向下弯曲。多数种类为植食性，许多种类是栽培植物的重要害虫，如烟蓟马 *Thrips tabaci* Lindeman (图 28-23C)、稻蓟马 *Stenchaetothrips biformis* (Bagnall)、温室蓟马 *Heliothrips haemorrhoidalis* (Bouche) 等。

第二十三节　半翅目 Hemiptera

该目学名源于希腊语“ἡμι”(半) + “πτερά”(翅)，因前翅为半翅而得名；中文古称椿象，俗称臭屁虫，简称为蝽；英文为 bugs 或 true bugs。

该目昆虫大部分成虫前翅基半部革质，端半部膜质，为半鞘翅，常有臭腺。一些种类取食植物，是农林害虫；有些种类捕食其他昆虫，为益虫；少数种类吸食血液，传播疾病，是卫生害虫。

一、主要识别特征

成虫体壁坚硬，扁平。口器刺吸式，从头的前端伸出，休息时沿身体腹面向后伸，一般分为 4 节。触角一般四五节；前胸背板大，中胸小盾片发达；前翅基半部骨化，端半部膜质，为半鞘翅；许多种类有臭腺，开口于胸部腹面两侧和腹部背面等处。

二、分 类 特 征

半翅目中用于分科的主要特征是触角、喙、足、翅、胸部和腹部的特征，以及诸如大小、颜色、形状、栖境等，有时也用于分科。

1. 触角

一般发达，四五节，但在水生类群中很短，藏于头部腹面的凹陷内。

2. 足

3 对足，一般为步行足。有些种类适应特殊的生活方式，特化成开掘足、捕捉足、跳跃足等类型。捕食性的前足特化成捕捉足，水生类群的中、后足为游泳足。跗节数可用于分类。

3. 前翅

前翅在不同类群中有相当大的特化，科级分类上用得最多。半鞘翅加厚的基部由革片 (corium) 和爪片 (clavus) 两部分组成，两者由一爪缝 (claval suture) 隔开；半鞘翅端部膜质的部分是膜片 (membrane)，膜片上通常有翅脉，脉的数目和排列常用于分科（图 28-24）。在有些类群中，革片前缘有一窄带，由一沟与其余部分隔开，称为缘片 (embolium)。在少数科中，革片端部有一楔片 (cuneus) 被一沟隔开。网蝽前翅质地均一，多网纹，后翅膜质，翅脉明显。

两翅合在一起形成的缝称为爪片结合缝，其长短常用于分类。

4. 前胸背板

发达。后侧角叫肩角 (humerus，复数 humeri)。有时前胸背板前缘与其余部分由一沟隔开，形成领片 (collar)(图 28-24A)。

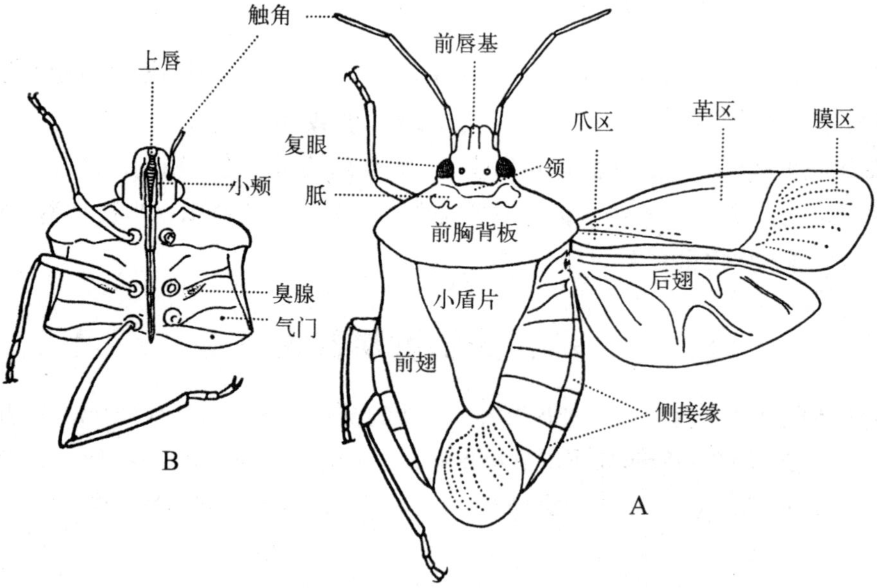

图 28-24　半翅目的特征 (仿周尧)

A. 一种蝽的背面观；B. 一种蝽的头部与胸部，腹面观

5. 腹部

一般 10 节。腹部末端为外生殖器，蝎蝽和仰泳蝽产卵器发达，蝎蝽的产卵器尖而有齿，能割伤植物，并在裂缝中产卵，腹末还有 1 对长的呼吸管。腹部气门常在第 2 至第 8 节腹板两侧，有时移到侧缘或背面。雌性第 8、第 9 腹节的产卵器共 2 对载瓣片和 2 对产卵瓣，两侧产卵瓣紧密嵌合，形成骨化的锥状或针状产卵器，载瓣片与产卵器的形态多变化。

6. 臭腺

是蝽类昆虫特有的构造。成虫的臭腺是一种防卫腺体，由体壁内陷形成，一般开口在后胸或腹部最前端的腹面。若虫的臭腺均位于腹中部的背面 (图 28-27B)。

三、生物学特性

渐变态，一生经过卵、若虫、成虫 3 个时期。卵单产或聚产在土壤、植物组织内、植物表面或缝隙中，卵常为圆筒形、卵形、鼓形或肾形，陆生种类的卵多有帽或盖。部分种类的卵壳表面具长呼吸角，可改善卵的呼吸。初孵若虫留在卵壳附近，脱皮后才分散。只有寄蝽和少数长蝽为卵胎生。

若虫形态与成虫相似，但个体较小，体壁柔软。若虫腹部背面第 4 ～ 6 节有 1 ～ 3 个显著的臭腺，到成虫期这些腺孔消失。若虫一般 4 龄，少数为 3 龄或 5 ～ 9 龄，1 年完成 1 至数代。

大多数陆生，少数种类水生。成虫和若虫的栖境、食性等方面很相似。陆生蝽类大多生活在植物叶片上，可吸食农作物、蔬菜、果树、林木的幼枝、嫩叶汁液，传播植物病害，如缘蝽、网蝽、盲蝽、长蝽等。一部分生活在土壤或植物根部，如土蝽。捕食性种类如猎蝽、姬蝽、花蝽和部分盲蝽，捕食各种害虫。水生蝽类生活在水塘、稻田、溪流或海水中。水面的种类如水黾，身体腹面有一层银白色绒毛，可有效降低水的表面张力，因此能在水面行走。生活在水中的负子蝽、蝎蝽等多为流线型，体躯扁平，触角短而隐藏，蝎蝽腹部末端有呼吸管。仰泳蝽体背隆起如船底，腹面平而向上。水生蝽类多为捕食性，捕食小动物、孑孓和水生蝇蛆、鱼苗和鱼卵；而划蝽科的一些种类个体数量多，是鱼类的主要食料之一。许多种类具趋光性。

四、分　　类

有些学者把蝽类作为广义的半翅目 Hemiptera 中的一个亚目，称为异翅亚目 Heteroptera; 另一个亚目是同翅亚目 Homoptera。本书中按照传统的观点把蝽类作为一个目来介绍。

半翅目昆虫全世界已知 40 000 多种，我国产的半翅目昆虫已知 4 350 多种。半翅目高级阶元的分类体系目前还不完善。有些作者将半翅目分为隐角亚目 Cryptocerata 和显角亚目 Gymnocerata ；有些作者稍加修订，分为两栖亚目 Amphibicorizae、水栖亚目 Hydrocorizae 和陆栖亚目 Geocorizae 等 3 个亚目。近年来，多数半翅目分类学家倾向于采用 7 亚目系统（或当把狭义的半翅目作为异翅亚目时，称为 7 个次目），即奇蝽亚目 Enicocephalomorpha、鞭蝽亚目 Dipsocoromorpha、黾蝽亚目 Gerromorpha、蝎蝽亚目 Nepomorpha、细蝽亚目 Leptopodomorpha、臭蝽亚目 Cimicomorpha 和蝽亚目 Pentatomomorpha。本书采用传统的 3 亚目分类体系。

(一) 两栖亚目 Amphibicorizae

半水生或岸边生活。触角明显外露；胫节有特化毛，可在水面行走；后足基节能转动，使其能在水面快速划动。本亚目以黾蝽科 Gerridae 最常见。

(1) 黾蝽科 Gerridae　黾蝽科昆虫生活于水面，体细长，中胸发达，明显长于前、后胸之和。中、后足很长，跗节有白色拒水毛；前足短，用于捕捉食物，主要吃水面上的其他昆虫。一般生活于淡水中，水流缓慢处较多。全世界有 750 多种，我国已知近 80 种，常见的有圆臀大水黾 *Aquarium paludum* (Fabr.)、长翅大水黾 *A. elongatus* Uhler (图 28-25A) 等。

(二) 水栖亚目 Hydrocorizae

触角短于头，隐藏于头部腹面的凹沟内。后足为游泳足。本亚目共分 10 科，常见的有 4 科，这里仅介绍负子蝽科。

(2) 负蝽科 Belostomatidae　又称负子蝽科和田鳖科，体中至大型。前足捕捉足，中、后足为游泳足。腹部末端的呼吸管短而扁。雌虫产卵在泥底或水草上，有些种类卵产在雄虫背上，故名负蝽。全世界已知 160 余种，国内已知不到 10 种。褐负蝽 *Diplonychus rusticus* (Fabr.) 在江西每年 2 代，既能捕食其他小动物，又是鱼类的食料。大泐负蝽 *Kirkaldyia deyrollei* (Vuillefroy) (图 28-25B) 生活在较深的水中，对鱼苗危害较大。

(三) 陆栖亚目 Geocorizae

陆生，触角发达，后足非游泳足。本亚目分为 9 总科。本书仅介绍农业上重要的科。

(3) 蝽科 Pentatomidae　体扁平，盾型，前胸背板六边形；触角 5 节，极少数 4 节；小盾片发达，三角形或舌状，但仅盖住腹部长度的 1/2 ；膜区上一般有 5 条纵脉，多从一基横脉上发出。臭腺发达。大部分种类植食性，有许多重要的农业害虫。卵桶形，聚产在植物叶片上，若虫体扁平，椭圆，体色与成虫差别较大。成虫、若虫在落叶下或土缝中越冬，有的若虫 1 ～ 5 龄都聚集在一起。全世界已知 4 700 多种，我国已知 400 余种。重要害虫有稻绿蝽 *Nezara viridula* (L.)、斑须蝽 *Dolycoris baccarum* (L.) (图 28-25C)、赤条蝽 *Graphosoma rubrolineat*a (Westwood)、菜蝽 *Eurydema dominulus* (Scopoli) (图 28-25D)、茶翅蝽 *Halyomorpha halys* (St å l) 等。

(4) 异蝽科 Urostylidae　又名异尾蝽科。体多为中型，椭圆形，较扁平，色多绿。触角多为 5 节，少数为 4 节；两单眼相互靠近。前胸背板近梯形。前翅膜片具 6 ～ 8 条平行的纵脉 (图 28-25E)。雄虫腹部末端的结构变化很大，科名因此而得。全世界已知 170 余种，我国已知 100 余种。娇异蝽属 *Urostylis* 和壮异蝽属 *Urochela* 的种类是梨、桃、板栗等果树的重要害虫。

(5) 龟蝽科 Plataspidae　体小型，坚硬，小盾片发达，盖及腹部大部或全部，外形乌龟状，故名“龟蝽”。近圆或椭圆形 (图 28-25F)，所以旧有“圆蝽”之称。此外，该种昆虫腹部腹面扁平，故以前还叫“平腹蝽”。全世界已知 500 余种，中国已知

40 余种。植食性，能危害豆科、菊科、茄科、蓼科等植物，但主要危害豆科植物，常以成虫或若虫聚集在嫩枝、嫩叶及花序上吸食植物汁液，造成植物生长不良，叶枯花谢，种子籽粒不饱等。有些种类是豆科农林植物的重要害虫，如筛豆龟蝽 *Megacopta cribraria* (Fabr.) 是大豆、菜豆、绿豆等重要害虫。

（6）**盾蝽科 Scutelleridae** 体中小型至大型，椭圆或长椭圆，背面圆隆；多数种类具有艳丽的色斑和金属光泽，毛少。上颚片等于、长于或短于前唇基；触角多 5

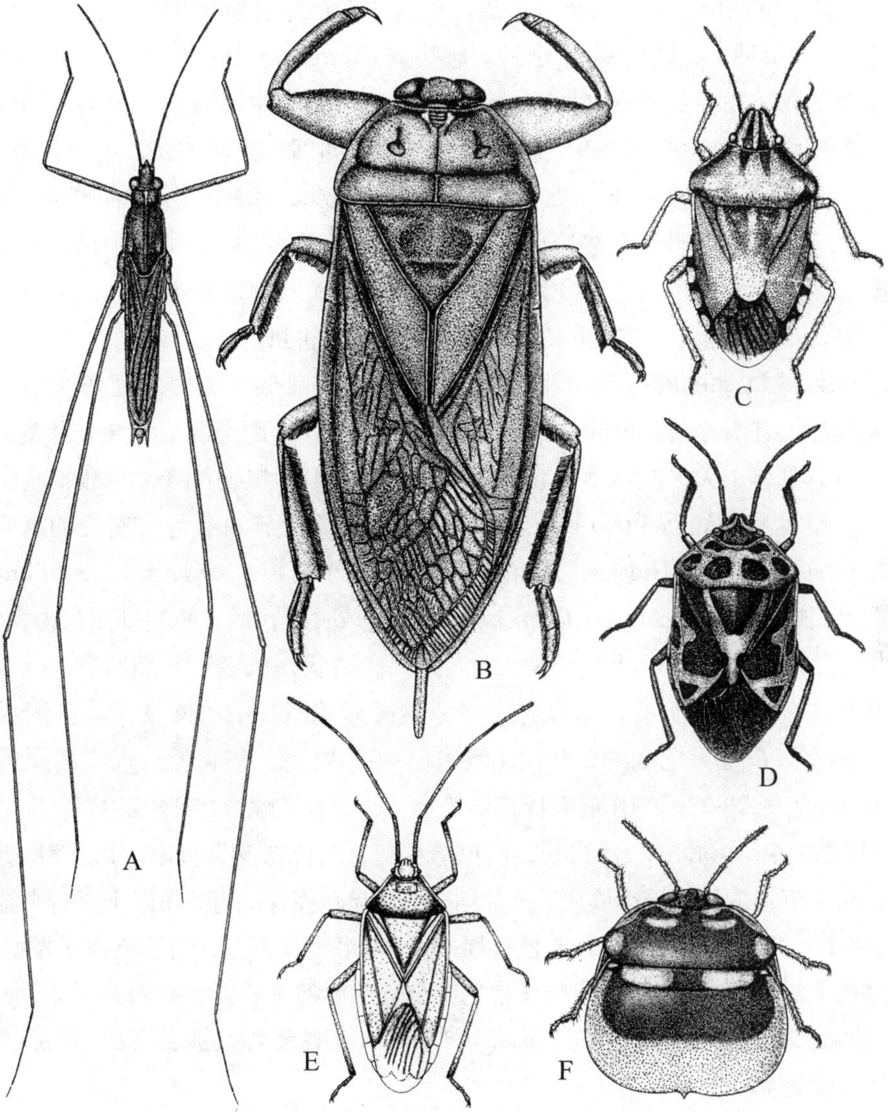

图 28-25 半翅目的代表（一）（仿彩万志等）

A. 黾蝽科的代表——长翅大水黾 *Aquarium elongatus* Uhler；B. 负蝽科的代表——大田负蝽 *Kirkaldyia deyrollei* (Vuillefroy)；C，D. 蝽科的代表——斑须蝽 *Dolycoris baccarum* (L.) (C) 和菜蝽 *Eurydema dominulus* (Scopoli) (D)；E. 异蝽科的代表——匙突娇异蝽 *Urostylis striicornis* Scott；F. 龟蝽科的代表——刺盾圆龟蝽 *Coptosoma lasciva* Bergroth

节，第 2 节短，少数种类触角 4 节；喙 4 节，伸达或超过后足基节。小盾片甚为发达，盖及腹部和前翅的绝大部分。抱握器形状变化较大，有时呈两节状。全世界已知 450 余种，中国已知近 50 种。盾蝽为植食性，多生活于木本植物上。我国常见的种类中，丽盾蝽 *Chrysocoris grandis* (Thunberg)(图 28-26A) 能危害柑橘、油桐、柚、板栗等果树和经济林木，油茶宽盾蝽 *Poecilocoris latus* Dallas 是油茶和茶园的害虫，扁盾蝽 *Eurygaster testudinarius* (Geoffroy) 则危害小麦等禾本科作物。

(7) 兜蝽科 Dinidoridae 体中到大型，椭圆形，多黑褐色。触角多为 5 节，少数 4 节，末端数节常侧扁。前胸背板多皱纹；小盾片不超过前翅长度的一半，端部较钝。全世界已知 60 余种，我国已知 10 余种。皱蝽属 *Cyclopelta* 和瓜蝽属 *Megymenum* 的种类危害瓜类植物，九香虫 *Aspongopus chinensis* Dallas (图 28-26B) 为传统的中药材。

(8) 荔蝽科 Tessaratomidae 体中到大型，形卵圆，或阔或狭，有时近长方形。头小，近三角形；触角多 4 节，喙 4 节。前胸背板宽大，后缘有时向后伸展。小盾片发达，顶端多呈舌状，伸达前翅膜区的基部。全世界已知 240 余种，中国已知 26 种。荔蝽科昆虫多生活于乔木上，取食果实、嫩枝、嫩梢。其中荔蝽 *Tessaratoma papillosa* (Drury) (图 28-26C) 是我国南方荔枝、龙眼产区的重要害虫。

(9) 长蝽科 Lygaeidae 小至中型，椭圆或长椭圆形。头短，触角 4 节，有单眼。前翅膜片上有四五条简单的不分叉纵脉 (图 28-26D)。跗节 3 节，部分种类前足股节粗大，下方具刺。大多数种类取食植物种子，有些取食植物汁液，少数捕食螨类或小型昆虫。全世界已知近 4 000 种，我国约 400 种。常见害虫有危害高粱的高粱长蝽 *Dimorphopterus japonicus* Hidaka、危害谷子等作物的小长蝽 *Nysius ericae* (Schilling) 等，捕食性的大眼蝉长蝽 *Geocoris pasllidipennis* (Costa) 取食蚜、螨、鳞翅目卵与初孵幼虫。

(10) 红蝽科 Pyrrhocoridae 体中到大型，椭圆状，色多鲜红而有黑斑。触角 4 节，无单眼。前翅膜片上有多条纵脉，多分支或形成不规则的网纹，基部形成两三个较大的翅室。全世界已知约 340 种，我国已知近 40 种。植食性，棉红蝽属的种类 *Dysdercus* spp. (图 28-27A，B) 危害棉花等植物，造成种子败育、纤维破坏等。

(11) 缘蝽科 Coreidae 体狭长，两侧缘平行；头比前胸背板窄、短；触角 4 节，有单眼，喙 4 节；爪片长于小盾片，爪片结合缝明显；膜片上有 5 条以上平行纵脉，基部常无翅室(图 28-27C)。大多数种类植食性，吸食植物幼嫩部分，引起植物萎蔫或死亡。世界已知约 1 890 种，国内 200 余种。常见害虫有危害谷子的粟缘蝽 *Liorhyssus hyalinus* (Fabr.)、危害水稻的稻棘缘蝽 *Cletus punctiger* Dallas 和稻蛛缘蝽 *Leptocorisa varicornis* Fabr. 等。少数为捕食性。

(12) 猎蝽科 Reduviidae 体小至大型，多椭圆形。头部尖、长，在眼后细缩如颈状；前翅仅分为革爪、爪片与膜片，无缘片和楔片，革片脉纹发达，膜片常有 2 个大翅室，翅室端部伸出一长脉。腹部中段常膨大。绝大多数为捕食性，捕食其他昆虫、马陆等，是农林害虫的天敌。锥猎蝽亚科的种类 (图 28-27D) 吸食人体或其他动物的血液，部分种类是锥虫病的传播媒介。全世界已知约 7 000 种，我国已记载 420 余种。常见的有黑红赤猎蝽 *Haematoloecha nigrorufa* (St å l) (图 28-27E)、环斑猛猎蝽 *Sphedanoletes impressicollis* (St å l)、黄足直头猎蝽 *Sirthenea flavipes* St å l 等。

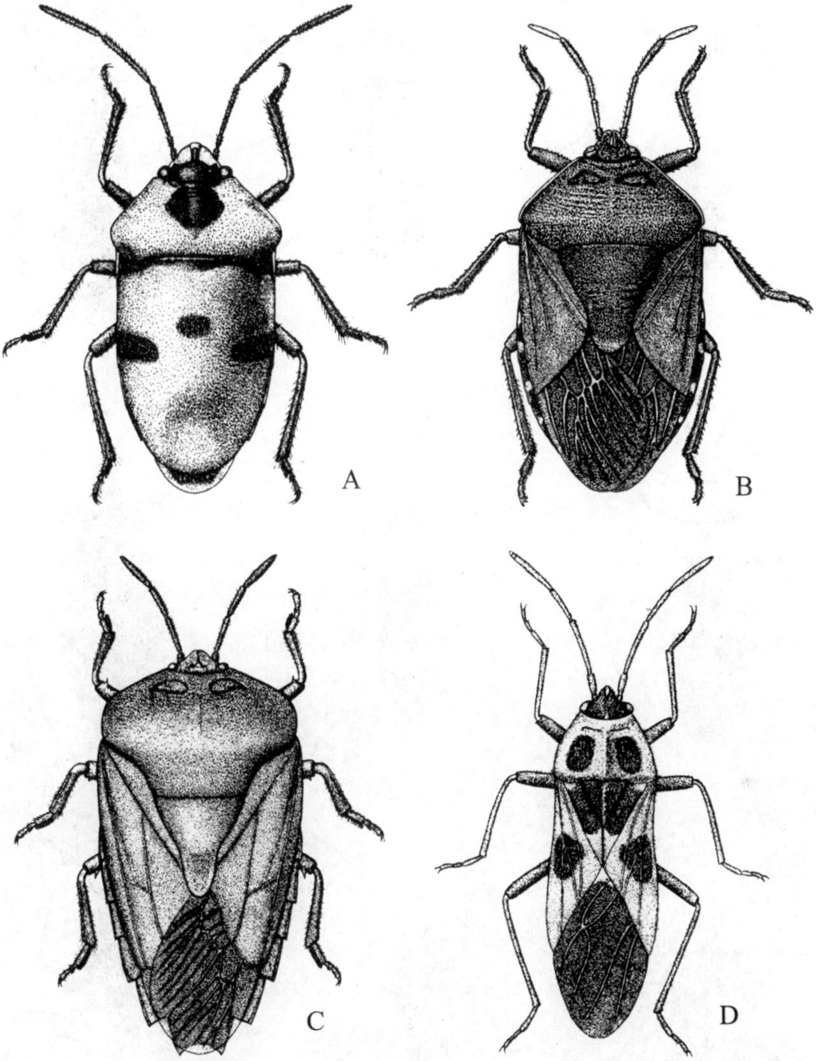

图 28-26 半翅目的代表 (二)(仿彩万志等)

A．盾蝽科的代表——丽盾蝽 *Chrysocoris grandis* (Thunberg)；B．兜蝽科的代表——九香虫 *Aspongopus chinensis* Dallas；C．荔蝽科的代表——荔蝽 *Tessaratoma papillosa* (Drury)；D．长蝽科的代表——红脊长蝽 *Tropidothorax elegans* (Distant)

(13) 盲蝽科 Miridae 体小型。触角 4 节；无单眼；喙 4 节，第 1 节与头部等长或略长；前翅有楔片；膜片仅一两翅室，纵脉消失。大多数植食性，少数种类为捕食性，有些种类是农业的重要害虫。这是半翅目中最大的科，全世界已知 11 000 余种，我国已知 700 多种。常见害虫有绿丽盲蝽 *Lygocoris lucorum* (Meyer-Dür)、苜蓿盲蝽 *Adelphocoris lineolatus* (Goeze)、三点盲蝽 *A. fasciaticollis* Reuter (图 28-27F)、烟盲

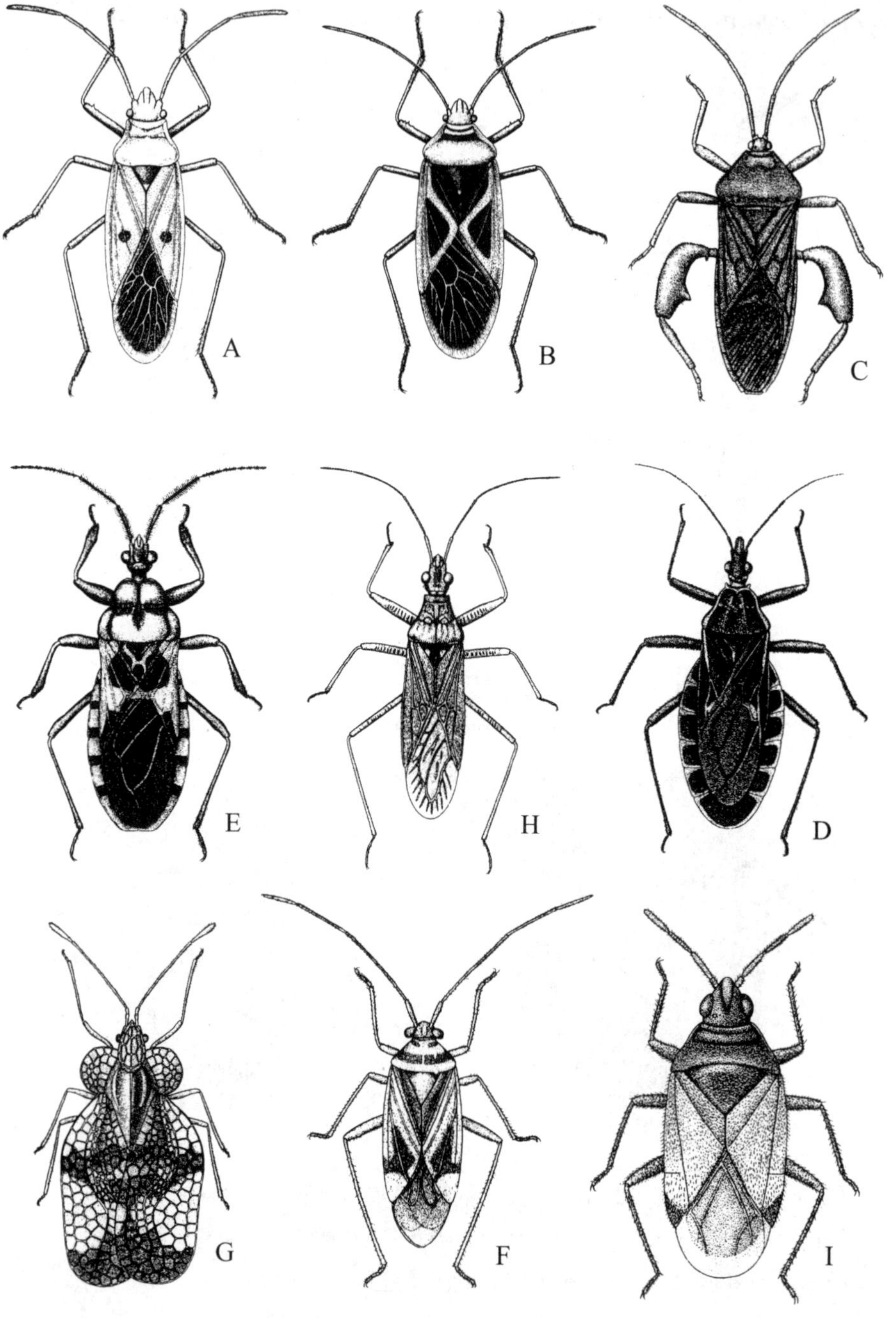

图 28-27　半翅目的代表（三）（仿彩万志等）

A，B．红蝽科的代表——离斑棉红蝽 *Dysdercus cingulatus* (Fabr.) (A) 和叉带棉红蝽 *D. decussatus* Boisduval (B)；C．缘蝽科的代表——红背安缘蝽 *Anoplocnemis phasiana* (Fabr.)；D，E．猎蝽科的代表——广锥猎蝽 *Triatoma rubrofasciata* (De Geer) (D) 和黑红赤猎蝽 *Haematoloecha nigrorufa* (Stål) (E)；F．盲蝽科的代表——三点盲蝽 *Adelphocoris fasciaticollis* Reuter；G．网蝽科的代表——梨网蝽 *Stephanitis nashi* Esaki et Takeya；H．姬蝽科的代表——类原姬蝽 *Nabis punctatus mimoferus* Hsiao；I．花蝽科的代表——微小花蝽 *Orius* (*Heterorius*) *minutus* (L.)

蝽 *Gallobelicus crassicornis* Distant 等，益虫有黑肩绿盔盲蝽 *Cyrtorrhinus lividipennis* Reuter 和食虫齿爪盲蝽 *Deraeocoris punctulatus* Fallén 等。

（14）**网蝽科 Tingidae** 体小型，头胸背面、前胸背板和翅上有许多网状花纹，极易辨认；前胸背板向后延伸盖住小盾片，向前盖住头部。前翅质地均一，翅脉网状。跗节 2 节，无爪间突。大多数种为植食性，在寄主背面刺吸植物汁液，被害叶片呈现黄白色点斑。少数为捕食性。全世界已知 2 100 余种，我国已知 200 余种。常见害虫有梨网蝽 *Stephanitis nashi* Esaki et Takeya (图 28-27G)、茶脊网蝽 *S. chinensis* Drake 等。

（15）**姬蝽科 Nabidae** 体瘦长，褐灰或黑色。触角四五节，喙 4 节。前胸背板狭长，前翅膜片常有纵脉组成的两三个小室，并有少数横脉。前足捕捉式，跗节 3 节，无爪垫 (图 28-27H)。雌虫产卵器显著。常在草本植物上活动，捕食小昆虫和动物。

全世界已知约 500 种，我国已知 70 余种，常见种类有暗色姬蝽 *Nabis stenoferus* Hsiao、华姬蝽 *N. sinoferus* Hsiao 等，捕食叶蝉、蚜虫、蓟马与蝶蛾幼虫等。

（16）**花蝽科 Anthocoridae** 体小，长椭圆形。触角 4 节，常有单眼；喙第 1 节极小，看似 3 节。前翅具明显的楔片和缘片，膜片仅有不明显的纵脉 2 ～ 4 条或缺翅脉。雌虫有针状产卵器。常活动于花上而得名。捕食其他昆虫的卵和幼虫，有些取食植物汁液或花粉。全世界已知 500 余种，中国已知 90 多种。常见的是微小花蝽 *Orius (Heterorius) minutus* (L.) (图 28-27I)，东亚小花蝽 *O. sauteri* (Poppius)，在北方常见；南方小花蝽 *O. similis* Zheng 在南方常见。

第二十四节 同翅目 Homoptera

该目学名源于拉丁语“homos”(同) +“ptera”(翅)；以前翅质地多均一而得名；包括蝉 (cicadas)、叶蝉 (leafhoppers)(图 28-28)、角蝉 (treehoppers)、沫蝉 (froghoppers)、蜡蝉 (planthoppers)、蚜虫 (aphids)、粉虱 (whiteflies)、木虱 (psyllids)、介壳虫 (scale insects) 等，简称蝉、蚜、蚧等。

该目昆虫全为植食性，以刺吸式口器吸食植物汁液，许多种类可以传播植物病毒病，是重要的农业害虫。

一、主要识别特征

头后口式，刺吸式口器从头部后方伸出；触角丝状或刚毛状；翅两对，前翅质地均一，膜质或皮革质，休息时呈屋脊状置于体背；有些种类短翅或无翅。雄性介壳虫只有 1 对前翅，后翅退化成拟平衡棒。足跗节 1 ～ 3 节；尾须消失；雌虫常有发达的产卵器；许多种类有蜡腺，但无臭腺。有些种类能发声或发光。

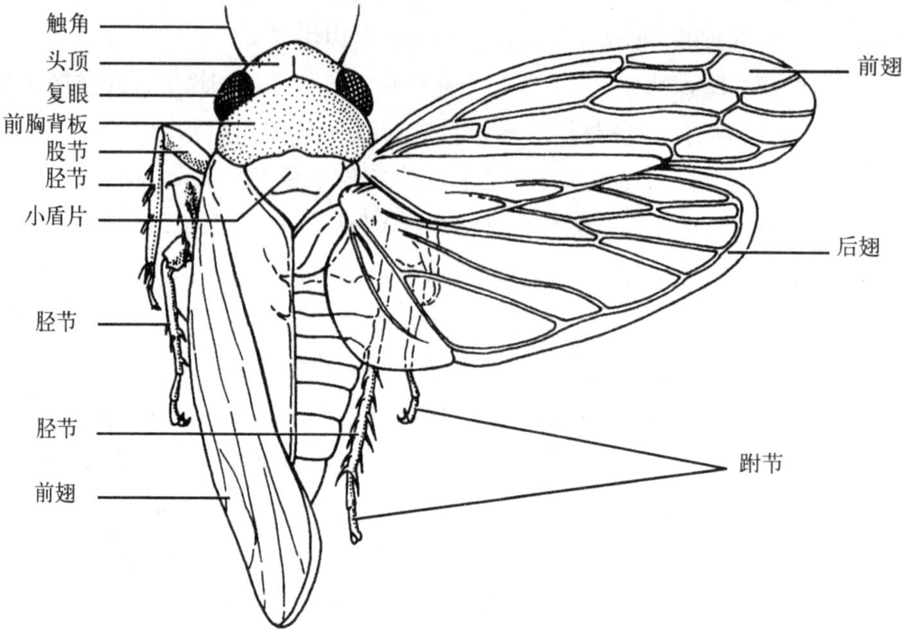

图 28-28　同翅目（叶蝉）的构造 (仿 Borror)

二、生物学特性

（一）变态

多数为渐变态，一生经过卵、若虫、成虫 3 个阶段，幼期形态和生活习性与成虫相似。但粉虱和介壳虫雄虫近似全变态，末龄若虫不食不动，极似全变态的蛹，称为过渐变态。

（二）繁殖方式

多数为两性卵生，但蚜虫、介壳虫可行孤雌胎生或孤雌卵生，一些介壳虫经常进行孤雌生殖，多数蚜虫进行周期性孤雌生殖。

（三）生活史

蝉类、飞虱等生活史比较简单，但有些类群（如蚜虫、粉虱、介壳虫等）生活史非常复杂，包括两性世代和孤雌生殖世代，有翅和无翅个体、世代，有时有季节性寄主交替。

（四）食性和危害

同翅目昆虫均为植食性，许多种类是经济植物的重要害虫。它们不仅直接吸食植物汁液，造成植物萎蔫、枯死，影响植物生长；而且许多种类还能传播植物病毒病。已知的传毒昆虫 80% 属于同翅目，其中蚜虫、叶蝉、飞虱最为重要，例如，桃蚜

Myzus persicae (Sulzer) 可传播烟草黄瓜花叶病毒，黑尾叶蝉 *Nephotettix cincticeps* (Uhler) 能传播普通矮缩病毒和黄矮病毒等，是水稻病毒病的主要传毒媒介。有时传毒所造成的损失比直接危害所造成的损失还要大得多。由于唾液中含有刺激性物质，常造成植物畸形生长和虫瘿。

（五）雌雄二型现象和多型现象

介壳虫雄虫有翅而雌虫无翅，蝉雄虫有发音器而雌虫没有。飞虱有长翅型和短翅型，每种蚜虫至少有 2 型，即有翅孤雌型和无翅孤雌型，一般常见的蚜型有干母、有翅孤雌蚜、无翅孤雌蚜、雌性蚜、雄蚜。同翅目昆虫 1 年发生 1 至多代，多以卵越冬。个别种类多年完成 1 代，如十七年蝉 *Magicicada* spp. 需 17 年才能完成 1 个世代。

（六）产卵

蝉、叶蝉、飞虱等有产卵器的昆虫，以产卵器切开植物枝条、叶片，产卵在植物组织内，可造成枝条枯死。如蚱蝉产卵可造成果树枝条枯死。蚜虫、介壳虫等无产卵器，卵产于植物表面。

另外，紫胶、白蜡、五倍子等都是同翅目昆虫的产品。紫胶是紫胶虫 *Laccifer lacca* Kerr 雌虫的分泌物，白蜡是白蜡虫 *Ericerus pela* (Chavannes) 雄虫的分泌物经加工的产品，五倍子是倍蚜类（主要是五倍子蚜 *Schlechtendalia chinensis* (Bell)）在漆树属植物 *Rhus* spp. 叶子上所产生的虫瘿。紫胶、白蜡、五倍子还可药用，这些昆虫是重要的药用昆虫。

三、分　　类

同翅目昆虫已知 50 000 多种，我国已知 7 850 多种。有些学者把这一类群作为广义半翅目中的一个亚目，但在本书中仍作为目来介绍。一般分为 2 亚目：头喙亚目 Auchenorrhyncha 和胸喙亚目 Sternorrhyncha。周尧（1964，1980）认为胸喙亚目是一个广泛的人为类群，将这一亚目再分为 4 个亚目，提出将同翅目分为 5 亚目 13 总科 47 科的系统。本书采用 2 亚目系统。

（一）同翅目亚目和总科检索表

1　喙从头部后方伸出；触角极短，鬃状或刚毛状；前翅有明显的爪片；跗节 3 节；活泼 (头喙亚目 Auchenorrhyncha) ………………………………………… 2

-　喙着生于前足基节之间或更后；触角较长，线状或退化；前翅一般无明显的爪片；跗节 1 节或 2 节；不活泼（胸喙亚目 Sternorrhyncha） ………………………… 4

2　触角着生在头部复眼下方；肩板通常存在；前翅 2 条臀脉通常在端部愈合成 Y 状脉……………………………………………… 蜡蝉总科 Fulgoroidea

-　触角着生在复眼之间；无肩板；前翅无 Y 状脉 ………………………………… 3

3 单眼3个；前足股节变粗，下方多刺；跗节无中垫；个体较大，前翅一般膜质；雄虫腹基部有鼓膜发声器 ……………………………………………… 蝉总科 Cicadoidea

- 单眼2个或无；前足股节正常；跗节中垫发达；无明显的鼓膜发音器 ……………………………………………………………………叶蝉总科 Cicadelloidea

4 跗节2节，具2爪；有翅类型具4翅；口器发达，具长喙 ……………………… 5

- 跗节1节，具1爪；雌虫无翅，并经常无足；雄虫只有1对前翅，后翅退化为平衡棒……………………………………………………………………蚧总科 Coccoidea

5 触角10节；前翅经常比后翅厚；前翅翅脉先3分支，每支再2分支；跳跃昆虫……………………………………………………………………木虱总科 Psylloidea

- 触角3～7节；前翅膜质，为不透明的白色；不会跳 ……………………………………6

6 前翅通常不透明，白色，覆盖有白色蜡粉，只有3条脉，合在短的主干上；后翅几乎和前翅一样大；复眼的小眼分上下两群；无腹管……………………………………………………………………粉虱总科 Aleyrodoidea

- 翅透明，不覆盖白色蜡粉；后翅远小于前翅；腹部常有腹管…………………………………………………………………………………………蚜总科 Aphidoidea

（二）分类系统和重要科介绍

1. 头喙亚目 Auchenorrhyncha

中大型，活泼、善跳；触角短，刚毛状或鬃状；喙出自头后部；跗节3节；翅脉发达，前翅至少有4条纵脉从翅基部发出；雌虫有3对产卵瓣。

(1) 蜡蝉科 Fulgoridae 中到大型；肩板大；前、后翅发达，膜质，臀区多横脉，翅脉呈网状；前翅爪片明显。全世界已知700多种，我国已知20多种。常见种类斑衣蜡蝉 *Lycorma delicatula* (White) (图 28-29A-F)，危害椿树等，龙眼鸡 *Fulgora candelaria* (L.) 是我国南方龙眼、荔枝、乌桕等的害虫。

(2) 飞虱科 Delphacidae 体小型，长2～9 mm，多呈灰白色或褐色；触角锥状；后足胫节外侧有2个刺，端部有一能动的大距，是本科最显著特征。有些种类有长距离迁飞习性。全世界已知1 500种，我国有100多种，主要危害禾本科植物，有些种类传播植物病毒病，是重要农业害虫。褐飞虱 *Nilaparvata lugens* Stål、白背飞虱 *Sogatella furcifera* (Horváth) 和灰飞虱 *Laodelphax striatellus* (Fallén) (图 28-29G) 等是水稻的毁灭性害虫。

(3) 蝉科 Cicadidae 个体较大，触角刚毛状或鬃状；单眼3个；前翅膜质、透明，翅脉发达；前足开掘式，股节常具齿或刺；后足股节细长，不会跳；雄蝉腹基部有发达的发音器；雌蝉产卵器发达，产卵于植物嫩枝内，常导致枝条枯死。幼期生活在土壤中，吸食植物根部汁液。若虫老熟后钻出地面羽化，脱的皮称为“蝉蜕”，可入药。我国常见种类蚱蝉 *Cryptotympana atrata* (Fabr.)、蟪蛄 *Platypleura kaempferi* (Fabr.)、鸣鸣蝉 *Oncotympana maculicollis* (Motsulsky) (图 28-29H) 等，危害多种果树枝条。

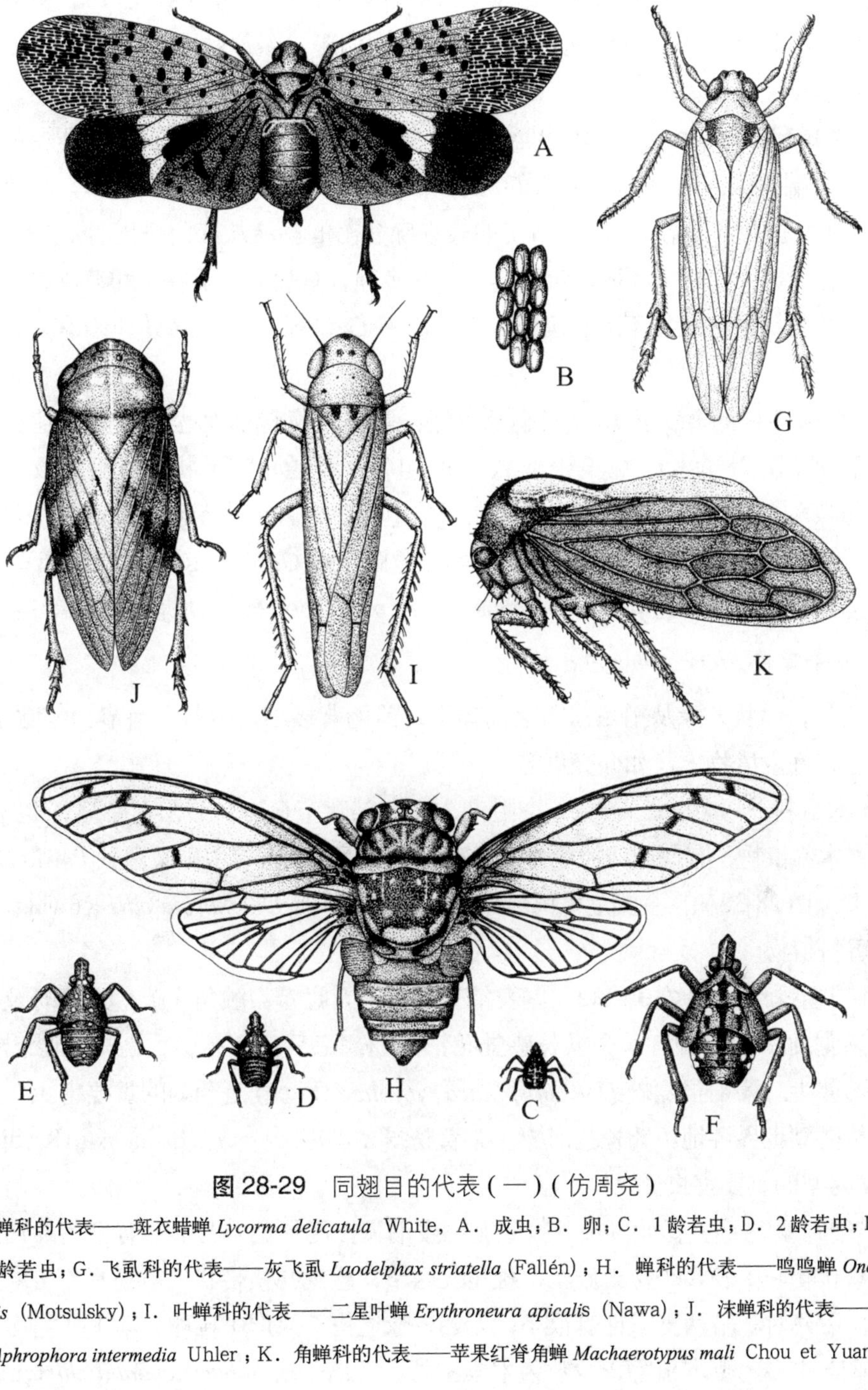

图 28-29 同翅目的代表（一）（仿周尧）

A-F. 蜡蝉科的代表——斑衣蜡蝉 *Lycorma delicatula* White，A. 成虫；B. 卵；C. 1 龄若虫；D. 2 龄若虫；E. 3 龄若虫；F. 4 龄若虫；G. 飞虱科的代表——灰飞虱 *Laodelphax striatella* (Fallén)；H. 蝉科的代表——鸣鸣蝉 *Oncotympana maculicollis* (Motsulsky)；I. 叶蝉科的代表——二星叶蝉 *Erythroneura apicalis* (Nawa)；J. 沫蝉科的代表——白带沫蝉 *Aphrophora intermedia* Uhler；K. 角蝉科的代表——苹果红脊角蝉 *Machaerotypus mali* Chou et Yuan

(4) 叶蝉科 Cicadellidae 体长 3 ~ 15 mm，单眼 2 枚；触角刚毛状；前翅革质，后翅膜质；后足胫节有棱脊，棱脊上生有三四列刺状毛，末端不膨大，后足胫节刺毛列是叶蝉科最显著的鉴别特征（图 28-29I）。全世界已知 20 000 多种，我国已知近 2 000 种，是同翅目中最大的科。不仅种类多，而且发生数量大，主要取食植物叶片，有些种类传播植物病毒病，是农业重要害虫。大青叶蝉 *Cicadella viridis* (L.) 危害多种农作物和果树；黑尾叶蝉 *Nephotettix cincticeps* (Uhler)、两点黑尾叶蝉 *N. virescens* (Distant) 传播稻矮缩病、簇缩病、疣缩病、黄叶病等，条沙叶蝉 *Psammotettix striatus* (L.) 传播小麦红矮病。

(5) **沫蝉科 Cercopidae** 体小至中型，触角刚毛状；单眼2个；后足胫节有一两个侧齿，末端膨大，有一两列显著的冠刺(图 28-29J)。若虫能分泌泡沫，称为“泡泡虫”，其泡沫是由腹部第7、第8节上的表皮腺分泌的黏液从肛门排出时混合空气而形成的。全世界已知1 000多种，我国已知100多种。多数危害禾谷类和草本植物，少数危害木本植物，经济意义不大。但稻赤斑黑沫蝉 *Callitettix versicolor* (Fabr.) 是水稻的重要害虫。

(6) **角蝉科 Membracidae** 体小至中型；前胸背板特别发达，向前盖住头部，向后盖住腹部(图 28-29K)，常奇形怪状(图 7-1C-J)；触角刚毛状；单眼2枚。主要取食乔木和灌木，1年发生一两代，以卵在树枝中越冬，若虫背面常长满刺。全世界已知3 000多种，我国已知300余种。常见种类有黑圆角蝉 *Gargara genistae* (Fabr.)，危害苜蓿、枸杞等植物，苹果红脊角蝉 *Machaerotypus mali* Chou et Yuan 是苹果树等的害虫。

2. 胸喙亚目 *Sternorrhyncha*

触角长，丝状；喙从前足基节之间伸出；前胸背板小，跗节一两节，经常不活泼，有些固定在寄主植物上，如介壳虫等。

(7) **木虱科 Psyllidae** 若虫5个龄期，腹端部数节愈合，分泌白色蜡粉包被虫体，多数危害木本植物，有些还传播植物病毒病。农业重要种类有中国梨木虱 *Psylla chinensis* Yang et Li (图 28-30A)，主要危害鸭梨等梨树；柑橘木虱 *Diaphorina citri* Kuwayama 危害柑橘和香料植物。

(8) **根瘤蚜科 Phylloxeridae** 体表常有蜡粉；无腹管；触角3节，无翅蚜及若蚜只有1个感觉孔，有翅蚜有2个纵长感觉孔；前翅翅痣后仅3条脉。性蚜无喙。孤雌蚜及性蚜均卵生。葡萄根瘤蚜 *Dakrulosphaira vitifoliae* (Fitch) 是葡萄的重要害虫，原产北美，已传播到世界各地，为检疫对象。梨黄粉蚜 *Aphanostigma jakusuiensis* (Kishida) (图 28-30B) 为梨的重要害虫。

(9) **瘿绵蚜科 Pemphigidae** 腹管退化或消失，尾片宽半月形；有发达的蜡腺，分泌白色蜡状物，体表多蜡粉或蜡丝；触角五六节，感觉孔横带状；前翅具4斜脉，中脉不分叉，后翅肘脉一两支。性蚜很小，无翅，喙退化，只产1粒卵。第1寄主多为阔叶树，第2寄主多为草本植物，少数为木本植物。五倍子蚜 *Schlechtendalia chinensis* (Bell) 在盐肤木上形成的虫瘿五倍子，是著名中药和化工原料。苹果绵蚜 *Eriosoma lanigerum* (Hausmann)(图 28-30C，D) 危害苹果、山荆子等，原产北美，是重要检疫害虫。

(10) **蚜科 Aphididae** 触角6节，最末两节上有圆形感觉孔；腹部第5节背面有1对腹管；尾节上有尾片；前翅中脉分叉一两次(图 28-30E，F)。蚜虫生活史复杂，为周期性孤雌生殖。以卵在第1寄主上越冬，春天孵化后行孤雌生殖，产无翅蚜，几代

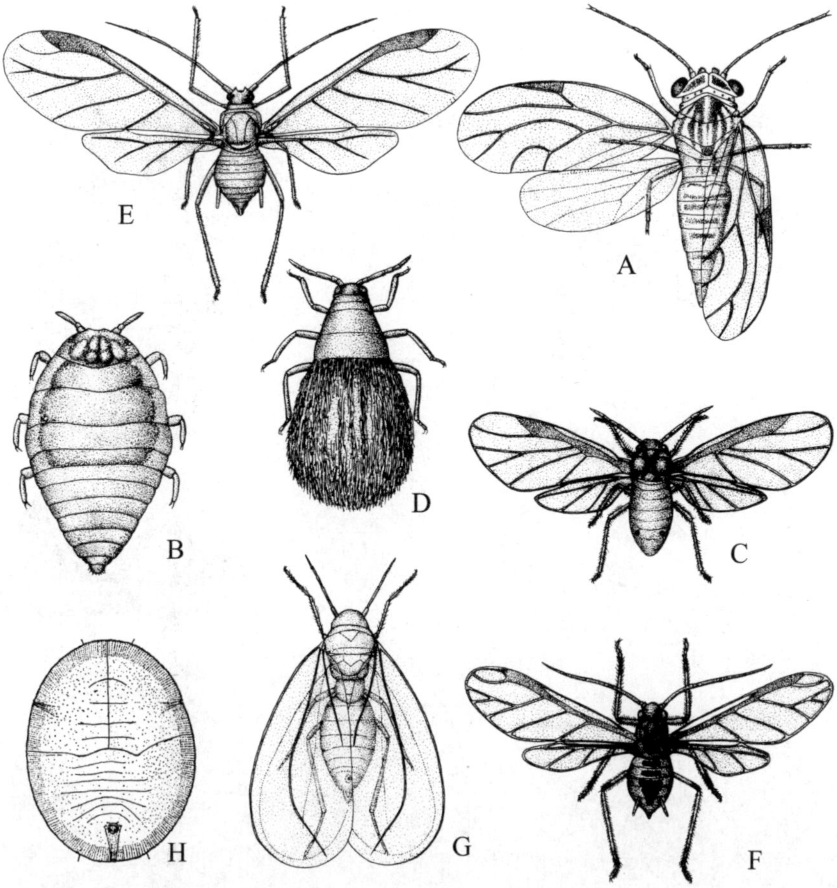

图 28-30 同翅目的代表(二)(仿周尧)

A. 木虱科的代表——梨木虱 *Psylla pyrisuga* Foerster；B. 根瘤蚜科的代表——梨黄粉蚜 *Aphanostigma jakusuiensis* (Kishida)；C，D. 绵蚜科的代表——苹果绵蚜 *Eriosoma lanigerum* (Hausmann)；C. 有翅胎生雌蚜；D. 无翅雌蚜(胸部蜡毛去掉)；E，F. 蚜科的代表——桃蚜 *Myzus persicae* (Sulzer)(E) 和苹果瘤蚜 *Myzus maliscutus* Matsumura (F)；G，H. 粉虱科的代表——橘绿粉虱 *Dialeurodes citri* (Ashmead)；G. 成虫；H. 蛹壳

后生有翅蚜，迁至第 2 寄主，继续孤雌生殖，秋天产有翅蚜再迁回第 1 寄主后产性蚜，交配后产卵越冬。1 年发生 10 ~ 30 代。大多生活在叶片、嫩枝、花序或幼枝上，少数在根部。许多是农业重要害虫。如棉蚜 *Aphis gossypii* Glover 危害棉花和瓜类；麦二叉蚜 *Schizaphis graminum* (Rondani) 危害麦类、高粱等禾谷类作物，可传播小麦黄矮病。桃蚜 *Myzus persicae* (Sulzer) 危害桃、李、杏、十字花科蔬菜、烟草等多种经济植物，传播烟草黄瓜花叶病和蚀纹病毒病。

(11) 粉虱科 Aleyrodidae 若虫 4 个龄期，1 龄若虫活泼，触角 4 节，足发达，脱皮后足和触角退化，第 4 龄结束时不再活动，称为“蛹”壳。蛹壳扁平，背面有皿状孔、盖片、舌状突，肛门位于皿状孔内。国内危害柑橘的重要种类有黑刺粉虱 *Aleurocanthus spiniferus* (Quaintance)、橘绿粉虱 *Dialeurodes citri* (Ashmead)(图 28-30G，H) 等，危害大豆、烟草等的烟粉虱 *Bemisia tabaci* (Gennadius) 是传毒昆虫，温室粉虱 *Trialeurodes vaporariorum* (Westwood) 是温室和大棚蔬菜的重要害虫。

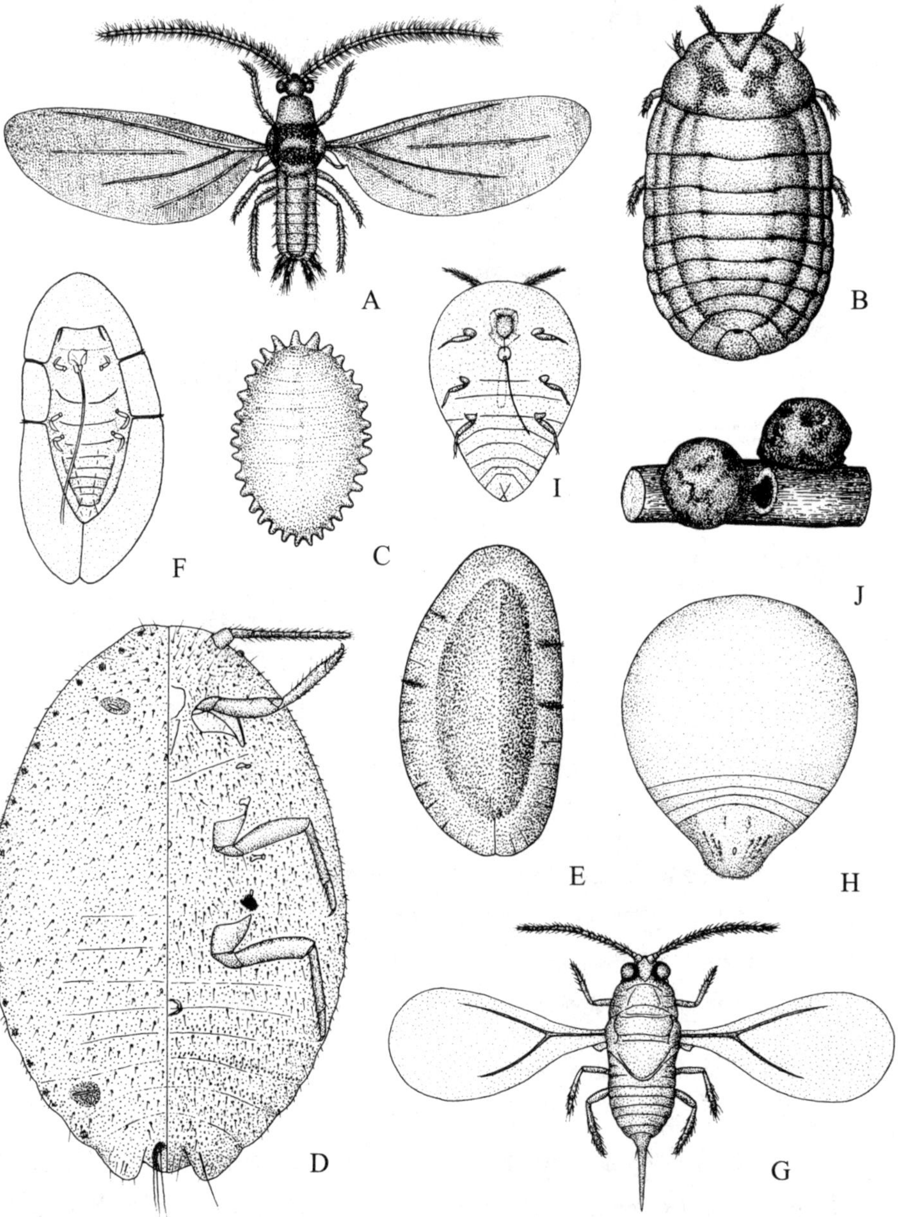

图 28-31 同翅目的代表（三）（仿周尧）

A，B. 绵蚧科的代表——草履蚧 *Drosicha corpulenta* (Kuwana)，A. 雄成虫；B. 雌成虫；C，D. 粉蚧科的代表——橘臀纹粉蚧 *Planococcus citri* (Risso)；C. 未除蜡粉的雌成虫，D. 除去蜡粉的雌成虫；E，F，J. 蚧科的代表——褐蚧 *Coccus hesperidum* L.(E，F) 和朝鲜球坚蚧 *Didesmococcus koreanus* Borchs (J)，E. 雌成虫背面观，F. 雌成虫腹面观，J. 雌成虫的外形；G ~ I. 盾蚧科的代表——椰圆盾蚧 *Aspidiotus destructor* Signoret；G. 雄成虫；H. 雌成虫；I. 第 1 龄若虫

(12) **绵蚧科 Margarodidae** 雌虫腹部分节明显，有气门；腹末肛环退化，其上无小孔和刚毛；触角和足发达。雄虫有单眼和复眼。若虫触角 6 节，末端稍膨大。本科有许多重要害虫，如吹绵蚧 *Icerya purchasi* Maskell 为柑橘园毁灭性害虫 (图 20-1E, F)；草履蚧 *Drosicha corpulenta* (Kuwana) 比较常见，雌虫状似草鞋 (图 28-31A，B)，危害苹果等果树。

(13) **粉蚧科 Pseudococcidae** 雌虫卵圆形，足发达，身体上被有粉丝状蜡质分泌物，并常延伸成侧丝或尾丝；腹部分节明显，但无气门；肛门周围有肛环，其上 6 根刚毛，无肛板。雄虫单眼 4 ～ 6 个，无复眼；腹部末端有 1 对长蜡丝。常见害虫有橘臀纹粉蚧 *Planococcus citri* (Risso)(图 28-31C，D)、橘小粉蚧 *Pseudococcus citriculus* Green 等，危害柑橘等多种植物。

(14) **蚧科 Coccidae** 雌虫分节不明显，腹部无气门；足和触角退化；腹末有深的臀裂，肛门上有 2 个三角形肛板，盖于肛门之上 (图 28-31E,F)。雄虫无复眼，触角 10 节；交配器短；腹部末端有 2 长蜡丝。多数种类是农林园艺植物害虫，我国常见种类有红蜡蚧 *Ceroplastes rubens* Maskell、龟蜡蚧 *C. floridensis* Comstock、朝鲜球坚蚧 *Didesmococcus koreanus* Borchs(图 28-31J)、球蜡蚧 *Eulecanium gigantea* (Shinji)、褐蚧 *Coccus hesperidum* L. (图 28-31E，F) 等，危害各种果树。白蜡虫 *Ericerus pela* (Chavannes) 是我国特有的产蜡昆虫，分布于秦岭以南各省，寄主植物是白蜡树和女贞等。

(15) **盾蚧科 Diaspididae** 是蚧总科中种类最多的一科，很易识别。雌虫一生和雄虫幼期有介壳，介壳上有早龄若虫所脱的皮，呈盾状。雌虫通常圆形或长形；腹部无气门，最后几节愈合成臀板，肛门位于背面，无肛板、肛环和肛环刺毛；喙和触角退化，仅 1 节，气门 2 对；足退化或消失。雄成虫具翅，足发达，触角 10 节；腹末无蜡质丝；交配器狭长。全世界已知 2 000 多种，主要危害乔木和灌木，很多种类是果树、林木重要害虫。常见的有橘红圆蚧 *Aoniciella aurantii*、矢尖蚧 *Unaspis yanonensis* (Kuwana)、梨圆蚧 *Diaspidiotus perniciosus* (Comstock)、椰圆盾蚧 *Aspidiotus destructor* Signoret (图 28-31G，H) 等。

第二十五节　广翅目 Megaloptera

该目学名源于希腊语“μεγ ά λοs”(大) + “πτερ ά” (翅)，因一些种类具有大翅而得名；包括齿蛉 (dobsonflies)、鱼蛉 (fishflies) 或泥蛉 (alderflies) 等，是全变态类昆虫中最原始的目。

体大型。触角长；口器咀嚼式，许多种类雄虫上颚极长；复眼大。前胸背板宽大，呈方形；前翅大，后翅臀区扩大，休息时呈扇状折叠；附节 5 节。无尾须 (图 28-32)。

完全变态。幼虫水生，生活于池塘及静流的水中，或生活于急流水的石下。幼虫长型，头前口式，口器咀嚼式，触角明显；胸足发达，腹部有成对的突起或鳃。成虫和蛹陆生。卵块产于水边的石头、树干、叶片或其他物体上。幼虫孵化后很快落入或

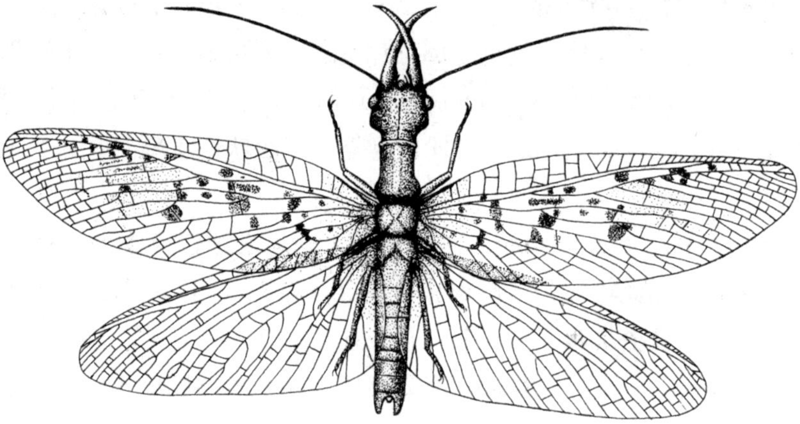

图 28-32　广翅目的代表东方巨齿蛉
Acanthacorydalis orientalis (McLachlan) (仿周尧)

爬入水中，广谱捕食性。蛹为裸蛹。成虫为农业害虫的天敌，幼虫可作为鱼的食料，有些种类具有药用价值。

全世界已知 370 余种，我国已知 140 多种。

第二十六节　蛇蛉目 Rhaphidioptera

该目学名源于希腊语“ραφίs”(针) +“πτερά”(翅)，以产卵管为针状而得名；中文通称为蛇蛉；英文为 snakeflies。

体细长，中到大型。头后部缢缩，活动自如；触角长，丝状；口器咀嚼式；复眼大，单眼 3 个或无。前胸极度延长，呈颈状；两对翅相似，透明，翅脉网状。雌虫有发达的细长产卵器 (图 28-33)。

完全变态。幼虫陆生，主要生活在山区，有分节的触角，发达的胸足，但腹部无突起或附肢。幼虫生活于针叶树皮下，捕食其他昆虫。成虫

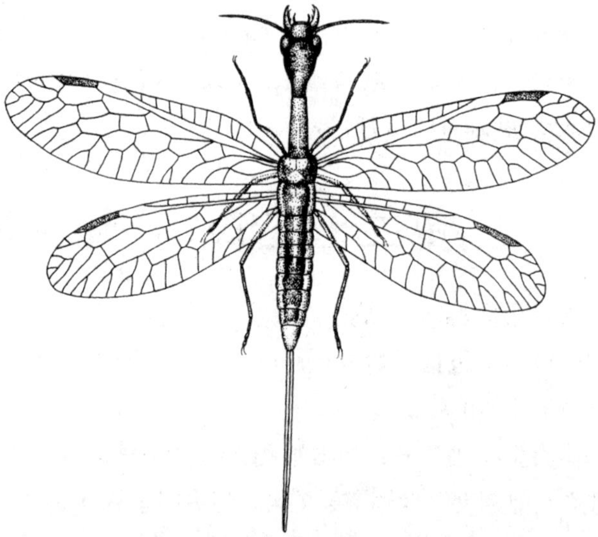

图 28-33　蛇蛉目的代表西岳蛇蛉
Augulla xiyue Yang et Chou (仿周尧)

也为捕食性。

是昆虫纲中的一个小目，全世界已知250余种，我国已知现生种类21种、化石种类20余种。

第二十七节　脉翅目 Neuroptera

该目学名源于希腊语“υεύρα”(脉)+“πτερά”(翅)；其中文名均冠以“蛉”字，英文统称为nerve winged-insects，包括草蛉(lacewings)、蚁蛉(antlions)、螳蛉(mantispids)等。成、幼虫均为捕食性，捕食蚜虫、蚂蚁、叶螨、介壳虫等，是重要的天敌昆虫类群。

一、主要识别特征

成虫小到大型。口器咀嚼式；触角长，多节；复眼发达。两对翅的大小、形状和翅脉均相似，翅膜质透明，有许多纵脉和横脉，多分支，翅脉呈网状，翅脉在翅缘二分叉。无尾须。

二、生物学特性

完全变态。卵多为长卵形或有小突起，草蛉科昆虫的卵有丝质长柄。幼虫蛃型，头部具长镰刀状上颚，口器为捕吸式；胸足发达，但无腹足。幼虫多数陆生，捕食性；少数水生。老熟幼虫在丝质茧内化蛹，蛹为强颚离蛹。

三、重要科简介

全世界已知20科5 700多种；中国已知14科790余种。这里仅介绍常见的5个科。

(一)螳蛉科 Mantispidae

前胸极度延长，前足膨大成捕捉足，外观极似螳螂，但前足着生于前胸前端。翅痣明显(图28-34A)。幼虫取食蜘蛛的卵袋或蜂类蜂巢内的幼虫。1龄幼虫细长、活泼，寻找适当的食物资源。一旦找到食物，幼虫就进入类寄生阶段，随后龄期的幼虫渐成蛴螬状，足退化。我国常见的有四瘤蜂螳蛉 *Climaciella quadrituberculata* (Westwood)等。

(二)草蛉科 Chrysopidae

多数种类草绿色。触角细长丝状。翅前缘区有30条以下的横脉，Rs脉不分叉(图28-34B)。幼虫称为蚜狮(图28-34C)，蛃型，胸部和腹部两侧长有毛瘤，口器捕吸式，主要捕食蚜虫，老熟幼虫在丝质茧内化蛹，茧一般附着在叶片背面。卵通常产于叶片上，有丝质长柄。我国常见的有大草蛉 *Chrysopa pallens* (Ramber)、丽草蛉 *C. formosa* Braoer、叶色草蛉 *C. phyllochroma* Wesmael、中华草蛉 *C. sinica* Tjeder 等，可用于生物防治。

（三）褐蛉科 Hemerobiidae

小型或中型，一般褐色。触角长，念珠状；无单眼。前翅前缘区横脉多分叉，Rs 2 ～ 4 分支 (图 28-34D)。幼虫长形 (图 28-34E)，头小，无明显毛瘤，常见于林区，捕食蚜虫、蚧、粉虱、木虱等。

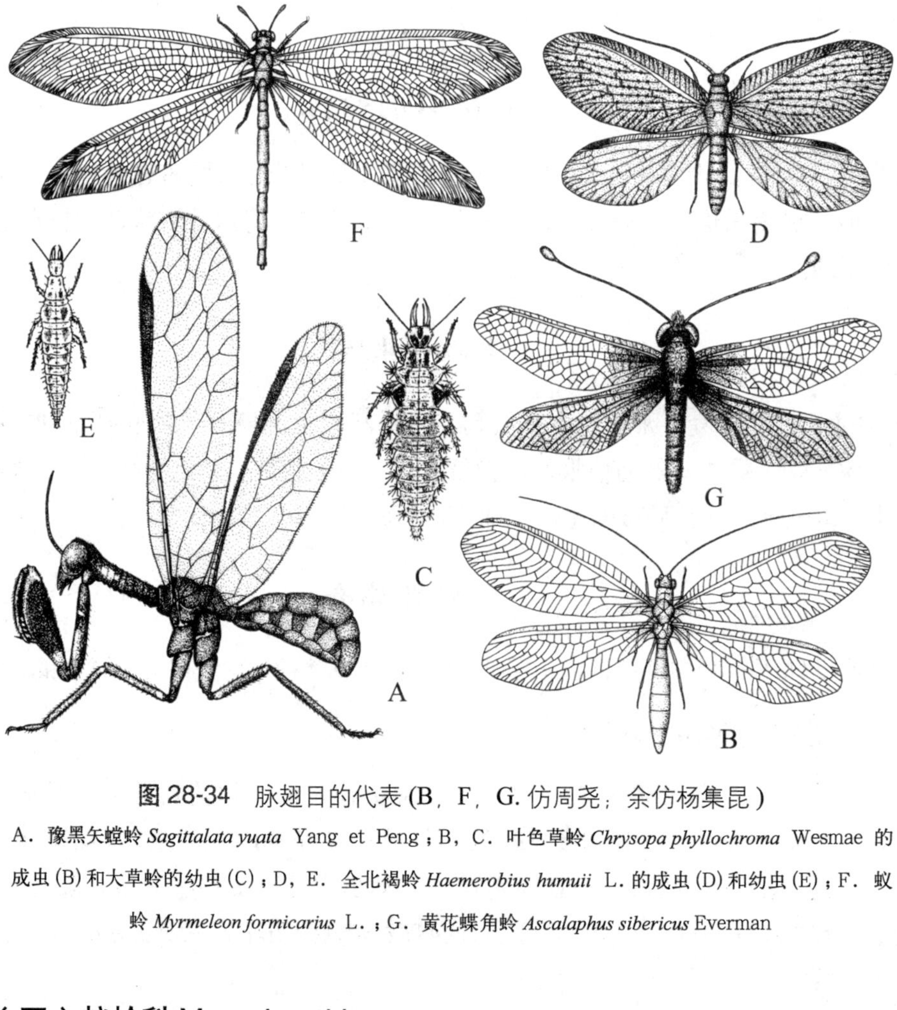

图 28-34　脉翅目的代表 (B，F，G. 仿周尧；余仿杨集昆)

A．豫黑矢螳蛉 *Sagittalata yuata* Yang et Peng；B，C．叶色草蛉 *Chrysopa phyllochroma* Wesmae 的成虫 (B) 和大草蛉的幼虫 (C)；D，E．全北褐蛉 *Haemerobius humuii* L．的成虫 (D) 和幼虫 (E)；F．蚁蛉 *Myrmeleon formicarius* L．；G．黄花蝶角蛉 *Ascalaphus sibericus* Everman

（四）蚁蛉科 Myrmeleontidae

触角短，仅等于头和胸部之和，其末端膨大呈棒状；翅窄长，翅痣下室极长；腹部细长 (图 28-34F)。幼虫具长镰刀状上颚，体粗壮，后足开掘式，跗节与胫节愈合。大多数种类在地面或埋伏在沙土中等待猎物。有些种类通过陷阱

捕获猎物，幼虫隐藏在漏斗状陷阱的底部，取食掉入陷阱的蚂蚁和其他昆虫，所

有幼虫称为蚁狮。幼虫行动是倒退的，故又叫“倒退虫”，可入药。老熟幼虫在土中结球形茧化蛹。

（五）蝶蛉科 Ascalaphidae

体大，外形极似蜻蜓。触角长，几乎等于体长，棒状；复眼大，被一沟分为上、下两部分。翅痣下室短(图 28-34G)。幼虫头部有显著的后头叶，上颚具 3 齿。外形很像蚁狮，但不筑陷阱，而是埋伏地面等待攻击经过的小型昆虫。

第二十八节 鞘翅目 Coleoptera

该目学名源于希腊语“κολεός”(鞘)+“πτερά”(翅)；其前翅鞘质、坚硬，状似古代武士所披的甲胄，故俗称为甲虫，简称虫甲或甲；英文统称 beetles。

坚硬的体壁和鞘质的前翅保护甲虫免遭侵害，所以得到了极大的发展，全世界已知 35 万种以上，为昆虫纲第 1 大目。同时也是农业上最重要的目之一。

一、主要识别特征

口器咀嚼式，上颚发达；前翅强烈骨化、坚硬，为鞘翅；后翅膜质，休息时折叠于鞘翅下，翅脉减少；前胸背板发达，中胸仅露出三角形的小盾片；成虫触角多样，11 节(图 28-35)。

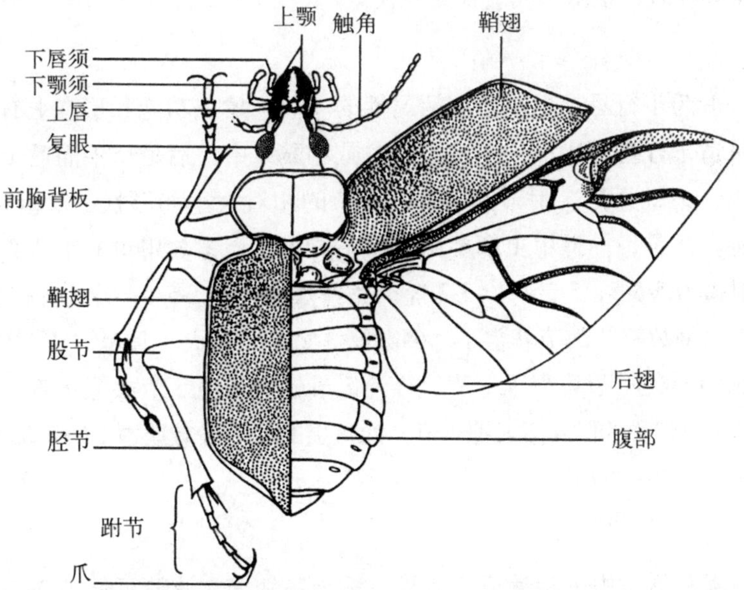

图 28-35 鞘翅目（步甲）的特征(仿 Essig)

二、分类特征

甲虫分类所用特征主要包括头、触角、胸部骨片、足、翅、腹部等。

1. 头部

主要是喙的发达程度。在象甲总科中，头前部额区向前延伸成喙，口器退化，位于喙的端部。象甲总科有时作为一个独立的亚目——管头亚目 Rhynchophora，其主要特征是外咽缝愈合。在其他总科中也有少数甲虫的喙有一定程度的发育，但外咽缝分离。

绝大多数种类成虫无单眼，但隐翅甲和埋葬甲部分种类有单眼 1 对，皮蠹只有一个中单眼。触角通常为 11 节。

2. 触角

在不同类群中变化很大，有线状、念珠状、锯齿状、栉齿状、棍棒状、锤状、棒状、膝状、鳃叶状等。在棒状触角中，末端膨大部分（棒节）的节数常作为关键特征。

3. 胸部

甲虫从背面通常只能看见前胸背板和中胸小盾片。从腹面看，少数甲虫（肉食亚目、菌食亚目、长扁甲科等）具有背侧缝，将前胸背板与前胸侧板分开。前胸有无背侧缝是区分肉食亚目和多食亚目的重要特征。前胸腹面经常有一突起，向后延伸到中足基节之间，称为前胸腹板突。

当前胸的骨片包围前足基节时，这个基节窝就称为闭式；若前足基节窝的后方紧接的是中胸骨片时，该基节窝就称为开式。

4. 足

甲虫一般为步行足。但由于生活习性的不同，足在功能和形态上有很多变化。如金龟子前足适于开掘，生活于土壤中；龙虱和豉甲中、后足扁平而适于游泳；跳甲后足股节膨大，为跳跃足。跗节的节数、各节的相对大小和形状是很重要的分类特征。分类鉴定时，几乎每一种甲虫都要用到跗节特征。大多数甲虫的跗节数在 3 ～ 5 节之间变化，跗式为 5-5-5，5-5-4，3-3-3 等。芫菁等跗式为 5-5-4，称为异跗类。

有些甲虫倒数第 2 跗节非常小，倒数第 3 节相对较大，且呈“U”字形，这时跗节数好像比它们的实际节数少了 1 节，若为 5 节就称为隐 5 节或拟 4 节，如天牛和叶甲的足；若为 4 节就称为隐 4 节或拟 3 节，如瓢虫的足。少数类群 (如郭公虫科和长蠹科) 基跗节很小 (图 28-36D)。

5. 翅

鞘翅通常在体背中央相遇成一直线，称为鞘翅缝。该缝可伸到鞘翅尖端，或者翅尖稍稍分离，这时称为鞘翅末端分歧。鞘翅的前侧角称为肩角。若鞘翅在侧面突然向下弯曲，弯下的部分就称为缘折。鞘翅的形状、长短、质地等，也是常用的分类特征。

翅面有时有沟、纹、刻点等，在分属、分种上应用较多。

后翅1对或退化，膜质，休息时折叠于鞘翅下，翅脉较少。根据纵脉、横脉的数目与连接情况，脉相主要有6种类型：长扁甲型、肉食甲型、萤甲型、隐翅甲型、藻食甲型及缨翅甲型（图28-37）。

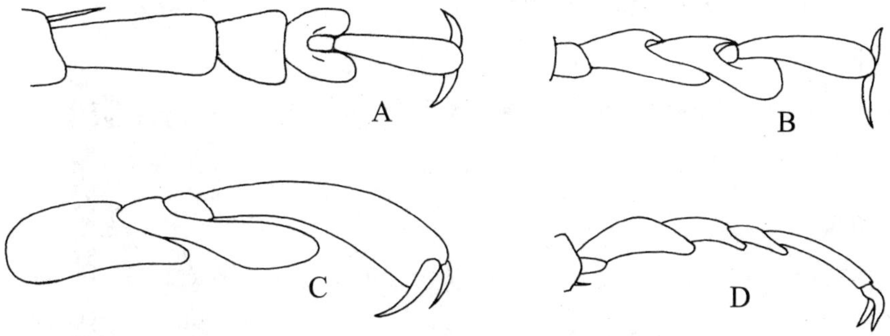

图28-36 鞘翅目足的跗节类型（仿Borror）

A．跗节拟4节（天牛）；B．跗节拟4节（郭公虫）；C．跗节拟3节（瓢甲）；D．郭公虫科昆虫的跗节

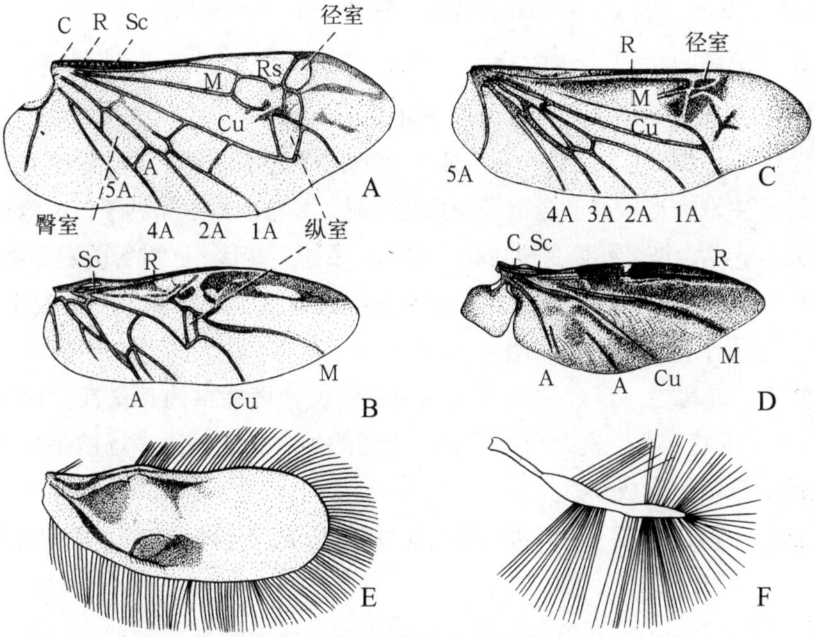

图28-37 鞘翅目的后翅类型（仿杨星科）

A．长扁甲型；B．肉食甲型；C．萤甲型；D．隐翅甲型；E．藻食甲型；F．缨翅甲型

6. 腹部

第1腹板的形状是分亚目的重要特征。在肉食亚目中，后足基节向后延伸，将第1腹板切为两个部分。在多食亚目中，后足基节不把第1腹板完全切开。腹部可见腹板数目在不同类群间也有变化，常用于分类。鞘翅目昆虫的雄性外生殖器构造相对简单。

三、生物学特性

完全变态，一生经过卵、幼虫、蛹、成虫等4个虫态。但芫菁、大花蚤等为复变态，幼虫经历蛃型、蛴螬型和拟蛹几个时期。绝大多数两性生殖，也有孤雌生殖、幼体生殖和卵胎生等。一般每年1～4代，或数年一代，仓库害虫几乎可全年繁殖，极少数天牛可生活25～30年。多数种类以成虫越冬，少数种类以幼虫或卵越冬。

1. 卵

通常圆球形，产卵方式多种多样，瓢虫卵产在叶面，呈块状；天牛用上颚咬破树皮，然后产卵其中。

2. 幼虫

一般有胸足3对，缺腹足，口器咀嚼式，侧单眼1～6对，气门9对。由于生活环境不同，幼虫分化出许多类型，除第四章中介绍的苣型、蛃型、步甲型幼虫、蛴螬型、叩甲型、扁型、无头型幼虫外，还有身体柔软、肥胖、腹足退化的象虫型幼虫等。

3. 蛹

弱颚离蛹，触角、翅、足等均露在体外。蛹期一般2～4周。

4. 食性

鞘翅目昆虫食性复杂，大致可分为以下几类：

(1) **植食性**　大多数甲虫为植食性，取食植物的各种不同部位，叶甲吃叶，天牛蛀食木质部，小蠹虫取食形成层，金龟子幼虫取食根，豆象取食豆科种子，皮蠹取食各种植物的种子及其产品。许多鞘翅目昆虫是农作物、果树、森林、贮粮等的重要害虫。

(2) **捕食性**　一部分甲虫为捕食性，如瓢虫捕食蚜虫，虎甲和步甲捕食小型昆虫，是有益种类，可用于害虫的生物防治。

(3) **腐食性、粪食性、尸食性**　粪金龟为粪食性，埋葬虫为尸食性，埋葬鸟兽尸体，可帮助清洁环境卫生。澳大利亚曾引入我国的神农粪蜣解决草场被牛羊粪便淹没而退化的问题，取得巨大成功。

(4) **寄生性**　少数种类寄生性，如大花蚤幼虫寄生于蜚蠊体内或在蜂巢内营寄生生活。

5. 假死性

甲虫多数种类有假死性，受惊时会立即收缩全部附肢，身体和足变得僵直而坠落到地面。甲虫用这一习性可躲避敌害。

四、分　类

鞘翅目已知约36万种，是动物界最大的目，占昆虫纲40%以上，我国已记载约28 300种。本目可分为4个亚目：即原鞘亚目、肉食亚目、藻食亚目和多食亚目。

（一）原鞘亚目 Archostemata

前胸有背侧缝；后翅有小纵室；后足基节不固定在后胸腹板上，能活动；第1可见腹板不完全被后足基节分割开。幼虫无尾突。仅包括一总科——长扁甲总科 Cupedoidea，4个科，见于树皮下或腐木中，全世界已知不足30种。

（二）肉食亚目 Adephaga

前胸有背侧缝；后翅具小纵室；后足基节固定在后胸腹板上，不能活动；有6个可见腹板，第1腹板中央完全被后足基节窝所分开。幼虫蛃型；上颚无臼齿区；胸足5节；大部分种类具分节的尾突。包括一总科——步甲总科 Caraboidea，9个科，绝大多数种类捕食性，仅少数植食性。

(1) **虎甲科 Cicindelidae** 中型，具金属光泽和鲜艳斑纹。头比前胸宽，下口式；触角生于两复眼之间；下颚长，有一能动的齿；鞘翅上无沟或刻点行。后翅发达，能飞行。幼虫头和前胸大，第5腹节背面突起上着生1～3对倒钩，无尾突。捕食小型昆虫。幼虫生活于土中隧道内，隧道深达30 cm，头部在入口处，背钩防止幼虫捕食时被拖出。全世界约2 000种，我国已知120余种，常见种类有中华虎甲 *Cicindela chinensis* De Geer (图28-38A) 和杂色虎甲 *C. hybrida* L. 等，均为捕食性。

(2) **步甲科 Carabidae** 头前口式，比前胸窄；触角位于上颚基部与复眼之间；下颚无能动的齿；鞘翅表面具纵沟或刻点行 (图28-38B)。成虫后翅常退化，不能飞行，而仅能在地面行走，故称为步甲。幼虫为典型的蛃型幼虫，黑色，足长，活跃，第9节的尾突发达。成、幼虫均为捕食性，捕食各种昆虫，部分种类兼为植食性。全世界约30 000种，我国已记载1 700多种，常见捕食种有金星步甲 *Calosoma chinense* Kirby 等，兼植食性的种有谷婪步甲 *Harpalus calceatus* (Duftschmid) 等。

(3) **龙虱科 Geotrupidae** 体小到大型，背、腹两面均隆起，流线型。触角11节，复眼发达。成虫足较短，后足为游泳足并远离中足，雄虫前足为抱握足。成、幼虫均水生，捕食水中的软体动物、小型昆虫、鱼苗等。全世界已知4 000余种，中国已知230余种。常见的种类有黄边大龙虱 *Cybister japonicus* Sharp 和黄边厚龙虱 *C. limbatus* Fabr. (图28-38C)。

（三）藻食亚目 Myxophaga

小型甲虫，触角棒状；前胸具背侧缝；后翅具纵室，边缘有长缨毛；跗式为3-3-3。仅一总科——球甲总科 Sphaerioidea，50多种，取食藻类。我国记载种很少。

（四）多食亚目 Polyphaga

前胸无背侧缝；后翅无小纵室；后足基节可动，不固定在后胸腹板上；腹部第1腹板不被后足基节窝完全分开，其后缘横贯整个腹部。

该亚目种类多，包括特征差别很大的一些总科，共分18或19个总科。这里只介

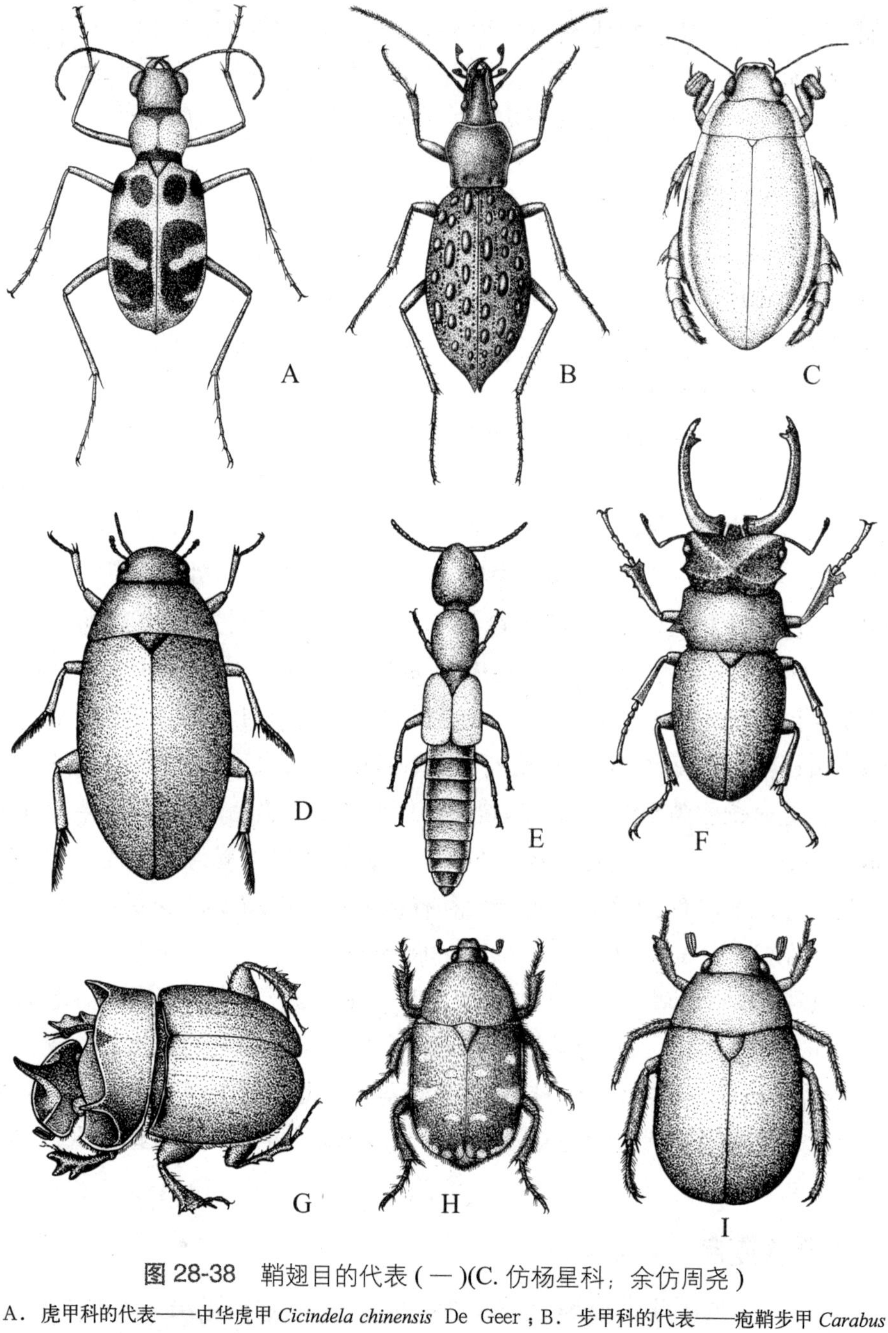

图 28-38 鞘翅目的代表(一)(C. 仿杨星科；余仿周尧)

A. 虎甲科的代表——中华虎甲 *Cicindela chinensis* De Geer；B. 步甲科的代表——疤鞘步甲 *Carabus* (*Coptolabrus*) *pustulifer* Lucas；C. 龙虱科的代表——黄边厚龙虱 *Cybister limbatus* Fabr.；D. 水龟甲科的代表——大水龟甲 *Hydrous acuminatus* Motsch.；E. 隐翅甲科的代表——显隐翅甲 *Xantnorinus* sp.；F. 锹甲科的代表——大锹甲 *Odontolabis siva* Hopa；G. 蜣螂科的代表——神农洁蜣螂 *Catharsius molossus* (L.)；H，I. 金龟科的代表——小青花金龟 *Oxycetonia jucunda* (Faldermann) (H) 和铜绿丽金龟 *Anomala corpulenta* Motschulsky (I)

绍比较重要的总科和科。

(4) 水龟甲科 Hydrophilidae　体小到大型，卵圆形，腹面平扁，背面隆凸。触角 7 ~ 9 节，末端锤状；下唇须常长于触角。中胸腹面中央有一条纵行隆起；后足略呈游泳足状 (图 28-38D)。全世界已知 2 000 余种。成、幼虫常见于水域或潮湿环境中，成虫多腐食性，幼虫多捕食性，捕食水生动物。有些种类危害水稻。

(5) 隐翅甲科 Staphylidae　体细长，两侧平行；鞘翅极短，长约等于宽，大部分腹节外露 (图 28-38E)。多为腐食性，少数捕食性。全世界已知 27 000 种。毒隐翅虫属的种类 *Paederus* spp. 有毒，能引起人们的皮炎。

(6) 锹甲科 Lucanidae　个体较大，雌雄二型现象十分显著 (图 20-1A，B)，雄虫上颚特别发达 (图 28-38F)，而雌虫上颚较小。幼虫腐食性，喜食朽木。成虫趋光性强。全世界 800 多种，我国有 150 种。

(7) 粪金龟科 Geotrupidae　体小到大型，椭圆形至卵圆形，粗壮。触角鳃叶状，头部铲形或多齿，口器从背面见不到。前足开掘足，后足着生在身体的后部，中足左右远离；前胸背板上有各式突起。成虫、幼虫均为粪食性。全世界已知 2 300 余种。

(8)金龟科 Scarabaeidae　体粗壮，卵圆形或长形，背凸；跗节 5 节；触角 8 ~ 11 节，鳃叶状，末端 3 或 4 节侧向膨大；前足胫节膨大，变扁，外侧具齿。金龟科习性差别大。许多为粪食性或取食腐烂的植物材料、尸体等；也有许多种类取食植物材料，譬如草、叶片、果实和花，有些是草场或各种农作物的严重害虫。分为许多亚科，本书介绍 3 个亚科，这些亚科有时被不同学者作为科来对待。我国常见的种类有神农洁蜣螂 *Catharsius molossus* (L.) (图 28-38G) 等。

①花金龟亚科 Cetoniinae　体艳丽，有花斑纹或粉层；中胸后侧片从背面可见；鞘翅外缘在肩后微凹；中胸腹板有圆形突出物向前伸出。成虫常危害花，故称为“花潜”。全世界 2 640 种左右，我国已记载 200 多种，主要害虫有白星花金龟 *Potosia brevitarsis* Lewis、小青花金龟 *Oxycetonia jucunda* (Faldermann) (图 28-38H) 等。

② 丽金龟亚科 Rutelinae　虫体常有金属光泽；后足跗节的 1 对爪大小不等，外边的爪较大、分叉，内面的短爪不分叉；腹部气门 3 个在侧膜上，3 个在腹板上。幼虫特征极似鳃金龟子亚科。危害同鳃金龟亚科。全世界约 3 000 种，我国已知近 400 种，重要害虫如铜绿丽金龟 *Anomala corpulenta* Motschulsky (图 28-38I)、日本弧丽金龟 *Popillia japonica* Newman、中华弧丽金龟 *P. quadriguttata* Fabr. 等。

③鳃金龟亚科 Melolonthinae　触角 8 ~ 10 节；后足跗节的 1 对爪大小相等，均两分叉；腹部仅 1 对气门露出鞘翅边缘。成虫常夜间活动，危害作物、果树、林木的叶、花或果实；幼虫取食幼根。全世界已记载 9 000 种，我国已知约 500 种，有很多重要害虫，如华北大黑鳃金龟 *Holotrichia oblita* (Faldermann)、暗黑鳃金龟 *H. parallela* Motschulsky、黑皱鳃金龟 *Trematodes tenebrioides* Pallas、棕色鳃金龟 *Holotrichia titanus* Reitter (图 28-39A) 等。

(9) 吉丁甲科 Buprestidae　体较长，体壁常有美丽的金属光泽。头下口式，嵌入

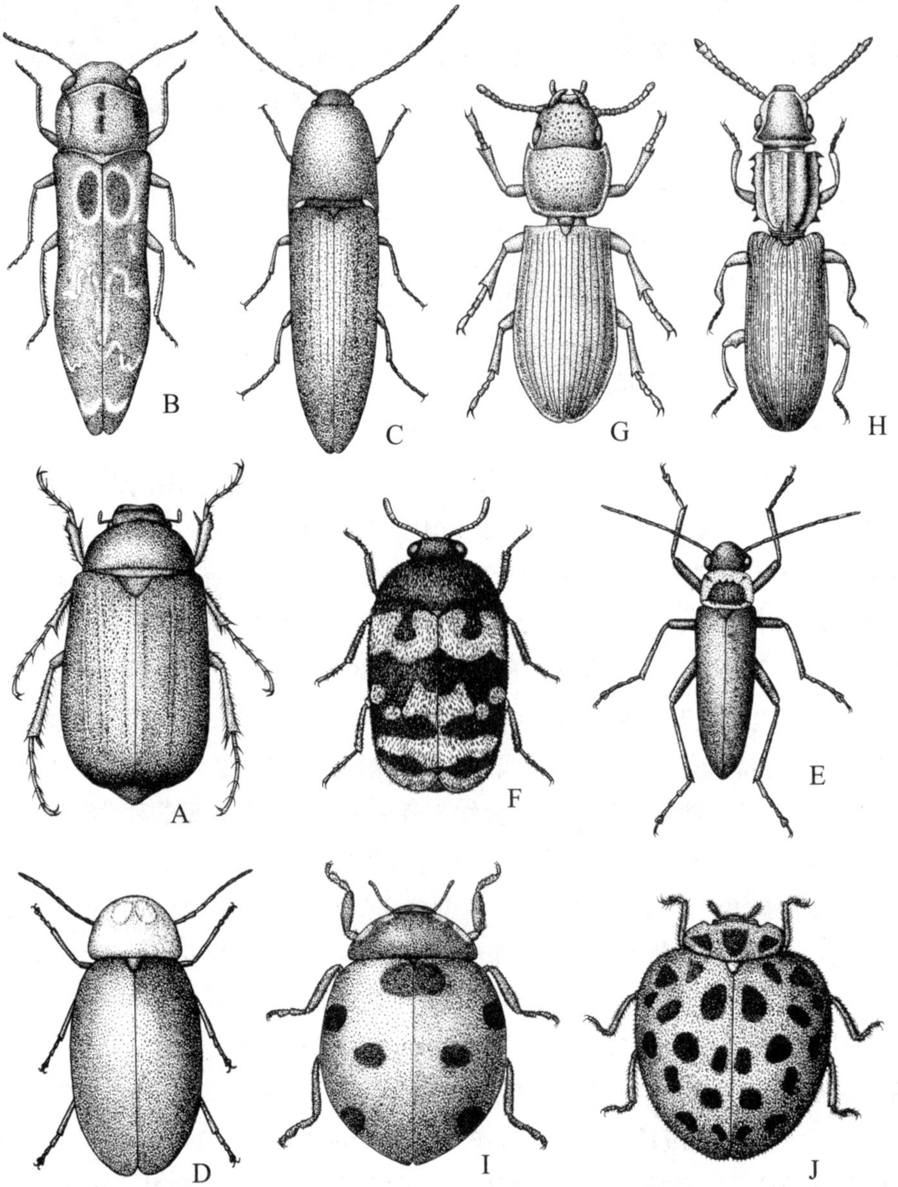

图 28-39　鞘翅目的代表（二）(E，F. 仿彩万志；余仿周尧）

A．金龟科的代表——棕色鳃金龟 *Holotrichia titanus* Reitter；B．吉丁甲科的代表——柑橘吉丁甲 *Agrilus auriventris* Saunders；C．叩甲科的代表——细胸叩头甲 *Agriotes fusicollis* Miwa；D．萤科的代表——窗胸萤 *Pyrococelia analis* Fabr．；E．花萤科的代表——黑斑黄背花萤 *Themus imperialis* (Gorham)；F．皮蠹科的代表——花斑皮蠹 *Trogoderma persicum* Pic；G．谷盗科的代表——大谷盗 *Tenebroides mauritanicus* L．；H．锯谷盗科的代表——锯谷盗 *Oryzaephilus surinamensis* (L.)；I，J．瓢甲科的代表——七星瓢虫 *Coccinella septempuctata* L．(I) 和马铃薯瓢虫 *Henosepilachna vigintiomaculata* (Motsch.) (J)

前胸，触角 11 节，多为锯齿状；前胸背板宽大于长；后胸腹板上有一条明显的横沟；鞘翅长，侧缘向末端渐狭；跗节 5 节，后足基节板宽远大于长；可见腹板 5 节，前两个腹节腹板愈合。幼虫很长，体背腹扁平；前胸极其膨大，背板和腹板骨化，身体后部较细，使虫体呈棒状；头小，略缩入前胸；无单眼；上颚粗壮，通常具齿；胸部无足；前胸背板一般有一“V”字形中沟。钻蛀枝干或根部，生活于树木的形成层中，是林木、果树的重要害虫。全世界已知 13 000 种，我国记录 450 余种。常见的柑橘吉丁甲 *Agrilus auriventris* Saunders (图 28-39B) 和苹果吉丁甲 *A. mali* Matsumura 等均危害果树。

(10) **叩甲科** Elateridae　体狭长，两侧平行；前胸背板后角锐刺状，前胸腹板突长刺状，伸入中胸腹板的凹窝内；后胸腹板上无横沟；前胸和鞘翅相接处凹入；跗节 5 节。成虫被捉时能不断叩头，企图逃跑，故名叩头甲。背面向下时能反弹跳起。幼虫圆柱形，略扁，黄至黄褐色，体壁光滑、坚韧，称为金针虫。头部和腹部末节特别坚硬；蜕裂线呈倒“凸”字形。胸足短，4 节，腹部 10 节，有尾突，气门二孔式。生活在土壤中，取食植物的根、块茎、幼苗及播下的种子，是农业的重要害虫，对草场、禾谷类、块根、块茎等危害极大。全世界有 10 000 多种，我国已知约 700 种。常见害虫有沟叩头甲 *Pleonomus canaliculatus* (Faldermann)、细胸叩头甲 *Agriotes fusicollis* Miwa (图 28-39C) 等。

(11) **萤科** Lampyridae　体壁与鞘翅柔软；前胸背板前伸，从背面盖住头部；腹部有发光器，雄虫在第 6 至第 7 节，雌虫在第 7 节，能发出荧光，故俗称为萤火虫。成、幼虫均为捕食性，捕食蚯蚓、蜗牛、昆虫等。许多种的各个虫态都能发出荧光，成虫期尤其雌虫发光能力较强。发光节呈黄绿色。全世界约 2 000 种，常见种如红胸萤 *Luciola lateralis* Motsch.、北京萤火虫 *Pyrocoelia pekingensis*、窗胸萤 *P. analis* Fabr. (图 28-39D) 等。

(12) **花萤科** Cantharidae　外形似萤火虫，但头不被前胸所遮住；跗节 5 节，第 4 节膨大呈 2 叶状；腹部 7 或 8 节，无发光器；雌雄二型现象不明显 (图 28-39E)。全世界已知 3 500 多种，我国记载 240 多种。成虫多见于花上，幼虫为捕食性，捕食其他昆虫。常见的有具条纹萤 *Athemus suturellus* Motsch. 和翠花萤 *C. leechianus* Gorham 等。

(13) **皮蠹科** Dermestidae　体小，卵圆形，黑或暗色，体表常具鳞片。额上常有 1 个中单眼；前足基节窝开式，后胸腹板无横沟；腹部只有 5 个可见腹板。幼虫长圆柱形，背面覆盖有长短不一的簇状毛被，毛经常聚集于末端或侧面的毛簇上；胸足 4 节，腹部 10 节，第 9 节常有 1 对尾突。成、幼虫均取食干的动、植物材料，包括毛皮、标本、衣服、谷物、地毯、奶酪等。全世界约 1 000 种，中国已知近 100 种。谷斑皮蠹 *Trogoderma granarium* (Everts) 可危害多种动、植物材料，是国际上重要的检疫害虫。我国仓库中常见种有花斑皮蠹 *T. persicum* Pic (图 28-39F)、黑皮蠹 *Attagenus piceus* (Olivier) 等。

(14) **谷盗科** Trogossitidae　头前口式，部分缩入前胸；前胸背板侧缘有边或锯齿；鞘翅盖及腹末，被长毛；跗节 5 节，第 1 节极短；腹板五六节。幼虫生活在朽木、树皮下尘屑间，捕食木栖昆虫或食菌类、谷类及其制品。全世界已知650多种，大谷盗 *Tenebroides mauritanicus* L.（图 28-39G）是常见的仓库害虫。

（15）锯谷盗科 Silvanidae 体小、细长，被绒毛；前胸后端略窄，侧缘有边或锯齿状；前足基节窝闭式，跗节5节，第3节下方呈叶状，第4节较第1节略短，爪简单；可见腹板5节。幼虫扁平、细长，被绒毛，第9腹节很小，无尾突。成虫主要危害贮粮、干果、竹器和药材。全世界已知约400种，米扁虫 *Ahasverus advena* Waltl 和锯谷盗 *Oryzaephilus surinamensis* (L.)（图 28-39H）是世界性仓贮害虫。

（16）瓢甲科 Coccinellidae 身体半球形，头后部被前胸背板所覆盖；触角棒状；跗式为4-4-4，为隐4节，第3节极短，第2节双瓣状。多数种类色彩鲜艳，并有斑点。捕食性的上颚基部有齿，端部叉状；而植食性的基部无齿，末端及内侧有多个小齿；以真菌为食的，上颚末端分裂成5～8个小齿；鞘翅缘折发达。捕食性幼虫体软，色暗，有黄、白斑点，3个侧单眼，上颚镰刀形，足细长，背面各节有瘤突和刺，腹末较尖，但无尾突。植食性幼虫体壁上有长而分叉的刺突。全世界约6 000种，我国已知700余种，多数为捕食性，捕食蚜虫、介壳虫和螨类等，在压低害虫种群数量上极其重要。如澳洲瓢虫 *Rodolia cardinalis* Mulsant 1888年成功引入美国加州柑橘园控制吹绵介壳虫 *Icerya purchasi* Maskell 的危害，成为害虫生物防治经典的范例。少数植食性。我国常见的益虫有七星瓢虫 *Coccinella septempuctata* L.（图 28-39I）、龟纹瓢虫 *Propylaea japonica* (Thunberg)、异色瓢虫 *Harmonia axyridis* (Pallas)。重要害虫有马铃薯瓢虫 *Henosepilachna vigintiomaculata* (Motsch.)（图 28-39J）和瓜茄瓢虫 *Epilachna admirabilis* Crotch. 等。

（17）拟步甲科 Tenebrionidae 前口式，前唇基明显；触角棍棒状或丝状；鞘翅有发达的假缘折，常在中部以后愈合，后翅退化；前足基节窝闭式；跗节5-5-4，爪不分叉；前3可见腹节愈合。幼虫细长，略呈圆筒形，形似金针虫。成虫取食植物种子、根、菌类等。在荒漠、沙丘、干燥地区常成群出现危害作物。全世界已知25 000多种，我国2 000种左右。沙潜 *Opatrum subaratum* Faldermann 是北方常见地下害虫，赤拟谷盗 *Tribolium castaneum* Herbst、杂拟谷盗 *T. confusum* Jacquelin du Val（图 28-40A）、黄粉虫 Tenebrio molitor L.、黑粉虫 *T. obscurus* Fabr. 等是重要的仓库害虫。

（18）芫菁科 Meloidae 头下口式，宽于前胸，后头急缢如颈；鞘翅柔软，末端分歧；前足基节窝开式；触角丝状或锯齿状；跗节5-5-4，爪裂为两叉；可见腹板6节。芫菁为复变态，1龄幼虫活泼，体壁坚硬，为蛃型幼虫，称为三爪蚴。它寻找寄主，以直翅目和膜翅目针尾组的卵为食，找到寄主后，脱皮成为软体、短足的伪蠋式幼虫；第3龄起胸足退化，体壁坚韧，进入不动期，称为“拟蛹”。成虫危害豆科、藜科等植物，幼虫捕食蝗卵或寄生于蜂巢中，食蜂卵、蜂蜜、花粉等。芫菁是重要的药用昆虫，成虫体内含有斑蝥素，可治疗癌症等，尤其对肝癌的治疗效果好。但它们的分泌物对皮肤有强烈的刺激作用，能引起水肿，采集时应小心。全世界已知2 500多种，我国记录130种。常见害虫有中国豆芫菁 *Epicauta chinensis* Laporte、锯角豆芫菁 *E. gorhami*

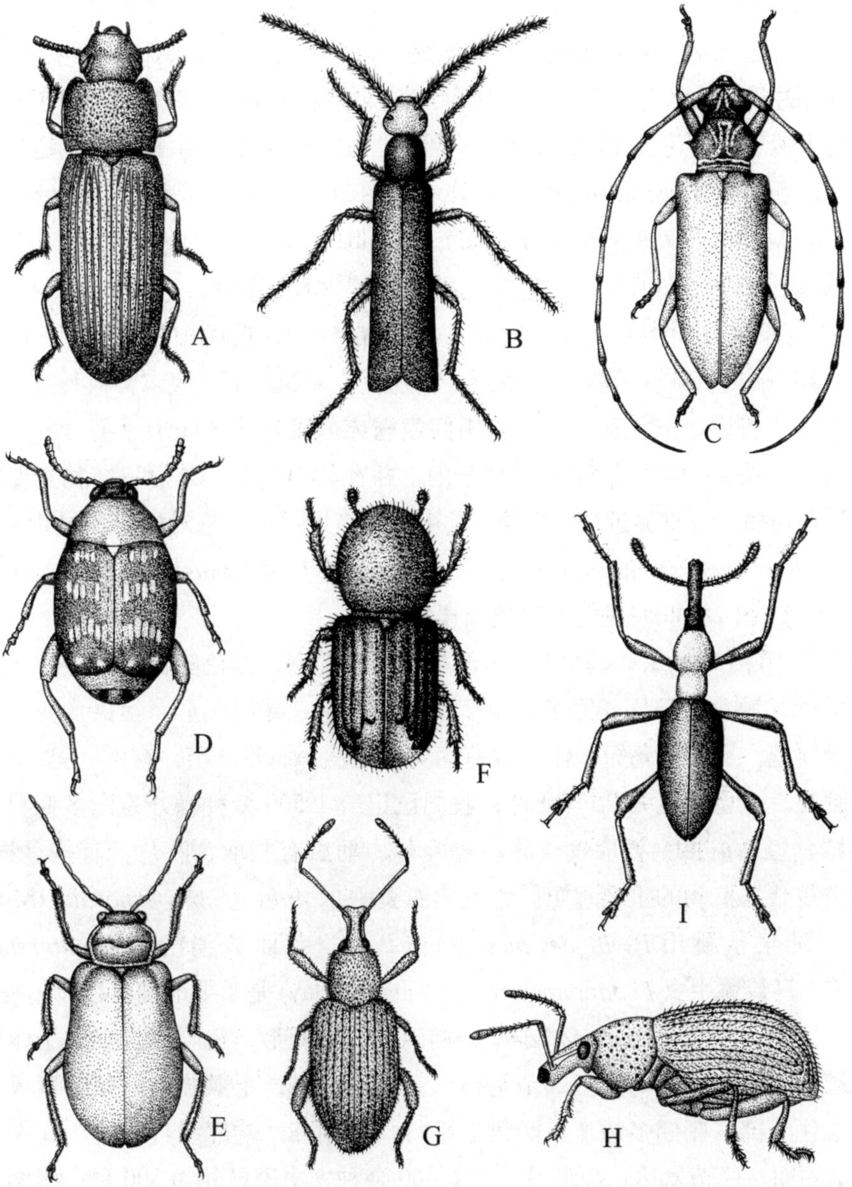

图 28-40 鞘翅目的代表 (三)(B，F. 仿彩万志；余仿周尧)

A．拟步甲科的代表——杂拟谷盗 *Tribolium confusum* Jacquelin du Val；B．芫菁科的代表——毛角豆芫菁 *Epicauta hirticornis* Haag-Rutenberg；C．天牛科的代表——橘褐天牛 *Nadezhdiella cantori* (Hope)；D．豆象科的代表——豌豆象 *Bruchus pissorum* (L.)；E．叶甲科的代表——黄守瓜 *Aulacophora femoralis* (Motsch.)；F．小蠹科的代表——六齿小蠹 *Ips acuminatus* Gyllenhal；G，H．象甲科的代表——棉尖象甲 *Phytoscaphus gossypii* Chao；I．三锥象科的代表——甘薯小象甲 *Cylas formicarius elegantulus* (Summers)

Marseul、绿芫菁 *Lytta caragane* Pallas、毛角豆芫菁 *Epicauta hirticornis* Haag-Rutenberg (图 28-40B) 等。

(19) **天牛科 Cerambycidae** 触角线状，能向后伸，超过体长的 2/3，着生在额突上，其中第 2 节特别短，仅为第 1 节长度的 1/5；复眼肾脏形，环绕在触角基部；跗节为隐 5 节，跗式为 5-5-5。幼虫长圆柱形；头圆，缩入前胸；前胸粗大，胸足 2 ～ 4 节或退化；腹部前六七节背、腹面常具步泡突，第 9 节具 1 对尾突。天牛均为植食性，大多数幼虫钻蛀取食木质部，是果树、林木、花卉重要的钻蛀性害虫；成虫常需补充营养，取食植物柔嫩部分、花、汁液或菌类。全世界已知 25 000 种，中国记录已超过 3 600 种，常见的橘褐天牛 *Nadezhdiella cantori* (Hope)(图 28-40C)、星天牛 *Anoplophora chinensis* (Forster) 危害柑橘，黄斑星天牛 *A. nobilis* Ganglbauer 是杨树的重要害虫，光肩星天牛 *Anoplophora glabripennis* (Motsch.) 是杨、柳、榆等林木的害虫。

(20) 豆象科 Bruchidae　体卵圆形；头向前延伸，形成短的阔喙；复眼下缘具深的“V”字形缺刻；前胸背板近三角形；鞘翅短，末端截形，腹末臀板外露；第 1 腹板等于第 2 ～ 4 腹板 3 节之和。成虫在田间或仓库内繁殖，产卵于豆荚、种子或成虫所蛀的孔道内。幼虫一般生活于豆科种子内，并在其中化蛹，是豆科植物重要害虫。很容易随种子传播。全世界近 1 200 种，其中有许多世界性检疫对象。我国共记录 44 种，绿豆象 *Callosobruchus chinensis* (L.)、蚕豆象 *Bruchus rufimanus*（Boheman）和豌豆象 *B. pissorum* (L.) (图 28-40D) 是豆类作物重要害虫。

(21) 叶甲科 Chrysomelidae　小至中型，椭圆形，体色鲜艳或有金属光泽，故有金花虫之称。触角短于体长之半，第 2 节不特别短；复眼圆形。幼虫多变，多数为蛴螬型或伪雛型，足和触角短，体表常有瘤突或毛丛；胸足 4 节，有爪；第 10 腹节末端具 1 对刺突。全世界已知 26 000 种，我国已记载 1 500 多种，分为许多亚科。成、幼虫均为植食性，成虫主要取食植物花和叶片，幼虫有些取食叶片，有些食根、蛀茎，许多种类是栽培植物的重要害虫。常见害虫黄守爪 *Aulacophora femoralis* (Motsch.)(图 28-40E)、油菜蚤跳甲 *Psylliodes punctifrons* Baly、黄曲条菜跳甲 *Phyllotreta striolata* (Fabr.) 等。马铃薯甲虫 *Leptinotarsa decemlineanta* (Say) 是重要的国际植物检疫对象。

(22) 小蠹科 Scolytidae　体小型，椭圆或长椭圆形，色暗。头半露于体外，窄于前胸；触角略呈膝状，端部三四节呈锤状；上唇退化，上颚强大。前胸背板发达，有时背面盖住头部；鞘翅多短宽，两侧近平行，具刻点，端部多具翅坡，周缘多具齿或突起；足短粗，胫节发达。全世界已知 6 000 余种，中国已知约 500 种。很多种类是林木的重要害虫，如落叶松小蠹 *Scolytus morawitzi* Semenov、云杉小蠹 *S. sinopiceus* Tsai、六齿小蠹 *Ips acuminatus* Gyllenhal (图 28-40F) 等。

(23) 象甲科 Curculionidae　额和颊向前延伸形成明显的喙，口器位于喙的顶端；触角膝状，其末端 3 节膨大呈棒状；前足基节窝闭式；可见腹板 5 节，第 1、第 2 腹板愈合。幼虫身体柔软，肥胖而弯曲，无足。全世界约 60 000 种，我国估计有 6 000 种。成、幼虫均植食性，从植物的根到种子，几乎每个部位都要受到一到多种象甲的危害。幼虫通常在植物组织内取食，成虫在果实及其他植物器官中钻蛀。危害贮粮的有谷象 *Sitophilus* granarius (L.)、米象 *S. oryzae* (L.) 等，而玉米象 *S. zeamais* Motsch. 是我国贮粮的头号害虫。危害大田作物的有棉尖象甲 *Phytoscaphus gossypii* Chao (图 28-40G,H)、稻象甲 *Echinocnemus squameus* Billberg 等。

(24) 三锥象科 Brentidae 小型，体窄长；触角呈膝状，10 节，第 1 节不长，端部稍粗，末节很长，无明显的棒状部；喙长且直；鞘翅狭长，刻点行列明显。全世界已知 1 300 种，我国不到 50 种。甘薯小象甲 *Cylas formicarius elegantulus* (Summers) (图 28-40I) 为重要的农业害虫，成、幼虫能在田间和仓库严重危害薯块。

第二十九节 捻翅目 Strepsiptera

该目学名源于希腊语“στρέφιs”(折，扭转)+ “πτερ ά” (翅)，因此类昆虫雄虫的前翅像用纸搓成的捻子而得名； 中文俗称为捻翅虫， 简称为蝙；英文为 twisted wing insects。

身体微型，雌雄异型，变态复杂，寄生性昆虫。雌雄异型。雄虫体长 1.3 ~ 4 mm，自由生活，前翅退化成伪平衡棒，后翅膜质，扇形；触角常为栉状，至少第 3 节具侧突；口器咀嚼式但退化；复眼突出；跗节 2 ~ 5 节。雌虫无翅、无足，一般呈蛆状，终生不离开寄主，体长 2 ~ 30 mm，头与胸愈合；触角、复眼、单眼和口器退化；腹部长袋形，无产卵器 (图 28-41)。

复变态，卵胎生，幼虫一般 3 龄，第 1 龄幼虫称为三爪蚴，这些三爪蚴行动活泼，通过爬行或借助腹部末端的粗长刚毛弹跳到地面、花或寄主昆虫喜欢的植物上，等待寄主幼、若虫或飞行的蜂类携带回蜂巢中。三爪蚴钻入寄主体内后即行脱皮，变成无足的蠕虫型幼虫。幼虫营全寄生生活。雌虫终生不离开寄主，雄虫自由生活，寿命几小时至 1 ~ 2 d。一头雌虫体内可孵化出数千至万头幼虫，弱颚型离蛹。部分种类有孤雌生殖和多胚生殖现象。捻翅虫的寄生对象主要是膜翅目、同翅目、半翅目、直翅目、螳螂目、双翅目和衣鱼等昆虫。

全世界已知 600 多种，我国已记录 27 种。

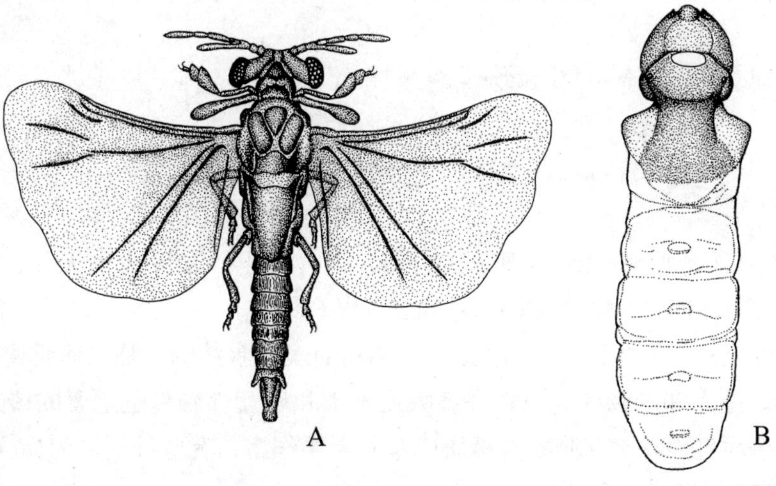

图 28-41 捻翅目的代表拟蚤蝼蝙 *Tridactyloxemos coniferus* Yang（仿杨集昆）

A. 雄虫；B. 雌虫

第三十节　长翅目 Mecoptera

该目学名源于希腊语“μήκos”(大，长)+“πτερά”(翅)，因翅狭长而得名；中文通称为蝎蛉；英文为 scorpion flies。

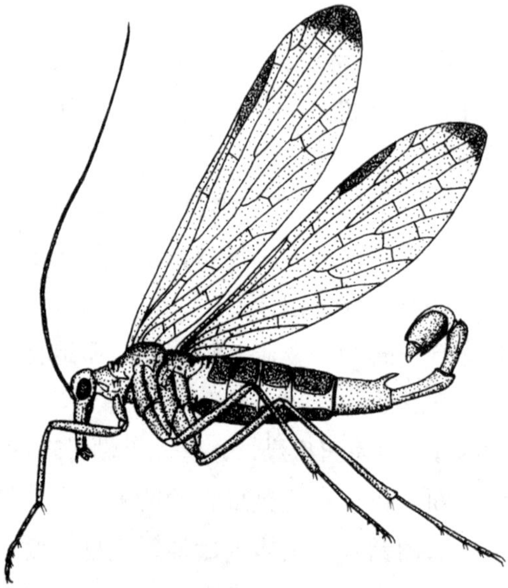

图 28-42　长翅目的代表
蝎蛉 *Panorpa* sp. 雄虫（仿周尧）

该目昆虫大多发生在潮湿的森林、峡谷或植被茂密的地区，在森林植被遭到破坏的地区数量少而不常见，主要取食死的软体昆虫、捕食各种昆虫或取食苔藓类植物，是一类重要的生态指示昆虫。

成虫体中型、细长。头向腹面延伸成宽喙状；口器咀嚼式，位于喙的末端；触角长，丝状。翅两对、膜质，前、后翅大小、形状和脉序相似，翅脉接近原始脉相；有时翅退化或消失。尾须短，雄虫有显著的外生殖器，在蝎蛉科中膨大呈球状，并上举，状似蝎尾(图 28-42)。

完全变态。卵圆形，产于土中或地表，单产或聚产。幼虫鲻式或蛴螬型，生活于树木茂密环境中苔藓、腐木或肥沃泥土和腐殖质中。在土中化蛹。成虫杂食性，主要取食小昆虫，但也取食花蜜、花粉、花瓣、果实和苔藓作为补充食物。蝎蛉科 Panorpidae 主要食物为死亡的软体昆虫；蚊蝎蛉科 Bittacidae 捕食各种节肢动物，主要是昆虫，它们可以从植物上或飞行中捕获猎物；幼虫为腐食性。

全世界已知 680 种左右，我国已知 220 多种。

第三十一节　双翅目 Diptera

该目学名源于希腊语“σι”(双)+“πτερά”(翅)；该目是个大目，包括蚊(mosquitoes)、蠓(midges)、虻(horse flies)和各种蝇(flies)。

它们适应性很强，个体和种类的数量多，有些种类取食植物，是农林业重要害虫；有些种类吸血，是人和动物的害虫；许多吸血种类和腐食性种类是重要的传病介体。另一方面，许多腐食性种类在降解有机质中起着重要作用；有些种类作为捕食者或寄生者，在控制害虫种群中作用明显。

一、主要识别特征

成虫只有 1 对发达的膜质前翅；后翅特化为棒翅 (即平衡棒)；口器刺吸式、刮吸式或舐吸式；触角丝状、短角状或具芒状。幼虫无足型或蛆型。

二、分 类 特 征

双翅目鉴定中所用的主要特征包括触角、足、翅脉和毛序 (主要是头、胸部毛序)，偶尔也用到其他特征。

(1) 触角 在不同科之间变化较大。长角亚目触角较长,6 ~ 18 节，除基部 2 节外，各节相似。在短角亚目和环裂亚目中，触角一般 3 节，基部 2 节小，第 3 节较大。虻类触角第 3 节延长，再分为数个亚节，许多科的触角端部着生端刺 (style)。环裂亚目触角第 3 节常膨大，并着生刚毛状的触角芒 (图 28-43)。

(2) 口器 口器吸收式，变化较大。雌蚊口器为典型刺吸式，上唇、上颚、下颚和舌特化成 6 根细长的口针，包藏于下唇延长形成的喙中；蝇类属舐吸式，由粗短的基喙、中喙和肉质的唇瓣组成；虻类属刺舐式，能刮破寄主皮肤，吸食流出的血液。

(3) 头部的缝 高等蝇类头部有一倒“U”字形缝，从触角基部上方向侧下方延伸到复眼下缘，称为额囊缝 (ptilinal suture)，羽化时由此缝翻出额囊。在额囊缝的顶部与触角基部之间是一新月形骨片，称为新月片 (frontal lunule)。环裂亚目中，额囊缝的存在与否是区分有缝组和无缝组的主要特征之一。

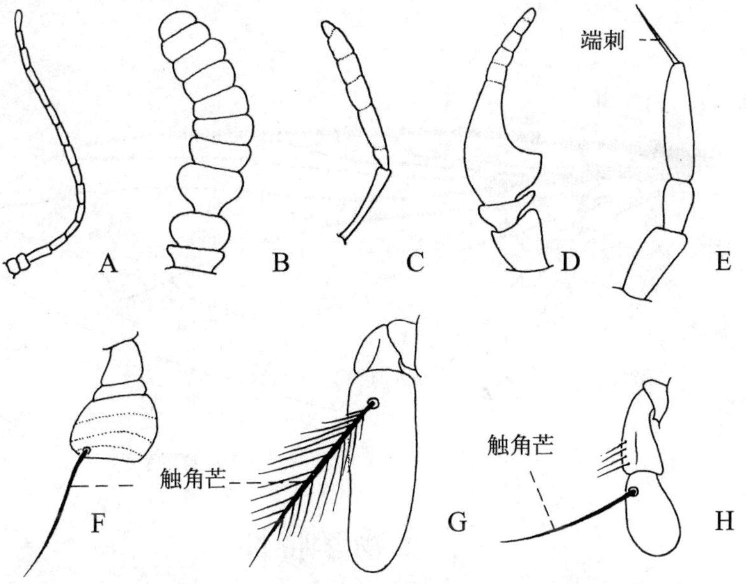

图 28-43 几种双翅目昆虫的触角 (仿 Borror)

A. 一种蕈蚊 *Mycomya* sp.；B. 一种毛蚊 *Bibio* sp.；C. 一种水虻 *Stratiomys* sp.；D. 一种牛虻 *Tabanus* sp.；E. 一种食虫虻 *Asilus* sp.；F. 一种水虻 *Ptecticus* sp.；G. 一种丽蝇 *Calliphora* sp.；H. 一种寄蝇 *Epalpus* sp.

(4) 足　足用于分科的主要特征是爪间突的构造和胫距的有无。爪间突在大多数科中为刚毛状或无，但在少数科中大、膜状，外形类似爪垫。

(5) 翅　根据翅脉一般可以鉴定到科，甚至属和种。翅脉在双翅目中相对简单，在许多科中翅脉数量有减少的趋势。原始类群的翅脉与假想脉序近似，但高等类群翅脉趋向减少。部分蝇类在翅的内缘近基部有一两个翅瓣 (calypteres)，休息时折叠于翅基之下。翅瓣大小常用于区分科或总科。许多蝇类的前缘脉有一两个骨化弱或不骨化的点，使该脉似乎被折断，这样的点被称为缘折，它可能出现在靠近 R1 的末端或肩横脉附近 (图 28-44)。

(6) 毛序　在一些蝇类 (尤其是蝇总科) 的鉴定中，利用较多的是头和胸部刚毛的数量、大小、位置和排列。蝇类毛序的命名比较详细和复杂，在进行有关鉴定和分类时，可参考范滋德 (1992) 和薛万琦、赵建铭 (1996) 的著述。

(7) 胸部　中胸发达，前、后胸极度退化。中胸背板常被盾沟分成前盾片和后盾片。前盾片的外侧是背侧片。中胸侧板常为 4 块骨片，即中侧片 (上前侧片)、腹侧片 (下前侧片)、翅侧片 (上后侧片) 和下侧片 (下后侧片)。中胸背板前部的一条横沟把有瓣类与无瓣类分开。有瓣类中胸背板侧后方通常有缝，分出翅后胛 (postalar calli)，这些缝在无瓣类中不存在。

(8) 幼虫　幼虫一般无足、蠕虫状，称为蛆 (maggot)。在长角亚目中，头通常发达，上颚侧向活动，称为全头式 (显头式)；在短角亚目和环裂亚目中，头部退化，口钩垂直活动。虻类幼虫多为半头式，头部骨化，上颚发达，下颚较大，无下唇。蝇类幼虫为无头式，头部不明显或完全无头，有 1 对能伸缩的骨化口钩。

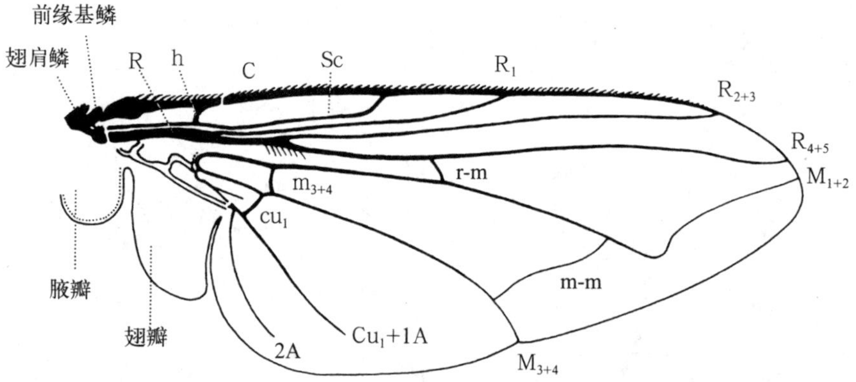

图 28-44　双翅目（蝇类）的脉序 (仿范滋德)

三、生物学特性

完全变态。绝大多数两性繁殖，一般为卵生，麻蝇、家蝇和寄蝇等卵胎生，一些瘿蚊和摇蚊有幼体生殖现象。蚊类雄虫常成群婚飞；雌虫产卵前要补充蛋白质。一个雌虫产卵几十至数百粒，小头虻、寄蝇雌虫可产卵或幼虫 1 000 ～ 6 000 个。雌虫寿命 1 ～ 2 个月。

蚊类幼虫 4 龄，虻类 5 ～ 8 龄，蝇类 3 龄。蚊和虻为离蛹或被蛹，成虫羽化时蛹从背面纵裂，属直裂类。而蝇类蛹包被在幼虫最后一次脱皮形成的外壳内，为围蛹。羽化时蛹壳前端环状裂开，属环裂类。

幼虫生活习性差异很大。许多种类取食腐败的有机质，包括各种腐烂动、植物残体和粪便，在降解有机质中起着重要作用；有些为捕食性，如食蚜蝇取食蚜虫；有些为寄生性，如寄蝇寄生在其他昆虫体内，是重要的寄生性天敌；有些取食脊椎动物的血液，引起人类和动物疾病；少数为植食性，如瘿蚊、实蝇、潜蝇等蛀食根、茎、叶、花、果实、种子或引起虫瘿，是重要的农林害虫。

成虫几乎总是自由生活，白天活动。它们取食液体食物，如花蜜和其他植物渗出液，或者经常取食腐烂的有机物。

四、分　　类

双翅目昆虫全世界已知 15 万余种，我国已记载 15 600 余种。根据触角特征、羽化孔形状、蛹的类型和幼虫形态，可分为长角亚目、短角亚目和环裂亚目。

（一）长角亚目 Nematocera

成虫小，细长；触角长，丝状或羽状，6 节以上，一般长于头、胸部之和；翅 R 脉 5 分支，常无中室和臀室；足细长。幼虫头部发达，上颚侧向活动；多数生活于水中或潮湿生境。蛹为被蛹。分为 26 科，这里介绍 3 个常见科。

（1）大蚊科 Tipulidae　小至大型，身体和足细长、脆弱，外形似蚊；中胸盾沟常呈“V”字形；翅狭长，Sc 端部与 R_1 连接，Rs 3 支，A 脉 2 条。全世界已知 4 300 余种，中国已知近 1 000 种。常见的有稻根蛆 *Tipula praepotens* Wiedemann（图 28-45A）、蒙古稻根蛆 *T. mongolica* Alexander 和稻大蚊 *T. aino* Alexander。

（2）瘿蚊科 Cecidomyiidae　体小型，足细长；触角长，念珠状，雄虫触角节上具环状毛；无单眼；翅脉退化，仅 3 ～ 5 条纵脉，Rs 不分支，横脉不明显；足胫节无距。幼虫纺锤形，头小、不发达；老熟幼虫前胸腹板上常有“Y”字形或“T”字形胸骨片。许多幼虫色彩鲜艳，多为红色、橘黄色、粉红色或黄色。成虫喜早晚活动。许多种类取食植物，少数取食腐败的有机质，个别种类捕食蚜虫、介壳虫和其他小昆虫。植食性幼虫可危害植物的各个部位，常形成虫瘿，特别是禾本科、菊科、芸香科和杨柳科的一些植物易受害。全世界已知 6 100 余种，我国记录 100 余种。黑森瘿蚊 *Mayetiola destructor* (Say) 是重要的植物检疫对象；麦红吸浆虫 *Sitodiplosis mosellana* (Gehin)（图 28-45B）和麦黄吸浆虫 *Contarinia tritici* (Kirby) 是我国重要的小麦害虫。

（3）蚊科 Culicidae　体表与附肢具鳞片；口器刺吸式，喙较长；翅狭长，6 条纵脉达到外缘，翅脉上各有两列鳞片，后缘具缘毛和鳞片；跗节长。全世界已知 3 600 余种，中国已知 370 余种。卵产于水面或水体附近。幼虫水生，称为“孑孓”，体细长，头大、颈细，多毛丛。胸部 3 节愈合、膨大；腹部第 1 至第 7 节侧生毛，第 8 节有圆柱形的呼吸管。成虫黄昏及夜间活动，雄蚊食花蜜或植物汁液，雌蚊吸食动物血液。有些种类能传播疟疾、流行性脑炎和黄热病等。常见种类有中华按蚊 *Anopheles sinensis* Wiedemann（图 28-45C）、淡色库蚊 *Culex pipiens pallens* Coquillett、埃及伊蚊 *Aedes aegypti* (L.) 等。

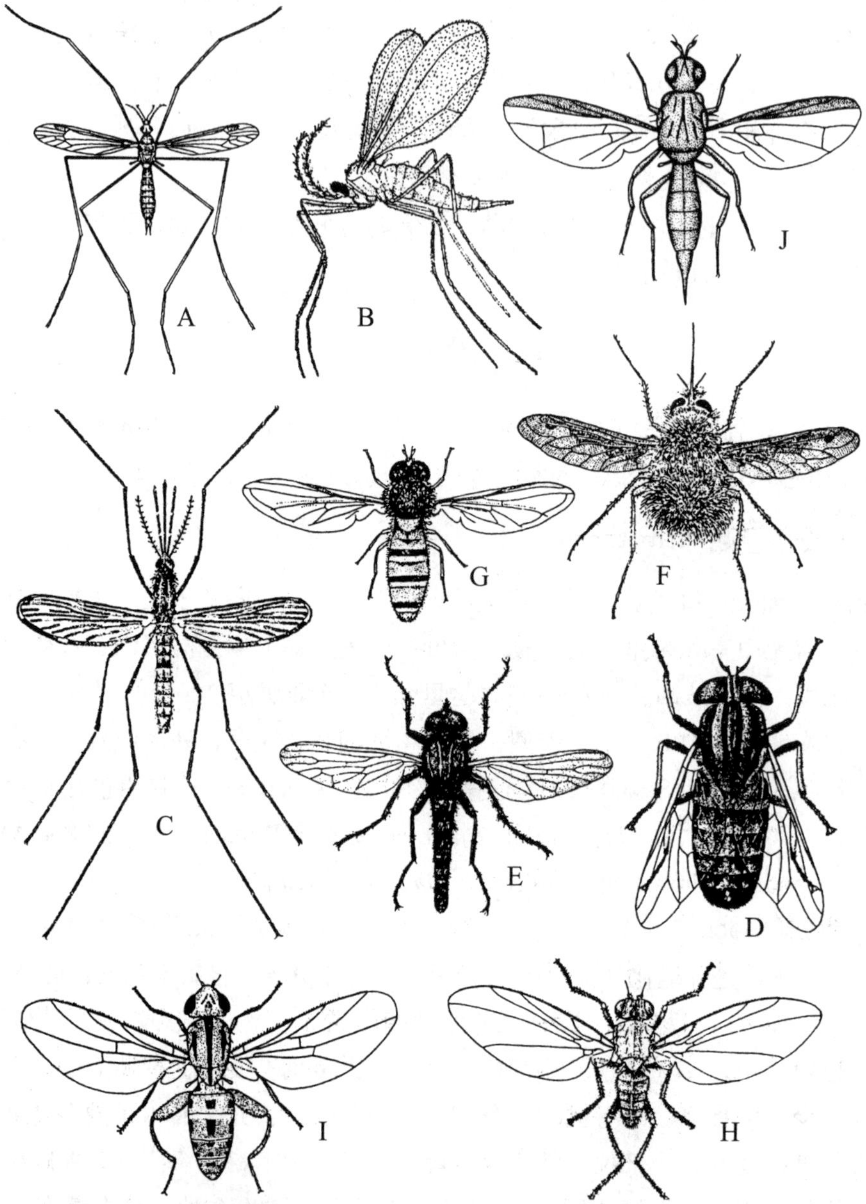

图 28-45　双翅目的代表（一）(A. 仿高桥；C. 仿李凤荪；余仿周尧)

A．大蚊科的代表——稻根蛆 *Tipula praepotens* Wiedemann；B．瘿蚊科的代表——麦红吸浆虫 *Sitodiplosis mosellana* (Gehin)；C．蚊科的代表——中华按蚊 *Anopheles sinensis* Wiedemann；D．虻科的代表——牛虻 *Tabanus amaenus* Walker；E．食虫虻科的代表——盗虻 *Antipalus* sp.；F．蜂虻科的代表——大蜂虻 *Bymbylius major* L.；G．食蚜蝇科的代表——黑带食蚜蝇 *Episyrphus balteata* (De Geer)；H．潜蝇科的代表——豌豆潜叶蝇 *Phytomyza atricornis* Meigen；I．秆蝇科的代表——麦秆蝇 *Meromyza saltotrix* L.；J．实蝇科的代表——柑橘大实蝇 *Tetradacus citri* (Chen)

（二）短角亚目 Brachycera

体粗壮，中至大型；触角 3 节，短于胸部，第 3 节有时分亚节；触角经常具端刺；R 脉一般 4 分支。多数成虫捕食其他昆虫，幼虫捕食或寄生。幼虫头部骨化弱，半头式，口钩垂直活动取食。蛹为围蛹，成虫羽化时蛹壳呈“T”形裂开。包括 19 个科，但许多科种类极少。

(4)虻科 Tabanidae　中至大型，体粗壮；头部半球形；触角第 3 节延长，牛角状；前翅透明或具斑纹，R3 室“V”字形，包围顶角；爪垫和爪间突均垫状。雄虫复眼为合眼式，雌虫为离眼式。复眼经常色彩鲜艳或有彩虹。全世界已知 4 380 余种，中国已知 460 余种。雌虫吸血，经常是家畜和人的重要害虫；雄虫主要取食花蜜和花粉，常见于花上。常见的有华虻 *Tabanus mandarinus* Schiner、牛虻 *T. amaenus* Walker (图 28-45D)、憎黄虻 *Atylotus miser* (Szilady) 等。

(5) 食虫虻科 Asilidae　又称为盗虻科。头大，头顶凹陷；胸部粗，足粗长；腹部细长，略呈锥状；翅狭长 (图 28-45E) ；爪间突刺状。全世界已知 7 400 种，中国已知 250 余种。成、幼虫均为捕食性。常见的有长足食虫虻 *Dasypogon aponicum* Bigot、中华盗虻 *Cophinopoda chinensis* Fabr. 等。

(6) 蜂虻科 Bombyliidae　中到大型，体粗壮，多毛，形似蜜蜂；喙细长；翅上有斑纹。成虫常见于花上。飞行迅速，能在空中停留。幼虫寄生于鳞翅目幼虫、蛴螬、膜翅目幼虫、蝗虫卵等。我国常见的有大蜂虻 *Bymbylius major* L. (图 28-45F) 等。

（三）环裂亚目 Cyclorrhapha

小至中型，粗壮、多毛；触角 3 节，具触角芒；口器舐吸式；R 脉通常 3 分支。幼虫头部退化，蛆型，口钩垂直运动；两端气门式或后气门式；蛹为围蛹，成虫羽化时从蛹一端的环形羽化孔中脱出。分为无缝组 Aschiza 和有缝组 Schizophora。后者又分无瓣类和有瓣类两类。无瓣类 Acalyptratae 昆虫前翅无下腋瓣；触角第 2 节背面外侧无纵缝，或虽有纵缝但不到达第 2 节基部；中胸盾横沟不完整或无，翅后胛不发达。包括 10 总科，64 科。有瓣类 Calyptrateae 昆虫前翅有下腋瓣；触角第 2 节有一纵贯全长的裂缝；中胸盾横沟完整，极少数中断。包括 3 总科 14 科。

(7) 食蚜蝇科 Syrphidae　色彩鲜艳，形似蜜蜂或胡蜂；R 脉与 M 脉之间常有一条两端游离的伪脉。幼虫蛆形；腹部具皱褶、刺或毛，侧区具短而柔软的突起或后端有鼠尾状呼吸管。全世界已知 5 900 余种，中国已知 500 余种。许多幼虫捕食蚜虫，为天敌昆虫；其他种类取食腐烂的物质。常见的有黑带食蚜蝇 *Episyrphus balteata* (De Geer) (图 28-45G)、斜斑鼓额食蚜蝇 *Scaeva pyrastri* (L.) 等。

(8) 潜蝇科 Agromyzidae　体微小，黑或黄色；具单眼；有鬃；后顶鬃分歧；C 脉在 Sc 端部有一折断，臀室小。全世界已知 3 000 余种，中国已知 150 余种。大多数幼虫潜叶，受害叶片的叶肉被食尽，仅留下表皮而成各种形状的蛀道。重要害虫有豆秆蝇 *Agromyza phaseoli* Coquillett、豆秆黑潜蝇 *Melanagromyza sofae* (Zehut)、豌豆潜叶蝇

Phytomyza atricornis Meigen (图 28-45H) 等。

(9) 秆蝇科 Chloropidae　亦称秆蝇。体微小，暗色或黄、绿色，具斑纹；头稍突出，呈三角形，单眼三角区很大；触角芒着生在基部背面，光裸或羽状；鬣退化或消失；C 脉仅在 Sc 末端折断，Sc 退化或短，末端不折转，M 分两支，第 2 基室与中室愈合，无臀室。全世界已知 2 800 余种，中国已知 160 余种。幼虫蛀食禾本科植物茎，有些是禾谷类重要害虫。少数种为寄生性或捕食性。常见害虫有麦秆蝇 *Meromyza saltotrix* L. (图 28-45I) 和稻秆蝇 *Chlorops orzyzae* Matsumura 等。

(10) 实蝇科 Tephritidae　体小至中型，色彩鲜艳，翅上有特殊的斑或带纹；C 脉在 Sc 末端外折断；Sc 脉在亚端部几乎呈直角折向前缘，然后逐渐消失；臀室末端成锐角状突出。幼虫蛆形，白色至黄色，长圆筒形，后气门周围无骨化的气门板。全世界已知 4 600 余种，中国已知 570 余种。成虫常见于花、果实或叶间。幼虫植食性，潜食茎、叶、花托、花或蛀食果实与种子，是坚果类、柑橘类、蔬菜类和菊科等植物的重要害虫。世界著名害虫地中海实蝇 *Ceratitis capitata* (Wiedemann) 和苹果实蝇 *Rhagoletis pomonella* (Walsh) 危害多种水果，是我国对外植物检疫对象；柑橘小实蝇 *Bactrocera dorsalis* (Hendel) 和蜜柑大实蝇 *Tetradacus tsuneonis* Miyake 为我国对内植物检疫对象，柑橘大实蝇 *T. citri* (Chen) (图 28-45J) 在部分产区危害严重。

(11) 果蝇科 Drosophilidae　体小，黄色；触角芒羽状，后顶鬃会合，具额框鬃，有鬣。C 脉在 h 和 R1 脉处两次折断，Sc 退化，臀室小而完整。腹部短。全世界已知 4 000 余种，中国已知约 600 种。成虫喜腐败发酵味，产卵于腐败果实或植物上，繁殖快，生活史短，易于人工饲养。黑腹果蝇 *Drosophila melanogaster* Meigen (图 28-46A) 世界性分布，是遗传学研究的常用材料。

(12) 丽蝇科 Calliphoridae　中到大型，常有蓝、绿金属光泽；触角芒全长羽状；背侧鬃两根。多数丽蝇为腐食者。全世界已知 1 500 余种。成虫常污染食物，传播伤寒、痢疾等传染病；幼虫生活于动物尸体、腐肉或粪便中。常见的种类有红头丽蝇 *Calliphora vicina* Robineall-Desvoidy、亮绿蝇 *Lucilia illustri* (Meigen)、丝光绿蝇 *L. sericata* (Meigen)、大头金蝇 *Chrysomya megacephala* (Fabr.) (图 28-46B) 等。

(13) 麻蝇科 Sarcophagidae　与丽蝇极其类似，但黑色，胸部背面具灰色纵条纹，无金属光泽；多毛和鬃，有粉被；触角芒裸或仅基半部羽毛状；背侧鬃 4 根。全世界已知 2 600 余种。几乎全为蛐生型，雌蝇产蛆，幼虫食腐败动、植物或粪便。常见种类有麻蝇 *Sarcophaga naemorrhoidalis* Fall é n、肥须亚麻蝇 *Parasarcophaga crassipalpis* (Macq.) (图 25-46C) 等。

(14) 寄蝇科 Tachinidae　小至中型，多毛，有斑纹；触角芒多光裸；中胸后小盾片显著，下侧鬃和翅侧鬃发达；腹部各腹板突出被背板盖住，腹部有许多粗大的鬃。幼虫蛆形，多寄生于鳞翅目幼虫、鞘翅目幼虫和成虫、叶蜂、实蜂等。全世界已知 9 600 种以上，我国已知 1 100 余种，是很有益的类群。我国生物防治的益虫有松毛虫狭颊寄蝇 *Carcelia matsukarehae* Shima、日本追寄蝇 *Exorista japonica* Townsend、稻苞虫

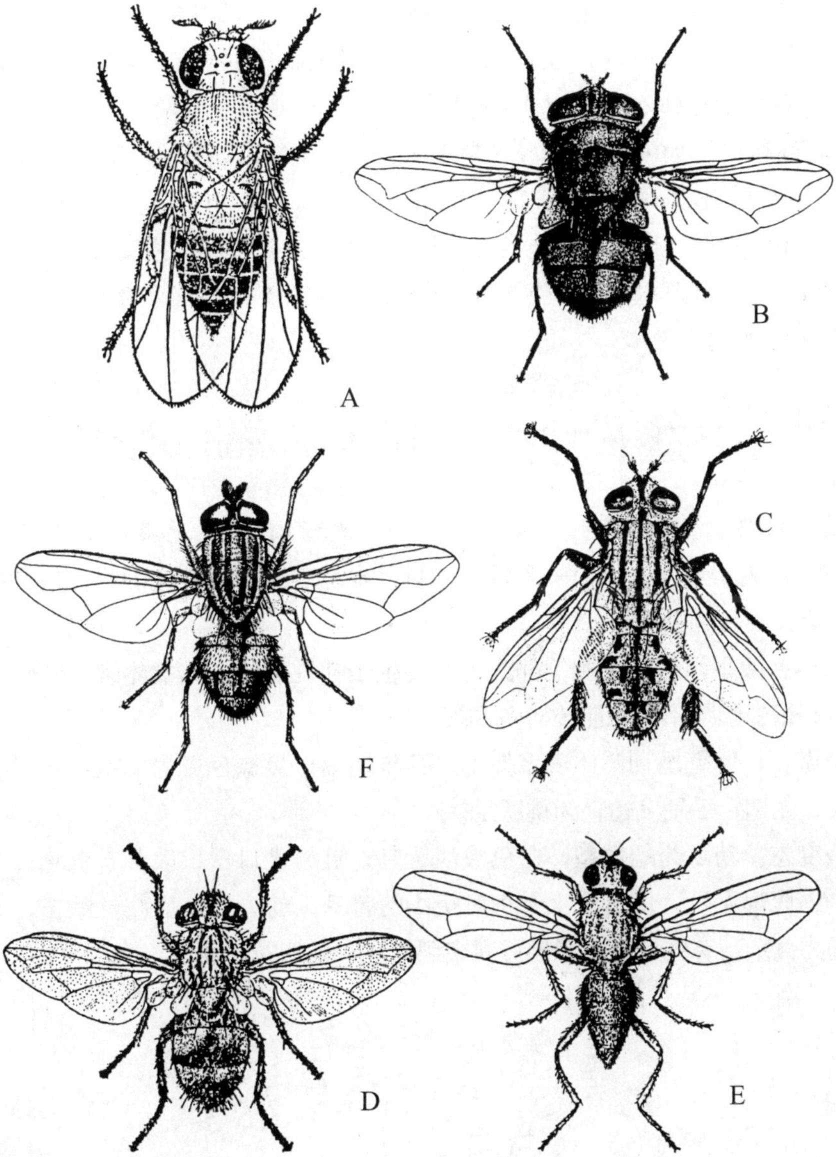

图 28-46　双翅目的代表 (二)(B，C，F. 仿范滋德；D. 仿赵建铭；余仿周尧)

A．果蝇科的代表——黑腹果蝇 *Drosophila melanogaster* Meigen；B．丽蝇科的代表——大头金蝇 *Chrysomya megacephala* (Fabr.)；C．麻蝇科的代表——肥须亚麻蝇 *Parasarcophaga crassipalpis* (Macq.)；D．寄蝇科的代表——粘虫缺须寄蝇 *Cuphocera varia* Fabr.；E．花蝇科的代表——灰地种蝇 *Delia platura* (Meigen)；F．蝇科的代表——家蝇 *Musca domestica* L.

赛寄蝇 *Pseudoperichaeta nigrolinea* Walker、粘虫缺须寄蝇 *Cuphocera varia* Fabr. (图 28-46D) 等。

（15）**花蝇科 Anthomyiidae**　与蝇科很类似，但 Cu_2+2A 到达翅的后缘；体色暗、细长、多毛；触角芒裸或有毛；下侧片无鬃列，腹侧片鬃 2 ～ 4 根；M_{1+2} 不向前弯曲，达到后缘。全世界已知 1 900 余种。幼虫称为根蛆，食腐败动、植物和粪便，一些种类危害发芽的种子，食根、茎、叶，造成烂种、死苗。我国常见种如灰地种蝇 *Delia platura* (Meigen) (图 28-46E)、萝卜地种蝇 *D. floralis* (Fallén)、葱地种蝇 *D. antiqua* (Meigen)、麦地种蝇 *D. coarctata* (Fallén) 等。

（16）蝇科 Muscidae　体粗壮，鬃毛少，多灰黑色或具黑色纵条纹；触角芒羽状；下侧片鬃不成行，腹侧片鬃一根在前、两支在后，M_{1+2} 向前弯，Cu_2+2A 不达到翅缘。全世界已知 5 100 多种。其成员几乎到处可见，有许多是重要的卫生害虫。最常见的家蝇 *Musca domestica* L.（图 28-46F）能传播霍乱、伤寒、痢疾等 50 余种疾病，幼虫生活在粪便或腐烂有机物上。

第三十二节　蚤目 Siphonaptera

该目学名源于希腊语 "σίφων" (管) + "ἀπτερά" (无翅)，因具有吸收式口器且无翅而得名；是昆虫纲中一个较小的目，也是一个十分特化的目，俗称蛇蚤或跳蚤，简称蚤；英文为 fleas。

成虫体型微小，能爬善跳，部分种类寄生于哺乳动物或鸟类体表，叮咬并吸食血液，常引起宿主烦躁不安，能传播多种疾病。

体型微小，体壁坚韧，体表多鬃毛，身体侧扁，黑棕色或黑褐色；触角棒状；口器刺吸式；无翅；后足发达，为跳跃足。

完全变态。幼虫为蠕虫型，白色或淡黄色，咀嚼式口器，取食有机物碎屑或成虫粪便；胸、腹部无足，仅尾节上有 1 对短小的臀足。幼虫老熟后吐丝结茧，并在其中化蛹，蛹为离蛹。有些种类在蛹期可观察到翅芽，证明蚤类起源于有翅祖先。

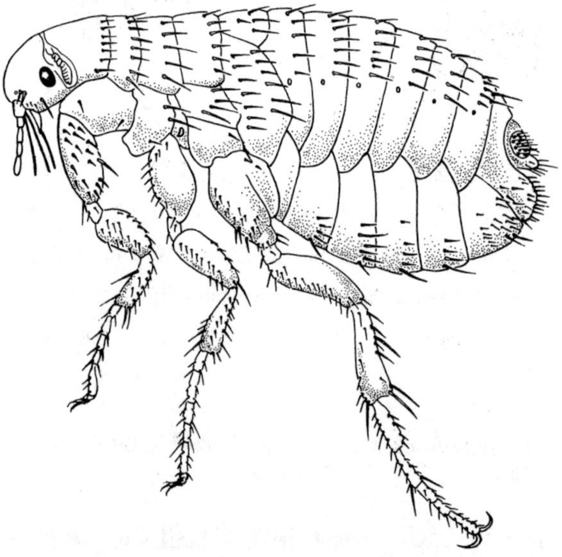

图 28-47　蚤目的代表人蚤
Pulex irritans L. (仿周尧)

雌雄虫均吸血，耐饥饿能力较强。一般情况下，雌蚤需吸食正常宿主的血后，才能交尾出卵。一雌产卵数百粒，产卵期可延续数月之久。卵散产于鸟和哺乳动物的巢穴、粪堆、居室床席或地板、墙角的尘土中。幼虫活泼，生活在阴湿的地面、缝隙等处，取食成虫的粪便或宿主的皮屑等。幼虫期 2 ~ 3 周，3 个龄期。多数种类仅成虫吸血时才到宿主身上。成虫刺叮、吸血后引起宿主剧烈搔痒，还能传播鼠疫、鼠源性斑疹伤寒、绦虫等多种疾病。

目前，全世界已记载跳蚤 2 050 余种，我国已记录 700 余种（亚种）(图 28-47)。

第三十三节　毛翅目 Trichoptera

该目学名源于希腊语“θρί ξτριφós”(毛) +“πτερ ά”(翅)，因翅面具毛而得名；成虫称为石蛾 (caddisflies)，幼虫称为石蚕 (caddisworms)。

幼虫生活于湖泊、河流以及小溪中，偏爱较冷的无污染水域，生态学忍耐性相对较窄，是水流污染程度较好的指示昆虫。同时又是许多鱼类的主要食物来源，在淡水生态系统的食物网中占据重要位置。

成虫小到中型，蛾状；口器咀嚼式，极退化，仅下颚须和下唇须显著；复眼发达，单眼有或无；触角丝状，约等于体长；前翅略长于后翅，有时远长于体；翅和体上通常被细毛，休息时翅呈屋脊状覆于体背，翅脉接近原始脉序；足细长，跗节 5 节。

完全变态。成虫常见于溪水边，主要在黄昏和晚间活动，白天隐藏于植物中，不取食固体食物，但可吸食花蜜或水。 雌虫产卵 300 ~ 1 000 粒，卵产于水中石头或其他物体、或悬于水面上的枝条上。幼虫水生，胸足发达，但腹足阙如，仅有 1 对臀足，其上具强臀钩。幼虫活泼，多取食水生生物或微生物，少数为捕食性，捕食小型昆虫的幼虫。纹石蛾总科幼虫结固定网和居室，诱捕小水生生物为食。在其他科中，幼虫结各种类型的可移动巢，以保护其纤薄的体壁。结巢习性在多数科中高度发达，从管状到卷曲的蜗牛状巢，形态各异。许多类型的材料，如小石头、沙粒、叶片、枝条、松针，以及蜗牛壳等都可用来筑巢。

蛹为强颚离蛹，水生，靠幼虫鳃或皮肤呼吸。化蛹前，幼虫结一茧。筑巢者封巢做茧；自由生活和筑网的幼虫用丝、沙、石子等结卵圆形茧，附着于石头或其他支持

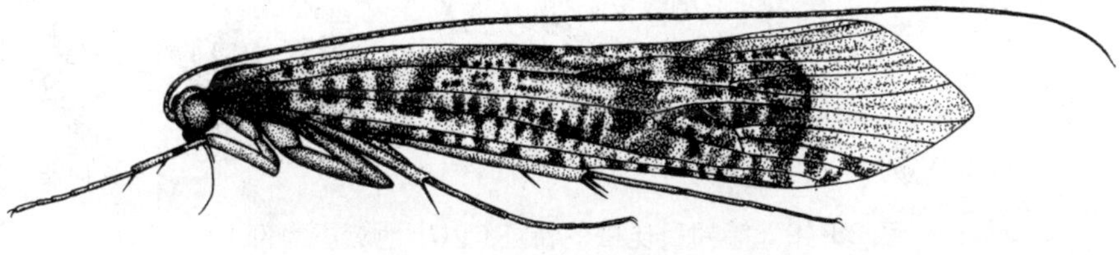

图 28-48　毛翅目的代表 (仿周尧)

一种石蛾 *Stenopsyche* sp.

物上。蛹具强大上颚，成熟后借此破茧而出，然后游到水面，爬上树干或石头，羽化为成虫。

通常一个完整的生活史循环需要 1 年，但少数种类 1 年两代或两年一代，石蛾一生中大多数时间是在幼虫期度过的，卵期很短，蛹期需 2 ~ 3 周，成虫生活约 1 个月 (图 28-48)。

全世界已知 13 500 余种，我国记录 1 100 余种。

第三十四节　鳞翅目 Lepidoptera

该目学名源于希腊语"λέπίs, λεπίδοs"(鳞片) + "πτερά"(翅)；以翅面上布满鳞片而得名，包括蛾子 (moths) 和蝴蝶 (butterflies)，全世界已知 16 万多种，是昆虫纲中仅次于鞘翅目的第 2 大目，具有极大的经济重要性。鳞翅目幼虫除极少数外均取食显花植物，其中许多是农林重要害虫。同时，许多成虫能传粉，家蚕、柞蚕、天蚕等是著名的产丝昆虫。

一、主要识别特征

成虫翅膜质，两对，翅脉简单，横脉极少；身体、翅和附肢均密被鳞片；口器虹吸式，由下颚的外颚叶特化形成，上颚退化或消失。完全变态。幼虫鞭型，侧气门，咀嚼式口器，腹足一般 5 对，少数退化。蛹多为无颚被颚，极少数为强颚离蛹 (图 28-49)。

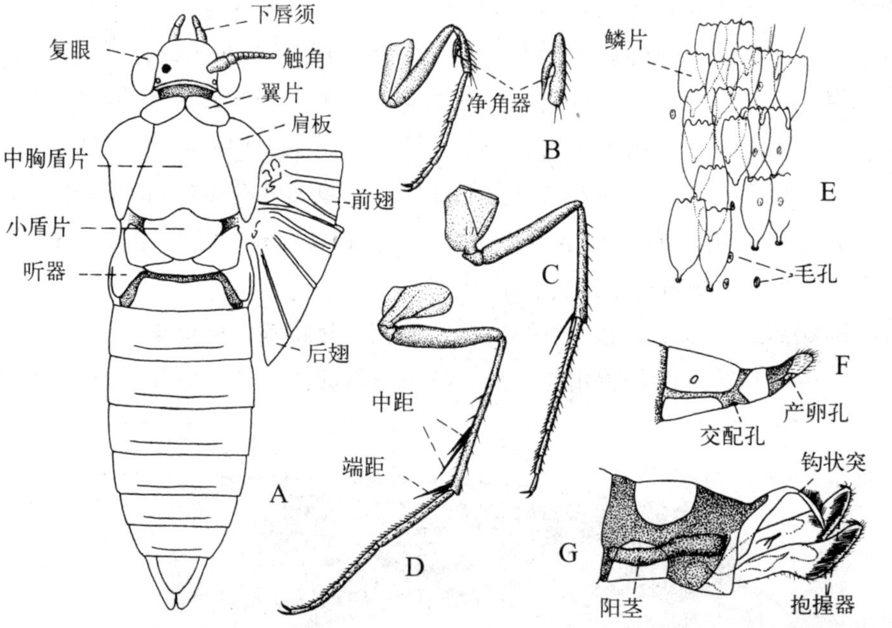

图 28-49　鳞翅目昆虫的特征 (以小地老虎为例)

A．体躯的结构 (鳞片及毛除去)；B．前足，示净角器；C．中足；D．后足，示中距和端距；E．鳞片的排列与着生；F．雌性腹部末端；G．雄性腹部末端（仿周尧）

二、分 类 特 征

鳞翅目昆虫分科使用的主要特征是翅，包括翅脉、翅连锁方式、翅形和翅面斑纹，其他所用的特征包括触角、口器（主要是须和喙）、单眼存在或消失、足等。

(一) 头部

多数蛾子头顶部复眼内侧有 1 对单眼，藏于毛和鳞片下。在有些科中，复眼侧后方还有 1 对感觉器官——毛隆 (chaetosemata)。触角长度和构造变异颇大，一般为线状、单栉状、双栉状等，并且雌雄间也常有不同。蝶类触角较细，多为棒状，末端膨大。在一些小蛾类中，触角基节膨大，当触角向后下方折叠时，膨大的基节盖在复眼上，称为眼罩。在有些小蛾类中，触角基节外侧有一排刚毛，称为栉毛。

在小翅蛾科 Micropterigidae 中，上颚相对发达，有咀嚼功能，下颚内颚叶发达，外颚叶不为喙状，为咀嚼式口器。而在大多数鳞翅目中，上颚完全消失，下颚高度特化，外颚叶形成具吮吸功能的喙，内颚叶则退化。

(二) 胸部

胸部的主要特征是翅。

1. 翅脉

鳞翅目翅的脉相相对简单，横脉极少。在原始鳞翅目中，前后翅脉相非常近似，称为同脉类 Homoneura，Rs 脉 4 分支，M 脉 3 分支，通常 3 条 A 脉。在高等类群中，前后翅脉相明显不同，称为异脉类 Heteroneura，前翅 R 脉 5 分支，但后翅 Rs 脉不分支，R_1 通常与 Sc 愈合，1A 和 2A 合并。随着进化程度的提高，Cu_2 从两对翅中消失。在许多情况下，M 基部退化，造成翅中央部分的一个大翅室，称为中室 (discal cell)。有些 R 分支在其分支点以外重又愈合，形成副室 (accessory cell)(图 28-50)。

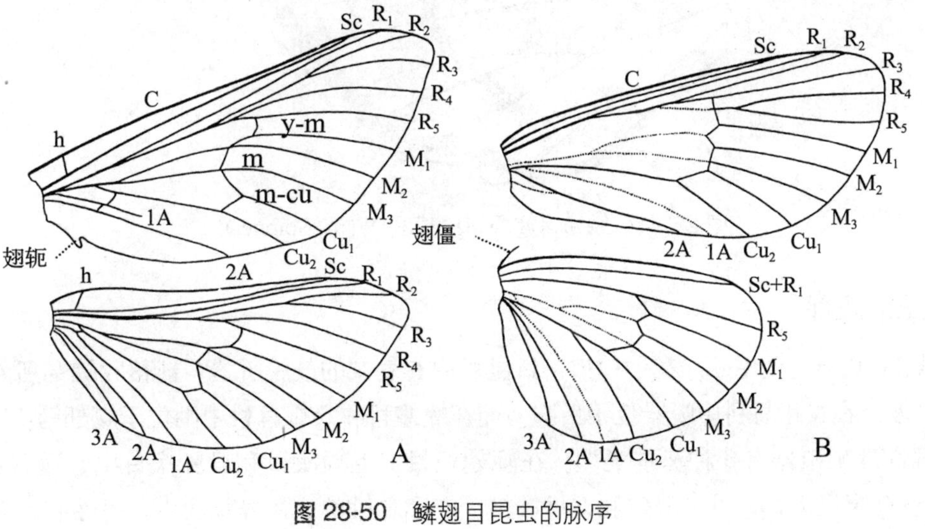

图 28-50 鳞翅目昆虫的脉序

A. 一种蝙蝠蛾 *Sthenopis* sp. 的脉序；B. 异脉类模式脉序

有些情况下，R 在后翅基部与 Sc 分开，R_1 好像是 Rs 和 Sc 之间的一条横脉，但 R_1 最终与 Sc 愈合，伸到翅缘的实际是 Sc。

2. 翅面斑纹

翅面出现各种条纹 (striae)。最常见的贯穿前后翅面的横带有：基横线 (subbasal fascia)、内横线 (antemedian fascia)、中横线 (median fascia)、外横线 (postmedian fascia)、亚外缘线 (subterminal fascia) 和外缘线 (terminal fascia)。另外还有基斑 (basal patch)、基纹 (basal streak)、楔形斑 (claviform stigma)、环形斑 (orbicular stigma)、肾形斑 (reniform stigma)、中斑 (discal spot)、顶纹 (apical streak)、臀纹 (tornal streak)、亚肾斑 (subreniform stigma) 等 (图 28-51)。

3. 翅的连锁方式

翅连锁机制在鳞翅目中高度特化，一般可分为 4 种类型：翅抱型、翅轭型、翅缰型及翅褶型 (参见第七章第四节)。

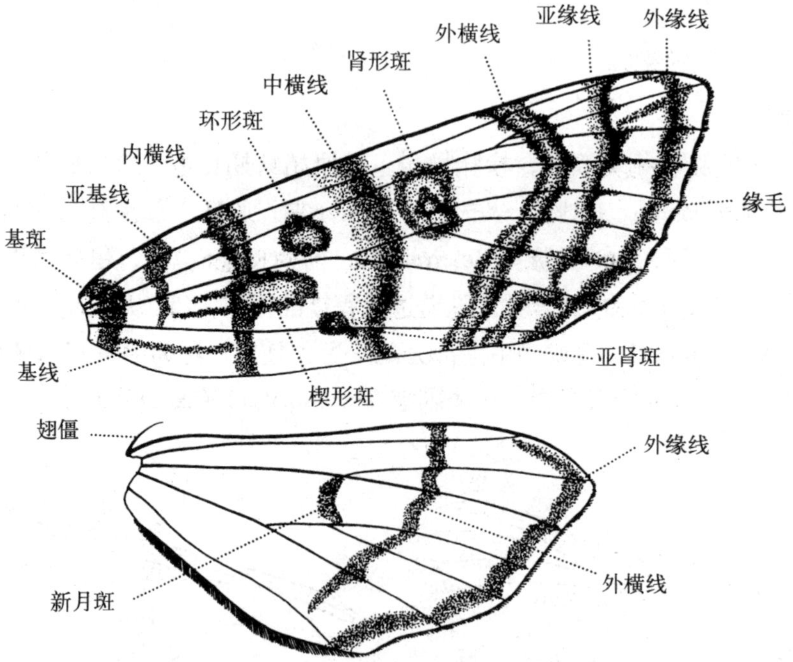

图 28-51　鳞翅目翅面斑纹模式图 (仿 Skinner)

(三) 腹部

腹部 10 节。无尾须。在一些鳞翅目昆虫中有复杂的鼓膜听器，能接收蝙蝠所发射的超声波。在夜蛾总科中听器位于后胸，而在螟蛾科和尺蛾总科中则位于腹部第 1 节。

雌性外生殖器有 3 种基本类型。在轭翅亚目、毛顶次目和异脉次目中，通常在 9 和 10 愈合腹板上有一单个泄殖孔，供授精、产卵和排粪。在异脉次中，虽然有两个单独的生殖孔，但它们都在愈合的第九与十节，且两者在体表以一沟相连。在双孔次目中，有两个单独的生殖孔，分别用于授精(第8腹板)和产卵(第9/10腹板)。雌虫腹部末端数节变细，呈套筒状，司产卵器之功能。

(四)幼虫特征

鳞翅目幼虫称为蠋式幼虫(eruciform larvae)，具发达的头部，胸部3节，腹部10节，一般有3对胸足，5对腹足，腹足末端有趾钩，9对气门分别生于前胸和前8腹节。头顶中央头盖缝发达，额通常为1对窄的斜骨板。唇基和上唇发达。6个侧单眼位于触角基部略后上方。上颚发达。下颚由轴节和茎节组成，通常有一外颚叶，下颚须两三节。头部腹面为下唇。颏相对很大，骨化轻，亚颏常分隔为1对三角形骨片。前颏末端有一吐丝器(图6-9)。在一些潜叶性幼虫中，口器极度特化。

胸部有3对5节的胸足。腹部一般有5对腹足，着生在第3至第6和第10节上，最后1对腹足又称为臀足。趾钩的排列多变，常作为分类依据。最原始的腹足趾钩为单行或多行，较一致的单序环。较进化的有横带、单序到二序或多序、缺环(penellipse)、中带(mesoseries)等(图28-52)。

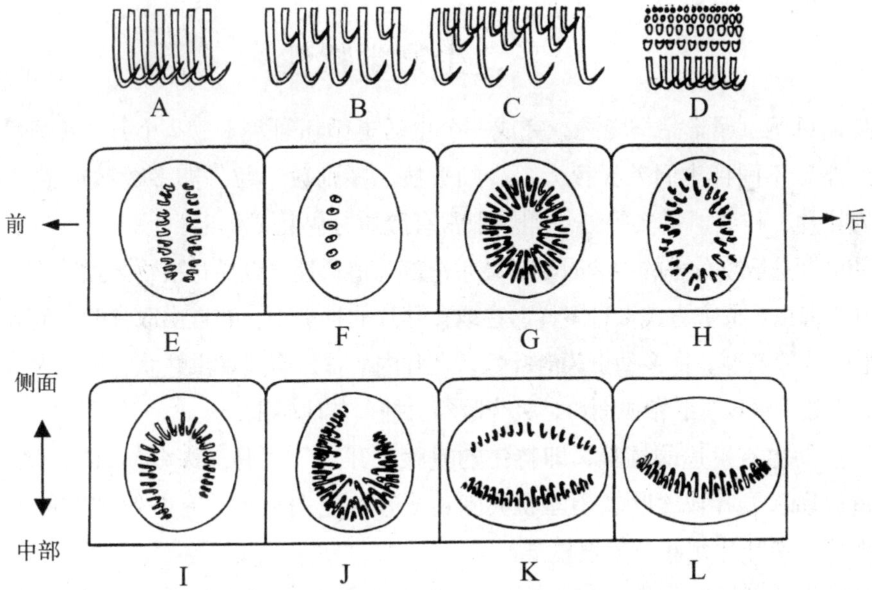

图28-52　鳞翅目幼虫腹足的趾钩(仿Peterson)

A. 单序；B. 双序；C. 三序；D. 单序多行；E. 二横带状；F. 单横带状；G. 双序环状；H. 多行环状；I. 内侧缺环；J. 外侧缺环；K. 二纵带状；L. 双序中带状

在小翅蛾科中，幼虫有8对腹足。在有些科中，腹足的数目常减少，如尺蛾科幼虫腹足仅存于第6和第10节。幼虫的体壁外被物包括刚毛、各种类型的毛瘤和毛疣。毛疣是长有刚毛丛的体壁突出物。天蚕蛾科体壁突出成枝刺，天蛾科中有一尾角。弄蝶科肛门后有时有一臀栉，用以弹掉粪便。驱避腺很常见。在凤蝶科中，第1胸节可翻出双叉状丫腺。在毒蛾科中，第 6 和第 7 腹节背板上有 1 对可翻缩腺体。在许多灰蝶科的第 7 腹节也有一背腺。许多幼虫具有螯毛，如毒蛾科、枯叶蛾科和灯蛾科。腺毛为中空的光滑刚毛，充满毒液，极易折断，触碰可造成皮肤发炎。

鳞翅目幼虫体壁的刚毛有 3 种类型：原生刚毛、亚原生刚毛和次生刚毛。原生刚毛在第 1 龄即已出现，亚原生刚毛在第 2 龄开始出现，这两类毛，尤其是原生刚毛，其排列有一定规律性，称为毛序 (chaetotaxy)，是很重要的分类特征。次生毛为附加毛，见于较进化的科，通常仅出现在 2 龄及以后各龄幼虫，其分布较不规则，在分类上用处不大。

关于毛序 (或毛位) 命名的系统很多，有的以阿拉伯数字命名，有的以罗马数字命名，有的以希腊字母命名，有的以拉丁文字母命名，现多以毛所在的位置命名。有关的基本知识，读者可参考朱弘复 (1956) 的文章。

（五）蛹的特征

蛹基本上分为两种类型，在原始的轭翅亚目、无喙亚目、异蛾亚目和毛顶次目中为强颚离蛹 (decticous exarate pupae)，在其余为无颚被蛹 (adecticous obtect pupae)。强颚离蛹有分节的上颚，借此成虫羽化时得以撕破茧或蛹室。无颚被蛹上颚阙如或退化成无功能的遗痕。

三、生物学特性

鳞翅目昆虫属于完全变态。完成一个生活史循环通常 1 ~ 2 个月，多则 2 ~ 3 年。

产卵量不同种类间差异很大，少则数粒，多则数千粒。卵多数散产或聚产于寄主植物的叶片、枝条、果实等处。卵块上常有胶质分泌物或体毛。

幼虫期是取食危害的主要时期，几乎全部为植食性，以显花植物为食，有许多种类为农林重要害虫。危害方式多种多样。在取食叶片的种类中，有自由取食的、卷叶的、缀叶的、潜叶的等类型。许多幼虫为潜叶性，在叶内取食。有些幼虫蛀茎、根、果等，少数造虫瘿。少数幼虫取食贮粮或面粉。极少数幼虫捕食其他昆虫。

一些幼虫有发达的丝腺，即特化的唾腺，开口于下唇。许多幼虫吐丝结茧，有的用丝造居所。卷叶或缀叶者用丝将其固着于叶片之内取食。有些群居性种类，所造的大网涉及许多叶片，甚至数根枝条。

幼虫期一般 5 龄，1 ~ 2 龄个体小，抗药性弱，是防治的关键时期。3 龄以后进入暴食期，抗药性增强，药剂不易杀死。

有些蛾类幼虫 (包括一些天蛾科和螟蛾科、许多夜蛾等) 在地下造土室化蛹。许多幼虫在隐蔽环境中化蛹。蛾蛹通常褐色，相对光滑，而蝶蛹颜色多变，经常有瘤突或刻纹。大多数蝴蝶化蛹不结茧，其蛹称为蝶蛹(chrysalid)，有保护色。有些蝶蛹(蛱蝶)由体末的臀棘悬挂在叶片或枝条上，其他蝶蛹 (灰蝶、粉蝶、凤蝶) 由臀棘固着，被身体中央的一个丝质腰带（girdle）保持成斜立位置。

蛾类成虫多在傍晚或夜间活动，为夜出性。多数蛾子有趋光性，尤其偏喜紫外光。

蝶类成虫多在白天活动，为昼出性。有些成虫取食成熟果实的汁液或其他液体，实践上常利用蛾子的这种需要补充营养的特性来进行测报和防治。很多种类的蛾子和蝴蝶有远距离迁飞习性，如粘虫、地老虎类、稻纵卷叶螟和一些蝶类，这有利于物种的扩散，同时也为防治带来一定困难。

四、分　类

鳞翅目是昆虫纲的大目之一，全世界已知近 16 万种。关于鳞翅目的分类系统很多。Tillyard 把翅轭和翅缰两个亚目分别以同脉亚目 Homoneura 和异脉亚目 Heteroneura 取代，认为翅脉为高级分类提供了更可靠的基础。Borner 根据雌性生殖器的构造把鳞翅目分为两个亚目——单孔亚目 Monotrysia 和双孔亚目 Ditrysia。Common 把鳞翅目分为 5 个亚目，即轭翅亚目 Zeugloptera、毛顶亚目 Dacnonypha、外孔亚目 Exoporia、单孔亚目 Monotrysia 和双孔亚目 Ditrysia。Nielson 在 20 世纪 80 年代末把鳞翅目分成 4 个亚目，即轭翅亚目 Zeugloptera、无喙亚目 Aglossata、异蛾亚目 Heterobathmiina 和有喙亚目 Glossata，20 世纪 90 年代以来得到了普遍承认。

（一）轭翅亚目 Zeugloptera

上颚发达，口器咀嚼式；下颚外颚叶短，不形成喙。前、后翅脉相很相似，前翅有翅扣。幼虫具 8 对腹足，每一腹足末端均有一爪。蛹为强颚离蛹，结丝质茧。本亚目仅一个科——小翅蛾科 Micropterigidae 成虫有金属光泽，体长仅数毫米，日出性，取食花粉。幼虫取食地衣和苔藓或有机碎屑。世界已知约 190 种，我国仅知 10 余种。

（二）无喙亚目 Aglossata

成虫无单眼和毛隆；上颚发达，分节，有咀嚼功能；下颚内颚叶发达，外颚叶短且不特化成喙状；前后翅脉极相似，前翅具发达翅轭。幼虫既无胸足，也无腹足。蛹为强颚离蛹，具发达上颚，羽化时借此破茧外出。仅包括 1 科——颚蛾科 Agathiphagidae，两种，分布于澳大利亚和斐济等地。

（三）异蛾亚目 Heterobathmiina

有单眼和毛隆；口器类似小翅蛾科。幼虫胸足 3 对，无腹足。蛹为强颚离蛹。仅包括 1 科——异蛾科 Heterobathmiidae，已知 1 属 9 种，分布于南美洲。

（四）有喙亚目 Glossata

成虫上颚退化，下颚特化形成喙管，为典型的虹吸式口器，是鳞翅目中最大的一个亚目。该亚目分为 6 个次目：毛顶蛾次目 Dacnonypha、新毛顶蛾次目 Neopseustina、冠顶蛾次目 Lophocoronina、外孔次目 Exoporia、异脉次目 Heteroneura 和双孔次目 Ditrysia。本书中仅介绍两个次目。

1. 外孔次目 Exoporia

前、后翅脉相极相似；雌性生殖器的交配孔与产卵孔分离，交配囊和生殖系统的其他部分无内部联系，中输卵管位于交配囊背面，无副腺；喙短，常极度缩小；翅轭发达。

(1) 蝙蝠蛾科 Hepialidae：体小至大型，触角短，线状至强栉状；单眼缺如；喙退化；胫节完全无距；M 主干在中室内分叉 (图 28-53A)。幼虫蛀茎或根，腹足趾钩成多行缺环。蛹为无颚被蛹，各腹节具 2 排刺，无臀棘。本科包括 600 多种，世界性分布。虫草蝙蝠蛾 *Hepialus armoricanus* Oberthur 幼虫被虫草菌 *Cordyceps sinensis* (Barkely) Sacc. 寄生后产生的子实体是名贵中药材，即冬虫夏草。

2. 双孔次目 Ditrysia

雌虫有两个生殖孔，交配孔在第 7 和第 8 腹板间，产卵孔在第 9 和第 10 腹板间；交配囊和阴道之间有导精管相连，中输卵管在交配囊背面；翅面无微刺，前后翅形状和翅脉不同，后翅 R_1 与 Sc 愈合，Rs 不分支；连锁机制为翅缰　翅缰钩型或贴合连锁；上颚消失，下颚外颚叶形成喙管。幼虫常具带趾钩的腹足。蛹为无颚被蛹，一般具发达臀棘。

本亚目种类占鳞翅目的 99%，包括大多数蛾子和全部蝴蝶。不同学者分为 17 ~ 29 总科，目前各总科的范围尚有争论。

Ⅰ. 谷蛾总科 Tineoidea　喙光裸无鳞片；下唇须第 2 节有侧鳞；翅较窄，边缘有长毛，中室内常有 M 主干，翅脉在原始种类中接近完全异脉型，在高等类群中有不同程度减少，前翅中室封闭。腹部背面无刺。幼虫隐蔽取食，生活在可携带巢或丝质管内。分为 10 科，这里仅介绍常见的 3 个科。

(2) 谷蛾科 Tineidae　体小，无单眼和毛隆；触角柄节常有栉毛；下唇须第 2 节常有侧鬃；后足胫节被长毛；翅脉分离，后翅窄。幼虫取食干的植物、动物材料或真菌，通常造一巢或隧道。 本科约 3 000 种，其中许多为衣物和仓库害虫。如危害贮粮的谷蛾 *Nemapogon granella* (L.) (图 28-53B)，危害毛、呢制品的幕谷蛾 *Tineola bisselliella* (Hummel) 等。

(3) 蓑蛾科 Psychidae　雌雄异型。雄虫具翅，触角强栉状，喙消失，翅缰异常大。雌虫无翅、蛆状，触角、口器和足极度退化，生活于幼虫所缀的巢内。幼虫囊套型，造可携带巢，巢由丝和叶片及小枝组成，冬天叶落后在树上极易见到，幼虫就在巢内化蛹，大多数种类以卵在巢内越冬。本科已知约 1 000 多种，其中有许多种类能造成树木落叶。我国常见的有大窠蓑蛾 *Clania variegata* Snellen(图 28-53C) 和小窠蓑蛾 *C. minuscula* Butler 等，危害多种植物。

(4) 细蛾科 Gracillariidae　小型蛾类，翅极窄，具长缨毛，前翅色彩常鲜艳，常有指向外的 V 形横带；休息时身体前部由前、中足支起，翅端接触物体表面，形成坐势，极易识别。无单眼和毛隆。触角长丝状，约和前翅等长。下唇须 3 节，常上弯，无侧鬃。翅脉发达，中室闭，无副室。幼虫潜食双子叶植物的叶片、枝条、树皮或果

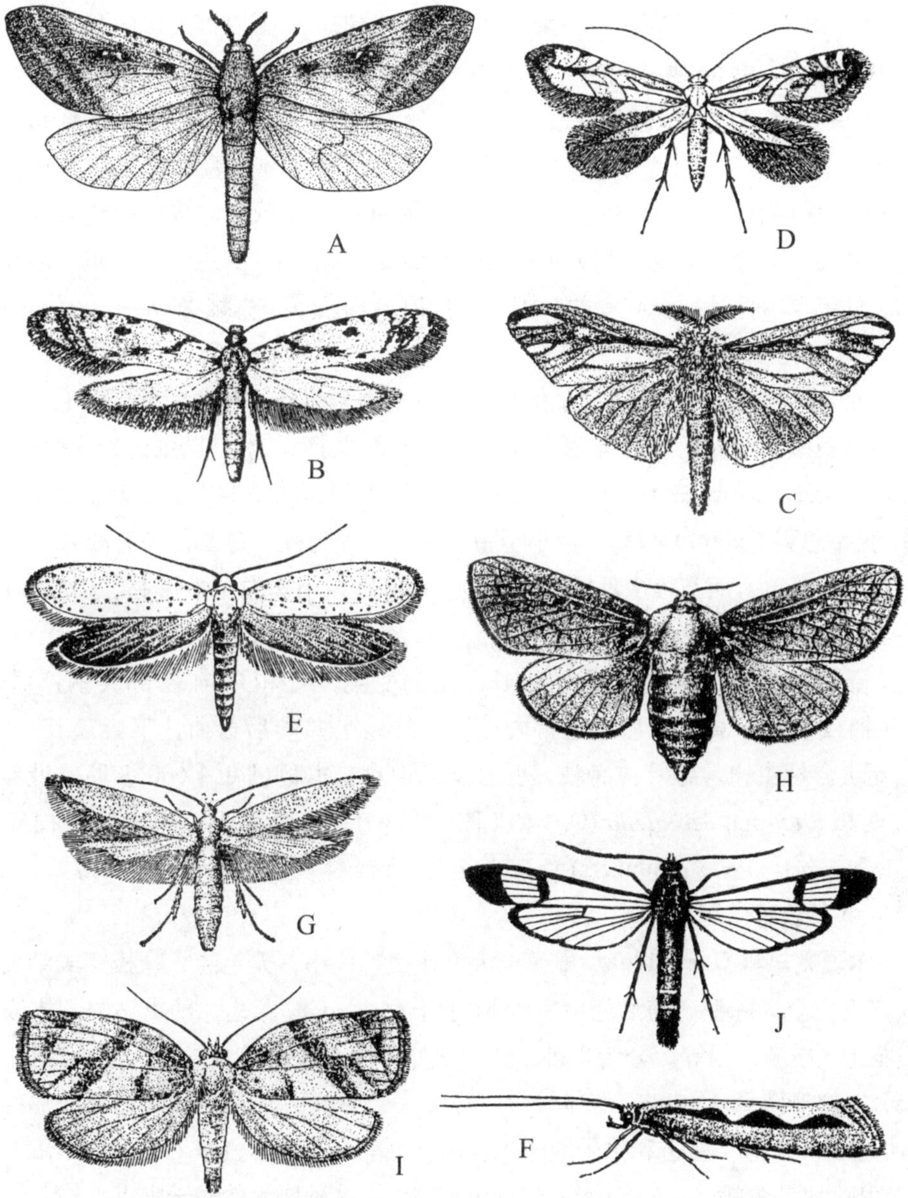

图 28-53 鳞翅目的代表(一)(A. 仿彩万志；余仿周尧)

A．蝙蝠蛾科的代表——一点蝠蛾 *Phassus sinifer sinensis* Walker；B．谷蛾科的代表——谷蛾 *Nemapogon granella*（L.）；C．蓑蛾科的代表——大窠蓑蛾 *Clania variegata* Snellen；D．细蛾科的代表——金纹细蛾 *Lithocolletis ringoniella* Matsumura；E．巢蛾科的代表——苹果巢蛾 *Yponomeuta padella* L.；F．菜蛾科的代表——小菜蛾 *Plutella xylostella*（L.）；G．麦蛾科的代表——麦蛾 *Sitotroga cerealella*（Oliver）；H．木蠹蛾科的代表——芳香木蠹蛾 *Cossus cossus* L.；I．卷蛾科的代表——苹小卷叶蛾 *Adoxophyes orana*（Roslerstamm）；J．透翅蛾科的代表——苹果透翅蛾 *Conopia hector* Butler

实，在隧道末端的丝质茧内化蛹。本科包括 2 000 多种，其中有不少是害虫。我国常见的柳细蛾 *Lithocolletis pastorella* Zeller 危害杨、柳，金纹细蛾 *Lithocolletis ringoniella* Matsumura (图 28-53D) 危害苹果、梨、桃、李等果树。

Ⅱ. 巢蛾总科 Yponomeutoidea 触角线状，柄节常有栉毛。喙管光裸。翅窄，翅脉接近完全异脉型；前翅 R_5 通常止于外缘，中室无 M 主干，Cu_2 发达，常有翅痣。雄性外生殖器无钩形突，但通常有 1 对背兜突。分为 7 科，本书介绍常见的 3 个科。

(5) 巢蛾科 Yponomeutidae 小型蛾子，无单眼；翅较窄，常有鲜艳斑纹，前翅主脉各支分离，R_5 止于外缘；后翅 Rs 和 M_1 分离，M_1 和 M_2 不共柄。幼虫一般吐丝做巢，群居危害。本科已知 600 多种，中国已知 40 余种。苹果巢蛾 *Yponomeuta padella* L. (图 28-53E) 为我国北方苹果果园中的一大害虫。

(6) 菜蛾科 Plutellidae 近似巢蛾科。休息时触角前伸，触角柄节有栉毛，单眼存在，下唇须第 2 节有丛毛呈三角形，后翅 M_1 和 M_2 共柄。本科昆虫已知 50 多种。其中小菜蛾 *Plutella xylostella* (L.) (图 28-53F) 为十字花科蔬菜重要害虫，遍布全世界。

Ⅲ. 麦蛾总科 Gelechioidea 极小至中型蛾子，无毛隆，喙基部被有鳞片，极易识别。触角一般简单，柄节极少具栉毛。翅窄至中等宽，中室内无中脉主干。包括 17 科，其中种类最多、经济意义最大的是麦蛾科。

(7) 麦蛾科 Gelechiidae 前翅狭长，端部变尖，R_4 和 R_5 在基部共柄；后翅 Rs 和 M_1 共柄或在基部靠近，后缘通常内凹，外缘略尖并向后弯曲。下唇须长，上翻，末节长而尖。幼虫通常缀叶或嫩枝，并在基间取食。本科已知 4 600 多种，世界性分布的有麦蛾 *Sitotroga cerealella* (Oliver) (图 28-53G)，取食小麦、玉米等；棉红铃虫 *Pectinophora gossypiella* (Saunders) 危害棉花；马铃薯块茎蛾 *Phthorimaea operculella* (Zeller) 危害马铃薯、烟草等。

Ⅳ. 木蠹蛾总科 Cossoidea 中等至大型蛾类，头小，无毛隆；喙极短或消失；翅脉为或接近完全异脉型，前后翅中室内 M 主干发达，Cu_2 发达。幼虫钻蛀木本或草本植物的茎干、枝条、根等。分为 3 科，其中常见的是木蠹蛾科。

(8) 木蠹蛾科 Cossidae 个体较大，喙消失；中脉主干在中室内分叉。本科全世界约 1 000 种，广布于温带和热带地区。我国常见的有芳香木蠹蛾 *Cossus cossus* L. (图 28-53H) 和咖啡豹蠹蛾 *Zeuzera coffeae* Nietner 等，是多种树木的蛀干害虫。

Ⅴ. 卷蛾总科 Tortricoidea 小型蛾，触角线状，柄节无栉毛；下唇须第 2 节被厚鳞。翅阔，缨毛短于翅宽，前翅略呈长方形，前、后翅 Cu_2 均存在。仅包括 1 科。

(9) 卷蛾科 Tortricidae 前翅通常略呈长方形，休息时呈屋脊状覆于虫体之上。Cu_{1b} 从中室末端 1/4 之前分出，后翅 M_1 不与 Rs 共柄。幼虫隐蔽生活，生境多异，可卷叶、潜叶、蛀茎、造瘿等。是小鳞翅中最大的科，包括 9 400 多种，世界性分布，其中有许多种类为农林重要害虫。我国常见种类有梨小食心虫 *Grapholitha molesta* (Busck)、苹小食心虫 *G. inopinata* Heinrich、李小食心虫 *G. funebrana* Treitschke 等危害多种果树的果实，苹果蠹蛾 *Laspeyresia pomonella* (L.) 为重要的检疫对象，

苹小卷叶蛾 *Adoxophyes orana* (Roslerstamm) (图 28-53I) 为苹果等害虫。

Ⅵ. 透翅蛾总科 Sesioidea 小至中等大蛾子，昼出性，有单眼。下唇须上举。分为 3 科。常见的是透翅蛾科。

(10) 透翅蛾科 Sesiidae 翅极其窄长，通常有缺鳞片的透明区，极似蜂类。前后翅有特殊的、类似膜翅目的连锁机制；腹末有一特殊的扇状鳞簇。白天活动，色彩鲜艳。幼虫钻蛀树木和灌木的主干、树皮、枝条、根部，或草本植物的茎和根。本科已知 1 100 多种，全球性分布。我国常见种类有苹果透翅蛾 *Conopia hector* Butler (图 28-53J)、葡萄透翅蛾 *Parathrene regalis* Butler 等。

Ⅶ. 斑蛾总科 Zygaenoidea 小至大型蛾子，口器通常退化；翅脉为原始异脉型，前后翅 Cu_2 均存在，中室内有 M 主干，后翅 $Sc+R_1$ 在中室外远离 Rs。幼虫通常短粗，有次生毛丛，有时螯刺发达，或有粗螯毛，位于明显的毛瘤上。包括 9 科，此处介绍两科。

(11) 斑蛾科 Zygaenidae 翅阔，通常色彩鲜艳，多白天活动，有警戒色。有单眼和毛隆，喙发达。前翅中室长，中室内有 M 主干，Cu_2 发达；后翅 $Sc+R_1$ 与 Rs 愈合至中室末端之前或有一横脉与之相连。幼虫体粗短、纺锤形，毛瘤上被稀疏长刚毛，腹足完全。本科已知 1000 多种，分布广泛，但亚洲热带地区尤为丰富。我国已知 140 种以上，其中梨星毛虫 *Illiberis pruni* Dyar (图 28-54A) 是常见的梨树害虫。

(12) 刺蛾科 Limacodidae 成虫体粗壮，多为夜出性。单眼缺如。翅通常短、阔、圆，中脉主干在中室内存在，并常分叉；后翅 $Sc+R_1$ 与 Rs 从基部分开，或沿中室基半部短距离愈合。幼虫短粗，蛞蝓状，长有毛疣或枝刺，无腹足，经常在卵圆形石灰质茧内化蛹。本科已知约 1 000 种，分布广泛，但在热带地区最多。我国常见种类有褐边绿刺蛾 *Parasa consocia* Walker、中国绿刺蛾 *P. sinica* Moore、黄刺蛾 *Cnidocampa flavescens* (Walker) (图 28-54B)。

Ⅷ. 粪蛾总科 Copromorphoidea 前翅正面有直立鳞片簇，后翅肘脉基部经常具栉毛。幼虫前胸具有两根侧毛。分为两科。这里介绍蛀果蛾科。

(13) 蛀果蛾科 Carposinidae 触角柄节无栉毛；前翅较宽，正面有直立鳞片簇；后翅中等宽，M_2（通常还有 M_1）消失，Cu_1 有一基栉。幼虫蛀食果实、花芽、嫩枝等，以老熟幼虫在土中结圆茧越冬。本科已知 200 种左右，分布广泛。我国已知有 18 种，其中桃蛀果蛾 *Carposina sasakii* Matsumura (图 28-54C) 危害苹果、枣、桃、梨、杏、石榴、山楂、李子等十多种果树，山茱萸蛀果蛾 *C. koreana* Kim 危害山茱萸。

Ⅸ. 羽蛾总科 Pterophoroidea 翅通常裂成羽状，前翅纵裂为两片，后翅纵裂为 3 片。仅包括一个科。

(14) 羽蛾科 Pterophoridae 体小，细弱；幼虫趾钩单序中带，多暴露取食花和叶片，有时卷叶、蛀茎等。本科 500 多种。我国常见的有甘薯羽蛾 *Pterophorus monodactylus* (L.)、刀豆羽蛾 *Pseudophorus vilis* Butler (图 28-54D) 等。

Ⅹ. 螟蛾总科 Pyraloidea 小至中等蛾，脆弱；喙基部有鳞片；腹部第 1 节有 1 对

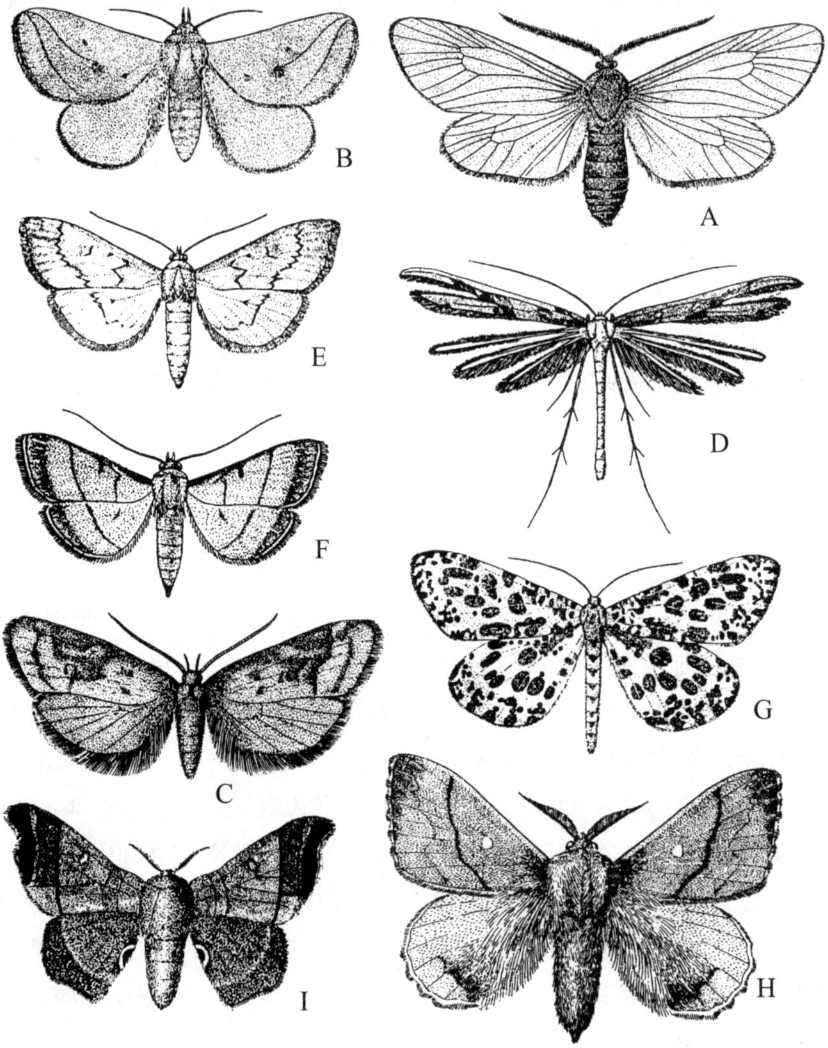

图 28-54 鳞翅目的代表(二)(C. 仿黄可训；余仿周尧)

A．斑蛾科的代表——梨星毛虫 *Illiberis pruni* Dyar；B．刺蛾科的代表——黄刺蛾 *Cnidocampa flavescens* (Walker)；C．蛀果蛾科的代表——桃蛀果蛾 *Carposina sasakii* Matsumura；D．羽蛾科的代表——刀豆羽蛾 *Pseudophorus vilis* Butler；E，F．螟蛾科的代表——亚洲玉米螟 *Ostrinia furnacalis* Guenée (E) 和稻纵卷叶螟 *Cnaphalocrocis medinalis* Guenée (F)；G．尺蛾科的代表——豹尺蛾 *Obeidia tigrata* (Guenée)；H．枯叶蛾科的代表——杏枯叶蛾 *Odonestis pruni* L.；I．蚕蛾科的代表——野蚕 *Theophila mandarina* (Moore)

鼓膜听器。仅包括一个科；但近年来，该总科所包括科级分类阶元有所变化。

(15) 螟蛾科 Pyralidae　后翅 $Sc+R_1$ 与 Rs 在中室外极其接近或短距离愈合；Cu_2 在前翅退化或消失，在后翅存在；中室内无 M 主干。幼虫前胸气门前侧毛两根，腹足短，趾钩通常二或三序，成缺环。植食性，隐蔽取食，蛀茎或缀叶，有些为腐食性，取食植物产品。螟蛾为鳞翅目第2大科，全世界已知30 000多种，我国已知2 000多种，其中许多种类是农林重要害虫。如亚洲玉米螟 *Ostrinia furnacalis* Guenée (图 28-54E) 严重危害玉米；地中海斑螟 *Ephestia kuehniella* (Zeller) 幼虫取食面粉，印度谷螟 *E.*

interpunctella (Hübner) 和粉斑螟 *E. cautella* (Walker) 幼虫取食玉米等种子，梨大食心虫 *Nephopteryx pyrivorella* Matsumura 为果树害虫，桃蛀螟 *Conogethes punctiferalis* (Guen é e) 为多种果树的蛀果害虫；二化螟 *Chilo suppressalis* (Walker)、三化螟 *Tryporyza incertulas* (Walker)、稻纵卷叶螟 *Cnaphalocrocis medinalis* Guenée (图 28-54F) 等严重危害水稻。

XI. 尺蛾总科 Geometroidea 成虫腹部第 1 节腹面有鼓膜听器。Cu_2 在前后翅中均消失。仅包括一个科。

(16) 尺蛾科 Geometridae 体细，翅阔、纤弱，常有细波纹。后翅 $Sc+R_1$ 在近基部与 Rs 靠近或愈合，造成一小基室；第 1 腹节腹面两侧有 1 对鼓膜听器 (图 28-54G)。幼虫细长，通常仅第 6 和第 10 腹节具腹足，行动时一曲一伸，故称尺蠖、步曲或造桥虫，通常拟似植物枝条。本科为鳞翅目第 3 大科，目前已知 21 900 余种，我国已知 2 000 余种。许多种类是森林、行道树或果树的重要害虫，可造成树木成片落叶。我国常见的蝶青尺蛾 *Geometra papilionaria* (L.) 危害杨、柳等；柿星尺蛾 *Percnia giraffata* (Guenée)、沙枣尺蠖 *Apocheima cinerarius* Erschoff、枣尺蠖 *Sucra jujuba* Chu 等都是果树害虫。

XII. 蚕蛾总科 Bombycoidea 单眼和毛隆阙如，无下颚须和鼓膜听器；触角大，双栉状；翅极阔，翅缰和喙退化或消失，Cu_2 消失，后翅 $Sc+R_1$ 通常与中室和 Rs 分歧，或仅以一横脉与中室相连。幼虫大，经常有次生刚毛或刺状毛瘤等；所有腹足均存在，趾钩中带式；能结精制的茧。分为 14 科，本书介绍 3 个科。

(17) 枯叶蛾科 Lasiocampidae 成虫体粗壮，灰色或褐色，体、足、复眼多毛。后翅肩角极度膨大，并通常有两或多条肩脉从 Sc 和 R_1 基部之间的亚缘室伸出，无翅缰。喙退化，无单眼，触角双栉状。幼虫有浓密次生毛，取食树木叶片，经常造成严重危害。本科已知 1 500 余种。我国常见的有天幕毛虫 *Malacosoma neustria testacea* Motsch.、杏枯叶蛾 *Odonestis pruni* L. (图 28-54H)、松毛虫 *Dendrolimus* spp. 等。

(18) 蚕蛾科 Bombycidae 中型蛾，翅阔，前翅顶角常呈钩状；触角双栉状，单眼、毛隆、喙和下颚须均消失；前翅 R 脉 5 条基部共柄；后翅 $Sc+R_1$ 与中室间由一横脉相连。幼虫尾角形，第 8 腹节有一大的尾角。本科全世界已知 350 余种，主要分布在亚洲。家蚕 *Bombyx mori* L. 是著名的蚕丝昆虫，4 700 多年前我们的祖先就已经开始养蚕，目前家蚕在野外已经绝种，完全成为饲养的种类。野外常见的有桑蟥 *Rondotia menciana* Moore、野蚕 *Theophila mandarina* (Moore) (图 28-54I) 等。

(19) 天蚕蛾科 Saturniidae 大至极大型蛾，翅极廓，翅中央有显著的透明眼状斑；触角羽状（双栉状）；后翅 $Sc+R_1$ 从中室基部分歧，M_2 从中室中央或之前分出，翅缰完全消失；胫节无距。幼虫大，许多种类具显著的瘤突或枝刺，趾钩单序中带。本科世界已知 1 500 余种，中国已知近 80 种。我国常见的柞蚕 *Antheraea pernyi* Guerin Meneville、蓖麻蚕 *Samia cynthia ricina* (Donovan) (图 28-55A)、樗蚕 *Samia cynthia cynthia* (Drury) 能产优质丝，是重要的产丝益虫。

XIII. 天蛾总科 Sphingoidea 中至大型，体纺锤形，两端尖削；触角中部或向端

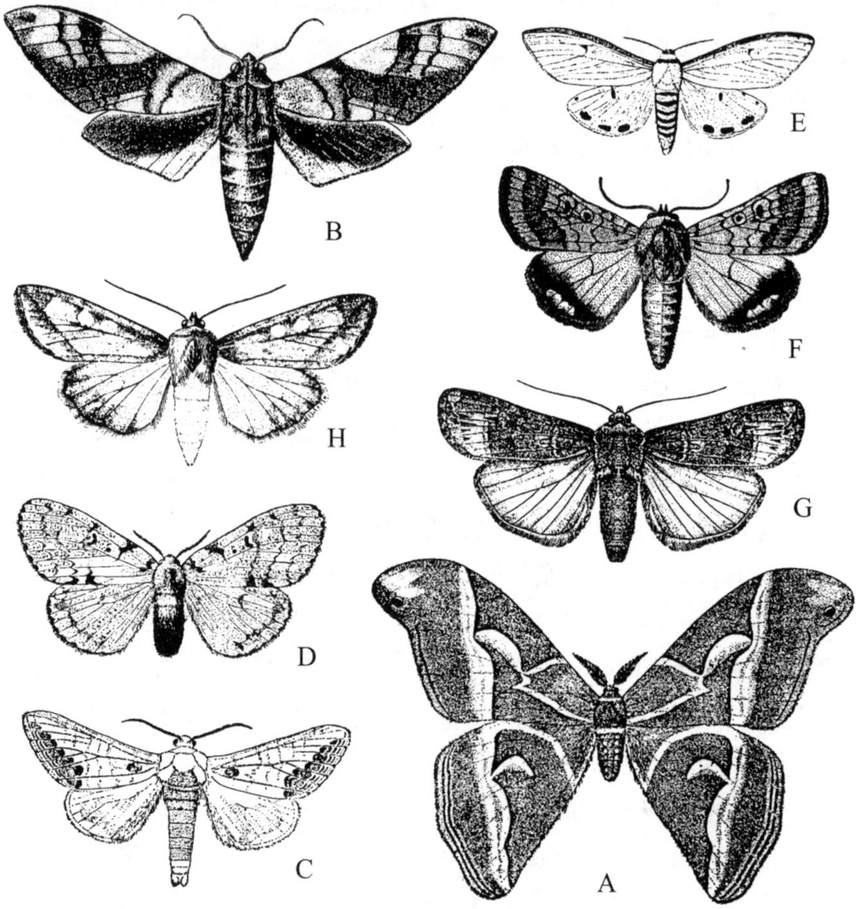

图 28-55 鳞翅目的代表（三）(G. 仿彩万志；余仿周尧）

A．天蚕蛾科的代表——蓖麻蚕 *Samia cynthia ricina* (Donovan)；B．天蛾科的代表——豆天蛾 *Clanis bilineata tsingtauica* Mell.；C．舟蛾科的代表——苹果舟蛾 *Phalera flavescens* (Bremer et Grey)；D．毒蛾科的代表——舞毒蛾 *Lymantria dispar* (L.)；E．灯蛾科的代表——红缘灯蛾 *Amsacta lactinea* (Cramer)；F–H．夜蛾科的代表——棉铃虫 *Helicoverpa armigera* (Hübner) (F)、小地老虎 *Agrotis ypsilon* (Rottemberg) (G) 及粘虫 *Pseudaletia separata* (Walker) (H)

部加粗，末端尖，呈钩状；前翅窄长，外缘极斜直；后翅 $Sc+R_1$ 与中室间由一横脉相连，并在中室外接近 Rs；喙极长。仅包括一科。

(20) 天蛾科 Sphingidae　成虫飞行迅速，能停留于空中。幼虫尾角型，第 8 腹节背面有一向后上方斜伸的尾角；在侧面经常有斜条纹，从背面斜向前一节；腹足均存在，趾钩成一中带。已知 1 300 多种，其中我国已知将近 200 种。农业上重要的种类有甘薯天蛾 *Herse convolvuli* (L.)、豆天蛾 *Clanis bilineata tsingtauica* Mell.（图 28-55B）、霜天蛾 *Psilogramma menephron* (Cramer)、蓝目天蛾 *Smerithus planus planus* Walker 等。

XIV. 夜蛾总科 Noctuoidea　成虫后胸有鼓膜听器，腹基部通常有一大的反鼓膜腔，其边缘经常有一头巾状片，称为反鼓膜巾；无毛隆。幼虫腹足趾钩成单序中带。包括 9 个科，这里介绍 4 个科。

(21) **舟蛾科 Notodontidae** 前翅 M_2 从中室端部中央伸出，肘脉似 3 叉式，后缘亚基部经常有鳞簇；后翅 $Sc+R_1$ 与 Rs 靠近但不接触，或由一短横脉相连；喙通常发达，无单眼；鼓膜向下伸，反鼓膜巾位于第 1 腹节气门后。幼虫圆筒形，或有各种瘤突，臀足经常退化或特化成细突起或刺状构造。惊动时，抬起身体前、后端凝固不动，以身体中央的 4 对腹足支撑身体，故称为“舟形毛虫”。幼虫取食多种乔木和灌木，通常有群集性。在茧内或土中化蛹。本科已知 3 500 多种，中国已知近 400 种；其中有些是重要的落叶害虫，主要危害果树、森林和行道树。我国常见的有苹果舟蛾 *Phalera flavescens* (Bremer et Grey) (图 28-55C)、杨扇舟蛾 *Clostera anachoreta* (Fabr.) 等。

(22) **毒蛾科 Lymantriidae** 成虫无单眼，喙通常消失；胸、腹部被长鳞毛；雌虫有浓密的特化鳞片束，用于覆盖卵块；腹部的反鼓膜巾位于气门前；后翅基室较大，达翅中室中央，M_1 与 Rs 在中室外有短距离共柄。幼虫被浓密长毛，并经常成毛丛或毛刷，有时具螯毛，第 6 和第 7 腹节背面经常有两个毒腺。本科已知 2 700 种以上，我国已知 360 多种。幼虫取食叶片，大多危害树木。常见的舞毒蛾 *Lymantria dispar* (L.) (图 28-55D) 为世界性森林和行道树食叶害虫，模毒蛾 *L. monacha* (L.) 能把树冠叶片完全吃光，造成森林死亡。

(23) **灯蛾科 Arctiidae** 成虫通常色彩鲜艳，多有单眼；后翅 $Sc+R_1$ 与 Rs 愈合至中室中央或更外；反鼓膜巾位于第 1 腹节气门前。幼虫有长次生刚毛，经常以毛丛形式生长于毛瘤上，背面无毒腺。幼虫植食性，取食多种植物叶片，幼龄有群集性。本科已知 6 000 多种，美国白蛾 *Hyphantria cunea* (Drury) 是著名的检疫害虫。我国常见种类有红缘灯蛾 *Amsacta lactinea* (Cramer) (图 28-55E)、尘污灯蛾 *Spilarctia obliqua* (Walker)、人纹污灯蛾 *S. subcarnea* (Walker) 等。

(24) **夜蛾科 Noctuidae** 体多粗壮，前翅略窄而后翅宽。前翅 M_2 基部近 M_3 而远 M_1，肘脉似 4 叉式；后翅 Sc 和 Rs 在基部分离，但在近基部接触一点而又分开，造成一小基室。喙发达，有单眼；反鼓膜巾在气门后。为典型的夜出性蛾子，趋光性和趋糖性强，前翅颜色暗而有保护色，许多种类有迁飞习性，如粘虫、小地老虎等就可以长距离迁飞。幼虫大多数仅具原生刚毛，趾钩一般为单序中带，通常有 4 对腹足，但在有些亚科中第 1、第 2 对腹足略有退化。多数幼虫取食叶片，经常为多食性，少数蛀茎和隐蔽生活。在地下土室内化蛹。该科是鳞翅目第 1 大科，已知 40 000 多种，中国已知 3750 余种。近年来亚科级的分类系统变化较大。有很多种是农林重要害虫。如棉铃虫 *Helicoverpa armigera* (Hübner) (图 28-55F) 危害棉花的蕾铃和番茄果实等；烟夜蛾 *Helicoverpa assulta* (Guenée) 危害烟叶、辣椒果实等；黄地老虎 *Agrotis segetum* (Denis et Schiffermueller)、小地老虎 *Agrotis ipsilon* (Hüfnagel) (图 28-54G) 等为苗期害虫，经常在幼苗基部将植株切断；粘虫 *Mythimna separata* (Walker) (图 28-54H) 为杂粮害虫；斜纹夜蛾 *Spodoptera litura* (Fabr.) 危害花生、棉麻、蔬菜和旱粮作物，取食叶片；甘蓝夜蛾 *Mamestra brassicae* (L.)、银纹夜蛾 *Plusia agnata* Staudinger 为蔬菜害虫。

XV. 弄蝶总科 Hesperioidea 头大，头宽大于或等于胸宽；触角基部远离，末端棒状，弯曲呈钩状；前翅所有径脉均不共柄，单独从中室分出；Cu_2 在两对翅中均消失。仅一个科。

(25) 弄蝶科 Hesperiidae　前翅三角形，中室经常在一两对翅中开放；后足胫节有 2 对距。幼虫纺锤形，头大，经常高于胸部，前胸细瘦呈颈状，腹足趾钩三序环式，腹部末端有臀栉。幼虫一般隐蔽取食，把叶片缀在一起做一居所，夜晚出来取食。本科包括 5 400 多种，中国已知 380 余种。农业上重要的种类有直纹稻弄蝶 *Parnara guttata*（Bremer et Grey）(图 28-56A)、曲纹稻弄蝶 *P. ganga* Evans、隐纹谷弄蝶 *Pelopidas mathias* (Fabr.) 等。

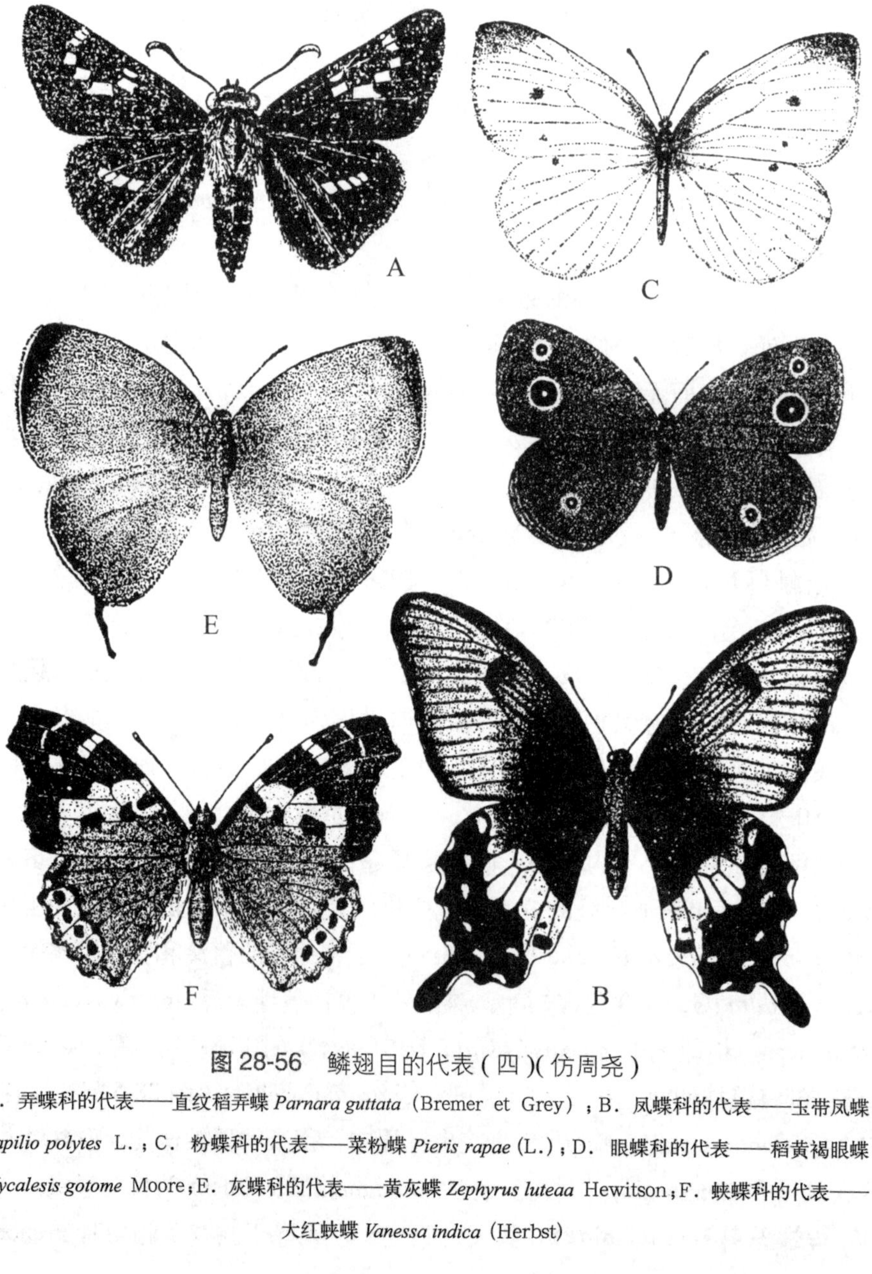

图 28-56　鳞翅目的代表 (四)(仿周尧)

A．弄蝶科的代表——直纹稻弄蝶 *Parnara guttata*（Bremer et Grey）；B．凤蝶科的代表——玉带凤蝶 *Papilio polytes* L.；C．粉蝶科的代表——菜粉蝶 *Pieris rapae*（L.）；D．眼蝶科的代表——稻黄褐眼蝶 *Mycalesis gotome* Moore；E．灰蝶科的代表——黄灰蝶 *Zephyrus luteaa* Hewitson；F．蛱蝶科的代表——大红蛱蝶 *Vanessa indica*（Herbst)

XVI. 凤蝶总科 Papilionoidea 触角细棒状；前翅径脉 R 一或多支共柄或愈合；后翅 $Sc+R_1$ 从中室近基部分出，强烈弯曲并分歧，无翅缰；前后翅均无 Cu_2。蛹为蝶蛹，裸露，由一丝质腰带和臀棘、或仅由臀棘支持。本总科分为 4 科。

(26) 凤蝶科 Papilionidae 前足正常，有前胫突；前翅 M_2 靠近 M_3；后翅只有一条臀脉。已知 610 余种，世界性分布，中国已知约 100 种。前翅径脉 5 支，后翅 M_3 脉上通常有一条尾状突起。幼虫光滑，前胸有一翻缩性丫形腺。有些幼虫前端有眼状斑。包括最大和最漂亮的蝴蝶。常见种类有金凤蝶 *Papilio machaon* L.、玉带凤蝶 *P. polytes* L. (图 28-56B)、柑橘凤蝶 *P. xuthus* L. 等。

(27) 粉蝶科 Pieridae 体中等大小，通常白色、黄色或橙色，常有黑色斑纹。前足正常，爪两分叉；前翅 R 脉 3 支或 4 支，极少 5 支，M_1 与 R_{4+5} 长距离愈合；后翅有两条臀脉。幼虫体上密生细而短的次生毛，体节分为亚节（annulets)，趾钩为二序中带或三序中带。本科已知 1 200 种左右，中国已知 130 余种。许多种类以十字花科、豆科植物等为食。菜粉蝶 *Pieris rapae* (L.)(图 28-56C) 严重危害十字花科蔬菜。其他常见种类有豆粉蝶 *Colias hyale* L.，黑脉粉蝶 *Pieris melete* Menetr. 和欧洲粉蝶 *P. brassicae* L. (图 28-56C) 等。

(28) 眼蝶科 Satyridae 体小到中型，体躯较细，色多暗。翅面多具眼状斑或环纹；前足退化，折在胸下而不用于行走。幼虫体为纺锤形，头大。全世界已知 3 000 种，我国已知 260 余种。常见的种类有稻黄褐眼蝶 *Mycalesis gotome* Moore (图 28-56D)、蛇眼蝶 *Minois dryas* L.。

(29) 灰蝶科 Lycaenidae 体小，翅正面蓝色、铜色、暗褐或橙色，反面较暗，有眼斑或细纹。触角上有白环，复眼四周围绕一圈白色鳞片环。雌虫前足正常，但雄虫前足缩短，跗节愈合。前翅 R 脉 3 支或 4 支；后翅在 Cu_{1b}(有时 Cu_{1a} 或 1A) 经常有纤细尾状突，A 脉两条 (图 28-56E)。幼虫一般取食叶片、花或果实。本科 6 500 余种，中国已知 560 余种。我国常见的有豆灰蝶 *Plebejus argus* (L.) 和蓝灰蝶 *Everes argiades* (Pallas) 等。

(30) 蛱蝶科 Nymphalidae 雌雄前足均退化、无爪，通常折叠在前胸上，胫节短，被长毛。后翅 A 脉两条。蛹由臀棘倒悬。本科已知 5 000 多种，我国已知 320 余种。常见的有大红蛱蝶 *Vanessa indica* (Herbst) (图 28-56F)、孔雀蛱蝶 *Inachis io* L. 等。

第三十五节 膜翅目 Hymenoptera

该目学名源于希腊语“ύ μηυ”(薄膜) +“π τ ε ρ ά”(翅)；以前、后翅均为膜质而得名；包括各种蜂 (wasps，bees) 和蚂蚁 (ants)，英文统称 hymenopterans 或 hymenopterous insects。

全世界已知约 14.5 万种，估计至少有 25 万种；中国已知近 12 500 种。大多数为捕食性或寄生性，是重要的天敌和传粉昆虫，只有少数为植食性。从人类的经济观而言，膜翅目是昆虫纲中最有益的目之一。从生物学上看，膜翅目也是一个非常有趣的类群，因为它们的习性表现出极大的多样性，其行为的复杂性在蜜蜂、蚂蚁等社会组织中达到顶峰。

一、主要识别特征

翅膜质、透明，两对翅质地相似，后翅前缘有翅钩列与前翅连锁，翅脉较特化；口器一般为咀嚼式，但在高等类群中下唇和下颚形成舌状构造，为嚼吸式；雌虫产卵器发达，锯状、刺状或针状，在高等类群中特化为螯针。

二、分 类 特 征

（一）头部

触角形状、节数、以及在颜面上的位置变化较大。触角有丝状、念珠状、棍棒状、栉齿状、膝状等。膝状触角的鞭节分化为环状节（ring joint）、索节（funicle）和棒节（club）。口器一般为咀嚼式，但蜜蜂口器上颚咀嚼式，用以咀嚼花粉和筑巢，下颚和下唇组成喙，能吮吸花蜜，为嚼吸式。

（二）胸部

用于分类的特征主要是前胸背板以及一些中胸骨片和沟的形状。前胸背板的形状、是否与肩板接触，是重要的分类特征。

(1) 足　用于分类的主要是转节节数、胫节距的数目和形状、跗节的形状等。在广腰亚目和蜜蜂总科中，转节两节。蜜蜂的后足特化为携粉足，第 1 跗节大而扁，内侧有 10 ～ 12 排横列的硬毛，刷刮附在身上的花粉，称为花粉刷。

(2) 翅　翅 2 对，膜质，前翅远比后翅大，翅的连锁靠后翅前缘的翅钩 (hamuli) 列，钩在前翅后缘下卷的褶上。翅脉高度特化，翅脉和翅室较少，其命名系统比较混乱，其命名主要有 Jarine（1920）的老系统、Comstock-Needham 等系统，目前比较常用的命名系统是 Gauld (1988) 所提出的 (图 28-57)，但也有一些学者仍然应用较老的命名系统。

有的前翅前缘有翅痣，有的翅脉极退化，如小蜂总科等。

（三）腹部

细腰亚目原生第 1 腹节向前延伸，并入后胸，称为并胸腹节 (propodeum)，其上有 1 对气门，故腹部第 1 可见腹节实际上是原生第 2 节。细腰亚目第 1 腹节基部缩小，有的甚至呈细腰状，称为腹柄 (petiole)；广腰亚目腹部第 1 节基部不缩小，与后胸等宽。雌虫有发达的产卵器，但着生位置不同。在姬蜂总科、瘿蜂总科和小蜂总科中，产卵器自腹部腹面腹末之前伸出，不用时不缩入体内。而在细腰亚目剩余的大多数类群中，产卵器从腹末伸出，不用时缩入体内。叶蜂产卵器锯状；姬蜂管状；胡蜂等为螯刺状，与毒囊相连。

胸部与腹部的连接情况 (图 28-58) 也是分类上常用的特征。

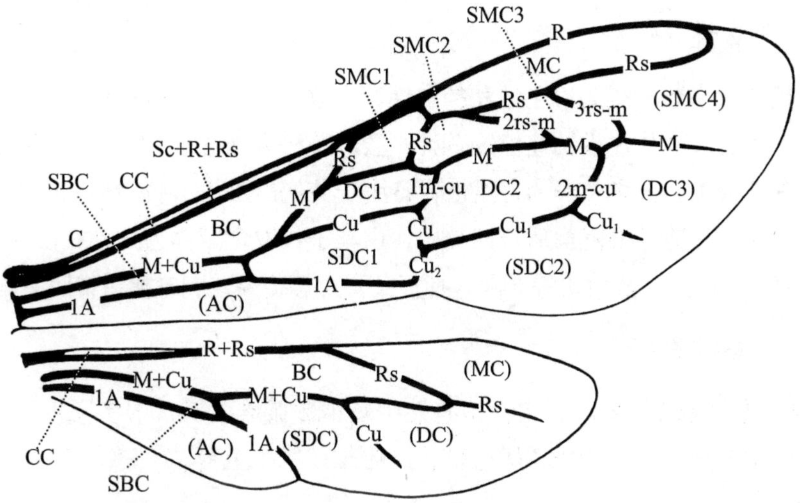

图 28-57　膜翅目的脉序及翅室命名 (以蜜蜂科昆虫的翅为例)(仿 Gauld)

AC．臀室；BC．基室；CC．前缘室；DC．盘室；MC．缘室；SBC．亚基室；

SDC．亚盘室；SMC．亚缘室

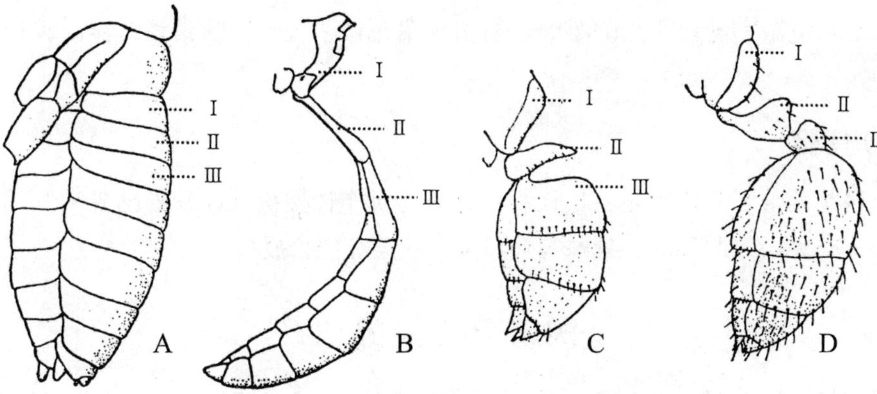

图 28-58　膜翅目胸、腹部的连接 (仿周尧)

A．广腰亚目 (叶蜂)；B．细腰亚目 (姬蜂)；C，D．蚂蚁

三、生物学特性

(一) 变态类型

膜翅目属于完全变态，一生经过卵、幼虫、蛹和成虫 4 个阶段。叶蜂等的幼虫有 3 对胸足，6 ~ 8 对腹足，着生在第 2 至第 8 和第 10 腹节上，头部每侧有一单眼，体形很像鳞翅目的蠋式幼虫，称为伪蠋式 (erucina) 幼虫。蛀茎或潜叶的幼虫胸足退化，无腹

足，如茎蜂科。细腰亚目的幼虫为无足型，属于蛆式幼虫。

蛹均为离蛹，有时结茧，或在寄主体内，或在特殊的蛹室内。

(二) 食性

膜翅目大多数种类为寄生性和捕食性，少数植食性。广腰亚目的大多数种类为植食性，幼虫取食植物叶片或钻蛀植物茎秆。蜜蜂总科取食花蜜和花粉。蚂蚁、胡蜂中均有一些捕食性种类。很多类群为寄生性，寄生于其他昆虫或节肢动物，包括外寄生和内寄生。有些蜂把其他昆虫麻痹后带回巢中，供其子代取食，称为狩猎蜂，例如，蜾蠃蜂产卵时衔泥筑巢，或寻找竹管等产卵，捕捉菜青虫等，经螫刺麻痹后带回室内贮存。

(三) 繁殖方式

本目昆虫有以下繁殖方式：①有性生殖；②孤雌生殖；③多胚生殖。孤雌生殖又可分为产雄孤雌生殖、产雌孤雌生殖、产雌雄孤雌生殖等。

(四) 生活方式和多型现象

膜翅目昆虫的生活方式有独栖和群栖之分。植食性及寄生性的种类一般营独栖生活。蜜蜂和蚂蚁中的一些种类常群栖生活，为社会性昆虫。例如，意大利蜜蜂群体中，包括一只蜂王、数个雄蜂和大量工蜂。蜂王是生殖器官发达的雌蜂，司繁殖后代的任务；工蜂是生殖器官发育不全的雌蜂，担负采集花粉、花蜜、筑巢等工作；雄蜂交配后即死去。

(五) 传粉

蜜蜂科是最重要的传粉昆虫，除利用蜜蜂为农作物授粉外，我国已成功利用凹唇壁蜂 *Osmia excavata* (Alfken)、熊蜂等为苹果、蔬菜等作物授粉。

四、分　　类

根据胸部与腹部之间的连接方式，膜翅目一般分为两个亚目：广腰亚目 Symphyta 和细腰亚目 Apocrita，包括 23 总科 115 科。

(一) 膜翅目亚目和常见总科检索表

1　腹基部宽，不收缩成腰；足转节两节；后翅至少有 3 个完整的基室 (广腰亚目 Symphyta)……………………………………………………………………………… 2

-　腹基部缢缩，略呈柄状或长柄状，与胸部呈细腰状联接；后翅最多只有两个基室 (细腰亚目 Apocrita) ……………………………………………………………3

2　前足胫节有两端距……………………………………………叶蜂总科 Tenthredinoidea

-　前足胫节只有一个端距…………………………………………茎蜂总科 Cephoidea

3　后翅无臀叶，足的转节多为两节；产卵器不能缩入体内；腹部末节腹板不纵裂；寄生性(寄生部 Parasitica) ·· 4
-　后翅有臀叶；足转节一节；产卵器螫刺状，不用时缩在体内，腹部末节腹板不纵裂(针尾部 Aculeata) ·· 5
4　触角膝状；前胸背板不达肩板；前翅翅脉退化，通常只有一条短脉(痣脉)，缺缘室··小蜂总科 Chalcidoidea
-　触角非膝状，前胸背板向后延伸达肩板，触角多在 16 节以上，前缘脉与亚前缘脉会合，无前缘室··姬蜂总科 Ichneumonoidea
5　腹部能弯转和胸部相接触；腹部可见背板 3 ～ 5 节；有金属光泽··青蜂总科 Chrysidoidea
-　腹部不能折到胸部下；腹部可见背板 6 节以上 ·· 7
6　前胸背板与肩板相接触 ·· 胡蜂总科 Vespoidea
-　前胸背板不与肩板相接触 ·· 8
7　头和胸部的毛不分支；后足第 1 跗节正常，无毛 ··············· 泥蜂总科 Sphecoidea
-　头和胸部的毛分枝或羽状；后足第 1 跗节宽扁、增厚，常有毛 ··· 蜜蜂总科 Apoidea

(二)分类系统和重要科介绍

广腰亚目 Symphyta　腹部和胸部广接，腹基部不收缩成细腰；足转节两节；翅脉较多，后翅基室至少 3 个；产卵器发达。幼虫均为植食性。分为 6 总科，13 科。这里介绍两个最常见的科。

(1) 叶蜂科 Tenthredinidae　成虫色彩鲜艳，常见于叶片或花上。体粗壮，中等大小，前胸背板后缘深凹，两端接触肩板，前足胫节有两个端距；产卵器锯齿状；触角 9 ～ 16 节，多为丝状。幼虫伪蠋型，头明显，咀嚼式口器，具 3 对胸足，多数有腹足；与鳞翅目幼虫的区别是腹足 6 ～ 8 对，无趾钩，通常仅 1 对单眼。取食叶片；通常产卵于植物嫩梢或叶上。本科已知 6 000 多种，中国已知 2 000 余种。我国常见种类有小麦叶蜂 *Dolerus tritici* Chu (图 28-59A)、黄翅菜叶蜂 *Athalia rosae japanensis* (Rhower) 和梨实蜂 *Hoplocampa pyricola* Rohwer 等。

(2) 茎蜂科 Cephidae　成虫细长，触角丝状或棒状；前胸背板后缘平直；前足胫节只有一个端距，腹部第 1 和第 2 节间略收缩；雌虫产卵器较短。幼虫钻蛀禾本科等植物的茎秆，体弯曲呈"S"或"C"字形，胸足退化，无腹足。已知 100 多种。主要农业害虫有麦茎蜂 *Cephus pygmaeus* L. (图 28-59B)、梨茎蜂 *Janus pyri* Okamoto et Muramatsu 等。

细腰亚目 Apocrita　腹基部缢缩，呈细腰状，腹部第 1 节并入胸部，成为并胸腹节，所以胸部看似 4 节；后翅最多只有两个基室，常无臀叶；雌虫常有尖锐的产卵器。幼虫无足，蛴螬状或蛆状，绝大多数为寄生或捕食性种类；有些植食性，成虫主要取食花、植物汁液或其他植物材料。根据是否螫人，可分为两类：寄生部 Parasitica 和针尾部 Aculeata。

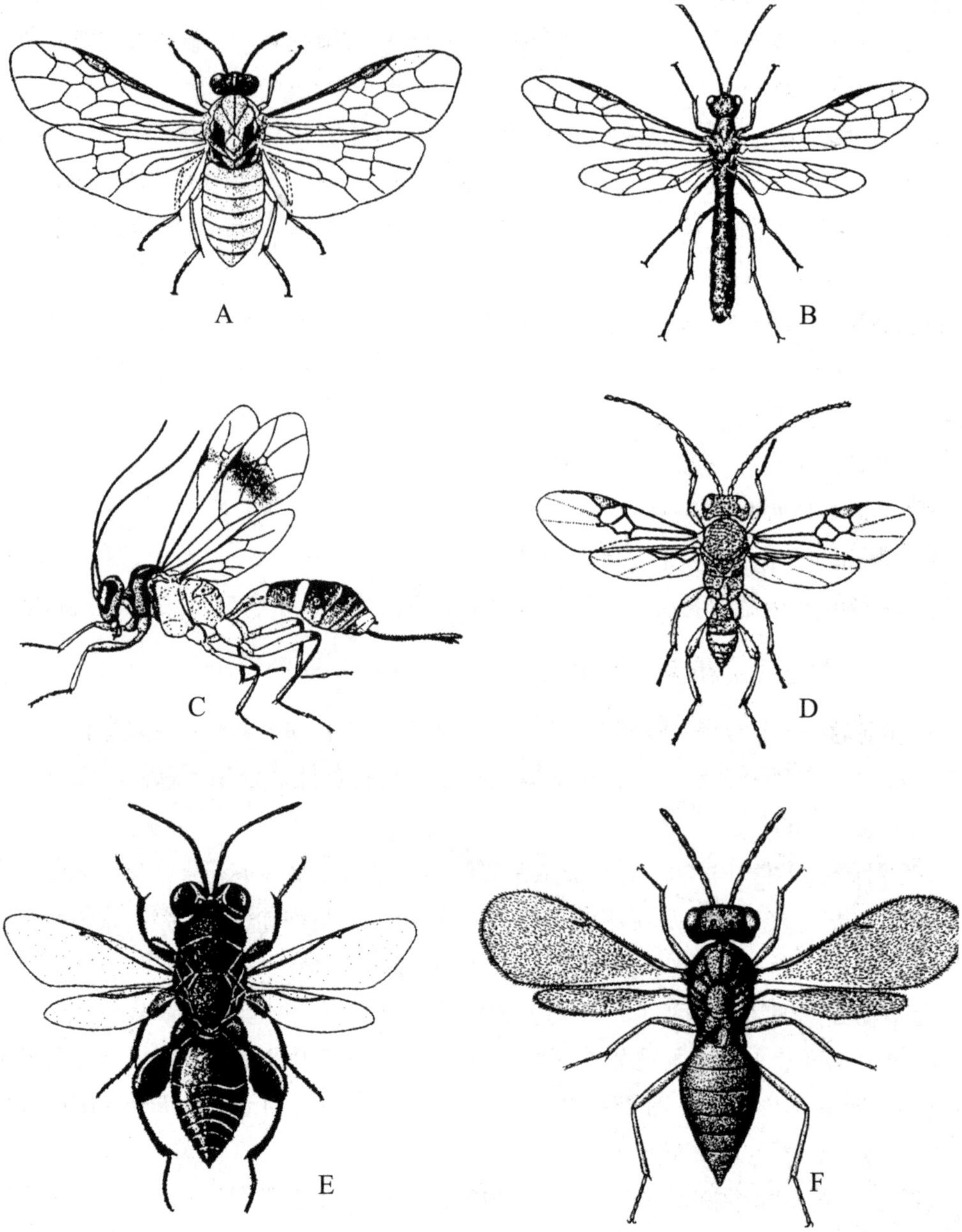

图 28-59　膜翅目的代表（一）

(C. 仿赵修复；D. 仿何俊华；E. 仿侯伯鑫；F. 仿王履浙；余仿周尧)

A. 叶蜂科的代表——小麦叶蜂 *Dolerus tritici* Chu；B. 茎蜂科的代表——麦茎蜂 *Cephus pygmaeus* L.；C. 姬蜂科的代表——横带驼姬蜂 *Goryphus basilaris* Holmgren；D. 茧蜂科的代表——小菜蛾绒茧蜂 *Apanteles plutellae* Kurajumov；E. 小蜂科的代表——黑角洼头小蜂 *Kriechbaumerella nigricoris* Qian et He；F. 金小蜂科的代表——稻苞虫金小蜂 *Trichomalopsis apanteloctena* (Crawford)

A. 寄生部 Parasitica　也叫锥尾组 Tenebrantia，腹部末节腹板纵裂；产卵器外露，位于身体腹面，从腹末之前伸出，足转节两节。除瘿蜂科外，多为寄生性种类。包括 9 总科。

Ⅰ. 姬蜂总科 Ichneumonoidea　体细长；触角丝状，16 节以上；上颚具两齿；后足转节两节；前胸背板接触肩板，侧面观略呈三角形；前翅翅痣明显，前缘脉与亚前缘脉合并，无前缘室；腹部腹板通常膜质柔软；产卵器自腹末之前伸出，不能缩回，有产卵器鞘。均为寄生性种类，分为两科。

(3) 姬蜂科 Ichneumonidae　翅发达，翅脉明显，第 1 亚缘室与第 1 盘室合并，有第 2 回脉和小翅室；腹部长于头、胸部之和；产卵管很长，常长于体。蛹为离蛹，多有茧。是最常见的寄生性昆虫。全世界已知近 23 300 种，中国已知近 1 500 种。常见的有螟蛉悬茧姬蜂 *Charops bicolor* (Szepligeti)、棉铃虫齿唇姬蜂 *Campoletis chlorideae* Uchida、横带驼姬蜂 *Goryphus basilaris* Holmgren (图 28-59C) 等。

(4) 茧蜂科 Braconidae　成虫相对较小，但较粗壮；腹部长度约等于头、胸部之和。和姬蜂科的区别是翅只有一条回脉，肘脉第 1 段常存在，将第 1 肘室和第 2 盘室分开；腹部第 2 和第 3 节背板愈合 (图 28-59D)。寄生于其他昆虫，在害虫控制中有重要价值。幼虫老熟时在寄主体外结白色丝茧化蛹。全世界已知 17 600 多种，我国报道 1 000 余种。常见的有中华茧蜂 *Myosoma chinensis* (Szepligeti)、螟蛉绒茧蜂 *Apanteles ruficrus* (Haliday)、麦蚜茧蜂 *Ephedrus plagiator* (Nees) 等。

Ⅱ. 小蜂总科 Chalcidoidea　体微小，多数 2 ~ 3 mm；头部横型；触角膝状，5 ~ 13 节；前胸背板略呈方形，不伸达肩板；翅透明，翅脉极退化，仅有一条纵脉，无翅痣；腹部腹板坚硬，无中褶。绝大多数寄生于其他昆虫的卵和幼虫，是重要的天敌昆虫。分为 21 个科。

(5) 小蜂科 Chalcididae　体长 5 mm 左右；后足股节极度膨大，其下缘多有一排齿，胫节弯曲；产卵器短；休息时翅不能纵向折叠 (图 28-59E)。寄生性于鳞翅目、双翅目、鞘翅目等。全世界已知 1 500 多种，我国 160 多种。常见的广大腿小蜂 *Brachymeria lasus* (Walker) 是多种农林害虫的天敌，粉蝶大腿小蜂 *B. femorata* (Panzer) 寄生于菜粉蝶和稻眼蝶的蛹。

(6) 金小蜂科 Pteromalidae　体长 3 mm 左右，常具绿、蓝金属光泽；触角一般 13 节，具两三个环状节；前胸短；后足胫节一般仅一个距；产卵器不突出或微突出 (图 28-59F)。全世界已知 3 500 多种，中国已知 200 余种。多数寄生于其他昆虫的幼虫和蛹，少数寄生于卵和成虫。黑青金小蜂 *Dibrachys cavus*（Walker）是红铃虫幼虫的外寄生蜂，已被人工饲育和释放；蝶蛹金小蜂 *Pteromalus puparum* (L.) 寄生于玉带凤蝶、菜粉蝶的蛹。

(7) 蚜小蜂科 Aphelinidae　体扁平，多为黄褐色，无金属光泽；触角 5 节至 8 节；中胸三角片突向前方，明显超过翅基连线；前翅缘脉长，亚缘脉及痣脉短，后缘脉不发达；中足胫节端距长。主要以蚜虫、蚧虫和粉虱为寄主。全世界约 1 200 种，我国 100 余种。苹果绵蚜蚜小蜂（日光蜂）*Aphelinus mali* (Haldeman) (图 28-60A) 是苹果绵蚜等的天敌；我国从国外引进丽蚜小蜂 *Encarsia formosa* Gahan 防治温室粉虱取得成功。

(8) **赤眼蜂科 Trichogrammatidae** 跗节3节；前翅有缘毛，翅面上的微毛排列成行；头短，后缘微凹；触角5～9节。全部为卵寄生蜂。全世界已知880多种，我国记载150多种。赤眼蜂属昆虫 *Trichogramma* spp. 寄生于鳞翅目等的卵中，是重要的天敌昆虫，国内人工饲养、释放、利用较广的有松毛虫赤眼蜂 *T. dendrolimi* Matsumura、拟澳赤眼蜂 *T. confusum* Viggiani、玉米螟赤眼蜂 *T. ostriniae* Pang et Chen、稻螟赤眼蜂 *T. japonicum* Ashmead（图28-60B）等。褐腰赤眼蜂 *Paracentrobia andoi* (Ishii) 是我国南方稻区黑尾叶蝉的重要天敌。

B. 针尾组 Aculeata 腹部末节腹板不纵裂；产卵器特化成螫刺，从腹末伸出，不用时缩入体内；足转节1节；触角雌虫12节，雄虫13节；有前缘室。多为肉食性。分为4个总科。

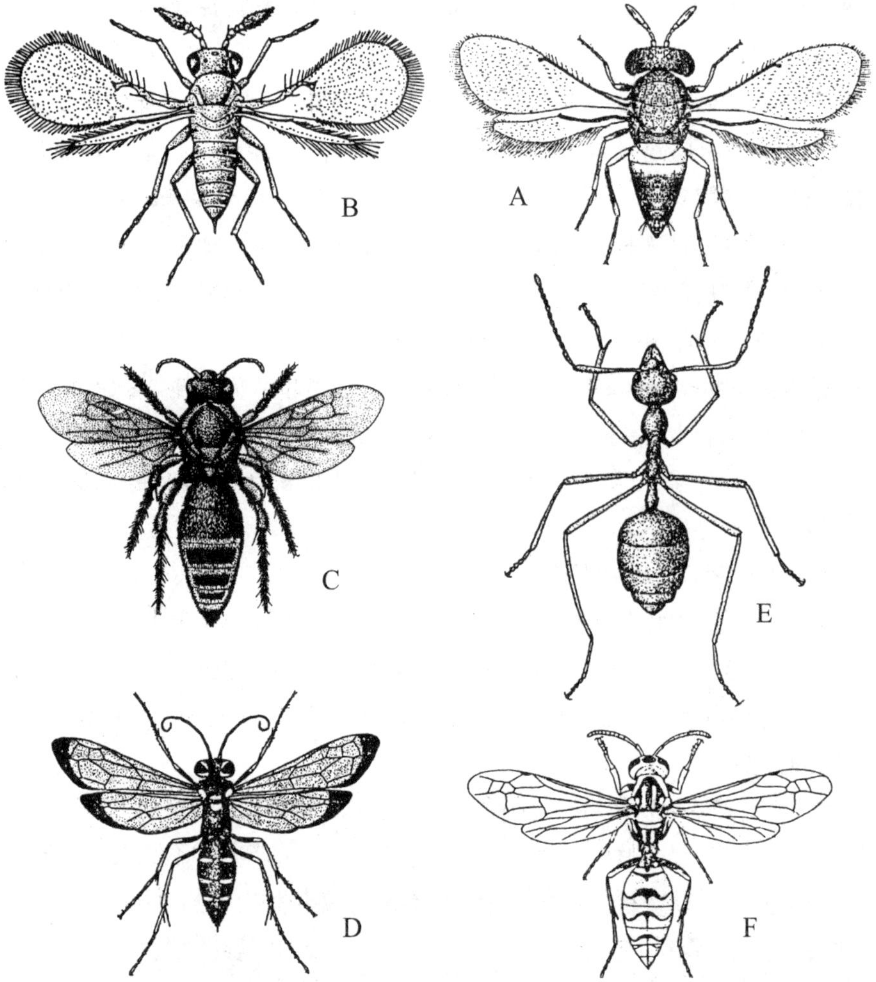

图 28-60 膜翅目的代表（二）

(B. 仿庞雄飞；C. 仿彩万志；余仿周尧）

A．蚜小蜂科的代表——苹果绵蚜蚜小蜂 *Aphelinus mali* (Haldeman)；B．赤眼蜂科的代表——稻螟赤眼蜂 *Trichogramma japonicum* Ashmead；C．土蜂科的代表——中华土蜂 *Scolia sinensis* Sauss.；D．蛛蜂科的代表——强力蛛蜂 *Batozonellus lacerticida* Pallas；E．蚁科的代表——黄猄蚁 *Oecophylla smaragdina* Fabr.；F．胡蜂科的代表——普通长足胡蜂 *Polistes olivaceus* De Geer

Ⅲ. 胡蜂总科 Vespoidea 前胸背板两侧向后延伸，达到或几乎达到肩板，其后角不呈叶状。包括 10 科。

(9) 土蜂科 Scoliidae 体大，多毛，黑色，腹部有黄带；头比胸部窄；前翅有两三个亚缘室，后翅有臀叶；中、后胸腹板连成板状，盖住后足基节；腹部第 1 和第 2 节间常缢缩；雄虫腹部末端有 3 个刺 (图 28-60C)。幼虫是蛴螬的外寄生者。雌虫在土中挖洞寻找寄主，发现蛴螬时先用螯刺注入毒液，使蛴螬麻醉，再产卵于其上，封闭土室。全世界已知约 560 种。我国的白毛长腹土蜂 *Campsomeris annulata* Fabr. 寄生于多种金龟子幼虫，美国曾由我国和日本输入此种防治日本丽金龟。

(10) 蛛蜂科 Pompilidae 体细长，触角线状；前胸背板向后延伸达肩板；中胸侧板被一斜缝分为上、下两部分；足长，多刺，后足股节常超过腹末；翅透明，翅脉不到达外缘，前翅通常有一个缘室及 3 个亚缘室，第 1 盘室短，后翅臀叶发达，腹柄不明显。全世界已知约 4 850 种。多数成虫狩猎蜘蛛，带回巢中供子代取食。常在地下、石块缝隙或朽木中筑巢。我国北方常见的有强力蛛蜂 *Batozonellus lacerticida* Pallas (图 28-60D)，南方有玳瑁蜂 *Cyphononyx dorsalis* Lepeletier。

(11) 蚁科 Formicidae 体小，光滑或有毛；触角膝状，柄节很长，末端两三节膨大；腹部第 1 或第 2 节柄状，有向上直立的结节。为多态型的社会昆虫，多数群落包括蚁后、雄蚁、工蚁等品级，个体数量极大。全世界已知约 12 000 种，我国近 1 200 种。最常见的是家蚁 *Monomorium pharaonis* L.。早在 1 600 年前，我国南方橘农就利用黄猄蚁 *Oecophylla smaragdina* Fabr. (图 28-60E) 防治柑橘害虫。

(12) 胡蜂科 Vespidae 体型较大，色泽鲜艳，体黄色或红色，有黑色或褐色的斑和带；前胸背板后缘深凹，伸达肩板；前翅第 1 盘室狭长，远长于亚基室；上颚短，完全闭合时呈横形，不相互交叉；触角略呈膝状；中足胫节有两个端距；爪不分叉；翅休息时能纵褶。有简单的社会组织，筑巢群居，蜂群中有后蜂、职蜂和专司交配的雄蜂。全世界已知约 4 900 种，我国已知 100 余种。常见的黄边胡蜂 *Vespa crabo* L.，人、畜误碰其巢，会群蜂追螯，常致受伤，甚至引起死亡；黄胡蜂 *Vespula vulgaris* (L.)、普通长足胡蜂 *Polistes olivaceus* De Geer (图 28-60F) 等也很常见。

(13) 蜾蠃蜂科 Eumenidae 和胡蜂科很相似，区别在于：上颚长，刀状，完全闭合时相互交叉；中足胫节仅一个端距；爪两分叉；腹部第一节多长柄状或粗短，第 1 和第 2 节间常有缢缩 (图 28-61A)。平时自由生活，仅在产卵时才衔泥筑巢，或寻找竹管等处产卵，成虫捕捉鳞翅目等昆虫的幼虫，经刺螯麻醉后带回巢室内贮存产卵。全世界已知约 3 000 种，我国已知 120 余种。我国广泛分布的有北方蜾蠃 *Eumenes coarctatus* (L.) 和中华唇蜾蠃 *E. labiatus sinensis* Giordani et Soika。

Ⅳ. 泥蜂总科 Sphecoidea 仅包括一科。前翅翅脉完整，具 1 个或 3 个亚缘室，后翅有臀叶及轭叶。

(14) 泥蜂科 Sphecidae 一般黑色，有黄色或红色斑纹；触角一般丝状；前胸背板背面观后缘平直，侧面观两侧膨大，不伸达肩板；足细长，胫节和跗节具刺或栉；

腹部一般具柄，有时柄很长，呈细杆状，故称为细腰蜂。大多捕食性，于土中筑巢，独栖性。常捕食鳞翅目幼虫、蜘蛛等封贮，供子代幼虫食用。全世界已知 10 000 多种，我国有 1 000 多种。常见的有黑足泥蜂 *Sphex subtruncatus* Dahlbom (图 28-61B) 和赤腰泥蜂 *Ammophila clavus* Fabr. 等。

V. 蜜蜂总科 Apoidea 为典型的传粉昆虫，仅包括一个科。

(15) 蜜蜂科 Apidae 小到大型，体多毛；一些体毛（尤其是胸部的毛）分支或羽毛状；前胸背板不向后伸达肩板；前足基跗节具净角器；后足胫节及基跗节扁平，为携粉足；口器嚼吸式。成虫植食性，建巢并采集花粉、花蜜，是著名的传粉昆虫。本科很大，全世界已知 5 100 余种，分为许多亚科，我国已知约 1 000 种。常见的中华蜜蜂 *Apis cerana* Fabr. (图 28-61C) 和意大利蜜蜂 *A. mellifera* L. 在我国各地被人工饲养。另外常见的还有中华木蜂 *Xylocopa sinensis* Smith、绿芦蜂 *Ceratina smaragdula* Fabr.、散熊蜂 *Bombus spardius* Nylander 等。

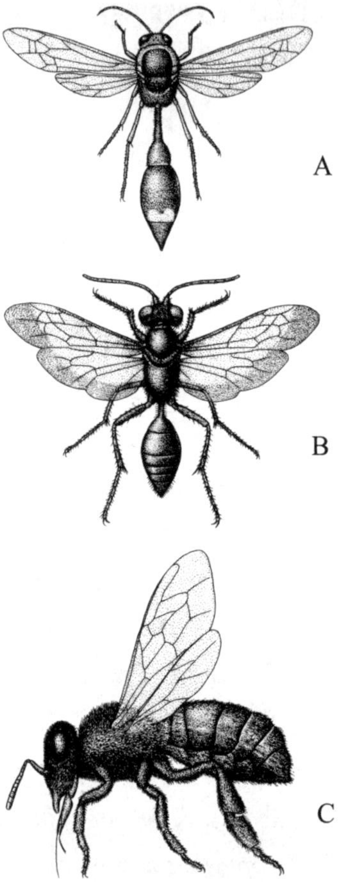

图 28-61 膜翅目的代表 (三)(A，C. 仿周尧；B. 仿彩万志)

A. 蜾蠃科的代表——尾带蜾蠃 *Eumenes* sp.；B. 泥蜂科的代表——黑足泥蜂 *Sphex subtruncatus* Dahlbom；C. 蜜蜂科的代表——中华蜜蜂 *Apis cerana* Fabr.

参 考 文 献

彩万志．昆虫细胞分类学的若干基本问题及染色体系统发育重建方法．昆虫分类学报，1994，16(1): 4 ~ 14

蔡邦华．昆虫分类学(上册)．北京：财政经济出版社，1956

蔡邦华．昆虫分类学(中册)．北京：科学出版社，1973

蔡邦华．昆虫分类学(下册)．北京：科学出版社，1985

陈世骧．分类学的若干基本概念．昆虫学报，1961，10(4-6)：321 ~ 338

陈世骧．昆虫的变态类型与分类体系． 昆虫学报，1962，11(1)：1 ~ 15

陈世骧．进化论与分类学．2 版． 北京：科学出版社，1987

陈树椿，何允恒．中国䗛目昆虫．北京：科学出版社，2008

陈学新．昆虫生物地理学． 北京：中国林业出版社，1997

崔俊芝，白明，吴鸿，等． 中国昆虫模式标本名录(第一卷)． 北京：中国林业出版社，2007

崔俊芝，白明，范仁俊，等．中国昆虫模式标本名录(第二卷)． 北京：中国林业出版社，2009

范滋德．中国常见蝇类检索表．2 版．北京：科学出版社，1992

冯平章，郭予元，吴福桢．中国蜚蠊种类及防治．北京：中国科学技术出版社，1997

韩运发，徐祖荫． 中国农作物蓟马．北京：农业出版社，1982

何俊华，等．浙江蜂类志． 北京：科学出版社，2004

贺答汉．昆虫行为的进化及在分类学中的应用． 昆虫知识，1986，23(1)：46 ~ 48，转 23

洪友崇．中国琥珀昆虫图志．郑州：河南科学技术出版社，2002

湖南省林业厅．湖南森林昆虫图鉴． 长沙：湖南科学技术出版社，1992

黄邦侃．福建昆虫志，1 ~ 9 卷．福州：福建科学技术出版社，199 ~ 2003

黄大卫．昆虫系统学研究现状及发展趋势． 中国科学基金，1995，9: 1 ~ 6

黄大卫．支序系统学概论．北京：中国农业出版社，1996

黄复生．中国缺翅目昆虫． 昆虫学报，1974，17(4)：423 ~ 427

黄复生．李桂祥，朱世模． 中国白蚁分类及生物学．杨凌：天则出版社，1989

黄原．分子系统学——原理、方法及应用．北京：中国农业出版社，1998

金大雄．中国吸虱的分类和检索．北京：科学出版社，1999

李法圣．中国啮虫志（上、下卷)． 北京：科学出版社，2001

李法圣．中国木虱志（上、下卷)． 北京：科学出版社，2011

李后魂．中国麦蛾(一)． 天津：南开大学出版社，2002

李绍文，孟玉萍，张宗炳，等．膜翅目昆虫酯酶同工酶比较研究．昆虫学报，1987，30(3)：269 ~ 270

李子忠，金道超(主编). 茂兰景观昆虫．贵阳：贵州科学技术出版社，2002
廉振民．昆虫鸣声分类研究. 北京：科学出版社，2001
林乃铨．中国赤眼蜂分类. 福州：福建科学技术出版社，1994
柳支英．中国动物志：蚤目. 北京：科学出版社，1986
刘崇乐．中国经济昆虫志：瓢虫科．北京：科学出版社，1963
陆宝麟，吴厚永．中国重要医学昆虫分类与鉴别：郑州：河南科学技术出版社，2003
孟庆繁，高文韬．长白山访花甲虫．北京：中国林业出版社，2008
庞雄飞，庞虹．中国瓢虫物种多样性及其利用．广州：广东科学技术出版社，2004
乔格侠，钟铁森，张广学．中国动物志：斑蚜科．北京：科学出版社，2005
钦俊德．生物化学方法在分类上的应用．生物学参考资料，1974，4：34 ~ 44
任国栋，杨秀娟：中国土壤拟步甲志. 北京：高等教育出版社，2006
任顺祥，王兴民，庞虹，等．中国瓢虫原色图鉴. 北京：科学出版社，2009
商宗一．纸色层分析在昆虫分类上的应用．昆虫学报，1957，9(3)：218 ~ 223
隋敬之，孙洪国．中国习见蜻蜓. 北京：农业出版社，1984
田立新，胡春林．昆虫分类学的原理和方法．南京：江苏科学技术出版社，1989
王　敏，范骁凌．中国灰蝶志. 郑州：河南科学技术出版社，2002
王书永．我国发现了蛩蠊目昆虫．昆虫知识，1987，24(2)：126 ~ 127
王天齐．中国螳螂目分类概要．上海：上海科学技术文献出版社，1993
武春生．中国动物志：凤蝶科．北京：科学出版社，2001
吴福桢，冯平章，何忠．北京及银川常见蟋蟀鸣叫习性及种类鉴定．昆虫学报，1986，29(1)：62 ~ 66
吴厚永，等. 中国动物志：蚤目（第 2 版，上、下卷）. 北京：科学出版社，2007
吴钜文，彩万志，侯陶谦. 中国烟草昆虫种类及害虫综合治理．北京：中国农业出版社，2003
夏凯龄．中国蝗科分类概要. 北京：科学出版社，1958
萧采瑜，等. 中国蝽类昆虫鉴定手册(第一册)．北京：科学出版社，1977
萧采瑜，等. 中国蝽类昆虫鉴定手册(第二册)．北京：科学出版社，1981
萧刚柔．中国森林昆虫. 2 版．北京：中国林业出版社，1992
谢　强，卜文俊. 进化生物学．北京：高等教育出版社，2010
徐克学．数量分类学．北京：科学出版社，1994
徐志宏，黄建．中国介壳虫寄生蜂志. 上海：上海科学技术出版社，2004
薛大勇．动物标本采集、保藏、鉴定和信息共享指南. 北京：中国标准出版社，2010
薛万琦，赵建铭(主编)．中国蝇类(上、下册). 沈阳：辽宁科学技术出版社，1996
杨定，刘星月．中国动物志：广翅目．北京：科学出版社，2010
杨集昆．我找到了原尾虫．昆虫知识，1956，2(5):227 ~ 228

杨星科．长江三峡库区昆虫（上、下册）．重庆：重庆出版社，1997
杨忠岐．中国小蠹虫寄生蜂．北京：科学出版社，1996
尹文英．中国动物志：原尾纲．北京：科学出版社，1999
印象初．青藏高原的蝗虫．北京：科学出版社，1984
袁锋，张雅林，冯纪年，等．昆虫分类学．2 版．北京：中国农业出版社，2006
虞国跃．瓢虫 瓢虫．北京：化学工业出版社，2008
张广学．西北农林蚜虫志．北京：中国环境科学出版社，1999
张景欧．昆虫进化论．上海：商务印书馆，1935
张雅林．中国离脉叶蝉分类（同翅目：叶蝉科）．郑州：河南科学技术出版社，1994
赵梅君、李利珍．多彩的昆虫世界——中国 600 种昆虫生态图鉴．上海：上海科学普及出版社，2005
赵铁桥．系统生物学的概念和方法．北京：科学出版社，1996
赵修复．寄生蜂分类纲要．北京：科学出版社，1987
赵修复．中国春蜓分类．福州：福建科学技术出版社，1990
郑乐怡．动物分类原理与方法．北京：高等教育出版社，1987
郑乐怡．昆虫分类（上、下册）．南京：南京师范大学出版社，1999
郑哲民．蝗虫分类学．西安：陕西师范大学出版社，1993
周长发．生物进化与分类原理．北京：科学出版社，2009
周尧．有关昆虫分类学的一些观点．昆虫学报，1963，12(5-6)：586 ~ 596
周尧．昆虫分类学．杨陵：西北农学院，1964
周尧．周尧昆虫图集．郑州：河南科学技术出版社，2002
周尧．中国蝶类志．郑州：河南科学技术出版社，1994
朱弘复．鳞翅目幼虫毛序命名及其应用．昆虫学报，1956，6(3)：323 ~ 333
朱弘复．动物分类学理论基础．上海：上海科学技术出版社，1987
朱弘复，张广学，钟铁森．蚜虫的数值分类．昆虫学报，1975，18(2)：211 ~ 215
Baccetti B. Comparative spermatology in insect taxonomy and phylogeny. Proc. XX Int. Congr. Entomol., Firenze, Italy, 1996, pp. 18 ~ 24
Bai M, Jarvis K, Wang S et al. A second new species of ice crawlers from China (Insecta: Grylloblattodea), with thorax evolution and the prediction of potential distribution. Plos One, 2010, 5(9):e12850
Beutel R G & Pohl H. Endopterygote systematics - where do we stand and what is the goal (Hexapoda, Arthropoda)? Syst. Entomol., 2006, 31: 202 ~ 219
Bouchard P, Bousquet Y, Davies A E. et al., Family-group names in Coleoptera (Insecta). ZooKeys, 2011, 88: 1 ~ 972
Boudreaux H B. Arthropoda phylogeny with special reference to insects. New York: John Wiley &

Sons, 1979
Carmean D, Kimsey L S & Berbee M L. 18S rDNA sequences and the holometabolous insects. Mol. Phyl. Evol., 1992, 1:270 ~ 278
Caterino M S, Cho S & Sperling A H. The current state of insect molecular systematics: A thriving Tower of Babel. Annu. Rev. Entomol., 2000, 45:1 ~ 54
Cheng F Y. Revision of the Chinese Mecoptera. Bull. Mus. Comp. Zool. Harv., 1957, 116:1 ~ 118
Collins T, Fedrigo O & Naylor G J P. Choosing the best genes for the job: the case for stationary genes in genome-scale phylogenetics. Syst. Biol., 2005, 54:493 ~ 500
Gauld I & Bolton B. The Hymenoptera. Oxford University Press, 1988 (膜翅目 . 杨忠岐译 , 杨陵：天则出版社，1992).
Hennig W. Grundzuge einer Theorie der phylogenetischen Systematik. Berlin: Deutsche Zentralverlag, 1950
Huang D, Nel A, Zompro O et al. Mantophasmatodea now in the Jurassic. Naturwissenschaften, 2008, 95: 947 ~ 952
Kristensen N P. The phylogeny of hexopod "orders" . A critical review of recent accounts. Z. Zool. Syst. Evol. Forsch., 1975, 13:1 ~ 44
Kristensen N P. Phylogeny of insect orders. Annu. Rev. Entomol., 1981, 26:135 ~ 157
Luan Y, Mallatt J M, Xie R et al. 2005. The phylogenetic positions of three basal-hexapod groups (Protura, Diplura, and Collembola) based on ribosomal RNA gene sequences. Mol. Biol. Evol., 22(7):1579 ~ 1592
Mayr E. Principles of systematic zoology. New York: McGraw Hill, 1969
Mayr E, Linsley E G & Usinger R L. Methods and principles of systematic zoology. New York: McGraw-Hill, 1953 (动物分类学的方法和原理 . 郑作新等译，北京：科学出版社，1964).
Morse J C, Yang L & Tian L. Aquatic insects of China useful for monitoring water quality. Hohai University Press, 1994
O'Hara J E, Shima H & Zhang C T. Annotated catalogue of the Tachinidae (Insecta: Diptera) of China. Zootaxa, 2009, 2190: 1 ~ 236
Ollivier M, Legeai F & Rispe C. Comparative analysis of the *Acyrthosiphon pisum* genome and expressed sequence tag-based gene sets from other aphid species. Insect Mol. Biol., 2010, 19 (Suppl. 2): 33 ~ 45
Ronquist F & Deans A R. Bayesian phylogenetics and its influence on insect systematics. Annu. Rev. Entomol., 2010, 55:189 ~ 206
Ross H H. The evolution of the insect orders. Entomol. News, 1955, 66:197 ~ 208
Schuh R T & Slater J A. True bugs of the world (Hemiptera: Heteroptera). Classification and natural history. Ithaca, New York: Cornell University Press, 1995

Simon C, Buckley T R, Frati F et al. Incorporating molecular evolution into phylogenetic analysis, and a new compilation of conserved polymerase chain reaction primers for animal mitochondrial DNA. Annu. Rev. Ecol. Evol. Syst., 2006, 37:545 ~ 79

Simon C, Frati F, Beckenbach A et al. Evolution, weighting, and phylogenetic utility of mitochondrial gene sequence and a compilation of conserved polymerase chain reaction primers. Ann. Entomol. Soc. Amer., 1994, 87, 651 ~ 701

Simpson G G. Principles of animal taxonomy. New York: Columbia Univ. Press, 1961

Singh N D, Larracuente A M, Sackton T B et al. Comparative genomics on the *Drosophila* phylogenetic tree. Annu. Rev. Ecol. Evol. Syst., 2009, 40:459 ~ 80

Smith M A, Rodriguez J J, Whitfield J B et al. Extreme diversity of tropical parasitoid wasps exposed by interative integration of natural history, DNA barcoding, morphology, and collections. Proc. Nat. Acad. Sci., USA, 2008, 105: 12359 ~ 12364

Smith M A, Wood D M, Janzen D H et al. DNA barcodes affirm that 16 species of apparently generalist tropical parasitoid flies (Diptera, Tachinidae) are not all generalists. Proc. Nat. Acad. Sci., USA, 2007, 104: 4967 ~ 4972

Smith M A, Woodley N E, Janzen D H et al. DNA barcodes reveal cryptic host-specificity within the presumed polyphagous members of a genus of parasitoid flies (Diptera: Tachinidae). Proc. Nat. Acad. Sci., USA, 2006, 103: 3657 ~ 3662

Sneath P H A & Sokal R R. Numerical taxonomy, the principles and practice of numerical classification. San Francisco: W. H. Freeman & Company, 1974 (数值分类学 . 赵铁桥译, 北京：科学出版社，1984)

Štys P & Zrzavy J. Phylogeny and classification of extant Arthropoda: review of hypotheses and nomenclature. Eur. J. Entomol., 1994, 91:257 ~ 275

Tancoigne E, Bole C, Sigogneau A et al. Insights from Zootaxa on potential trends in zoological taxonomic activity. Front. Zool., 2011, 8:5

Tuxen S L. The systematic position of entognathous apterygotes. An. Esc. Nac. Cienc. Boil. Mex., 1970, 17:65 ~ 79

Wiegmann B M, Trautwein M D, Winkler I S et al. Episodic radiations in the fly tree of life. Proc. Nat. Acad. Sci., USA, 2011, 108:5690 ~ 5695

Wheeler W C, Cartwright P & Hayashi C Y. Arthropod phylogeny: a combined approach. Cladistics, 1993, 9:1 ~ 39

Wiley E O. Phylogenetics: the theory and practice of phylogenetic systematics. New York: John Wiley & Sons, 1981

Yang D, Zhu Y J, Wang M Q et al. World catalog of Dolichopodidae (Insecta: Diptera). Beijing: China Agricultural University Press, 2006

Yang D, Zhang K Y, Yao G et al. World catalog of Empididae (Insecta: Diptera). Beijing: China Agricultural University Press, 2007

第六篇

昆虫生态学

生态学是生物学的一个分支，是一门研究生物与环境相互作用机理与规律的科学。昆虫生态学是昆虫学的一个分支，是研究昆虫与环境相互作用机理与规律的科学，是进行害虫持续治理和益虫高效利用的基础，在生产实践上具有重要的实践意义。因此，昆虫生态学是昆虫学的重要内容之一。

生态学是一个多层次、涉及多学科的综合性领域，近年来，分支方向较多，微观生态学研究进展迅速；但此篇仍以宏观层次为主来介绍昆虫生态学的基本内容。

第二十九章　生态学概述

第一节　生态学的定义

生态学的英文“ ecology”一词源于希腊文“ okios”和“ logos”，前者意为“住所”或“栖息地”，后者意为“学科”。从字义上讲，生态学是研究生物栖息环境的科学。中文的“生态学”一词源于日文，日本学者三好学 (1895)把ecology译为生态学，后经武汉大学张挺教授介绍到我国。此外，李顺卿 (1935)曾将 ecology译为“环象学”。

1866年，德国动物学家 Haeckel首次为生态学下了一个定义，即生态学是研究生物在其生活过程中与环境相互关系的科学。

此后，一些生态学家也曾对生态学的定义加以讨论和阐述。如美国生态学家 Odum (1956)把生态学定义为“研究生态系统和功能的科学”， 1977年又提出生态学是“综合研究有机体、物理环境与人类社会的科学”；中国生态学家马世骏 (1980)认为生态学是“研究生命系统与环境系统之间相互作用规律及其机理的科学”。

不同的生态学定义体现了生态学的不同发展阶段的特点，强调了生态学不同的发展分支与方向。但总体而论，后来学者关于生态学的定义都未跳出 Haeckel对生态学定义的范畴。

第二节　生态学的研究对象与分支

生物与环境相互联系、相互作用，构成统一的整体，现代生态学称之为生物系统（biosystem）。在生物系统中，生物内在的遗传特性与环境因子作用的对立统一，决定生物的盛衰。在生物学研究中，人们把研究的生物对象分成不同的层次，从微观到宏观排列成生物系列，即：基因 -细胞 -器官 -有机体 -种群 -群落。由各个生物层次和与之相互联系、相互作用的生物、非生物环境共同构成一系列的生物系统，即基因系统—细胞系统—器官系统—有机体系统—种群系统—生态系统（图 29-1）。目前，生态学主要研究有机体以上的层次，即种群（ population）、群落 (biomass)、种群系统 (population system)和生态系统 (ecosystem)。

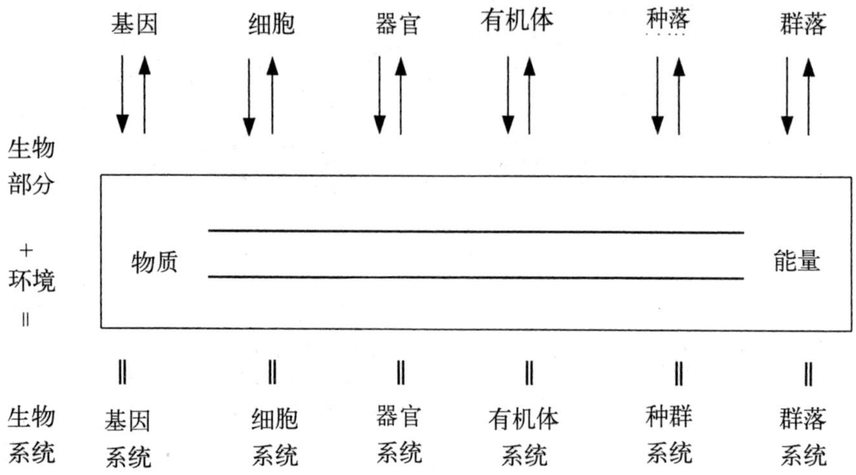

图29-1　生物、环境与生物系统简图 (据Odum)

在现代生态学的研究中，也有以单个有机体、器官、细胞乃至基因作为研究对象的，但其目的仍然是要阐明生物群体与环境的相互作用机理与规律。

根据研究对象的组织层次，可将生态学分为分子生态学 (molecular ecology)、个体生态学 (autecology)或生理生态学 (physiological ecology)、种群生态学 (population ecology)、群落生态学 (community ecology)、生态系统生态学 (ecosystem ecology)、全球生态学 (global ecology)。

根据研究对象的生物学类群，可将生态学分为动物生态学 (animal ecology)、植物生态学 (plant ecology)、微生物生态学 (microbial ecology)等。各大类群下还可逐渐细分，如动物生态学中可细分为哺乳动物生态学 (mammalian ecology)、鸟类生态学 (bird ecology)、昆虫生态学 (insect ecology)等。

根据研究对象的生境可将生态学分为陆地生态学 (terrestrial ecology)、海洋生态学 (marine ecology)、淡水生态学 (fresh water ecology)、草原生态学 (grassland ecology)、沙漠生态学 (desert ecology)、岛屿生态学 (island ecology)、太空生态学 (space ecology)等。

根据研究对象生命现象的本质可将生态学分为数学生态学 (mathematical ecology)、化学生态学 (chemical ecology)、物理生态学 (physical ecology)、行为生态学 (behavioral ecology)、能量生态学 (energy ecology)、进化生态学 (evolutionary ecology)等。

根据研究对象的应用方面可将生态学分为农业生态学 (agricultural ecology)、森林生态学 (forest ecology)、资源生态学 (resources ecology)、环境生态学 (environmental ecology)、污染生态学 (pollution ecology)、城市生态学 (urban ecology)、工程生态学 (engineering ecology)等。

第三节　学习昆虫生态学的意义

昆虫生态学是昆虫学的一个分支，是研究昆虫与环境相互作用机理与规律的科学。与普通生态学相应，也可根据研究对象的组织水平、分类类群、生境、涉及学科等分成若干分支。如昆虫分子生态学、昆虫个体生态学、昆虫数学生态学、甲虫生态学等。

昆虫生态学的研究在生产实践上具有重大的实践意义。例如，害虫的发生期和发生量预测与生态学的研究密切相关；植物检疫对象的决定与害虫种群生态学研究是不可分割的；用于防治害虫的垦荒、轮作和农业技术措施都离不开生态学的研究基础；生物防治方法是生物群落、种间关系研究结果的实际应用；化学防治方法如果不注意与天敌的保护相协调，亦可能出现不良的效果；益虫（或害虫）的饲养也只有在了解种群的生态要求的基础上，给予适合的生态条件，才能达到最高的产量。

20世纪 60年代以来随着全球工业化步伐的加快和医疗条件的改善，出现了“人口爆炸、环境污染、资源枯竭、能源短缺”等世界性问题，涉及到人类的生死存亡，威胁到人类的未来，引起了全社会对生态学的关注。例如， 1939年滴滴涕的合成与应用曾一度使害虫防治出现了“奇迹”，用少量的滴滴涕就能有效地杀灭大量的害虫。此后，新的化学农药不断涌现，农药总用量逐年上升。不久，新的“奇迹”出现了：害虫产生了抗药性，一些次要害虫突然暴发成灾，同时蜜蜂、鱼、鸟和许多野生动物等因农药残留而成为无辜的牺牲者，鸟语花香的世界逐渐变得沉闷单调，人类的健康受到威胁，人类的生活环境日趋恶化。 1962年卡尔逊《寂静的春天》一书的出版引起了人们对环境污染的普遍关注，人们不得不用生态学的眼光审视化学防治及其他防治方法。化学农药引起的环境污染和食物安全等一系列问题的解决都必须建立在深入的昆虫生态学研究之上。因此，在植物保护专业工作中，昆虫生态学是应该重视的基础之一。

第三十章　昆虫与环境

第一节　环境与生态因子

一、环　　境

环境 (environment)是某一特定生物体或生物群体以外的空间中直接或间接影响着生物体或生物群体生长的一切事物的总和。生态学中的环境总是针对某一特定的生物的，如昆虫生态学中的环境是对某种或某类昆虫而言。

环境有大小之别，大到宇宙，小到基本粒子。根据环境范围的大小可以把环境分为大环境 (macroenvironment)、小环境 (microenvironment)及内环境 (inner environment)等。大环境又可分为宇宙环境 (space environment)、地球环境 (global environment)、区域环境 (regional environment)等，常常影响着生物的分布、化性、种群的周期性大变动，而小环境和内环境则影响生物的生存质量和数量变化。对昆虫而言，环境的类型对种群动态的影响差别很大，在进行生态学研究时要进行全面分析。

二、生态因子作用的特点

生态因子 (ecological factors)是指环境中对某一特定生物体或生物群体的生长、发育、生殖、分布等有直接或间接影响的环境要素。影响昆虫的主要生态因子有气候、生物、土壤等几大类。这些生态因子作用的一般特征有以下几点。

(一)综合性

环境中各种生态因子不是孤立存在的，而是互相联系和制约的，任何一种生态因子的变化，都会引起其他因子不同程度的变化。因此，生态因子的作用是综合的。

(二)不等性

在众多的生态因子中对某一特定生物体或生物群体的影响有一定差别，其中起决定性作用的因子称为主导因子。主导因子常常是其直接作用的生态因子，其变化常常导致其他因子也发生变化。如对寄生性昆虫而言，寄主的健康与营养状况就是主导因子。

（三）不可替代性

不论生态因子的影响大小，每个因子都有各自的作用特点，如果长期缺少某一因子，特别当主导生态因子缺少时，便会影响作用对象的正常生长发育，甚至危及作用对象的生存。

（四）补偿性

虽然各种生态因子在总体上不可替代，但在局部是可以补偿的。如棉花的部分棉铃被棉铃虫危害而脱落后，其他的棉铃质量 (重量)会增大。但补偿作用只能限于一定范围，而且也不是经常存在。

（五）限制性

任何一种生态因子的量 (或质)不足或过多对中心生物的生长发育都会产生不利影响，当接近或超过中心生物的耐受范围时，就会对中心生物的生长发育产生限制作用。

（六）阶段性

生物的生长发育在不同的阶段对生态因子的要求不同，因此，生态因子对中心生物的影响也有阶段性，有时阶段性相当明显。如光周期对滞育性昆虫的作用就具有明显的阶段性。

第二节　气候因子

气候条件与昆虫的生命活动的关系非常密切。例如，昆虫的生命活动在一定的温度下才能正常进行，超过一定的温度范围，生命活动将会受到抑制，甚至引起死亡；水(湿度)也是生命活动不可缺少的条件；其他气候因素对生命活动也会发生显著的作用。

一、温度对昆虫生长发育的影响

温度是昆虫进行积极生命活动的条件之一，它决定着生命过程的特点、趋向和水平。这是因为正常的代谢过程要求在一定温度下才能进行，温度的变化可以加速或抑制代谢过程。

昆虫是变温动物，对保持和调节体温的能力不强，昆虫的体温随着环境温度的变化而改变，同时体内的各种代谢过程也改变了速度。因此，温度对昆虫发育速度的影响是比较明显的。

一般来说，在一定的温度范围内，外界温度上升，昆虫的体温也相应上升；外界温度下降，昆虫的体温也相应下降，保持着与外界温度相接近的水平。然而，昆虫并不是完全没有调节体温的能力。当温度偏高时，昆虫的体温比外界温度稍低；当温度偏低时，昆虫的体温比外界温度稍高。这是常见的现象。

庞雄飞等曾经把马尾松毛虫*Dendrolimus punctatus* Walker的5龄幼虫自25℃的环境温度移到 11.8℃的低温环境中，体温在7 min内迅速下降，于8～10 min后维持在 13.8℃，比环境温度高出2℃；当把幼虫移入27℃的室温时，虫体温度迅速上升，当接近27℃时体温上升的速度减慢，只有在剧烈运动时体温才暂时上升至 27℃或稍高出于 27℃，一般保持在比 27℃稍低的体温 (图30-1)。可以设想，当温度较高时，昆虫通过水分的蒸发而使体温下降；当温度较低时，昆虫可以保持体内代谢的热而使体温相对提高。

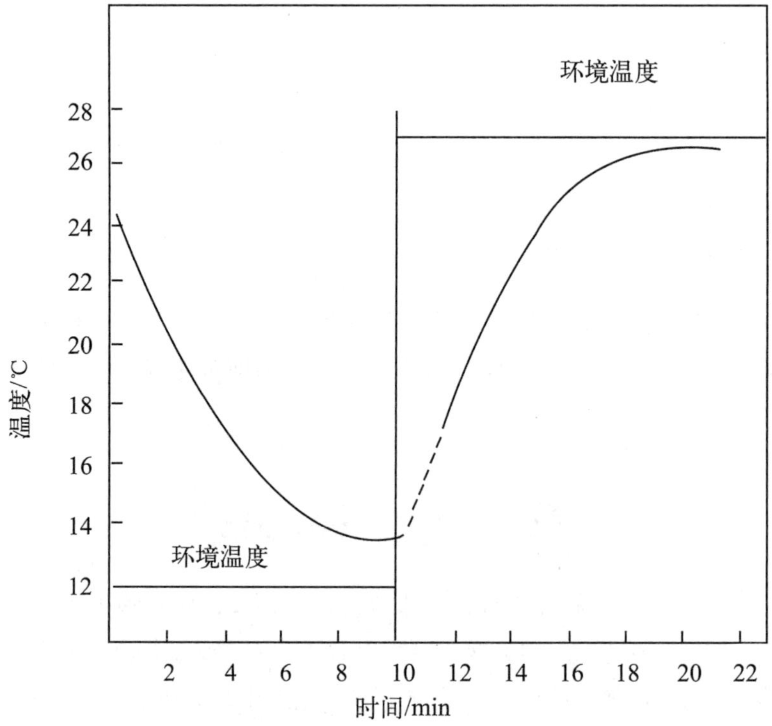

图30-1　不同环境温度对马尾松毛虫幼虫体温的影响 (仿华南农学院)

昆虫和其他动物一样，热的来源是靠代谢过程中产生的热和吸收辐射热；和恒温动物不同的是辐射热对昆虫体温的影响特别显著。在荫蔽的情况下，体温与环境温度相接近；但在太阳直接照射下，体温迅速上升；如再恢复到荫蔽处，体温也将急剧下降至原来的水平 (图30-2)。同时，死虫的体温在太阳下上升更高，这也说明在高温下具有相应的调节机能。昆虫可以吸收辐射热以提高体温，这是在环境温度偏低时体温稍高的另一原因。

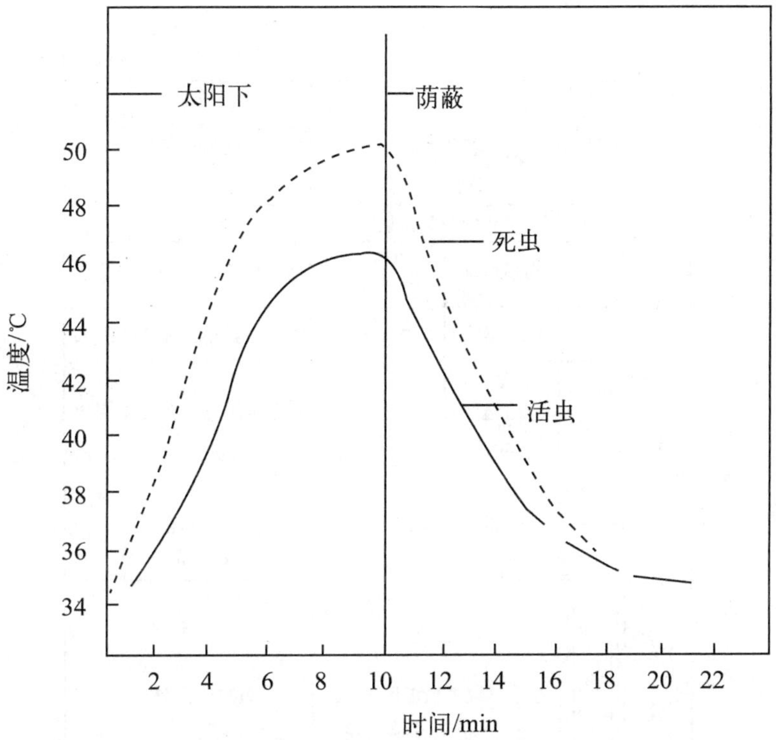

图30-2 太阳辐射对马尾松毛虫幼虫体温的影响（仿华南农学院）

(一)温区的概念

为了便于说明温度对昆虫生命活动的作用，可以假定把温度范围划分为下列5个温区(图30-3)。

1. 致死高温区(zone of high lethal temperature)

在该温区内，昆虫经短期兴奋后即行死亡。这是由于高温直接破坏酶的作用，甚至蛋白质亦受到破坏。这个破坏过程是不可逆的，高温引起有机体的损伤是不可能恢复的。该温区的温度一般为 45～60℃。

2. 亚致死高温区(zone of high sublethal temperature)

在该温区内，昆虫各种代谢过程的速度不一致，从而引起功能失调，表现出热昏迷状态。如果继续维持在这样的温度下，亦会引起死亡。在这种情况下的死亡决定于高温的程度和高温的持续时间。该温区的温度一般为 40～45℃。

3. 适温区(zone of favorable temperature)

在该温区内，昆虫的生命活动正常进行，处于积极状态，因此，该温区又称有效温区或积极温区。在适温区范围内，不同种类昆虫有本身的最适温区。在最适温区内，体内的能量消耗小，死亡率低，生殖力大。该温区的温度一般为 8～40℃，有些学者又把该温区分为 3个亚温区。

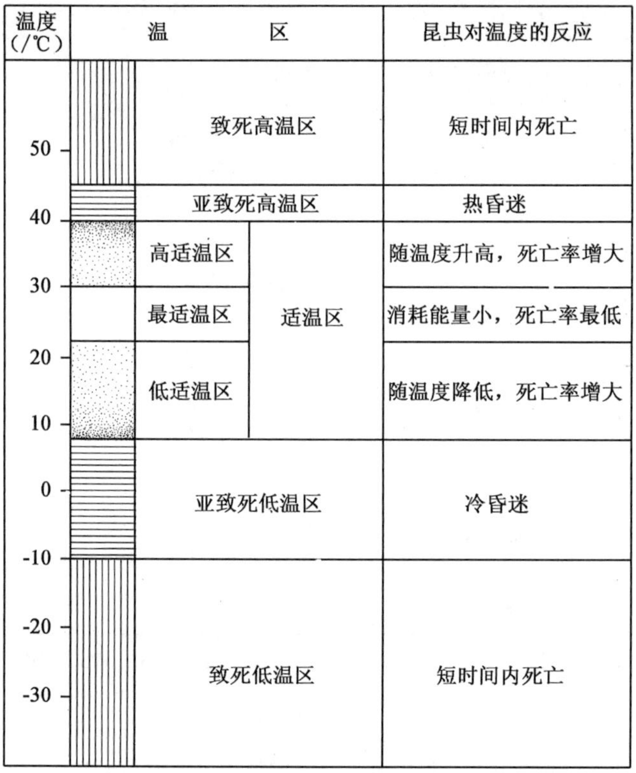

图30-3　温区的划分和昆虫在不同温区内的反应

(1)**高适温区**(zone of high favorable temperature)　该温区温度一般为30～40℃，其最上限称昆虫的最高有效温度。环境温度越接近最高有效温度，越不利于昆虫的发育和繁殖。

(2)**最适温区**(zone of most favorable temperature)　该温区温度一般为20～30℃，在此温区内，昆虫的能量消耗最小，死亡率最低，生殖力最大，但寿命不一定最长。

(3)**低适温区** (zone of low favorable temperature)　该温区温度一般为8～20℃，在此温区内，随着温度的下降，发育变慢，死亡率上升；其最低限叫最低有效温度，高于此温度昆虫才开始生长发育，所以，最低有效温度又叫发育起点温度(developmental zero)或生物学零点 (biological zero)。

4.亚致死低温区(zone of low sublethal temperature)

在该温区内，体内各种代谢过程不同程度减慢而处于冷昏迷状态。如果继续维持在这样的温度下，亦会引起死亡。在这种情况下的死亡决定于低温的强度和低温的持续时间。若经短暂的冷昏迷又恢复正常温度，通常都能恢复正常生活。该温区的温度一般为－10～8℃。

5.致死低温区(zone of low lethal temperature)

昆虫体内的液体析出水分结冰，不断扩大的冰晶可使原生质遭受机械损伤、脱水和生理结构受到破坏，细胞膜受到破损，从而引起组织或细胞内部产生不可复原的变化而引起死亡。该温区的温度一般为 －40～－10℃。

一些昆虫在冬期低温来临之前，生理上起了明显的变化，体液结冰点下降，形成忍耐体液结冰的生理机能，甚至能在部分体液的水分已经析出结成冰晶，虫体僵硬的状态下渡过整个冬期，不但没有引起死亡，而且由于体内代谢水平下降，贮存物质消耗相对减少，从而保持着充沛的生命力。

各种昆虫种群的温区范围是不同的，而且各有不同的生理特点。同时，昆虫在不同温区内的反应，还很大程度决定于种群的生理状态。

（二）适温区内温度与生长发育速度的关系

在适温区内随着温度的提高而生长发育速度加快，这是温度与生长发育速度关系的总趋势。在生态学上常常应用发育历期或发育速率作为生长发育速度的指标。发育历期就是完成一定的发育阶段（一个世代、一个虫期或一个龄期）所经历的时间，通常以“日”为单位；发育速率则是在单位时间（如“日”）内能完成一定发育阶段的情况。两者的关系为：

$$V=\frac{1}{N}$$

温度与发育历期（N）或发育速率（V）关系的总趋势可用下列模式曲线（图30-4）表示。从图中可以看到，温度与发育历期的关系为一曲线（N）；温度与发育速度的关系为一直线（V）。

温度与生长发育速度关系还有其他一些表示方法。

1. 范特-荷夫定律

范特-荷夫认为，温度每升高 10℃，化学反应速度随着增加两三倍。用公式表示为：

$$Q_{10}=2\sim3$$

范特-荷夫应用这个公式来解释温度与化学反应速度的关系（实际上化学反应速度与温度的关系并不一定按照这个公式的关系进行）。一些早期的生态学者常常引用这个定律来说明温度与昆虫生长发育速度的关系。用公式表示为：

$$Q_{10}=K\text{（常数）}$$

这个公式所表达的内容与上述的温度与发育历期及发育速率关系总趋势的模式曲线是相似的。但许多种类昆虫的温度与生长发育速度的关系并不这样简单，在偏低或偏高的温度范围内，发育速率增减缓慢，甚至在更高的温度下发育速率反而下降。为了更恰当地反映实际情况，生态学上常常应用其他模式以表示温度与发育速率的相关关系，逻辑斯蒂曲线模式是其中之一。

2. 逻辑斯蒂曲线模式

逻辑斯蒂曲线是一近似于“S”形的曲线，是生物学中常见的相关曲线形式，用于

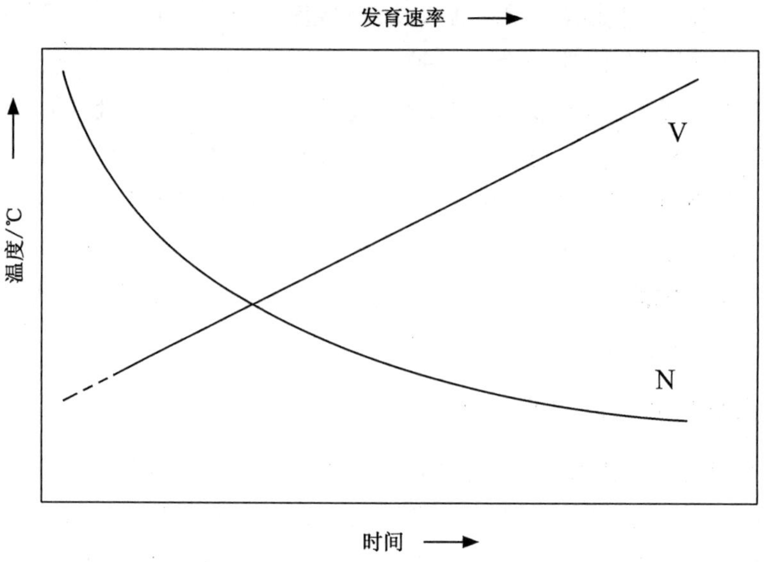

图30-4 温度与发育历期及发育速度的关系

配合温度与发育速率的关系时，可以表达在偏低温度范围内发育速率增长缓慢，温度继续提高，发育速率迅速增长，而在偏高温度范围内发育速率又复减缓的实际情况。

逻辑斯蒂曲线的数学公式表达如下：

$$Y=\frac{K}{1+e^{a-bx}}$$

式中：Y为发育速率；x为温度；K为Y值的上限；a，b为常数；e为自然对数的底值(e=2.718…)。

如平腹小蜂 *Anastatus* sp.发育速率与温度关系的逻辑斯蒂公式为：

$$Y=\frac{8.659}{1+e^{6.449-0.244x}}$$

一般认为，逻辑斯蒂曲线模式可以（相对地）反映昆虫的发育速率与温度关系的实际情况。因此，比较普遍地应用于标示温度与发育速率的关系。

(三)有效积温法则

1. 有效积温的概念

积温和有效积温的概念是 Réaumer（1735）提出来的。他认为，生物在生长发育过程中须从外界摄取一定的热量，其完成某一发育阶段所摄取的总热量为一常数。这个概念一般以下面的公式表示：

$$NT=K$$

式中：N为完成生长发育期所需的时间(日数或小时)；T为该期平均温度；K为常数。

$$NT=K$$

由于发育速率 $V=\frac{1}{N}$ 因此，发育速率与温度的关系可以用下面的公式表示：

$$V=\frac{T}{K}$$

然而，许多生物的发育起点温度常常不是 0℃，而是在 0℃以上的某一温度。外界温度对生长发育的作用只能在发育起点温度以上才显示出来。因此，在发育起点以上的温度才是有效温度。生物在生长发育过程中所受的总热量应该是有效温度的总和。上面的积温公式也应进行相应的校正而成为：

$$N(T-C)=K$$

式中：C为发育起点温度；（$T-C$）为发育有效平均温度。

同样，发育速率与积温的关系公式也应校正为：

$$V=\frac{T-C}{K}$$

生物在发育期内要求摄取有效温度（发育起点以上的温度）的总和称为有效积温。

在计算有效积温时，如果以每天平均有效温度的累计，温度以℃为单位，发育历期以 d（日）为单位，则有效积温的单位为“日度”；如果以每小时平均有效温度累计，温度以℃为单位，发育历期以小时为单位，则有效积温的单位是“小时度”。

例如，三化螟卵的发育起点温度为 16℃，有效积温为 81.1日度，其发育历期与温度的关系为：

$$N(T-16)=81.1$$

而在日平均温度 T℃下的发育速率为：

$$V=\frac{T-1}{81.1}$$

2. *有效积温的计算方法*

有效积温和发育起点温度的推算我们可以通过 2个或 3个以上的不同温度处理，及其相应的发育历期，计算有效积温和发育起点温度。

如果只有 2个温度处理，在计算上是比较简单的。假如第1个处理温度为 T_1，第 2 个处理温度为 T_2，第1个处理的发育历期为 N_1，第 2 个处理的发育历期为 N_2，其有效积温和发育起点温度可按如下计算。

$$\begin{cases}(T_1-C)N_1=K\\(T_2-C)N_2=K\end{cases}$$

$$(T_1-C)N_1=(T_2-C)N_2$$

$$C=\frac{T_1N_1-T_2N_2}{N_1-N_2}$$

发育起点温度确定以后，代入原式，即可求出有效积温值：

$$K=\left(T_1-\frac{T_1N_1-T_2N_2}{N_1-N_2}\right)N_1$$

或

$$K=\left(T_2-\frac{T_1N_1-T_2N_2}{N_1-N_2}\right)N_2$$

例如，在两个不同时期采回三化螟成虫，让其在室内产卵，记录室内的日平均温度，观察卵的发育历期。由于室温日变化的差异，两批卵所经历的日平均温度不一致，发育历期也不相同。第 1 批卵历期 13 d孵化，这 13 d的日温累计为 288日度；第 2 批卵历期 10 d孵化，这 10 d的日温累计为 241日度。按照这两个材料，先求出各自的日平均温度，再用上述的公式，即可推算出三化螟的发育起点温度为 15.7℃，卵期的有效积温为 83.9日度。

采用这样的方法，继续积累资料，继续校正，就有可能得出近似的发育起点温度和有效积温。

如果有 3个以上的温度处理，计算上比较复杂，但结果比较可靠，其计算方法如下：

设有n个处理，其温度分别为 T_1，T_2，T_3，…，T_n，其发育速率依次为 V_1，V_2，V_3，…V_n，可采用统计学上常用的“最小二乘方”法进行计算 C和K。其推导公式为：

$$K=\frac{n\sum VT-\sum V\sum T}{n\sum V^2-(\sum V)^2}$$

$$C=\frac{\sum V^2\sum T-\sum V\sum VT}{n\sum V^2-(\sum V)^2}$$

通过计算推导出来的发育起点温度常常与实际情况稍有差异。

昆虫的有效积温和发育起点温度不但依种而异，而且不同地理种群也会有所差别。

3.有效积温的应用

有效积温 (K)和发育起点温度 (C)决定以后，可以推测一种昆虫在不同地区可能发生的世代数，估计昆虫在地理上可能分布的界限，预测害虫的发生期等。

(1)推测一种昆虫的地理分布界限和在不同地区可能发生的世代数 确定一种昆虫完成一个世代的有效积温 (K)，根据气象资料，计算出某地对这种昆虫全年有效积温的总和 (K_1)，两者相比，便可推测该地区1年内可能发生的世代数 (N)。

$$N=\frac{K_1}{K}$$

如果 $N<1$，意味着在该地全年有效积温总和不能满足该虫完成一个世代的积温，即该虫1年内不能完成一个世代。如果这种昆虫是1年发生多个世代的昆虫 (不是多年发

生一个世代的昆虫），也将会成为地理分布的限制。例如，云南省的昭通，虽然纬度低，但海拔高，气温低，1年内超过三化螟发育起点温度的仅有 125 d，将这些天数的有效温度累计起来还不足三化螟完成一个世代的积温。因而，云南省的昭通没有三化螟的分布。如果是多年发生一个世代的昆虫，例如一些天牛、蝉类、金龟子等，不能按这个办法进行推算。一些分布较广的种，由于地理种群间发育起点温度和有效积温可能差异，在推算时应尽量采用邻近地区的有关数据。

如果 N=2，该虫在当地1年可能发生 2代；如果 N=5.5，该虫在当地1年可能发生五六代。

(2)预测和控制昆虫的发育期　如已知一种昆虫的发育起点温度 (C)和有效积温 (K)，则可在预测气温 (T)的基础上预测下一发育期的出现。

例如，已知粘虫卵的发育起点温度为 13.1℃，有效积温为 45.3日度，预测产卵后的平均气温为 20℃，则可计算幼虫孵化期。

$$N=\frac{K}{T-C}=\frac{45.3}{20-13.1}=6.56$$

即气温为 20℃时粘虫卵将于 6～7 d后孵化。

同样，可以调控昆虫的饲养温度，以便适时获得需要的虫期。例如，正在繁殖一批松毛虫赤眼蜂，要求 20 d后散放成蜂，已知松毛虫赤眼蜂的发育起点温度为 10.34℃，有效积温为 161.36日度，我们可以计算培养温度 (T)以达到要求：

$$T=\frac{K}{N}+C=\frac{161.36}{20}+10.34=18.408$$

即如果控制培养温度为 18.4℃，这批松毛虫赤眼蜂可于 20 d后羽化散放。

4. 有效积温在应用上的局限性

有效积温在应用时发生偏差的情况是经常遇到的。其局限性产生的原因主要有 4 个方面：

(1) 有效积温的推算，目前还是假定昆虫在适温区内温度与发育速率成正比关系的前提下按照有效积温的基本公式进行推导的。从关系式 $T=C+KV$看，这是典型的直线方程式。但在大多数昆虫中，偏低或偏高的温度范围常常不是随着温度的提高而成正比地加快，只有在最适温范围内这两者的关系才接近于直线。因此，为了计算积温而选择的温度处理应在最适温或接近最适温区的范围之内。同样，通过计算推导出来的发育起点温度，对于计算有效积温有重要的参考价值，但与实际的发育起点常会偏高或偏低，这是值得注意的。

(2) 一些昆虫在温度与发育速度的关系曲线上（在最适温区范围内）有出现发育恒定温区的可能性。这也是带来偏差的一个因素。

(3) 一些有效积温的材料是在室内恒温饲养下取得的，但昆虫在自然界的发育处于变温之中，在一定的变温下昆虫的发育往往比相应的恒温快。此外，气象上的日平均温度也不能完全反映实际温差情况，且与昆虫实际生活的小气候环境不完全相同。

(4) 生理上有滞育或高温下有夏蛰的昆虫，在滞育或夏蛰期间有效积温是不适用的。

(四)低温对昆虫的影响及昆虫耐寒性

冬期的低温引起大多数昆虫的大量死亡。在发育零点以下，随着温度降低，昆虫的生长发育停止，代谢水平下降而进入麻痹状态。当温度继续下降，体液冰冻结晶，原生质脱水、机械损伤和生理结构（包括细胞膜）严重破坏而引起死亡。这是低温引起昆虫死亡的一般性描述。然而，一些昆虫在进化过程中形成了适应于冬期低温的耐寒性，低温引起昆虫死亡的原因要比上述的简单过程复杂得多。

1. 代谢消耗和生理失调

在低温下昆虫不能正常发育，体内代谢水平虽然下降，但仍在继续进行。由于体内各种代谢下降的速度并不一致而造成生理上失调，这是低温下引起死亡的原因之一。亚热带地区的许多昆虫，或非越冬的虫态，往往由于这种原因而于冬期死亡。即使是越冬虫态，冬期温度偏高，体内代谢水平也偏高，因而消耗体内贮藏的养分也较多，死亡率也会增加。例如，广东的三化螟越冬幼虫，冬期温度偏低并不引起大量死亡（广东冬期的短暂低温在－4℃以上）；相反，如果冬期温度偏高，由于体内养分的消耗增加，将会降低三化螟对翌年早春不良环境的抵抗力。

不少昆虫的越冬虫期，适应于冬期的特点，在越冬期间，降低了体内代谢水平，提高了低温代谢的调节能力，且在冬期之前积累了充分的营养物质，从而提高了冬期的耐寒性。

2. 体液结冰

昆虫体液结冰一般在 0℃以下。体液结冰引起昆虫的死亡，主要是由于原生质失水，不断扩大的冰晶在原生质内形成分割的孔隙，引起原生质和原生质膜的质壁分离，破坏组织和细胞膜的生理结构等。

不同种类昆虫和不同虫期，体液结冰开始的温度是不同的。

俄罗斯学者巴赫梅捷耶夫 (1898)应用热电偶温度计研究天蛾 *Sphinx pinastri*和大天蚕蛾*Saturnia pyri*等在低温下的体温变化时，得到了下面的情况：温度降低时，昆虫体温随着下降，当下降至 0℃以下的一定低温时，昆虫体温突然上升，上升至接近 0℃而后又继续下降至与环境温度相同为止。他把开始突然上升的温点称为过冷却点，体温上升而后再下降的温点称为体液冰点 (图30-5)。

过冷却点是体液开始结冰时的温点。由于结冰放热的物理过程使体温突然上升。因此，过冷却点的研究成为耐寒性研究的一个手段。

一些昆虫不能忍受体液结冰，当温度下降至过冷却点或通过过冷却点后，体温重又下降至过冷却点温度时引起死亡。对这类昆虫来说，采用过冷却点的测定可以了解耐寒性的程度。

不少种类昆虫在冬期到来之前，脂肪和碳水化合物的积累明显增加，水分减少，由于体液浓度的提高而明显地降低体液结冰的温度；当温度继续下降，体内结合水的比例增加，又进一步降低体液结冰的温度。通过这样的生理过程使过冷却点明显下降，耐寒性也显著提高。

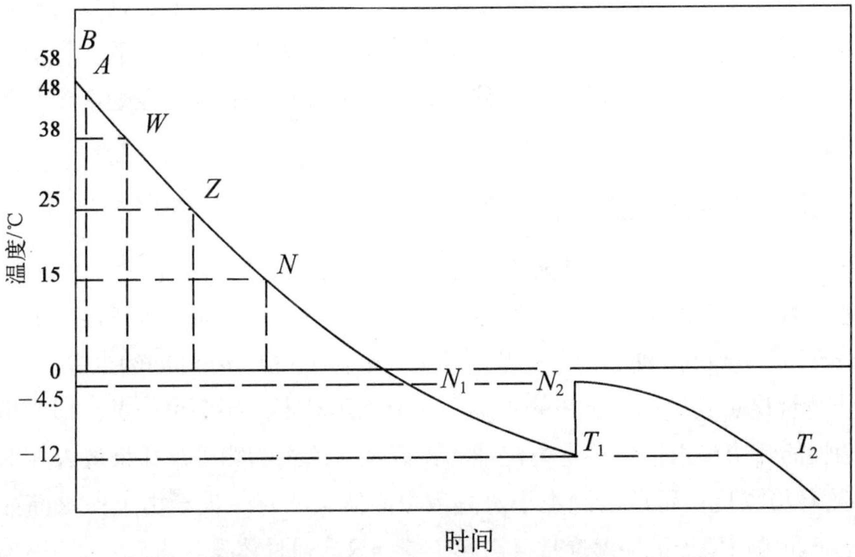

图30-5　在低温下昆虫体温的下降过程 (仿Бахмагьев)

B. 热致死；*B-A*. 高温昏迷；*A-W*. 暂时高温昏迷；*W-Z*. 高适温区；*Z*. 最适温；*Z-N*. 低适温区；*N-N*$_1$. 低温昏迷；T_1. 过冷却点；N_2. 体液冰点

三化螟越冬幼虫（广州种群）过冷却点达－17～－15℃，因而在广州的冬期不可能引起体液结冰（越冬幼虫通过冷却点后恢复常态仍能顺利化蛹而不会死亡）。而在生长季节期间老熟幼虫的过冷却点则在－7～－4℃之间。

玉米螟5龄幼虫（陕西种群）在生长季节中过冷却点（平均）在－14.6℃±0.55℃至－18.9℃±0.89℃之间，而进入越冬后过冷却点下降为－22.0℃±0.96℃。在生长季节中的5龄幼虫不能忍受体液结冰，而越冬幼虫（10月底后至来年5月份）却可忍受冻结。

3. 体液结冰以下的温度

一些寒带地区的昆虫以滞育状态度过漫长的寒冬。这些昆虫不但降低了过冷却点的温度，而且可以忍受体液结冰而不致死亡。例如，据国外的材料，欧洲玉米螟 *Ostrinia nubilalis*（Hübner）（北欧种群）可忍受－80℃的低温，而且可以在体液结冰的状态下度过半年以上的严寒。这类昆虫形成了忍受冰晶的机械损伤和结冰的生理破坏的耐寒性机制，适应于寒带地区的越冬条件。因此，当我们在估计冬期低温对昆虫种群数量的影响时，一定要注意到昆虫种类和不同种群的越冬生理状态，才能做出正确的判断。

二、湿度、降水对昆虫的作用

和温度一样，水也是发生积极生命活动所必需的条件之一。原生质的化学活性与水是不可分割的；盐和碳水化合物只有在水溶液状态下才能发生生理作用；酶的作用也只能在水溶液中才会显示出来；体内的激素联系、营养物质的输送、代谢产物的运转、废物的排除等，都只有在溶液状态下才能实现。昆虫主要从周围环境中摄取水分，而且具有保持体内水分避免散失的能力；但环境湿度、水分、食物含水量的变化对有机体起着极其重要的影响。特别是昆虫在孵化、脱皮、化蛹、羽化期间，新形成的表皮保水能力甚低，如果环境湿度偏低，容易造成大量失水，轻则产生畸形，重则引起死亡。

(一)昆虫对环境湿度要求

不同生活方式的昆虫对环境湿度的要求不完全相同。例如：

(a)水生性昆虫可以通过体壁吸收水分，当离开水面时容易失水死亡。如稻根叶甲 *Donacia provosti* Fairm．幼虫、稻摇蚊*Chironomus oryzae* Matsumura幼虫等。

(b)土栖性昆虫或生活于土中的虫期，如金龟子幼虫、叩头虫幼虫、拟步甲幼虫、一些土栖性的叶甲幼虫、一些土中化蛹的夜蛾蛹、蝗虫的卵等。如果放入相对湿度低于100%的环境湿度，可以看到由于水分散失而体重下降，甚至由于失水而死亡。蝗卵、金龟子卵等在低于饱和湿度时会引起干缩，只有通过体壁吸水后才能正常孵化。

(c)钻蛀于浆果内、茎内的昆虫，在钻蛀生活的虫期，同样适于 100%的相对湿度。例如，三化螟的蛹期在相对湿度 100%时比 96%时短一些，而直接与水接触时，蛹期将比饱和湿度下更短一些。

(d)裸露生活于植物上的昆虫或虫期，对环境湿度有一定的要求。例如，亚洲飞蝗 *Locusta migratoria migratoria* L.在温度30～35℃，相对湿度为35%时不能完成发育；相对湿度为 45%时发有期为36～43 d；相对湿度 100%时发育期为25～31 d，但成活率较低；相对湿度70%时为适宜湿度，发育期为32～37 d，但成活率较高。

(二)湿度对昆虫的影响

湿度能影响体内水分平衡，自然会对昆虫的体内代谢起作用。因此，与代谢有关的繁殖、生长发育、成活率也会受到外界环境湿度的影响。对裸露生活于植物上的昆虫或虫期与外界环境湿度的变化直接发生联系。

湿度对繁殖的影响是比较明显的。多数昆虫产卵时要求高湿度。例如，粘虫 *Pseudaletia separata* (Walker)成虫在 25℃的适温下，在相对湿度 90%时产卵量比 60%时高出一倍以上；棉红铃虫 *Pectinophora gossypiella* Saunders成虫的交配产卵要求 80%以上的相对湿度；稻纵卷叶螟 *Cnaphalocrocis medinalis* Guenée成虫在 95%以上的相对湿度产卵最多，偏低的湿度不产卵，且产下的卵亦不孵化。

在环境湿度偏低的情况下，往往出现下面的一些现象：雌虫已经抱卵但产不出来；卵内胚胎已经发育完成而不能破卵孵化；幼虫完成一个龄期后已经形成新皮而旧皮脱不下来；成虫已在蛹壳内形成而不能羽化；已经羽化出来的成虫不能正常展翅。在这样的情况下，并不是由于偏低的湿度影响卵内胚胎发育，也不是由于偏低的湿度影响胚胎、幼虫、蛹的发育。偏低的湿度主要是由于失水较多，血液中的水还要补充组织代谢对水的要求，因而在体内形成不了足够的液压，从而对产卵、孵化、脱皮、羽化和展翅发生影响。

刺吸式口器昆虫以汁液为食，从食物中可以取得充足的水分，因而对一些刺吸式口器昆虫来说，外界环境湿度的影响相对较少；当湿度偏低时，植物组织内含水量比较低，取食的干物质量相对增加，反而有利于生长发育。这对一些蚜虫、一些螨类似乎是适合的；但对一些飞虱、介壳虫却在湿度偏高时，更有利于种群数量的增加。

(三)降水对昆虫的影响

降水与空气湿度密切相关，因此常常可以从一个地方的降水量了解湿度的一般情况，或以同一地方不同时期或季节降水量的特点来表示当地 1年内的湿度变化。这在一定范围内是有参考价值的。

降水对昆虫有下列的生态关系：

(a)降水显著提高空气湿度，从而对昆虫发生影响。

(b)降水影响土壤含水量，对土中生活的昆虫起着重要的作用；同时，土壤含水量对植物发生影响，从而作用于昆虫的食料，特别对取食植物汁液的昆虫影响更加明显。

(c)降水对一些昆虫却是重要的条件。附在植物上的水滴，常常对一些昆虫卵的孵化和初孵幼虫的活动起着重要的作用。稻瘿蚊 *Pachydiplosis oryzae* 的初孵幼虫借叶片上水滴的张力爬行侵入，或落入水中移动侵入；降水（或灌溉）对小麦吸浆虫的入土和出土发生影响；早春降水对解除越冬幼虫的滞育状态有密切的关系。

(d)冬季以雪的形式降水，在北方形成地面覆盖，有利于保持土温，对土中或土面越冬的昆虫起着保护作用。

(e)降雨也常常成为直接杀死昆虫的一个因素。蚜虫、红蜘蛛在暴雨后种群数量往往减少；暴风雨后在田间往往发现已死或将死的蛾类成虫，而且还可发现大量抱卵的雌蛾。

(f)降雨影响昆虫的活动。大雨时诱虫灯失去了诱虫的作用，许多昆虫停止了飞翔活动；远距离迁移的昆虫常因雨而被迫降落；连续降雨也常常会影响赤眼蜂、姬蜂、茧蜂的寄生率。

降雨对昆虫的影响是相当具体的。在一些资料中，往往应用旬降雨量、月降水量甚至年降水量来统计害虫发生数量的相关关系。这对一些害虫不一定可靠。比如，10 d内降水50 mm（旬降水量），这可能是在短时间内一场大雨降水50 mm，其他时间均为晴天；也有可能是连续阴雨。这两种情况对昆虫的作用是完全不同的。一些昆虫幼虫钻蛀于植物组织内，或在卷叶苞内生活，成虫自由活动。这就出现降水对幼虫及成虫的不同影响问题。因此，按照具体情况进行具体分析，才能进一步了解这个生态因素对种群数量的作用。

三、温、湿度的综合作用

上面我们分别讨论了温、湿度及降水对昆虫影响的问题。当讨论温度对昆虫的影响时，常以一定的湿度作为条件；同样，在讨论湿度对昆虫的影响时，又以一定的温度作为条件。这是因为温、湿度的作用并不是孤立的。

首先，在不同的温、湿度组合下，昆虫的发育历期不同。例如，三化螟卵期在温度26～30℃，湿度 84%～96%范围内发育历期最短 (图30-6)；湿度对多种蝗虫蝻期的长短影响有一定的规律性，但在各种温度下有明显的差异。

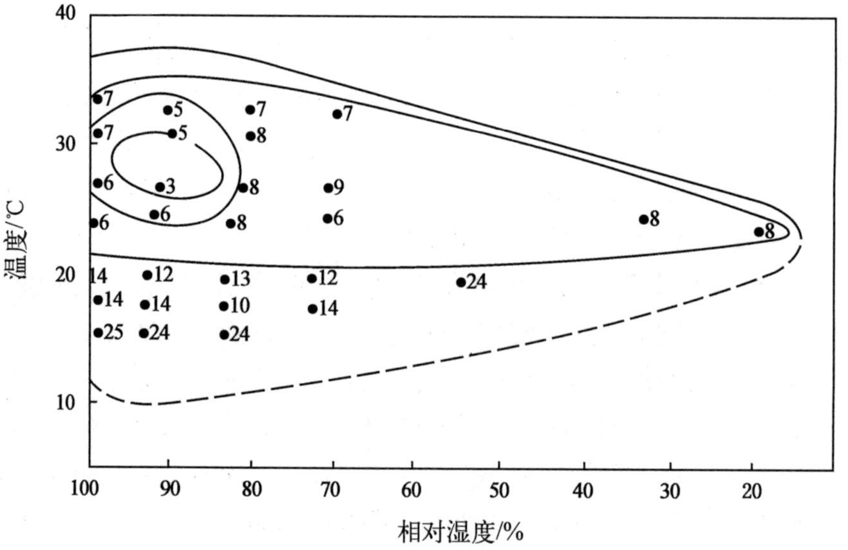

图30-6 三化螟第1代卵期与温、湿度的关系（仿蔡邦华）

同样，在不同的温、湿度组合下，昆虫的死亡率也有差异。如果在试验中增加温、湿度的梯度，在多个处理中，我们可以了解昆虫的最适生存的温、湿度范围。粮食的含水量和温度对仓库害虫的存活率起着重要的作用 (图30-7)。

在上面的材料中我们可以看到，昆虫的适温范围可因湿度条件而偏移；同样，适宜的湿度范围也可因温度条件而偏移。或者说，在一定的温、湿度范围内，相应的温、湿度组合，可以产生相近似的生物效应。这是有趣的现象，而且是有生理基础的。

温度与湿度对生物的作用是相互关连的。温、湿度的关系在生物气候学上常常以温、湿度系数或气候图来表示。生态学上也常常用以表示气候环境的一般特点。

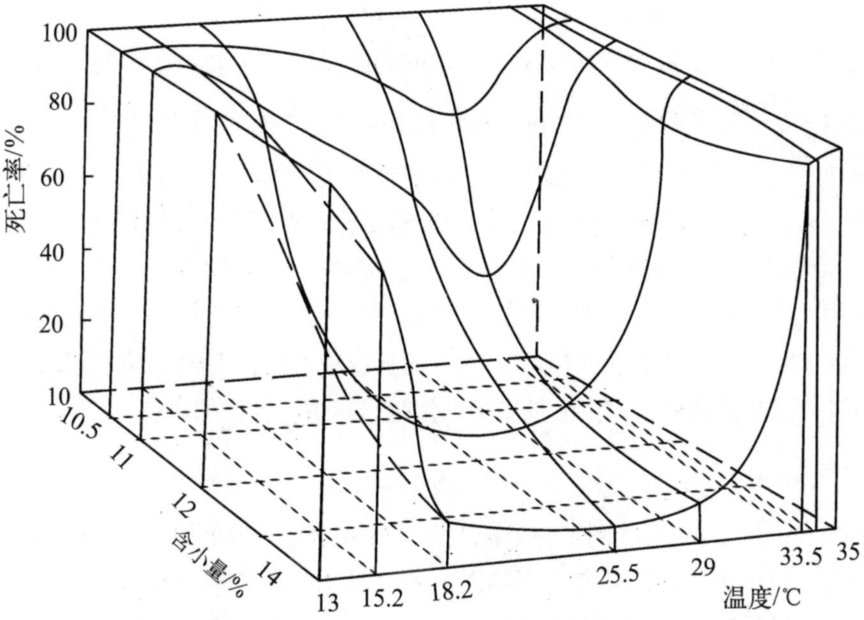

图30-7 在小麦中不同温度、含水量对米象幼虫死亡率的影响

(仿Andrewartha & Birch)

(一) 温、湿度系数

温、湿度系数（Q）是降水量（M）与平均温度总和（T）的比值（即降雨量和积温比）。其基本公式为：

$$Q=\frac{M}{\sum T}$$

如果表示一种昆虫所处地区的气候条件，而且已知该种昆虫的发育起点温度（C），则可计算其在发育开始点以下期间的降水量P，以计算有效温、湿度系数（Q_e）。即：

$$Q_T=\frac{M-P}{\sum(T-C)}$$

在生态学上也有应用相对湿度（R.H.）与温度的比值来计算温、湿度系数（Q_w）的，其基本公式为：

$$Q_w=\frac{R.H.}{T}$$

例如，月平均温度为25℃，平均相对湿度为75%，这个月的温、湿度系数（Q_w）为3。

温、湿度系数可以作为一个指标，用以比较不同地区的气候特点，或用以表示不同年份或不同月份的气候特点，有一定的参考价值。

然而，温、湿度系数的应用还是有一定的局限性的。例如，在我国的南方，可以找到上述 $Q=\frac{1\,500}{250}=6$ 的地点和年份，而在我国的西北，也可以找到 $Q'=\frac{600}{150}=6$ 的地点和年份。Q 和 Q' 两个温、湿度系数值同样为 6，但两个气候环境是有很大悬殊的。又如，有人认为，棉蚜在华北地区，当气温不超过 25℃和相对湿度不超过 75%时，5d的平均温、湿度系数（Q_w）在 2.5～3之间时将会大量发生，而 $Q_w>3$ 或 $Q_w<2.5$ 时，棉蚜的发生量相应下降。如果把这个结论放在生产上进行检验，华北地区棉田受“伏蚜”危害时，大多气温远远超过 25℃，而且湿度甚低，因此 Q_w 往往远少于 2。因此，应用温、湿度系数分析害虫大量发生条件时，应进行具体的研究。

（二）气候图

气候图 (climograph)的绘制是在坐标上以纵轴表示每月的平均温度，横轴表示每月的总降水量，以线条顺次连结每月平均温度和每月总降水量的交合点。气候图可以表示不同地区的气候特征。如果两个地区的气候图基本重合，可以认为这两个地区的气候条件基本相似；如果同一地区的不同年份的气候图基本重合，可以认为这些年份的气候条件基本相似。

在分析各交叉点的气候特征时，可把整个图划分为 4个区域，左上方为干热型，右上方为湿热型；左下方为干冷型，右下方为湿冷型。这样，就可以用气候图分析昆虫在新区分布的可能性和不同年份昆虫的发生数量。如地中海实蝇 *Ceratitis capitata*

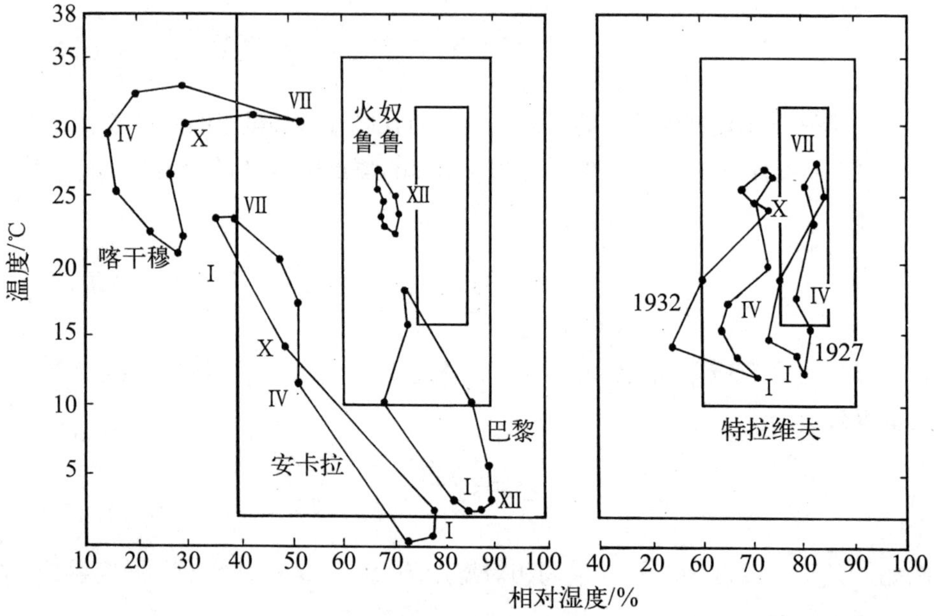

图30-8 地中海实蝇适生的温、湿度范围及某些地方的气候图

(仿Allee et al.)

(Wiedemann)是一种严重危害柑橘的害虫，其最适生的温、湿度范围是 16～32℃和相对湿度 75%～85%，如图 30-8A中小长方形内的范围；图中的小长方形和中长方形之间的范围为该实蝇适生范围，中长方形与大长方形之间的范围为该实蝇的耐受范围。美国火奴鲁鲁的气候图表明该地全年的温、湿度都适合地中海实蝇生长发育；在法国巴黎，有寒冷的 6个月对地中海实蝇生活不利；而在苏丹的喀土穆，有 9个月地中海实蝇无法生存。图 30-8B是以色列特拉维夫 1927年和 1932年的气候图，可以看出当地 1927年的温、湿度组合特别适合于地中海实蝇发生，实际上当年地中海实蝇确实给特拉维夫的柑橘业造成了严重的危害。

四、光在昆虫活动中的意义

光是生态体系中能量的主要来源。植物吸收光能完成光合作用而制成养分，这是生态体系中能源的基础。昆虫不能像植物那样直接吸收光能制造养分，只能从植物或其他动物中摄取能量。虽然如此，从间接关系来说，光是不可缺少的条件。在昆虫的进化过程中形成了对辐射热、光的强度、光的波长和光周期的密切关系，昆虫的许多习性、行为都受到光的控制。

(一)辐射热

昆虫可从太阳的辐射热中吸取热能。在寒带地区，当冰雪还未融化，有时会发现一些体黑色隐翅虫在冰雪上面活动，这些昆虫可利用太阳的辐射热提高体温。在高寒山区或寒带地区的昆虫往往颜色深暗，这样有利于吸收太阳的辐射热；在热带地区的昆虫往往色泽鲜艳而有强烈的金属反光，这也有利于反射太阳的辐射热而避免体温过高。一些昆虫例如菜粉蝶在阴暗处化蛹的蛹色较深，在光线较强处化蛹的蛹色较浅；有些昆虫的体色随栖息场所的背景色泽而变化；这都可能与光的辐射热发生联系。

(二)光的强度

一般来说，生活在黑暗地方的昆虫，增加光度则躲入黑暗的缝隙中，许多蛀茎生活、地下生活和仓库内生活的昆虫具有这种习性；相反，裸露生活的许多昆虫，在光线较弱时趋向光源或光线较强的地方。但对许多昆虫来说，在过强的光度下特别活跃，代谢加速而寿命缩短。

一些昆虫的活动受到光强的影响。例如，蚜虫的迁飞与光强有关，蚜虫在黑暗中不起飞，而中午光照强度超过 10 000 lx时对迁飞也有抑制作用，故每天上午和下午出现两次迁飞高峰。试验证明，在无风的环境下光源对蚜虫的迁飞有一定的导向作用。又如，蚊虫大多在 0.15～1.5 lx的强光下活动，强光及完全黑暗的条件下活动较少。

(三)光的波长

人眼可见光的波长范围 (人的视觉光区)为800～400 nm。依不同波长而分出不同的颜色：红 (800～700 nm)，橙 (700～600 nm)，黄 (600～550 nm)，绿 (550～500 nm)，蓝(500～460 nm)，紫 (460～400 nm)。长于红光 (＞800 nm)的称为红外光；短于紫光(＜400 nm)的称紫外光。红外光和紫外光属于人眼的视觉光区之外 (人眼的不可见光)。昆虫的视觉光区与人的视觉光区不完全相同，不同种类昆虫的视觉光区也有差异。例如，蜜蜂的视觉光区为 650～297 nm。人眼可见的红光对蜜蜂来说是不可见光，而人眼不可见光的紫外光部分属于蜜蜂的可见光 (图30-9)。

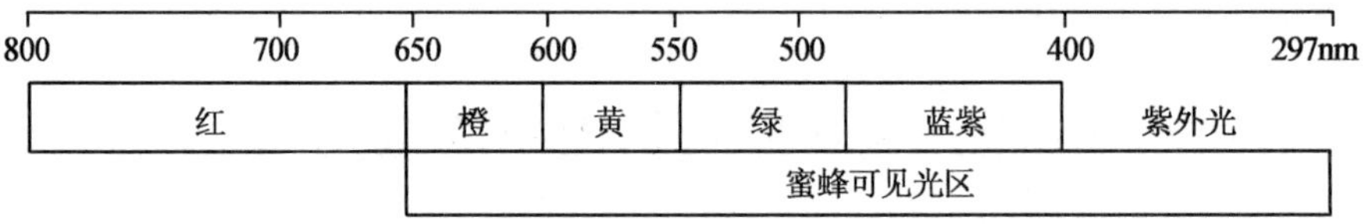

图30-9　人的辨色能力和蜜蜂的视觉光区的比较

(仿Frisch)

昆虫的趋光性对光的波长有一定的选择性。例如，三化螟和二化螟对 330～400 nm 的趋性最强，因而利用黑光灯 (波长 365～400 nm)诱集的数量比消耗同样电能的其他波长光源多得多。

(四)光周期

昼夜中的光、黑相互交替，形成了不变的序列关系。这是光周期的日变化。 1年内每天光周期的日变化是不同的。在北半球，夏至日最长而夜最短，冬至日最短而夜最长；秋分刚好是从夏至日长逐渐变化至冬至日短的中点，春分刚好是从冬至日短逐渐变化至夏至日长的中点，“春分秋分，昼夜平分”说的就是这个意思。在同一纬度内光周期的年变化是相同的；不同纬度的光周期年变化的节律相同，都是夏至日最长而冬至日最短，春分、秋分日夜平分。但在赤道线上，夏至和冬至的光照时数没有区别，而向高纬度地带，夏至的光照时数依次增长，冬至的光照时数依次缩短。在北纬65°以上，可以出现“白夜”，即夏至前后昼夜都可以看到太阳，而冬至前后，昼夜却是暗淡无光。北半球不同纬度日长时数的年变化周期见图 30-10。

生物对光周期（日变化及年变化）相适应而形成“生物钟”，即在生理上形成了与光周期变化相适应的节律，在昆虫中也有相似的现象。

光周期的年变化对许多昆虫的反应都非常明显。主要是光周期的年变化比温度的年变化更有规律性。温度的年变化是波动地增加或波动地下降的，而光周期的年变化是逐日地有规律地增加或有规律地减少的。例如，许多蚜虫在短日照时才产生两性个体。又如，光周期对许多昆虫冬期滞育的关系非常密切。特别是高纬度地带的许多昆虫，光周期的变化成为滞育越冬前生理上的准备和进入滞育的先兆，并且是部分昆虫解除滞育的生态条件之一。

一般认为，低纬度地区的昆虫对光周期反应不明显。

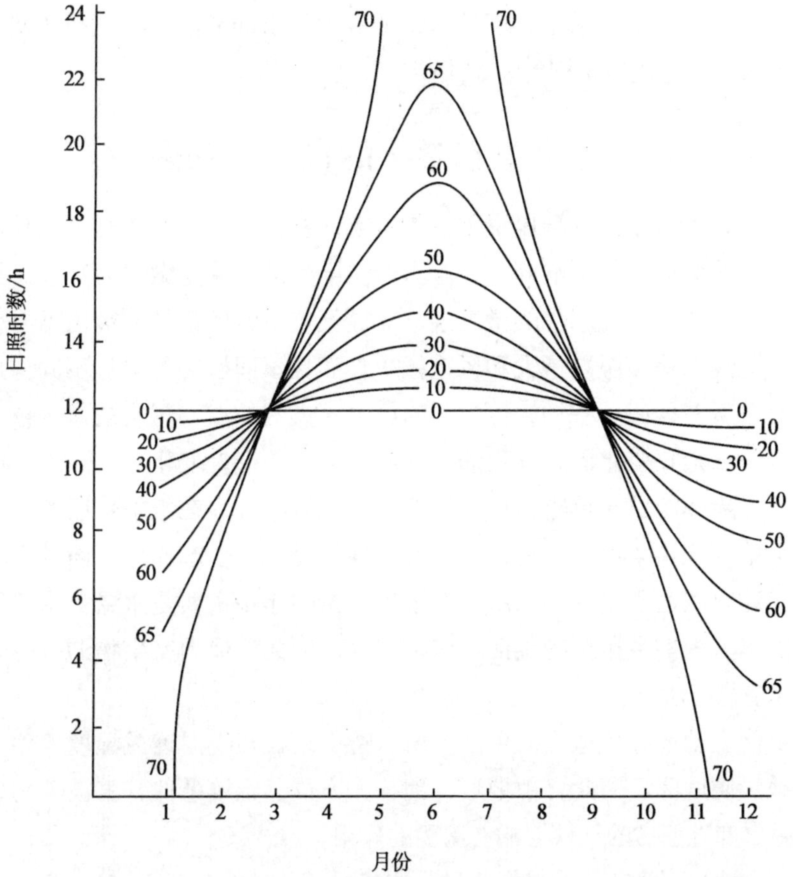

图30-10　北半球不同纬度日照时数的年变化曲线上的数字为纬度

五、风对昆虫的影响

风与蒸发量的关系甚大，从而对湿度发生影响。蒸发量大也会引起温度下降。因而风对环境温、湿度都会发生作用。对昆虫来说，风也有助于体内水分和周围热量的散失而对昆虫体温发生影响。这是风对昆虫影响的一个方面。

风对昆虫迁移、传播的作用是相当明显的。这是风对昆虫的影响的重要方面。许多昆虫能借风力传播到比较远的地方。例如，一些蚊、蝇类可被风带到 25～1 680 km以外；蚜虫可借风力迁移 1 220～1 440 km的距离；一些无翅昆虫，附于枯枝落叶碎片上随上升气流而到达高空传播到远方等。据最近研究，日本昆虫学家在太平洋海域（菲律宾至日本）的海面上捕获随季候风北向迁移的稻褐飞虱。我国近年在 1 500 m空中也曾捕获稻褐飞虱、白背飞虱等多种昆虫。这些都说明了风对昆虫迁移和传播的重要作用。

除上述情况外，在强风的长期作用下，昆虫也有适应环境的特点。达尔文早就注意到这种情况：在太平洋一些小岛上的昆虫形态上发生了变化，一般表现在翅退化(图

7-14A，B)或翅特别发达，这样可以保证不被风吹到海里。

暴风雨不但影响昆虫的活动，而且常常会引起昆虫的死亡。特别是华南及沿海地区台风对昆虫的影响是值得重视的。

六、昆虫生态学上的微气候问题

研究昆虫生态学必须注意到昆虫本身的特点。在讨论气候条件时，应从昆虫的特点来考虑气候条件对昆虫的影响问题。昆虫的实际生活环境是微气候环境。大多数昆虫是在植物上生活的，植物丛中的微气候与一般气象资料所记录的数值常有差异，一般是温度变化比较和缓、湿度增大和风速减少；而且不同植物种类、不同密度、不同植株高度都会有所差异。一些钻蛀性生活的昆虫，大气的温、湿度是通过植物组织内的温、湿度（含水量）变化而起作用的；实际上大气的湿度变化对钻蛀性生活的虫期并不发生影响（除非能引起植物生理上的恶化甚至凋萎）。在土中生活的昆虫，实际生活环境是土壤，气候条件的变化通过土壤条件的变化才会起作用；而且土壤生活的昆虫还可以主动寻找适于生活的场所。对水生昆虫的作用主要是水温、水的酸碱度、有机物质等因素。内寄生昆虫的生活环境是寄主，因此对体内寄生物的寄生时期，应把寄主作为环境进行研究。

许多昆虫能主动地寻找适宜的生活场所，特别是在极端温度或湿度条件下，趋向于较适宜的微气候地区。因此，由地形、地势、方位、土壤条件、植被等构成的微气候环境，对昆虫度过恶劣的气候影响有重要的作用。

在平地（旱地）而没有植被或植物稀少的情况下，从地表至 2 m高度范围内，温、湿度和风的垂直梯度变化相当显著，一般白天温度随着高度的增加而急剧下降，在 5～10 cm的一层温度下降最大，夜间则温度随高度的增加而稍有提高；相对湿度的变化在 7～17时高度 5 cm处较 150 cm处为低，而17时以后至清晨7时则5 cm处较150 cm处的相对湿度为高。

在有植被的情况下，植被的覆盖度及植物的不同高度，形成不同的小气候环境，而且温、湿度的变化还受到植株的生长情况而发生影响。例如，大麦在抽穗期间的田间小气候温、湿度变化如图 30-11 A-D所示。

防护林与其附近的裸露地的土温变化更有显著的差异。防护林下土壤由于上面有厚而密的大乔木林冠的覆盖，太阳辐射热为其吸收或反射，仅有少部分能透过林冠投射到地面，且林内地面残存的枯枝落叶又阻碍了热的传导。林内土温的变动不大。例如，广东徐闻县防护林内深 10 cm的土温日差仅为 1℃，年温只变动于 9.4℃(1月份)至 30.5℃(7月份)之间；但在裸露地的温度日差可达 27.3℃，年温变动于 7.7℃(1月份)至 60℃(7月份)之间。

植株的高度及密度对其附近的风速发生显著的影响。防风林带的防风效应，大致

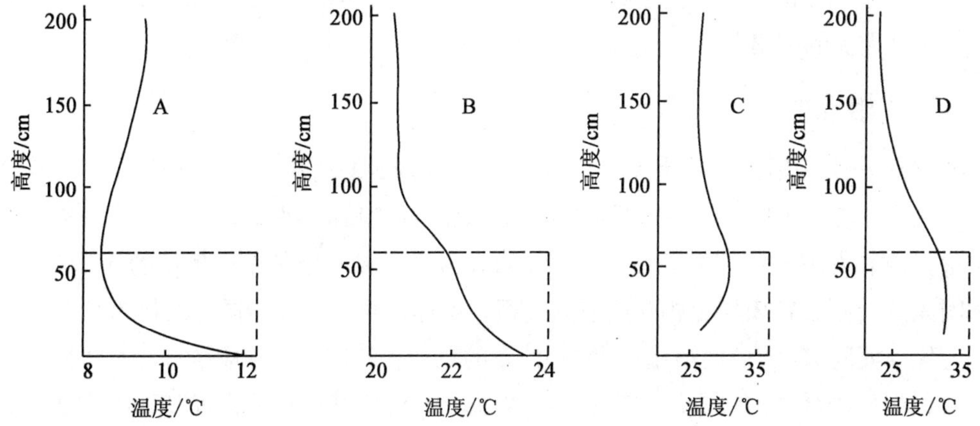

图30-11　大麦抽穗期昼夜温、湿度的垂直变化

A．白天温度；B．夜间温度；C．白天湿度；D．夜间湿度；虚线表示大麦株高

是树高 10 m，对风速的影响范围达 400～500 m。塑料大棚和温室中的小气候和外界的气候差别更大。因此，在昆虫生态学上必须重视微气候问题，这样才能对昆虫的实际生活环境做出正确判断。

第三节　生物因子

生物因素与昆虫有着密切的联系，对昆虫的生长、发育、生存、繁殖和种群数量起着重要的作用。影响昆虫种群数量动态的生物因子很多，但主要有食物和天敌两大方面。

一、生物因子的作用特点

生物因子与昆虫关系的特点与非生物因子及其他生态因子相比，大致有如下的特点：

（一）非全体性

非生物因素如温、湿度、降水等对昆虫种群中各个个体的影响基本上是一致的；其中可能与某些个体所处的微气候环境不同而有某些差异，但这些差异相对来说还是不明显的。生物因素在大多数情况下，特别是捕食、寄生或感病等常常只涉及种群中的一些个体，由于捕食、寄生或感病而消灭整个种群的情况并不常见。

（二）密度制约性

非生物因素的影响与中心昆虫种群密度无关。生物因素在种群密度较大的情况下，其捕食性或寄生性天敌更易找到寄主而有利于繁衍，病原微生物更易传播流行。因而在一些生态学的著作中把生物因素称为“与密度有关的因素”，而气候条件则列入“与密度无关的因素”。

（三）相互性

昆虫对非生物因素在绝大多数情况下只有单方面的适应，即昆虫适应于气候条件；非生物环境由于昆虫的影响而发生的变化是不同性质的 (例如，昆虫在土中生活而与土壤形成和发展有密切的关系，但与昆虫适应于气候环境是不同性质的)。昆虫与生物因素的关系，则表现出相互适应的关系。例如，植物的花与昆虫的传粉是在历史发育过程中共同演化 (协同演化)形成的。花的色、香和蜜可以看成是植物对传粉昆虫的适应；而传粉昆虫的口器、刚毛的特殊构造、蜜蜂的携粉足等，可以看成是昆虫对花的适应。捕食性天敌或寄生性天敌寻找寄主，而寄主也产生了逃避天敌的适应性本能，甚至构成卷叶、茧等蔽护物，而一些天敌却利用这些蔽护物而找到寄主。

（四）不等性

生物因素的相互关系通常只涉及与中心生物关系密切的物种（或种群），而对整个生物群落的其他种群发生的影响程度不一；非生物因子的作用遍及整个生物群落的各个物种影响相对稳定，对各种生物的不同影响是由于不同物种对生态条件的要求不同而表现出来的。

二、食　　物

昆虫和其他动物一样，必须利用植物或其他动物所制成的有机物以取得生命活动过程所需要的能源。有没有所需的食物，关系到能不能在这个生境中生存的问题；存在的食物是否适合于这种昆虫的要求，又关系到这个生境中的种群数量的问题。

（一）食物对昆虫的影响

各种昆虫不但食性专门化的程度不同，而且不同食物对生长发育速度、成活率、生殖率都会发生影响。

首先，幼虫取食不同食料与营养的积累有关。例如，劳氏粘虫 *Leucania loreyi* (Duponchel)幼虫给食不同食料，不但发育历期不同，体重也有明显的区别。

幼虫取食积累的营养物质进一步作用于蛹和成虫，从而对成虫的生殖力发生影响。例如，不同食料对粘虫 *Pseudaletia separata*（Walker）的作用不但影响幼虫历期，而且对蛹期和成虫的产卵量也有影响。

有些成虫羽化后要求继续取食以摄取补充营养。补充营养对性器官的继续发育和卵的继续形成有关。

一些植食性昆虫取食植物的不同发育阶段，对生长发育也有明显的影响。例如，稻纵卷叶螟 *Cnaphalocrocis medinalis* Guenée取食浓绿的阔叶矮秆水稻品种分蘖期时，4龄幼虫化蛹的百分率甚高；而取食其他发育期水稻时，5龄幼虫完成发育阶段。

（二）昆虫对植物的选择性和植物对害虫的抗性

植食性昆虫对取食植物的选择性和植物对害虫的抗虫性两者之间并不是孤立的，而是在历史发育过程中并列地进化和交互形成的。

没有一种植食性昆虫取食全部各种植物；也没有哪一种植物被全部植食性昆虫所取食。也可以说，每种植食性昆虫对食料植物都有选择性；而每种植物都有抗虫性。在植物的演化过程中，如果没有抗虫性，全部植食性昆虫都来侵袭，这种植物早已被植食性昆虫所淘汰了。

1. 昆虫对植物的选择

昆虫对植物的选择可分为下面4个基本阶段：

（1）产卵的选择　昆虫与取食的植物对小生境条件的要求是一致的；或者取食的植物构成了昆虫选择的生境；取食植物的色泽和气味对成虫的刺激作用，引起昆虫趋近于这些植物产卵。

（2）取食的选择　植物表面的物理状态常常对昆虫是否开始取食起着重要的作用；植物组织的特殊化学物质和物理状态对是否继续取食起着重要的作用。

（3）营养的选择　昆虫取食后的营养效应对幼虫期的生长发育速度、变态、生殖力等方面都会发生影响，因而对种群的数量增减起着重要的作用。

（4）特殊物质的选择　不同种类植物的特殊物质，除对昆虫的行为反应起刺激作用外，还有一些特殊物质对一些昆虫是必需的。例如，合成激素的物质如果缺乏将对发育产生不利的影响；如果植物含有对该种昆虫的有毒物质，或在昆虫取食后植物产生有毒物质或其他机械反应，可能引起昆虫不取食甚至死亡。

2. 植物的抗虫性

植物的抗虫性可表现为不选择性、抗生性和耐害性 3个方面。这 3个方面也称为“抗虫的 3机制”。

（1）不选择性　植物不具备引诱产卵或刺激取食的特殊化学物质或物理性状，因而昆虫不趋于产卵、少取食或不取食；或者植物具有拒避产卵或抗拒取食的特殊化学物质或物理性状，因而昆虫不趋于产卵、少取食或不取食；或者昆虫的发育期与植物的发育期不适应（物候期上不相配合）而不被危害。这都属于不选择性的范畴。

（2）抗生性　植物不能全面地满足昆虫营养上的需要，或含有对昆虫有毒的物质，或缺少一些对昆虫特殊需要的物质，因而昆虫取食后发育不良、寿命缩短、生殖力减弱，甚至死亡；或者由于昆虫的取食刺激而在伤害部位产生化学或组织上的变化而抗拒昆虫继续取食。这都属于抗生性的范畴。

(3) 耐害性 有些植物在被昆虫危害后具有很强的增长能力以补偿由于危害而带来的损失。例如，禾本科植物如果分蘖力特强，主蘖被害后分蘖的补偿作用使被害损失甚低。这属于耐害性的范畴。

上述 3个方面（抗虫 3机制）有时在一个品种上全部表现出来，有时只表现其中之一。无论如何，都可表现出抗虫性。

各种作物品种间的抗虫性的差别是普遍存在的。目前，我们对抗虫性机制的了解还不够深刻，这有待我们努力工作，为抗虫育种提供依据。

三、天　　敌

在自然界中，每种昆虫都有大量的捕食者和寄生物，昆虫的这些敌害称为天敌(natural enemies)。一种害虫，每一虫期都可能遭受天敌的侵袭而引起大量死亡；所以，天敌是抑制害虫种群数量的重要生态因子。

在自然界中昆虫的天敌甚多，大致可分为病原生物、天敌昆虫和其他捕食性天敌3大类。

(一) 病原生物

病原生物包括病毒、立克次体、细菌、真菌、原生动物、线虫等。这些病原生物常会引起昆虫感病而大量死亡。

1. *病毒*

昆虫病毒的构造与侵染其他动物或植物的病毒基本相同，中央是由核糖核酸 (RNA)或脱氧核糖核酸 (DNA)所构成的核心，外面是由蛋白质分子构成的被壳，核心和被壳构成病毒的单位——病毒粒子。昆虫病毒粒子一般呈球形、杆状等。球形的病毒粒子的直径为 10～100 nm，杆状病毒粒子的直径为 20～30 nm，长度为 200～400 nm以上。这样小的粒子要在电子显微镜下才能看到。一些昆虫病毒是以病毒粒子状态下存在的，但许多昆虫病毒粒子包涵在一层由蛋白质、脂质和碳水化合物构成的膜内，这层膜称包涵体。包涵体是昆虫病毒所特有的。包涵体一般比较大，其直径可达 15μm。因此，具包涵体的昆虫病毒可在光学显微镜下（ 500～1 000倍）观察。病毒寄生于细胞内，寄生于细胞核内的称核型病毒，寄生于细胞质内的称质型病毒。各种昆虫病毒常常依其寄生部位（核型或质型）、有没有包涵体和包涵体的形状（多角体或颗粒状）或其他特征而给予类群的名称。常见的昆虫病毒有下面的5个类群：

(1) 核多角体病毒 病毒的包涵体呈多角形，直径 3～7μm，包涵体群聚于肥大的细胞核内，每一包涵体常有 10～100 个病毒粒子。病毒粒子杆状，体积常为 50 nm×350 nm，核心由核糖核酸（ RNA）和脱氧核糖核酸（ DNA）所构成。核多角体病毒病是鳞翅目幼虫常见的病毒病。病死的幼虫体内液化。

(2) **颗粒体病毒** 包涵体呈卵圆形、立方形或其他形状，大小为 0.3～0.5 μm×0.1 μm×0.1～0.2 μm，立方形的包涵体最大直径可达 5.0 μm。每一包涵体常只有一个病毒粒子，核心由脱氧核糖核酸 (DNA)构成。寄生于鳞翅目幼虫。病死的幼虫体呈乳白色，体内液化呈乳状。

(3) **质多角体病毒** 包涵体呈多角形、卵形或近于球形，直径为 0.5～25 μm，寄生于细胞质内，每一包涵体内有 100～1000 个病毒粒子。病毒粒子近于球形（等轴的20面体），直径为 70～80 nm，核心由核糖核酸 (RNA)构成。病毒的包涵体常分散于液胞之内。鳞翅目、双翅目、膜翅目、脉翅目等多种昆虫均有感染，主要感染幼虫。害虫感染后经 10～20 d死亡。侵染部位为中肠细胞及其他组织。感染的昆虫无固定病征。鳞翅目昆虫感染后体躯变小而显得头大畸形，食欲不振，后期排出垩白色的粪便，内含大量的病毒包涵体，甚至在死亡前后肠也全部翻出体外。

(4) **多形体病毒** 包涵体呈不规则的次立方形晶体或其他形状，最大直径为 2～3 μm，每一包涵体内有多个病毒粒子。病毒粒子杆状，长 200～400 nm，核心由脱氧核糖核酸(DNA)构成。病毒包涵体存在于脂肪、细胞质及细胞核内。寄主为直翅目昆虫。感染后的若虫脂肪组织肥大，腹部膨胀，血淋巴浑浊而死亡。

(5) **无包涵体病毒** 病毒粒子分散于组织细胞之中。由于病毒粒子甚小，光学显微镜不易观察。例如，虹彩病毒粒子呈 20面体，直径为 130～180 nm，核心由脱氧核糖核酸(DNA)构成。寄生于双翅目、鞘翅目和鳞翅目幼虫。感染后的幼虫体呈蓝、紫或褐晕色，受害组织不肿大。伊蚊的幼虫感染后体呈彩虹色，化蛹之前或羽化之前死亡。

病毒是没有细胞的生命体，其增殖过程与其他生物不同。昆虫病毒在进入消化道后，碱性的消化液使包涵体溶解，病毒粒子进入体腔，吸附于具有感受性的细胞上着生，这时病毒粒子的蛋白质与核酸分离，核酸进入细胞内，参与细胞代谢，进行复制。在这个过程中，细胞内逐渐形成病毒的原始体，在原始体上的核酸和蛋白不断增加，使原始体发育成熟，继续形成新的病毒核心，并在病毒核心上包上蛋白质的分子层而形成新的病毒粒子。病毒粒子也可能在包涵体内继续完成。当病毒充满整个细胞，致使细胞破裂，放出病毒粒子侵入邻近的细胞。最后整个组织崩解而引起昆虫死亡。

昆虫病毒是在自然界中引起昆虫死亡的一个因素。一些昆虫在病毒侵入后体内能产生一种抗病毒的物质，抑制病毒的发展，但在不良条件下这种抗病毒的物质产生缓慢，因而在不良的条件下往往会“诱发”致病。

昆虫病毒的专化性很强。其他一些动物病毒往往可以用鸡胚进行培养，而昆虫病毒却只能在该种昆虫的一定的组织细胞内增殖。一种昆虫的病毒在自然状态下往往只侵染一种昆虫，在人工接种下可能寄主会扩大一些。例如，家蚕的多角体病毒可以接到大蜡螟上去；美洲棉铃虫 *Heliothis zea*的核多角体病毒可以在同属的几种昆虫上互接。但可以交互感染的昆虫病毒是不多的。

由于病毒的包涵体和粒子都很微小，病死的昆虫体内含有大量的病毒包涵体和粒子，因而有利于扩大感染，特别在昆虫种群密度增大时更容易流行。然而，昆虫的病毒一般不耐紫外光，在不良的条件下容易丧失致病力，因而病毒病的流行往往要求一定的环境条件，这又是病毒病流行的一个限制因素。

应用病毒制剂防治害虫也是有前途的。应用病毒制剂防治害虫用量小，而且是专一性的，不会杀死害虫的天敌，优点是比较多的。但到目前为止，只能用活体培养，增加了病毒制剂生产上的困难，这是应用病毒防治害虫的限制因子之一；同时，正如上述，病毒在紫外光下容易被破坏而失去活性，这也是应用病毒防治害虫的另一个限制的因素。

我们相信，在选择致病力强的病毒，在解决害虫的人工大量培养的基础上，或用组织培养代替活虫培养，在制剂中加用紫外光吸收剂（如活性炭等），病毒的应用可能会得到迅速发展。

2. 立克次体

立克次体是介乎病毒与细菌之间的生物。核内含有两型核酸——核糖核酸 (RNA) 和脱氧核糖核酸 (DNA)，外被典型的含胞壁酸的细胞壁，但几乎全部已发现的立克次体都是在其他生物细胞内发育的。立克次体的大小也介乎在病毒与细菌之间，一般直径为 0.2 μm，球形或杆状，杆状的长为 0.3～0.6 μm。单个或成链状连结在一起。

报道较多的昆虫病原立克次体是鳃金龟微立克次体 *Rickettsiella mellolonthae*，能引起多种金龟子的大量死亡。据目前的报道，能引起昆虫致病死亡的主要属于微立克次体属的种类 *Rickettsiella* spp.。

立克次体的寄主范围甚广。有一些种类以脊椎动物和节肢动物为交替寄主。例如普氏立克次体 *Rickettsia typhi*，可生长于虱子肠壁表皮细胞的胞质内，而进入人体内时却是严重的斑疹伤寒病原。

虽然应用鳃金龟微立克次体防治林区的金龟子幼虫也曾进行了试验，而且这种病原还没有发现人、畜感染，但对于应用立克次体防治害虫的研究，出于对人、畜健康的顾虑和担心，因而没有很好开展。

3. 细菌

昆虫致病细菌可分为不形成芽孢的和形成芽孢的两大类。不形成芽孢的称为无芽孢杆菌；形成芽孢的称为芽孢杆菌。在芽孢杆菌中还可以分为不形成伴孢晶体的和形成伴孢晶体的两个类群。这些类群对昆虫的致死作用是不完全相同的。

（1）无芽孢杆菌 无芽孢杆菌的寄主范围很广，包括鞘翅目、鳞翅目、双翅目、膜翅目和直翅目等，蜱螨目也发现这类致病细菌。这类细菌一般存在于昆虫消化道中，多缺乏侵入中肠肠壁的能力，因而难于造成疾病。然而，如果昆虫挨饿，或咽下有害于中肠的物质，或由于其他原因而中肠受损，这些细菌有可能进入体腔而引起败血症。

（2）不形成伴孢晶体的芽孢杆菌 这类细菌在分裂增殖至一定时期产生内生孢子，原来的细胞壁形成孢囊，这样的形态称为芽孢。芽孢能以休眠状态度过不良环境，在适宜的条件时可以萌发而产生新的菌体而继续分裂增殖。例如，芽孢杆菌属Bacillus的一些种，通过口腔进入昆虫肠道以后，可在肠内萌发，形成营养细胞进入体腔内分裂增殖，破坏体内组织而形成败血症。在昆虫死亡之前，体内形成大量芽孢，这些芽孢有折射性，透过体壁而呈现乳白色，因而也称为“乳白病”或“乳状病”。又如，梭状芽孢杆菌属 *Clostridia* 则只在肠内繁殖而不进入体腔，也可引起昆虫的死亡，死后虫体收缩、干燥而僵化。上述两类细菌的寄主范围是比较专一的，而且在人工培养基上不易生长，因而也称为专性细菌。在不产生晶体的芽孢杆菌中也有寄主范围较广的种类。例如蜡样芽孢杆菌 *Bacillus cereus* 可寄生于鞘翅目、膜翅目和鳞翅目的许多昆虫，也可在人工培养基上繁殖，属于兼性细菌。

在这两类病原菌中，乳白病的病原细菌的研究比较多。乳白病的病原细菌寄生于一些金龟子幼虫，其中日本金龟芽孢杆菌 *Bacillus popilliae* 的寄主范围稍广，除寄生于日本金龟子外，还能寄生于其他金龟子的一些种。这种细菌可用金龟子幼虫繁殖后制成粉剂。

(3) **产生伴孢晶体的芽孢杆菌** 在分裂增殖至一定时期产生内生孢子，同时在孢囊内还产生蛋白质的伴孢晶体。蛋白质的伴孢晶体在碱性溶液中可被蛋白酶分解为对昆虫有毒的分内毒素。此外，产生伴孢晶体的芽孢杆菌，在分裂增殖过程中还分泌出 3 种以上的对昆虫有毒的物质：α -外毒素、β -外毒素和 γ -外毒素。因此，这类细菌不但由于菌体在昆虫体内破坏组织而引起死亡，而且所产生的毒素可把昆虫迅速致死，或者由于抵抗力降低而有利于肠内细菌侵入而产生“败血症”。苏云金杆菌 *Bacillus thuringiensis*及其变种属于这类昆虫的致病细菌。

苏云金杆菌于 1911年在德国苏云金地方的一个面粉厂的地中海粉螟 *Anagasta kühniella* Zell.幼虫中首次分离出来，定名为苏云金杆菌，简称 Bt。世界各地相继发现苏云金杆菌的不同变种。由于苏云金杆菌及其变种对昆虫毒性高，杀虫范围广，对其他动物及植物无毒、无害，可以用人工培养基大量生产，产品可以在干燥状态下长期保存，用于防治多种鳞翅目害虫效果相当显著，因而成为目前应用最广的微生物制剂。我国大量生产应用的青虫菌、杀螟杆菌、 7216等都属于苏云金杆菌的变种。

4.真菌

不少种类的真菌寄生于昆虫体内而成为昆虫的病原。昆虫的病原真菌主要包括藻状菌纲Phycomycetes的雕蚀菌属*Coelomomyces*、虫霉属*Entomophthora*、堆状孢子菌属*Massospora*，子囊菌纲*Ascomycetes*的虫草属*Cordyceps*，担子菌纲*Basidiomycetes*的隔担子菌属*Septobasidium*、曲霉属*Aspergillus*、白僵菌属*Beauveria*、多毛菌属*Hirsutella*、棒束孢属*Isaria*、绿僵菌属*Metarrhizium*、拟青霉属*Paecilomyces*、穗霉属*Spicaria*等。

真菌是通过昆虫体壁 (有时是节间膜或气门)进入虫体的。当真菌的孢子或菌丝接触虫体后，在体壁上发芽而穿入体内，在体内发生很多菌丝，贯穿入各个组织而引起昆虫死亡。

虫草属的菌丝充满了死虫体内以后，由菌丝体形成子囊伸出体外形成孢子。例如冬虫夏草。

担子菌纲的真菌寄生后在死虫体内充满菌丝以致虫体僵硬，因而一般称为“僵病”。一些菌丝穿出体壁甚至包围整个虫体，外表可以看到白色、绿色或其他颜色的绒状物，因而有按其色泽而称为“白僵病”、“绿僵病”等。最后，菌丝体形成大量孢子，孢子可随风传播或随水流传播而继续流行。

一些真菌还可以产生毒素。例如，白僵菌可产生白僵菌素（beavericin），绿僵菌可产生绿僵菌素A，B (destruxins A, B）。能分泌强毒素的虫生真菌侵入后还停留在血淋巴和皮细胞层时寄主已开始死亡。

大多数真菌可以在人工培养基上大规模生产而制成菌剂。例如，白僵菌和绿僵菌都有比较成熟的生产方法，可以制成干粉剂以备应用。我国应用白僵菌防治松毛虫、玉米螟等都取得较好的杀虫效果。

除真菌外，放线菌产生的毒素和毒蘑菇产生的毒素可能也有应用价值。

5. 原生动物

原生动物原生动物引起昆虫大量死亡，最常见的是家蚕微粒子病，其病原为微孢子目Microsporida的家蚕微孢子虫*Nosema bombycis*；引起蜜蜂幼虫腐烂病的蜜蜂微孢子虫*Nosema apis*等。这两种原生动物给养蚕、养蜂业带来重大威胁。对害虫来说，微孢子虫具有一定的控制作用。

一些原生动物与昆虫共生。例如，在白蚁消化道中的鞭毛虫，能分泌出消化植物纤维的酶，这有利于白蚁以植物纤维为食；这种鞭毛虫以白蚁的消化道作为栖境，并在其中摄取营养，两者相互为利。

6. 线虫

在自然界中常常可以发现昆虫由于线虫寄生而大量死亡。例如，广东的个别稻田三化螟幼虫被线虫寄生的百分率有时可达 80%以上，但有时却很难找到寄生的个体。稻褐飞虱*Nilaparvata lugens* (Stål)、白背飞虱*Sogatella furcifera*（Horváth）被线虫寄生的百分率可达40%以上，但在露田晒田后线虫的寄生率明显下降。从这些现象中可以看到，线虫是昆虫的常见天敌，但线虫的侵袭受到外界环境条件的影响。

许多昆虫都发现被线虫寄生，包括水生、陆生、土栖和钻蛀生活的昆虫类群。同时，一些线虫正在被利用作为防治害虫的手段。

寄生于昆虫的线虫很多，主要属于下面的类群。

（1）索线虫科 Mermithidae　索线虫的幼虫在水中生活一段时期后（传染性幼虫），直接穿过昆虫的体壁进入体腔，被寄生的昆虫仍继续取食，当线虫成熟，穿过体壁而脱离寄主时被寄生的昆虫也同时死亡。交配、产卵或初孵幼虫均在水中或土中生活。索线虫有可能在人工培养基中培养。如能解决人工大量培养和充分了解这类线虫的生态要求，在生物防治上的应用是有前景的。

（2）新线虫科 Neoaplectanidae　大多数新线虫生活于腐烂的动物或植物质中，以细菌或其他微生物为食。一些新线虫可进入昆虫的肠道，甚至可以进入昆虫的体腔，但不一定引起昆虫的死亡。部分种类 (如DD-136)可应用于生物防治中。此外，这类线虫还有可能成为其他细菌或病毒的携带者。

（二）天敌昆虫

天敌昆虫是害虫天敌的重要组成部分，是抑制害虫种群数量的重要因素。保护和利用天敌昆虫在害虫种群数量控制起着重要的作用。

天敌昆虫大致可区分为捕食性天敌和寄生性天敌两大类。

捕食和寄生有时不易严格区分。捕食是捕食者的幼虫和成虫均自由生活，寄主在受害当时往往被立即杀死，而且捕食者一生要杀死多个寄主，成虫与幼虫往往取食同样食料；寄生是寄生物的幼虫生活于一个寄主体内或体外，最后寄主因被寄生而引起各种不同程度的生理影响甚至死亡，成虫与幼虫往往取食不同的食物。一般寄生物总比寄主小，而捕食者往往比寄主大。

1. 捕食性天敌

捕食性天敌昆虫的种类甚多，分属于 18个目，近 200个科内。其中如蜻蜓目、螳螂目、长翅目、脉翅目的各种昆虫都营捕食生活；又如半翅目的猎蝽科、姬蝽科、水生性类群的各科，鞘翅目的肉食亚目、多食亚目的瓢虫科等大多数种类的成虫及幼虫均为捕食性；膜翅目的泥蜂科、蜾蠃科、蛛蜂科等成虫把其他昆虫或蜘蛛拖入巢内以备幼虫捕食；双翅目的食虫虻科的成虫及幼虫，食蚜蝇科的幼虫均为捕食性；还有其他一些科；甚至在鳞翅目中也发现不少捕食性的种类。

捕食性昆虫大多以植食性昆虫为食，大多属于害虫的天敌。

许多害虫类群都有大量的捕食性天敌昆虫。例如，在蚜虫群体中，经常可以发现大量瓢虫、食蚜蝇、草蛉、花蝽等捕食性天敌；在稻飞虱群体中，也经常可以发现螯蜂（雌虫）、黑肩绿盲蝽、瓢虫、步甲、隐翅虫、一些捕食性蝽类等捕食性天敌；这些捕食性天敌对害虫的种群数量起着重要的作用。

在生物防治上引进捕食性天敌昆虫取得害虫防治成功的例子是不少的。例如，澳洲瓢虫 *Rodolia cardinalis* 自澳洲引进 50多个国家和地区，在防治吹绵蚧 *Icerya purchasi* 上都取得了显著的效果。我国把林木上的黄猄蚁 *Oecophylla smaragdina* 移殖到柑橘园中防治柑橘害虫是历史记载最早的生物防治方法，直到最近在广东的个别果园仍在应用。

2. 寄生性

天敌寄生性天敌昆虫的寄生习性是多种多样的。

寄生性天敌按其寄生部位来说，可分为内寄生和外寄生。内寄生昆虫的幼虫生活于寄主体内，并形成适应于寄主体内生活的特有形态（如表皮构造、呼吸方式、取食及养分吸收的特点等）。外寄生昆虫生活于寄主体外，或附着于寄主体上，或在寄主所造成的披盖物内取食，同样也形成适应于体外寄生的特有形态。

寄生性天敌按被寄生的发育期来说，可分为卵寄生、幼虫寄生、蛹寄生和成虫寄生。卵寄生昆虫的成虫把卵产入寄主卵内，其幼虫在卵内取食、发育、化蛹，至成虫才咬破寄主卵壳外出自由生活。例如，赤眼蜂科、缘腹卵蜂科（黑卵蜂）、平腹蜂科、缨小蜂科的大多数种类等。幼虫寄生的昆虫的成虫把卵产入寄主幼虫体内或寄主体外，其幼虫在寄主幼虫体内或体外取食、发育，成熟幼虫在寄主幼虫的体外或体内化蛹，羽化为成虫后自由生活。例如，小蜂总科的许多种类，姬蜂总科的许多种类，寄蝇、麻蝇的许多种类等。蛹寄生昆虫的成虫把卵产于寄主蛹内或蛹外，其幼虫在寄主蛹内或蛹外取食，在寄主蛹内或蛹外化蛹，成虫期自由生活。例如，小蜂总科、姬蜂总科、寄蝇、麻蝇的许多种类等属于这个类群。寄生昆虫的成虫把卵产于寄主的成虫体上或体内，其幼虫在寄主体内或附在寄主体上取食、发育，在寄主体内或离开寄主化蛹。在小蜂总科、姬蜂总科、寄蝇、麻蝇等中的一些种属于这个类群。

除此以外，还有一些比较特殊的寄生现象。例如，广黑点瘤姬蜂*Xanthopimpla punctata*产卵于老龄的寄主幼虫体内，寄主化蛹后仍在蛹内大量取食，在寄主蛹内结茧化蛹，成虫破寄主蛹壳而外出自由生活。具有这样生活习性的可称为“幼虫-蛹寄生”。又如，一些甲腹茧蜂*Chelonus* spp.产卵于寄主卵内，蜂卵或初孵幼虫落入寄主胚体之中，至寄主孵化后发育至一定时期才大量取食、迅速发育、化蛹羽化。其发育过程跨越卵、幼虫2个虫态。具有这样寄生习性的可称为“卵-幼虫寄生”。还有一些“卵-蛹寄生”或“若虫-成虫”寄生的类群。这些寄生现象也称为跨期寄生。

寄生性天敌按其寄生形式来说，还可分为下面的类群。

（1）单寄生　一个寄主体内只有一个寄生物。例如，在卵寄生中，平腹小蜂在一个寄主卵内只能寄生 1头幼虫；在幼虫或蛹寄生中，姬蜂在一个寄主体内或体外只寄生1头幼虫。这都属于单寄生。

（2）多寄生　一个寄主体内可寄生两个或两个以上同种的寄生物。例如，在赤眼蜂属中，在较大的寄主卵内可同时寄生10多个至成百个幼虫，育出10多个至成百个成虫。一些绒茧蜂*Apanteles* spp.寄生于大型的鳞翅目幼虫体内，一条寄主幼虫可育出数十个至数百个个体。这些都属于多寄生。

（3）共寄生　一个寄主体内有两种或两种以上的寄生物同时寄生。例如，欧洲玉米螟*Ostrinia nubilalis*幼虫体内有时可以发现寄生在脂肪组织内的寄蝇*Zenillia roseanae*、寄生在气管系统的寄蝇 *Paraphoracera senilie*和寄生于体内的姬蜂 *Angitia punctoria* 3种寄生物同时寄生。共寄生现象常会引起种间竞争，最后只留下一个优势种。例如，稻瘿蚊*Pachydiplosis oryzae*幼虫被黄柄黑蜂 *Platygaster* sp.寄生后，也会被斑腹金小蜂*Obtusiclava oryzae* Rao所寄生 (外寄生)，最后，只有斑腹金小蜂能正常发育。

（4）重寄生　也是在寄主体内寄生两种以上的寄生物，但它们是食物链式地寄生，即第1种寄生物寄生于寄主体内，第2种寄生物又在第1种寄生物上寄生。这样，第1种寄生物称为寄生物或原寄生物，第2种寄生物称为重寄生物；如果重寄生物上还有寄生物则为二重寄生物。这种现象称重寄生现象。重寄生现象是常见的。例如，次生大腿小蜂 *Brachymeria secundaria* 及同属的不少种常重寄生于其他膜翅目或寄蝇的幼虫中。

重寄生物因寄生于害虫寄生性天敌而带来害处。在引进外地天敌时要求隔离饲养数个世代，原因之一在于防止重寄生物的引入。如果重寄生物寄生于有害的寄生物上则带来益处。例如，广东大陆在紫胶的生产上曾经利用重寄生的白虫茧蜂*Bracon greeni*，白虫茧蜂寄生于白虫 *Eublemma amabilis* 体内。白虫是紫胶虫*Laccifer lacca* 的捕食性昆虫，对紫胶的生产带来威胁。利用白虫茧蜂防治紫胶白虫，解决了紫胶生产上的一个问题，恢复了紫胶在广东大陆的生产。

（三）其他捕食性天敌

捕食性天敌的类群甚多，除昆虫外还有其他节肢动物、两栖类、爬行类、鱼类、鸟类和兽类。

1. 蜘蛛

蜘蛛是节肢动物中大量捕食昆虫的一个类群。在各种农作物上都有近百种蜘蛛。这些蜘蛛都以昆虫为食，但食性不专一，其取食对象常与其捕食习性和栖居环境有关。例如，在植物上结盘形大网的圆蛛、金蛛、蛸蛛等主要捕食落网的昆虫，因而以取食善飞的昆虫为主；狼蛛、猫蛛等不结网，徘徊于地表、植物上，主动袭击各种昆虫，其捕食范围较广；又如在叶腋、草丛基部结不规则小网的微蛛、小金蛛、小型的球腹蛛等，数量甚多，繁殖迅速，捕食微小昆虫的作用比较明显；在稻田内常可发现一些管巢蛛，白天栖息于叶片上用白色丝织成的管巢中，夜间外出觅食，由于有栖息活动于管巢的习性，因而经常钻入稻纵卷叶螟幼虫的卷叶苞中，也可钻入稻苞虫幼虫的卷叶苞中捕食幼虫，对抑制稻纵卷叶螟、稻苞虫的数量起着一定的作用。

蜘蛛的食性较杂，不如其他专一性的天敌那样随着某种害虫的数量上升而明显增多；然而，正是因为食性较杂，也不会由于某种害虫的数量减少而找不到寄主造成数量锐减。当害虫处于低密度时，蜘蛛可以取食其他昆虫而维持着种群数量的季节消长，同时也对害虫种群数量起着经常性的抑制作用，使害虫更少；当害虫处于高密度时，蜘蛛的作用不如专一性天敌那样表现出明显的密度依赖关系，其数量增长不如专一性天敌那样明显，但仍与其他天敌一起共同对害虫种群数量发生作用。

除蜘蛛外，与蜘蛛近缘的蜱螨类，也有不少寄生于昆虫体上、或捕食昆虫、或捕食危害植物的其他节肢动物的种类。特别是捕食螨对叶螨发生数量的抑制作用更为明显。最近在广东、四川等地正在试验利用花粉培养一些捕食性螨散放到柑橘园内，对柑橘红蜘蛛取得良好的效果。

2. 蟾蜍和蛙

蟾蜍和蛙以昆虫及小动物为食，尤以昆虫为最多。例如，生活于菜园、池塘边的蟾蜍，取食害虫及有害动物占食物总量的90%以上；又如姬蛙，在食物中97%以上属于害虫。因而，蟾蜍和蛙在不少地方被列为保护的对象。

3. 蜥蜴

蜥蜴主要以昆虫为食，在果园和林地中常见不少蜥蜴捕食各种害虫，蜥蜴基本上也属于有益的种类。

4. 鱼类

世界各地养鱼灭蚊的试验相当普遍。不少鱼类捕食孑孓。例如，原产于北美南部的柳条鱼，在美国东南部曾用于防治按蚊，希腊曾引进该鱼防治沙氏按蚊，伊朗也曾应用防治按蚊颇为有效；目前，柳条鱼已遍布世界不少地方，我国上海、广州也引进应用。我国南方的斗鱼，也适于污浊的水域中生活，主要以孑孓为食，是有可能保护利用的鱼种。

5. 鸟类

鸟类对清除害虫的作用是显著的。一些主要以昆虫为食的绣眼鸟、白脸山雀等 1d 内取食的昆虫相当于或超过本身的体重。特别在育雏期间捕食更多。例如，绯椋鸟 *Paster roseus* 每天可捕捉蝗虫 360 g；燕子可以在 2 min 内捕回一次昆虫回巢育雏；甚至属于有害的麻雀在育雏期间也以昆虫作为主要饲料。啄木鸟还可以捕捉钻蛀性生活于树干内的害虫。因此，保护与招引鸟类受到林区和果园的重视。

我国一些地方仍有养鸭除虫 (捕食水稻害虫)的习惯；一些群众还有饲养雏鸡防除菜蚜的经验。这是利用鸟类防治害虫的另一个方面。

6. 兽类

蝙蝠是食虫兽的代表，主要捕食空中飞翔的昆虫；一些鼠类（土拨鼠）也常捕食金龟子幼虫。

害虫与其他生物的关系是复杂的。深入研究各种生物因素对害虫发生数量的作用，对全面了解害虫的发生规律是相当重要的；同样，对有效控制害虫种群数量也是一个重要的基础。

第四节　土 壤 因 子

土壤是生物的一个特殊环境，也是生态系的重要组成部分。在土壤中生活着大量生物，许多地面上生活的生物都与土壤发生密切的关系。

大多数植物的根系生长于土壤之中，吸收土壤中的无机物质作为营养，输送到茎、叶中去，利用太阳的辐射能和大气中的二氧化碳等制成有机物。这些有机物通过枯枝落叶和死亡的植物回到土壤中去。

植食性动物以植物为食，从植物制成的有机物质中取得营养；捕食性动物又从植食性动物中取得营养。在食物链中，植物所制成的有机物是营养的基础，土壤中的无机物是这些有机物的重要来源。动物又通过粪便排泄物和死亡的尸体又回到土壤中去。

动、植物的尸体和残渣，在土壤中被尸食性及腐食性动物所取食，最后被大量微生物所分解。这样，每一个食物链都消耗一部分能量，都还原一部分物质，最后以无机物回复到土壤之中。

土中生物不断改变着土壤的性质，推动着土壤环境的变化和发展。

昆虫与土壤的关系也是相当密切的。许多昆虫整个生长期在土中度过，一些昆虫栖息于土中，一些昆虫在土中化蛹，一些昆虫在土中越冬。据估计，大致有95%的昆虫种类与土壤环境发生或多或少的直接关系。土壤气候、土壤的理化性质、土壤生物都会对昆虫种群产生影响。

一、土 壤 气 候

土壤气候主要组成因素是温、湿度。土壤的温度和湿度与大气的温度和湿度有密切的关系，但由于土壤的特殊性质而形成了土壤温度和湿度的特殊性质。

(一)土壤温度

土温对昆虫生理上的作用与气温的作用基本上是一样的。但土温的变化与气温的变化不完全一致，而且不同土层深度的温度变化也不相同。

土温的日变化一般白天土表受太阳辐射的影响而温度提高，热由表层向下层传导；夜间则表层冷却速度较快，热向表层传导而散失。因此，土表比下层温度变化幅度大，土层越深，温度的日变化越小。深达80～100 cm土温的日变化趋于稳定。

土温的年变化 (季节变化)的幅度也依土层加深而趋于稳定。在低纬度地区，年变幅消失于5～10 m深处；中纬度地区，年变幅消失于15～20 m深处；高纬度地区，年变幅消失于25 m 深处。

土中生活的昆虫在极端温度下，往往随着土中适温层的变动而改变栖息及活动的深度。一般秋季温度下降时向下移动，春季土温上升，则上升至适温的表土层；夏季表土的温度过高，则又潜下较深的适温土层之中。金针虫和蛴螬都有这种情况。昆虫随着适温土层的变动而垂直活动，可以避免极端温度的影响。

温带和寒带地方在土中越冬的昆虫种类甚多。这些地方冬季土温比气温高，因而有利于度过严寒。在寒带地方，如果表面有雪层覆盖，气温与土温的差异更大。许多在表土越冬的昆虫难以忍受－20℃的长期低温，但在雪层覆盖下，尽管气温下降至－38℃，而这些昆虫却能安全地渡过严寒。寒带地区冬季积雪有时甚至成为来年一些昆虫种群数量大小的一个指标。

(二)土壤湿度

土壤湿度包括土壤空隙的空气湿度和土壤含水量。土壤空隙的空气湿度在植物正常生长的情况下，一般是在饱和或过饱和状态的，其中常有蒸汽水点。在极度干旱的情况下，表层土隙中的空气湿度可能会低一些，不达饱和状态，但总比土面上的湿度高得多。

在土中生活的昆虫和在土中生活的虫期总是要求高湿度的。当湿度不达饱和时，便会因失水而影响生命活动，甚至因干燥而死亡。这是由于土中生活的昆虫和土中生活的虫期长期适应于饱和湿度，表皮的保水能力甚低，不能抗拒低湿环境的结果。

土壤含水量与昆虫也有密切的关系。在土中许多昆虫卵的发育要求吸收水分。蝗卵、金龟子卵等如果不能吸水，就不能完成发育。弹尾目昆虫和许多昆虫幼虫，可以通过体壁从土中吸水。一些昆虫在土中越冬，越冬后要求吸水才能解除休眠 (或滞育)状态。土壤含水量过高时，土中空隙充水，空气减少；如果土壤含水量达到饱和状态，土中空隙的空气全被排出而被水所代替，土中昆虫也会因缺乏空气而不能生存。

土壤含水量 (绝对含水量)通常以湿土中所含的水质量与干土质量的百分比来表示。其计算公式如下：

$$\text{土壤含水量} = \frac{\text{取样时土质量} - \text{干土质量}}{\text{干土质量}} \times 100\%$$

当含水量相同而土质不同时，可能存在着生态条件的明显差异。例如，沙质土含水较少而可到达饱和，而腐殖质丰富的土壤，在饱和状态下可以含较多的水。如果两种不同的土壤含水量相同，可能沙质土已经饱和，而腐殖质土可能是适于生活的环境。因此，在生态学上表示土壤湿度的方法常用相对含水量，即指土壤绝对含水量与饱和含水量之比。其计算公式如下：

$$\text{土壤相对含水量} = \frac{\text{取样时土质量} - \text{干土质量}}{\text{饱和质量} - \text{干土质量}} \times 100\%$$

土壤相对含水量较能表示土壤干湿情况的生态性质，比绝对含水量更有利于讨论土壤昆虫对土壤含水量的要求和讨论土壤湿度对昆虫的影响。

二、土壤的理化性状

土壤由于成土母岩的不同、风化程度的差异、土壤颗粒的大小、团粒结构的情况以及有机质含量、酸碱度、含盐量等不同，形成了不同的物理性状和化学性质。土壤的物理性状与化学性质对土中生活的昆虫起着不同的作用。

土壤三态 (固态、气态和液态)构成土壤的特殊物理性质。固态是指土壤粒子的大小、结构。许多土中生活的昆虫都是在土中空隙间穿行的。具有团粒结构和土中空隙较大而且质地疏松的土壤，常常比较适合昆虫的活动。例如，葡萄根瘤蚜 *Phylloxera vitifolii*在有团粒的疏松土壤中或在石砾松土中易于扩展蔓延，危害也较重；在没有团粒结构的沙土中则基本上不能生存。又如，番薯象鼻虫在黏土地危害较重，因结薯后黏土易于造成地面裂缝，有利于成虫爬到薯块表面上产卵；在沙土地危害则较轻，因沙土在结薯时不易形成裂缝，但如管理不好，沙土容易被雨水冲刷而使薯块外露，这又造成番薯象鼻虫产卵的有利条件。

然而，对于一些在土中活动能力较强的昆虫，例如蝼蛄，常在沙质土或沙质壤土中活动，在这样的土壤中更便于拨土前进。

土中生活的昆虫，与陆生昆虫一样，以气管系统呼吸，从空气中取得氧气，因此，土中空隙存在着的空气是呼吸交换的场所；另一方面，土中保持高湿度又是这些昆虫的要求。气和水在土中是矛盾的；土壤的团粒结构正好解决水和气的矛盾，即在团粒内有水而团粒间有空气。

土壤中的酸碱度对昆虫的影响早已受到人们的注意。例如，一些叩甲科种类的幼虫适于生活在酸性土壤，而另一些种类却适于中性或微碱性的土壤中。土壤酸碱度对其他小型动物及微生物的影响更为明显。

三、土 壤 生 物

在土壤中生活的昆虫数量是相当多的。例如， 1953年四川南部一个县小麦吸浆虫的调查报告中说，当时小麦田每平方米的土壤中有小麦吸浆虫幼虫2 335头，折合每公顷 93.4万头。在腐殖质比较丰富的土壤中，每平方米内的弹尾目昆虫可达数万至数十万头。在热带雨林区的土壤中，昆虫的总数每平方米可达数千头 (大部分是弹尾虫)。有人在阔叶林中进行调查，当每平方米土壤中有弹尾虫10万头，每年可在每公顷土地中形成大约180 m^3的小粒腐殖质。其他节肢动物也有类似的作用。由于这些作用而对土壤的理化性质发生影响。

线虫和腐生性微生物的数量更多，在土壤中利用有机物质分解为腐殖质。腐殖质对土壤团粒结构的作用是相当重要的。

土壤生物中的一些种类对昆虫种群数量有密切关系。例如，前面提到的天敌线虫，基本上也是土壤中生活的生物，演化为半寄生性而成昆虫的病原。一些病原微生物也有类似的情况。目前正在开展研究的“杀虫素”就是利用土壤中生活的放线菌的分泌物，土壤生物可能成为杀虫物质的资源。

综合上述，土壤气候、土壤的理化性质和土壤生物都会对土中生活的昆虫发生影响。因此，在农业中，作物栽培、耕作、施肥、农田建设等都会对土壤环境发生影响。如何在农业措施中，使土壤条件适于作物生长，而不适于有害的土栖昆虫是值得重视研究的问题。

第五节　昆虫的地理分布

受环境条件和昆虫自身遗传因子的限制，每种昆虫都有一定的地理分布区。在分布区内，种群密度可能不同。对害虫来说，可以按其危害严重程度而划分为不同的危害地带。

在讨论昆虫的地理分布和害虫的危害地带时，必须对世界动物地理分布区划有基本的了解。

一、世界陆地动物地理区划

动物界可以分为陆地动物和海洋动物两大区系。一般把陆地动物地理区划分为下列6个大区 (或称为界)(图30-12)。

Ⅰ.古北区 (界)(Palaearctic Region)：包括欧洲的全部、非洲北部、地中海沿岸和红海沿岸，以撒哈拉大沙漠与非洲区分界；以及亚洲的大部分，以喜马拉雅山脉至黄河、长江之间的地带而与东洋区相连。

Ⅱ.东洋区 (界)(Oriental Region)：东洋区又称印度 -马来亚区 (界)，自亚洲的喜马拉雅山脉至黄河长江之间的地带以南，包括亚洲南部的半岛及岛屿。

Ⅲ.非洲区 (界)(African Region)：包括撒哈拉大沙漠及以南的非洲地区，阿拉伯半岛南部和马尔加什。

Ⅳ.澳洲区 (界)(Australian Region)：包括澳洲及接近澳洲大陆的岛屿。

Ⅴ.新北区 (界)(Nearctic Region)：包括北美 (及格陵兰)。

Ⅵ.新热带区 (界)(Neotropical Region)：包括中美、南美及其所属岛屿。

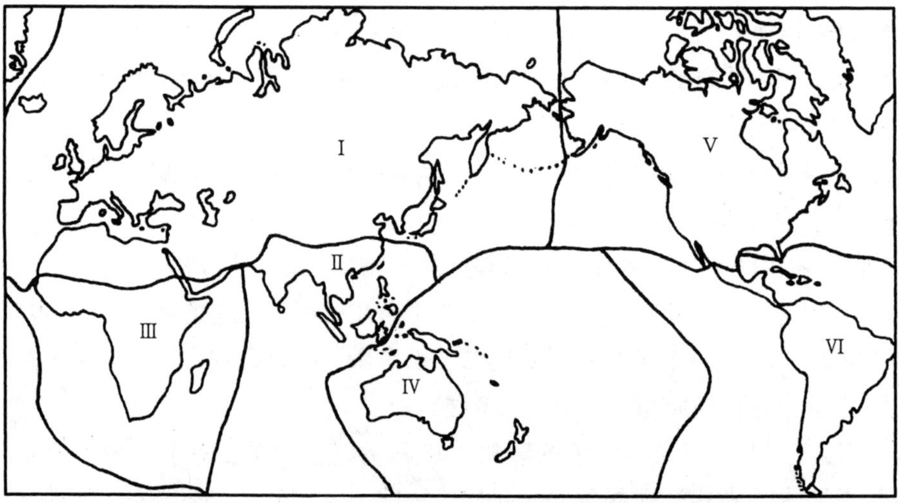

图30-12　世界陆地动物地理分布区划

Ⅰ.古北区；Ⅱ.东洋区；Ⅲ.非洲区；Ⅳ.澳洲区；Ⅴ.新北区；Ⅵ.新热带区

在一些资料中把南极洲列为一个独立的区 (界)。各区的具体界限动物地理区是按照动物区系的特点划分的。动物区系的形成与地球上大陆的移动历史有关，也与生物起源和演化的历史有关。

(一) 地球上大陆的移动历史

据各方面的研究材料分析，在 2亿年以前，地球上的大陆互相连接成一个整块 (图30-13A)；1.35亿年以前，南极和澳洲大陆、印度大陆明显地分离开来，印度大陆向北移动 (图30-13B)；6 500万年以前，南美大陆明显地分离开来 (图30-13C)；在这以后，北美与大陆分离，澳洲大陆与南极分离，印度大陆继续北移而与亚洲大陆相连而成为亚洲的一部分，南美与北美在中部的狭窄部分 (中美)相连，形成了当前地球上大陆的分布状态 (图30-13D)；目前地球上的大陆分布状态并不是不变的，南、北美仍继续与欧洲、非洲远离，非洲大陆仍在继续北移，预计到 5 000万年以后，将会形成图 30-13E 的分布状态。地球上陆地的移动历史已从地质学、地理学、古生物学和目前陆地的变动中的研究结果得到证实；现代动物及植物地理区系的研究结果也提供了依据。

(二) 动物的发展历史

古代曾经生存过的动物，今天我们不能看到了，但动物的化石保存了古代动物的

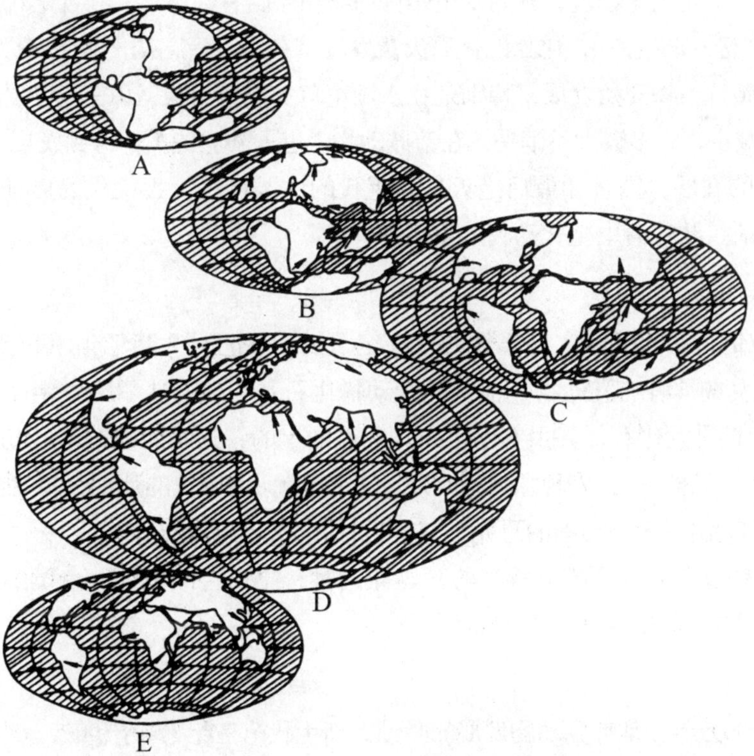

图30-13　地球上大陆的移动历史 (仿Matthews)

A. 2亿年前；B. 1.35亿年前；C. 6 500万年前；D. 当前状态；E. 预计5 000万年后

遗骸形态或印迹，这是研究动物发展历史的重要材料。

地层形成的年代可以应用各种方法进行鉴定。在这个地层形成的化石，也就是在这个地质年代生活过的生物。根据化石的研究，可以了解到地球上的动物是从无到有，从简单到复杂，从低等到高等的总趋势进化发展的。

地球历史的初期，生命还没有形成，因此不可能有生物化石。生命刚出现时，原始的生命体也难形成化石。因此，在太古代，距今10亿～45亿年的生物化石是很稀少的，仅在太古代的后期发现藻类的化石。

1. 元古代

距今6亿～10亿年，出现大量的同心藻化石。同心藻在水中有吸收矿物质(主要是钙)的能力，这些矿物质与同心藻一起层叠沉积而形成大理石。

2. 古生代

距今2.25亿～6亿年，是节肢动物形成和繁盛的地质年代。古生代的早期(寒武纪，距今5亿～6亿年)，开始发现原始的三叶虫和棘皮动物的化石，到志留纪，距今4亿～4.4亿年，是三叶虫繁盛的时代，不但种类多，而且数量大，生活于水中，成为当时最繁盛的动物类群，与此同时，开始发现原始的节肢动物和原索动物，到泥盆纪，距今3.5亿～4亿年，开始发现原始的昆虫和两栖动物，鱼类也开始发展，到石炭纪，距今2.7亿～3.5亿年，鱼类大量出现，开始发现爬行动物和原始有翅昆虫，到古生代的后期(二叠纪，距今2.25亿～2.7亿年)，昆虫的化石大量发现，在这以后，从化石中可以看到昆虫的发展趋势，爬行动物开始发展，特别是在水域中鱼类大量出现，以三叶虫为食，三叶虫的数量显著减少，大多数种类消失，在节肢动物中进入陆生的类群得到发展。

三叶虫的发展、繁盛和最后绝灭是古生代的主要特征。古生代的后期，不少动物进入陆地生活，孕育着中生代动物的发展。

3. 中生代

距今0.7亿～ 2.25亿年，在早期的三叠纪(距今 1.8亿～ 2.25亿年)开始发现恐龙的化石，而且发现具有哺乳动物特征的爬行动物化石；中期的侏罗纪（距今1.35亿～1.8亿年)发现大量恐龙化石，其中有水生的，也有陆生的，这类大型的爬行动物成为当时最繁盛的动物类群，开始发现原始的鸟类 (始祖鸟)，中生代的后期，白垩纪 (距今 0.7亿～ 1.35亿年)出现多种形态的恐龙，其中包括飞龙，但最后恐龙却绝灭了。

中生代是以恐龙的繁盛为特征的。与此同时，昆虫持续分化，鱼类继续发展，鸟类和胎生的哺乳动物化石开始出现。

4. 新生代

至今7 000万年，是哺乳动物发展的时期。新生代第三纪 (距今300万～7 000万年)，哺乳类动物急剧形成和发展，一些种类形成现存动物的祖先，而许多种类却在发展过程中绝灭了；进入新生代第四纪 (至今 300万年)形成了人类，其他动物也形成了当代的种(表30-1)。

表30-1　动物发展历史的地质年表

代	纪	距今年代(亿年)	主要动物的演化
太古代		45～10	仅于后期出现古老的菌藻类
元古化		10～6	菌藻类大量出现
古生化	寒武纪	6～5	原始三叶虫，原始棘皮动物
	奥陶纪	5～4.4	三叶虫发展
	志留纪	4.4～4	三叶虫繁盛，原始节肢动物，原索动物
	泥盆纪	4～3.5	原始昆虫，两栖动物，鱼类
	石炭纪	3.5～2.7	原始有翅昆虫，爬行动物出现，鱼类大量出现
	二叠纪	2.7～2.25	三叶虫逐渐消失，昆虫大量出现，爬行动物开始发展
中生代	三叠纪	2.25～1.8	恐龙开始发展，鱼类继续发展，具有哺乳动物特征的爬行类
	侏罗纪	1.8～1.35	恐龙繁盛，发展始祖鸟
	白垩纪	1.35～0.7	多种形态的恐龙出现，昆虫继续分化，恐龙逐渐消失，鸟类和胎生哺乳动物
新生代	第3纪	0.7～0.3	哺乳类急剧形成和发展
	第4纪	0.3～	人类出现

在这里还有必要简单叙述昆虫的发展历史过程。

昆虫比哺乳动物更早形成，其发展历史可分下面几个阶段进行叙述。

(1) 由多细胞动物演化到体躯分节形成了环节动物式的动物　这是一个重要的发展阶段。这个阶段在寒武纪 (距今 5亿～ 6亿年)前完成，这个时期已发现大型的海洋节肢动物——鲎。

(2) 由分节的体躯形成分节的附肢　有了分节的附肢，进入了节肢动物。分节的附肢的形成以鲎、三叶虫为最早。寒武纪发现的鲎和现在海洋生活的鲎很相似。昆虫的祖先与三叶虫联系在一起。三叶虫却于古生代的后期绝灭了。

(3) 从水生进入陆生　这是昆虫发展历史中一个重要的阶段。与三叶虫繁盛的时期一些节肢动物进入陆地生活。原始的陆生节肢动物发现于志留纪，仍保留着第 2触角和鳃，体躯亦未分化为胸部和腹部。

(4) 陆生节肢动物的分化　原始的陆生节肢动物继续分化为两支，一支为原始的多足纲，另一支为原始的昆虫纲。原始昆虫无翅，最早发现于泥盆纪。

(5) 有翅昆虫的形成　从无翅到有翅也是一个重要的飞跃。有翅昆虫最早出现于石炭纪。到二叠纪已经发现大量昆虫，从化石的形态已可区别各目的特征，其中有小型的，也有大型的。曾经发现一种原始蜻蜓的化石，翅展宽度达70 cm。

石炭纪至二叠纪的地质年代中，脊椎动物的爬行类才开始发展，而昆虫纲已经形成了。在爬行类继续发展和恐龙繁盛的中生代，昆虫纲继续分化，目已经形成，许多科也出现和继续分化了。

到新生代，我国辽宁抚顺煤矿中常可发现一些琥珀包藏的蚂蚁、小蜂等昆虫，琥珀是树脂的化石，这些昆虫被埋藏在树脂中与琥珀一起成为化石而保藏下来，已经有数千万年的历史了。这些昆虫可按现存昆虫的检索表区别到属，也就是说，与现存的昆虫极其近似。而在这数千万年中，哺乳类动物才进入急剧的分化和发展。

（三）陆地动物区系与大陆移动历史的联系

中生代是爬行动物繁盛的年代 到中生代的后期 白垩纪恐龙走向绝灭，开始出现，鸟类和胎生的哺乳动物，昆虫纲的各目已经形成，出现了大量现存的科，进入属、种的分化。在这个地质年代脱离了大陆的澳洲区，动物开始了独立的演化过程。当时，地球大陆上仅出现低级的哺乳动物，其中有袋类分布最广。在亚、欧、美各洲白垩纪的地层中都可发现有袋类的化石。有袋类在大部分大陆中，当进入新生代的第3纪时，被出现的较高等的有胎盘类哺乳动物所代替，目前仅在南美和北美还生存着少数种。有胎盘类哺乳动物还没有大量侵入澳洲，因此，有袋类在澳洲大陆得到了发展，成为澳洲大陆占主要地位的哺乳动物。在澳洲大陆生存着 106种有袋类，如袋鼠、袋鼯，飞袋鼯、袋熊、袋狸、袋獾、袋鼬等，这些有袋类是该区特有的。此外，属于原兽亚纲的鸭嘴兽、针鼹和原针鼹 (单孔类哺乳动物)也是澳洲所特有的。澳洲的真兽亚纲的高等哺乳动物，如马、牛、羊是后来人类移入饲养的，狮、虎、豹、狼等猛兽在澳洲是不存在的。在澳洲区中的新西兰亚区，可能较早地离开澳洲大陆，高等动物更为贫乏，哺乳动物仅有两种蝙蝠和一种家鼠。澳洲大陆蛇的种类较多，其中大部分属眼镜蛇科，这类动物在新西兰却不存在。在新西兰，爬行动物保存着特有的原蜥亚纲——鳄蜥；由于缺乏蛇类，发展了特有的鸟类——无翼目，如几维，翅完全退化，产大型卵，卵质量达450 g，相当于体重的1/5 。

南美和非洲原来是连在一起的，到新生代的第 3纪互相分离，这是哺乳类动物激烈分化为各目的时期。因而南美也独立演化成一些特有目和许多特有的科。例如 ,贫齿目 (食蚁兽等)、阔鼻亚目 (猿猴类古老的种类)等。非洲区也独立发展了一些特有目和科，如蹄兔目、非洲鸵鸟目、长颈鹿科、河马科等。

印度大陆于中生代分离开来，但到了新生代的早期又重新与亚洲大陆连接在一起。印度大陆的动物于中生代处于独立发展的状态。但到了新生代以后的漫长历史时期中，古北区和印度大陆的动物存在着相互扩散的条件。然而，印度大陆与古北区并合而形成了喜马拉雅山脉的自然屏障，因而仍保留了一些特有目和科。

新北区 (北美)与古北区 (欧洲部分)分离的历史最短，于新生代的早期仍连接在一起。因此，新北区和古北区之间的高级分类范畴的动物种类区别不大，仅在属、种之间的差别比较明显，而且还存在着大量近缘种和不少同样分布于新北区和古北区的种。因此，在动物地理区划中常常把古北区和新北区合称为全北区 (其中包括古北亚区和新北亚区)。

东洋区可分为印度亚区和马来亚区。印度亚区与古北区仅有喜马拉雅山脉分界，而马来亚区与古北区之间并没有天然屏障，动物区系的形成主要是两地之间气候条件的明显差异。因此，古北区和东洋区的动物种类中不少是交错分布的。

对昆虫纲来说，由于演化历史较长，在中生代已经形成了各目和大量的科。因而在各动物地理区内目、科之间的差别并不明显；由于在相互隔离的独立演化，各地理区之间存在着大量不同的种。昆虫具有较强的迁飞能力，而且可以随风迁移，这又使一些种的分布范围甚广，甚至跨越动物地理区的界线。

二、我国昆虫的地理区系

我国幅员广大，地跨古北区和东洋区，昆虫种类十分丰富。与此同时，在我国东部，古北区与东洋区之间是一个连续的地带，没有明显的隔离或屏障，因而两大区之间的种类互相渗透，昆虫区系更是丰富多彩。

我国昆虫区系从起源上来看分属于下面的5个系统：中国-喜马拉雅区系，自喜马拉雅山脉向东和向北伸展，分布于我国境内广阔的范围；中亚细亚区系，自我国西部向东扩展，新疆、内蒙古、青藏高原渗入了大量的中亚细亚区系的种类；欧洲-西伯利亚区系，分布于我国东北和北部的边缘地带，渗入西北边境；马来亚区系，起自云贵高原的南部、广西山区而向东南扩展，云南、广西、广东、福建南部、台湾是这个区系的典型分布区；印度区系，起源于印度，扩展至我国南部，云南、广西、广东一带渗入不少属于印度区系的种类。

我国昆虫起源于上述5个不同的区系互相渗透形成的，但对具体的种类来说，地形条件、高山、沙漠和气候条件往往成为向外渗透的障碍，植物、食料的分布又成为具体种类分布的基础。

三、影响昆虫地理分布及害虫危害地带形成的环境条件

和其他动物一样，昆虫的地理分布及害虫危害地带形成与生态环境是密切相关的。影响昆虫的地理分布及害虫危害地带形成的条件主要有地形地貌、气候、土壤、生物因素及人类活动的影响等。

(一) 地形地貌

地形条件对昆虫分布的影响主要是由于海洋、沙漠、山脉、大面积不同植被等自然障碍，阻隔了昆虫的传播和蔓延。因此，在地理上明显隔离的地方常常形成不同的区系；即使是气候条件极其相似，自然障碍限制了交互传播，在长期的进化历史过程中，也会形成不同的种类。我们曾经比较过广州及古巴两地水稻害虫的种类组成，发

Nezara viridula L. 现除稻绿蝽 一种为两地所共有的以外，其他类群均属于不同的种。两地的纬度基本一致（北纬23°），气候条件也基本相似，但水稻害虫的种类组成差异甚大，这主要是远洋阻隔形成的。我国南方是水稻原产地之一，取食水稻的害虫演化历史甚长，古巴是水稻的新区，水稻害虫大多是从其他植物上转移到水稻上危害的。两地的昆虫区系差异甚大，水稻害虫种类组成也就显然不同。

我们也曾比较了广州与古巴两地的柑橘介壳虫种类，两地却有不少相同的种。这些种原产于东洋区，是随着柑橘苗木而传入美国南部，又随着柑橘苗木传到古巴的。这两个例子说明，在气候环境相似的两个独立的地方，昆虫区系组成不同是两地的动物独立演化的历史条件造成的；昆虫从一个地方传入另一个地方后有生存繁衍的可能。关于这方面的例子是不少的。地形条件还会对气候发生影响。一般来说，海拔高度每增100 m，温度平均下降0.6～1℃；地形还对风、雨、寒流和暖流发生影响；在高山地区还形成植物的垂直分布范围，这些条件都会对昆虫的分布发生影响。例如，云南的高山海拔山区生存着不少古北区的昆虫种类，而低海拔地区却属于典型的东洋区。

（二）气候条件

在气候条件中，限制昆虫分布的主要因素是温度，而对害虫危害地带形成发生显著影响的除温度外，湿度也起着重要的作用。

昆虫的生长发育要求一定的温、湿度条件。如果温、湿度条件不能全面满足昆虫生长发育的要求，超出了昆虫可能适应的范围，昆虫在这个地区内不能生存。例如，如果1年内有效积温不能满足昆虫发育一个世代的要求(2年或多年发生一个世代的昆虫除外)，或者昆虫不能抵受当地的严寒或低温极限，则昆虫不可能分布，或仅能作为临时的栖居地。

我国起源于东洋区的昆虫向北分布的低温界限，对于一些害虫来说是比较明确的，例如我国三化螟向北分布受到冬期低温的限制，1—2月份平均温度低于－3.5℃的等温线成为分布的北限，山东省的汶上县为目前发现分布最北的地方，云南2 000 m以上，贵州1 500 m以上的山区均未发现三化螟。

（三）土壤条件

土壤的形成与成土母岩有关，与气候条件、地形条件、植被的生长情况和历史更替都有密切的关系。土壤条件还会对植物的组成发生影响。因而，不仅是土中生活的昆虫，而且对其他类群也会由于土壤特点的影响而对分布及种群密度发生作用。土壤的酸碱度对土栖昆虫的影响是比较明显的。例如，金针虫、蛴螬的不同种类对土壤酸碱度有一定的要求，土壤酸碱度的显著差别与一些种的分布有关。

（四）人类活动的影响

上面已经提到人类活动对昆虫传播的作用。随着交通条件的不断进步，交往频繁，昆虫人为传播的可能性更大。人类活动的影响主要是帮助昆虫传播或限制有害种类的蔓延、造成对昆虫有利或不利的环境条件和直接消灭害虫及限制繁殖等。

上面举出的是影响昆虫分布及危害地带的条件。影响昆虫的分布与形成危害地带的条件是相似的，但对昆虫分布来说，主要决定于环境条件和生物群落形成的历史条件，对害虫危害地带来说，主要决定于生态条件，生物群落的关系也起着重要的作用，其所起的作用都属于环境因素的范畴。

四、害虫的危害地带

害虫的危害地带一般按下面的区分方式：

（1）**分布区**　可以发现害虫的区域。在分布区内包括危害区、严重危害区。

（2）**危害区**　种群分布密度较大，成为能造成产量损失的危害地区。其中包括严重危害区。

（3）**严重危害区（或猖獗基地）**　在危害区内种群密度最大，对生产带来严重威胁的地区；或经常发生数量最多，形成蔓延中心的地区。

也有把害虫的危害地带区分为分布区、危害区、间歇性严重危害区、严重危害区4类。其中间歇性严重危害区是指在该地区内，在条件适宜的年份发生数量较多，一般年份发生数量较少，带来的影响次于严重危害区。

例如，三化螟在分布区范围内，在接近分布北限的稻区，虽然发现三化螟，但不造成危害的威胁，但向南推移，三化螟的危害区和严重危害区常常与水稻的栽培制度有密切的关系。当水稻的生育期能保证其延续各世代的要求，且与三化螟的发生期相配合，则有可能积累数量而造成危害的威胁。当栽培制度比较单一，则在小范围内的发生数量比栽培制度复杂的地方较少，特别是在水稻的生长发育期与三化螟发生期在物候上不吻合的地区，有一段时间缺乏幼虫的食料，则发生数量更少；早、中、晚稻混栽区三化螟一般发生严重，当混栽改为早、晚连作，三化螟发生数量将明显下降。

三化螟的分布区、危害区和严重危害区的划分如图 30-14所示。

昆虫的分布和害虫危害地带的基础知识对害虫防治工作是有密切的关系。害虫的危害地带可以帮助我们对比分析造成严重危害的条件。

昆虫分布的研究是制定植物检疫对象和采取检疫措施的基础，也是制定害虫天敌引进的基础。

美国于 18世纪末至 19世记初传入了不少害虫，这些原来没有分布的害虫传入新分布区以后，由于气候环境适宜，缺乏原产地的有效天敌，其危害程度甚至比原产地更为严重。如日本金龟甲 Popillia japonica（可能于 1911年从日本随苗木的土中传入），于1916年前发现危害面积为0.5 hm^2，1916年扩及8 km^2，1918—1923年分别扩展为 18，120，257，675，1 833～6 105 km^2，1941年扩及 50 000 km^2，这种害虫分布于日本，在原产地的危害并不十分严重，但在新分布区内却成为严重的害虫之一。同时传入的还有东方金龟甲 *Anomala orientalis*，也成为害虫之一。此外，还有樟圆蚧 *Pseudaonidia*

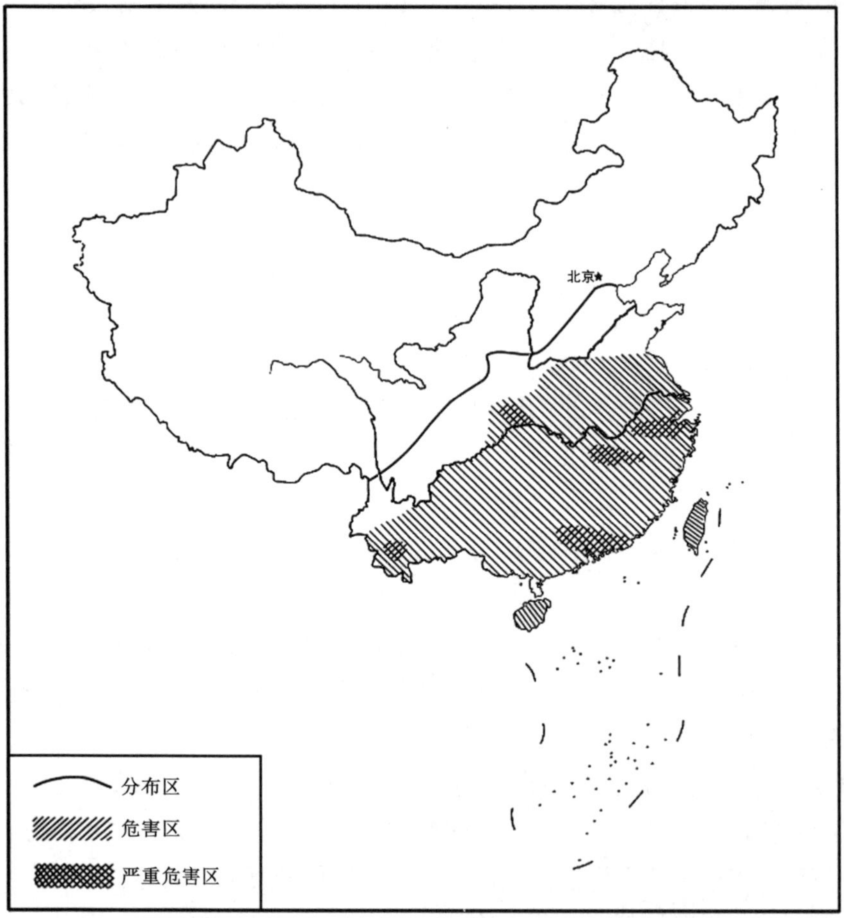

图30-14 三化螟在我国的分布及危害地带(仿蔡邦华)

*duplex*等。从欧洲传入北美而在新分布区内成为重要害虫的如黑森瘿蚊 Mayetiola destructor、苹果蠹蛾 Laspeyresia pomcnella、欧洲玉米螟 Ostrinia nubilalis等；从南美传入美国成为害虫的有象虫 Listroderes obliquus、阿根廷蚁 Iridomyrmex humilis等；从澳洲传入的有吹绵蚧 Icerya purchasi 等，自亚洲传入的有柑橘介壳虫等。

又如，马铃薯甲虫原产于北美东南山区，以野生植物 *Solanum rostrotum*为食，美国自栽培马铃薯后，这种昆虫成为马铃薯的害虫，自 1859年以来不断向东扩展， 1874年已分布至太平洋沿岸，成为美国的马铃薯严重害虫。这种害虫于 1876曾经传入欧洲(德国)，但被消灭；1901年再度传入欧洲，也被消灭；1920年又传入欧洲，于 1935年扩及法国全境而向北蔓延，严重危害马铃薯的生产。

仓库害虫随着粮食或贮藏物运输传播的机会更多，而且仓库是一个比野外较为近似的环境，因此，许多仓库害虫已经成为世界性分布的害虫。目前还有一些分布甚广而我国仍未发现的种类。例如，谷斑皮蠹 *Trogoderma granarium* Everts是严重危害谷物、豆类、油料等植物性贮藏物的仓库害虫，原产于印度、斯里兰卡、马来西亚，适于发生在干热的地区，近 30多年广泛传播到世界各国。除植物性的各种贮藏物外，其他如椰枣、花生、葡萄干、棉花、奶粉、鱼粉、乳酪等也喜取食。近年来，我国也曾在进口物资中查出，都已采取措施消灭。这类害虫已列为重要的进口检疫对象。

在不同的分布区内形成不同的昆虫区系，由于地理上的隔离而独立发展。其中有害的种如果进入新的分布区，新的分布区的环境条件可以适应于这些有害种的要求，这些有害种也就可以定居下来而繁衍发展，甚至由于缺乏原产地的有效天敌而数量更大，这是上述例子所看到的问题。

为了解决新侵入而造成危害的害虫问题，在生物防治上引进原产地的天敌是其中一个方法。1880年，美国自澳洲引入澳洲瓢虫 *Rodolia cardinalis*至加利福尼亚防治吹绵蚧 *Icerya purchasi*取得显著的成功，以后，不少国家对引进天敌的工作都比较重视，而且不断取得成果和经验。

其中一个重要经验是在引进天敌时，采集地点的环境条件要求与引进点基本近似，这样成功的可能性较大。在研究这个问题时昆虫分布的基本知识是值得重视的。关于益虫的引进，最近我们提出了下面的一点设想。目前对赤眼蜂属的应用较广，赤眼蜂属的种类和分布也了解较多。我们分析了分布于美洲的 11种赤眼蜂，宽突赤眼蜂 *Trichogramma bennetti*，负泥虫赤眼蜂 *T. maltbyi*，窄突赤眼蜂 *T. retorridum*，智利赤眼蜂 *T. rojasi*，显棒赤眼蜂 *T. semblidis*，加州赤眼蜂 *T. californicum*，疏毛赤眼蜂 *T. semifumatum*，暗褐赤眼蜂 *T. fasciatum*，伯氏赤眼蜂 *T. perkins*，微小赤眼蜂 *T. minutum*，短管赤眼蜂 *T. pretiosum*，我国均未见分布。这些赤眼蜂分布于南、北美不同的地方，我国的地理条件南北纬度甚广，不同地点选择不同的对象引进成功的可能性是很大的。赤眼蜂属的寄主范围较广，适应能力强，选择适当的种可能会解决我们一些特殊条件地区中的一些问题。

第三十一章　昆虫的种群与种群系统

在生态学中，种群是在同一生境内生活、生殖、繁衍的同种生物个体的集合。

在自然界，每一种生物都有数量繁多的个体，但这些个体不是散沙般地存在，而是组成大大小小的群体，生活于特定的生境中。每一个物种都有其区别于其他物种的生活习性，因而也要求与其习性相适应的生活环境。但是，在一个物种的整个分布区域内，其适宜生存繁衍的场所与不宜生存繁衍的场所是交替存在的。因此，每一个物种都有在分散的生活场所中居住的大大小小的群体单元（图 31-1），这就是生物的种群。昆虫也是如此。

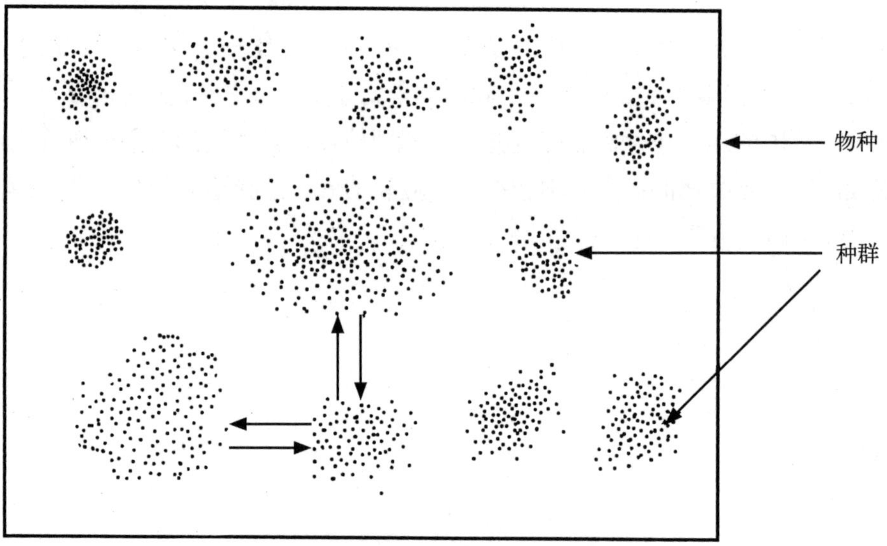

图31-1　物种与种群关系示意图（仿陈世骧）

小点代表生物个体；箭头表示种群间的交流

尽管同一物种各种群间也常常是相互交流的，但种群还是物种实际上的生活单元和繁殖单元。因此，种群成为生态学研究的基本生物单元。

在分类学中也有种群的概念，与生态学中的种群概念不完全相同。在分类学中种群是种下分类的单元，或者是亚种下分类的单元，是把同一物种内的个体根据其生态要求、生理特性和形态结构上的差异而区分的类群。分类学上不同种群是由于长期的生殖隔离而分化出来的，不同生境的地理隔离是引起生殖隔离的重要因素。分类学上物种内不同种群间的差异具有一定的遗传性。

与生态学中，同一种生物在不同生境内的种群不一定存在分类学上的差异，即不一定有生理、生态或形态上的差别。如果生态学上的种群由于生境的隔离已经出现了生理、生态或形态上的分化，则与分类学上的种群意义重合；如果没有这些分化，生态学上的种群就不一定是分类学上的种群。因此，分类学中常常提到的不同种群，意义是指同一物种种内分化而成的种下几个并列的分类单元；而生态学中常常提到的同一生境内的不同种群，意思是指不同的物种。

我国昆虫学家陈世骧虽建议把生态学中的种群改称为居群，但目前国内外的学者还是习惯沿用种群的概念。

种群是由生物个体组成的，它具有可与个体相类比的特征。但是，由于种群是一个群体的单元，所以其特征往往应该用个体特征的平均值或众数等统计量来表达。例如，个体中的出生、死亡、寿命等即表示种群的出生率、死亡率和平均寿命。此外，作为群体，种群还具有一些个体所没有的特征，例如密度等。昆虫的种群，尤其是种群数量变动的机理和规律，是昆虫生态学研究的重点内容。在研究昆虫种群动态时，首先注意到的就是种群的群体特征。

第一节　有关种群数量动态的特征

有关种群数量变动特征，包括种群密度、出生率、死亡率、增长率、迁移率和种群平均寿命等。

一、种群密度

昆虫的种群密度是表示种群动态最基本的指标，它的定义是单位空间内的昆虫个体数。在实际研究工作中，昆虫种群密度常以单位面积或单位作物上的昆虫个体数表示，例如每亩虫数、每株虫数、百丛虫数、百叶虫数等。

在特定栖境内的种群密度的估计值常用抽样调查的方法来获得。在进行种群密度调查时，必须按照昆虫的生物学特性和空间分布的特征制定出合理的调查方案，这样才能获得较为可靠的估计值。

种群密度的估计值也可以用标记回收的方法来获得。其中最简单的估值公式是Peterson公式：

$$N_0=\frac{M_0N_1}{M_1}$$

式中：N_0为一定空间内种群密度估计值；M_0为第1次捕捉并立即标识释放让其与自然群

体混合的个体数；N_1为第2次回捕的总虫数；M_1则为在第2次回捕中捕到的有标记的虫数。用这种方法计算的估计值，其方差是：

$$S^2_{(N_0)}=\frac{M_0^2N_1(N_1-M_1)}{M_1^3}$$

例如，第1次采集并标记昆虫1 000头，释放后，第2次捕捉到总虫数为500头，其中12头为有标记的昆虫，则在该空间内昆虫种群总数的估计值为：

$$N_0=\frac{M_0N_1}{M_1}=\frac{1\ 000\times 500}{12}=41\ 667(\text{头})$$

方差为：

$$S^2_{(N_0)}=\frac{M_0^2N_1(N_1-M_1)}{M_1^3}=\frac{1\ 000^2\times 500\times(500-12)}{12^3}$$
$$=141\ 203\ 704$$

标准差为：

$$S_{(N_0)}=11\ 882.9(\text{头})$$

当回捕的昆虫中有标记的数量比较多时，以上计算公式还比较理想，但当有标记的昆虫回收量很小($M_1<20$)时，Bailey建议采用如下公式进行计算

$$N_0=\frac{N_1(M_0+1)}{M_1+1}$$

其方差的估计值为

$$S^2_{(N_0)}=\frac{M_0^2(N_1+1)(N_1-M_1)}{(M_1+1)^2(M_1+2)}$$

除了以上方法，对一些昆虫还可以用捕获量或诱捕量作为种群密度的参考指标。例如，对一些寄生性昆虫常可用百网捕获量作为其种群的相对密度，对三化螟成虫，在诱虫灯下整个世代的诱捕量也常被作为发生数量的指标。

二、种群出生率

出生率是种群数量增长的固有能力。种群的出生率有生理出生率与生态出生率之分。所谓生理出生率是指种群在理想的条件下(即无任何生态因子限制，只受生理状况影响)种群的最高出生率，这是一个理论常数。所谓生态出生率也称为实际出生率，是指在特定的生态条件下种群的实际出生率。

出生率常用单位时间内种群新出生的个体数来表示。若用 B来表示种群的出生率，ΔN表示在时间Δt内新出生的个体数，则

$$B=\frac{\Delta N}{\Delta t}$$

此外，种群出生率也有用单位时间内平均每个个体所产生的后代个体数来表示，这时称为种群的特定出生率，用 b 来表示，

$$b=\frac{\Delta N}{\Delta t N}$$

式中：N为种群的个体数量。

三、种群死亡率(或存活率)

生态学中常用死亡率或存活率来描述种群的个体死亡对种群数量的影响。与出生率一样，死亡率也有生理死亡或称最低死亡率与生态死亡率 (实际死亡率)之分。前者表示在最理想的条件下，种群每个个体都因“年老”而死亡时的种群死亡率。后者表示在实际条件下种群的死亡率。对于一个特定的种群，最低死亡率是一个常数，而生态死亡率则依生态条件不同而异。

种群死亡率常用单位时间内种群死亡的个体数来表示，即

$$M=\frac{N_d}{\Delta t}$$

式中:M为种群死亡率； N_d表示在时间Δt内种群死亡的个体数。也可以用在特定时间内种群死亡个体数与种群总虫数之比来表示，即

$$m=\frac{N_d}{N}$$

式中:m为种群特定死亡率；N_d为死亡个体数； N为种群总个体数。种群存活率常常是一个更有用的指标，尤其是在昆虫种群动态的研究中常常用到。种群存活率用 S 表示。则

$$S=(1-M)$$

种群的死亡率还有其他一些表示方法，例如 k 值，将在以后的章节中介绍。

四、种群增长率

种群增长率是昆虫种群动态的重要指标，它综合了种群的繁殖与死亡两个生态过程对种群数量变动的影响，表示在特定时间内，特定的生态条件下，种群的消长状况，又称为净增殖率，用 R_0 来表示

$$R_0 = B - M$$

式中：B为种群的出生率；M为种群的死亡率。

在理想的环境条件下，允许种群无限制地增长时的种群出生率称为内禀自然增长率（intrinsic rate of natural increase）。对于一个年龄结构稳定的种群，内禀自然增长率是一个常数，用 r_m表示，称为种群的生殖潜能。这个指标在昆虫增长模型的研究中是一个重要的参数。其估计方法将在第三十二章中讨论。

五、种群迁移率

昆虫种群常有迁移现象，尤其在成虫期。种群的迁出或迁入，影响着一个地区昆虫种群的数量变动。种群的迁移率就是指一定时间内种群的迁出数量与迁入数量之差占总体的百分率。目前对种群迁移率的测量方法研究尚少，尤其是要把种群的迁出与死亡区分开，把迁入与出生率分开则更为困难。

六、种群平均寿命

种群的平均寿命就是种群所有个体寿命的平均值。种群的生理寿命是指在理想的条件下，种群的个体只因年老而死亡时种群的平均寿命。种群的生态寿命则指在特定的生态条件下种群的平均寿命。生理寿命比生态寿命通常要长得多。

第二节　种群结构特征

组成种群的生物个体，由于性别不同、年龄不同，所以在某些生物学特性方面也有差异。例如，多数蛾类昆虫的成虫不再取食作物，但具有繁殖能力，而幼虫则危害作物而未具繁殖能力等。所以，在昆虫种群动态研究中对种群结构的研究也是重要的。所谓种群结构就是指在种群内生物学特性有差异的各类个体群在总体内的比例分配。其中，最主要的是性比和年龄组配，另外，还有翅型、生物型等。

一、性　　比

大多数昆虫种群内都包括有雌虫和雄虫两类。雌虫个体数量与雄虫个体数量的比值称为雌雄性比 (sex ratio)，也有用雌虫数量占种群总个体数的比率来表示的，在昆虫生命表中称为雌性比率。昆虫的性比依种类不同而不同，同一种群的性比也会因环境变化而变化。例如，把生活在感虫水稻品种上的褐稻虱移至抗虫品种上时，种群下一世代的雄虫比率就会显著减小。种群内的性比对种群出生率的影响是不言而喻的，同时，对种群的死亡率也有影响，例如，三化螟不同性别越冬幼虫的越冬死亡率就不同。所以，性比也是构成昆虫种群数量变动的重要因素。

对一些若孤雌生殖的昆虫，如蚜虫、介壳虫、蓟马等，以及部分螨类，因其种群在大部分时间中只有雌性个体存在，所以在分析种群结构时，可以忽略其性比。

二、年 龄 组 配

种群的年龄组配 (age distribution)指的是在昆虫种群中各年龄组 (各虫期、各虫态) 个体数的相对比率。昆虫的自然种群，尤其是世代重叠比较明显的种群内，一般都包含有不同年龄的个体。不同年龄的个体对作物的危害程度不同，抗逆性不同，栖息习性不同，甚至空间分布状况也有差异。所以，在昆虫种群的研究中注意到种群的年龄组配是很有必要的。

第三节　种群的增长模型

在一定的条件下，种群的数量动态是有一定规律的。种群在特定的生境中所发生的出生、死亡、迁移等生态过程及种群遗传特性和种群结构对数量影响的总和表现在种群数量随时间变动的规律上。目前，用来描述昆虫种群随时间而增长的理论模型有几种，可分为不连续增长和连续增长两大类。

一、不连续的增长模型

对于一年只有一个世代，或是世代分离明显的昆虫，其种群增长规律可用如下数学模型描述：

$$N_{t+1}=R_0N_t$$

式中：N_t为第t世代的种群数量；N_{t+1}为第 $t+1$世代的种群数量；R_0为净增殖率。

二、连续增长模型

这类模型适合描述世代重叠的昆虫。这类模型所表达的生长曲线是连续的。

(一)在无限环境中的增长模型

这类模型假定环境对种群的增长没有限制，设r为恒定的种群瞬时增长率，N为种群数量，t为时间，则可得微分方程

$$dN/dt=rN$$

其积分形式是

$$N_t=N_0e^{rt}$$

式中：N_t为在时刻t种群数量；N_0为种群数量的初始值；e为自然对数的底；t为时间；r为种群的内禀自然增长率。

遵循这种规律的种群增长亦称为指数增长，其增长曲线为“J形增长曲线”(图31-2)。由于这个模型的前提条件是昆虫种群在无限制的环境下增长，因而其局限性相当大，常常只适用于生活周期很短、繁殖很快的昆虫，如蚜虫、蓟马，以及作物害螨等。对其他昆虫则在一定的时间间隔内有时也可应用。

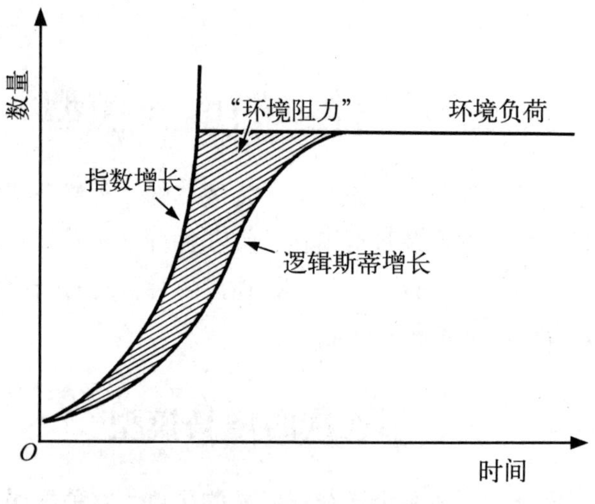

图31-2　种群的增长类型 (仿Beughey)

(二)在有限环境中的增长模型

实际上，昆虫种群常生活在有限空间和有限资源供应的环境条件下。随着种群数量的增加，种内竞争加剧，种群的死亡率增大而繁殖率减少，种群的增长率也随之减小。当种群数量达到环境资源所能维持的最大限度时，种群不再增殖，此时种群的增长率为零。这种形式的增长可以用一个微分方程来描述：

$$\frac{dN}{dt}=rN\left(1-\frac{N}{K}\right)$$

其积分形式为

$$N=\frac{K}{1+e^{a-rt}}$$

此即著名的逻辑斯蒂方程。

式中：N 为种群数量；K 为环境容纳量，即N 的上限；r 为种群的实际增长率；t为时间；a为模型参数。

该方程表明，每个单位的有效增长率具有密度制约作用，当 $N>K$时，$dN/dt<0$；当$N<K$时，$dN/dt>0$；当 $N=K$ 时，$dN/dt=0$；这说明种群密度与种群增长率之间存在着一种反馈机制，当 N值由 0向 K 值逼近时，种群增长逐渐变慢。

该模型所表达的增长曲线为 S形增长曲线（图31- 2）。图中的阴影部分表示指数增长与逻辑斯蒂增长之间的差距。 Gause (1934)称这种差距为“环境阻力”(environmental resistance)。

第四节 昆虫的空间分布特征

昆虫种群由于自身的生物学特性和环境因素的影响，其个体在空间的散布状况也表现出一定的规律性。种群在空间扩散分布的形式就称为种群的空间分布型。昆虫的种群空间分布型因种而异，同种昆虫在不同的发育阶段的分布型也会有所不同，甚至种群密度、栖境条件对分布型亦有影响。昆虫的空间分布型有均匀分布 (uniformity distribution)、随机分布 (random distribution)和聚集分布 (aggregated distribution) 3类(图31-3)。

属于均匀分布的理论分布是正二项分布，属于这种分布形式的昆虫种群比较罕见。

随机分布是昆虫种群空间分布较为常见的分布形式，例如，三化螟卵块在稻田内的分布就属随机分布形式。随机分布中比较典型的理论分布是普瓦松分布 (Poisson distribution)。

聚集分布是昆虫种群最为常见的分布形式。在现有的报道中，大多数昆虫种群呈该类分布，如稻纵卷叶螟幼虫、稻飞虱类、东亚飞蝗、三化螟幼虫、麦长管蚜等。属于聚集分布的理论分布常用的有负二项分布 (negative binomial distribution)和奈曼分布 (Neyman distribution)。

研究昆虫的空间分布型可以了解昆虫的扩散行为、生物学特性，而且为正确处理昆虫种群研究的资料数据和改进抽样调查方法提供科学的依据。

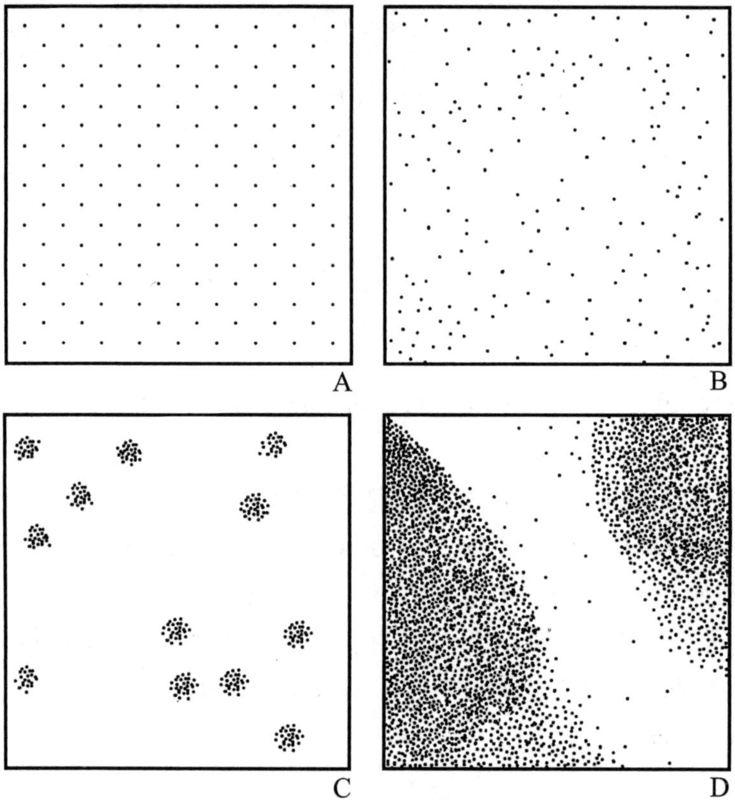

图31-3　昆虫的理论分布型

A. 均匀分布；B. 普瓦松分布；C. 奈曼分布；D. 负二项分布

第五节　昆虫种群系统

种群系统（population system）就是在自然界以一个特定的生物种群为中心，以作用于该种群的全部环境因子为空间边界所组成的系统。在此系统中，生物种群能正常地生活、繁衍。

种群系统的概念是把现代系统科学的理论与方法应用于种群生态学的研究提出来的。每一种群在生境内并不是孤立存在的，例如，一种植物（种群），要求在生境内吸收矿物质营养、水分等，而与土壤条件发生的联系，要求阳光、空气等进行光合作用，要求一定的温、湿度等。一些显花植物还要求风或昆虫作为传播花粉的媒介，而且还常常与其他植物、微生物、动物等发生各种不同的联系。又如，一种动物（种群），要求在生境内取食植物或其他动物而获得营养，要求一定的温、湿度及其他各种条件等，而且常常与植物、微生物及其他动物发生各种不同的联系。在不同生境内，可能气候条件、土壤条件等不完全相同，可能物种的组成不同，各种生物种群间的关系不同，各种的数量和变化也不完全相同。在同一生境内，由于气候条件的变化和土壤条件的变化，由于种群之间关系的变化，也会引起种群的数量变化。种群的数量变化是生境内各种因素相互联系、相互依存、相互制约的结果。

种群生态学研究的目的，就是通过研究种群内在的因子，以及生境内各种环境因子与种群数量变化的相互关系，从而揭露种群数量变化的机理与规律，达到种群数量控制的目标。这也就是种群系统研究的目的。

在应用系统科学的理论与方法研究种群问题的过程中，各国学者虽提出过一些类似的概念。Geier (1964)曾提出了生命系统（life system）的概念，Clark et al.（1967）对该概念进行了较详细的论述，认为“生命系统是生态系统的一部分，由对象种群及其作用环境所组成。” Huffaker (1980)也曾提出过单独生态系统 (single-species ecosystem)的概念，其含义与生命系统基本相似。

第三十二章　昆虫生命表与种群动态数学模型

第一节　概　述

在对昆虫种群系统的研究中，昆虫生命表方法是一套重要的研究技术。所谓生命表(life table)，就是系统地跟踪一个生物种群，把种群在各个连续的时段 (或发育阶段) 内的死亡数量，死亡原因以及繁殖数量，按照一定的格式详细列出而构成的表格。

生命表数据的调查、处理、制表方式、分析方法以及应用生命表资料建立种群动态模型等一系列有关的方法组成了一套比较完整的生命表技术。

生命表方法是由 17世纪的英国学者 Graunt (1662)提出设想的。以后，随着人寿保险事业的发展，这种方法付之应用。 1954年， Morris & Miller利用生命表技术成功地分析和模拟了云杉卷叶蛾 *Choristoneura fumiferana*的自然种群数量变动过程。此后，有关昆虫生命表的文献日益增多，在调查方法、数据处理、分析方法等方面陆续提出了不少新的方法和建议，不断地丰富了生命表方法的内容，逐渐形成一套比较完整的研究技术，并在有关种群生态的生物学各领域中得到广泛的应用。

我国学者于 20世纪 60年代开始应用昆虫生命表方法来研究昆虫种群生态学的问题， 20世纪 70年代末开始，该技术在我国的应用已经比较广泛。

生命表方法记载较为系统和细致，使整个种群在生活周期中的数量变化呈现清晰的图景，使影响种群动态各因子的作用具体化、数量化，且能分辨出其中的重要因子和关键因子。因此，这方法在理论上的意义是不言而喻的。在实践上，它可应用于建立昆虫种群生命系统数学模型，危害虫数量测报及种群管理模型的建立提供基础，也可应用于评价各种害虫防治措施的效果，为选择综合防治措施、协调各种措施的控制作用提供科学的根据。因而，该方法在害虫综合防治中也具有相当重要的应用价值。

用生命表方法进行昆虫种群动态研究的全过程，可分为如下 6个步骤：

(一)设计

根据研究对象的习性、生活史、空间分布状态，以及寄主、天敌、栖境和有关的气象要素等环境条件，周密考虑，制定调查方案和有关的生态学试验方案。其中包括调查期距的确定或发育阶段的适当划分，取样单位的大小，取样方式和样本数量的确定等。Harcourt（1969）指出，10%的标准误差已为多数研究者所接受，这个精确度对不少农业害虫的生命表研究是适当的，这有助于取样数的决定。此外，还应注意取样单位的稳定性。

(二)实施调查

详细记载数据，尽可能减少死亡因子的遗漏和混淆，力求细致、清晰地记录有关资料。

(三)制作和累积生命表

根据调查所得资料，按一定的规格制作生命表，每世代一份。该步工作包括对调查数据的技术处理，生命表中各栏目数字的计算等。以后逐代逐年地累积多量生命表，并制作多年同次世代的平均生命表。

(四)生命表资料分析和数量计算

这是昆虫生命表研究中极为重要的一步。通过对生命表资料的分析和计算，可以分辨出影响种群动态的重要因子和关键因子，获得种群在一定环境条件下的内禀自然增长率、净增殖率和局限增长率等种群动态的重要参数，以及各因子的作用与对象种群密度的关系等重要信息。

(五)重要环境因子与对象种群数量关系的调查或实验生态测试

在生命表资料分析的基础上，选出其中重要的因子做进一步的研究，建立这些重要因子与种群数量之间的函数关系。

(六)建立种群动态模型

综合生命表数据和各重要因子与种群数量关系的亚模型，建立种群动态数模型和最优模型，为综合防治工作服务。

目前，生态学研究中的生命表主要有两种形式，即特定时间生命表 (time-specific life table)和特定年龄生命表 (age-specific life table)。这两类生命表的结构和用途都有所不同，分别适应于不同特点的研究对象。

第二节　特定时间生命表

这类生命表适应于世代比较重叠、种群年龄组配比较稳定的研究对象，尤其适用于对实验种群的研究。特定时间生命表的制作要求以相等的时间间距，调查记录在各个时刻种群的存活数量和繁殖数量。从这种生命表可以计算出种群在特定时间内的死亡率和出生率，还可以获得种群的内禀自然增长率(r_m)和局限增长率(λ)的估计值。从而可以用指数模型来预测种群数量的变化，也可以应用Leslie矩阵方法来建立种群预测模型。

一、特定时间生命表的结构

表32-1是一个特定时间生命表，表内包括有如下栏目：

x——按年龄或一定时间划分的单位时间间距（如日、周、月、年等）；

l_x——在x期开始时的种群数量；

d_x——在x期内（$x \to x+1$)的死亡数；

q_x——在x期内的死亡率，常以 $100 \times qx$，或者 $1\,000 \times qx$表示；

e_x——在x期开始时种群平均生命期望值；

L_x——在x期和 x+1期种群的平均存活数量；

T_x——自x期后平均存活数的累计数。

表32-1 一个假设的生命表 (Southwood, 1978)

x	l_x	d_x	L_x	T_x	e_x	D00 q_x
1	1 000	300	850	2180	2.18	300
2	700	200	600	1330	1.90	286
3	500	200	400	730	1.46	400
4	300	200	200	330	1.10	667
5	100	50	75	130	1.30	500
6	50	30	35	55	1.10	600
7	20	10	15	20	1.00	500
8	10	10	5	5	0.50	1 000

在生命表中，只有 l_X 是实际观察值，其余各栏都是统计数值。为了计算方便，开始时种群数量常取1 000。其余各栏目计算方法如下：

$$d_x = l_x - l_{x+1}$$

如

$$d_3 = l_3 - l_4 = 500 - 300 = 200$$

$$q_x = d_x / l_x$$

如

$$q_4 = d_4 / l_4 = 200/300 = 0.667$$

$$1\,000\ q_4 = 1\,000 \times 0.667 = 667$$

L_x在 x 期和 x+1期种群的平均存活数量，也是在假设种群的死亡速率是均匀的条件下，在 x期种群数量的期中值，因此可按下述公式计算：

$$L_x=\frac{l_x+l_{x+1}}{2}$$

例如表中

$$L_4=\frac{L_4+L_5}{2}=\frac{300+100}{2}=200$$

T_x为 x 期以后值的累加数。

$$T_x=\sum_x^{\infty}L_x$$

如表中

$$T_4=L_4+L_5+L_6+L_7+L_8=$$
$$200+75+35+15+5=330$$

在实际计算过程中 T_x这一栏数值的计算顺序应是从下往上算，这样计算比较方便。例如，接上例的资料，先算 T_8，然后 $T_7=T_8+L_7$，$T_6=T_7+L_6$，…，$T_1=T_2+L_1$。

种群在某一时刻的平均寿命期望值 ex，是指生存到 x时刻的动物种群，以后还能生存的平均时间。人寿保险公司由这个数值来计算保险费率。这个参数在其他动物的种群管理以及在释放天敌来防治害虫的工作中也被认为是一个基础数字。具体计算方法如下：

$$e_x=\frac{S_x^W l_x d_x}{l_x}$$

这是平均寿命期望值的精确计算公式，实际应用时可以根据 Tx值做近似的简单计算。

$$e_x=\frac{T_x}{l_x}$$

如上表中

$$e_4=\frac{T_4}{l_4}=\frac{330}{300}=1.10$$

在目前常见的特定时间生命表中，常常还有其他一些栏目，如表 32-2所示。

表中x'是以种群生态寿命为 0，出生时作为－100来计算的相对时间。这是为了比较生态寿命完全不同的研究对象生命表，而由 Deevey（1947）提出的。此外，还有 xd_x栏，这一栏是为了计算种群的生态寿命而设的。在上表中，xd_x的计算实际使用各期距的时间代表值 (或年龄代表值)，即用期距的上限和下限的平均值作为x值代入计算，如

表32-2 黑尾鹿自然种群表（据 Taber & Dasman，1957年资料计算）

x	x'	l_x	d_x	xd_x	q_x	L_x	T_x	e_x
0～1	-100	1 000	526	263	526	737	2 290	2.3
1～2	-56	474	97	145	204	426	1 553	3.3
3～4	-13	377	137	343	363	309	1 1127	3.0
4～5	31	240	75	263	313	203	818	3.4
5～6	74	165	20	90	121	155	615	3.7
6～7	118	145	14	77	97	138	460	3.2
7～8	161	131	14	91	107	124	422	2.5
8～9	205	117	30	225	256	102	198	1.7
9～10	248	87	35	298	402	70	96	1.1
	292	52	52	494	1 000	23	26	0.5
10～	335	0	合计 1 000	合计 2 289				

年龄为 0～1岁，值取 0.5，则 xd_x=0.5 × 526=263，依此类推。种群的生态寿命为 $\sum xd_x$除以$\sum d_x$，所得之商，如上表中

$$\text{生态寿命}=\frac{\sum xd_x}{\sum d_x}=\frac{2\ 289}{1\ 000}=2.289\text{。}$$

综上所述，我们可以看到，特定时间生命表，尤其是生命生殖力表在研究种群增长的内在特征方面是具有重要价值的。但这类生命表还不能分析环境因子对种群动态的影响。若要明确各类生态因子与种群动态的关系，则要借助于特定年龄生命表。

表32-3 在25℃条件下，棉铃虫实验种群的繁殖特征生命表（吴坤君，1980）

年龄/d（x）	存活率/l_x	平均产雌数/m_x	l_xm_x	xl_xm_x
0	1.000		未成熟期	
⋮	⋮			
34	0.563	0	0	0
35	0.563	0.10	0.0 563	1.9705
36	0.563	2.20	1.2 386	44.5896
37	0.563	42.05	23.2 742	875.945 4

续表32-3

年龄/d（x）	存活率/l_x	平均产雌数/m_x	$l_x m_x$	$x l_x m_x$
38	0.563	66.70	37.552 1	1 476.979 8
39	0.563	108.05	60.832 2	2 372.455 8
40	0.563	105.15	69.199 5	2 367.980 0
41	0.563	89.20	50.219 6	2 059.003 6
42	0.563	56.20	31.640 6	1 328.905 2
43	0.563	57.30	32.259 9	1 387.175 7
44	0.563	26.60	14.975 8	658.935 2
45	0.563	31.65	17.819 0	801.855 0
46	0.394	34.20	13.474 8	619.840 8
47	0.394	9.60	3.782 4	177.772 8
48	0.282	6.90	1.945 8	93.398 4
49	0.225	5.95	1.338 8	65.601 2
50	0.169	3.25	0.549 3	27.465 0
51	0.056	0	0	0
52	0	0	0	0
Σ			R_0=350.558 9	14 309.874 0

在上述生命表中，未曾包括种群出生率的资料，因而不能分析计算有关种群增殖的有关参数。包括种群年龄特征生殖力的生命表，是特定时间生命表的另一种基本形式，常称为生命生殖力表，或叫繁殖特征生命表。表 32-3是一个棉铃虫实验种群的繁殖特征生命表，表中仍有 x 及 l_x 项，但lx是雌虫的存活率。 m_x 项则表示在 x 期内平均每头雌虫产下的雌性后代数。

二、种群内禀自然增长率的计算

内禀自然增长率（ intrinsic rate of natural increase）或称内禀增长力 (innate capacity of increase，r_m）是种群特性的一个重要指标，应用生命表资料可以算出这个重要的统计量的估计值。

(一)r_m值的近似计算方法令

R_0为种群净增殖率，T为种群经历一个世代的生长周期，N_0为世代开始时的种群数

量，N_T为经过一个世代的种群数量，根据种群在无限制环境下的增长模型则有

$$N_T=N_0e^{r_mT}$$

又

$$N_T/N_0=R_0$$

$$r_m=\frac{\ln R_0}{T}$$

在生命生殖力表中，净增殖率可用下式计算：

$$R_0=\sum l_xm_x$$

种群经历一个世代的生长周期 T可用下式进行近似计算：

$$T=\frac{\sum l_xm_xx}{\sum l_xm_x}$$

按表所列的数值

$$R_0=\sum l_xm_x=350.5589$$

$$T=\frac{\sum l_xm_xx}{\sum l_xm_x}=\frac{14309.8740}{350.5589}=40.82$$

$$r_m=\frac{\ln R_0}{T}=\frac{\ln 350.5589}{40.82}=0.144$$

（二）r_m值的精确计算方法

当种群处在一个无限制的环境中，并且年龄结构稳定时，r_m就是种群的瞬时增长率。在此条件下 Lotka (1907,1913)曾推导了一个精确计算 r_m的公式。

$$\int_0^{\infty}e^{-r_mx}l_xm_xd_x=1$$

在解 r_m方程中，假定不同个体发育速率呈正态分布，则上式可被逼近为差分综和，即

$$\sum_0^{\infty}e^{-r_mx}l_xm_x=1$$

可按如下步骤具体计算 r_m值，

（a）假设 $r_m=r_{m_1}$代入公式，得

$$\sum e^{-r_{m_1}x}l_xm_x=Z_1$$

r_{m_1}值的选择可参照近似法求得的结果，这样可缩短计算过程。

（b）若 $Z_1>1$，则再取 $r_{m_2}>rm_1$，代入公式，得

$$\sum e^{r_{m_2}x} l_x m_x = Z_2$$

若$Z_1<1$，则取 $r_{m_2}<r_{m_1}$。

（c）若 Z_1 和 Z_2 的数值比较接近，且在 1的两侧，即可用线性内插法求得 r_m的精确估计值：

$$r_m = r_{m_2} - \frac{(1-Z_2)(r_{m_2}-r_{m_1})}{Z_1-Z_2}$$

现以表 32-2的资料为例求算 r_m值如下，

①据近似计算结果，取 r_{m_1}=0.145 0代入式得

$$Z_1 = \sum e^{-0.145x} l_x m_x = 1.004\ 372\ 8$$

②再取 r_{m_2}=0.145 5得

$$Z_2 = \sum e^{-0.144\ 5x} l_x m_x = 0.984\ 495\ 8$$

③把 r_{m_1}，r_{m_2}，Z_1，Z_2代入线性内插公式得

$$\begin{aligned} r_m &= 0.145\ 5 - \frac{(1-0.984\ 495\ 8)(0.145\ 5-0.145\ 0\ )}{1.004\ 372\ 8-0.984\ 495\ 8} \\ &= 0.145\ 1 \end{aligned}$$

关于 Lotka的积分方程，虽然可用电子计算机解出，但它的生物学定义至今尚未明确。而 r_7 值的近似计算方程 $r_m \approx l_n R_0/T$的生物学意义却是非常明确的，它说明 r_m主要与种群的净生殖率 (R_0)和世代历期 (T)有关。

在种群的内禀自然增长率 r_m求出以后，还可以把它转换成另一个种群增长参数——周限增长率 (λ)，即种群在单位时间增长倍数的理论值。

$$\lambda = e^{r_m}$$

如本例中，若 r_m=0.144则

$$\lambda = e^{r_m} = e^{0.144} = 1.154$$

即棉铃虫种群在 25℃条件下，将逐日以 1.154倍的速度不断地做几何级数增长。

综上所述，我们可以看到，特定时间生命表，尤其是生命生殖力表在研究种群增长的内在特征方面是具有重要价值的。但这类生命表还不能分析环境因子对种群动态的影响。若要明确各类生态因子与种群动态的关系，则要借助于特定年龄生命表。

第三节　特定年龄生命表

特定年龄生命表是按照动物的年龄或发育阶段顺序、系统地记载种群的死亡原因和死亡数量而整理成的生命表。在表中，一定的年龄或发育阶段内只出现该阶段的个体，而不像在特定时间生命表中，于同一时刻调查中存在不同年龄或不同发育阶段的个体组合。因为这种类型的生命表对种群的死亡原因和数量有详尽的记载，能分析出影响种群数量变动的重要因子和关键因子，所以在害虫综合治理的研究中具有重要的意义。这类生命表是在昆虫研究中应用更为广泛的生命表。

一、特定年龄生命表的结构

表32-4是一个特定年龄生命表，表内包括有如下基本栏目：

x——虫期，即发育阶段；

l_x——x期开始时的存活虫数；

d_xF——x期内的死亡因子；

d_x——x期内对应于某一死亡因子的死亡虫数；

q_x(或作 $100q_x$)——x期内的死亡率；

S_x——x期内的存活率。

在编制这类生命表时，虫期 (x)的划分应依昆虫的种类、习性和取样调查工作的实际情况适当决定。能就每一虫态都调查当然好，但有时受条件所限，亦常采用“龄群”作为虫期，例如，$L_{1\sim2}$是指一二龄幼虫群，$L_{3\sim5}$是指 3～5龄幼虫群等。

表32-4　在甘蓝上的小菜蛾第 2代各阶段生命表 (Harcourt，1961)

期限/x	每一期限开始时的生存数(百株) / l_x	引起死亡的有关因子 / d_xF	每一期限内的死亡数 / d_x	死亡百分率/($d_x/l_x\times100$)($100q_x$)	存活率 /(1－q_x)(S_2)
卵	1 580	未受精	25	1.6	0.984
幼虫 / L					
第 1 期 / L_1	1 555	降雨0.03m	1 199	77.1	0.229
第 2 期 / L_2	356	降雨0.13 m	36	10.1	(0.889)
		小茧蜂 (*Microplilis plutellae*)	52	14.6	(0.854)
			88	24.7	0.753
第3期 / L_3	268	姬蜂(*Diadromas plutellae*)	69	25.7	0.743

续表32-4

期限/x	每一期限开始时的生存数(百株)/l_x	引起死亡的有关因子/d_xF	每一期限内的死亡数/d_x	死亡百分率/($d_x/l_x \times 100$)($100q_x$)	存活率/($1-q_x$)(S_2)
蛹/P	199	姬蜂(*Diadromas plutellae*)	92	46.2	0.538
蛾/A(性比=54：53)	107	性别	1	0.9	0.991
雌蛾×2	106	生殖力减退	78	73.6	0.264
正常雌蛾×2	28	成虫死亡	20	71.4	0.286
全　代			1 572	99.5	

注：成虫最高生殖力(F)=216粒/雌蛾；成虫平均生殖力=57粒/雌蛾。

在表 32-4中，“蛾期”的死亡因子中有“性别”一项，实际上是把雄虫数量扣除，因为雄虫数量与产卵没有直接关系。按该生命表作者的计算方法是：

性别的d_x值=“蛾”的l_x值－“雌虫×2”的lx值

即性别的d_x值=136－109=27

这样，“性别”的dx值有3种可能：

当♀:♂=1，则d_x=0；

当♀:♂＜1，则d_x为正值；

当♀:♂＞I，则d_x为负值。

当这个d_x值为负值时，指的就不是死亡数，而应是增加数。这是为了保持生命表平衡，按性比为1：1的理论模式做出的处理。

此外，还有“正常雌虫x_2”这个标目的d_x值也是一个理论值。所谓“正常雌虫”就是指能产下最大卵量的雌虫，这是一种标准化的提法。从最大产卵量这个标准看来，不少雌虫是达不到的，根据实际平均产卵量与标准产卵量的差额，可以折算出“不正常雌虫”的数量(即产卵量为0的雌虫数)，从而予以扣除，剩下的便是“正常雌虫”。这样的处理方式，主要是为了生命表下方期望卵量与实际卵量估计的方便。

上述生命表内数据处理的方式，是Harcourt (1963, 1966, 1969)提倡的，为不少学者所仿效。在实际研究中，也有一些学者不做如此繁琐的处理，而是按研究对象的实际情况，把各虫期的死亡的实际原因和数量直接列出，似更简单明了(表32-5和表32-6)。

表32-5 菜白蝶的生命表 (长田及伊藤， 1974)

x	l_x	d_xF	d_x	$100q_x$
产卵数	4 243	捕食*	45	1.1
		风雨及其他	679	16.0
孵化幼虫数	3 519	风雨、捕食	2 352	66.8
1龄中期	1 167	3, 4龄病死*	19	1.6
		水淹、捕食及其他	189	16.2
5龄中期	959	病死*	27	2.8
		捕食*	3	0.3
		寄生蜂	3	0.3
		前蛹期死亡	9	0.9
		其他	485	50.5
蛹	433	病死*	39	9
		捕食*	9	2.1
		寄生蝇	3	0.7
		不能羽化*	12	2.8
		其他	47	10.9
成　虫	323			
总死亡率				90.4

* 实际观察死亡数，不包括其他死亡虫数。

表32-6 褐稻虱生命表（广东阳江、海陵， 1977）

虫期	该虫期开始时的存活数 / (头/hm^2)	死亡原因	该虫期死亡率/%	累计死亡率/%	存活率/%
卵	1426.7	黑肩绿盲蝽	46	46	54
		稻虱缨小蜂	24.626	16.856	370144
		稻虱寡索赤眼蜂	6.589		
若虫	529.9	捕食性天敌及其他	60.99	22.654	14.490
2龄前	206.7	捕食性天敌及其他	53.78	7.793	6.697
3龄后	62.4	寄生性天敌	34.70	2.324	4.373
成虫	♀：♂=6：1，平均每雌产卵110粒				

注：预计下代增长倍数，$\frac{4.373}{100}\times110\times\frac{6}{6+1}$ =4.12倍；预计下代卵数，$62.4\times110\times\frac{6}{6+1}$ =5 883.4粒/hm^2。

二、平均生命表的编制

对于同一研究对象，在累积了多年同一地点的生命表以后，便可以着手编制平均生命表。平均生命表的编制方法目前有两种，其一是把各年份同次世代生命表中各栏目数据的平均值，作为平均生命表相应栏目的数据，组成平均生命表。

表32-7和表 32-8就是这样的平均生命表；此外，也有一些平均生命表不是由各年同次世代生命表数据的平均值组成，而是把若干年内所有世代的生命表数据加以平均来编制，如表 32-8。平均生命表反映了一个地区的对象种群在几年内种群数量变动的总趋势，它对于害虫种群动态的分析，各生态因子对害虫种群数量控制作用的评价，以及种群动态的数学模拟工作都是重要的资料。

表32-7　欧洲玉米螟 *Ostrinia nubilalis*在甜玉米上 5个世代的平均生命表

(LeRoux，1963)

x	lx[1]	d_xF	d_x	$100q_x$	$100q_x$的幅度
卵	306.7	*Trichogramma minutum*	5.5	1.8	小
		捕食[2]	23.8	7.8	小
		脱落	19.6	6.4	小
		不孕性干瘪	2.9	0.9	小
幼虫					
$L_{1\sim2}$	254.9	转移等	21.8	8.5	小
$L_{3\sim5}$	233.1	死亡	1.9	0.8	小
		迁移	54.5	33.4	1～61
L_{5a}	176.7	死亡	5.3	3.0	小
		迁移	61.5	34.8	小
L_{5b}	100.9	死亡	9.6	8.7	小
		寄生[3]	0.2	0.2	小
		捕食[4]	0.5	0.4	小
		其他	13.4	12.2	小
蛹	86.8	死亡	4.9	5.7	小
		寄生[5]	3.3	3.8	小
		捕食[4]	1.9	2.2	小
蛾 (性比＝50：50)	76.5	迁移	71.6	93.6	9～96

世代死亡数或百分率＝301.8%或98.4%；世代存活数或百分率＝4.9%或1.6%；种群趋势指数(I^6)＝170%

1)为百株数量；2)为蓟马、瓢虫、草蛉、食蚜蝇等虫，未鉴定；3)*gumea oaesar*；4)未鉴定；5)*Laboraryohus prismatious*，*Labraryohus* sp.；6)种群趋势指数(I)＝$\frac{上代百株卵量}{上代平均百株卵量}$。

表32-8 稻纵卷叶螟 1976—1981年第 2世代生命表

虫 期	致死因子	符号	各期存活率S/%						
			1976年	1977年	1978年	1979年	1980年	1981年	平均
卵	捕 食	S_1	54.00	34.60	63.62	28.35	50.10	31.57	43.71
	寄 生	S_2	66.00	94.20	93.33	98.92	85.71	100.00	89.69
	不 孵	S_3	100.00	100.00	100.00	88.59	95.75	79.83	94.03
幼虫									
1龄	捕食及其他	S_4	88.00	19.10	62.23	10.42	15.52	49.00	40.71
	寄 生	S_5	100.00	95.30	98.21	90.00	96.30	81.63	93.57
2龄	捕食及其他	S_6	94.00	45.50	54.45	50.00	28.08	49.00	53.50
	寄 生	S_7	60.52	87.30	65.31	80.00	87.80	86.75	76.28
3龄	捕食及其他	S_8	89.46	51.50	58.99	60.00	45.12	66.00	61.33
	寄 生	S_9	27.07	82.90	84.91	79.17	78.38	90.91	73.89
	病 亡	S_{10}	100.00	100.00	100.00	97.37	100.00	100.00	99.56
4龄	捕食及其他	S_{11}	95.00	69.50	58.75	43.75	34.15	58.00	59.86
	寄 生	S_{12}	88.63	66.67	80.84	48.57	82.14	85.48	76.72
5龄	捕食及其他	S_{13}	94.06	63.33	47.78	22.23	34.62	56.00	53.00
	寄 生	S_{14}	76.00	70.00	90.70	70.00	65.56	83.93	74.36
	病 亡	S_{15}	100.00	100.00	93.00	100.00	100.00	100.00	98.83
蛹	捕 食	S_{16}	92.07	75.20	73.44	37.50	64.23	60.00	67.06
	寄 生	S_{17}	76.40	86.40	79.66	56.67	54.55	85.00	73.11
	病 亡	S_{18}	100.00	100.00	77.05	100.00	92.05	90.00	93.18
成虫	雌虫比率达标	P♀	50.00	50.00	50.00	50.00	50.00	50.00	50.00
	准卵量百分率	P_F	37.00	32.50	45.50	46.40	45.85	45.20	42.01
种群趋势指数		I	0.7686	0.0388	0.2532	0.0040	0.0036	0.1243	0.0885

注：(1)“各期存活率S”指各致死因子作用后的存活率；(2)标准卵量F=200粒/♀，达标准卵量百分率=实际平均卵量/$F\times 100\%$；(3)调查地点，日期；广东阳江海陵1976年至1981年5月。

三、生命表数据的分析

自然种群生命表研究的主要目的在于了解该种昆虫的发展趋势，探讨对象种群数量变动的机制，包括揭示起主要作用的致死因子以及它们的作用方式和作用过程等。为达到这些目的，必须对生命表的数据进行分析。毫无疑义，这类分析对于害虫种群动态数学模型的建立和害虫综合治理的规划都具有重要的意义。

目前，对生命表数据的分析主要有 4项：种群发展趋势指标分析、各生态因子对种群数量控制作用的分析、关键因子或关键虫期分析以及生态因子的作用与害虫种群密度关系的分析。这些分析各有其作用及特定的分析方法，下面以广东海陵岛第 2世代稻纵卷叶螟的生命表资料为例分述如下 (表32-8)。

(一)种群发展趋势指标(I)分析

所谓种群发展趋势指标 (index of population trend)指的是下一代害虫某一虫态 (或发育阶段)的种群数只与当代相同虫态 (或发育阶段)种群数量的比值，通常用符号 I 来表示。

$$I=\frac{N_{i+1}}{N_i}$$

式中：N_i为当代某一生态的种群数量，N_{i+1}为次代相同虫态种群数量。

Morris & Watt (1963)曾指出，I值可以用世代内各虫期的存活率和繁殖力的乘积来表示，并提出了如下的I值模型，

$$I=S_E\cdot S_{L_1}\cdot S_{L_2}\cdots S_{PP}\cdot S_P\cdot S_A P_♀\cdot F\cdot P_F.$$

式中：S_E，$S_{L1}\cdots S_A$分别为卵、各龄幼虫、预蛹、蛹、成虫的存活率；P♀为在成虫中的雌性比率；F为种群的标准产卵量；P_F 为达标准产卵量的比率，P_F按如下公式计算：

$$P_F=\frac{\text{实际平均产卵量}}{\text{标准产卵量}\ (F)}$$

在有些生命表中，把每一虫期的存活率分解记为各致死因子作用后种群的存活率 (各期存活率)，并编号顺序排列 (如表 32-8)，则 I值模式可以表达为

$$I=S_1S_2S_3\cdots S_{i-1}S_iP_♀FP_F$$

式中：$S_1\cdots$，S_i为生命表中的“各期存活率”，其余符号的意义如上述。按表 32-8中的资料，1976年海陵岛第 2 世代稻纵卷叶螟的种群发展趋势指标为

$$I=S_1S_2\cdots S_{18}P_♀FP_F=$$
$$0.54\times0.66\times\cdots\times1.00\times0.50\times200\times0.37=$$
$$0.768\ 6$$

其余年份算法相同。

种群发展趋势指标 (I)在研究种群数量变化方面具有重要的意义。当 I=1时，种群下一代的数量与当代相似；当 $I>1$时，下一代种群数量将比当代有所增加，例如 I=5时，下一代种群数量将为当代的 5倍；当 $I<1$时，下一代种群数量将比当代减少，如上例中，I=0.768 6，表示下代种群数量只为当代数量的 76.86%。

在I值的模型中，S_1，S_2，$S_3\cdots$，S_i，F，P_F，P♀称为I值的组成成分 (组分)，除指定的标准产卵量F外，其余每一组分数值的变化都会引起 I 值的变化。应用数学模型进

行I值及其组分的分析，有助于研究种群动态的有关问题。此外，在害虫综合治理工作中，应用主要害虫的I值作为指标，也有助于合理评价各类防治措施的实际防治效果，详见以后章节。

(二)有关生态因子对种群数量控制作用分析

在昆虫种群生命系统中，影响对象种群数量变动的因子是复杂的。种群发展趋势指数分析只反映了种群数量发展的趋势，从中未能分辨出有关生态因子对当代种群数量的控制及对下一代种群发展趋势的影响。因此，仍需进行进一步地分析。分析有关生态因子对当代种群数量控制方法称为组分分析法。进行组分分析需要的资料是生命表中对应于各死亡因子的各期存活率 S_i，若所利用的资料是若干年同次世代的平均生命表中的数据则更好，更能反映各因子对种群数量控制作用的实际情况。

在Morris-Watt模型中若生命表中某死亡因子 i没有造成种群死亡，则其相应的组分(该期存活率 S_i)的值等于 1。这将使原来的 I值发生变化。

设S_i=1时I值改变为 $I(S_i)$，则

$$\mathrm{IPC}(S_i)=\frac{I(S_i)}{I}=\frac{S_1S_2\cdots S_{i-1}(1)\cdots S_nP_{♀}FP_F}{S_1S_2\cdots S_{i-1}S_i\cdots S_nP_{♀}FP_F}=\frac{1}{S_i}$$

把IPC(S_i)称为死亡因子i对种群数量的控制指数 (index of population control)，简称控制指数。其生态学含义为：若排除因子 i对种群引起的死亡，则种群发展趋势指数将增加为原来 I 值的 IPC(S_i)倍。

应用控制指数可以比较定量地估计各有关因子对种群数量的控制作用。根据表 32-8 计算各死亡因子的 IPC值如表 32-9。在所有的死亡因子中，以 1 龄幼虫期内的“捕食及其他”对海陵第 2 世代稻纵卷叶螟的种群控制作用最大 (IPC=2.46)，即若排除该项因子的作用，该世代害虫的种群发展趋势指数 (I)将增加为原来的 2.46倍。其余依次为卵期的“捕食”，5 龄、2 铃、4 龄、3 龄幼虫期的“捕食及其他”。在寄生性天敌中，稻纵卷叶螟绒茧蜂引起 1 至 3 龄幼虫死亡，若把这 3 个龄期的“寄生”的 IPC值合计

$$\mathrm{IPC}\ (S_5)\cdot\mathrm{IPC}\ (S_7)\cdot\mathrm{IPC}\ (S_9)=(1.07)(1.31)(1.35)=1.89$$

因而，可以认为稻纵卷叶螟绒茧蜂也是控制该世代害虫种群的重要因子。表32-8所列的各项死亡因子中，“病亡”的 IPC值最小，

$$\mathrm{IPC}\ (S_{10})\cdot\mathrm{IPC}\ (S_{15})\cdot\mathrm{IPC}\ (S_{18})=(1.00)(1.01)(1.07)=1.08$$

说明该因子对种群的影响是不显著的。

表32-9 控制指数分析（1976—1981）

虫期	致死因子	$IPC(S_i)=1/S_i$	
卵	捕食	$IPC(S_1)$	2.29
	寄生	$IPC(S_2)$	1.11
	不孵	$IPC(S_3)$	1.06
幼虫			
1龄	捕食及其他	$IPC(S_4)$	2.46
	寄生	$IPC(S_5)$	1.07
2龄	捕食及其他	$IPC(S_6)$	1.87
	寄生	$IPC(S_7)$	1.31
3龄	捕食及其他	$IPC(S_8)$	1.62
	寄生	$IPC(S_9)$	1.35
	病亡	$IPC(S_{10})$	1.00
4龄	捕食及其他	$IPC(S_{11})$	1.67
	寄生	$IPC(S_{12})$	1.32
5龄	捕食及其他	$IPC(S_{13})$	1.89
	寄生	$IPC(S_{14})$	1.34
	病亡	$IPC(S_{15})$	1.01
蛹	捕食及其他	$IPC(S_{16})$	1.49
	寄生	$IPC(S_{17})$	1.37
	病亡	$IPC(S_{18})$	1.07
成虫	雌虫比率达	—	—
	标准卵量百分率	—	—

这项分析方法还可以应用于对防治措施的效果评价，以及不同生态系统对害虫控制效果的评价中。

(三)关键因子和关键虫期分析

组分分析 (IPC(Si)值分析)说明了各有关因子对种群数量作用的大小，但还未能反映出影响种群动态的关键因子 (key factor)。

Morris (1963)曾经指出，影响昆虫种群数量的因子有两个类型，一类是比较稳定的，在各年份同次世代所引起的死亡率没有明显变化，这类因子即使对I值影响甚大，对种群数量动态的影响也是比较小的；另一类因子在各年份同次世代所引起的死亡率有明显的波动，而且波动的幅度与种群数量变化的幅度相似，这类因子即使有时对I值的影响较小，但对种群数量变化的影响却是比较大的。在后一类因子中，对种群数量变动作用最大的因子称为关键因子。同样，在昆虫一个世代所经历的若干个虫期中，也存在这么一个虫期，其种群数量的变动能极大地影响整个种群未来的数量变动，这样的虫期就称为关键虫期。关键虫期与关键因子的关系是相当密切的，关键虫期内必包含有关键因子。关键虫期的分析与关键因子分析方法相同。

关键因子的主要特点是一个“变”字，它在年份之间致死作用的大小有明显变动，也由于这种变动而有力地影响种群从世代到世代的数量变动。因此，要进行关键因子分析，必须具备多年份同次世代的生命表，至少要有 5年以上，越多越好，否则就无法体现关键因子的特征，也就无法把关键因子检出。

关键因子的分析对害虫防治策略的研究和最优数量预测模型的建立都有重要意义。检定关键因子的方法，目前文献上有几种，现仅介绍一些常用的方法。

1. *K*值图解相关法

该方法是 Varley & Gradwell (1960)提出的，以其直观、易行而著称。这方法的设计依据是关键因子的致死作用在年间有明显变化这一特征，运用一个特殊的死亡率 K_i值与全世代总死亡率 K 值的变化关系来检定关键因子。现以表 32-8的资料为例，说明这种方法的步骤：

(a)据如下公式和生命表资料计算各因子在各年份的 K_i值，和各年份同次世代的 K 值：

$$K_i=\lg lx_i-\lg lx_{i+1}$$

或

$$K_i=\lg\frac{1}{S_i}$$

式中：l_{xi}，l_{x+1}，分别为虫期 i 和虫期 i+1的初始种群数量，S_i为对应于因子 i 的各期存活率。

$$K=\sum_{i=1}^{n}K_i$$

即 K为各虫期或各因子 K_i值的总和。

(b)以年份为横坐标，K_i和K值为纵坐标做出各因子对应的 K_i值及 K值的年间变动图 (图32-1)。

(c)判别：在图中某个 K_i 值的消长趋势与 K 的消长趋势最为近似，则可认为该 K_i 值所代表的致死因子是关键因子。图中 K_4的变动趋势与 K相似，所以可以认为 K_4所代表的因子，即生命表中1龄幼虫期的“捕食及其他”是影响海陵岛第 2 世代稻纵卷叶螟种群动态的关键因子。使用这种方法常常是在做出图后凭直观就可以判别关键因子。但有时候，图中同时出现几个 K_i 的变动趋势都与 K有点近似，凭肉眼难以判定，则需用其他分析方法来判别。

2. 回归系数*b*值法此法

是Podoler & Rogers (1975)提出的。先将各 K_i值和 K值做对数变换，以稳定方差。然后以 lgK为因变量代入下式分别求出回归系数 b_i。

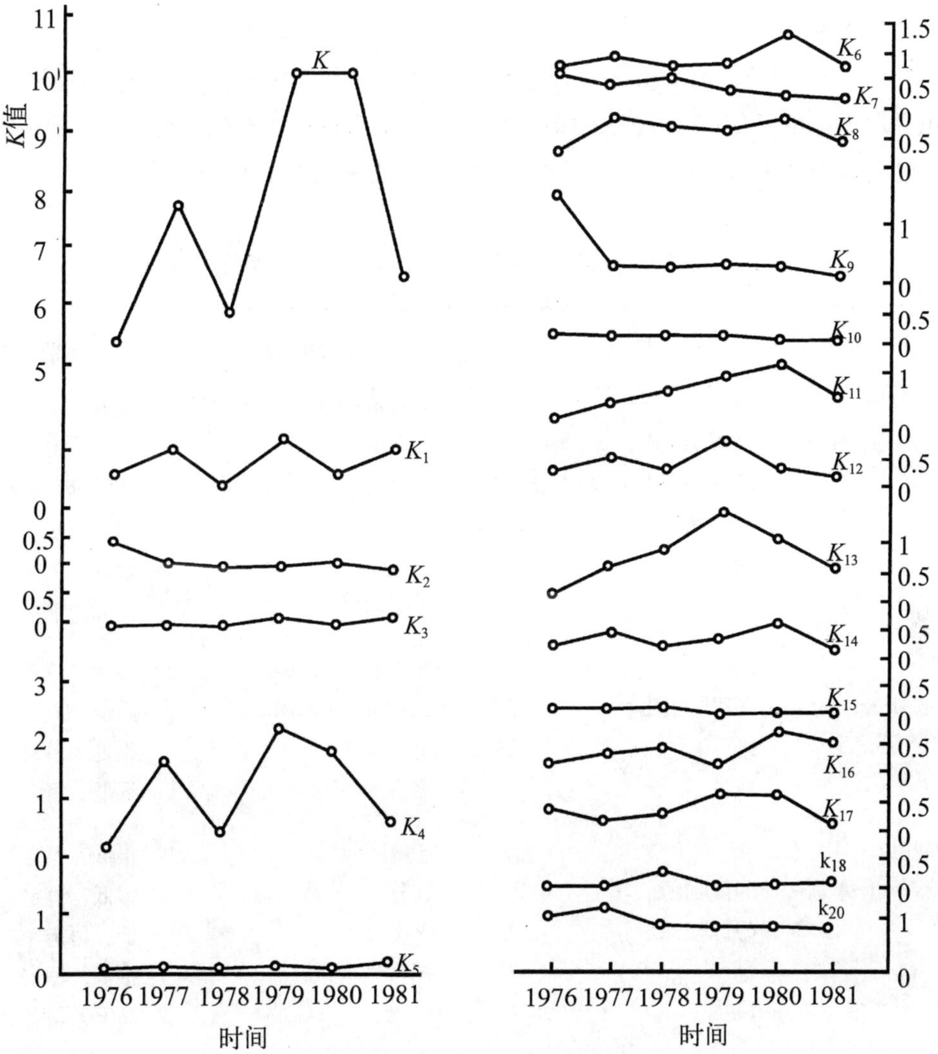

图32-1　K值及K_i值年间变动图

$$b_i=\frac{\sum xy-(\sum x)(\sum y)/n}{\sum x^2-(\sum x)^2/n}$$

最后，比较所求出的 b_i值，b值最大的K_i所代表的致死因子是关键因子。经过b值显著性检验，则更为可靠。此法实际上是上述图解法的数值化，两者原理是一样的。

3. 决定系数r^2值法

这个方法是 Morris-Watt（1959）提出的。也要先将数据进行对数变换以稳定方差，并使数据适于进行回归分析。然后，以生命表中同一致死因子在各年份所引起的“各期存活率”的对数 $\lg S_i$为自变量，以各年份种群发展趋势指数 I为因变量代入下式求决定系数 r^2：

$$r^2=\frac{[n\sum xy-(\sum x)(\sum y)]^2}{[n\sum x^2-(\sum x)^2][n\sum y^2-(\sum y)^2]}$$

最后，比较各致死因子所对应的 r^2 值，r^2 值最大者为关键因子。

LeRoux等(1963)曾用 r^2值法分析了 4 种害虫的生命表资料，分别检出了影响这 4 种害虫种群动态的关键因子 (表32-10)，苹芽小卷叶蛾的为“冬季冰冻”，桦鞘蛾的是“冬季的鸟和天敌 *E. laricinellae*”，果树卷叶虫和欧洲玉米螟的都是“迁飞”。

表32-10几种害虫关键因素分析 (LeRoux，1963)

种　类	阶　段	阶段内的死亡率/%	重要因素 / d_xF	决定系数[1), 2)]
苹芽小卷叶蛾	卵	63	*T. minutum*(微小赤眼蜂)	很低、恒定
(*Spilonota ocellana*)	夏季幼虫($L_{1\sim4}$)	20	*E. laricinellae*	低、恒定
	冬季幼虫(L_5)	46	冰冻	高(0.685)变动
	春季幼虫($L_{6\sim7}$)	46	鸟	低、恒定
	蛹	16	寄生	很低、恒定
	成虫	23	多方面原因[2)]	很低、恒定
桦鞘蛾	卵	17	*P. maoulireatris*	很低、恒定
(*Coleophora serratella*)	冬季幼虫(L_8)	57	鸟和 *E. laricinellae*	高(0.908)、变动
	蛹	23	鸟	很低、恒定
	成虫	81	多方面原因[2)]	很低、恒定
果树卷叶虫	卵	8	干瘪	很低、恒定
(*Archips argyro*)	5月幼虫($L_{1\sim2}$)	69	转移	很低、恒定
	6月幼虫($L_{3\sim5}$)	73	鸟类	低、恒定
	蛹	28	捕食性天敌	很低、恒定
	成虫	17	迁飞	高(0.702)变动
欧洲玉米螟	卵	14	捕食+脱落	很低、恒定
(*Ostrinia nubilalis*)	夏季幼虫蛹	68	扩散+迁移	低、恒定
	成虫	94	迁飞	高(0.777)变动

1）指各部分的I值与总I值的相关指数；2）指性比、生殖力减退等。

(四)致死因子的作用与种群密度关系的分析

研究致死因子对种群的作用与种群密度之间的关系，是种群动态研究中的一个重要课题，它有助于种群数量稳定机制的了解。以上所述的分析方法均未能判断因子的密度依存性，下面把根据生命表资料对因子的密度依存性分析方法做简单介绍。

1. 密度制约因子检验

令N_i为因子作用前的种群数量 (即l_{X_i})，N_2为因子作用后的种群数量 (即 lx_{i+1})，求如下两回归直线方程的 b值(回归系数)：

$$\lg N_1 = a + b\lg N_2$$
$$\lg N_2 = a + b\lg N_1$$

若这两条直线分居在 b=l的等分线两侧，则认为该因子不是密度制约因子，若两直线在 b=1等分线同侧，则认为该因子是密度制约因子（图 32-2）。

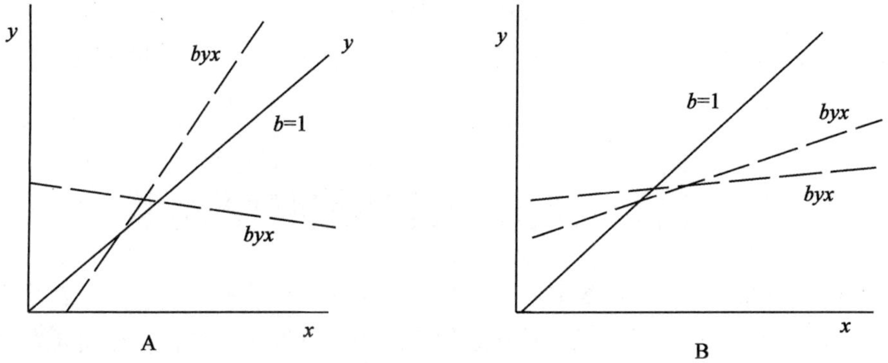

图32-2 密度相关性检验

A.非密度制约因子；B.密度制约因子

2. 密度制约程度检验

以因子的 K_i值为因变量，因子作用前的种群数量的对数为自变量，求出回归系数 b，若 b=1，则该因子为过度补偿因子；若 b<1则为不足补偿因子。

3. 密度制约方式的检验

以因子的 K_i值为纵坐标，因子作用前后的种群数量的对数$\lg N_i$为横坐标作图，并依时间顺序联各点，不同作用类型的因子将显示出不同特点的图形（图 32-3）。

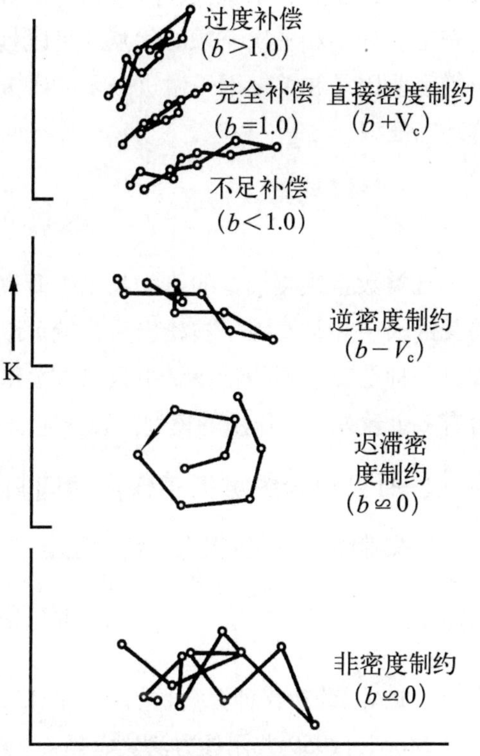

图32-3 密度制约方式的检验

直接密度制约因子的图形呈直线或狭带，且斜率 b>0，在该种因子作用下，种群的死亡率随密度增加而增加。当b=1时，该因子称为完全补偿因子，对种群具有最大的稳定效果。当 0<b<1时，该因子称为不足补偿因子或弱补偿因子，它可以对种群由于 其他因子引起的数量的波动做弱补偿。当 1<b<2时，该因子使种群密度在世代间高低交替变化，但随着时间序列的进展，交替变化的幅度减小，最后使种群数量趋于稳定水平。当b>2时，因子引起种群数量的波动随时间序列进展而增加。

逆密度制约因素图形也呈直线或狭带，但斜率$b<0$。

延滞密度制约因子的图形呈反时针方向的环或螺旋形，$b=0$。在这种因子作用下，种群数量会发生周期性变化。

非密度制约因子的图形杂乱无章，$b=0$。这类因子包括温度、湿度、降雨、台风等气象因子，在此种情况下，食料、天敌等也会是非密度制约因子，这类因子所引起的种群死亡率与种群密度无关。在自然界，影响种群动态的关键因子常常是非密度制约因子。

第四节　昆虫种群动态数学模型

昆虫种群动态数学模型的建立就是昆虫种群生命系统的模型化工作。在适当的精确度范围内能反映害虫或天敌昆虫种群数量变动规律的数学模型，无论对于害虫的数量预测，还是综合治理决策都是极其重要的。在把系统科学方法引进昆虫生态学的研究和害虫综合治理的工作过程中，这更是关键性的步骤。种群动态数学模型的建立方法有多种多样，以生命表为基础建立种群动态数学模型尤其是值得重视的方法，生命表技术本身就具有系统性、阶段性、综合性，以生命表为基础所建立起来的数学模型具有主次分明和主次兼顾的优点。可以报根据多年的生命表资料以及分析结果，对检出的重要因子和关键因子做进一步的研究，获得必要的参数和函数方程，从而组成种群动态模型。

一、最优回归预测模型

这类数量预测模型的建立是以生命表资料的分析结果为基础的。当影响种群动态的关键因子和重要因子被检出后，就可以应用来建立预测模型。这些模型可以分为两种，一种是在模型的自变量中只包含关键因子所引起的死亡率的模型；另一种则是包含有多个致死因子作用的模型。现分述如下。

（一）只包含关键因子作用的回归预测模型

当关键因子的b值很大，且经检验与$b=1$差异不显著时就可考虑建立如下预测式：

$$\lg N_{n+1}=a+b\lg S_n$$

式中：$\lg N_{n+1}$为次代种群数量的对数；$\lg S_n$为当代关键因子作用后种群的存活数量。

Morris (1959)曾用该方法建立黑头卷叶蛾 *Azleria variana*（Ferm.）的数量预测式：

$$\lg N_{n+1}=0.53+0.92\lg S_n$$

式中：S_n为关键因子“幼虫被天敌寄生”作用后的种群存活数量。经检定，r_2=0.86，即光是关键因子的作用就能说明种群数量变动的 86%。

(二)包含多个因子作用的回归预测模型

在很多情况下，光是靠测量关键因子的作用，还不能使预测模型达到我们所要求的准确度。这就需要让模型包含更多的因子，以达到提高准确度的目的。下面以Nielson & Morris (1964)关于欧洲云杉锯角叶蜂 *Diprion hercyniae* (Htg.)的研究为例，说明最优预测式的导出过程。该虫在加拿大 New Brunswick每年发生两个世代，同1年份第1世代与第 2 世代的关系和本年第 2 世代与翌年第1世代的关系，由于因子的种类及影响不尽相同，要分别分析，但所用的方法仍是相关与回归分析。

先将有关事项及其代号列出如下：

N_n为前一世代幼虫数量；N_{n+1}为后一世代幼虫数量；P为N_n中非被寄生幼虫比率；d为N_n中非病死幼虫比率；R 为5月份和 6月份的降雨时数；R 为5月份和 6月份的平均降雨量(时)。当地 R=22.4 cm。

(a) 由第 1代幼虫数量 (N_n)的状况及降雨量预测第 2 世代幼虫发生数量 (N_{n+1})，逐步探索最优预测模型的过程 (表32-11)。

表32-11　据第 1代情况等预测第 2代情况最优预测模型的过程

因变量	自变量	相关系数r	解释变动的百分比$100r^2$	截距lg$F$	斜率b
(1)$\lg N_{n+1}$	$\lg N_n$	0.77	59	0.75	0.82
(2)$\lg N_{n+1}$	$\lg N_n P$	0.85	72	0.65	0.89
(3)$\lg N_{n+1}$	$\lg N_n d$	0.78	61	0.72	0.83
(4)$\lg N_{n+1}$	$\lg N_n Pd$	0.86	74	0.65	0.89
(5)(4)式的偏差	R	0.63	40	0.78	0.12
(6)$\lg N_{n+1}$	$\lg N_n Pd$+0.12(R-6.73)	0.92	85	0.65	0.89

最优预测式为：

$$\lg N_{n+1}=\lg F+b_1\lg N_nPd+b_2(R-\overline{R})=$$
$$0.65+0.89\lg N_nPd+0.12(R-6.73)$$

(b) 由本年第 2 世代幼虫数量 (N_n)的状况预测翌年第1世代幼虫发生数量 (N_{n+1})。逐步探索最优预测式的过程 (表32-12)。

表32-12　据当年幼虫情况等预测翌年幼虫情况最优预测模型的过程

因变量	自变量	r	$100r^2$	$\lg F$	b
(1)$\lg N_{n+1}$	$\lg N_n$	0.60	36	1.10	0.57
(2)$\lg N_{n+1}$	$\lg N_nP$	0.72	52	1.09	0.60
(3)$\lg N_{n+1}$	$\lg N_nd$	0.65	42	1.04	0.60
(4)$\lg N_{n+1}$	$\lg N_nPd$	0.77	60	1.04	0.64

最优预测式为：

$$\lg N_{n+1}=\lg F+b_1\lg N_nPd=1.04+0.64\lg N_nPd$$

上述最优预测式的探索不限应用于世代间的发生数量预测，同样亦可应用于一个世代内据前阶段的状况对后来阶段的预测。例如，根据卵的密度预测主要危害虫期的幼虫密度和危害程度或据幼虫密度预测成虫数量等。应该注意的是，所应用的因子必须按同一地点的该害虫种群一定世代的多年数据做具体分析而决定。

二、以平均生命表为基础的昆虫种群生命系统模型

平均生命表反映了特定世代的种群在同一生态系统内若干年数量动态的总趋势，是建立种群生命系统模型的理想基础。但是，对于在年份之间有比较显著变动的因子，平均生命表尚未能反映其作用变化的规律，所以仍需做进一步的研究才能建立种群生命系统的动态模型。现以广东海陵第2世代稻纵卷叶螟的种群生命系统的研究为例，简单介绍这种模型的建立方法。

(1) 模型的基本框架

是Morris-Watt (1961, 1963)提出的平均生命表模型，即

$$I=\frac{N_{i+1}}{N_i}=S_1S_2S_3\cdots S_nP_♀P_FF$$

或

$$N_{i+1}=N_iS_1S_2S_3\cdots S_nP_♀P_FF$$

式中：N_{i+1}为次代种群数量；N_i为当代种群数量；$S_1S_2\cdots S_n$为各致死因子作用后种群的各期存活率；$P_♀$为雌虫比率；P_F为达标准卵量百分比；F为标准产卵量。海陵第 2 世代稻纵卷叶螟平均生命表见表 32-11。

(2)在生命表分析的基础上，对关键因子和重要因子影响的年间变动规律做进一步研究，建立其函数方程(亚模型)

如本例中的 S_4，S_3，S_6，S_7，S_8，S_{11}，S_{13}和P_F。

(3)对年间变动不大，或经过生命表分析认为是次要因子的作用视为常数，以平均生命表中相应的数值代替

如本例中的 S_1，S_2，S_5，S_9，S_{10}，S_{12}，S_{14}，S_{15}，S_{16}，S_{17}，S_{18}，$P_{♀}$。

(4) 把上述全部亚模型和常数代入Morris Watt模型，组成种群生命系统数学模型（见表32-13）

这种模型的建立方法既适合于对特定世代昆虫种群生命系统的研究，也适合于包括全年各个世代种群动态的种群生命系统研究，Kiritani（1979）对黑尾叶蝉种群的研究就是其中一例（表 32-14）。

表32-13　各因子的数量关系及亚模式

虫期	死亡原因	符号	各期存活率 1976—1980年平均值	亚 模 式	1981年值
卵	捕 食	S_1	0.416 3		0.315 7
	寄 生	S_2	0.876 3		1.000 0
	不 孵	S_3	0.968 7	$S_3=-0.008\,9\,t_E^2+0.462\,7\,t_E-5.106\,5$	0.798 3
幼虫					
1龄	捕食及其他	S_4	0.390 5	$S_4=12.807\,1\,\frac{90}{[1+\exp(1.85-0.11T_4)]^{-1.158\,8}}$	0.490 0
	寄 生	S_5	0.390 6		0.816 3
2龄	捕食及其他	S_6	0.544 0	$S_6=0.865\,2-\frac{0.729\,0}{1+\exp(1.85-0.11T_6)}$	0.490 0
	寄 生	S_7	0.7419	$S_7=(0.01)\exp(4.24dp^{-0.076})$	0.867 5
3龄	捕食及其他	S_8	0.6099	$S_8=0.865\,2-\frac{0.729\,0}{1+\exp(1.85-0.11T_8)}$	0.660 0
	寄 生	S_9	0.7049		0.909 1
	病 亡	S_{10}	0.9947		1.000 0
4龄	捕食及其他	S_{11}	0.6023	$S_{11}=0.865\,2-\frac{0.729\,0}{1+\exp(1.85-0.11T_{11})}$	0.580 0
	寄 生	S_{12}	0.7338		0.854 8
5龄	捕食及其他	S_{13}	0.5242	$S_{13}=0.865\,2-\frac{0.729\,0}{1+\exp(1.85-0.11T_{13})}$	0.560 0
	寄 生	S_{14}	0.7245		0.839 3
	病 亡	S_{15}	0.9860		1.000 0

续表32-13

虫期	死亡原因	符号	各期存活率 1976—1980年平均值	各期存活率 亚模式	1981年值
蛹	捕食及其他	S_{16}	0.684 7		0.600 0
	寄生	S_{17}	0.704 7		0.850 0
	病亡	S_{18}	0.938 2		0.900 0
成虫	雌虫比率	$P_♀$	0.500 0		0.500 0
	达标准卵量百分率	P_F		$P_F=2.05-0.06t_f$	(tf>26℃)
				$P_F=\frac{0.50}{1+\exp(10.07-0.56t_f)}$	(tf≤26℃)

注：表中t_E，t_f分别为卵期及成虫产卵期平均温度。T_i为该虫期开始日距5月1日的天数。

表32-14 各阶段间数量关系（Kiritani，1979）

时间（符号）始	止	数量关系	r^2
黑尾叶蝉(繁殖季节)			
卵(E)	1龄若虫(N_1)	$N_1=0.36E^{0.89}$	0.94
1龄若虫(N_1)	5龄若虫(N_5)	捕食*，存活率为常数(S_n)*	低
5龄若虫(N_5)	成虫羽化(A_e)	$A_e=0.77N_5$	0.99
成虫羽化(A_6)	成虫成熟(A_m)	捕食*，存活率为常数(S_n)*	低
成虫成熟(A_m)	雌虫成熟(A)	$A=0.50A_m$	0.99
雌虫成熟(A)	卵(E)	$E=192.27A^{0.41}$	0.56
黑尾叶蝉(越冬季节)		$N_b=91.60-0.52A_3-4.72L_m$	
第3代成虫羽化(A_3)	越冬后若虫(N_b)	$N_a/N_b=0.80-0.0045N_b$	0.79
越冬前若虫(N_b)	越冬后若虫(N_a)	$E_2=139.71\lg N_a+229.32(N_a>3)$	0.94
越冬后若虫(N_a)	第2代卵(E_2)	$E_2=54.23N_a(0\leqslant N_a\leqslant 3)$	0.62
狼蛛(繁殖季节)		$L_m=7.15L0+1.67$	
狼蛛迁入稻田(L_0)	狼蛛最高数量(L_m)	$L_t=\frac{L_m}{1+\left(\frac{L_m}{L_0}-1\right)e^{-0.01t}}$	

续表32-14

时间（符号）		数量关系	r^2
始	止		
狼蛛(越冬季节)	越冬前狼蛛(S_{12})	$S_{12}=-1.04L_m+10.49$	0.97
狼蛛最高数(L_m)	越冬后狼蛛(S_2)	$S_2/S_{12}=4.17+0.082S_{12}-0.076T$	0.97
越冬前狼蛛(S_{12})	狼蛛迁入稻田(L_{12})	$L_0=0.006\,2S_2-0.001$	0.89
越冬后狼蛛(S_2)	疣胸蛛迁入稻田(O_0)	$O_0=0.80$(常数)	低
微蛛	疣胸蛛最高数量(O_m)	$O_m=-3.15\lg Z+229$	0.81
		$O_t=\dfrac{O_m}{1+\left(\dfrac{O_m}{O_0}-1\right)e^{-0.1t}}$	

见Sasaba等（1973）。表中：T为12月份到2月份以下的天敌；L_0为7月份每穴平均狼蛛数；L_t为t时间每穴狼蛛数；O_0为7月份每穴平均疣胸蛛数；O_t为 t时间每穴疣胸蛛数；Z为7—8月份每穴平均狼蛛数；i为移栽后天数加30，所以，t=0指移栽后30 d，已可见狼蛛迁入稻田；r_2为决定系数。

第三十三章 生态系统和农业生态系统

生态系统就是研究生境范围内生物种群之间、生物种群和生物群落与无机环境之间相互联系的总体，研究它们的相互作用而构成的运动变化规律。这些研究对我们来说是很有必要的。不断深入认识生态系统中各个因素的相互作用而构成的运动变化规律，这就有可能进一步运用这些规律促进生态系统向有利于人类的方向发展。

农业生态系统是人类农业活动参与下所形成的生态系统。在农业生态系统中，生态系统的各种联系在本质上并没有改变，由于各个因素的相互作用而构成的运动变化规律也没有改变，然而，人类在运用着这些规律，改造着自然面貌，显示出人类农业活动的伟大创造力。

昆虫是生态系统的一个组成部分；研究农业昆虫种群数量的运动变化规律也不能脱离农业生态系统中与研究对象直接和间接有关的各种联系。如果我们能够在这些联系中找出通过人类的农业活动可以进行影响或转化的矛盾，我们也就有可能进行工作促使农业生态系统不利于有害种类的发展，达到控制害虫种群数量的目标。

第一节 生态系统

一、生物群落

生物群落是在一个生活环境内各个种群的总合。生物群落与分类学上的区系有近似之处。然而，生物群落的内容并不简单地包括一个生境内由多少个种群所组成，更重要的是各个种群之间的关系；分类学上的区系主要注意的是在一个生境内种的组成，而种间关系往往是比较忽视的。

在过去的一些材料中，生物群落的研究结果常常只列出一个生境内种的组成。种（种群）的组成在生物群落研究是基本的，也是必需的材料，但还必须进一步研究生物群落的内在联系（种群之间的关系），才能了解生物群落的本质和内容。

二、生态系统

在一个生境内，组成生物群落的各个生物种群之间是互相作用着的，而且和作用于生物群落和各个生物种群的无机环境组成一个密切联系的总体——生态系统。

在生态系统中各种联系是错综复杂的。为了说明这些联系的普遍性，我们想通过一些基本联系进行简单的描述。

(一)营养联系和能量转化过程

营养联系是生态体系中的一个基本联系，能量转化过程贯穿于营养联系之中。

植物是生态系统中的主要组成部分。植物能够利用生态系统中物理、化学环境供给的无机物质和能量制造成植物质的有机物，这是生态系统中营养联系的基础，是营养联系的第1个环节；植物利用太阳辐射能。把能量贮存于植物质的有机物之中，这是生态系统中能量的来源，也是能量转化的第1个过程。

植食性动物以植物为食，从植物质的有机物中取得营养，在重组这些有机物的过程中，部分被分解为无机物而还原于生态系统中，这是营养联系的第2个环节；植食性动物从植物中取得能量，在生长发育过程中又消耗一部分能量，以热的扩散的形式回到生态系统中，而部分能量则贮存于重组的有机物中，这是能量转化的第2个过程。

植物也有可能被微生物所寄生，或者枯枝落叶及死亡后落入土壤之中，腐食性动物及腐生性微生物利用这些有机物质，部分被分解为无机物质而回到生态系统之中，部分重组的有机物又继续被微生物所分解，这也是营养联系的第2个环节；在有机物质的被分解过程中消耗了部分能量而以热的形式回到生态系统之中，这也是能量转化的第2个过程。

捕食性动物或寄生性动物从植食性动物中取得营养，在生长发育过程中重组部分有机物，又有部分有机物被分解为无机物质而恢复到生态系统之中，这是营养联系的第3个环节；同样，取得的能量也一部分贮存于重组的有机物中，部分则以热的形式扩散出来，这是能量转化的第3个过程。

动物的排泄物和死亡后的尸体被尸食性动物所取食，或被腐生性微生物所分解，这也是营养联系的第3个环节；在这个营养的转化过程也实现了能量转化的第3个过程。

营养联系还可能继续进行第4、第5、第6个环节；能量的转化也可能继续实现第4、第5、第6个过程。最后，由植物所生产出来营养物质不断被消耗，最终以无机物的状态全部回到生态环境之中；植物从太阳辐射中贮存的能量也不断重新回到生态环境之中。

上面的描述过程我们在下面的简图（图33-1）进一步说明。

在图33-1A中，1为植物，在土壤中和空气中取得营养物质，利用太阳辐射能构成有机物，这些有机物在生长发育过程中也消耗一部分而回到空气和土壤之中；2为植食性动物或腐生性微生物，在重组有机物的过程中，部分被分解为无机物而回到空气和土壤之中；3为捕食性、寄生性或腐生性生物，从植食性动物中取得营养，在重组有机物的过程中也部分被分解而回到空气和土壤之中；…… 5为营养联系的最后一个环节，

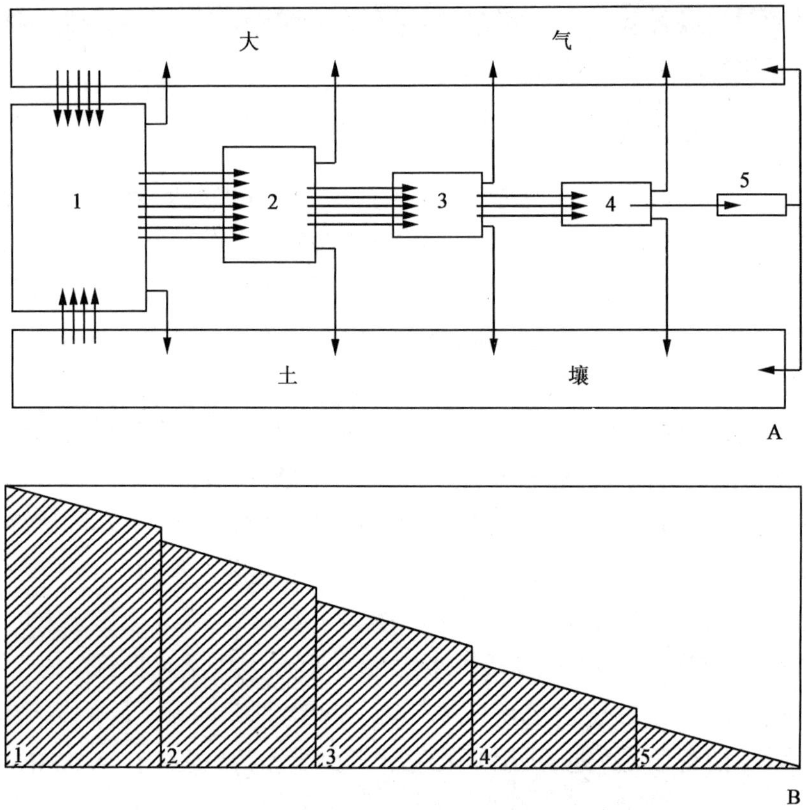

图33-1　营养链的各个环节(A)与 能量转化(B)

全部有机物都被分解为无机物而回到空气及土壤之中。在这样的营养联系中的各个环节组成了营养连索（营养链），进行着无机物-有机物-无机物的物质循环。

在图 33-1B中，1为植物，把能转化为贮存状态，在生长发育过程中消耗其中一部分；2为植食性动物或腐生性生物，消耗了部分贮存的能量，以热的形式扩散出来，部分能量贮存于重组的有机物之中；3为捕食性、寄生性或腐生性生物，继续消耗部分能量，也将部分能量贮存于重组的有机物中；…… 5为营养链的最后一级，能量最后全部以热的形式回到大气之中。

在生态系统中营养联系和能量转化过程实质上是一致的。在第一个环节中，植物制造营养物质和把能量改变为贮存状态；以后的各个环节基本上是营养的消耗者和能量的消耗者。植物不断地制造有机物以补充其后各级营养环节的消耗。在生态系统中营养联系的不断循环，推动着生态系统的发展。

（二）信息联系

在生态系统中，有一些种群与其他因素之间的联系是通过信息而连结在一起的。这种联系我们称为信息联系。

信息是一种可以引起生理、行为反应的物理的或化学的刺激。例如，显花植物与传粉昆虫，花的色、香可以引诱传粉昆虫飞来传粉。传粉昆虫趋花并不是需要花的色和香，而是需要花蜜或花粉。传粉昆虫与花蜜、花粉的联系属于营养联系；花的色和香是物理的和化学的刺激，引起传粉昆虫的行为反应，即给予传粉昆虫以信息，引起昆虫采蜜或采粉的条件反射。因此，花的色和香与传粉昆虫的联系属于信息联系。

虫媒植物和传粉昆虫是在历史发育过程中交互进化形成的，这两者之间的信息联系也是在历史发育过程中交互进化形成的。在生态系统中昆虫种群之间、昆虫与其他生物之间或昆虫与无机环境之间都普遍存在着信息联系，这是在研究昆虫生态中值得重视的一个问题。在植食性昆虫与其食料植物之间我们可以看到营养联系，也可以看到在营养联系的基础上发展起来的信息联系。

柑橘凤蝶幼虫取食柑橘叶片，柑橘凤蝶幼虫与柑橘的联系是营养联系；柑橘凤蝶所以选择柑橘作为食料与柠檬香有关。柑橘凤蝶的幼虫并不要求这么大量的柠檬香作为营养，甚至这种特异性的化学物质对幼虫是有害的，凤蝶幼虫胸部的Y形臭腺（翻缩腺）是排除这种有害物质的特殊构造。但柠檬香却给予柑橘凤蝶一种化学刺激，引起成虫趋近而把卵产于柑橘叶片上，引起幼虫取食和继续取食等行为反射。因此，柑橘凤蝶与柠檬香的关系是信息联系。

小菜蛾以十字花科植物为食，十字花科植物组织内的芥子苷与小菜蛾成虫产卵和幼虫取食形成了信息联系，如果在塑料表面上涂上芥子苷，成虫可以趋于其上产卵，如果使原来不取食的豆科植物中吸入芥子苷，幼虫也能继续取食。其他如取食十字花科植物的甘蓝蚜 *Brevicoryne brassicae* L.，菜粉蝶等也有相类似的情况。

许多研究表明，二化螟 *Chilo suppressalis*和三化螟 *Scirpophaga incertulas*对水稻的趋性与稻株组织内所含有的稻酮（$CH_3 \cdot C_6H_4 \cdot CO \cdot CH_3$）有关。然而，稻酮对二化螟来说并不是必需的营养，用不加入稻酮人工饲料或半合成人工饲料饲养二化螟，二化螟也能正常发育。稻酮起着水稻与二化螟和三化螟联系的信息作用。

类似的例子还可以举出许多。

我们在有关植物抗虫性与昆虫适应性的讨论中曾经提出，在现存的植物中，完全没有抗虫性的种类是没有的；在现存的昆虫中，对取食对象没有专化性的也是没有的。这是因为在漫长的演化历史过程中，植物获得和发展了抗虫性，使很多害虫不能侵袭，在糖类代谢或氨基酸代谢中形成一些特异性物质，或者是对一些昆虫具有毒性，或者是对一些昆虫有忌避性，或者在形态上出现抗拒昆虫取食的结构，获得和发展抗虫性对植物的生存斗争是重要的，如果一种植物对一切植食性昆虫都没有抗性，全部植食性昆虫都来侵袭，这种植物可能早已被昆虫所消灭了；另一方面，一些昆虫也获得了和发展了适应于取食这些植物的能力，即适应于植物组织内与抗虫性相联系而形成的特异性物质或特殊的形态反应，继续与这些植物保持着营养联系。更有趣的是，一些昆虫不但能够适应一些植物与抗虫性相联系而形成的特异性物质或特殊的形态反应，而且与这些特异物质或特殊形态反应产生密切的联系，甚至把这些特异物质或特殊的形态反应作为寻找取食对象的信息，与这些物质或特殊的形态发生了信息联系。

植食性昆虫与食料植物的信息联系的形成与植物抗虫性和昆虫的适应性相联系，这样，不同昆虫的起信息作用的特殊物质可能不同。特别是一些物质对某种昆虫可能是有毒的或忌避性的，而对另一些昆虫却是起信息作用的。据国外的研究，已经提出了不少类似的材料。例如，(Z)-11-十四烯-1-醇-乙酸酯对巢蛾*Yponomeuta padellus malinellus* (Gl.)、斑蛾*Zygaena transalpina* Esqer和一些卷叶蛾是引诱物质，而对卷叶蛾*Platynota idaeusalis* (Walker)则为抑制剂。如果把这些材料与植食性昆虫与其食料植物的信息联系的形成过程共同考虑，这类化合物对不同种类昆虫的不同反应是完全可以理解的。

许多化合物对昆虫有引诱作用，其中有些物质与上述的信息物质有关。例如，甲基丁子香酚对东方实蝇*Dacus dorsalis*起着引诱信息作用；茴香基丙酮、瓜诱剂对瓜实蝇 *Dacus cucurbitae* Coquillet是一种引诱物质，这种引诱物质给予瓜实蝇一种信息，使成虫产生趋近食物的行为反应。这些物质已经作为引诱剂应用于防治这些害虫。对于各类害虫与其取食植物的信息联系的研究应该加强，对能引起行为反应的信息化合物的研究也应加强，这些信息化合物可能会在害虫防治上起良好的作用。

天敌昆虫与其寄主之间也存在着信息联系，这样的信息联系也是在营养联系的基础上发展起来的。如一种姬蜂*Itoplectis conquisitor*，寄生于结茧化蛹的或在蔽护物(如卷叶等)内化蛹的鳞翅目昆虫蛹内，可以用带有蔽护物的大蜡螟 *Galleria mellonella* L.蛹大量培养。如果把自然寄主的茧或蔽护物除去，这种姬蜂不会在裸露的蛹上产卵；如果把茧内或蔽护物内把蛹除去，这种姬蜂可爬在蔽护物上把产卵器插入蔽护物内，连续地试探，但不产卵；如果用小纸片卷成筒状竖放，这种姬蜂也会趋近，像在寄主蔽护物上那样有产卵动作，但不产卵；如果在纸筒内放入大蜡螟蛹，这种姬蜂就能正常产卵寄生。

在这里，蔽护物或类似寄主蔽护物与这种姬蜂之间并没有本质上的联系。这种姬蜂产卵于蛹内，幼虫在蛹内寄生，这种姬蜂与寄主蛹的联系是营养联系，寄主的茧或蔽护物仅仅是一种刺激，这种刺激引起这种姬蜂的产卵行为反应。因此，寄主的茧或蔽护物与这种姬蜂的联系属于信息联系。

上述姬蜂的大量培养是通过解决这一个信息联系完成的。当取得大量的大蜡螟蛹后，把大蜡螟蛹放入小纸筒内让姬蜂的成虫产卵，可以完成这种姬蜂的培养过程。目前，国外正在进一步研究这种姬蜂的人工饲养问题。在进一步研究中发现，如果在能引起这种姬蜂产卵动作的纸筒内放入大蜡螟蛹的血淋巴，也可以引起这种姬蜂产卵；如果在纸筒内放入与血淋巴相似的化学物质，也可以引起这种姬蜂产卵；然而，刺激产卵的并不是血淋巴的全部物质，试验证明，如果在纸筒内放入精氨酸、丝氨酸、亮氨酸和氯化镁的混合液，可以引起大量产卵 (或者放入这 4种物质中的一种也可以引起产卵，但产卵量不如混合液多)。上述的化合物可以引起产卵的反应，可以认为，这些物质是一种化学刺激，引起这种姬蜂的排卵反应。

从姬蜂 *Itoplectis conquisitor* 的产卵行为分析，该蜂从产卵动作到排卵，要求两种信息，一种是蔽护物的物理信息；一种是寄主血淋巴内一些物质的化学信息；前者引起产卵动作，后者引起排卵的行为反应。这两种信息联系建立得这样牢固，甚至比营养联系更为深刻。

植食性昆虫中的不少种类，生活于卷叶或蔽护物之中，或老熟幼虫结茧化蛹，这是在进化过程中躲避天敌侵害的保护性适应；获得了这种习性，许多天敌不能侵害，还可以更好地度过不良的环境条件。当一些植物获得这种保护性适应的同时，一些天敌也形成了适应于这种特性的本能，继续维持或重新获得保持营养联系的条件。在长期适应的过程中，与这些条件形成了牢固的信息联系。甚至只有通过这些信息才能找到寄主。

在生态系统中，不但在有营养联系的种群之间常常形成信息联系，而且种群与气候条件的关系中也会出现信息联系。我们在前面气候条件一节中曾经介绍了光周期与滞育的关系问题。昆虫的滞育是对不良环境的生理适应。例如，在高纬度地带的昆虫常常以滞育状态度过寒冬，避免了长期低温和缺乏食料等不良影响。在冬期来临之前，温度、湿度的变化是波动式地向下降的趋势推移的，光周期的变化却是很有规律的，光周期的变化是不良环境即将到来的准确的先兆，给予一种准确的信息，引起昆虫滞育的生理准备和进入滞育的反应，甚至在昆虫的生长期间已经接受了光周期的信息，例如玉米螟感应光周期的发育阶段为三四龄幼虫期，三化螟感应光周期的发育阶段为三四龄幼虫期，光周期的信息引起这些昆虫的滞育反应，因而昆虫的滞育与光周期的联系也是一种信息联系。

许多蚜虫的两性世代与单性世代的交替与光周期有关。例如，豌豆蚜 *Acyrthosiphon pisum* 的若虫期在短日照 8h，配合低温 20℃时即产下“性母”，从而发生两性后代；而长日照 16 h及高温 25～26℃以上则产下孤雌胎生的后代。因而蚜虫的世代交替与光周期的联系也属于信息联系。

在生态体系中，昆虫种群之间、昆虫与食物之间、昆虫与其他因素之间存在的信息联系是相当普遍的。

在上面所举的信息联系的例子中，我们还没有涉及种群内部的信息联系的内容。种群内部的信息联系在生理上研究较多，例如性外激素、影响群聚的物质等。

（三）其他联系

除上述联系以外，在生态系统中还存在着其他多种多样形式的联系。例如，两种植物种群共同在生境中生活，两者之间没有什么相互依存的关系，但在占有空间和吸取养分、阳光等进行着竞争。这种竞争的关系也是普遍存在的。植物种群之间的竞争关系往往促进生态系统的变化和发展。在这里举一个经常发生的例子，草原上生长着灌木，逐渐占据了草原的空间而形成灌木林；灌木林中出现了乔木，乔木逐渐占领了灌木林的空间而形成了乔木林。草原的生态体系被灌木林生态系统取代了，而乔木林的生态系统又进一步取代了灌木林生态系统。这样的变化是种群之间竞争的结果。

有些物种之间存在着互惠共生关系。例如，一些蚂蚁与蚜虫、介壳虫的共生，蚂蚁取食其排泄物，不但不侵害蚜虫或介壳虫，还保护着蚜虫或介壳虫免受外敌的侵害。

此外，在生态系统中还存在着共栖、共食及其他多种联系。在这里不作全面的讨论。

有人认为，生态系统中各种联系像网眼一样，牵动其中一个环节，也会影响其他各个环节。这在某种意义上来说是对的。然而，牵动其中一个环节，对其他各个环节影响的程度是不同的，其中有主要的，也有次要的，还有更次要的。在我们研究这个问题时要求全面地看问题，同时要求对主要的、次要的影响进行正确的分析。有人认为，生态系统的各种联系环节形成了相对平衡的状态，如果触动其中一个环节，便会破坏这个平衡，在生态系统中出现反常的变化。然而，所谓“反常”的变化是不存在的，发生的变化都是在客观规律下进行的。我们的任务不是为了保持着生态系统的稳定性，我们的任务，特别是在农业生态系统中，重要的是促使生态系统向着有利于人类的方向发展。

第二节　农业生态系统

一、农业生态系统的特点

农业生态系统是在人类农业活动参与下所形成的生态系统。在农业生态系统中，营养联系、信息联系等基本联系在性质上没有改变，但通过垦荒造田、水利建设、排灌系统的整理等改变着自然面貌；通过耕作、播种、栽培、管理使植物种群单一化，而且还在外地移入新的栽培作物或新的品系，通过品种选育而使作物种群获得新的特性；作为营养联系基础的植物种群改变为相对单一的作物种群，与作物有关的营养链占据了首要的地位，与原有的许多植物有关的营养链的地位削弱了甚至消失，因而植食性的类群和腐生性的类群、捕食性的类群和寄生性的类群也趋向于单一化；特别是能量的自然交换过程发生了明显的改变。在自然状态下能量的交换是在生态系统中进行的，在农业生态系统中，通过产品的收获而中断了部分能量的自然交换过程，通过施肥而补充作物所必需的营养。这些变化构成了农业生态系统的特殊性。

总之，人类的农业活动改变了生态系统的自然发展过程，形成了农业生态系统，使生态系统向着农业要求的方向发展。研究农业生态系统的目的在于掌握和运用农业生态系统的具体规律以加速其对人类有利的方向的发展过程，夺取更大的收获量。

二、农业生态系统中各种基本因素的联系

在农业生态系统中，与作物相联系的营养链占据首要地位，人类的农业活动创

造着有利于作物生长的各种条件，使栽培作物占据了优势，栽培作物成为营养联系的主要基础。与此相联系，一些取食栽培作物的害虫及其他动物和寄生于栽培作物上的微生物等得到良好的发展条件，大多数取食其他植物的昆虫及其他动物和寄生性微生物等的条件恶化；甚至一些取食栽培作物的类群也由于植物的单一化、播种的适时化和收获的统一化而处于劣势，甚至在农业生态系统中消失。捕食性和寄生性天敌也由于寄主的单一化而发生改变，一些类群可能随着寄主的种群数量的增加而数量较多，但大多数种类却由于寄主种类的减少而数量下降，一些种类也会因过渡寄主（填充寄主）的消失而不能生存；这是生态体系改变为农业生态系统发生的变化的一般图景。

虽然在农业生态系统中与农作物相联系的营养链占据优势，但还存在着其他植物，例如田间杂草、防护林、农田附近荒地上的植物等。以这些植物为基础构成的营养链又与以栽培作物为基础的营养链发生各种联系。在这些联系中，不但在空间上和在营养上进行着竞争或相互补偿，而且不少植食性类群与两者都有联系，一些害虫也在其他植物上得到补充寄主；天敌类群更是相互交错的。

农业生态系统虽然比自然生态系统单一，但还是相当复杂的。在农业生态系统中我们着重研究害虫的问题，为了说明与害虫密切联系的各个方面，我们把农业生态的各种联系简化成图图 33-2。

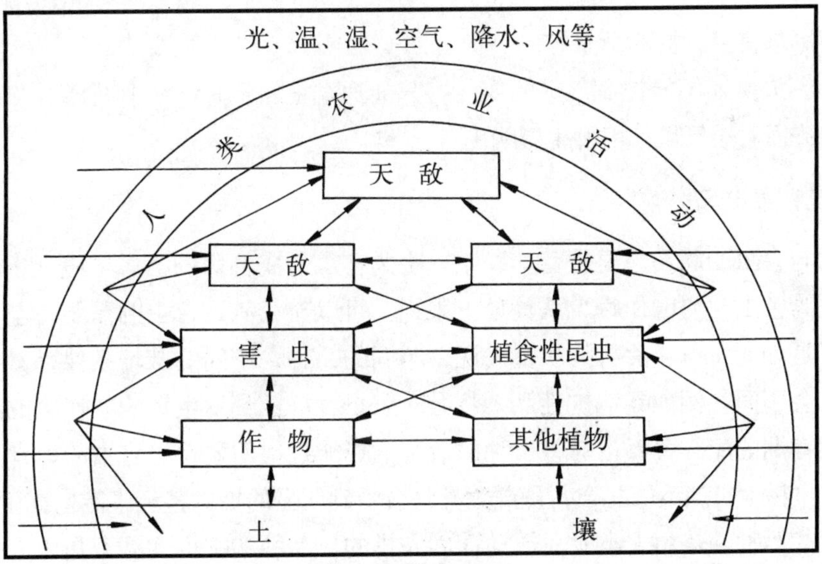

图33-2　害虫与农田生态系统中各种因素的基本联系 (作者图)

在图 33-2中，空气、光、温、湿、降水、风等因素对土壤和各生物种群都会发生作用，这和自然生态体系是相似的；人类活动对这些因素影响较小，但通过垦荒造田、水利灌溉、改变植被组成等对小气候环境发生影响。在农业活动中，耕作、施肥、排灌和其他栽培管理措施对土壤环境发生影响，也对作物发生影响，杂草则成为栽培管理中不断排除的对象；害虫防治措施直接对害虫发生作用，同时也会引起其他植食性昆虫、天敌及重寄生性天敌的数量变化。

三、害虫与农业生态系统中其他因素的联系

在农业生态系统中，害虫与其他因素的联系是错综复杂的，有主要的；也有次要的，有直接的，也有间接的。我们研究这些联系，也应先从主要的、直接的联系着手，旁及次要的、间接的联系。每一组联系实际上是一对矛盾，这些矛盾与害虫种群数量和发展有密切的关系。对于具体的害虫来说，这些矛盾必然有主要的，也有次要的，我们的研究就是要找出主要的矛盾，特别是要求找出可以通过人类的农业活动施加影响而可以发生转化的矛盾，从而着手解决害虫问题。

从图 33-2中，我们可以看到，与害虫直接联系的有气候条件、作物、天敌和人类农业活动几个方面。

（一）害虫与气候条件

气候条件与昆虫的关系在第三十章中已经讨论过。害虫对气候条件有一定的要求。如果气候条件能对害虫的最适度的要求得到满足，则有利于生长、发育和繁殖；恶劣的气候条件往往成为种群数量发展的限制因素。原产于热带、亚热带的昆虫，在接近低温界限的边缘，冬期温度偏低也会引起大量死亡；气候条件还可以通过对天敌的作用而影响害虫种群的数量等。

然而，人类还不能控制气候的变化，只能通过植树造林、水利排灌、作物的栽培管理等措施而对小气候环境发生影响。

（二）害虫与作物

作物与害虫的联系主要是营养联系，也为害虫形成特殊的栖居环境（小气候环境等）。作为害虫食料的作物，从数量上来说，可以充分满足害虫的需要，至少在大多数情况下是如此；但从食料的质量来说，不同的品种，不同的栽培条件，对害虫的满足程度将会不同，例如栽培抗性品系将会对害虫种群数量发生影响；作物的生长期与害虫的发育期的配合关系，对害虫种群数量的影响也很明显，当害虫的取食期与适应于取食的作物生长期不能配合，种群数量将会受到明显的抑制甚至不能生存下去。

作物的播种期是由人类农业活动计划安排的，品种和抗虫性品系是由人类的农业活动选育的。因此，作物与害虫的联系是人类农业活动可以施加影响的矛盾，在夺取高产、稳产的前提下，致力于选择适当的播种期、适当的品种和抗虫性品系、适当的栽培方法等以减少害虫种群数量是应该得到重视的。

（三）害虫与天敌

在农业生态系统中，取食农作物的昆虫种类很多，但造成危害威胁的种类却比较少。多数种类的种群密度经常维持在相当低的水平，不致引起产量的损失。

有人估计，造成危害威胁的害虫种数为全部取食农作物的昆虫总数的 1%～5%，而 95%～99%取食农作物的昆虫种群经常地维持在相当低的数量水平。占 95%～99%的这些昆虫种群经常维持低密度的原因是多种多样的，或者是由于食料不能全面地满足需要，或者是由于其他原因，而天敌的自然控制作用往往是一个重要的因素。

对于占总数 1%～5%的重要害虫种类也并不都是经常地、全面地大量危害的，而是有时发生数量大而带来威胁，有时则发生数量较少而不致危害。引起害虫间歇性地大量发生的原因也是各不相同的，其中一些种类常常与天敌的自然控制作用有密切的关系。

我们曾对一些害虫进行天敌作用的系统调查，各个发育阶段都可能被天敌所捕食或寄生，种群数量被天敌所消灭的百分率是相当大的。例如，我们在广东省阳江县海陵岛上进行的调查，在天敌受到保护的条件下，1976年9月，稻飞虱卵期被卵寄生蜂消灭97.62%，仅有 2.38%可以孵化为若虫，在若虫期又继续被消灭 2.15%，仅有 0.23%可以羽化为成虫。在整个发育期中，被天敌消灭达 99.77%。

昆虫的产卵量甚大，这是在演化过程中生存斗争的适应，如果这种适应不足以抵消生长发育过程中的大量死亡，则早已在演化历史中被淘汰了。许多昆虫的自然死亡因素中，天敌常常是其中的一个重要因素。

当我们研究害虫种群时，害虫与天敌的联系是农业生态系统中的一个应该重视的联系。

（四）害虫与人类的农业活动

在农业生态系统中，人类农业活动对害虫的影响是相当明显的，影响的范围是相当广泛的。随着社会的进步、科学的发展，对农业生态环境的改造力量更为强大，对害虫的影响将会更加深刻。正如上述，人类活动还可以通过农业而对小气候环境发生影响，通过对作物的选择、栽培制度和管理措施、抗虫品种的选育等而对害虫种群发生影响。另一方面，人类的活动还可能随着种子、苗木而不自觉地引进新的害虫种群，目前的植物检疫措施也是为了防止害虫的扩散；人类活动还可以通过引进外地天敌而作用于害虫种群等。

害虫防治措施是农业活动对害虫直接起作用的一个因素。这也是属于人类农业活动的一个重要方面。

上面讨论的是与害虫直接联系的几个方面。直接的联系往往是重要的，但一些间接联系往往也不能忽视。

例如，田间杂草和田旁的植物，组成了与栽培作物不同的食物链的营养基础，本来与害虫的关系并不那么密切。然而这些植物可能成为一些害虫的填充寄主，当作物生长期与害虫取食期不相适应的季节，这些植物可能成为一些害虫赖以取食和栖居的场所，如果没有这些植物，一些害虫甚至不可能生活下去；田间杂草和田旁植物上的昆虫，又可能成为害虫天敌的填充寄主，这又使两个不同的食物链发生联系而对害虫发生影响。

不同食物链之间的天敌往往有不少共同的种。例如，麦二叉蚜*Schizaphis graminium*、麦长管蚜 *Macrosiphum avenae*主要危害小麦、高粱蚜 *Longiunguis sacchari* 主要危害高粱，棉蚜 *Aphis gossypii*主要危害棉花，这几种害虫处于不同的食物链中 (图33-3)。由于这几种害虫的许多天敌是共同的，这些共同的天敌把这 3个不同的食物链联系在一起。麦蚜在早春发生较早，在麦蚜上发展起来的天敌可以迁到棉花、高粱上去，及早地消灭棉蚜、高粱蚜于初发的时期。利用棉、麦间作以防治棉蚜，利用麦、高粱间作以防治高粱蚜，都有一定的效果。

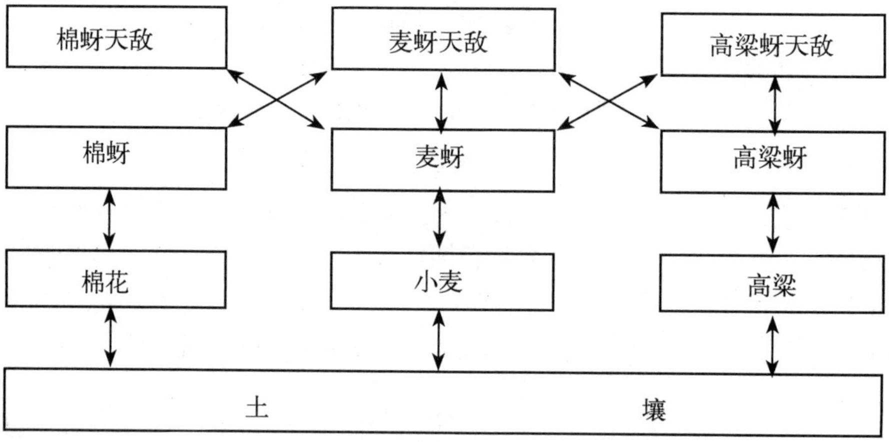

图33-3　棉、麦、高粱间的部分食物网 (作者图)

人类的农业活动还从各方面对农业生态系统的各个因素起作用，从而对害虫发生直接或间接的影响。如果我们能对这些联系了解得更深刻，则将有可能更进一步控制害虫的发生数量，减少害虫危害的威胁。

第三节　害虫种群的管理

害虫防治、协调防治和害虫种群数量的控制是几个既有联系又相互区别的概念。一般来说，害虫防治是采取措施把害虫消灭于大量发生危害之前；协调防治早期的提法是要求化学防治与天敌保护相协调，避免产生害虫的再猖獗和次要害虫的大量发生问题。害虫种群数量的控制，要求把害虫种群数量长期控制在引起经济损失的水平以下，消除危害的威胁，这是一种更彻底、更科学的害虫防治策略。我国 1975年制定的“预防为主，综合防治”的植保方针，不但要求解决把害虫消灭于大量发生危害之前的问题，也不但要求解决害虫的再猖獗和次要害虫的大量发生问题，而且要求达到把害虫种群数量长期控制在危害水平以下，消除危害的威胁的目标。

害虫防治、协调防治和害虫种群数量控制这 3个概念的依次出现，反映了人类对害虫问题认识不断深化的过程。对这个过程做简要的回顾，有助于我们对害虫种群数量控制的理解。

一、害虫防治

当害虫种群数量有发展到危害威胁的趋势，应该及时采取措施进行防治，保护作物免受损失。在这种情况下应用化学杀虫剂是有必要的。本世纪中叶，自DDT应用以后，随着出现了多种类型的有机合成化学杀虫剂，有机合成的化学杀虫剂制造工业成为迅速发展的化学工业的一个分支，有机合成的化学杀虫剂成为害虫防治的一个重要手段。

在开始应用有机合成的化学杀虫剂的时期，普遍注意到这些化学制剂的优点，例如，对害虫剧毒而对人畜“安全”，一种药剂可治多种害虫（广谱性）；可以生产、贮存而及时应用，有利于把害虫消灭于大量发生危害之前。然而，在广泛大面积连续使用有机合成杀虫剂后也暴露出一些问题。首先，是在果园应用DDT或六六六后红蜘蛛大量发生；在棉田应用DDT或六六六后棉红蜘蛛和棉蚜大量发生；其他一些作物使用杀虫剂后也发现原来属于次要的害虫发生数量增大而危害严重的问题。随着连续地、大面积地应用杀虫剂后，不少害虫产生对杀虫剂的抗药性等。由于上述两方面的原因，杀虫剂的用量越来越多，施用次数也越来越多，又出现了杀虫剂对环境的污染问题，一些杀虫剂还会通过植物-动物的浓缩积累而最后到人体内危及健康。因此，原来认为对人畜“安全”的许多杀虫剂重新受到鉴定；原来对杀虫剂“一药多治”的“广谱性”的优点在杀伤害虫天敌的意义上来说却是一个缺点。目前在有机合成杀虫剂的研究上正在研究解决这些问题的办法，在害虫防治上也正在研究各种措施来解决这些问题。

作为把害虫消灭于大量发生之前的措施，杀虫剂的应用是具有优越性的。但是，化学杀虫剂对害虫种群数量的作用是暂时性的，施药的当时可以明显地降低害虫种群数量，但当残效消失，则同样存在着害虫种群达到原来数量水平的环境条件。如果连续使用，可能一些对药剂特别敏感的害虫数量继续受到抑制，但也可能使对药剂特别敏感的天敌大量死亡而造成一些害虫种群数量增长的条件。但无论如何化学杀虫剂对农业生态系统的各种联系并没有引起本质上的改变，最后害虫种群数量经过一段时间的波动后又将恢复原有的数量水平。因此，如果以农业生态体系的研究去衡量应用的效果，目前广谱性的有机杀虫剂难于达到把害虫种群数量长期控制在危害水平以下，消除危害威胁的目标。目前，对于仍未能控制种群数量的一些害虫，还要求杀虫药剂或其他措施进行防治，因此加强研究这些害虫防治的措施，包括药剂防治措施，也是很有必要的。

大量繁殖和散放本地的有效天敌防治害虫，例如应用赤眼蜂和施用杀虫菌等也是害虫的防治措施。这些措施对害虫种群数量的作用也是暂时性的，散放的当代或在早春散放后的当年发生影响，经过一段时间后，害虫种群数量还将重新达到原来的水平。由于这些措施也没有引起农业生态系统中各种联系的变化，害虫种群的数量随着散放的天敌的作用逐渐消失而恢复原有的数量水平。因此，还是同样要求经常地散放、经常地补充天敌才能达到防治的目的。

然而，繁殖和散放本地的有效天敌与应用当前的广谱性杀虫剂防治害虫的作用终究有不完全相同的地方。广谱性杀虫剂不可避免地杀伤害虫天敌，甚至可能杀伤天敌相对较多而杀伤害虫相对较少，改变了害虫与天敌的联系而有利于害虫种群数量的发展。虽然这种改变不是长期的，但也可能引起一些害虫在施药后一段时间内数量上升而带来危害的威胁。大量繁殖和散放本地的害虫天敌一般仅作用于害虫种群而不会杀伤其他天敌，在害虫与天敌的关系上可以加强天敌作用而不利于害虫的发展。虽然这种改变也是暂时性的，但其作用有利于害虫种群数量的下降，不会产生像上述应用广谱性杀虫剂那样出现的问题；特别是由于应用广谱性杀虫剂而引起数量上升的害虫，如果应用上述的生物防治方法代替了广谱性杀虫剂的使用，可使这些害虫重新受到天敌的自然控制而恢复原来的数量水平。

由于我们还未能有效地控制许多害虫的种群数量，上述的措施虽然是暂时起作用的。但还是要加强研究，而且还要从各个方面去探讨新的措施，以期把害虫消灭于大量发生之前。

二、协 调 防 治

协调防治 (integrated control)是要求化学防治与生物防治相协调，避免产生害虫的再猖獗和次要害虫的大量发生的问题。这是 Bartlett（1956），Stern，Smith等（ 1959）提出协调防治时的基本内容。协调防治提出以后得到普遍重视，而且得到了发展。近年近年来，协调防治的内容已经和害虫种群数量的控制联系在一起。例如，Smith等（1967）认为，协调防治是应用各种适当的技术使害虫种群下降至引起经济损失的数量水平以下。关于害虫种群数量控制问题我们将在下面继续讨论。在这里首先讨论害虫的再猖獗和次要害虫大量发生的问题。

广谱性杀虫剂不但作用于害虫，同时也作用于害虫的天敌。施药后害虫的数量减少了，天敌的数量也减少了。如果杀虫剂对害虫的杀伤作用相对较小，对天敌的杀伤作用相对较大，天敌的作用将被削弱，也就为害虫种群数量增长创造了有利的条件。施药后一段时间，害虫种群数量将会比施药前更多。虽然施用化学杀虫剂对农业生态系统的影响是暂时的，但连续地施用则成为连续起作用的因素，甚至加强了上述的影响。

施用杀虫剂还可能出现另一种情况，如果杀虫剂对害虫的杀伤作用相对较大，对天敌的杀伤作用相对较小，天敌的作用并没有削弱，害虫种群数量将仍保持着抑制状态。

在农业生态系统中，一种作物往往有多种害虫，其中一些种类由于天敌的自然控制作用较大而种群密度较小，危害不大，长期被列为次要害虫。在应用广谱性杀虫剂防治主要害虫的同时，也杀伤次要害虫，同时也不可避免地杀伤次要害虫的天敌。如果杀虫剂对次要害虫的杀伤作用相对较小，对次要害虫天敌的杀伤作用相对较大，次要害虫的天敌自然控制作用减弱了，也就为次要害虫种群数量的增长创造了有利的条件，施药后一段时间，将可能出现次要害虫的大量发生。如果杀虫剂对次要害虫的天敌杀伤作用相对较小，对次要害虫的杀伤作用相对较大，则次要害虫将继续保持被天敌抑制的状态。

实现害虫协调治理的主要措施是选用对害虫杀伤力大而对天敌杀伤力相对较小的杀虫剂（选择性的杀虫剂）；选用对害虫杀伤力大而对天敌杀伤力相对较小的剂型、施药方法和施药时间（选择性的施药方法）；挑选害虫威胁大的小部分面积施药，对害虫威胁小，估计引起损失在经济上容许的水平以下的大部分面积实行保护，使施药的田块容易得到外来天敌的补充，使整个田块内天敌的作用可以保持增长（实行挑治）等。

国内和国外的不少实践证明，采用上述的协调防治措施，可以解决害虫的再猖獗和次要害虫的大量发生问题，使原来受到天敌自然控制的害虫重新受到控制，有利于进一步解决害虫问题。

从害虫防治到协调防治是近代害虫防治的发展，是总结化学防治的经验教训的基础上提出来的。由于协调防治比较符合农业生态系统的发展规律，因而在实践上是成功的。成功的实践有利于提出新的问题，害虫种群数量控制的基本设想也就得到了发展。

三、害虫种群数量控制

害虫种群数量控制是有害生物综合治理（integrated pest management，简称IPM）的一个重要组成部分。1967年联合国粮农组织（FAO）在意大利的罗马城召开有关专家的讨论会。在会上提出了“有害生物综合治理”的基本概念。各国学者对这个概念的解释不尽相同。马世骏(1979)在《中国主要害虫综合防治》一书中认为：“综合治理是从生物与环境的整体观念出发，本着预防为主的指导思想，和安全、有效、经济、简易的原则，因地制宜，合理运用农业的、化学的、生物的、物理的方法，以及其他有效的生态手段，把害虫控制在不到危害的水平，以达到保证人畜健康和增加生产的目的。”近年来，也有不少国家的学者认为：“病虫害的综合治理是根据经济的、生态的和社会的预报结果，选择防治最佳方案，以最大限度地利用各种自然因素。”有害生物的综合治理归根结底就是有害生物的种群控制问题，从系统科学的观点出发，我们认为有害生物综合治理的含义可做如下概括：

有害生物综合治理就是依据生态学的原理和经济学的原则，选取最优的技术组配方案，把有害生物的种群数量较长时间的稳定在经济损害水平以下，以获得最佳的经济效益、生态效益和社会效益。

这个定义说明了综合治理所要达到的目标、为达到目标而采取的技术方案以及技术方案组配时所必须依据的基本原则。这个定义强调指出，综合治理的目标是获得经济、生态和社会3大效益的最佳组合，而不是其中一种效益的最高值。这个定义表达了综合治理所包含的生态学、经济学和社会学3大观点。

生态学观点有害生物综合治理以生态学原理作为依据，尤其重视生态系统中有害生物种群动态的研究。按照有害生物与环境因素的相互联系、相互作用原理，放眼整个系统的最优结果，协调运用各种可能的防治手段，把有害生物种群控制在一定的水平以下，使之与人类和平共处，维护生态平衡和使生态系统朝着有利于人类的方向发展。

经济学观点有害生物治理本身是人类的一项经济管理活动，应该遵循经济学的原则。一切无利可图的防治活动都是不可取的。因此，综合治理重视经济效益的研究，即防治成本与防治收益之间关系的研究，并以此为根据选择和实施防治措施，以求取最佳的经济效益。

社会学观点自然界是一个高度复杂的整体系统，它对人类所施加的影响总要通过复杂的机制而做出反应，以环境的整体效应和长远效应的形式表现出来。这个系统功能和结构的改善和稳定是人类赖以生存的基础。因此，综合治理重视各种措施的社会效应，充分发挥自然控制因素的作用，把对产品和环境的污染减少到最低限度以保障人类的健康和安全。

以上3大观点相互联系、相互渗透，构成了有害生物综合治理的基本决策思想。

作为有害生物综合治理的一个重要组成部分，害虫种群数量控制的理论依据、技术组配策略以及目标都是一致的，不同之处只是研究和治理的对象集中在害虫而已。因此，习惯上也把之称为害虫综合治理。下面我们将从几个方面来讨论害虫种群数量控制的问题。

（一）害虫种群数量控制的可能性

新中国成立以来，我国成功地解决了一些严重害虫问题。从这些具体例子中可以说明害虫种群数量控制的可能性和实现害虫种群数量控制的途径。

据我国史籍记载，东亚飞蝗从春秋时代起至中华人民共和国成立前的 2 000多年中，蝗灾达800次之多。由于蝗灾和水灾、旱灾有着密切的关系，蝗灾、水灾、旱灾三者此起彼伏，交错发生，成为我国历史上威胁农业生产、影响人民生活最严重的3大自然灾害。如微山湖、洪泽湖、七里海和山东、河南之间的72洼等是我国历史上的严重蝗区。1938年国民党反动派炸塌了郑州花园口黄河大堤，黄河决口，使千百万顷良田变为荒滩，成为适合于蝗虫发生的黄泛区，在这个蝗区内于 20世纪 40年代初几乎连年发生。上述的蝗区成为蝗虫的发生基地，在 10多个省、市，100多个县迁飞危害，造成“跳蝻遍地，飞蝗蔽日，禾苗尽损，颗粒无收，民不聊生，流离失所”的悲惨景象。新中国成立以来，采取了各种积极措施，使蝗害得到控制。

蝗区是有特定的形成条件的。主要是有大面积适于产卵、取食、生活的场所，有丰富的和适宜的食物。例如，微山湖蝗区，湖滩地、内涝地和河泛地的原来不适于耕作的荒滩荒地，蔓生芦苇及禾本科植物，形成东亚飞蝗的发生基地，当东亚飞蝗种群数量增长，密度增大，造成了由散居型转化为群居型的条件，群居型形成后则向山东省的西南、江苏省的北部和河南省的东部迁移蔓延危害。因此，消灭蝗虫的发生基地，改造蝗区的面貌是根治蝗害的基本途径。新中国成立以后，毛泽东主席先后发出了“一定要把黄河修好”，“要把淮河的事情办好”和“一定要根治海河”的伟大号召，在党的领导下开展了根治这三条河流的水害的群众运动，综合治理，变水害为水利，变荒地为良田，这也是改造蝗区、消灭蝗害的基础。例如，1964年以来，仅在微山湖蝗区就投入了4亿多个劳动日，完成土石方工程5.5亿m^3，建立排灌系统423处，修筑干渠、支渠21 552条，总长达15 492 km，稳定了湖水的水位，使沿湖的900万hm^2原来属于蝗虫发生基地的低洼荒滩荒地全部变为稻田；结合农田基本建设，植树造林，在残留的仍适合于飞蝗产卵繁殖的河滩、堤岸等特殊环境全面绿化，增加乔木植被的覆盖度，从而把蝗区的生态体系改造成为不适于飞蝗发生的农业生态体系，改变了蝗区面貌，消灭了蝗灾。其他蝗区也和微山湖蝗区一样采取了同样的途径解决了。

我国治蝗工作的巨大成就是害虫发生数量控制的成功例子之一。

吹绵蚧在我国南方危害柑橘、木麻黄、台湾相思等果树和林木。过去，每年八九月份是严重危害的季节，如果防治不好，轻的影响树势，重的甚至于10—11月份枯死。例如，广东电白县1951—1952年营造的博贺沿海防风林带，木麻黄种植面积长20 km，宽100 m。至1956年8月，被吹绵蚧严重危害达20%，被害株相继死亡，带来木麻黄林的严重威胁，其他广州市内和市郊的木麻黄行道树也有相似的情况；吹绵蚧也严重危害柑橘。1955年底，自国外引进了澳洲瓢虫，在原华南农学院经室内繁殖，于1957—1958年寄送广东、广西、福建各地散放，散放后在野外迅速繁殖，一般在散放后当年或翌年就能对当地的吹绵蚧起着明显的抑制作用。例如，上述广东电白县的木麻黄林带，1957年上半年共散放了澳洲瓢虫成虫40头，幼虫90头，1957年下半年，已在被害株上发现澳洲瓢虫的取食活动，1958年以后，该林带的吹绵蚧已被澳洲瓢虫长期控制下来。1960年以后，广东、广西、福建等地吹绵蚧问题也陆续得到解决。据广东调查，1958年以前，吹绵蚧每年于五六月份种群数量开始迅速增长，九十月份严重危害，一些植株的枝干上布满白色的卵囊及吹绵蚧的幼体，至十一二月份被害株长势减弱，甚至枯死。1958年以后，在自然界增加了澳洲瓢虫，吹绵蚧每年五六月份仍有少量零星发生，随着澳洲瓢虫、大红瓢虫、小红瓢虫出现而把吹绵蚧种群数量迅速减少至难于发现的程度，不再出现危害。

吹绵蚧的防治成功，也是害虫种群控制的例子之一。

三化螟仍然是我国的重要害虫。这种害虫虽未达到全面的控制，但不少原来严重危害地区的种群数量已有所下降。例如，20世纪50年代以前，广东珠江三角洲的一些地方，水稻栽培制度实行两季间作，早稻插植以后，在行间间作晚稻。这些两季间作的地区，三化螟在第1世代开始，稻田内都有充足的食料，各世代的数量连续增长，发展到第4、第5代数量甚大，对晚稻造成严重的威胁；又如湖南的南部一些地区，20世纪50年代以前，早插早稻、迟插早稻、中稻、早插晚稻、迟插晚稻在同一稻区内混栽，三化螟第1至第3世代都有充足的食料，数量继续增长至第3世代严重危害晚稻，其发生数量甚大。这些地区改为早、晚连作后，三化螟的种群数量明显下降。虽然三化螟的问题仍未得到解决，但像上述地区的严重危害的情况已不再出现了。

在国外关于害虫种群数量控制问题，也有不少成功的例子。在法国引进抗虫的美洲种葡萄来控制葡萄根瘤蚜就是其中的经典。葡萄根瘤蚜曾对法国的葡萄生产和酿酒业带来了灾难性的影响。19世纪后期法国引进了对葡萄根瘤蚜表现高度抗性的美洲种葡萄，取代了感虫的欧洲葡萄品种，从而拯救了法国的酿酒业。

上述的4个例子说明，一些害虫可以通过改造农田环境，创造有利于作物丰产、稳产而不利于害虫发生的条件而达到种群数量控制的目标；一些害虫可以通过增加有效天敌（引进天敌）的作用而达到种群数量控制的目标；一些害虫可以通过栽培制度的改变而限制了害虫种群数量的发展；一些害虫可以通过抗虫品种的种植而使种群数量下降。

东亚飞蝗种群数量的控制是通过改造环境，消灭发生基地，创造有利于作物丰产、稳产而不利于害虫发生的条件而实现的。农田环境经过改造，也就成为长期起作用的一个因素。这些改变是不可逆的。这些改变向不利于害虫的方向转化也就成为长期控制害虫种群数量的一个因素。在农业生态系统中，害虫与环境的联系是一个直接的联系，其中东亚飞蝗与产卵场所的联系、与食料的联系等对整个生长发育过程是不可缺少的，经过改造的环境对于东亚飞蝗的生长发育过程要求的条件不能全面满足，也就成功地控制了东亚飞蝗的种群数量。

吹绵的种群数量是通过引进澳洲瓢虫实现的。在农业生态体系中，害虫与天敌的联系也是直接的联系。吹绵蚧的原有天敌不足以控制其种群数量增长，引进了澳洲瓢虫，增强了天敌作用的方面，也达到了种群数量控制的目标。

害虫与食料的联系也是在农业生态体系中的直接联系。这个联系包括食料的质和量对害虫的满足程度的问题。抗虫的品种对害虫的发生不利，常常会引起害虫的高死亡率和低生殖率。这是具有抗虫特性的葡萄品种对葡萄根瘤蚜种群数量控制的一个因素；水稻的栽培制度，从早晚间作或早、中、晚混栽改变为早晚连作，在早、晚两季之间的稻田内缺乏三化螟的最适宜的食料条件，即食物与害虫之间在物候上不完全适应，这也对种群数量的控制起着一定的作用。虽然三化螟还没有达到全面控制种群数量的目标，但这些因素还是起作用的。如果我们继续加强这些因素，或者再加入其他起作用的因素，进一步控制其种群数量是可能的。

(二)害虫种群数量控制的研究途径

农业生态体系的研究是害虫种群数量控制研究的重要理论基础。害虫防治与农业生态体系的研究密切地结合起来，这是近年来害虫防治研究的特点。

人类的农业活动有可能形成这样的农业生态体系，即适应于栽培作物的生长，不断提高收获量；同时，也有可能创造不利于害虫种群数量增长的条件。上面我们从具体例子中讨论了害虫种群数量控制的可能性问题。关于这方面还可以举出不少国内外的材料。然而，实际上还有许多害虫问题还未得到解决。如何从农业生态体系的基础上研究这些害虫种群的数量控制问题，还要进行大量的工作。

人类的农业活动还有可能不自觉地造成有利于害虫种群数量增长的条件。特别是20世纪 50年代以来，由于出现了有机合成的化学杀虫剂，人们只重视这些杀虫剂的优点，忽视了其他措施的作用，产生了单纯依赖杀虫剂防治害虫的倾向，在品种选育中的抗虫因素的研究曾经被忽视了，害虫天敌的自然控制作用被忽视了，农业生态体系中对害虫种群数量起着抑制作用的其他因素也被忽视了。有机合成的化学杀虫剂的大面积使用以后，可以及时扑灭一些害虫危害，一些害虫由于经常使用杀虫剂而数量减少，然而也出现了一些突出的害虫问题。在讨论害虫数量控制的研究途径时，我们想先从这个问题开始。

1. *选择性杀虫剂和选择性施药方法*

由于广谱性杀虫剂的广泛大量使用而产生的害虫再猖獗和次要害虫的大量发生问题，我们在协调防治中已进行了讨论，选择性杀虫剂和选择性施药方法是解决这个问题的一个途径。杀虫剂对农业生态体系的作用虽然是短暂的，但连续地、大量地施用，继续对农业生态体系施加作用，继续影响害虫类群、天敌类群和两者的关系，必然会引起一些害虫数量下降而另一些害虫数量上升。如果继续应用相似性质的杀虫剂，则只能增加用药量和用药次数。这已经成为全球性的普遍问题。我们把选择性杀虫剂和选择性施用方法列入这个专题进行讨论，就是因为采取这样的措施可能使由于广谱性杀虫剂引起种群数量上升的害虫重新受到天敌的自然控制，创造条件进一步解决害虫种群数量控制的问题。

关于选择性杀虫剂和选择性施药方法解决害虫的再猖獗和次要害虫的大量发生问题，使这些害虫重新受到自然天敌的控制的基本设想，我们曾在广东省东南沿海的海陵岛进行了一些调查和试验。

海陵岛是一个面积仅有 77 km^2的小岛，耕地面积仅有 $54 \times 10^4 hm^2$，其中稻田面积$39 \times 10^4 hm^2$左右。 1966年以前，水稻主要害虫为三化螟； 1967年后，稻飞虱的发生数量逐年增加，威胁甚大； 1970年后，稻纵卷叶螟又成为水稻的重要害虫之一，稻瘿蚊亦开始出现为害。这几种害虫交替发生，成为水稻增产的重要障碍。这个海岛的植被比较简单，耕地分布于山间盘谷之间。每次大面积施用杀虫剂后，比大陆其他地方更容易引起天敌作用的下降。稻飞虱、稻纵卷叶螟、稻瘿蚊这 3种原来属于次要害虫比其他附近大陆地区更早出现严重为害。由于单纯依赖杀虫剂防治害虫，用药量越来越多，至 1972年，每公顷稻田农药费用开支已达 30元以上，部分生产队甚至达到 157.5元。用药量的增加并不带来害虫数量的减少，仅能在害虫威胁下挽回虫害的损失。为了探讨其他害虫防治措施，1973年开始应用赤眼蜂防治稻纵卷叶螟，散放赤眼蜂的稻田达 $15\times10^4hm^2$之多，约占全部稻田面积的 50%，发现放蜂田不仅基本上解决稻纵卷叶螟的问题，而且稻飞虱也没有发生，因而提出了保护自然天敌控制上述几种害虫的设想。通过一段时间的准备，于 1976年开始，针对过去滥施、乱施化学农药的问题，提出了按虫情、苗情、害虫数量和可能造成为害的程度，结合当时天敌作用的估计，对必要施药防治的田类实行挑治，对可施药、可不施药的田类尽可能继续观察，对可以不施药的田类坚决不施，在大面积施药时挑治的范围不超过一个田垌的1/6～1/4，使施药的田块容易得到外来天敌的补充；并限制广谱性杀虫剂的使用范围，如甲氯粉每次施用面积限制在一个田垌范围内的 1/20以下；选用对防治对象杀伤力大而对天敌杀伤力相对较小的杀虫剂，降低使用浓度以提高药剂的选择性能；限制喷粉（撒粉）、喷雾，按照防治对象选用对害虫杀伤力大而对天敌杀伤力小的施药方法（当时主要用毒土方法防治三化螟和稻飞虱）；提高害虫发生期及不同田类发生量预测的水平，并进行危害程度的预计，并选择对害虫杀伤力大而对天敌杀伤力相对较小的时机施药等（如防治稻纵卷叶螟实行查卵预测、盛孵期施药等）。1976年以后，基本上贯彻了上述的措施，害虫的数量有所下降，天敌的作用也明显地表现出来。

稻纵卷叶螟在海陵岛于水稻本田发生6个世代，1970—1973年以本田发生的第 1、第2世代危害早稻，第4、第 5世代危害晚稻，危害面积（发生数量超过经济容许的水平以上）达稻田面积50%以上。1976年以后，仅于本田发生的第1世代 (5月份)发生数量稍多，第2世代以后明显受到天敌的抑制。如1976年本田发生的第 1个世代的卷叶率平均3.2%，第2世代为0.46%，第3世代为0.35%，第 4世代以后则在0.15%以下；1977年的卷叶率更低；天敌的作用则明显增长。通过系统调查，自卵期至蛹期 1976年本田发生的第1世代被天敌消灭 97.919%，存活 2.081%。1977年同期被天敌消灭 99.881%，存活仅0.119%。这两年稻纵卷叶螟的发生数量甚低，解除了稻纵卷叶螟的威胁。

稻褐飞虱在该岛于 1972年前的几年内，每年的为害面积为 90 000～105 000 hm^2，占稻田面积的1/4～1/3。1976年为 4 500 hm^2左右，1977年没有达到防治数量水平的田块。1976年本田发生的第 1个世代被天敌消灭 76.12%，存活仅达 23.88%，第 2世代以后天敌的作用明显增长，至 9月份，晚稻本田发生的第 1个世代被天敌消灭 99.421%，存活仅0.579%；1977年本田发生的第 1个世代被天敌消灭 95.627%，存活发育至成虫的仅4.373%，1977年晚稻本田发生的第 1世代被天敌消灭的数量也达到 1976年同期的水平。

其他害虫如稻瘿蚊未见发生，三化螟的寄生率也明显提高，1976年5月下旬，三化螟老熟幼虫的被寄生率达 46%。

从上述的数字分析，可以看到，采取了上述的措施，这几种害虫原有的天敌自然控制作用开始得到恢复。

稻纵卷叶螟、稻飞虱、稻瘿蚊这3种近年来在南方各省数量上升的害虫，其大量发生的原因不仅仅是由于天敌的作用问题，近年来品种的更替和耕作制度的改变或气候的变化也起着一定的作用，保护天敌并不能使这几种害虫的种群数量得到完全控制，但对海陵岛来说，在水稻害虫的防治上已开始摆脱20世纪70年代初期的被动状态。

近年来，浙江省对黑尾叶蝉的防治上取得了很好的经验，主要是通过保护黑尾叶蝉的卵寄生蜂——褐腰赤眼蜂 *Paracentrobia andoi*（Ishii）而得到解决的。褐腰赤眼蜂也是对当前的杀虫剂比较敏感的天敌。在杀虫剂的使用上注意了这个问题，恢复这种天敌（和其他天敌）的自然控制作用，黑尾叶蝉的为害也就明显下降。

其他作物的害虫防治，例如棉花、柑橘等也有相似的经验。

当前，选择性杀虫剂的研究正在得到各地的重视，正在向着特异性的杀虫剂发展。然而，在大量生产的杀虫剂中，还只有相对的选择性，而且主要还是广谱性的。选择性施药方法也得到各地的重视，例如杀虫剂的深施（把药剂施入土中，利用药剂的内吸性杀死害虫）、颗粒剂等对天敌的杀伤力相对较小。这也是解决这个问题的一些途径。

2. 外地天敌的引进和当地天敌的保护与助长

外地天敌的引进和当地天敌的保护与助长是实现害虫种群数量控制的一个重要途径。一种害虫的天敌如果引进成功，即将增强天敌的作用，在农业生态体系中害虫与天敌的联系发生不利于害虫方面的因素，害虫种群数量控制的作用也将加强。当地天敌的保护与助长也同样可能达到这个目标。

外地天敌的引进工作是从美国开始的。19世纪初期，美国从外地引进了不少植物，随着苗木、接穗，以至苗木的护根土引入不少害虫。其中一些害虫适应于当地的气候条件而蔓延暴发成灾，甚至一些害虫在原产地危害不大而在新的分布区内却带来严重的威胁。19世纪中叶，一些昆虫学家认为，引入的害虫的大量发生主要由于缺乏原产地的自然天敌的控制，因此开始注意寻找原产地的有效天敌。1888年自澳洲引进澳洲瓢虫防治吹绵蚧获得显著的成就。吹绵蚧在美国于1868年开始发现，1880年已遍及加利福尼亚，成为柑橘的严重害虫，引进澳洲瓢虫后，吹绵蚧的种群数量迅速下降，解除了危害的威胁。随后，澳洲瓢虫引入了不少国家和地方，都获得了长期控制吹绵蚧种群数量的效果。

引进澳洲瓢虫防治吹绵蚧的成功事例引起了世界各国的重视，引进天敌防治害虫的工作成为害虫防治的一项措施。

加拿大亦自1882年开始引进天敌的工作，至1975年已引进208种寄生性和捕食性昆虫，用以防治75种农林害虫，其中已获得成功的有44种，未定型的12种，不必要引进的37种，失败的115种，引进后起着抑制害虫种群数量的达21.15%。

天敌的自然控制作用是在农业生态体系中对害虫经常地起作用的一个因素。近年来，应用生命表的系统调查方法更有助于明确害虫天敌对害虫种群数量的抑制作用（见害虫种群数量发展趋势的估计）。因此，保护当地的天敌，采取可能的措施帮助天敌种群数量增长，提高天敌的自然控制作用，这也是害虫种群数量控制的措施之一。

近年来，我国棉区特别是河南对于移放瓢虫防治棉蚜取得不少成绩。把小麦上发生的七星瓢虫移入棉田，防治棉花早期的蚜虫，如果早春气温正常，都可代替原来的药剂防治。在移放瓢虫的田块内，不但瓢虫的数量增长，其他棉蚜的天敌也随着增长，特别是蚜茧蜂所起的作用更为明显。应用赤眼蜂防治玉米螟也有相似的情况，在华北或其他玉米螟每年发生 2个世代的地区，第1世代散放了松毛虫赤眼蜂 *Trchogramma dendrolimi* Matsumura，散放当代可达到80%以上的卵寄生率；到第2世代，玉米螟的卵寄生率还可以保持在80%以上，但常常是玉米螟赤眼蜂*Trchogramma ostriniae* Pang et Chen占据优势。移放或繁放当地的天敌代替了广谱性杀虫剂防治害虫，常常可以保护原有的其他天敌，使天敌群落保持正常的季节增长，保护原有的自然天敌而加强整个天敌的作用。

在林业上为了防治害虫提倡营造混交林。单纯一个树种的林区往往害虫发生严重，混交林内由于食物链比较复杂，昆虫种类较多，形成了种类较丰富的天敌群落，改变了原来天敌贫乏的状态。这是助长天敌种群的另一措施。前面提到的棉麦间作，让小麦上早春发展起来的天敌移到棉苗上及早消灭害虫，这也属于助长天敌种群的措施。天敌的助长措施也是值得重视的。

3. 抗虫品种的选育和通过栽培措施提高作物的抗虫性

作物的不同品种之间抗虫性是有差别的，可能表现在生物化学特性、形态解剖学特性、物候学特点和构成的微气候条件上，也可能表现在被害后的特殊的生理形态反应上，也可能表现在忍受被害的能力上。品种间抗虫性的差异往往是相对的，然而，在许多作物中都可发现高抗性的品系。但抗虫力高的品系不一定伴随着高产性能，甚至一些具有高产性能的品种却是抗虫力低的。特别是在 20世纪 50年代以后，在害虫防治上对杀虫剂的依赖性较大，在选育种工作上对抗虫因子的重视不够，也造成一些害虫大量发生的有利条件。

一个感虫的品种在小面积栽培时，仅仅表现在被害率较高；而在大面积栽培时，由于对害虫种群的数量积累而可能会引起害虫的暴发。近年来，国外对菲律宾国际水稻研究所育出的水稻品种较感兴趣，该所早期育出的品种对丰产性能比较重视，但对抗虫因子考虑较少。例如，菲律宾、印度尼西亚、印度、斯里兰卡、越南、泰国等在推广 IRS及其近似的品种后，稻褐飞虱于 1974—1975年以来成为严重的问题。稻褐飞虱的大量发生可能还有其他生态因素，但感虫品种的大面积栽培是其中的一个重要原因。近年来，该所对抗虫因子的研究比较重视，如 IR_{26}，$IR_{1561\text{-}228\text{-}3}$等对稻褐飞虱及其他重要水稻害虫表现出相对较高的抗虫性；而且把抗虫性作为他们的育种方向之一，并积累了大量具有对二化螟、三化螟、稻飞虱、稻叶蝉的高抗的品种及品系作为育种的材料。美国也比较重视玉米对玉米螟抗性的研究。我国对水稻、玉米等植物的抗虫育种工作正在积极开展。在我国南方栽培面积较广的水稻“包胎”品系，对稻纵卷叶螟、稻飞虱也表现出较高的抗性。

栽培条件与抗虫能力也会发生影响。例如，据 Pathak（1971）的研究，认为水稻品种对二化螟的抗性与组织内的硅酸（ S_iO_2）含量有关。硅酸含量不影响二化螟成虫产卵的选择性，但幼虫取食硅酸含量高的品种时死亡率高，发育不良。他们在比较了1 497个不同水稻品种抗螟性的差异后，选取了部分典型进行硅酸含量的比较。不同品种组织内的硅酸含量变动在 9.7%～13.9%之间。硅酸在水稻茎秆组织内主要分布于表皮石细胞组织。首先，硅酸含量对初孵幼虫的侵入发生影响，硅酸含量低的品种侵入率可达17.5%，硅酸含量高的品种侵入率仅有 0.4%；随着侵入后的幼虫取食硅酸含量高的品种时，上颚严重磨损，每一龄期的末期上颚的小齿钝化而取食困难，因而以营养不良状态进入下一龄期，死亡率增加，而后期的被害率明显减轻；而且还影响蛹质量和成虫的产卵量。

硅酸含量是与水稻抗病、抗风有关的一个共同特性。

水稻硅酸的含量不但与品种有关，而且与栽培条件也有密切的关系。水稻在灌溉水中至多能吸收硅酸需要量的 10%～15%，其余部分是通过根尖的活动吸收的，在根尖（白色的部分）的根圈周围由于旺盛的呼吸作用而形成饱和的碳酸层，饱和或近于饱和的碳酸溶解硅酸成可吸收的状态，因此，保持水稻根系的活动能力对吸收硅酸有密切的关系。通过栽培（特别是水的管理）措施，保持土壤中有足够的水和空气（例如，土壤团粒中充满水而团粒之间的间隙充满空气），保证水稻形成白色的多分支、多根毛的根群的条件，这样的根群可以吸收大量硅酸而增加组织内的硅酸含量，这样的措施不仅有利于丰产，而且也有利于水稻抗性的提高。这是通过栽培措施有可能提高作物抗虫性的一个具体例子。

通过栽培措施提高作物抗虫性包括栽植密度、水肥管理等各个方面，如果有利于提高抗性的措施与有利于高产、稳产的措施是一致的，也就有可能成为稳定的农业措施，经常地对害虫种群数量控制起作用。

采取不利于害虫而有利于天敌种群数量增长的耕作制度如轮作、间作等对一些害虫种群数量的影响是相当明显的。例如，在华南一些地方采用甘蔗 -水稻轮作，对解决甘蔗金龟子 *Alissonotum impressicolle* Arrow及其近缘种的危害起着重要的作用。苏北的一些地方实行稻棉轮作，对一些水稻、棉花的害虫数量发展不利。水稻的栽培制度对三化螟的发生数量有密切的关系。不同栽培制度的地区可以出现不同世代的多发型。三化螟在广东每年发生四五个世代的地区，如果实行水稻双季连作，早稻与晚稻之间本田缺乏三化螟的食料，不利于第 3代三化螟的发生，因而第 4代以后虫源较少；而在栽培制度复杂，晚稻特别早插，或栽培中稻，或栽植期极不一致，有利于各世代种群数量连续增加，则第 4、第 5代可以造成严重危害。三化螟属于单食性的昆虫，除水稻外仅取食野生稻，因而水稻本身的栽培制度对发生数量的影响更为明显。

上面曾经提到的棉麦间作、高粱小麦间作，利用小麦上发展起来的蚜虫天敌及早防治棉蚜、高粱蚜，这是栽培制度对天敌发生作用的例子，关于栽培制度与天敌的关系还有待进一步深入研究。

4. 创造不利于害虫种群数量发展的环境条件

上面提到的东亚飞蝗种群数量控制是通过改造飞蝗发生基地的环境条件达到的。这是一个明显的例子。其他土蝗对农作物的危害也随着园田化的建设而数量下降。例如，稻田园田化后，恶化了稻蝗*Oxye* spp.产卵越冬的条件，稻蝗的种群数量也基本得到控制。在草原开垦部分荒地种植作物，往往遭受各种金龟子成虫集中取食。集中取食的成虫落地产卵，又进一步受到幼虫的集中危害。当垦植面积扩大，或于未垦植的地方植树造林，这类金龟子的危害也将明显下降。对于其他多食性害虫，其他植物往往成为作物的填充寄主，当缺乏与害虫相适应的作物生长阶段时赖以生存，对于这些害虫，作物的单一化将成为种群数量控制的一个有利条件。又如水稻食根叶甲*Donacia provosti* Fairmire适宜生活于烂泥田中，改造烂泥田可以解决水稻食根叶甲的危害问题。

上述的几项措施之所以能够对害虫种群数量控制起作用，就是因为这些条件是人类农业活动可以加以影响的，而且可以作为农业措施稳定下来长期起作用的；这些措施作用于农业生态系统中与害虫直接或间接有关的联系，构成对害虫种群数量发展不利的因素，可能对害虫种群数量产生长期的不利影响。

各种害虫对环境的要求和适应能力不完全相同，在不同环境条件下可能要求采取不完全一致的措施才能达到种群数量控制的目标。从上面的例子可以看到，一些害虫种群采取一项简单的控制措施而达到了长期的控制；但是，一些害虫采取了一些控制措施后仅能减少种群数量，仍未能达到消灭危害的要求。对于未能达到完全控制的措施往往不被重视，在农业上往往不重视采取这些措施。例如在20世纪50年代以来，认为有机杀虫剂特别是广谱性的杀虫剂足以解决害虫的问题，引进外地天敌的工作被削弱了，抗虫育种的工作也比较忽视了，其他农业防治的措施也没有排上应有的位置。换句话说，对于及时消灭于大量发生危害之前的害虫防治措施比较重视，而对进一步实现害虫种群数量控制、消除危害威胁的措施却比较忽视了。近 10年来，由于广谱性杀虫剂的缺点和一些有机杀虫剂在广泛使用后出现的残毒问题的出现，以及农业生态体系研究上的发展，有助于普遍接受和重新重视害虫数量控制的方向。

从害虫种群数量控制的目标出发，一些措施对害虫种群数量控制仅能起到部分作用，可以减轻危害，未能消除危害的威胁，如果我们再加入其他措施，也有可能一步一步地实现害群数量的控制。

害虫种群数量控制措施是在原有的自然控制的基础上补充到农业生态体系中的因素，因此对这些措施的作用的评价不能简单地像过去杀虫剂试验方法那样采用校正死亡率的标准，而是要求结合原有的自然控制作用进行系统分析。例如，一个抗虫品种，如果比原有品种提高 10%的死亡率，那么，得到的实际效果可能不是 10%，而有可能对害虫种群数量的发展趋势起着决定性的作用。关于这点，我们将在下面继续讨论。

四、害虫种群数量控制方案的制定

农业生态系统中与害虫综合治理关系密切的因子包括有作物、害虫、天敌和气象因子等。综合治理方案的制定，有赖于以上诸因子发生、发展规律的明了，因而需要大量的资料积累和艰苦深入的科学研究工作。对以上主要因素及其相互作用关系的研究越深入，结论越清楚，综合治理成功的几率就越高。运用现代系统科学的理论来研究害虫综合治理系统的程序简示如图 33-4。

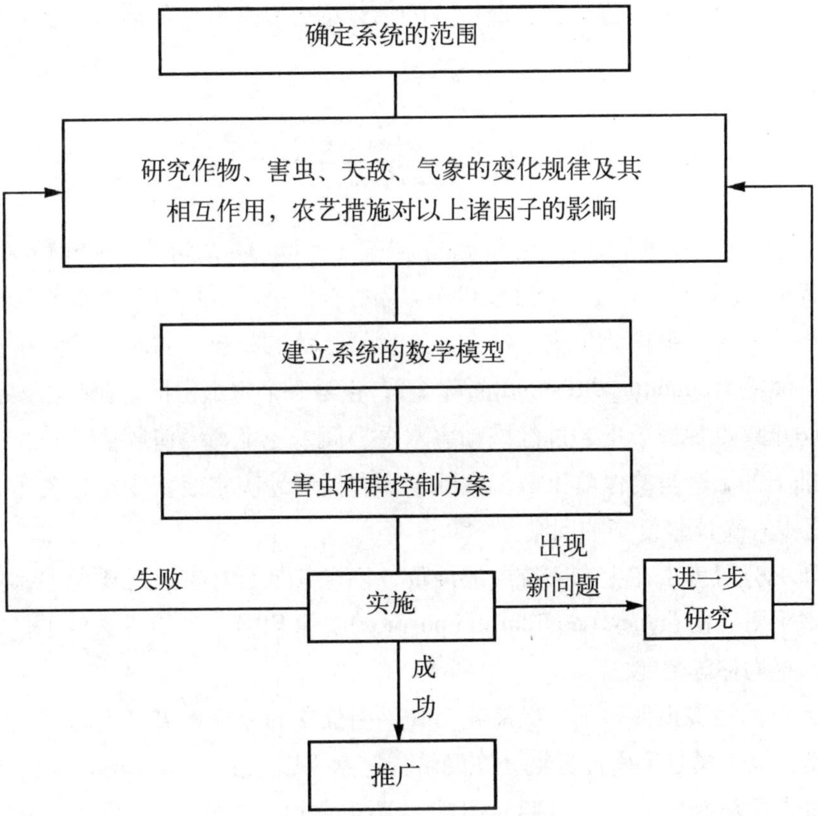

图33-4　害虫综合治理程序示意图（作者图）

从现阶段综合治理的实际出发，方案的制定一般分为4个步骤。

(一)分析各种有害生物在生态系统中的地位，确定真正有害种类的经济阈值（即防治指标）

这是当今害虫综合治理工作中，最具关键性的一步。防治指标确定得适当与否，接影响防治效果的经济效益、生态效益和社会效益。现有的成功例子也清楚地说明了这一点。例如，在美国，通过对棉花害虫防治指标的研究和修订，就在全国 106×107

hm²的棉花上减少防治成本2 600万美元。针对过去滥用化学农药的情况，在现阶段的害虫综合防治中，合理挑治是一个重要的内容，如没有适当的防治指标，则挑治无所依据，成为空话。我国害虫防治的指标在过去一般都定得过严，且缺乏充足的科学根据。因而，在现有的几个综合治理示范区中，都放宽防治指标，取得了明显的经济效益和生态效益。

为了确定害虫的经济阈值，必须先研究害虫的经济损害水平。

所谓经济损害水平（economic injury level）简称为EIL，是一个临界的害虫密度，在这个密度时实施人工防治的成本刚好等于由于防治而得到的经济收益。这是害虫综合治理的一个中心概念。构成经济损害水平有防治费用（包括人工成本、机械损耗/物资费用）、产品单价、每头害虫所造成的产量损失以及所用措施的防治效果等。用公式表示如下：

$$EIL=\frac{P_i+A+B}{P_cIE}$$

式中：A为防治人工成本 (元/hm²)；B为机械损耗 (元/hm²)；P_c为产品单价 (元/kg)；P_i为防治物资费用 (元/hm²)；E为防治效果 (%)；I为每头害虫所引起的产量损失 (kg/头)。

有了经济损害水平作为依据，结合害虫发展趋势的分析，就可以确定害虫的经济阈值。经济阈值 (economic threshold)简称 ET，也是一个害虫密度，在此密度时应实施防治，以防止害虫种群数量超过经济损害水平。简单地说，经济阈值就是在经济损害水平的基础上加上适当的保险系数。实际上，要精确地决定经济阈值还要考虑多方面的因素，还是一个比较复杂的问题。

为了研究分析害虫在生态系统中的地位，确定其是否有害，还要考虑害虫的平衡位置。所谓平衡位置 (general equilibrium position)简称 EP就是在自然条件下，害虫在较长时间内的平均种群密度。

根据害虫的经济损害水平、经济阈值和平衡位置的分析，可把生态系统中的害虫划分为 4类：第 1 类是平衡位置期处在经济损害水平以上的 (图33-5A)，第 2类是平衡位置通常处在经济阈值附近的 (图33-5B)，这两类均划为主要害虫；第 3类是平衡位置有时达到经济阈值的，称为偶发性害虫 (图33-5C)，第 4类是平衡位置长期处在经济阈值以下的，称为潜在害虫 (图33-5D)，后两类划为次要害虫。

(二)做出压低主要害虫平衡位置的方案

在设计方案时，可以首先考虑引进或建立新的天敌种群，应用抗虫品种，改变害虫的环境，增加天敌效能，破坏害虫繁殖、取食和隐蔽场所等。以达到直接降低害虫的平衡位置（图 33-6A）、缩小害虫种群变动幅度（图 33-6B）及减少害虫大发生的频率（图 33-6C）的目的。

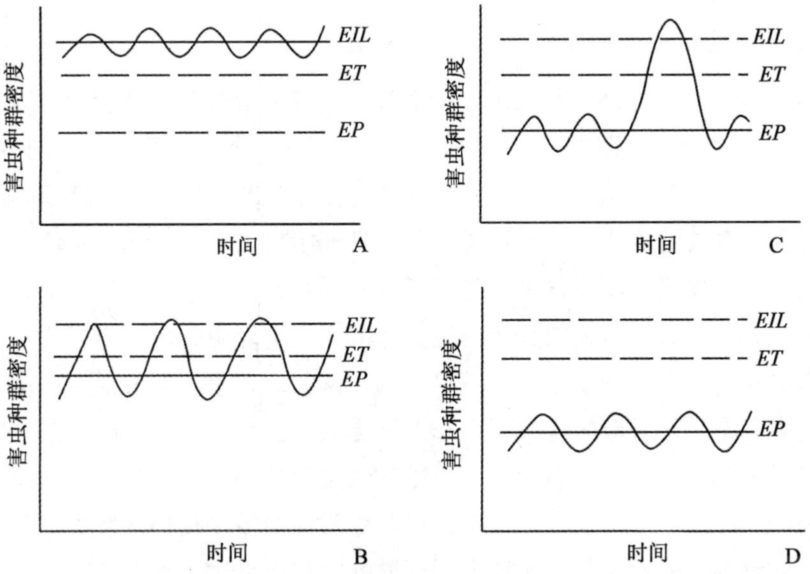

图33-5 害虫在生态系统中平衡位置的4种类型

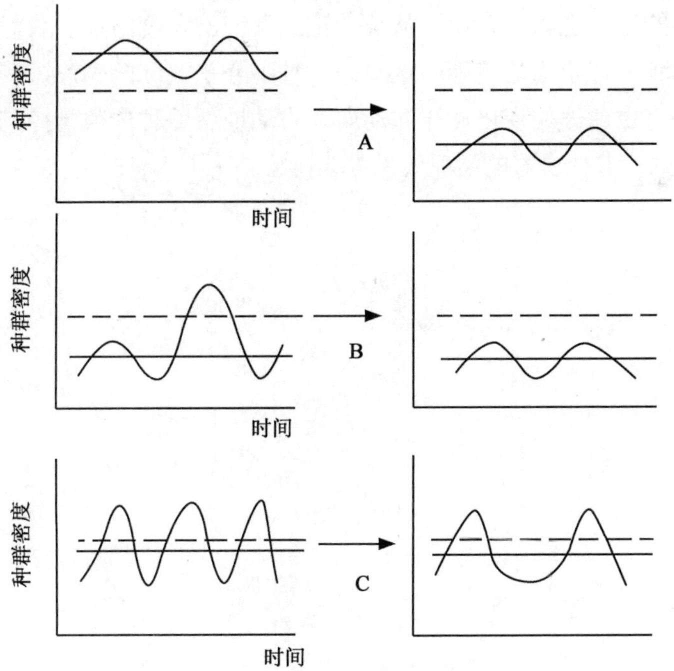

图33-6 对害虫种群治理的过程

（三）在危急的情况下，采用对生态系统破坏性较小的应急措施

在一般情况下，利用天敌和抗性品种、控制环境条件等三方面的配合，可以有效地控制害虫种群，国内外均有不少成功的例子。如果还不能控制，那就只能求助于杀虫剂了。对杀虫剂的种类、剂量、使用方式和使用时间都应做仔细地研究选择，以免造成生态系统

的破坏。经济阈值的研究将有助于人们判断该在什么时候，在哪些地区采取应急措施。

(四)设计监控技术方案

由于气候条件、作物生长状况、天敌和害虫种群数量等都是随时间而变化的。因此，必须建立系统的技术监控方案，以便确定在什么时候该使用何种控制措施。

自从有害生物综合治理的概念正式问世，至今已20余年。在这期间，综合治理在世界各国都得到普遍的重视，无论是在基础理论研究方面，还是在实践示范方面都得到了较为迅速的发展。不少地方取得了可喜的成功，提供了丰富的经验。本章仅对一些基本概念和原理做一般性的介绍。在具体的实践过程中，由于不同的生态系统各具特点，所以实施综合治理的要点也不尽相同。例如，在果园生态系统，由于生态环境比较稳定和复杂，给天敌的连续存在和发展提供了良好的条件，所以保护和助长天敌这一点显得尤其重要。事实上，目前引进和利用天敌进行综合治理成功的例子也大多出现在果园。在蔬菜生产系统中，由于作物生长周期短、品种轮换快，既要求保证产品的产量和美观的外形，又不允许有超标准的农药残毒这一点尤为突出。所以，微生物制剂，特别是昆虫病毒的应用具有相当的必要性和广阔的前景。

自然界是复杂的、运动的，无时不在变化着，这种变化永无止境，因而人类认识世界、改造世界的过程也永无止境。从整个生态系统的角度考虑，我们不能期望在与害虫的斗争中达到一劳永逸的境地，这只是一种不合乎实际的幻想。我们需要不断地研究生态系统和害虫总体的变化规律和动向，主动地调整种群数量控制措施，才能达到综合治理的目的，并使良好的治理效果得以持续。

参 考 文 献

包建中，古德祥．中国生物防治．太原：山西科学技术出版社，1998

蔡晓明，尚玉昌．普通生态学 (下册). 北京：北京大学出版社，1995

陈永林．中国主要蝗虫及蝗灾的生态学治理．北京：科学出版社，2007

丁岩钦．昆虫种群数学生态学原理与应用．北京：科学出版社，1980

丁岩钦．中国昆虫生态学研究的透视．昆虫知识，1992，29(3)：142～145

丁岩钦．昆虫数学生态学．北京：科学出版社，1994

戈峰．昆虫生态学原理与方法．北京：高等教育出版社，2008

戈峰．现代生态学（第二版）．北京：科学出版社，2008

戈峰，陈法军，吴刚，等．昆虫对大气 CO_2浓度升高的响应．北京：科学出版社，2010

贺达汉．荒漠草原蝗虫群落特征研究．银川：宁夏人民出版社，1998

李博．普通生态学．呼和浩特：内蒙古大学出版社，1993

李博．生态学．北京：高等教育出版社，2000

李振基，陈小麟，郑海雷，连玉武．生态学．北京：科学出版社，2000

林昌善．有效积温法则在我国粘虫发生地理学上的检验．昆虫学报，1958，8(1)：41～56

林昌善．粘虫生理生态学．北京：北京大学出版社，1990

马世骏．昆虫动态与气象．北京：科学出版社，1957

马世骏．中国昆虫生态地理概述．北京：科学出版社，1959

马世骏．中国昆虫生态学三十年．昆虫学报，1979，22(3)：257～266

马世骏．现代生态学透析．北京：科学出版社，1990

马世骏，王如松．社会 -经济 -自然复合生态系统．生态学报，4(1)：1～9

南京农学院．昆虫生态及预测预报．北京：农业出版社，1985

庞雄飞，梁广文．昆虫种群系统控制．广州：广东科学技术出版社，1995

庞雄飞，尤民生．昆虫群落生态学．北京：中国农业出版社，1996

蒲蛰龙. 农作物害虫管理数学模型与应用．广州：广东科学技术出版社，1990

尚玉昌，蔡晓明．普通生态学 (上册). 北京：北京大学出版社，1992

沈佐锐．昆虫生态学及害虫防治的生态学原理．北京：中国农业大学出版社，2009

孙儒泳．动物生态学原理．北京：北京师范大学出版社，1987

孙儒泳，李博，诸葛阳，尚玉昌．普通生态学．高等教育出版社，1998

邬祥光．昆虫生态学的常用数学分析方法 (修订版). 北京：农业出版社，1985

徐汝梅. 昆虫种群生态学. 北京：北京师范大学出版社，1987

徐汝梅. 种群数量的时空动态——对温室白粉虱的系统探讨. 北京：北京师范大学出版社，1990

闫凤鸣. 化学生态学. 北京：科学出版社，2003

张孝羲，程遐年，耿济国. 害虫测报原理和方法. 北京：农业出版社，1979

赵志模，郭依泉. 群落生态学原理与方法. 重庆：科学技术文献出版社重庆分社，1990
赵志模，周心远. 生态学引论——害虫综合防治的理论及应用. 重庆：科学技术文献出版社重庆分社，1984
郑师章，吴千红，王海波，陶芸. 普通生态学——原理、方法和应用. 上海：复旦大学出版社，1994
中国科学院动物研究所(主编). 中国主要害虫综合防治. 北京：科学出版社，1979
邬钟琳. 昆虫生态学. 上海：上海科学技术出版社，1980
Andrewartha H G. Introduction to the study of animal population. London: Methuen, 1961.
Andrewartha H G & Birch L C. The distribution and abundance of animals. Chicago: University of Chicago Press, 1954
Clark L R, Geier P W, Hughes R D et al. The ecology of insect populations in theory and practice. London: Methuen, 1967
Cody M I & Diamond J M. eds. Ecology and evolution of communities. Cambridge: Belknap Press, 1975
Forman R T T & Shmida A. Landscape ecology. New York: John Wiley & Sons. 1986
Gaston J K ed. Biodiversity, a biology of number and difference. Cambridge: Blackwell Science Ltd., 1996
Haines-Young R, Green D R & Cousins S H. Landscape ecology and geographic information systems. London: Taylor & Francis, 1993
Hill J K, Griffiths H M & Thomas C D. Climate change and evolutionary adaptations at species' range margins. Annu. Rev. Entomol., 2011, 56:143~159
Kormondy E J. Concepts of ecology, 4th ed. Englewood Cliffs: Prentice Hall, 1996
Krebs C J. Ecology: the experimental analysis of distribution and abundance. New York: Harper & Row Publishers, Inc., 1992
New T R. Insect species conservation. Cambridge: Cambridge University Press, 2009
Odum E P. Fundamentals of ecology. Philadelphia: W. B. Saunders, 1971
Odum E P. Basic ecology. Philadelphia: Saunders College Publishing, 1983
Price P W. Insect ecology, 4th ed. New York: John Wiley & Sons, 2000
Putman R J. Community ecology. London: Chapman & Hall, 1995
Samson F B & Knopf F L. Ecosystem management: selected readings. New York: Springer-Verlag Inc., 1996
Schowalter T. D. Insect ecology: An ecosystem approach, 2nd ed. London: Academic Press, 2006
Smith R F. ed. Integrated pest management. New York: Plenum Press, 1976
van't Hof A E, Edmonds N, Dalíková M et al. Industrial melanism in British peppered moths has a singular and recent mutational origin. Science, 2011, 332:985~960